Dezentrale Energieversorgung mit regenerativen Energien

Christian Synwoldt

Dezentrale Energieversorgung mit regenerativen Energien

Technik, Märkte, kommunale Perspektiven

2., aktualisierte und überarbeitete Auflage

Christian Synwoldt
Malborn, Deutschland

ISBN 978-3-658-33732-2   ISBN 978-3-658-33733-9 (eBook)
https://doi.org/10.1007/978-3-658-33733-9

Die Deutsche Nationalbibliothek verzeichnet diese Publikation in der Deutschen Nationalbibliografie; detaillierte bibliografische Daten sind im Internet über http://dnb.d-nb.de abrufbar.

© Springer Fachmedien Wiesbaden GmbH, ein Teil von Springer Nature 2016, 2021
Das Werk einschließlich aller seiner Teile ist urheberrechtlich geschützt. Jede Verwertung, die nicht ausdrücklich vom Urheberrechtsgesetz zugelassen ist, bedarf der vorherigen Zustimmung des Verlags. Das gilt insbesondere für Vervielfältigungen, Bearbeitungen, Übersetzungen, Mikroverfilmungen und die Einspeicherung und Verarbeitung in elektronischen Systemen.
Die Wiedergabe von Gebrauchsnamen, Handelsnamen, Warenbezeichnungen usw. in diesem Werk berechtigt auch ohne besondere Kennzeichnung nicht zu der Annahme, dass solche Namen im Sinne der Warenzeichen- und Markenschutz-Gesetzgebung als frei zu betrachten wären und daher von jedermann benutzt werden dürften.
Der Verlag, die Autoren und die Herausgeber gehen davon aus, dass die Angaben und Informationen in diesem Werk zum Zeitpunkt der Veröffentlichung vollständig und korrekt sind. Weder der Verlag, noch die Autoren oder die Herausgeber übernehmen, ausdrücklich oder implizit, Gewähr für den Inhalt des Werkes, etwaige Fehler oder Äußerungen. Der Verlag bleibt im Hinblick auf geografische Zuordnungen und Gebietsbezeichnungen in veröffentlichten Karten und Institutionsadressen neutral.

Lektorat: Dr. Daniel Fröhlich
Springer Vieweg ist ein Imprint der eingetragenen Gesellschaft Springer Fachmedien Wiesbaden GmbH und ist ein Teil von Springer Nature.
Die Anschrift der Gesellschaft ist: Abraham-Lincoln-Str. 46, 65189 Wiesbaden, Germany

Vorwort

Mit dem *Gesetz für den Vorrang Erneuerbarer Energien* (EEG)Gesetz, EEG wurden im Jahr 2000 verlässliche Rahmenbedingungen für einen Betrieb von Anlagen zur regenerativen Stromerzeugung geschaffen. Neben den vielfach publizierten Einspeisetarifen folgte das Gesetz einer einfachen Logik: Stabile Betriebsbedingungen schaffen ein ebenso stabiles Investitionsklima. Dementsprechend waren die vorrangige Einspeisung sowie die Pflicht zur Weiterleitung und zur Abnahme der Strommengen das Hauptanliegen. Auf diese Weise ist für den Schutz der Investition in Anlagen zur Nutzung erneuerbarer Energien gesorgt.

Die Wirksamkeit dieses Mechanismus lässt sich nicht nur am deutlichen Zubau von Wind-, Photovoltaik- und Biogasanlagen ablesen, sondern insbesondere an der Kostensenkung für deren Herstellung. Allein im Zeitraum 2006–2017 fielen die Preise für Photovoltaikanlagen auf weniger als ein Drittel. Inzwischen ist die Kurve abgeflacht [1].

Weitgehend unbemerkt von der Öffentlichkeit wurden bereits im Jahre 2008 die Grundlagen für ein Ende der Energiewende[1] gelegt. Zu erfolgreich verläuft der Umbau der Energieversorgung, namentlich der Stromerzeugung aus regenerativen Energien. An Gesetzesnovellen und Verordnungen lässt sich ablesen, dass die 2011 verkündete *Energiewende* lediglich auf einer politischen Opportunität – als Reaktion auf das Unglück im Kernkraftwerk Fukushima Dai-ichi (Japan) und auf die bevorstehenden Wahlen in Deutschland – beruht.

Einer der Kernpunkte ist die Marktintegration *regenerativer Energieträger*. Mit dieser Formel wird der Versuch unternommen, den Umbau der Energieversorgung auf eine Wirtschaftlichkeitsdebatte zu verkürzen. Gleichzeitig wird der regulatorische Rahmen für den Markt so gestaltet, dass die Kosten für die Nutzung regenerativer Stromerzeuger sich erhöhen – obwohl die Anlagen und ihre Stromerzeugung immer billiger werden [2].

---

[1]Der Terminus *Energiewende* wurde erst im Jahre 2011 geprägt. Zynischerweise geschah dies kurz nachdem die Bundesregierung unter Angela Merkel (CDU) und Guido Westerwelle (FDP) erst im Herbst 2010 eine Laufzeitverlängerung der Kernkraftwerke beschlossen hatte – und damit den bereits 2002 im Atomgesetz beschlossenen Ausstieg aus der Kernenergie zum Jahre 2020 aufhob.

Darüber gerät die eigentliche Motivation für den Einsatz regenerativer Energien zunehmend aus dem Blickfeld: Klimaschutz und Endlichkeit der Ressourcen. Beide Phänomene sind unter dem Primat einzelwirtschaftlicher Optimierung weder beherrschbar noch abzuwenden. Wie eng sie miteinander zusammenhängen wird auch daran deutlich, dass die vollständige Nutzung aller bekannten fossilen Energieressourcen unüberschaubare Konsequenzen für die globalen Klimaveränderungen hätte (Kohlenstoffblase). Um den globalen Temperaturanstieg[2] auf 2 °C zu begrenzen, dürfte noch nicht einmal ein Drittel der bekannten Energieressourcen verbrannt werden [3]. Banken, die dennoch zur Finanzierung von Exploration und Förderanlagen beitragen, gehen damit eine Wette gegen den Klimaschutz ein. In 2019 wurden 573 Mrd. US$ in die Exploration fossiler Energieträger investiert [4].

Der frühere Chefökonom der Weltbank Nicholas Stern beschreibt den Zusammenhang als

> krasse Inkonsistenz zwischen der Bewertung fossiler Brennstoffe und den Klimazielen der Regierungen [5].

Noch widersprüchlicher ist das Handeln der Regierungen. So kommt der britische Thinktank *Overseas Development Institute* zu dem Ergebnis, dass die G20-Nationen die Erkundung fossiler Energieträger jährlich mit 88 Mrd. US$ subventionieren [6] – und damit ihre eigenen Klimaschutzmaßnahmen unterlaufen. Im selben Bericht wird ein Betrag in ähnlicher Größenordnung genannt (101 Mrd. US$), der *weltweit* in die Förderung von regenerativen Systemen fließt. Auch die Internationale Energieagentur (IEA) bemängelt die hohen Subventionen in fossile Energieträger [7].

Selbst die in der Vergangenheit zu verzeichnenden Erfolge beim Rückgang von klimawirksamen Emissionen sind nur in wenigen Fällen den tatsächlichen Anstrengungen von Politik, Wirtschaft und Gesellschaft geschuldet. Sie sind schlicht das Resultat einer rückläufigen Entwicklung in verschiedenen Volkswirtschaften aufgrund einer globalen Wirtschaftskrise, die sich insbesondere in Europa und China bemerkbar macht. Zudem wird mit verschiedenen Rechentricks gearbeitet, um die Zahlen in einem besseren Licht erscheinen zu lassen. Dazu zählen u. a. die Wahl des Bezugsjahrs auf eine Boomphase mit sehr hohen Emissionen oder das Heranziehen veralteter Szenarien zur künftigen wirtschaftlichen Entwicklung auf zu hohem Niveau. In beiden Fällen wird durch unrealistisch hohe Ausgangsdaten das Erreichen von Zielen zur Selbstverpflichtung beim Emissionsrückgang sehr viel einfacher gemacht [8].

Das Einhalten eines 2 °C -Korridors für den Temperaturanstieg im weltweiten Mittel wird inzwischen als nicht mehr realistisch betrachtet, selbst ein Anstieg um bis zu 4 °C bis zur Jahrhundertwende kann nur bei konsequenter Einhaltung aller nationalen

---

[2]Der Wert dieser Temperaturmarke basiert auf Analysen der globalen Mitteltemperatur, die trotz deutlicher Schwankungen in den vergangenen 5 Mio. Jahren zu keinem Zeitpunkt mehr als zwei Grad wärmer war als derzeit.

und internationalen Selbstverpflichtungen gelingen [9, 10]. Was diese vergleichsweise kleinen Temperaturanstiege für das globale Klima bedeuten wird an einem einfachen Beispiel deutlich: Während der letzten Eiszeit lagen die Temperaturen nur um 5–6 °C unter dem derzeitigen Niveau. Zudem traten diese Änderungen über Jahrzehntausende ein und nicht in einer Zeitspanne von 300 Jahren. Wie angesichts dieser Entwicklung ein Ende 2015 auf der UN-Klimakonferenz in Paris (COP 21) beschlossenes 1,5 °C-Ziel erreicht werden soll, bleibt offen.

Inhaltsverzeichnis

1	**Technologien**		1
1.1	Die Energiewende ist mehr als ein Ausstieg aus der Kernenergie		1
1.2	Konventionelle Versorgung		9
	1.2.1	Konventionelle Energieträger	9
	1.2.2	Konventionelle Versorgung	15
1.3	Regenerative Technologien		24
	1.3.1	Solartechnologien	28
	1.3.2	Wind	140
	1.3.3	Wasserkraft	208
	1.3.4	Biomasse	254
	1.3.5	Geothermie	268
2	**Aspekte der Dezentralität**		281
2.1	Sozial und ökonomisch		281
	2.1.1	Politische und wirtschaftliche Abhängigkeit	282
	2.1.2	Beschäftigung	289
	2.1.3	Strukturen der Energieversorgung	294
	2.1.4	Entwicklung des ländlichen Raums	299
2.2	Technisch und ökologisch		307
	2.2.1	Ausgleich von Verbrauch und Erzeugung	309
	2.2.2	Netzausbau	316
	2.2.3	Versorgungssicherheit und Netzverluste	325
	2.2.4	Energieklippe	327
	2.2.5	Energiedichte	329
2.3	Versorgung mit fluktuierenden Energieträgern		331
	2.3.1	Energiemix	331
	2.3.2	Flexibilisierung	339
	2.3.3	Systemischer Ansatz	348

3	**Strommarkt**	353
3.1	Einführung	355
3.2	Marktmechanismus	370
3.3	Kapazität oder Flexibilität	381

Nachwort 401

Literatur 405

Stichwortverzeichnis 423

Abbildungsverzeichnis

Abb. 1.1	Endenergiebedarf in Deutschland.	4
Abb. 1.2	Energiebedarf im privaten Haushalt.	5
Abb. 1.3	Anteil regenerativer Energien an der Versorgung.	6
Abb. 1.4	Entlastung des Strompreises durch Photovoltaik und Windenergie [24]	8
Abb. 1.5	Bindungsenergie von Atomkernen.	14
Abb. 1.6	Eigenbedarf von Kraftwerken in Bezug zur Bruttostromerzeugung (2019)	17
Abb. 1.7	Energiebedarf für die Herstellung von Syncrude aus Teersand	18
Abb. 1.8	Primärenergienutzung (Benzin).	19
Abb. 1.9	Primärenergienutzung (Diesel).	19
Abb. 1.10	Entwicklung des globalen Energiebedarfs.	20
Abb. 1.11	Synthetisches Methan als Reserveenergieträger	22
Abb. 1.12	Eigentümerstruktur beim Abbau fossiler Energieträger.	23
Abb. 1.13	Schiefe der Ekliptik	31
Abb. 1.14	Jahreszeitlicher Verlauf der Einstrahlung in Abhängigkeit von der geografischen Breite (nördliche Hemisphäre).	32
Abb. 1.15	Koordinatenbezug für Solaranlagen.	32
Abb. 1.16	Einstrahlung auf eine geneigte Ebene	34
Abb. 1.17	Einstrahlung auf eine horizontale Ebene in Berlin.	34
Abb. 1.18	Einstrahlung auf eine 35° Süd angestellte Ebene in Berlin	35
Abb. 1.19	Wegstrecke des Sonnenlichts durch die Atmosphäre.	36
Abb. 1.20	Airmass in Abhängigkeit vom Zenithwinkel	37
Abb. 1.21	Spektrum der Solarstrahlung.	38
Abb. 1.22	Tageswerte der Global-Horizontal-Strahlung in Afrika.	39
Abb. 1.23	Komponenten der Solarstrahlung.	40
Abb. 1.24	Direkt-Normal- und Global-Horizontal-Strahlung.	41
Abb. 1.25	Saisonale Einstrahlung für Berlin.	42
Abb. 1.26	Saisonale Einstrahlung für Antalya	43

Abb. 1.27	Saisonale Einstrahlung für Dubai	43
Abb. 1.28	Entwicklung der Stromerzeugung aus Photovoltaikanlagen in Deutschland	44
Abb. 1.29	Fotoelektrischer Effekt	45
Abb. 1.30	Dotierung von Halbleitern	46
Abb. 1.31	Ausbilden der Raumladungszone	47
Abb. 1.32	Schaltbild für Solarzelle	49
Abb. 1.33	Kennlinie einer Fotodiode (1)	50
Abb. 1.34	Kennlinie einer Fotodiode (2)	50
Abb. 1.35	Maximum Power Point	51
Abb. 1.36	Füllfaktor	52
Abb. 1.37	Wirkungsgrad von Solarzellen	54
Abb. 1.38	Nutzbares Spektrum für Galliumantimonid	55
Abb. 1.39	Nutzbares Spektrum für Silicium	56
Abb. 1.40	Schematischer Aufbau eines Solarmoduls	57
Abb. 1.41	Photovoltaikanlage, dachparallel west-orientiert	61
Abb. 1.42	Photovoltaikanlage, aufgeständert südwest-orientiert	61
Abb. 1.43	Einspeisekurven für unterschiedliche Ausrichtung des Photovoltaikgenerators	62
Abb. 1.44	Abstände zwischen aufgeständerten Modulreihen	63
Abb. 1.45	Zusammenhang von Flächennutzung und Abschattungswinkel	64
Abb. 1.46	Auswirkung der Modulanordnung auf die Abschattung	65
Abb. 1.47	Anschlussschema einer Photovoltaikanlage	66
Abb. 1.48	Schaltungskonzept Vollbrücke	67
Abb. 1.49	Schaltungskonzept Vollbrücke, Photovoltaikgenerator geerdet	68
Abb. 1.50	Schaltungskonzept Vollbrücke mit Hochsetzsteller	68
Abb. 1.51	Schaltungskonzept *Quiet Rail* mit asymmetrischem Hochsetzsteller	69
Abb. 1.52	Schaltungskonzept *Quiet Rail* mit symmetrischem Hochsetzsteller	70
Abb. 1.53	Schaltungskonzept *Flying Inductor*	71
Abb. 1.54	Photovoltaikanlagen in Deutschland	72
Abb. 1.55	Kostenentwicklung Photovoltaikanlagen bis 10 kW_p	72
Abb. 1.56	Einspeisevergütung für Photovoltaikanlagen	73
Abb. 1.57	Vergleich der Strombezugskosten für private Haushalte und Photovoltaikeinspeisetarife (Anlagen bis 10 kW_p)	74
Abb. 1.58	Vergleich der Strombezugskosten für Gewerbebetriebe und Photovoltaikeinspeisetarife (Anlagen bis 100 kW_p)	74
Abb. 1.59	Kostenentwicklung für Photovoltaikanlagen im internationalen Vergleich	75
Abb. 1.60	Vierfachsolarzelle mit 46 % Wirkungsgrad	76
Abb. 1.61	Spezifische Jahreserträge	78

Abbildungsverzeichnis

Abb. 1.62	Spezifische monatliche Erträge	78
Abb. 1.63	Streuung der Monatserträge	79
Abb. 1.64	Spezifische Tageserträge bei 21° Anstellwinkel	79
Abb. 1.65	Tagesgänge	80
Abb. 1.66	Süddach mit 65° Anstellwinkel	80
Abb. 1.67	Spezifische Tageserträge bei 65° Anstellwinkel	81
Abb. 1.68	Flachkollektor	83
Abb. 1.69	Vakuumröhrenkollektor	84
Abb. 1.70	Solarthermische Anlage zur Warmwasserbereitung und Heizungsunterstützung	84
Abb. 1.71	Solarthermische Anlage zur Stromerzeugung, Andasol	85
Abb. 1.72	Spektrale Energiedichte eines Planckschen Strahlers (Sonne)	85
Abb. 1.73	Spektrale Energiedichte eines Planckschen Strahlers (Wärme)	86
Abb. 1.74	Spektrale Strahlungsleistung eines Planckschen Strahlers	86
Abb. 1.75	Kennlinie von solarthermischen Kollektoren	89
Abb. 1.76	Vergleich von solarthermischen Kollektoren (1)	90
Abb. 1.77	Aufbau eines Flachkollektors	91
Abb. 1.78	Verluste am Flachkollektor	91
Abb. 1.79	Wirkungsweise des selektiven Absorbers	92
Abb. 1.80	Vergleich von solarthermischen Kollektoren (2)	93
Abb. 1.81	Teillastverhalten von Flachkollektoren	95
Abb. 1.82	Teillastverhalten von Vakuumröhrenkollektoren	96
Abb. 1.83	Arbeitsbereiche von Solarkollektoren	96
Abb. 1.84	Refraktometer	98
Abb. 1.85	Solarthermische Anlage zur Warmwasserbereitung	102
Abb. 1.86	Solarthermische Anlage mit Frischwasserstation und Heizungsunterstützung	103
Abb. 1.87	Solare Ressource und Wärmebedarf im privaten Haushalt	104
Abb. 1.88	Solare Ressource und Wärmebedarf im privaten Haushalt – doppelte Kollektorfläche	105
Abb. 1.89	Solare Ressource und Wärmebedarf im privaten Haushalt – halber Heizenergiebedarf	106
Abb. 1.90	Einsatzbereich für CSP-Anlagen	108
Abb. 1.91	Weltweiter Einsatzbereich für CSP-Anlagen	109
Abb. 1.92	Brennpunkt in einer Parabel	110
Abb. 1.93	Brennpunkt in einer Linse	110
Abb. 1.94	Brennpunkt in einer Fresnellinse	111
Abb. 1.95	Abweichung zwischen Parabolspiegel und sphärischem Spiegel	111
Abb. 1.96	Divergenz der Solarstrahlung	112
Abb. 1.97	Minimaler Randwinkel der Apertur	113
Abb. 1.98	Reflexion von Oberflächen	115

Abb. 1.99	Stillstandstemperatur in Abhängigkeit vom Konzentrationsverhältnis	118
Abb. 1.100	Wirkungsgrad konzentrierender Systeme in Abhängigkeit vom Konzentrationsverhältnis	121
Abb. 1.101	Thermischer Wirkungsgrad als Funktion der Temperaturdifferenz	122
Abb. 1.102	Systemwirkungsgrad in Abhängigkeit vom Konzentrationsverhältnis	122
Abb. 1.103	Verschattung bei Ost-West-Ausrichtung	124
Abb. 1.104	Parabolrinne	125
Abb. 1.105	Parabolspiegel mit Stirlingmotor im Brennpunkt	126
Abb. 1.106	Arbeitstakte eines Stirlingmotors	127
Abb. 1.107	Konzentrator mit Fresnellinse	128
Abb. 1.108	Solarturm mit Heliostatenfeld	129
Abb. 1.109	Heliostatenfelder für PS10 und PS20, Spanien	132
Abb. 1.110	Theoretischer Flächenbedarf für solarthermische Stromversorgung	135
Abb. 1.111	Aufwindkraftwerk	136
Abb. 1.112	Solarteich	139
Abb. 1.113	Technische Entwicklung von Windenergieanlagen	141
Abb. 1.114	Stromerzeugung aus Windenergieanlagen in Deutschland	142
Abb. 1.115	Entstehung von Wind	143
Abb. 1.116	Globale Windgürtel	144
Abb. 1.117	Einfluss des Geländeprofils	145
Abb. 1.118	Einfluss durch Objekte in Bodennähe	146
Abb. 1.119	Kinetische Energie im Massenstrom	147
Abb. 1.120	Logarithmisches Höhenprofil	151
Abb. 1.121	Messstation zur Erfassung von Klimadaten	152
Abb. 1.122	Lage einer Messstation	153
Abb. 1.123	Fluktuation der Windenergieerträge	155
Abb. 1.124	Verteilungsfunktion der Windgeschwindigkeit	156
Abb. 1.125	Weibull-Verteilungen mit unterschiedlichem Skalenparameter A	157
Abb. 1.126	Weibull-Verteilungen mit unterschiedlichem Formparameter k	158
Abb. 1.127	Datenreihe aus Windgeschwindigkeitsmessungen	158
Abb. 1.128	Weibull-Verteilung der gemessenen Windgeschwindigkeit	159
Abb. 1.129	Windfeld am Rotor	160
Abb. 1.130	Windleistung	164
Abb. 1.131	Kennlinienbereiche einer Windenergieanlage	164
Abb. 1.132	Dynamischer Auftrieb an aerodynamischen Profilen	166
Abb. 1.133	Profilparameter	166
Abb. 1.134	Auftriebseffekt in Abhängigkeit vom Anstellwinkel des Profils	168

Abbildungsverzeichnis

Abb. 1.135	Resultierende Anströmung bei Windenergieanlagen mit horizontaler Drehachse	169
Abb. 1.136	Torsion des Rotorblatts zur gleichmäßigen Anströmung	170
Abb. 1.137	Luv- und Leeläufer	171
Abb. 1.138	Rechts- und Linksläufer	171
Abb. 1.139	Horizontalachsige Windenergieanlage	172
Abb. 1.140	Vertikalachsiger H-Darrieus-Rotor	173
Abb. 1.141	Holländerwindmühle	176
Abb. 1.142	Wirbelschleppe im Nachlauf (Vattenfall Offshore Windpark Horns Rev, Dänemark)	177
Abb. 1.143	Anströmung von Widerstandsläufern	179
Abb. 1.144	Savoniusrotor	182
Abb. 1.145	Netzfrequenz	184
Abb. 1.146	Generatorkonzepte	185
Abb. 1.147	Indirekter Umrichter	188
Abb. 1.148	Direkter Umrichter	188
Abb. 1.149	Aufgelöster Antriebsstrang (4-Punkt-Lagerung)	190
Abb. 1.150	Aufgelöster Antriebsstrang (3-Punkt-Lagerung)	190
Abb. 1.151	Kompakter Antriebsstrang	191
Abb. 1.152	Direktantrieb	191
Abb. 1.153	Rotorkennlinien bei unterschiedlicher Anlagenauslegung	193
Abb. 1.154	Leistung und Rotorfläche von Windenergieanlagen	195
Abb. 1.155	Winddatensatz	196
Abb. 1.156	Einspeisung aus einer 2,5 MW-Anlage mit 110 m Rotor	196
Abb. 1.157	Einspeisung aus einer 3,1 MW-Anlage mit 90 m Rotor	197
Abb. 1.158	Überlagerung von Windgeschwindigkeitsprofil und Anlagenkennlinie	199
Abb. 1.159	Ertragsbestimmung aus Windgeschwindigkeitsprofil und Anlagenkennlinie	199
Abb. 1.160	Erträge im langjährigen Verlauf	200
Abb. 1.161	Verteilungsfunktion der Erträge	201
Abb. 1.162	Kumulierte Wahrscheinlichkeit der Erträge	201
Abb. 1.163	Windrose mit Häufigkeitsverteilung der Windrichtungen	202
Abb. 1.164	Windparkanordnung	203
Abb. 1.165	Ertragssteigerung durch Repowering	204
Abb. 1.166	Repowering von flächenförmigen Windparks	207
Abb. 1.167	Repowering von linienförmigen Windparks	207
Abb. 1.168	Globale Niederschlagsverteilung	208
Abb. 1.169	Stromerzeugung aus Wasserkraftanlagen in Deutschland	209
Abb. 1.170	Pegel und Abfluss im natürlichen Gerinne	211
Abb. 1.171	Beziehung zwischen Pegelstand und Abfluss	212
Abb. 1.172	Zeitlicher Verlauf des Abfluss des Rheins (Ganglinie)	214

Abb. 1.173	Zeitlicher Verlauf des Abflusses des Rheins (Dauerlinie)	214
Abb. 1.174	Zeitlicher Verlauf des Abflusses der Rhône (Ganglinie)	215
Abb. 1.175	Vergleich von hydrostatischem und hydrodynamischem Antrieb	218
Abb. 1.176	Einsatzbereiche von Turbinen	219
Abb. 1.177	Francis-Turbine	220
Abb. 1.178	Pelton-Turbine	220
Abb. 1.179	Kaplan-Turbine	221
Abb. 1.180	Ossberger-Turbine	221
Abb. 1.181	Turbinenwirkungsgrad	222
Abb. 1.182	Typen von Wasserkraftwerken	223
Abb. 1.183	Wasserkraftwerk Itaipú	225
Abb. 1.184	Fallrohre am Wasserkraftwerk Itaipú	225
Abb. 1.185	Wasserkraftwerk Drei-Schluchten-Damm	226
Abb. 1.186	Kirchturm von Alt-Graun im Speichersee am Reschenpass (Südtirol, Italien)	228
Abb. 1.187	Dauerlinie mit Q_{90}, Q_{270} und MQ	228
Abb. 1.188	Funktionsprinzip von Pumpspeicherkraftwerken	229
Abb. 1.189	Verluste im Pumpspeicherkraftwerk	230
Abb. 1.190	Globale Wasserkraftpotenziale	236
Abb. 1.191	Korrelation von Windgeschwindigkeit und Wellenhöhe	237
Abb. 1.192	Signifikante Wellenhöhe (100-Jahreswert)	239
Abb. 1.193	Wellenkammer	241
Abb. 1.194	Wellenrampe	241
Abb. 1.195	Auftriebskörper mit Hydraulikzylinder	242
Abb. 1.196	Wave Dragon	242
Abb. 1.197	Pelamis	243
Abb. 1.198	PowerBuoy	243
Abb. 1.199	Globale Meeresströmungen	244
Abb. 1.200	SeaFlow	245
Abb. 1.201	Tidenhub (Amplitude der Gezeiten)	245
Abb. 1.202	Arbeitsweise eines Gezeitenkraftwerks	246
Abb. 1.203	Wasserspiegel und Betriebsphasen eines Gezeitenkraftwerks	247
Abb. 1.204	Arbeitsweise eines Salzgradientenkraftwerks	248
Abb. 1.205	Osmosekraftwerk	249
Abb. 1.206	Wassertemperatur an der Meeresoberfläche (23. August 2015)	250
Abb. 1.207	Siedepunkt von Wasser	253
Abb. 1.208	Täglicher Flächenverbrauch in Deutschland	255
Abb. 1.209	Flächennutzung für die Landwirtschaft in Deutschland	256
Abb. 1.210	Stromproduktion aus biogenen Energieträgern	261
Abb. 1.211	Zusammensetzung der Stromerzeugung aus biogenen Energieträgern	262
Abb. 1.212	Anzahl und installierte Leistung von Biogasanlagen	263

Abbildungsverzeichnis

Abb. 1.213	Wärmeerzeugung aus biogenen Energieträgern..................	264
Abb. 1.214	Zusammensetzung der Wärmeerzeugung aus biogenen Brennstoffen...	264
Abb. 1.215	Flächenbezogene Brennstofferträge.........................	265
Abb. 1.216	Produktion von Biokraftstoffen	265
Abb. 1.217	Energiesteuer auf Biokraftstoffe (nominell).....................	266
Abb. 1.218	Energiesteuersätze (energiemengenbezogen)..................	267
Abb. 1.219	Biokraftstoffe	267
Abb. 1.220	Treibhausgaspotenzial von Biokraftstoffen	268
Abb. 1.221	Aufbau der Erde	270
Abb. 1.222	Installierte Leistung von geothermischen Anlagen	272
Abb. 1.223	Strom- und Wärmeerzeugung von geothermischen Anlagen........	273
Abb. 1.224	Gebiete für eine hydrogeothermische Nutzung in Deutschland......	274
Abb. 1.225	Petrothermale Geothermie	275
Abb. 1.226	Leistungszahl einer Wärmepumpe...........................	278
Abb. 1.227	Stromerzeugung aus Geothermie-Kraftwerken	280
Abb. 2.1	Braunkohletagebau.......................................	283
Abb. 2.2	Energieimporte nach Deutschland	284
Abb. 2.3	Saldo der Uranimporte und -exporte nach Deutschland...........	284
Abb. 2.4	Kosten der Energieimporte nach Deutschland..................	285
Abb. 2.5	Gegenüberstellung von Kosten- und Mengenentwicklung der Importe...	286
Abb. 2.6	Bruttoinlandsprodukt und Importe von Energieträgern	287
Abb. 2.7	Anteil Russlands an Importen von Energieträgern nach Deutschland	288
Abb. 2.8	Einnahmen aus dem Gas- und Ölexport und Militärausgaben in Russland...	289
Abb. 2.9	Bruttobeschäftigte im Bereich regenerative Energien	290
Abb. 2.10	Beschäftigte im Bereich regenerative Energien nach Branchen (2011)...	291
Abb. 2.11	Beschäftigte im Bereich regenerative Energien nach Räumen (2011)..	291
Abb. 2.12	Bruttobeschäftigte im Bereich konventionelle Energien	292
Abb. 2.13	Jährlicher Zubau von Biogasanlagen	293
Abb. 2.14	Eigentümerstruktur von Anlagen zur Nutzung regenerativer Energien	294
Abb. 2.15	Entwicklung der Stromexporte im Verhältnis zum Bruttostromverbrauch.....................................	296
Abb. 2.16	Renditeerwartungen	297
Abb. 2.17	Stromerzeugung aus regenerativen Energien nach Energieträgern (2011).....................................	300

Abb. 2.18	Pro-Kopf-Stromerzeugung aus regenerativen Energien nach Regionen (2011)	302
Abb. 2.19	Saldo der EEG-induzierten Zahlungsströme (2011)	303
Abb. 2.20	Wertschöpfung aus regenerativen Energien nach Energieträgern (2012)	306
Abb. 2.21	Wertschöpfung aus regenerativen Energien nach Räumen (2012)	306
Abb. 2.22	Durchschnittliche Dauer von Versorgungsunterbrechungen für Endverbraucher in Deutschland (SAIDI)	308
Abb. 2.23	Sinkende Netzverluste durch dezentrale Einspeisung	309
Abb. 2.24	Speicherdimensionierung bei fluktuierender Erzeugung und variablem Bedarf	310
Abb. 2.25	Speicherbetrieb bei fluktuierender Erzeugung und variablem Bedarf	311
Abb. 2.26	Photovoltaikanlage bei leichter Bewölkung	314
Abb. 2.27	Photovoltaikanlage bei Bewölkung	314
Abb. 2.28	Standardlastprofil für private Haushalte im Winter	315
Abb. 2.29	Standardlastprofil für Gewerbe im Winter	316
Abb. 2.30	Investitionen in Verteilnetze	318
Abb. 2.31	Stromnetze in Deutschland	321
Abb. 2.32	Struktur der Verteilnetze	321
Abb. 2.33	Investitionen in Übertragungsnetze	322
Abb. 2.34	Blindleistungsbedarf pro Kilometer	324
Abb. 2.35	Umspannstation für HGÜ	324
Abb. 2.36	Auswirkung der dezentralen Einspeisung auf die Netzverluste	326
Abb. 2.37	Energieklippe	329
Abb. 2.38	Entwicklung der installierten Leistung und Strommengen aus Photovoltaik- und Windenergieanlagen	332
Abb. 2.39	Monatliche Einspeisung aus Photovoltaik- und Windenergieanlagen 2011	333
Abb. 2.40	Monatliche Einspeisung aus Photovoltaik- und Windenergieanlagen 2012	333
Abb. 2.41	Monatliche Einspeisung aus Photovoltaik- und Windenergieanlagen 2013	334
Abb. 2.42	Monatliche Einspeisung aus Photovoltaik- und Windenergieanlagen 2014	334
Abb. 2.43	Gleichzeitigkeit der Einspeisung aus Photovoltaik- und Windenergieanlagen 2011	335
Abb. 2.44	Gleichzeitigkeit der Einspeisung aus Photovoltaik- und Windenergieanlagen 2012	335

Abb. 2.45	Gleichzeitigkeit der Einspeisung aus Photovoltaik- und Windenergieanlagen 2013	336
Abb. 2.46	Gleichzeitigkeit der Einspeisung aus Photovoltaik- und Windenergieanlagen 2014	336
Abb. 2.47	Prognosequalität für die Stromeinspeisung aus Windenergie	340
Abb. 2.48	Prognosequalität für die Stromeinspeisung aus Photovoltaik	340
Abb. 2.49	Entwicklung der Anlagenkategorien zur Nutzung biogener Brennstoffe	342
Abb. 2.50	Einspeisung aus biogenen Brennstoffen	343
Abb. 2.51	Monatliche Einspeisung aus Photovoltaik- und Windenergieanlagen sowie Biomasse und Gasen – aktuelle Fahrweise	344
Abb. 2.52	Monatliche Einspeisung aus Photovoltaik- und Windenergieanlagen sowie Biomasse und Gasen – flexible Fahrweise	345
Abb. 2.53	Wöchentliche Einspeisung aus Photovoltaik- und Windenergieanlagen sowie Biomasse und Gasen – aktuelle Fahrweise	346
Abb. 2.54	Wöchentliche Einspeisung aus Photovoltaik- und Windenergieanlagen sowie Biomasse und Gasen – flexible Fahrweise	347
Abb. 2.55	Sektorübergreifende Systemintegration	350
Abb. 3.1	Entwicklung der Stromtarife für verschiedene Verbrauchergruppen	354
Abb. 3.2	Entwicklung der Stromkosten für Erzeugung, Vertrieb und Transport	355
Abb. 3.3	Preisabhängiger und -unabhängiger Handel mit Stromkontrakten	361
Abb. 3.4	Vorsteuerergebnisse der drei größten Stromerzeuger in Deutschland	362
Abb. 3.5	Entwicklung der Börsenstrompreise	363
Abb. 3.6	Entwicklung der spezifischen Brennstoffpreise	364
Abb. 3.7	Negative Strompreise	367
Abb. 3.8	Stromerzeugung aus Anlagen mit Kraft-Wärme-Kopplung	370
Abb. 3.9	Einsatzreihenfolge nach Grenzkosten der Stromerzeugung in 2018	371
Abb. 3.10	Situation am Strommarkt 2008, nachts	372
Abb. 3.11	Situation am Strommarkt 2008, tags	373
Abb. 3.12	Stromerzeugung im Tagesverlauf	373
Abb. 3.13	Strom aus Photovoltaikanlagen verdrängt tagsüber Spitzenlastkraftwerke	374

Abb. 3.14	Preisverfall an der Strombörse aufgrund der hohen Solarstromerzeugung	375
Abb. 3.15	Anteil der regenerativen Solarstromerzeugung	375
Abb. 3.16	Markt für Systemdienstleistungen	381
Abb. 3.17	Zuteilung und Bedarf an Emissionszertifikaten in der ersten und zweiten Handelsperiode	384
Abb. 3.18	Kosten für Emissionszertifikate	385
Abb. 3.19	Ausfallarbeit durch Einspeisemanagement	387
Abb. 3.20	Anteil der Ausfallarbeit an der Stromerzeugung	388
Abb. 3.21	Redispatch	390
Abb. 3.22	Entwicklung des Außenhandelssaldos mit Strom	391
Abb. 3.23	Erlöse aus dem Stromexport	392
Abb. 3.24	Stromkontrakte und tatsächliche Last	395
Abb. 3.25	Abrufhäufigkeit von Minutenreserveleistung	396
Abb. 3.26	Kosten und Vergütung für Ausgleichsenergie	397

Tabellenverzeichnis

Tab. 1.1	Infrastrukturkosten und Einnahmen	3
Tab. 1.2	Jährlicher Energiebedarf im privaten Haushalt (3 Personen)	5
Tab. 1.3	Energiedichte fossiler und nachwachsender Rohstoffe	11
Tab. 1.4	Energiedichte von Speichern für elektrische Energie	26
Tab. 1.5	Jährliche Energieausbeute von regenerativen Energieträgern	27
Tab. 1.6	Regenerative Energiequellen	29
Tab. 1.7	Airmass an verschiedenen Orten und zu verschiedenen Daten	37
Tab. 1.8	Vergleich der Einstrahlung	42
Tab. 1.9	Bandabstand von Halbleitern	46
Tab. 1.10	Elektrische Leitfähigkeit	48
Tab. 1.11	Temperaturgang von Silicium-Solarzellen	51
Tab. 1.12	Füllfaktor von verschiedenen Solarzellentypen	53
Tab. 1.13	Standard Testbedingungen (STC)	53
Tab. 1.14	Wirkungsgrad von Solarzellen und -modulen aus Serienfertigung	55
Tab. 1.15	Spezifische Wärmekapazität verschiedener Materialien (massebezogen)	98
Tab. 1.16	Spezifische Wärmekapazität verschiedener Materialien (volumenbezogen)	99
Tab. 1.17	Zulässige Orientierungsfehler	114
Tab. 1.18	Arbeitsmedien für Stirlingmotoren	128
Tab. 1.19	Solarthermische Kraftwerksprojekte weltweit	133
Tab. 1.20	Energiebedarf von Verfahren zur Meerwasserentsalzung	133
Tab. 1.21	Flächennutzungsgrad von solartechnischen Anlagen	134
Tab. 1.22	Abhängigkeit der Dichte der Luft von der Temperatur	137
Tab. 1.23	Windstärke und Windgeschwindigkeit	148
Tab. 1.24	IEC Windklassen	149
Tab. 1.25	IEC Turbulenzintensität	149
Tab. 1.26	DiBt Windzonen	150
Tab. 1.27	Messgeräte am Messmast	152
Tab. 1.28	Einfluss des Formparameters auf die Verteilungsfunktion	158

Tab. 1.29	Windanlagenbetrieb in Abhängigkeit von der Windgeschwindigkeit	163
Tab. 1.30	Vierstellige NACA-Codes	166
Tab. 1.31	Aerodynamische Charakterisierung von Rotoren	174
Tab. 1.32	Widerstandskoeffizient von Körpern	178
Tab. 1.33	Rotortypen	182
Tab. 1.34	Typen von Generatoren	186
Tab. 1.35	Kategorien von Windenergieanlagen	193
Tab. 1.36	Windenergieanlagen	194
Tab. 1.37	Abflussgrößen in der Hydrografie	211
Tab. 1.38	Wasserturbinen	219
Tab. 1.39	Pumpspeicherkraftwerk Vianden (Luxemburg)	233
Tab. 1.40	Wellenkraftwerke	240
Tab. 1.41	Wärmeträgermedien	252
Tab. 1.42	Biogene Energieträger	254
Tab. 1.43	Emissionsfaktoren von biogenen und fossilen Stromerzeugern	259
Tab. 2.1	Flächeneffizienz von regenerativen Energieträgern	301
Tab. 2.2	Netzausbaubedarf im Verteilnetz	320
Tab. 2.3	Netzausbaubedarf im Übertragungsnetz	320
Tab. 2.4	Energiedichte von Energieträgern (thermische Energie)	330
Tab. 2.5	Gleichzeitigkeit bei der Einspeisung aus Photovoltaik- und Windenergieanlagen	337
Tab. 3.1	Auftreten von negativen Strompreisen	367

Verzeichnis der Infoboxen

Energiesteuer 1	2
Energiesteuer 2	8
Die Dampfmaschine – sehr effektiv, doch nur wenig effizient	9
Der Brennstoff dominiert	10
Verbrennungsmotoren – Das Geheimnis des Erfolgs	12
Energie für Energie – weshalb eine Systemtransformation unausweichlich ist	19
Die Sinnfrage – wann darf die Nutzenergie geringer als der Energieeinsatz ausfallen?	21
Energiebedarf einer Großstadt	27
Saisonale Fluktuationen	42
Strom aus Licht – und Licht aus Strom	45
Hot Spot	58
Degradation von Solarzellen	60
Vermeidung von abschattungsbedingten Verlusten	64
50,2 H Problem	66
Thermische Verluste	89
Strahlungsverluste	90
Konvektion	92
Wärmeleitung	92
Wasser und Alkohol	97
Speicherparameter für Wärmespeicher	100
Optik von Kollektorsystemen und Konzentratoren	114
Wärmeenergie und Temperaturniveau	121
Ost-West oder Süd	124
Stirlingmotor	127
Solare Energie – für Photovoltaik oder Solarthermie?	130
Flächennutzungsgrad	134
Faktor 1000	138
Laminare und turbulente Strömung	146
Investitionen und Kostenvergleiche	153

Windleiteinrichtungen zur Optimierung von Windrotorez	161
NACA-Profile	165
Darrieus-Rotor	172
Optimierung vom Widerstandsläufer	179
Savoniusrotor	181
Schlupf	184
Umrichter	187
Rotorfläche oder Generatorleistung?	195
Infraschall	203
Abfluss	210
Boden als Wasserspeicher	212
Grund- und Spitzenlast, Speicher	223
Auslegung von Wasserkraftwerken	227
Druckluftspeicher als Alternative?	230
Rankine Cycle	251
Wasserdampf – auch bei niedrigen Temperaturen	253
Leistungsüberbauung	260
Mineralfrachten	273
Risiken der Geothermie 1	274
Risiken der Geothermie 2	275
Oberflächennahe Geothermie	276
Schuldenfalle	286
Sicherheit und Zinsen	296
Ausschreibungsverfahren für Photovoltaikfreiflächenanlagen	298
Flächenbedarf	300
Kommunale Wertschöpfung	305
Speicher – Nutzung von Energie zu einem anderen Zeitpunkt	311
Netze – Nutzung von Energie an einem anderen Ort	313
Netzausbau	317
Netze	319
Speicher und Netze	323
Bedeutung der Energieklippe	328
Ausgleichseffekte	331
Netzlast aus regenerativer Einspeisung	338
Verbundnetz	348
Mehrdimensionale Optimierung	350
§ 1 Allgemeine Grundsätze	354
Churn-Rate	356
Teilnahme am Stromhandel	357
Funktion des Großhandels mit Strom	361
Energiepreise und die Folgen	364

Verzeichnis der Infoboxen

Gesetzliche Rahmenbedingungen und die Folgen	365
Negative Strompreise	365
Grenzkosten der Stromerzeugung	371
Sekundärfolgen einer Reaktorkatastrophe	377
Ersatz für alte Kernkraftwerke	378
„must run"	380
Kostenwahrheit und Emissionszertifikate	384
Einspeisemanagement und Redispatch	389
Volllaststunden	393
Regelleistung	394
Ausgleichsenergie	396

Technologien 1

1.1 Die Energiewende ist mehr als ein Ausstieg aus der Kernenergie

Der Übergang zu einer regenerativen Energieversorgung entspringt keineswegs einer ökologisch-romantischen Vorstellung, sondern ist von sachlichen Notwendigkeiten geprägt.

Interessanterweise gehen technische und soziale Aspekte dabei Hand in Hand: Das Ausbeuten endlicher Vorräte an Energieträgern führt zwangsläufig zur Anreicherung von Abgasen in der Atmosphäre und nichtflüchtigen Abfallstoffen im Meer. Beide Vorgänge finden langsam und schleichend statt, sodass sie nach menschlichem Empfinden kaum wahrzunehmen sind. Auch die Folgen für Klima und Landnutzung, Nahrungsketten und Gesundheit sind nur auf langen Zeitskalen zu beobachten.

Doch gerade das schleichende Fortschreiten birgt die Gefahr, dass die an sich bekannten Bedrohungen gegenüber der Tagespolitik und kurzatmigen Schlagzeilen ins Hintertreffen geraten. Am Beispiel der *Energieklippe* (Abschn. 2.2.4) wird deutlich, wie ein allmählicher Prozess abrupt in eine Katastrophe münden kann – technisch wie sozial.

Zu alledem kommt eine bereits heute unübersehbare wirtschaftliche Komponente: Der rasante Kostenanstieg für die konventionellen Versorgungssysteme. Von Jahr zu Jahr sind mehr Geldmittel für die Beschaffung fossiler und nuklearer Brennstoffe aufzubringen. Ein immer größerer Teil von Wertschöpfung und Einkommen wird im Sinne des Wortes verbrannt. Dieser Umstand trifft Industrienationen ebenso wie Schwellen- und Entwicklungsländer – und gefährdet wirtschaftliche Entwicklung und Wohlstand gleichermaßen. Je höher der Anteil der energiebedingten Ausgaben im Budget, die Energieintensität eines Produktes oder einer Dienstleistung, desto spürbarer die Auswirkungen. Ärmere Haushalte und wirtschaftlich schwächere Nationen sind daher überproportional betroffen (mehr dazu in Abschn. 2.1.1).

© Springer Fachmedien Wiesbaden GmbH, ein Teil von Springer Nature 2021
C. Synwoldt, *Dezentrale Energieversorgung mit regenerativen Energien*,
https://doi.org/10.1007/978-3-658-33733-9_1

Prinzipiell lassen sich zwei Wege zum Gegensteuern ausmachen: das Reduzieren des Energiebedarfs und der Umstieg hin zu einer regenerativen Versorgung. Im ersten Weg wird auf das Reduzieren der Mengen – und damit auch Kosten – für die Energieversorgung gesetzt. Im zweiten Fall handelt es sich demgegenüber nicht nur um eine technische Alternative, sondern auch um einen wirtschaftlichen Paradigmenwechsel: An die Stelle von Ausgaben für den laufenden Konsum tritt eine Investition.

Es wird erkennbar, dass die Auseinandersetzung mit dem Gedanken der Effizienz eine kurzfristig in besonderem Maße *wirtschaftliche* Maßnahme ist. – Eine Einsparung an Energie reduziert den Kostenaufwand im selben Maße. Angesichts permanent steigender Energiekosten lässt sich damit jedoch nur eine Atempause verschaffen. Nur kontinuierliche Anstrengungen zur Reduzierung des Energiebedarfs können die Kosten für Energie langfristig stabil halten. Doch wie weit reichen Effizienzmaßnahmen? Eine Reduzierung des Energiebedarfs bis hin zur kompletten Vermeidung ist ebenso unrealistisch,[1] wie sie angesichts endlicher Ressourcen erforderlich wäre.

Es wird deutlich, dass neben der *Effizienz* auch der *Suffizienz* – wie viel (Energie-)Bedarf ist wirklich nötig? – zunehmend Beachtung zu schenken ist.

Das Phänomen *Energiekosten* belastet zudem nicht nur Privathaushalte und Unternehmen, sondern auch die Handelsbilanzen von Staaten und damit einhergehend den Wert der Währung. So spiegelt die Währungskrise des Euro ab 2009 nicht nur die Staatsverschuldung in einigen Ländern der Eurozone wider, sondern ist auch Ausdruck für die Belastung der Handelsbilanzen durch übermäßige Ausgaben für Energieimporte (auch hierzu mehr in Abschn. 2.1.1). Dennoch wird die Forderung nach mehr Effizienz immer noch mit Dirigismus und Unannehmlichkeiten in Verbindung gebracht. Aktuelle gesetzliche Regelungen erfolgen trotz Zielvereinbarungen auf europäischer Ebene[2] eher halbherzig. Eine mögliche Erklärung hierfür wären Zielkonflikte zwischen den immensen Einnahmen aus Energiesteuern und dem volks- wie privatwirtschaftlichen Effizienzgedanken.

Energiesteuer 1
Die Einnahmen aus Energiesteuern sind ein wichtiger Beitrag im Staatshaushalt. Allein die Energiesteuer[3] auf Benzin (65,45 ct/l) und Diesel (47,07 ct/l) führte 2019 zu einem Steueraufkommen von 32,4 Mrd. €. Das ist viereinhalb Mal höher, als das Aufkommen der Stromsteuer mit 7,0 Mrd. €. Zusammen machen diese beiden Steuern mehr als 54 % der Bundessteuern aus [11].

---

[1]Der 1. Hauptsatz der Thermodynamik erlaubt eine 100 %ige Effizienz, die durch reale Maschinen jedoch nicht erreicht werden kann. Das Prinzip der Entropie führt zu einer Entwertung von Energie in Anergie.

[2]U. a. EU-Richtlinie 2012/27/EU zur Energieeffizienz, EU-Richtlinie 2009/28/EG zur Nutzung von Energie aus erneuerbaren Quellen, sowie zahlreiche Ausnahmeregelungen in der novellierten EnEV 2014.

[3]Steuersätze für Energieerzeugnisse nach § 2 Abs. 1 EnergieStG.

Tab. 1.1 Infrastrukturkosten und Einnahmen

Infrastrukturkosten und Einnahmen	Aufkommen/Kosten
Aufkommen an Mineralölsteuer [11]	33,1 Mrd. €
PKW-Maut für Ausländer [14]	0–0,8 Mrd. €
Verkehrsabgabe [15]	4,4 Mrd. €
Zusätzliche Kosten für Instandhaltung[a] [16]	7,2 Mrd. €

[a]Für die Verkehrsträger Straße, Schiene und Wasserstraße. Hierin ist ein über 15 Jahre verteilter, jährlicher Nachholbedarf von 2,65 Mrd. € enthalten

Insbesondere die Mineralölsteuer verdeutlicht das Dilemma: Jede Effizienzmaßnahme, die zu einer Kraftstoffeinsparung führt, ist unmittelbar haushaltswirksam – denn sie reduziert das Steueraufkommen. Da beim Verkauf von Benzin und Diesel an private Abnehmer zusätzlich die Umsatzsteuer anfällt, verringern sich die Staatseinnahmen im gleichen Zuge noch ein zweites Mal.

Anhand dieser Überlegungen wird nachvollziehbar, wieso eine Abkehr vom energetisch und ökologisch wenig zweckmäßigen Konzept des motorisierten Individualverkehrs politisch eher unambitioniert angegangen wird. Dies betrifft stadtplanerische Konzepte, die auf Verkehrsvermeidung und öffentliche Verkehrsträger setzen, ebenso wie einen Systemwechsel zur Elektromobilität. Dieselbe Verkehrsleistung, die durch Verbrennungsmotoren erreicht wird, kann von Elektromotoren mit ca. 25–30 % des Energieeinsatzes geleistet werden. Der Strombedarf würde sich gegenüber dem derzeitigen Verbrauch in der Größenordnung von 35–55 % erhöhen.[4] Diese Hürde sollte bei einer mehrere Jahrzehnte währenden Übergangsphase durchaus im technisch beherrschbaren Bereich liegen.

Eine zweite Rechnung zeigt jedoch das eigentliche Problem: Die Verbrauchssteuer auf Elektrizität (Stromsteuer) liegt gegenwärtig bei 2,05 ct/kWh.[5] Um nun dasselbe Steueraufkommen wie aus der Mineralölsteuer zu generieren, müsste die Stromsteuer bei 15,7–18,8 ct/kWh im Vergleich zur Besteuerung von Diesel liegen. Beim Ersatz von Benzinmotoren durch Elektroantriebe wäre sogar ein Steuersatz auf Strom im Bereich von 24,3–29,2 ct/kWh erforderlich.[6] – Eine schleppende Umsetzung neuer Verkehrs- und Antriebskonzepte hat somit nicht nur mit Hemmnissen auf Hersteller- und Abnehmerseite zu rechnen. Die vorangehende Argumentation legt nahe, dass auch ein fiskales Dilemma vorliegt.

Denn die Milliardeneinnahmen aus der Mineralölsteuer werden keineswegs für das Aufrechterhalten der Verkehrsinfrastrukturen herangezogen. Anhand der Größenordnungen von Kosten und Einnahmen wird in Tab. 1.1 deutlich, dass politische Initiativen wie das Einführen einer Maut für ausländische PKW [12] oder eine zusätzliche Abgabe für die Sanierung von Straßen, Brücken und Schleusen [13] eher den Finanzhaushalt adressieren.

Tatsächlich werden seit 2001 jährlich 2 Mrd. € weniger für den Straßenerhalt ausgegeben, als der Bundesverkehrswegeplan verlangt [17] – hier wird das Leben und Zehren von der Substanz auf sträfliche Weise mit Sparsamkeit verwechselt [16]. Der Investitionsstau schwillt an, die Kosten verlagern sich lediglich auf folgende Perioden; ein auch in anderen Sektoren übliches Vorgehen.

---

[4]Eigene Berechnungen.
[5]Steuersatz für Strom nach § 3 StromStG.
[6]Eigene Berechnungen.

Es leuchtet ein, dass auch bei größten Effizienzanstrengungen immer ein gewisser Energiebedarf zu verzeichnen ist. Effizienz hilft kurzfristig Kosten sparen, dessen ungeachtet ist sie kein Ausweg aus dem generellen Energiedilemma. Letztlich ist im Einzelfall bilanziell zu erfassen, welcher – energetische – Aufwand für die jeweilige Effizienzmaßnahme vertretbar ist, d. h. über die Dauer der Nutzung einer Wärmedämmung, Optimierung der Maschine etc. energetisch amortisiert wird.

Effizienz hilft jedoch, den Weg in eine regenerative Versorgung zu ebnen. Jede Kilowattstunde Strom oder Wärme, jeder Liter an Treib- und Brennstoffen, die nicht benötigt werden, reduzieren den Aufwand für eine Transformation der Energieversorgung. Zudem entfällt der Energieaufwand zur Förderung und Bereitstellung, für Transport und Aufbereitung. Angesichts der Endlichkeit der Ressourcen an fossilen und nuklearen Energieträgern ist das kein unwesentlicher Aspekt, um den Reichweitenhorizont zu verlängern. Letztlich führt jedoch kein Weg daran vorbei, dass die Epoche der fossilen und nuklearen Brennstoffe eine kurze Episode der Menschheitsgeschichte bleiben wird. Gerade die Industrienationen mit ihrem großen Hunger nach Energie sind aus den genannten Gründen auf eine Transformation der Energieversorgung hin zu regenerativen Systemen angewiesen.

Auch wenn sich die in Politik und Öffentlichkeit geführte Diskussion meist auf die Stromerzeugung beschränkt, so ist Elektrizität nur eine Komponente des Energiebedarfs – und zudem die Kleinste. Vier Fünftel des Energiebedarfs rühren aus dem Bedarf für Mobilität und vor allem an Wärme (Abb. 1.1).

Die deutschlandweite Verteilung des Energiebedarfs auf die drei Sparten Elektrizität, Mobilität und Wärme spiegelt durchaus auch die Situation in privaten Haushalten wider.

Bei durchschnittlichem Baustandard überwiegt der Wärmebedarf deutlich. Nur bei Neubauten in Niedrigenergiebauweise erreicht vor allem der Energiebedarf für

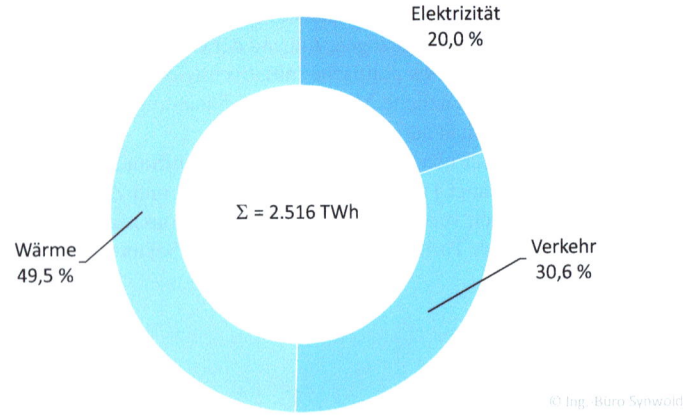

Abb. 1.1 Endenergiebedarf in Deutschland. (Daten: [18])

1.1 Die Energiewende ist mehr als ein Ausstieg aus der Kernenergie

Mobilität, namentlich durch den Betrieb von konventionellen PKWs, einen größeren Anteil. Elektrizität spielt eine untergeordnete Rolle, es sei denn Wärmeanwendungen wie Durchlauferhitzer oder Nachtspeicherheizungen sind zu berücksichtigen. Entsprechend reduziert sich der Strombedarf bei Verwendung eines Gasherdes anstelle von elektrischen Kochplatten und Backöfen.

Der Darstellung in Abb. 1.2 liegen Annahmen zugrunde, die in Tab. 1.2 aufgelistet sind.

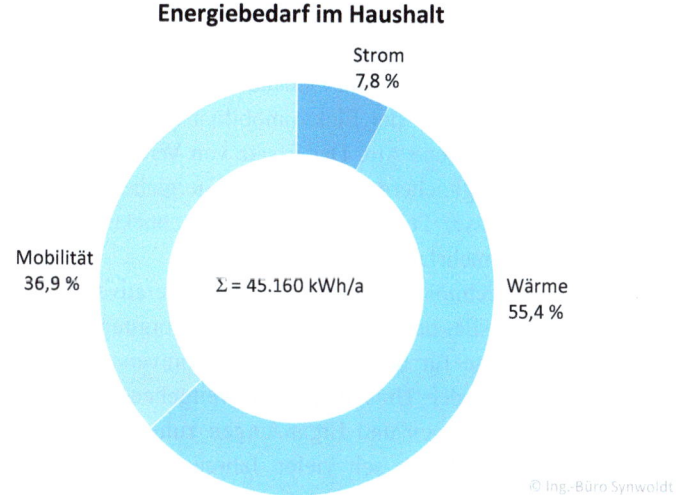

Abb. 1.2 Energiebedarf im privaten Haushalt. (Daten: Eigene Berechnung)

Tab. 1.2 Jährlicher Energiebedarf im privaten Haushalt (3 Personen)

	Grundlage		Energiebedarf
Strom	[19]		3500 kWh/a
Wärme	Heizung	100 m^2	25.000 kWh/a
		200 kWh/m^2 (durchschn. Wärmedarf im Bestand[a])	
	Warmwasser	30 m^3	
		125 kWh/m^3 (bei 60 °C, § 9 Abs. 2 Heizkosten V)	
	Verluste	5 % (Abgas, Kessel)	
Mobilität	2 Fahrzeuge	14.000 km/a [20]	16.660 kWh/a
		7 l/100 km	

[a]Die Bandbreite für den Heizenergiebedarf reicht von 400 kWh/m^2 a bei mangelhafter Altbausubstanz bis 15 kWh/m^2 a bei Passivbauweise

Ganz anders sieht es mit dem Anteil erneuerbarer Energien bei der Bereitstellung der Energie aus (Abb. 1.3). Hier liegt die regenerative Stromerzeugung weit vorne. Wärmeerzeugung und Kraftstoffe verfügen nur über marginale Anteile erneuerbarer Energien. Bei näherer Betrachtung der regenerativen Wärmeerzeuger wird zudem deutlich, dass biogene Energieträger mit fast 90 % dominieren. Davon entfällt allein die Hälfte auf die Nutzung von Brennholz. Der Beitrag von Solarthermie und Geothermie liegt in Summe bei gut zwei Prozent des gesamten Wärmebedarfs.

Es besteht also großer Handlungsbedarf – nicht nur bei der regenerativen Erzeugung von Strom, sondern eben gerade in den Sparten Wärme und Mobilität.

Regenerativer Strom wird künftig einen immer wichtigeren Beitrag liefern. Elektrisch betriebene Wärmepumpen können aus Umweltwärme, aus Abwärme von Maschinen und Anlagen, aber auch aus Abwasser Wärme für Gebäudeheizungen, Warmwasserbereitung und gewerbliche Zwecke liefern. Mit der Elektromobilität erreicht der Aspekt der verkehrsbedingten Emissionen eine neue Ära. Der Ersatz von Verbrennungsmotoren durch elektrische Antriebe wirkt sich gleichermaßen auf den Energiebedarf (Infobox Energiesteuer 1) wie auch auf Abgase, Feinstaub- und Geräuschbelastungen aus. Urbane Ballungsräume würden gleich mehrfach profitieren.

Der weitere Ausbau von Technologien zur Nutzung regenerativer Energien ist damit der Schlüssel für eine postfossile, postnukleare Energieversorgung. Dessen ungeachtet wird die gesetzliche Grundlage für den Umbau der Stromversorgung immer weiter eingeengt. Symptomatisch ist der Umstand, dass weitgehend unbemerkt von der Öffentlichkeit sämtliche Änderungen und Ergänzungen zum *Gesetz für den Vorrang Erneuerbarer Energien (EEG)* bereits seit vielen Jahren ein anderes Ziel verfolgen:

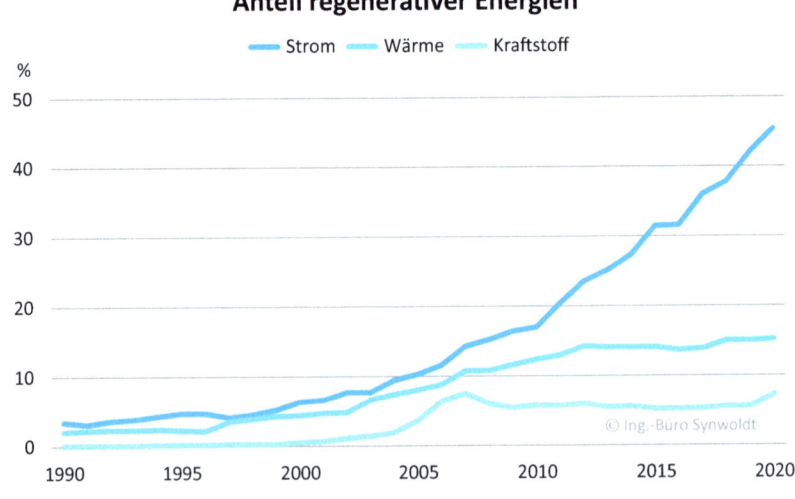

Abb. 1.3 Anteil regenerativer Energien an der Versorgung. (Daten: AGEE-Stat [21])

Das EEG[7] in seiner intendierten Wirkung – der vorrangigen Erzeugung von Strom aus regenerativen Energien – wirkungslos zu machen oder durch flankierende Maßnahmen auszuhebeln.

Im besonderen Maße werden dabei die Kosten aus dem Betrieb regenerativer Systeme fokussiert. Wie sich bei genauerer Untersuchung von EEG-Novellen und ergänzenden Verordnungen zeigt, führen die Änderungen des Rechtsrahmens dazu, die Kosten für die *Vermarktung* der regenerativ erzeugten Elektrizität in die Höhe zu treiben. Dies wirkt geradezu paradox angesichts der Tatsache, dass die *Stromerzeugung* durch Photovoltaik- und Windanlagen tatsächlich immer günstiger wird. Beide Technologien liegen auf einem Niveau, das einen Vergleich mit Kohlekraftwerken nicht zu scheuen braucht. Das EEG zeigt damit genau die Wirkung, die der Gesetzgeber einst beabsichtigt hatte: Den Umbau der Energieversorgung anzuschieben, Märkte für regenerative Technologien zu entwickeln, Anlagenbetreibern und -herstellern eine solide Kalkulationsgrundlage zu verschaffen.

Doch die öffentliche Debatte wird von Politik und Medien immer wieder auf die vermeintlichen Kosten der Energiewende gelenkt. Dazu wird die EEG-Umlage regelmäßig als Maßstab herangezogen: Die Summe für 2013 beläuft sich auf 20 Mrd. € [22]. Doch nur 40 % davon sind tatsächliche *Förderkosten* für die Stromerzeugung aus Sonnenstrahlen und Wind, Geothermie und Biomasse, kleineren Wasserkraftwerken sowie Deponie-, Gruben- und Klärgas.

Während die EEG-Umlage in 2014 eine Höhe von 6,24 ct/kWh erreicht hat, belaufen sich die reinen Förderkosten auf gerade einmal 2,54 ct/kWh [23]. Die *restlichen* 60 % resultieren aus der Umverteilung von Kosten und der Form der Vermarktung. Dazu zählen vor allem das Industrieprivileg nach der *Besonderen Ausgleichsregelung* und eine Erhöhung der EEG-Differenzkosten durch das Sinken der Börsenstrompreise. Der *nicht privilegierte Letztverbraucher*, wie private Haushalte und Tarifkunden aus Gewerbe und Industrie formal bezeichnet werden, wird dafür gleich zweimal zur Kasse gebeten: Einerseits zur Quersubvention des *privilegierten* Letztverbrauchs von strom- und exportintensiven Unternehmen, andererseits weil die sinkenden Börsenstrompreise an die Tarifverbraucher kaum weitergegeben werden. Das Strommarktmodell (Abschn. 3.2) führt zudem bei höheren Anteilen an Wind- und Photovoltaikstrom zu einem Absinken des Großhandelspreises – und damit zu einem Anstieg der EEG-Differenzkosten. Anstelle das Marktmodell anzupassen, wird ab 2021 die EEG-Umlage für den nichtprivilegierten Letztverbrauch auf 6,5 ct/kWh gedeckelt und der verbleibende Betrag aus Steuermitteln (u. a. durch CO_2-Bepreisung) beglichen.

Um die Dimensionen der Umverteilung zu verdeutlichen, sei ein Blick in die Kalkulation der Übertragungsnetzbetreiber für die Höhe der EEG-Umlage für 2021 geworfen. Während der *privilegierte Letztverbrauch* lediglich mit Kosten von 125 Mio. €

---

[7]Das *Gesetz für den Vorrang Erneuerbarer Energien (EEG)* bezieht sich ausschließlich auf die Stromerzeugung aus regenerativen Energien.

belastet wird, teilen sich die restlichen Verbraucher einen Umlagebetrag von 22,3 Mrd. € [24]. Mit anderen Worten: 25 % des Stromverbrauchs beteiligen sich mit 0,6 % an den Kosten der EEG-Umlage. Zusätzlich wird in 2021 erstmals ein Teil der EEG-Differenzkosten (10,8 Mrd. €) aus Bundesmitteln getragen, um die Umlage auf 6,5 ct/kWh zu begrenzen.

In der makroökonomischen Betrachtung überwiegen die Einsparungen durch den Merit-Order-Effekt (siehe auch Abschn. 3.2). Die Absenkung des Großhandelsstrompreises durch Strommengen aus Photovoltaik- und Windenergieanlagen mit Grenzkosten von null führt im Vergleich zu den EEG-Differenzkosten zu signifikanten gesamtwirtschaftlichen Einsparungen (Abb. 1.4).

Gerade die – vor allem von Kritikern der erneuerbaren Energien – angemahnte Marktintegration führt zu immensen Kosten. Um zu verstehen, wie diese Mehrkosten zustande kommen, ist zunächst ein Blick in die Zusammenhänge des Strommarkts (Kap. 3) erforderlich. Dabei wird sich zeigen, dass der *Markt* hier seine ganz eigenen Regeln hat, die wenig mit dem gängigen Bild vom Handeln, Anbieten und Kaufen zu tun haben.

Energiesteuer 2
Mit der 1999 eingeführten Ökosteuer wurde eine neue Verbrauchssteuer auf Energie eingeführt. Das Ziel im Sinne einer ökologischen Steuerreform war eine Maschinensteuer, die den Energiebedarf der Maschine anstelle der menschlichen Arbeitskraft besteuert. Die Einnahmen in Höhe von rund 7 Mrd. € jährlich gehen zu 90 % in die Rentenkasse.

Das *Stromsteuergesetz (StromStG)* sieht eine ganze Reihe von Ausnahmetatbeständen vor (§§ 9 ff.). Betriebe können auf Antrag eine 25 %ige Ermäßigung erwirken. Stromintensiven

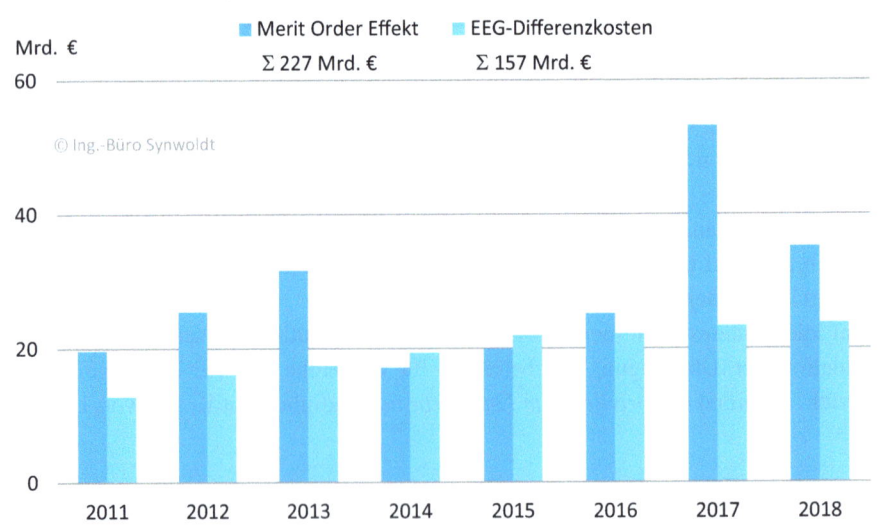

Abb. 1.4 Entlastung des Strompreises durch Photovoltaik und Windenergie [24]

Unternehmen wird sogar ein Rabatt in Höhe von 90 % eingeräumt. Weiterhin ist der Eigenbedarf der Kraftwerke komplett ausgenommen. Elektrisch betriebene Busse und Bahnen erhalten einen Nachlass von 44,3 %.

Die Hauptlast der Stromsteuer wird daher von privaten Haushalten sowie kleineren und mittleren Unternehmen getragen, womit sich das ursprüngliche Ziel ins Gegenteil verkehrt. Sollte zunächst der Faktor Arbeit von den Nöten der Rentenkasse ein Stück befreit werden, so sind es inzwischen Arbeitnehmer und Rentner, die die Stromrechnungen der Unternehmen entlasten.

1.2 Konventionelle Versorgung

1.2.1 Konventionelle Energieträger

Über den längsten Zeitraum der Menschheitsgeschichte standen ausschließlich natürliche Energieressourcen zur Verfügung: Muskelkraft von Menschen und Tieren, Wind- und Wasserkraft als Antrieb für Rotoren und Wasserräder, die Wärmewirkung der solaren Einstrahlung und biogene Brennstoffe wie Holz, Stroh und Dung.

Die heute bekannte Energieversorgung mit Elektrizität, Wärme und Kraftstoffen basiert auf Errungenschaften der letzten 250 Jahre. Doch profitiert nach wie vor lediglich ein Teil der globalen Bevölkerung davon. 1,3 Mrd. Menschen haben keinen Zugang zu Elektrizität. Fast 40 % der Menschheit – 2,7 Mrd. Menschen – kann keine weitergehenden Energieressourcen als Holz und Dung nutzen. Die Mehrheit der Betroffenen lebt in Südostasien und in Subsahara-Afrika [25].

Dabei spielte das Thema Energie zu allen Zeiten eine bedeutende Rolle. Bereits am Ende des Mittelalters vergrößerte der Mangel an Brennholz die Nachfrage nach anderen Brennstoffen. Die aufkommende Metallverarbeitung, eine sich vergrößernde Bevölkerung und nicht zuletzt die Überweidung von Waldflächen durch Viehhaltung trugen dazu bei.

1.2.1.1 Kohle

Zunächst wurden eher zufällig entdeckte, oberflächennahe Kohleflöze mit primitiven Mitteln ausgebeutet. Die industrielle Revolution Mitte des 17. Jahrhunderts erhöhte mit der Erfindung der Dampfmaschine die Nachfrage nach Brennstoff massiv. Auch für die industrielle Eisen- und Stahlgewinnung wurden immer größere Mengen an Kohle benötigt. Andererseits wurden durch die technischen Entwicklungen auch Voraussetzungen geschaffen, die Leistungsfähigkeit des Bergbaus zur Gewinnung von Kohle und Erzen zu steigern. Mit Beginn des 19. Jahrhunderts kamen Tiefbauschächte zum Einsatz. Der Ausbau von Eisenbahnnetzen ab 1850 führte zu einer weiteren Beschleunigung der Nachfrage nach Kohle.

Die Dampfmaschine – sehr effektiv, doch nur wenig effizient
Obwohl mit der Dampfmaschine nicht nur eine technische Revolution und der Beginn einer neuen Ära ausgelöst wurden, blieb der Wirkungsgrad dieser ersten Kraftmaschinen bis zum Ende der mehr als 150-jährigen Entwicklungsgeschichte mit kaum 10 % sehr niedrig [26].

Der Inkohlungsprozess unter hohem Druck und bei erhöhten Temperaturen formt pflanzliche Biomasse in Torf, Braun- und Steinkohle sowie schließlich zu Anthrazit. Dabei werden Wasser und gasförmige Bestandteile aus dem Material gedrängt. Insbesondere ein hoher Feuchtigkeitsgehalt der Braunkohlen reduziert den Brennwert: Der beim Verbrennungsvorgang freigesetzten Wärme wird die Verdampfungsenthalpie des in der Kohle enthaltenen Wassers entzogen, was die Energieausbeute der Verbrennung reduziert. Letzteres gilt analog auch für biogene Brennstoffe wie Holz und Stroh.

1.2.1.2 Erdöl

Ein Jahrhundert später trat ein weiterer Energieträger auf den Plan: Erdöl. Obwohl bereits seit der Antike bekannt, begann die systematische Exploration von Erdölvorkommen erst gegen Mitte des 19. Jahrhunderts. Erste Bohrungen wurden ab 1856 in Deutschland und ab 1859 in den USA abgeteuft. Die Nachfrage nach Lampenöl stieg zu diesem Zeitpunkt deutlich an, da das bis dahin beim Walfang gewonnene Tranöl kaum noch verfügbar war: Die Pottwale waren nahezu ausgerottet. Bereits damals – jenseits von Biodiversitätsaspekten – entstand ein Ressourcenproblem. Ersatz zeichnete sich zunächst durch das aus Kohle gewonnene Petroleum ab. Durch die Destillation von Erdöl ließ sich Petroleum[8] jedoch mit geringerem Aufwand erzeugen.

Erdöl ist bislang der wichtigste Energieträger im Transportsektor – auf der Straße, auf dem Wasser und in der Luft. Auch auf der Schiene wird ein erheblicher Teil der Transportleistung mit Diesellokomotiven erbracht. Verbrennungsmotoren finden sich jedoch auch in unzähligen weiteren mobilen und stationären Anwendungen wie Baumaschinen und Stromerzeugungsaggregaten. Knapp die Hälfte des Erdöls wird auf diese Weise eingesetzt.

Der Brennstoff dominiert

Bei Weltmarktpreisen um 360 €/t[9] zum Jahreswechsel 2020/2021 und einer Energiedichte von 11,8 kWh/kg ergeben sich für dieselbetriebene Stromaggregate mit einem Wirkungsgrad von 33 % allein für den Brennstoff Kosten von 0,094 €/kWh$_{el}$. Bei einem Preisniveau von 800 €/t wie im Frühjahr 2012 sind es sogar mehr als 0,20 €/kWh$_{el}$.

Die Abschreibung der Investition, die Kosten der Finanzierung sowie für Wartung und Betrieb sind hierin noch nicht erhalten. Damit wird deutlich, dass gerade in Entwicklungs- und Schwellenländern die Stromgestehungskosten signifikant über den Sätzen der OECD-Länder liegen. Dies hat deutliche Konsequenzen für den Vergleichsmaßstab, gegen den regenerative Technologien antreten.

Ein ungefähr gleich großer Anteil von 40–45 % dient für Wärmezwecke wie Heizöl und wird ebenfalls verbrannt. Nur ein Fünftel bis Sechstel wird nicht energetisch, sondern stofflich genutzt, z. B. für Schmierstoffe, Kunststoffe, Farben und Pharmazeutika.

---

[8] Der Begriff *Petroleum* wird in der angelsächsischen Literatur mit einer anderen Bedeutung belegt und steht dort für *Erdöl*. Der in den USA gebräuchliche Terminus für Petroleum ist *Kerosene*, nicht zu verwechseln mit dem Treibstoff für Flugzeugturbinen *Kerosin* (dt.). Im britischen Englisch wird der Name *Paraffine Oil* verwendet.

[9] Diesel ist ein börsennotierter Rohstoff; Wertpapierkennnummer COM064.

1.2 Konventionelle Versorgung

Tab. 1.3 Energiedichte fossiler und nachwachsender Rohstoffe

Material	Energieinhalt
Steinkohle	7,5–9,4 kWh/kg
Braunkohle (roh)	2,3–3,1 kWh/kg
Erdöl	11,6 kWh/kg
Erdgas	10–14 kWh/kg
Holz (trocken)	4,1–4,7 kWh/kg
Stroh (trocken)	4,7 kWh/kg

1.2.1.3 Erdgas

Häufig ist beim Fördern von Erdöl als Nebenprodukt auch Erdgas anzutreffen. Je nach Gesteinsformation existieren auch separate Erdölblasen. Eine technische Nutzung von Erdgas fand bereits einige Jahrzehnte vor den ersten Erdölbohrungen statt. Schon Ende des 19. Jahrhunderts wurden Pipelines zur Übertragung und Verteilung von Erdgas genutzt.

Der Hauptbestandteil von Erdgas ist Methan (CH_4). Auch im Grubengas beim Kohleabbau und im Biogas ist Methan in hohen Konzentrationen enthalten. Aufgrund des höheren Wasserstoffanteils bei den Kohlenwasserstoffen verbrennt Erdgas mit ca. 20 % geringeren Kohlendioxidemissionen als Erdöl.

Das Abschätzen der Rohstoffpotenziale ist bei Erdgasvorkommen mit weitaus höherem Risiko verknüpft als bei Erdöl. Während bei der Erdölförderung ein allmählicher Rückgang der Fördermengen zu verzeichnen ist, erfolgt dieser Übergang bei Erdgas abrupt.

Erdgas dient wie Erdöl als Kraftstoff für Motoren[10] und (Gas-)Turbinen zur Stromproduktion sowie als Brennstoff für industrielle und private Wärmeerzeugung. Aus Erdgas bzw. Methan können auch flüssige Brennstoffe synthetisiert (Methanol, Diesel) sowie Kunststoffe und Pharmazeutika gefertigt werden.

Ungeachtet dessen wird noch heute ein großer Teil dieser Gasmengen vor Ort abgefackelt oder abgeblasen [27].

> Nach Aussagen der Internationalen Energieagentur wurden im Jahr 2018 rund 145 Mrd. m³ Erdölbegleitgas abgefackelt [28]. Diese Menge entspricht etwa 30 % des Erdgasverbrauchs der EU und ist für rund 275 Mio. t CO_2-Emissionen verantwortlich. Alleine Russland trägt mit etwa 50 Mrd. m³ zu rund einem Drittel zum weltweit abgefackelten Erdölbegleitgas bei.

Der wesentliche qualitative Unterschied zwischen den natürlichen Ressourcen auf der einen Seite und den fossilen Energieträgern auf der anderen ist in der Energiedichte, präziser, der spezifischen Energie pro Masseneinheit, zu suchen. Die mehr als doppelt so hohe Energiedichte macht die fossilen Energieträger so attraktiv (Tab. 1.3). Der Aufwand

---

[10]Mit geringen Modifikationen kann jeder Benzinmotor auch mit Erdgas betrieben werden.

für Abbau, Aufbereitung und Transport des Energieträgers verringert sich um mehr als die Hälfte.

Mehr noch als bei stationären Anwendungen macht sich dieser Effekt beim mobilen Einsatz bemerkbar. Je größer der Brennstoffbedarf, desto größer muss der Vorratsbehälter ausfallen oder entsprechend öfter nachgefüllt werden. Beide Optionen sind mit klaren Nachteilen behaftet: Die eine schränkt die Nutzladung ein, die andere reduziert die Reichweite. Beides läuft dem Ansinnen einer *mobilen* Anwendung zuwider.

Verbrennungsmotoren – Das Geheimnis des Erfolgs
Was macht die fossilen Energieträger, allen voran das Erdöl, so attraktiv? Anfang des 20. Jahrhunderts wurden die ersten Autorennen mit Elektrofahrzeugen bestritten. Das erste Fahrzeug, das die 100 km/h Marke durchbrach, war ein Elektrofahrzeug (*La Jamais Contente*, 1899). Am Ende des 19. Jahrhunderts führten Elektrofahrzeuge in den USA die Verkaufslisten an, vor dampf- und benzinbetriebenen Modellen.

Die Leistung von Elektromotoren war – und ist bis heute – den Benzin- und Dieselmotoren deutlich überlegen. Doch die mitgeführte Batterie war nicht nur sehr schwer, sie verfügt außerdem auch nur über eine recht begrenzte Energiemenge. Hier hatten die Benzinmotoren schließlich einen Vorteil: Die hohe Energiedichte des Kraftstoffs reduziert Volumen und Masse des mitzuführenden Energiespeichers. Von diesem Umstand profitiert die gesamte Branche bis heute.

Das folgende Rechenexempel verdeutlicht die Dimensionen: 50 l Diesel entsprechen einer Energiemenge von rund 500 kWh, der Tankvorgang dauert etwa 3 min. Das entspricht einer Leistung von 10.000 kW – womit die Größenordnung zweier leistungsstarker Güterzuglokomotiven erreicht wird. Mit anderen Worten: Der Zapfschlauch führt während des Tankvorgangs dieselbe Leistung (Energiemenge pro Zeiteinheit) wie der elektrische Fahrdraht der Deutschen Bahn für zwei schwere Güterzuglokomotiven unter Volllast.

So wird das eigentliche Geheimnis des Erfolgs der Verbrennungskraftmaschinen offensichtlich: Die enorme Energiedichte des Kraftstoffs verdeckt die unzulängliche Effizienz des Motors ebenso wie das Problem, für einen vorgegebenen Aktionsradius eine entsprechend große Menge an Energie mitführen zu müssen.

1.2.1.4 Uran/Kernspaltung

Noch ein weiteres Jahrhundert später, Mitte des 20. Jahrhunderts, begann die *friedliche Nutzung* der Kernenergie. Ihr vorangegangen waren die Entwicklung und der Einsatz von Atombomben im 2. Weltkrieg. Zahlreiche Kernwaffentests sollten folgen. Die technische Nähe von Kernwaffen und kommerzieller Nukleartechnik reicht bis in die Gegenwart – und führt zu entsprechenden Debatten. Die Anreicherung von Natururan zu Kernbrennstoff kann mit derselben Ausrüstung auch bis auf das Niveau von waffenfähigem Material fortgesetzt werden. Daraus ergeben sich vielfältige Möglichkeiten der Verschleierung und Übertragbarkeit (Proliferation).

Unter dem Aspekt der Energiedichte stellt die Kernspaltung einen Quantensprung gegenüber den natürlichen wie auch den fossilen Brennstoffen dar. Pro Spaltprozess werden bei der Kernspaltung von Uran ^{235}U rund 200 MeV Energie freigesetzt, 94 % davon in Form von Wärme. Auch wenn nur 2–3 % des Brennstoffs bei der Kernspaltung umgesetzt werden [29], so liefert jeder Spaltvorgang doch einen mehr als zehnmillionenfach höheren Energiebeitrag als die Verbrennung gleicher Stoffmengen konventioneller Brennstoffe. Erneut ist es der

Aspekt der Energiedichte,[11] der die Attraktivität einer Technologie ausmacht. Bezogen auf die gesamte Uranmasse werden Werte in der Größenordnung von 20–40 MWh/kg erreicht. Ursächlich für das Freisetzen von Wärme beim Spaltprozess ist die höhere Bindungsenergie der Spaltprodukte. Kerne mit besonders hoher Nukleonenanzahl (Plutonium, Uran, Thorium) verfügen über eine geringere Bindungsenergie als ihre Spaltprodukte.

Neben Uran (insbesondere dem Isotop ^{235}U) kommen auch Plutonium ^{239}Pu und Thorium ^{232}Th als Spaltmaterial infrage. Plutonium ist in der Natur nicht vorhanden und entsteht als Nebenprodukt aus Reaktorprozessen. Es ist hochgiftig und wird aufgrund des großen Wirkungsquerschnitts für den Bau von Kernwaffen bevorzugt eingesetzt. Thorium ^{233}Th eignet sich prinzipiell ebenfalls, auch wenn bislang keine kommerziellen Thoriumreaktoren betrieben werden. Ausschlaggebend sind die gegenüber Uran 3–4-mal größeren Vorkommen an Thorium.

Die heute vorhandenen Rohstoffvorkommen an spaltbarem Material sind die Reste von zum Zeitpunkt der Entstehung der Erde gebildeten Stoffen (primordiale Radionuklide). Nur diejenigen, die über sehr lange Halbwertszeiten verfügen (^{235}U: 0,7 Mrd. Jahre; ^{238}U: 4,5 Mrd. Jahre; ^{232}Th: 14 Mrd. Jahre), sind heute noch verfügbar. Plutonium ^{239}Pu verfügt mit 24.100 Jahren über eine wesentlich kürzere Halbwertszeit und kann daher nur als Nebenprodukt von Spaltprozessen nachgewiesen werden. Kalium ^{40}Ka verfügt mit 1,3 Mrd. Jahren ebenfalls über eine hinreichend lange Halbwertszeit, eignet sich aufgrund seiner hohen Bindungsenergie jedoch nicht für den Einsatz als Kernbrennmaterial. Alle weiteren radioaktiven Isotope entstehen aus Spaltprodukten der massereicheren Atomkerne.

1.2.1.5 Kernfusion

Nur kurze Zeit nach den ersten erfolgreichen Versuchen zur Kernspaltung wurde die Kernfusion erprobt – erneut als Waffentechnologie (Wasserstoffbombe).

Anders als bei der Kernspaltung massereicher Atomkerne aus zahlreichen Nukleonen (Protonen und Neutronen) stehen bei der Kernfusion besonders massearme Atomkerne mit nur wenigen Nukleonen im Fokus. Konkret werden Wasserstoffkerne der Isotope ^{2}H (Deuterium) und ^{3}H (Tritium) unter Freisetzen eines Neutrons zu Heliumkernen ^{4}He verschmolzen. Auch hier spielt die Differenz der Bindungsenergien vom Kernbrennstoff (Wasserstoff, geringe Bindungsenergie) und dem Fusionsprodukt (Helium, höhere Bindungsenergie) die maßgebliche Rolle (Abb. 1.5).

Trotz intensiver und kostspieliger Forschung ist es bislang nicht gelungen, den Fusionsprozess im technischen Maßstab zu beherrschen. Die erforderlichen Temperaturen und Drücke sollen das Geschehen im Inneren der Sonne nachbilden. Ein weiterer ungeklärter Aspekt ist die kontinuierliche Brennstoffzufuhr und das gleichzeitige Abführen von Helium, ohne das empfindliche thermische Gleichgewicht zu stören.

---

[11]Bei nuklearen Technologien ist die Maßeinheit für den Abbrand der Kernbrennelemente bzw. die freigesetzte Wärmeenergie GWd/t. In der Regel bezieht sich die Massenangabe auf das spaltbare Material. 1 GWd/t = 24 MWh/kg.

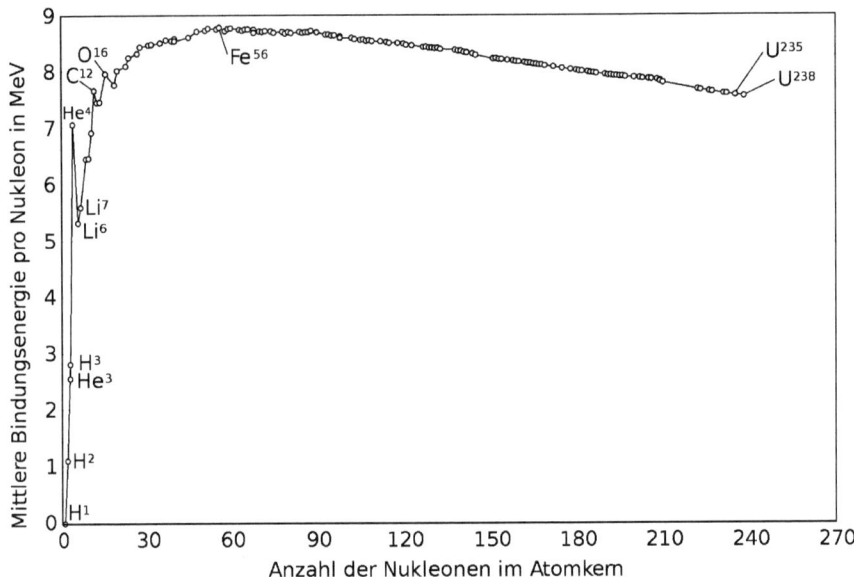

Abb. 1.5 Bindungsenergie von Atomkernen. (Quelle: wikimedia, public domain)

Obwohl lediglich geringe Brennstoffmengen erforderlich sind, bleiben auch hier diverse Hürden zu nehmen. Deuterium ist mit einem Anteil von 0,015 % in natürlichem Wasserstoff enthalten. Damit enthält eine Tonne Wasser rund 150 g Deuterium. Tritium kommt in der Natur nicht vor, es muss daher synthetisch hergestellt werden. Eine Möglichkeit besteht im Neutronenbeschuss von Lithiumverkleidungen an der Innenseite der Fusionsreaktoren. Da zum Aufrechterhalten einer derartigen Tritiumproduktion ein Neutronenüberschuss erforderlich ist, wären zusätzliche Neutronenquellen – zum Beispiel aus einem Kernspaltungsprozess – vorzusehen.

Sollte es in ferner Zukunft ungeachtet aller offenen Fragen dennoch zu einem kommerziellen Einsatz von Fusionsreaktoren kommen, so ist erneut die Energiedichte ein Hinweis für die Motivation. Die Kernfusion verfügt über eine mehr als dreimal höhere Energiedichte als die Kernspaltung.[12] Beim Betrieb des Reaktors[13] fallen im Gegensatz zur

---

[12]Ein Vergleich ist an dieser Stelle problematisch, da bei der Kernspaltung nur ein Teil des Brennelements aus spaltbarem Material besteht. Der Anteil des spaltbaren Materials hängt vom Grad der Anreicherung ab (3,5–4,5 %). Der tatsächliche Abbrand betrifft dann wiederum nur einen Teil des spaltbaren Materials. *Abgebrannte* Brennelemente verfügen noch über 1,5 % spaltbares Material [29]. Im Gegensatz dazu zielt die Kernfusion auf eine vollständige Umsetzung des Brennstoffs. Das Verhältnis 1:3 bezieht sich auf die Massen des spaltbaren Materials bzw. des Fusionsbrennstoffs. Bezogen auf das komplette Brennelement läge der Faktor in der Größenordnung 100.

[13]Die Reaktorhülle und sämtliche darin enthaltenen Aggregate und Armaturen sind während des Betriebs harter Neutronenstrahlung ausgesetzt. Es ist daher, wie bei Reaktoren zur Kernspaltung,

Kernspaltung keine großen Mengen an radioaktiven Abfallstoffen an, da der Kernbrennstoff bei einer Fusionsreaktion ähnlich wie bei einer chemischen Reaktion umgesetzt wird.

Zudem zählt das Ausgangsmaterial – Wasserstoff – zu den in der Natur am häufigsten vorkommenden Elementen. Es ist jedoch unübersehbar, dass neben dem sehr energieaufwendigen Betrieb des Reaktors auch zur Bereitstellung von Deuterium und Tritium ein erheblicher Energieeinsatz erforderlich ist. Unter dem Begriff *Energieklippe* (Abschn. 2.2.4) wird dieser Aspekt noch näher untersucht werden.

1.2.2 Konventionelle Versorgung

Allen Formen der konventionellen Energieversorgung ist gemeinsam, dass sie auf eine endliche Ressource zurückgreifen. Die Einmaligkeit der Entstehung (Beispiel: Uran) oder die immense Dauer geologischer Bildungsprozesse (Inkohlung, Erdölentstehung) verdeutlichen, dass die Ausbeutung entsprechender Lagerstätten ein einmaliger Vorgang ist und eine weitere Bildung dieser Energieträger auf anthropogenen Zeitskalen nicht erfolgen kann.

Das bisherige Paradigma lautet *Verbrauch*, ein sich beschleunigender Verbrauch zudem. Denn sowohl die weiterhin zunehmende Weltbevölkerung wie auch ein auf fortwährendes Wachstum ausgerichtetes Wirtschaftssystem führen zu einem exponentiellen Anstieg des Energiebedarfs. Gleichzeitig haben die Ausbeutung von Rohstoffvorkommen und die Aufbereitung zu technisch nutzbaren Energieträgern nicht nur massive Auswirkungen auf Umwelt, Klima und Gesundheit. Sie benötigen auch einen immer größeren Teil der zutage geförderten Energie allein zum Aufrechterhalten der Förderung und Weiterverarbeitung zu Energieträgern. Hinzu kommt eine in wesentlichen Aspekten marktgetriebene Sichtweise, die dazu führt, dass bei weiterem Preisanstieg der fossilen Energieträger die Erkundung und Ausbeutung immer tiefer gelegener oder aufwendiger abzubauender Vorkommen *wirtschaftlich* wird. Mit anderen Worten, je höher der erzielbare Marktpreis ansteigt, umso mehr lässt sich auch der *Energieeinsatz* für die Förderung und Veredelung monetär rechtfertigen. Dazu weiter unten mehr.

Wird der Beitrag einzelner Energieträger zum Versorgungssystem betrachtet, so ist die endliche Effizienz bei jedem Prozessschritt entlang der Umwandlungskette bis zur Endenergie zu beachten. Je mehr Prozessschritte zu berücksichtigen sind, desto wichtiger wird dabei die Effizienz jedes einzelnen Teilschritts. Denn in nahezu sämtlichen Anwendungsszenarien sind erst mehr oder weniger aufwendige Veredelungsschritte erforderlich. Kohlebrocken müssen für die Verbrennung im Kraftwerk fein zermahlen werden. Aus Rohöl werden erst durch Destillationskolonnen in Raffinerien verschiedene Treib- und Brennstoffe gewonnen. Uran muss aufwendig aus dem zermahlenen Gestein ausgelaugt, chemisch aufbereitet und angereichert werden, bevor es zu

---

davon auszugehen, dass eine Vielzahl unterschiedlicher Isotope entsteht. Ein Rückbau ist daher ähnlich aufwendig.

Brennelementen weiterverarbeitet werden kann. Auch Biokraftstoffe erfordern, je nach Substrat, eine Reihe von physikalischen und chemischen Behandlungsvorgängen.

Das theoretische Gerüst dazu bilden die Kernthesen der Thermodynamik:

- 1. Hauptsatz der Thermodynamik (Energieerhaltung)
  Energie kann weder erzeugt noch vernichtet werden. Sie kann nur von einer Form in eine andere umgeformt werden. Bei der Umformung ist der Wirkungsgrad stets ≤ 1. Insbesondere Wärmekraftmaschinen haben weit niedrigere Wirkungsgrade (Gasturbine: 0,4; Kernkraftwerk: 0,33; elektrischer Generator: 0,98).
- 2. Hauptsatz der Thermodynamik (Entropie)
  Aufbauend auf dem Prinzip der Entropie lässt sich ableiten, dass eine vollständige Umwandlung von mechanischer Energie in Wärme möglich ist (z. B. in einer Heizung), nicht jedoch der inverse Prozess, die vollständige Umwandlung von Wärme in mechanische Energie (z. B. in einer Wärmekraftmaschine wie einer Dampfturbine oder einem Verbrennungsmotor). Ausschließlich jener Teil der Wärmeenergie, der sich auf einem Temperaturniveau oberhalb einer Bezugstemperatur (meist der Umgebungstemperatur) befindet, kann einen Beitrag zur Umwandlung in mechanisch nutzbare Energie liefern.

In der Praxis kommt zu den Umwandlungs- und Transportverlusten noch der Eigenbedarf der Anlagen für die Steuerung und Transporteinrichtungen sowie Abgasbehandlung und Weiteres hinzu. So weist die Statistik für thermische Kraftwerke[14] in Deutschland (2019) einen Eigenbedarf von insgesamt 22,4 TWh aus, das entspricht 6,7 % der Bruttostromerzeugung aus diesen Anlagen (Abb. 1.6).

Häufig werden Vergleiche zur Effizienz anhand von Kraftwerks-Wirkungsgraden angestellt. Dabei werden jedoch nicht nur die Energieaufwände der Vorketten und Umwandlungsverluste zum Bereitstellen der erforderlichen Brennstoffe vernachlässigt, sondern zudem auch der Eigenbedarf der Anlagen außer Acht gelassen. Für ein an der Energieversorgung beteiligtes System greift eine sich allein an Kraftwerks-Wirkungsgraden ausrichtende Betrachtung daher eindeutig zu kurz.

Provozierend kann die Frage gestellt werden, wie viele Kraftwerke benötigt werden, um nicht nur für den Eigenstrombedarf von Kraftwerken zu sorgen, sondern auch die Brennstoffversorgung (Bergwerksbetrieb, Transport) zu sichern. Weiterhin sind auch die Materialien und Energieaufwände zum Bau des Kraftwerks, seiner Ausrüstung (Turbine, Generator) und Nebenanlagen (Kühlturm) sowie anteilig der erforderlichen Infrastrukturen (Bergwerk, Bahnnetz, etc.) von Bedeutung. Letztlich tragen auch der Rückbau und die Entsorgung von Bauwerken und Anlagen nach dem Ende der Nutzungsperiode zum kumulierten Energieaufwand bei.

---

[14]Ohne Industriekraftwerke.

1.2 Konventionelle Versorgung

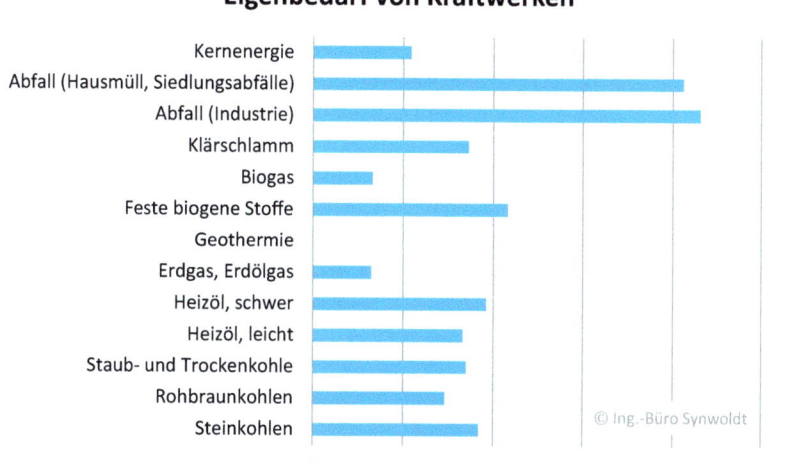

Abb. 1.6 Eigenbedarf von Kraftwerken in Bezug zur Bruttostromerzeugung (2019). (Daten: [30])

Die im Vorwort beschriebenen Subventionen für die Exploration und Förderung fossiler Energieträger können nicht nur zu wirtschaftlichen Verzerrungen führen. Sie können auch bewirken, dass sich der Energieeinsatz für das Bereitstellen eines Energieträgers und die nutzbare Endenergie auf demselben Niveau bewegen – was die Frage nach dem tatsächlichen Beitrag zur Energieversorgung ins Spiel bringt. Als *New Oil* oder *New Gas* beschriebene Vorkommen von Ölsanden und Schiefergas (Fracking) erreichen gerade noch ein Verhältnis von 1:4 [31].[15] Hierfür sind die energieaufwendige Förderung (Abtrag und Transport von großen Sandmengen, Trennung der Kohlenwasserstoffe vom Sand mit Wärme und Chemikalien) wie auch die Aufbereitung zu synthetischem Rohöl *(Syncrude)* verantwortlich. Eine Weiterverarbeitung zu einem Endenergieträger wie Benzin oder Diesel ist in oben genannten Zahlen noch nicht einmal enthalten (Abb. 1.7).

Für den vollständigen Bereitstellungspfad *well-to-tank* (WTT, vom Bohrloch – inklusive Förderung – bis zur Zapfsäule) aus konventionellen Ölquellen sind 17,6 % (Benzin) und 19,6 % (Diesel) des Primärenergiegehalts anzusetzen [33]. Die komplette Förder- und Verarbeitungskette aus Teersanden wird mit 42,2 % bzw. 44,5 % angegeben. Mit anderen Worten, knapp die Hälfte der geförderten Primärenergie ist aufzuwenden, um einen technisch nutzbaren Energieträger bereitzustellen.

Zur Vervollständigung der Betrachtung ist der Wirkungsgrad von Verbrennungskraftmaschinen in die Kalkulation mit einzubeziehen – *well-to-wheel* (WTW). Für Benzin- und Dieselmotoren kann unter optimalen Bedingungen eine Größenordnung von 30–40 %

---

[15]Ohne Berücksichtigung des Ölkoks sinkt das Verhältnis auf 1:3.

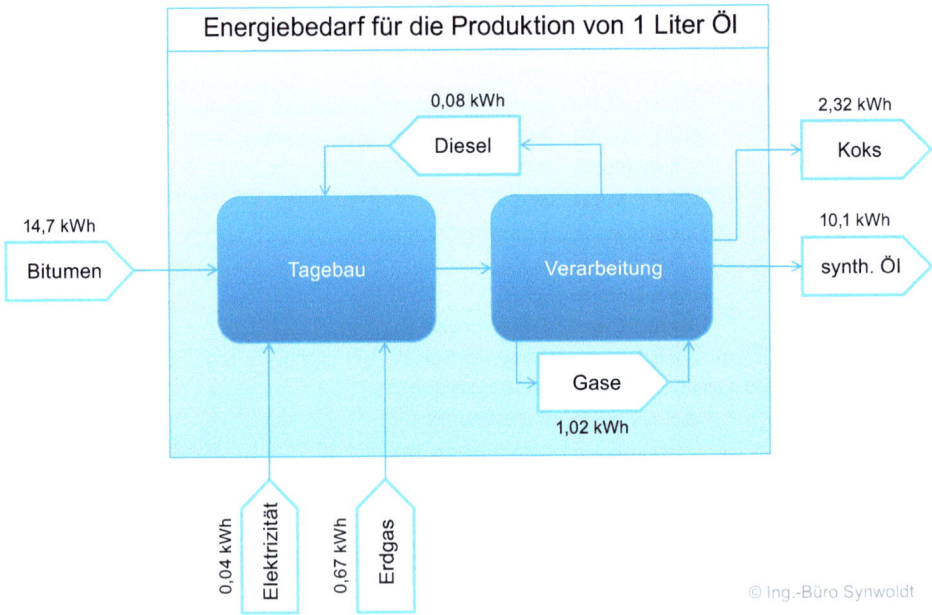

Abb. 1.7 Energiebedarf für die Herstellung von Syncrude aus Teersand. (Daten: [32])

angenommen werden – dies gilt jedoch ausschließlich beim Betrieb im Auslegungspunkt.[16] Doch selbst unter dieser idealisierten Annahme liegt die erbrachte Nutzarbeit mit 24–33 % der Primärenergie nur noch leicht über dem Niveau des Energieeinsatzes für Förderung, Verarbeitung und Transport des Energieträgers aus konventionellen Ölquellen.

Wird das – in Kanada seit Anfang des 21. Jahrhunderts praktizierte – Szenario der Ölproduktion aus Teersanden[17] zugrunde gelegt, so reduziert sich der Anteil der erbrachten Nutzarbeit auf 17–23 % der Primärenergie (Abb. 1.8 und 1.9). Damit ist der Energieaufwand zum Bereitstellen des Sekundärenergieträgers *Kraftstoff* rund doppelt so hoch wie die geleistete Nutzarbeit.

Anhand der hier vorgestellten Beispiele wird deutlich, dass die *energetischen* Kosten für den Primärenergieträger Öl aus *unkonventionellen* Quellen die Nutzenergie bereits heute übersteigen. Damit sind nicht nur die Grenzen der Sinnhaftigkeit einer konventionellen Energieversorgung erreicht, sondern es zeigen sich vor allem auch die Grenzen monetärer Bewertungssysteme [31], denn – zumindest bei Weltmarktpreisen um

---

[16] Ein Betrieb wie beispielsweise im Kraftfahrzeug mit zahlreichen Lastwechseln, Leerlauf- und Teillastphasen reduziert den Wirkungsgrad auf 12–15 %.

[17] Aufgrund der Zusammensetzung der Kohlenwasserstoffe hat sich in der angelsächsischen Literatur der Begriff *tar sand* etabliert – in deutschsprachigen Quellen wird synonym der Begriff *Ölsand* verwendet.

1.2 Konventionelle Versorgung

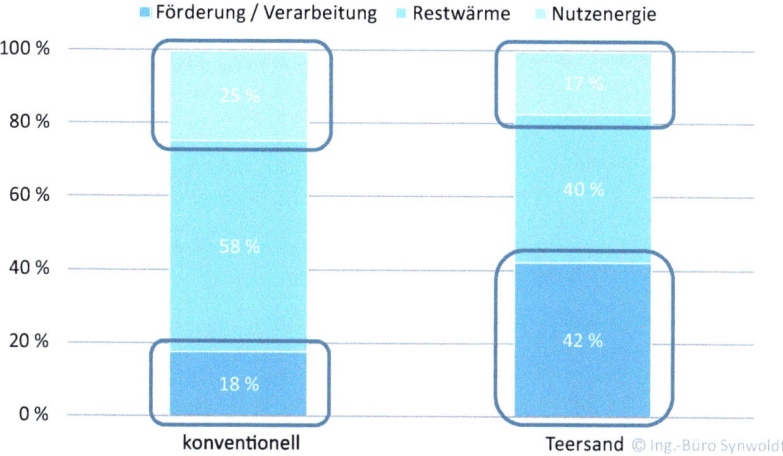

Abb. 1.8 Primärenergienutzung (Benzin). (Daten: [33], eigene Berechnung)

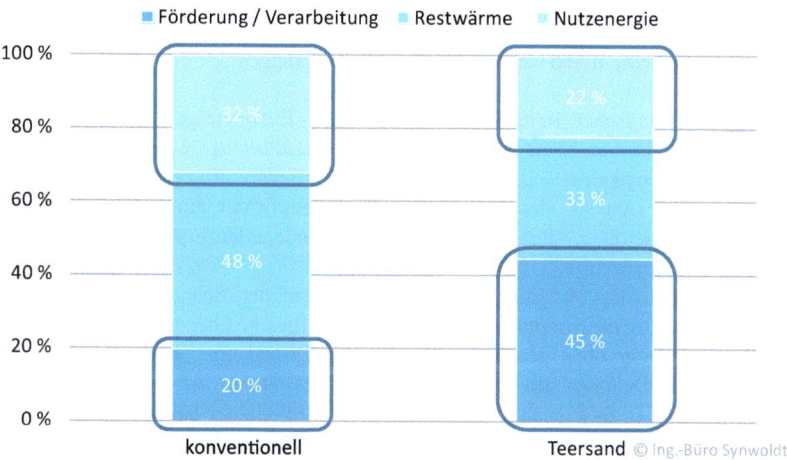

Abb. 1.9 Primärenergienutzung (Diesel). (Daten: [33], eigene Berechnung)

100 US$/bbl – ist die Ausbeutung von Ölsandvorkommen aus wirtschaftlichen Gesichtspunkten durchaus lukrativ.

Energie für Energie – weshalb eine Systemtransformation unausweichlich ist
Allein der steigende Energiebedarf pro Kopf der Weltbevölkerung und die weiter anwachsende Kopfzahl sorgen für eine exponentielle Zunahme des globalen Energiebedarfes. Weiter kommt

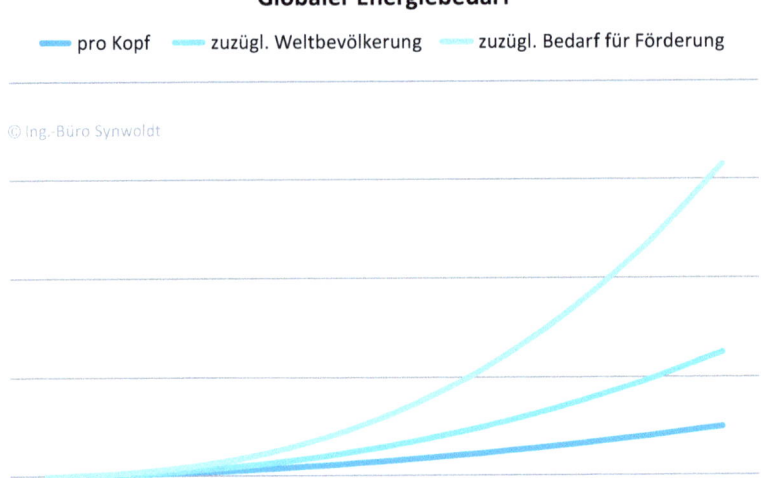

Abb. 1.10 Entwicklung des globalen Energiebedarfs

hinzu, dass der zunehmende Energieaufwand für Exploration, Förderung und Aufbereitung konventioneller Energieträger – insbesondere Erdöl, Erdgas und Uran – für eine zusätzliche Beschleunigung beim Anschwellen des Energiebedarfs verantwortlich ist. Abb. 1.10 gibt den Zusammenhang qualitativ wieder.

Daraus ergibt sich eine Reihe wesentlicher Schlussfolgerungen:

- Eine Ableitung statischer Reichweiten für einzelne Energieträger anhand der bekannten Ressourcen und Reserven sowie anhand des aktuellen Bedarfs ist wenig zielführend, da für die künftige Entwicklung keineswegs von einem statischen Bedarf ausgegangen werden kann.
- Gerade der dritte Aspekt, der zunehmende Energieaufwand zum Bereitstellen der konventionellen Energieträger, führt das System der konventionellen Energieversorgung zusehends an seine eigenen Grenzen:
  - Es ist absehbar, dass aufgrund immer ärmerer Erze der Energieaufwand für die Urangewinnung künftig die Stromproduktion der Kernkraftwerke übersteigt [34].
  - Wie bereits weiter oben gezeigt wurde, gilt für Ölsand eine ganz ähnliche Kalkulation bereits heute. Dennoch spielen die enormen Ressourcen an *unkonventionellem* Öl – inzwischen größer als jene an *konventionellem* Öl [35] – in der Statistik eine wichtige Rolle: Sie suggerieren, dass ein Umstieg auf andere Antriebs- und Versorgungskonzepte zeitnah nicht erforderlich sei.
  - Für Schiefergasvorkommen *(shale gas, fracking)* gilt sinngemäß dasselbe wie für *unkonventionelles* Öl.[18]
  - Die durch den Abbau und die Nutzung der vorgenannten Energieträger immer weiter reichenden und de facto irreparablen Folgeschäden für Umwelt, Klima und Gesundheit sind nicht weniger relevant, sollen an dieser Stelle jedoch nicht weiter vertieft werden.

---

[18]Weiterführende Informationen in [31].

1.2 Konventionelle Versorgung

- Die allein an monetären Gesichtspunkten orientierte Vorgehensweise nach wirtschaftlich abbaubaren Rohstoffvorkommen blendet den zunehmenden Energieaufwand komplett aus. Während die Thermodynamik mit dem Energieerhaltungssatz eine Vermehrung von Energie ausschließt, kann die Geldmenge auch mit der Notenpresse vergrößert werden.
- Durch monetäre Subventionen für die Exploration und Förderung von konventionellen Energieträgern werden selbst die indirekten Folgen eines erhöhten Energieaufwands – in Form zunehmender Kosten – kompensiert oder abgemildert.
  Obwohl keineswegs im internationalen Wettbewerb stehend, kann beispielsweise die Braunkohleförderung in Deutschland vom Industriestromprivileg nach der *Besonderen Ausgleichsregelung* (§§ 63, 64 EEG 2014) profitieren und zahlt anstelle einer EEG-Umlage in Höhe von 6,5 ct/kWh (in 2021) lediglich 0,05 ct/kWh. Da von Stromabnahmemengen im Terawattstundenbereich auszugehen ist, liegt die Förderwirkung bei weit über 100 Mio. € – pro Jahr.

Auch die synthetische Herstellung von Kohlen und Ersatzstoffen für Erdöl und Erdgas stellt keine Alternative dar. Selbst wenn die Ausgangsprodukte – wie bei den fossilen Energieträgern – aus Biomasse bestehen, so benötigen sowohl der landwirtschaftliche Anbau (Dünger, Pestizide, Bewässerung) als auch die weitere chemische Aufbereitung zusätzliche Energie. Werden diese Energiemengen wie bislang üblich weitgehend auf konventionellem Wege bereitgestellt, ist die Bilanz sorgfältig aufzustellen und zu prüfen, inwieweit ein tatsächlicher Beitrag zur Versorgung geleistet wird. Zudem sind Nutzungskonkurrenzen um Anbauflächen (Nahrung, Viehfutter, stoffliche Nutzung, energetische Nutzung) sowie die für den landwirtschaftlichen Anbau erforderlichen Wassermengen (rund 70 % des globalen Wasserbedarfs resultieren aus dem bewässerten Anbau [36]) zu beachten. Gerade der intensive Einsatz von Chemikalien und Bewässerung führt zudem zur Degradation bis hin zur Desertifikation von Böden [31], sodass dem Einsatz nachwachsender Rohstoffe, als Substitut für fossile Energieträger, enge Grenzen gesetzt sind.

Damit gilt analog dasselbe wie bereits für konventionelle Energieträger: In Nischen, die nicht etwa marktgetrieben sind, sondern den technischen Wert eines biogenen Energieträgers rechtfertigen, ist der Einsatz als zweckmäßig anzusehen – die unreflektierte Substitution ist allein mengenmäßig nicht darstellbar.

Ein denkbares Beispiel für eine solche Nische wäre die Herstellung von synthetischem Methan als Sekundärenergieträger in einem vollregenerativen Versorgungssystem. Eine mit regenerativem Strom betriebene Hydrolyse stellt Wasserstoff als Ausgangsprodukt für die Methansynthese her (Abb. 1.11). Methan verfügt über eine dreimal höhere Energiedichte als Wasserstoff und kann als Reserveenergie langfristige (saisonale) Bedarfe bei Strom und Wärme ausgleichen. Die flächendeckend vorhandene Erdgasinfrastruktur erleichtert die Integration in die bestehenden Versorgungssysteme.

Die Sinnfrage – wann darf die Nutzenergie geringer als der Energieeinsatz ausfallen?
Auf den ersten Blick erscheint es wenig zweckmäßig und unter Versorgungsgesichtspunkten geradezu kontraproduktiv, mehr Energie zu investieren, als durch diese energetische Investition an Nutzenergie erbracht wird. Im technischen Sinne würde somit lediglich der Gesamtenergiebedarf im System steigen – also genau das Gegenteil zum Beitrag für die Versorgung geleistet werden.

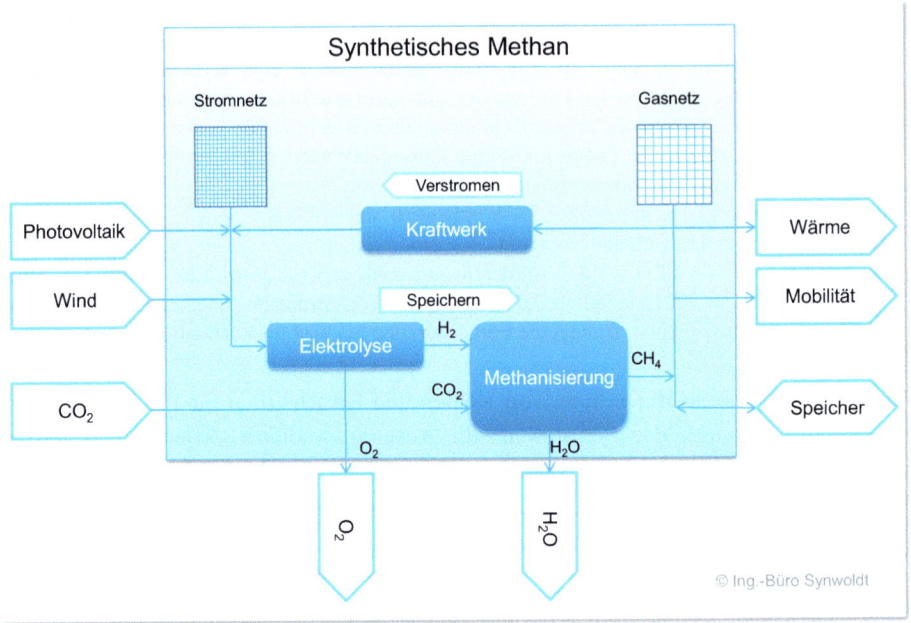

Abb. 1.11 Synthetisches Methan als Reserveenergieträger

Im konkreten Einzelfall kann es dagegen *Ausnahmen* geben, die ein Abweichen von dieser Maxime zulassen. Handelt es sich um eine im technischen Sinne wertvollere Energieform, so kann ein auf den jeweiligen Zweck begrenztes Kontingent durchaus zielführend sein. In diesem Sinne hervorzuheben wären erweiterte Einsatzmöglichkeiten eines Energieträgers oder eine bessere Speicherfähigkeit (z. B. eine höhere Speicherdichte, die wiederum den Energieaufwand für den Bau von Speichergefäßen minimiert). Vor allem jedoch wäre das Erbringen von systemrelevanten Leistungen zum Aufrechterhalten einer stabilen Energieversorgung zu nennen.

Um beim eingangs gewählten Beispiel der Kraftstoffgewinnung aus Ölsand zu bleiben: Allein ein Komfortbedürfnis oder das vermeintlich *wirtschaftliche* Beharren auf tradierten Lösungen zählen gewiss nicht zum technisch zweckmäßigen Ausnahmenkatalog.

Im weiteren Verlauf dieses Bandes wird die Rolle von Märkten immer wieder hervorgehoben werden. Die Vorstellung eines freien Wettbewerbs unter gleichen Bedingungen für alle Teilnehmer entpuppt sich dabei insbesondere für Energiemärkte als wenig realistisch. Wird nach den Hemmnissen für eine Abkehr von fossilen und nuklearen Energieträgern und einer zielgerichteten Neuausrichtung auf regenerative Energieträger gesucht, so befinden sich Regierungen in einem mehrdimensionalen Konfliktfeld. Bereits einleitend wurde das Steueraufkommen aus Energiesteuern aufgeführt. Hinzu kommen direkte eigene wirtschaftliche Interessen aus dem Betrieb und der Beteiligung an der Förderung fossiler Energieträger. Wie Abb. 1.12 zeigt, kann keineswegs von einem freien Markt ausgegangen werden.

1.2 Konventionelle Versorgung

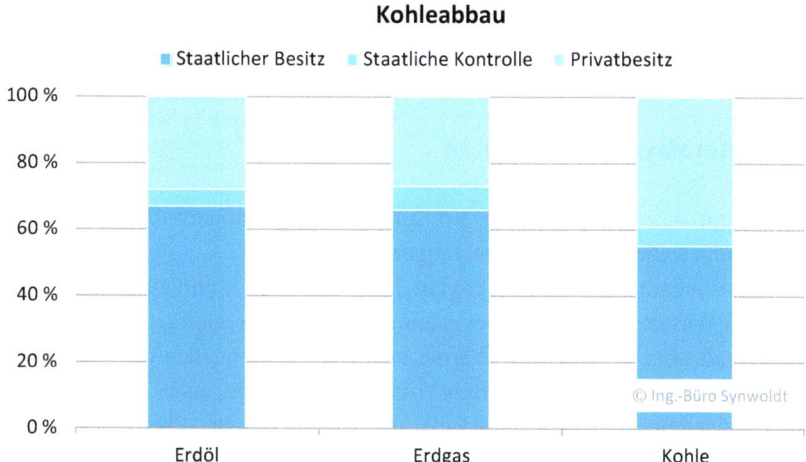

Abb. 1.12 Eigentümerstruktur beim Abbau fossiler Energieträger. (Daten: Climate Policy Initiative [37])

Auf der anderen Seite werden eben gerade auch von Regierungsseite konventionelle Energieträger immer wieder massiv subventioniert – durchaus auch aus sozialen Erwägungen. Die Internationale Energieagentur (IEA), eher der konventionellen Energieversorgung nahestehend, summiert für das Jahr 2013 die globale monetäre Förderung fossiler Energien auf 550 Mrd. US$. Die Förderung der Kernenergie ist in dieser Zahl noch nicht einmal enthalten – und dennoch ist die Zahl mehr als viermal so hoch wie die Subventionen in regenerative Technologien mit 120 Mrd. US$ [38]. Weiter führt die IEA in ihrem *World Energy Outlook 2014* aus, dass regenerative Energien überall dort bereits wettbewerbsfähig seien, wo Erdöl oder erdöl-basierte Brennstoffe für die Stromerzeugung eingesetzt werden – vorausgesetzt, auf die Subventionierung der konventionellen Energien würde verzichtet werden.

Neben der Nutzung profitieren vor allem auch die Exploration und Förderung konventioneller Energierohstoffe von Subventionen. Die Wirkung dieser Maßnahmen weist dabei strukturelle Unterschiede auf. Während Beihilfen in der Explorationsphase in erster Linie das Explorationsrisiko reduzieren, führen sie zusätzlich auch zu einer früheren Amortisation der initialen Investition und damit zu höheren kumulativen Erträgen. Eine Unterstützung in der Förderphase erhöht dagegen ausschließlich die Profitabilität bei der Ausbeutung der Lagerstätte [6]. Die in Abb. 1.12 dargestellte Eigentümerstruktur offenbart einen möglichen Zielkonflikt. Die Förderung fossiler Energierohstoffe befindet sich mehrheitlich im staatlichen Besitz oder unter staatlicher Kontrolle. Erträge entsprechender Förderunternehmen sind damit fiskalisch wirksam. Allgemein bedeutet eine Subventionierung für den Abbau konventioneller Energieträger jedoch eine Umverteilung von Vermögen: Über Steuern werden Einkommen und Vermögen der Allgemeinheit abgeschöpft, um die Profitabilität begünstigter Unternehmen zu verbessern.

1.3 Regenerative Technologien

Im Gegensatz zum *Verbrauch* oder auch Konsum von Energieträgern im konventionellen Versorgungssystem steht die *Ernte* regenerativer Energieträger.

Mit Ausnahme biogener Energieträger geht damit auch eine komplett unterschiedliche Betrachtung des Wirtschaftlichkeitsaspekts einher: Da die Energieträger Solarstrahlung, Wind, Wasserkraft oder geothermale Wärme kostenlos sind, werden die Systemkosten durch die Investition dominiert. Betriebskosten variieren je nach Technologie, sie spielen jedoch eine eher untergeordnete Rolle. Ganz anders sieht es bei konventionellen thermischen Kraftwerken aus. Hier stehen die Brennstoffkosten als maßgebliche Größe im Vordergrund. Sind die Anlagen erst einmal buchhalterisch abgeschrieben, ist der Brennstoffpreis der beherrschende Kostenfaktor. Dies hat dazu geführt, dass bei der Liberalisierung der Strommärkte in der zweiten Hälfte der 1990er-Jahre ein Marktmodell etabliert wurde, das sich an den Grenzkosten der Kraftwerke orientiert. Mehr zu diesem Thema in Kap. 3.

Eine Ausnahme von dieser Kostenstruktur stellen Kernkraftwerke dar, da hier einerseits die spezifischen Investitionen [€/kW] in die Anlagen weit höher ausfallen als bei anderen thermischen Kraftwerken und andererseits auch die spezifischen Brennstoffkosten [€/kWh] geringer sind. Weiterhin profitieren die Betreiber von Kernkraftwerken bis in die Gegenwart von Subventionen und Vergünstigungen wie

- Investitionsbeihilfen zum Bau der Kraftwerke,
- auf 250 Mio. € begrenzte Haftpflichtversicherungssumme,
- steuerfreie Rückstellungen für den Rückbau ohne eine Besicherung und
- keine finanzielle Beteiligung am Betrieb von nuklearen Endlagern,

sodass insbesondere die Nutzung der Kernenergie nur bedingt als Beispiel für Marktwirtschaft gelten kann. Die Höhe der direkten und indirekten Subventionen ist allein im Zeitraum 1955–2022 auf 287 Mrd. € zu beziffern [39, 40].

Erste Kernkraftwerke wurden in Deutschland ab Ende der 1950er-Jahre errichtet. Da die Stromindustrie bereits zum damaligen Zeitpunkt hohe Folgekosten befürchtete, wurden vom Fiskus neben einer Zusage zur Übernahme der Endlagerkosten auch wesentliche Teile der Investition in die Anlagen übernommen.

> Umso schwerer wiegt der Fakt, dass bereits 1956 – vor dem Bau kommerzieller Kernkraftwerke in Deutschland – ausgerechnet aus dem Lager der Stromerzeuger Bedenken bezüglich des Atommülls angemeldet wurden. Der RWE-Vorstand Heinrich Schöller, Mitglied der

Atomkommission, äußert sich skeptisch zur Wirtschaftlichkeit der Kernenergie [43]. Aus heutiger Sicht geradezu visionär gibt er zu bedenken, dass die Entsorgung der radioaktiven Abfälle am Ende so kostspielig sein könnte, wie die gesamte atomare Stromerzeugung [44] (Quelle: [31]).

Auch wenn die Höhe der Investition zunächst eine Barriere für den Einsatz von Technologien zur Nutzung regenerativer Energieträger darstellt, so führt die Abwesenheit von Brennstoffbedarf und -kosten zu sehr geringen Betriebskosten; die Grenzkosten gehen gegen Null.

Damit verschiebt sich das Risiko für den Anlagenbetrieb. Konventionelle Systeme nehmen an einem Markt zu Grenzkosten teil. Schwankungen in den Weltmarktpreisen für Kohle, Erdöl und Erdgas werden im Angebotspreis eingepreist. Solange die Kostenstruktur zwischen den fossilen Energieträgern näherungsweise gleich bleibt, ändert sich am Marktgeschehen wenig. Höhere Rohstoffpreise für die Primärenergieträger werden an die Abnehmer lediglich durchgereicht.

In einer ganz anderen Situation befinden sich die Betreiber von regenerativen Technologien. Ein Angebot zu Grenzkosten wäre hier wenig zielführend, um die Investition zu amortisieren. So sind die zahlreichen Initiativen zur Marktintegration regenerativer Technologien – d. h. zur Integration regenerativer Technologien in den bestehenden Energiemarkt – bereits zum Scheitern verurteilt, bevor sie implementiert werden. Ein an Brennstoffpreisen orientierter Vergleich ist, zumindest in erster Näherung, für mit Brennstoff betriebene Kraftwerke zweckmäßig. Dass diese These *nicht* für alle Marktteilnehmer gilt, zeigt der folgende Absatz.

Ganz ähnlich wie den Betreibern von Photovoltaikanlagen und Windparks ergeht es den Betreibern *neuer* Kraftwerke. Häufig handelt es sich dabei um größere Stadtwerke, für die Gasturbinen in einem adäquaten Leistungsbereich verfügbar sind. Kommen die Anlagen wegen hoher Grenzkosten (Erdgas hat die höchsten spezifischen Brennstoffpreise; Abb. 3.6) jedoch nur selten zum Einsatz, ist eine Amortisation der Investition fraglich.

Interessanterweise ist die Lösung für beide Fragestellungen nahezu identisch: Die Betreiber neuer Kohlekraftwerke haben sich in der Vergangenheit regelmäßig über langfristige Lieferverträge – nicht an der Energiebörse, sondern bilateral *over the counter* (OTC) – für den Zeitraum der Kreditrückführung abgesichert. Bei den Betreibern handelt es sich im Wesentlichen um vier (ehemalige) Monopolunternehmen. Als der Markt zu Grenzkosten eingeführt wurde, waren nahezu sämtliche Anlagen abgeschrieben. Zudem waren die meisten Kraftwerke im Besitz nur weniger Unternehmen, die damit auch über die Möglichkeit eines internen Finanzausgleichs verfügen – ganz anders, als wenn lediglich ein Kraftwerk, ein Windpark oder eine Photovoltaikanlage betrieben wird. Wie dieser interne Ausgleich möglich ist, wird in Abschn. 3.2 beschrieben.

Im Fall der regenerativen Systeme hat der Gesetzgeber ab dem Jahr 2000 eine analoge Absicherung mit dem *Gesetz für den Vorrang Erneuerbarer Energien* (EEG) vorgenommen. Regenerative Energien, namentlich Wind und Photovoltaik, sind im besonderen Maße vom Wettergeschehen und dem Gang der Sonne abhängig. Die fluktuierende Natur des Primärenergiedargebots führt dabei zwangsläufig zu einer ähnlich fluktuierenden Bereitstellung von Sekundärenergieträgern, typischerweise elektrischer Energie. Durch einen aus technischen Aspekten ausgewogenen Energiemix lassen sich jedoch gerade saisonale Schwankungen kompensieren. Wie in Abschn. 2.3 erläutert wird, sind am derzeitigen Marktmodell orientierte Ansätze, die einseitig auf den *billigsten* Energieträger setzen, wenig zielführend. Für eine *Systemtransformation* reicht es nicht aus, dass ein Kernkraftwerk durch einen Offshore-Windpark ersetzt wird. Aspekte der physischen Lieferung schlagen sich ebenfalls in den Kosten des Stromversorgungssystems nieder.

Energie ist mehr als nur Elektrizität. Die Anteile am Energiebedarf wurden eingangs hervorgehoben, auch, dass der Bedarf an Elektrizität gesamtwirtschaftlich wie auch im Privathaushalt den geringsten Anteil hat. Doch die Transformation der Versorgungssysteme zur Nutzung regenerativer Energieträger weist der Elektrizitätserzeugung eine Schlüsselrolle zu. Die Versatilität, die Möglichkeit, elektrische Energie mit hohen Wirkungsgraden in mechanische Energie, Wärme und Licht sowie zur Datenkommunikation zu nutzen, ist dabei nur ein Punkt. Als ebenso essenziell ist die im Vergleich zu andern Energieträgern verlustarme Übertragung über weite Distanzen zu betrachten. Einzig die Speicherfähigkeit ist bei sämtlichen derzeit bekannten Technologien aufgrund der geringen Energiedichte begrenzt (Tab. 1.4).

Dennoch erlaubt gerade die universelle Nutzung von elektrischer Energie auch eine Kopplung der unterschiedlichen Versorgungssysteme für elektrische Energie, Wärme und Mobilität. Eine flexible Nutzung hilft, den Speicherbedarf zu begrenzen, und sofern möglich, auf andere Energieträger – beispielsweise Wärmeenergie – zu verlagern. Mehr dazu in Abschn. 2.3.3.

Ein weiterer Unterschied zwischen regenerativen und konventionellen Energieträgern ist die flächenbezogene Energiedichte. Anders als Brennstoffe, deren Energie sich masse- oder volumenbezogen beschreiben lässt, hängt bei regenerativen Energien die Ausbeute in erster Linie von der (Ernte-)Fläche ab. Weiterhin spielt die geografische Lage eine

Tab. 1.4 Energiedichte von Speichern für elektrische Energie

Speicher	Spezifischer Energieinhalt
Doppelschichtkondensator	0,0001–0,003 kWh/kg
Pumpspeicherkraftwerk (250–300 m Fallhöhe)	0,0005–0,001 kWh/kg
Bleiakku	0,003–0,030 kWh/kg
Schwungrad	0,005–0,050 kWh/kg
Li-Akku	0,050–0,200 kWh/kg
Zum Vergleich: trockenes Stroh (thermisch)	4,7 kWh/kg

1.3 Regenerative Technologien

besondere Rolle, wenn es um die eingestrahlte Solarenergie, das Windaufkommen oder den Zuwachs an Biomasse geht. Die Werte in Tab. 1.5 sind daher als grobe Anhaltswerte für Standorte in Deutschland zu verstehen.

Bei Wasserkraft spielt neben dem Abfluss auch die Fallhöhe eine entscheidende Rolle für die Energiedichte, womit sich ein Nutzungskonflikt zwischen Schiffbarkeit und energetischer Nutzung von Fließgewässern offenbart. Dazu mehr in den folgenden Abschnitten.

Anhand von Tab. 1.5 werden zwei Aspekte deutlich: Die Energiewende beginnt auf dem Land und nicht in der Stadt, denn urbane Ballungsräume haben einen hohen flächenspezifischen Energiebedarf, weitaus höher als der ländliche Raum. Gleichzeitig stehen nur begrenzt Flächen zur Nutzung regenerativer Energien zur Verfügung.

Energiebedarf einer Großstadt
Laut Energie- und CO_2-Bilanz für das Jahr 2019 weist Berlin einen Endenergiebedarf von 64,2 TWh auf. Davon entfallen lediglich 20 % auf elektrische Energie [41]. Bezogen auf die Gesamtfläche von 891 km² ergibt sich ein spezifischer Gesamtenergiebedarf in Höhe von 72 kWh/m² a, beziehungsweise ein spezifischer Elektrizitätsbedarf von 14,4 kWh/m² a. Wird der Energiebedarf auf die Siedlungs- und Verkehrsflächen mit insgesamt 629 km² [42] bezogen, liegen die Bedarfszahlen bei 102 und 20,4 kWh/m² a.

Das Decken des Strombedarfs durch konsequente Nutzung von Dach- und Verkehrsflächen erscheint – zumindest kalkulatorisch – nicht ausgeschlossen. Verkehrsflächen tragen zusätzlich zu Gebäude- und Freiflächen weitere 135 km² bei. Damit würden Photovoltaikanlagen auf rund 30 % der vorgenannten Flächen eine äquivalente Strommenge bereitstellen können.

Anhand dieser stark vereinfachten Überlegungen wird deutlich, dass beim Einbeziehen der Sektoren Wärme und Mobilität selbst eine bilanzielle Versorgung aus regenerativen Energien auf Flächen innerhalb des Stadtgebietes mit heute verfügbaren Technologien nicht darstellbar ist – obwohl das Stadtgebiet im Vergleich zum Endenergiebedarf eine 13-mal höhere solare Einstrahlung erfährt.

Demgegenüber verfügt der ländliche Raum über die erforderliche Fläche und findet damit wieder eine Rolle, die er über Jahrhunderte innehatte: Die Versorgung der Region

Tab. 1.5 Jährliche Energieausbeute von regenerativen Energieträgern. (Daten: [31])

Technologie/Energieträger	Spezifische Energieausbeute
Photovoltaik	
Flächenparallel (Schrägdach, Südhang)	150–200 kWh_{el}/m^2
Aufgeständert (Freifläche, Flachdach)	45–100 kWh_{el}/m^2
Wind	
Kleiner Windpark	60 kWh_{el}/m^2
Großer Windpark	20 kWh_{el}/m^2
Biomasse	
Biodiesel aus Raps	1,1 kWh_{th}/m^2
Biogas aus Mais/Getreide	4,2–5,5 kWh_{th}/m^2

mit Energie. Handelte es sich in früheren Zeiten dabei hauptsächlich um Nahrungsmittel und Brennstoff, so kommt nun die elektrische Energie hinzu.

Die begrenzten Flächenpotenziale wurden bereits weiter oben erwähnt. Die Bedeutung einer nachhaltigen Bewirtschaftung wird u. a. in *Umdenken* [31] eingehend erläutert. Insbesondere die aus energetischer Sicht auffallend geringe Energieausbeute bei Biomasse[19] zwingt zu einem sorgfältig überlegten Umgang mit den so gewonnenen Energieträgern. Ein an Volllaststunden[20] orientierter Dauerbetrieb ist aus versorgungstechnischer Sicht wenig zweckmäßig und reflektiert nicht den besonderen Wert der Biomassen und biogener Energieträger: Sie sind vergleichsweise unproblematisch speicherbar und verfügen über eine hohe Energiedichte (Tab. 1.3).

1.3.1 Solartechnologien

Die solare Einstrahlung ist die mit Abstand wichtigste Energiequelle der Erde. Dies betrifft sowohl die absolute Größenordnung der eingestrahlten Energie wie auch die ursächliche Beziehung für verschiedene weitere, regenerative Energieträger:

- Wind entsteht durch eine Ausgleichsströmung zwischen Hoch- und Tiefdruckgebieten. Verantwortlich hierfür sind Temperaturunterschiede, die durch die solare Einstrahlung hervorgerufen werden. Unter physikalischen Aspekten ist Wind, ähnlich wie ein Fließgewässer, ein Massenstrom und verfügt somit über kinetische Energie.
- Wasserkraft resultiert aus der Verdunstung von Wasser aus offenen Gewässern und Bodenfeuchtigkeit. Hierfür ist vor allem die solare Einstrahlung verantwortlich, in geringerem Maße auch der Wind.
  In kälteren Atmosphärenschichten findet eine Wolkenbildung statt. Durch Wind werden verdunstete Wassermassen als Wolken über weite Entfernungen transportiert und regnen u. a. über Land ab. Der Abfluss an Oberflächenwasser aus einer Region sammelt sich in Bächen, Flüssen und Strömen. Insbesondere die aus einem Gefälle (Fallhöhe) resultierende Differenz an potenzieller Energie kann für den Antrieb von Turbinen genutzt werden.
  Die potenzielle Energie basiert auf der Gravitationswirkung, die auf die Masse der Erde und die Dichte des Wassers zurückzuführen ist.
- Biomasse entsteht durch Fotosynthese aus Wasser und Kohlendioxid. Die für die Bildung von Kohlehydraten erforderliche Energie liefert die solare Einstrahlung.

---

[19]Die in Tab. 1.5 genannten Werte sind Bruttoerträge, der Energieaufwand für Anbau und Verarbeitung der Substrate ist darin nicht enthalten.
[20]Volllaststunden sind eine rechnerische Größe zur Energiebereitstellung durch Kraftmaschinen. Die gesamte erbrachte Nutzenergie wird auf die Nennleistung normiert. Läuft die Maschine ununterbrochen mit Nennlast, werden pro Jahr 8750 Volllaststunden geliefert.

Tab. 1.6 Regenerative Energiequellen. (Daten: [43])

Energiequelle	Anteil [%]
Solare Einstrahlung	99,980
Geothermie	0,018
Gezeiten	0,002

- Kohle, Erdöl und Erdgas sind nichts anderes als fossile Biomasse. Aus Pflanzen entstand über Jahrmillionen Kohle (durch Inkohlung bei hohem Druck und hoher Temperatur). Die Wälder des Karbons (vor 360–300 Mio. Jahren) lieferten den Rohstoff für heutige Steinkohlen, während Braunkohlen meist auf den Pflanzen des Tertiärs (vor 65–2 Mio. Jahren) basieren.
  Die Überreste mariner Lebewesen wie Algen und Bakterien bilden die Ausgangsstoffe für Erdöl und Erdgas. Dafür sind hohe Drücke und Temperaturen im Bereich 100–200 °C erforderlich. Bei niedrigeren Temperaturen bildet sich Erdöl, am oberen Ende der Skala entsteht Erdgas.

Somit verbleiben nur wenige regenerative Ressourcen, die nicht mit der solaren Einstrahlung zusammenhängen (Tab. 1.6).

- Geothermale Wärme ist auf zwei Ursachen zurückzuführen. Zum einen entsteht sie durch radioaktive Zerfallsprozesse in der Erdkruste und im Erdkern. Die zweite Quelle ist die Erstarrungswärme des Erdkerns, an den sich kontinuierlich Teile des flüssigen Erdmantels anlagern.
- Gezeitenkräfte werden durch das Zusammenwirken der Gravitationskräfte von Erde, Mond und Sonne sowie der Erdrotation verursacht. Sie führen zu einer wellenförmigen Wasserbewegung, die der Erdrotation entgegenwirkt. Hierdurch wird – auf großen Zeitskalen – eine Verringerung der Rotationsgeschwindigkeit der Erde hervorgerufen.

Pro Jahr strahlt die Sonne eine Energiemenge von etwa $1,5 \cdot 10^{18}$ kWh auf die Erdoberfläche ein. Diese Energiemenge entspricht rund dem 6500-fachen des weltweiten Endenergiebedarfs von 2018 [44] – also weit mehr als nur der Bedarf an elektrischer Energie.[21] Innerhalb einer Stunde erreicht die Erde diejenige Menge an Strahlungsenergie, die zum Decken des kompletten Energiebedarfs für ein ganzes Jahr benötigt wird, und zwar für den weltweiten Wärmebedarf, für die Stromerzeugung und sämtliche anderen Kraft- und Brennstoffe in Summe. Allein der mit heute verfügbaren Technologien nutzbare Teil der Sonneneinstrahlung (das technische Potenzial) übersteigt den weltweiten Bedarf für das Bereitstellen von Wärme und Elektrizität um ein Vielfaches.

---

[21] Im Fall einer kontinuierlichen Zunahme des globalen Energiebedarfs würde – je nach Wachstumsrate – der globale Energiebedarf in einigen Jahrhunderten sogar die solare Einstrahlung übersteigen [45]. Damit wird die Relevanz von Effizienz und Suffizienz (Abschn. 3.1) deutlich.

Die Idee zur Nutzung der Solarenergie ist indes nicht ganz so neu, wie vielleicht vermutet wird. Bereits 1878 wurde auf der Pariser Weltausstellung eine Solar-Dampfmaschine vorgestellt. Nur wenig später, Anfang des 20. Jahrhunderts, wurde das Potenzial der Solarthermie zur Energieversorgung erkannt [46]:[22]

> 20.250 Quadratmeilen von Kollektoren in der Sahara könnten der Welt auf Dauer 270 Millionen Pferdestärken liefern.

Das entsprach dem seinerzeitigen weltweiten Energiebedarf. Im Jahre 1916 wurden durch den Deutschen Reichstag Mittel in Höhe von 200.000 Reichsmark zum Aufbau einer Parabolrinnenanlage in Deutsch-Südwest-Afrika (Namibia) bereitgestellt – sehr zum Argwohn der USA und des Vereinigten Königreiches hatte der Amerikaner Frank Shumann seine Erfindung an das Deutsche Reich verkaufen wollen. Der 1. Weltkrieg und die Entdeckung umfangreicher Erdölvorkommen ließen das Projekt jedoch vorzeitig stoppen.

1.3.1.1 Solarkonstante

Der wichtigste Kennwert für die von der Sonne auf der Erde empfangene Strahlungsleistung ist die Solarkonstante E_0. Sie beschreibt die spezifische Strahlungsleistung der Sonne, die die Erde bei senkrechter Einstrahlung auf einem Quadratmeter außerhalb der Atmosphäre erreicht. Physikalisch beschreibt die Solarkonstante eine Bestrahlungsstärke. Der Mittelwert für die Solarkonstante E_0 ist auf

$$E_0 = 1367\,\text{W/m}^2 \tag{1.1}$$

festgelegt. Allerdings ist die Bezeichnung *Konstante* hierbei irreführend, denn der Wert der Bestrahlungsstärke ist vom jahreszeitlich schwankenden Abstand der Erde von der Sonne abhängig. Auch längerfristige Schwankungen wie die Milanković-Zyklen üben einen entsprechenden Einfluss aus. Die tatsächliche Bestrahlungsstärke variiert daher ca. $\pm 3\,\%$ um den Mittelwert und liegt im Bereich von 1325 bis 1420 W/m². Im Abschn. 1.3.1.8 wird der Wert für die Solarkonstante hergeleitet (Gl. 1.74).

1.3.1.2 Ekliptik

Die tatsächlich auf der Erdoberfläche eintreffende Strahlungsleistung variiert jedoch sowohl im Tages- wie auch im Jahresverlauf deutlich, Abb. 1.14 vermittelt die Größenordnung der saisonalen Fluktuation für Orte auf der Nordhalbkugel. Bedingt durch die Schiefe

---

[22]Im Original: Frank Shumann planned to build more of these solar reflector plants, conditional on the availability of enough Nile River water in a 20,250 square miles expanse of the Sahara Desert. His vision was to provide the world „in perpetuity the 270 million horsepower per year required to equal all the fuel (in form of coal) mined in 1909".

Korrekt müsste die Leistungseinheit Pferdestärke mit der Zeitspanne (hier: ein Jahr) multipliziert und nicht durch diese dividiert werden, um eine Energiegröße zu erhalten.

1.3 Regenerative Technologien

Abb. 1.13 Schiefe der Ekliptik

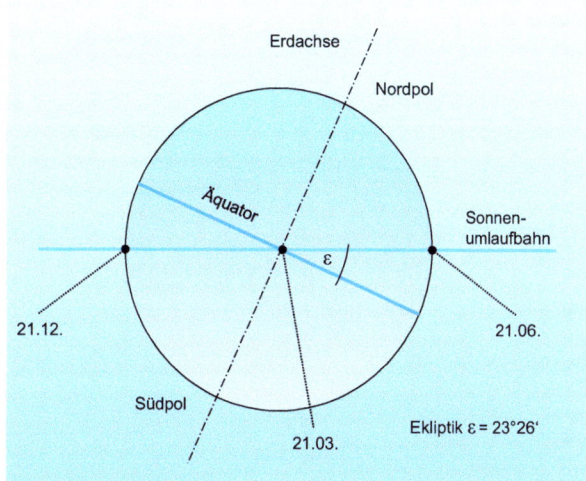

der Ekliptik (Abb. 1.13), dem Taumeln der Erdachse in Bezug auf die Umlaufbahn um die Sonne, ergeben sich saisonale Schwankungen in der Einstrahlung. Hierbei spielt die geografische Breite die entscheidende Rolle. Während jenseits der Polarkreise ($\varphi > 66{,}56°$ N/S) Zeiträume dauerhafter Dunkelheit und Helligkeit auftreten, wird der Einfluss der Ekliptik im Bereich der Wendekreise ($\varphi < 23{,}44°$ N/S) minimal.

In Abb. 1.15 werden die im Folgenden verwendeten Winkel näher beschrieben.

Der in Abb. 1.14 vorgestellte Verlauf des Sonnenstands lässt sich aus der Formel Gl. 1.2 ableiten [43]. Der Sonnenstand wird dabei durch den Einfallswinkel Θ der direkten Solarstrahlung auf eine beliebig angestellte und ausgerichtete Ebene charakterisiert.

[Θ: Einfallswinkel auf die Ebene des Empfängers; γ: Deklination (Sonnenhöhe über dem Äquator); φ: geografische Breite; β: Inklination (Anstellwinkel der Ebene); α: Azimut (Ausrichtung der Ebene)]

$$\begin{aligned}\cos\Theta = &+\sin\gamma \cdot \sin\varphi \cdot \cos\beta \\ &- \sin\gamma \cdot \cos\varphi \cdot \sin\beta \cdot \cos\alpha \\ &+ \cos\gamma \cdot \cos\varphi \cdot \cos\beta \cdot \cos\omega \\ &+ \cos\gamma \cdot \sin\varphi \cdot \sin\beta \cdot \cos\alpha \cdot \cos\omega \\ &- \cos\gamma \cdot \sin\beta \cdot \sin\alpha \cdot \sin\omega\end{aligned} \quad (1.2)$$

mit der Deklination γ (Sonnenhöhe über dem Äquator)

[n: Tag des Jahres; 1. Januar = 1]

$$\gamma = 23{,}44° \cdot \sin\left(360° \cdot \frac{284 + n}{365}\right) \quad (1.3)$$

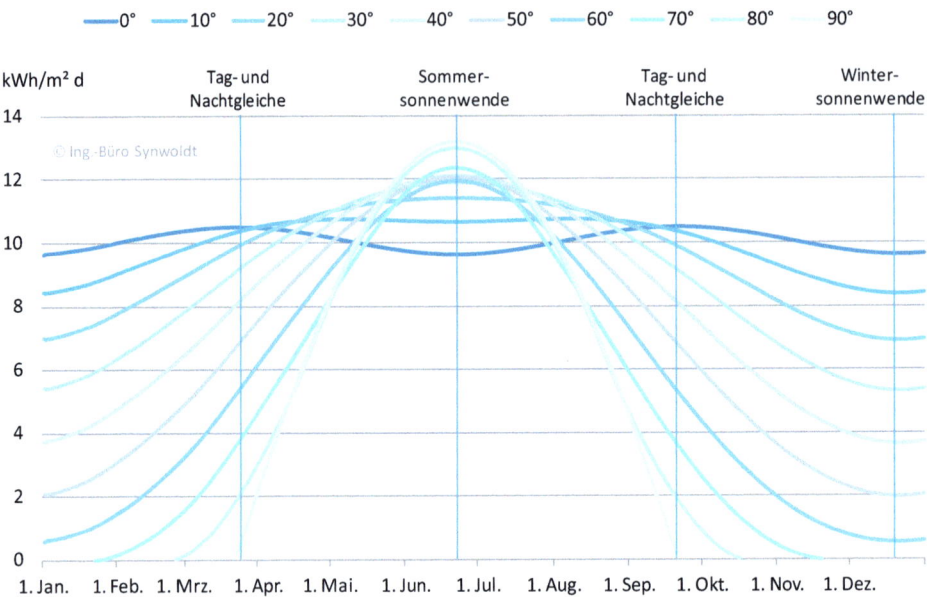

Abb. 1.14 Jahreszeitlicher Verlauf der Einstrahlung in Abhängigkeit von der geografischen Breite (nördliche Hemisphäre). (Kalkulationstool: Universität Siegen)

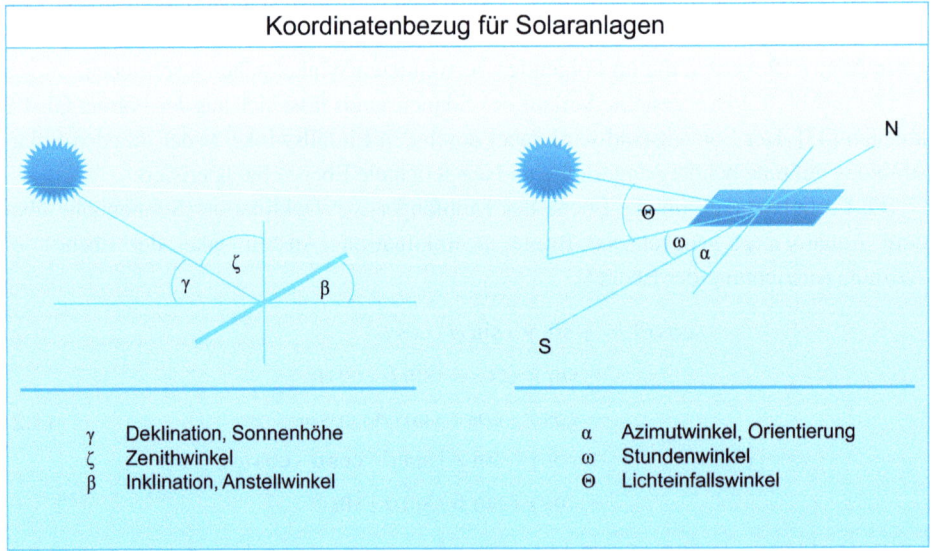

Abb. 1.15 Koordinatenbezug für Solaranlagen

1.3 Regenerative Technologien

und dem Stundenwinkel ω (Sonnenrichtung; $0° \triangleq 12$ h; $\omega > 0$: vormittags; $\omega < 0$: nachmittags)
[h: Stunde des Tages]

$$\omega = 180° - h \cdot 15° \quad (1.4)$$

Für horizontale Flächen ($\beta = 0$) liefert Gl. 1.2

$$\cos \Theta = \sin \gamma \cdot \sin \varphi + \cos \gamma \cdot \cos \varphi \cdot \cos \omega \quad (1.5)$$

Für nach Süden ausgerichtete Flächen ($\alpha = 0$) ergibt sich die folgende Vereinfachung für Gl. 1.2:

$$\cos \Theta = \sin \gamma \cdot \sin (\varphi - \beta) + \cos \gamma \cdot \cos \omega \cdot \cos (\varphi - \beta) \quad (1.6)$$

Die rein geometrische Betrachtung unter dem Aspekt des Einfallswinkels der Sonnenstrahlen ist jedoch nur eine Komponente, die sich auf die am Erdboden faktisch nutzbare Energiemenge auswirkt.

Ein flacherer Einfallswinkel in den Tages- und Jahresrandzeiten verändert die Weglänge, die das Sonnenlicht durch die Atmosphäre bis zur Erdoberfläche zurücklegen muss. Dies vergrößert den Einfluss von Aerosolen (Wasserdampf und Staub) in der Atmosphäre (mehr dazu im folgenden Abschnitt *Airmass*). Der Effekt lässt sich auch an einer spektralen Verschiebung des Sonnenlichts beobachten: Zum Zeitpunkt von Sonnenauf- und -untergang erscheint der unbedeckte Himmel rötlich, tagsüber, bei höherem Sonnenstand (= steilerer Einfallswinkel) ist die Himmelsfarbe blau.

In höheren Breiten kann durch das Anstellen einer Ebene in Äquatorrichtung die auf dieselbe Fläche einfallende Strahlung erhöht werden. Dies betrifft die Strahlungsleistung und die eingestrahlte Energiemenge gleichermaßen (Abb. 1.16).

[G_{hor}: Einstrahlung auf eine horizontale Ebene; G_{inkl}: Einstrahlung auf eine zum Äquator angestellte Ebene; β: Anstellwinkel (Inklination)]

$$G_{inkl} = G_{hor} / \cos \beta \quad (1.7)$$

Durch die Schiefe der Ekliptik führt das Anstellen von Solaranlagen, insbesondere bei niedrigem Sonnenstand im Winterhalbjahr, zu besseren Erträgen und einer Verringerung der saisonalen Schwankungen. Letztlich handelt es sich hier um einen Optimierungskonflikt zwischen maximaler Ausbeute, d. h. optimalen Betriebsbedingungen im Sommer, da hier das größte Strahlungsdargebot zu erwarten ist, und andererseits einer möglichst ausgewogenen Versorgung über das ganze Jahr.

Abb. 1.17 und 1.18 zeigen den Einfluss einer um 35° nach Süden angestellten Ebene für Berlin-Tempelhof (52,5° N, 13,4° O).

Während die eingestrahlte Energiemenge auf der um 35° nach Süd angestellten Ebene in den Sommermonaten minimal geringer als auf einer horizontalen Ebene ist, sind insbesondere in der Übergangszeit deutlich höhere Einstrahlungswerte zu verzeichnen.

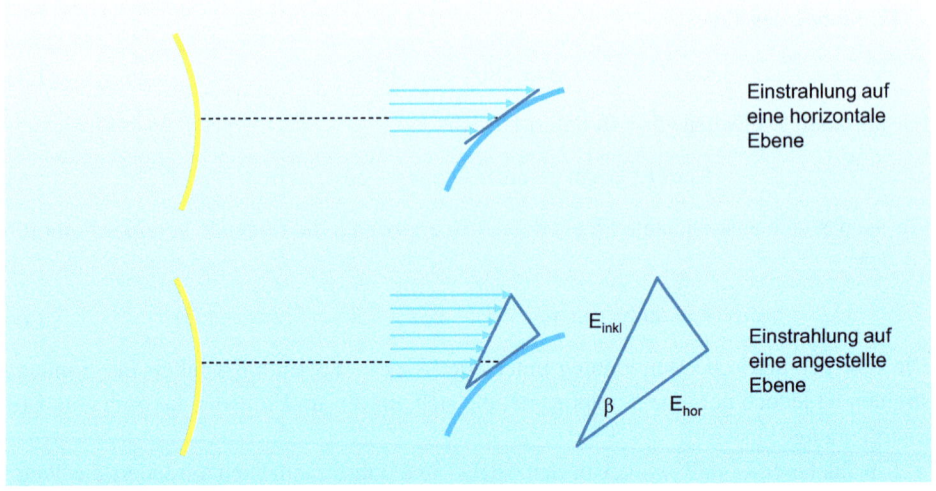

Abb. 1.16 Einstrahlung auf eine geneigte Ebene

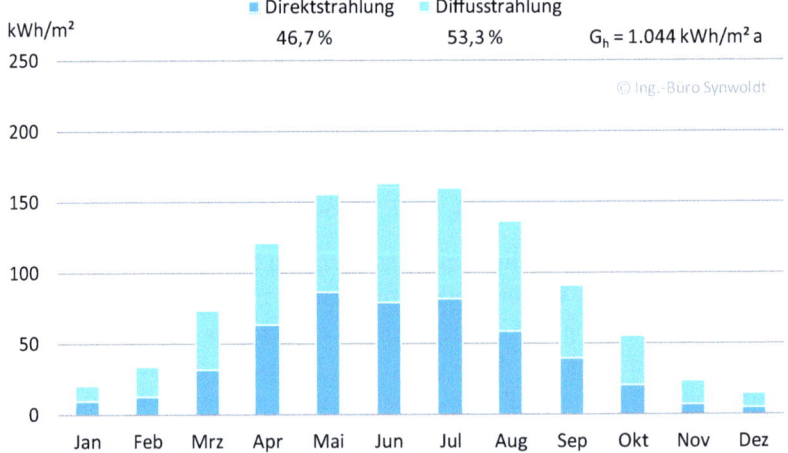

Abb. 1.17 Einstrahlung auf eine horizontale Ebene in Berlin. (Daten: Meteonorm 7.1)

Insgesamt kann durch das Anstellen ein Mehrertrag von 17 % erzielt werden. Das Verhältnis von den sommerlichen Maximalwerten zur sehr niedrigen Einstrahlung im Winter wird von 10,9 auf 6,0 vermindert.

1.3 Regenerative Technologien

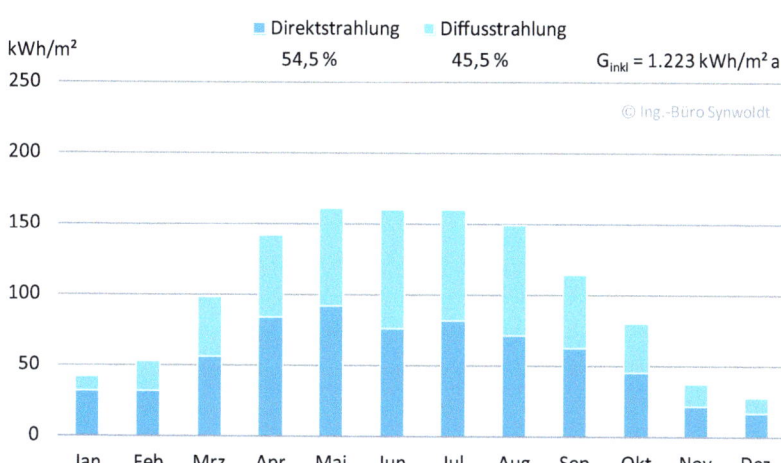

Abb. 1.18 Einstrahlung auf eine 35° Süd angestellte Ebene in Berlin. (Daten: Meteonorm 7.1)

Aus betrieblichen Gründen ist auch in tropischen und subtropischen Breiten ein Anstellen von Photovoltaikmodulen und Solarkollektoren empfehlenswert: Damit Staub, Laub und Verschmutzungen (Vogelkot etc.) von Regen und Wind zumindest teilweise entfernt werden können, ist ein minimaler Anstellwinkel von 15° erforderlich. Auf horizontalen Flächen ist dieser Selbstreinigungseffekt nicht gegeben.

In Verbindung mit einer freien Unterkonstruktion (z. B. für Freiflächenanlagen) oder bei hinreichendem Abstand zur Dacheindeckung bei gebäudeintegrierten Photovoltaikanlagen erlauben geneigte Flächen eine Thermik zum Hinterlüften der Photovoltaikmodule. Dies ist aufgrund des negativen Temperaturkoeffizienten von Photovoltaikmodulen vorteilhaft. Beim Betrieb solarthermischer Kollektoren ist diese Thermik unerwünscht. In diesem Fall ist eine Integration in die Gebäudehülle zweckmäßig und ansonsten auf geringe thermische Verluste aufgrund der Kollektorkonstruktion zu achten.

1.3.1.3 Airmass

Ein Maß für die Wegstrecke des Sonnenlichts durch die Atmosphäre ist die *Airmass* [AM]. AM 1 entspricht der Höhe der Atmosphäre von 8,4 km (Abb. 1.19).[23]

Die Airmass lässt sich durch Gl. 1.8 aus den Geometrieparametern von Erdradius und der Dicke der Atmosphäre bestimmen:

---

[23]Tatsächlich ist die Wirkung der Atmosphäre auch in wesentlich höheren Schichten – bis zur Homopause in ca. 100 km über der Erdoberfläche – noch nachweisbar. Dabei nimmt die Dichte der höher gelegenen atmosphärischen Schichten exponentiell ab. Für das hier vorgestellte Rechenverfahren wird von einer konstanten Dichte der Atmosphäre ausgegangen und daher der Skalenwert 8,4 km eingeführt.

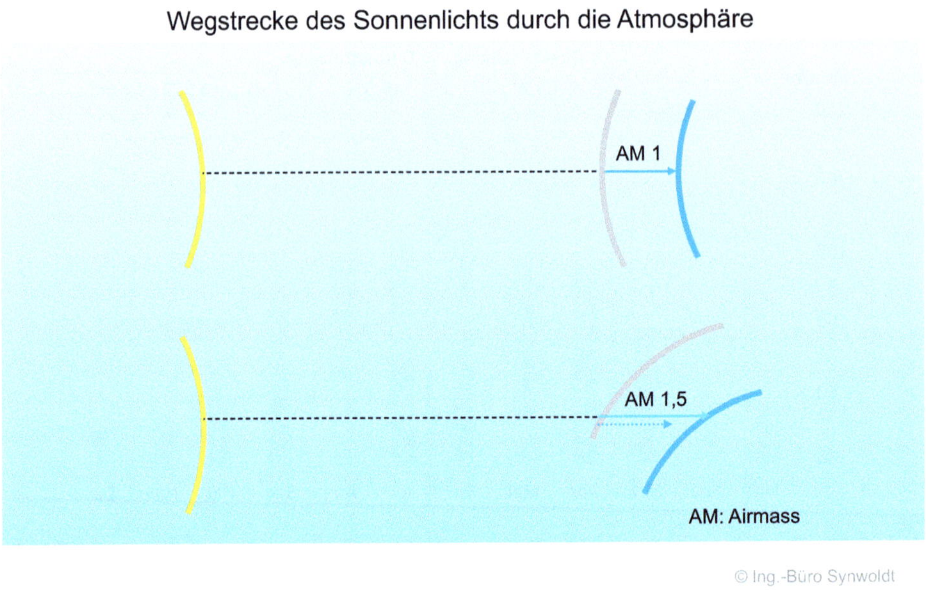

Wegstrecke des Sonnenlichts durch die Atmosphäre

Abb. 1.19 Wegstrecke des Sonnenlichts durch die Atmosphäre

[$r_e = 6371$ km, Erdradius; $h_{atm} = 8{,}4$ km, Höhe der Atmosphäre; $\zeta = 90° - \gamma$, Zenithwinkel; γ: Einfallswinkel]

$$\mathrm{AM}(\zeta) = \frac{-r_e \cdot \cos(\zeta) + \sqrt{(r_e + h_{atm})^2 - r_e^2 \cdot \sin^2(\zeta)}}{h_{atm}} \qquad (1.8)$$

Zusammenfassend kommen zwei Effekte ins Spiel, die durch den flachen Einfallswinkel der Sonnenstrahlung um die Wintersonnenwende ausgelöst werden:

- Je flacher der Lichteinfall, desto geringer fällt die spezifische Bestrahlungsstärke (Strahlungsleistung pro Flächeneinheit) auf der Erdoberfläche aus.
- Flache Einfallswinkel verlängern die Wegstrecke des einfallenden Sonnenlichts durch die Atmosphäre (Abb. 1.20) und führen zu einer weiteren Abschwächung des Lichts durch (Rück-)Streuung und Absorption an Aerosolen, Wasserdampf und Staubpartikeln.

Wie Tab. 1.7 zeigt, macht sich insbesondere an Orten hoher geografischer Breite die Varianz der Airmass im jahreszeitlichen Verlauf bemerkbar.

Für die energietechnische Nutzung der Solarstrahlung sind neben der geografischen Breite vor allem auch die klimatischen Verhältnisse von Bedeutung. Dabei zeigen subtropische Trockenzonen, wie beispielsweise die Sahelzone und andere Wüstengebiete,

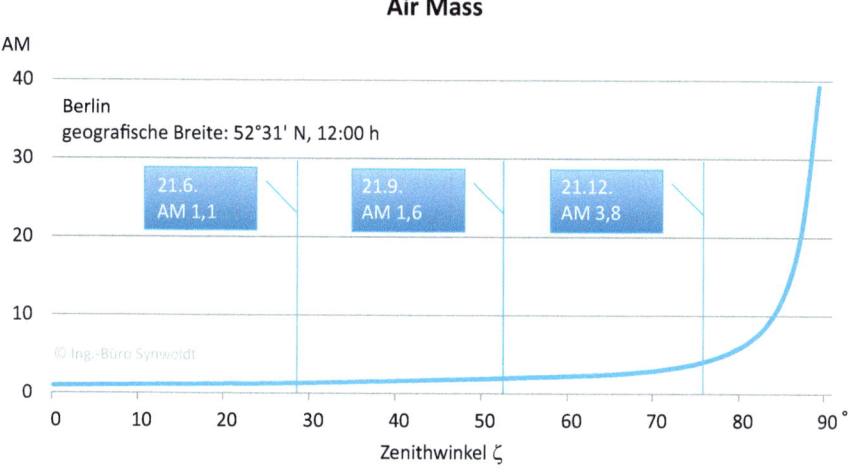

Abb. 1.20 Airmass in Abhängigkeit vom Zenithwinkel

Tab. 1.7 Airmass an verschiedenen Orten und zu verschiedenen Daten. (Daten: eigene Berechnung)

Ort	Datum, Uhrzeit	Airmass
Außerhalb der Atmosphäre		AM 0
Äquator	21.3. und 21.9., 12.00 Uhr	AM 1
Berlin, 52°31′ N	21.6., 12.00 Uhr	AM 1,14
Berlin, 52°31′ N	21.3. und 21.9., 12.00 Uhr	AM 1,62
Berlin, 52°31′ N	21.12., 12.00 Uhr	AM 3,83
Kairo, 30°3′ N	21.6., 12.00 Uhr	AM 1,01
Kairo, 30°3′ N	21.3. und 21.9., 12.00 Uhr	AM 1,15
Kairo, 30°3′ N	21.12., 12.00 Uhr	AM 1,66

besonders hohe Einstrahlungswerte. Bei eingehender Betrachtung von Abb. 1.22 fällt zudem auf, dass insbesondere der Äquatorialbereich über eine deutlich geringere Einstrahlung verfügt.[24]

1.3.1.4 Spektrum der Solarstrahlung

Das Emissionsspektrum der Sonne zeigt die wesentliche Charakteristik eines Planckschen Strahlers (Schwarzer Körper, Gl. 1.38 und 1.68). Aus der Wellenlänge mit

---

[24] Die Einheiten sind für die Grafik in Abb. 1.22 ungewöhnlich gewählt. Anstelle von meist gebräuchlichen jährlichen Mittelwerten werden *Tages*werte im jährlichen Mittel angegeben. Bezogen auf *Jahres*werte reicht die Skala von 1100 bis 2550 kWh/m² a.

dem Maximum der spektralen Intensität lässt sich auf die Oberflächentemperatur in Höhe von 5777 K schließen.

Das Spektrum extraterrestrischer Strahlung in Abb. 1.21 (AM 0) zeigt eine gute Übereinstimmung mit dem theoretischen Spektrum eines Temperaturstrahlers. Demgegenüber weisen die Spektren für die bodennahe Strahlung deutliche Abweichungen auf. Im Infrarotbereich findet durch Kohlendioxid (CO_2) und Wasserdampf (H_2O) die Absorption einzelner Wellenlängenbereiche statt. Kurzwellige Strahlung mit $\lambda < 300\,nm$ absorbiert Ozon (O_3) nahezu vollständig und schützt somit organisches Leben auf der Erde vor der UV-Strahlung.

Für das Spektrum der Airmass AM 1,5 erfolgt die Einstrahlung unter 41,8° (entsprechend einem Zenithwinkel von 48,2°). Das in Abb. 1.21 gezeigte Spektrum bezieht sich auf eine Fläche, die um 37° geneigt ist. Im sichtbaren Bereich des Spektrums fällt zudem das geringere Niveau der Direktstrahlung (*D*) im Vergleich zur Globalstrahlung (*G*) auf.

1.3.1.5 Solare Einstrahlung

Die eingestrahlte Energiemenge beträgt rund 1000 kWh/m² jährlich in Deutschland und etwa 2300 kWh/m² in der Sahara. Vor allem Bereiche, die im Einzugsgebiet von Monsunregen stehen, verfügen insbesondere im Sommer über eine reduzierte Einstrahlung, da ein Teil der Solarstrahlung an den Wolken zurück in den Weltraum reflektiert wird.

Datenreihen für Solarstrahlung werden sowohl terrestrisch als auch satellitengestützt erfasst. In beiden Fällen ist die Genauigkeit begrenzt. Bei der punktuellen Messung am Boden ist eine räumliche Interpolation für andere Orte erforderlich; insbesondere bei großen Entfernungen steigt die Fehlerbreite. Die Interpretation von Satellitendaten

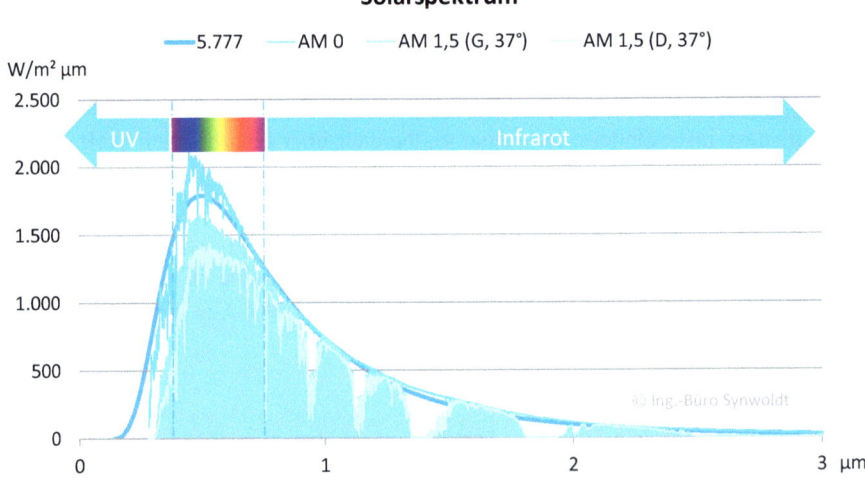

Abb. 1.21 Spektrum der Solarstrahlung. (Daten: ASTM International [47])

1.3 Regenerative Technologien

erfordert große Sorgfalt, um etwa weiße Wolkenflächen von schneebedeckten Bodenflächen zu differenzieren: Während im ersten Fall kein direktes Sonnenlicht zum Boden vordringen würde, ist im zweiten Fall – bei ansonsten klarem Himmel – mit durchaus relevanten Einstrahlungswerten zu rechnen (Abb. 1.22).

Die Solarstrahlung unterliegt, wie andere regenerative Energieträger auch, dem Wettergeschehen. Hierdurch kommt es zu jährlichen Fluktuationen in der Größenordnung von $\pm 10\,\%$ und mehr. Wirtschaftlichkeitsberechnungen sollten sich daher weniger auf Zeitreihen einzelner Jahre oder langjährige Mittelwerte stützen, als vielmehr auf einer statistisch abgesicherten Überschreitenswahrscheinlichkeit von Erträgen basieren. In Abschn. 1.3.2 wird das Verfahren für eine analoge Kalkulation bei Windenergieanlagen vorgestellt.

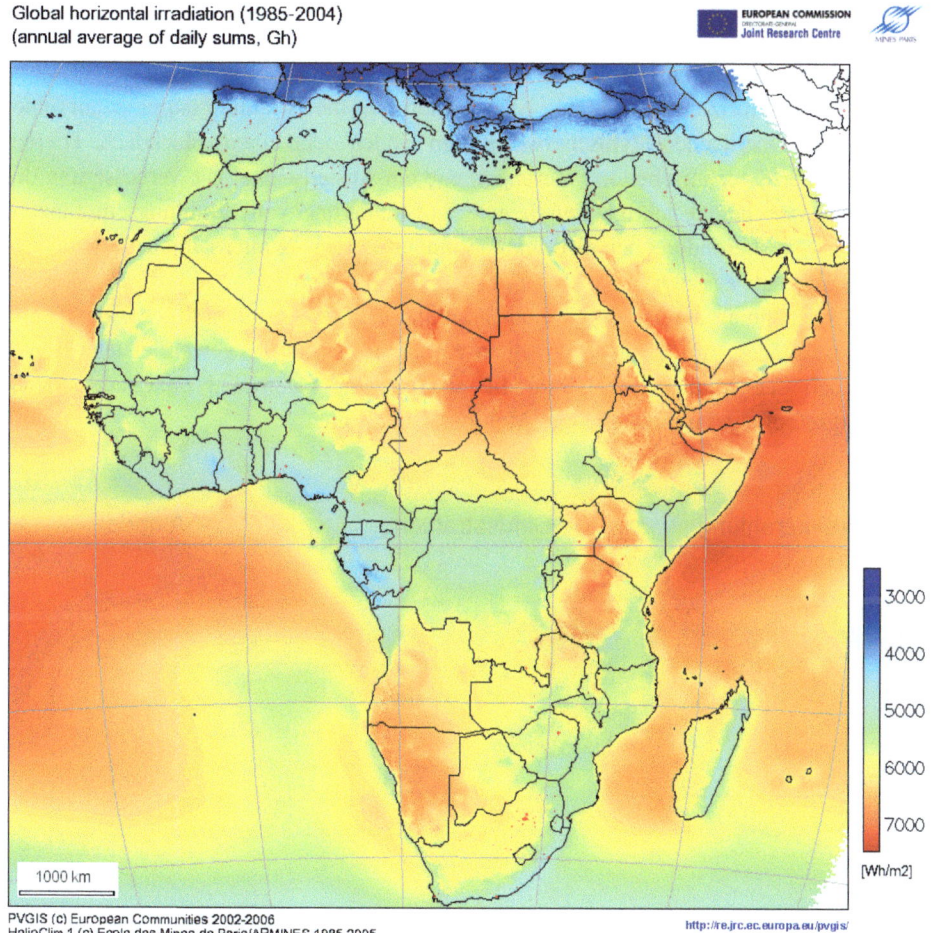

Abb. 1.22 Tageswerte der Global-Horizontal-Strahlung in Afrika. (Quelle: PVGIS © European Communities, 2001–2008; HelioClim-1 © MINES ParisTech, Centre Energetique et Procedes, 2001–2008, [48])

1.3.1.6 Direkte und diffuse Strahlung

Die eingestrahlte Energiemenge setzt sich aus einem Direkt- und einem Diffusanteil zusammen. Vor allem Luftfeuchtigkeit und Aerosole führen zu einer Streuung des Lichts. Staubpartikel absorbieren einen Teil der auf sie treffenden Strahlung und tragen im geringeren Umfang auch zur Streuung bei. Die Summe beider Strahlungskomponenten wird als Globalstrahlung bezeichnet. Durch Rückstreuung vom Boden – beispielsweise Wasseroberflächen, heller Sand oder Schnee – kommt eine dritte Strahlungskomponente zustande: die Albedo. Die Albedo liefert damit einen Beitrag zur Diffusstrahlung (Abb. 1.23).

Aus technischer Sicht sind

- Global-Horizontal-Strahlung G_h und
- Direkt-Normal-Strahlung D_n

von besonderer Bedeutung (Abb. 1.24).

Die Global-Horizontal-Strahlung ist ein Maß für die Strahlungssumme auf einer horizontalen Oberfläche – typischerweise dem Boden oder einem Flachdach. Hierbei werden keinerlei technische Optimierungen wie ein Anstellwinkel zur Verbesserung der Strahlungsernte berücksichtigt. Durch eine Aufständerung von Strahlungsempfängern lässt sich – insbesondere bei niedrigem Sonnenstand im Winterhalbjahr – eine verbesserte Ausbeute erzielen.

Eine Betrachtung der Direkt-Normal-Strahlung erfordert regelmäßig eine der Sonne zugeneigte Fläche, um einen senkrechten Strahlungseinfall zu gewährleisten – auch im Bereich der Wendekreise würde die erforderliche Geometrie ohne angestellten Strahlungsempfänger nur ein einziges Mal im Jahr auftreten.

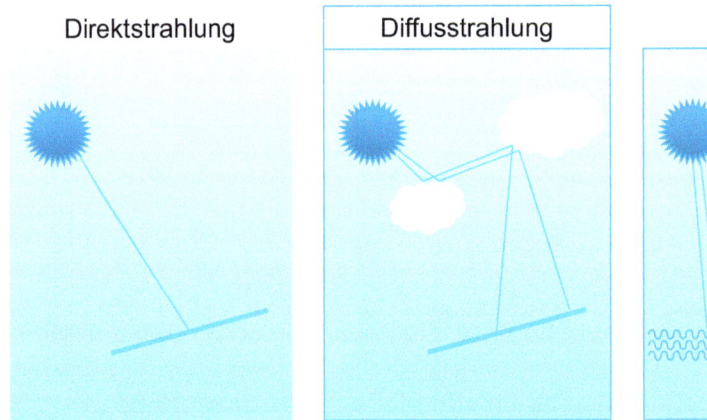

Abb. 1.23 Komponenten der Solarstrahlung

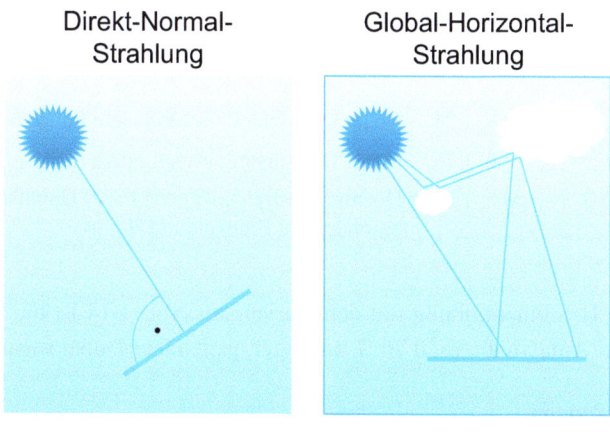

Abb. 1.24 Direkt-Normal- und Global-Horizontal-Strahlung

Eine Differenzierung zwischen direkter und diffuser Strahlung ist für all jene Technologien entscheidend, die mittels einer Optik einen Konzentrationseffekt[25] erzielen. Konzentrierende Systeme müssen generell dem Sonnenstand folgen, was eine ein- oder zweiachsige Nachführung erforderlich macht. Ansonsten würde der Brennfleck der Optik je nach Sonnenstand außerhalb des vorgesehenen Empfängers abgebildet. Auch nicht-konzentrierende Systeme, die dem Sonnenstand nachgeführt werden *(tracker)*, profitieren maßgeblich von einem hohen Beitrag der Direktstrahlung.

Der Anteil an diffuser Strahlung hängt sowohl mit den allgemeinen klimatischen Verhältnissen eines Standortes (Temperatur, Luftfeuchtigkeit, Windgeschwindigkeit) als auch dem jahreszeitlichen Verlauf des Sonnenstandes zusammen. Durch die Schiefe der Ekliptik verlängert sich bei niedrigem Sonnenstand der Weg des Sonnenlichts durch die Atmosphäre, was insbesondere im Winterhalbjahr bei trübem Himmel zu einem weitaus höheren Anteil an diffuser Strahlung führen kann. Hohe Temperaturen deuten regelmäßig auf eine starke solare Einstrahlung. Dies garantiert jedoch keineswegs einen hohen Direktstrahlungsanteil, wenn große Wasserflächen, wie beispielsweise am Golf von Oman und dem Arabischen Meer, für kontinuierlich hohe Verdunstung und damit eine hohe relative Luftfeuchtigkeit sorgen. Ein in Tab. 1.8 beschriebener Vergleich soll die Zusammenhänge verdeutlichen.

Bei näherer Betrachtung der vorstehenden Grafiken fällt auf, dass die Sommerwerte der Einstrahlung zwischen Antalya und Dubai kaum differieren. Der Standort Berlin fällt dagegen um 30 % ab. Im Winter treten jedoch weitaus größere Unterschiede in

---

[25]Ähnlich einem Brennglas; mehr dazu im Abschn. 1.3.1.8.6.

Tab. 1.8 Vergleich der Einstrahlung. (Daten: Meteonorm 7.1)

Ort	Geogr. Breite	Abbildung	Anmerkung
Berlin (D)	52,5° N	Abb. 1.25	Hoher Diffusanteil, insbesondere im Herbst und Winter
Antalya (TR)	36,9° N	Abb. 1.26	Hoher Direktanteil, insbesondere im Sommer und Herbst
Dubai (VAE)	25,3° N	Abb. 1.27	Höchste Einstrahlung, noch hoher Direktanteil, insbesondere im Frühjahr und Herbst

Erscheinung. In Übereinstimmung mit den Kurven aus Abb. 1.14 ist die Einstrahlung in Berlin gegenüber Antalya um rund 76 % niedriger, gegenüber Dubai sogar um 86 %.

Saisonale Fluktuationen
Gerade saisonale Fluktuation, aber auch die Variation von Direkt- und Diffusstrahlungsanteil sind wichtige Aspekte bei der Konzeption einer solaren Energieversorgung. Sie stellen eine weitaus größere Herausforderung dar, als kurzfristige Schwankungen im Tagesverlauf oder der Tag-Nachtrhythmus. Wie in Abschn. 2.3 noch vertieft wird, ist ein primär auf Energiespeicher (Zwischenspeicher) ausgelegter Lösungsansatz lediglich zum Ausgleich kurzzeitiger Fluktuationen zweckmäßig. Demgegenüber erfordern saisonale Effekte die Suche nach einer Kompensation mit anderen Vorgängen auf möglichst ähnlichen Zeitskalen.

Die technische Nutzung der Solarenergie erfolgt durch eine Reihe unterschiedlicher Verfahren sowohl über die thermische Wirkung (Solarthermie, Abschn. 1.3.1.8) als auch mit der direkten Umsetzung der Strahlung in elektrische Energie (Photovoltaik, Abschn. 1.3.1.7).

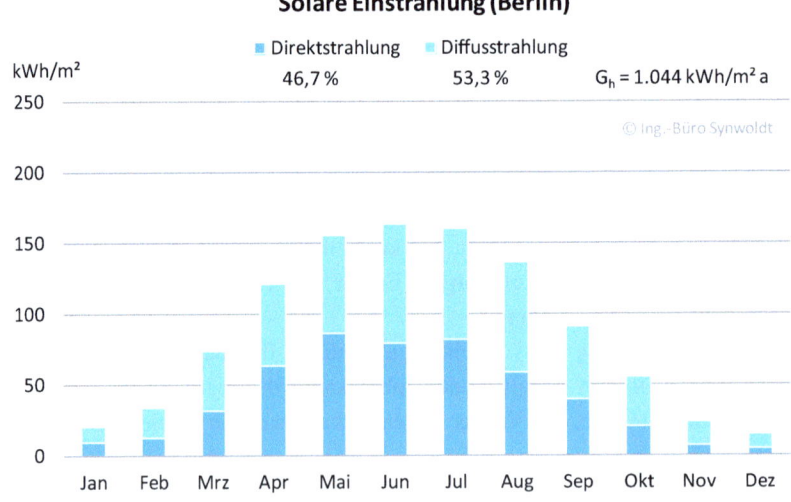

Abb. 1.25 Saisonale Einstrahlung für Berlin. (Daten: Meteonorm 7.1)

1.3 Regenerative Technologien

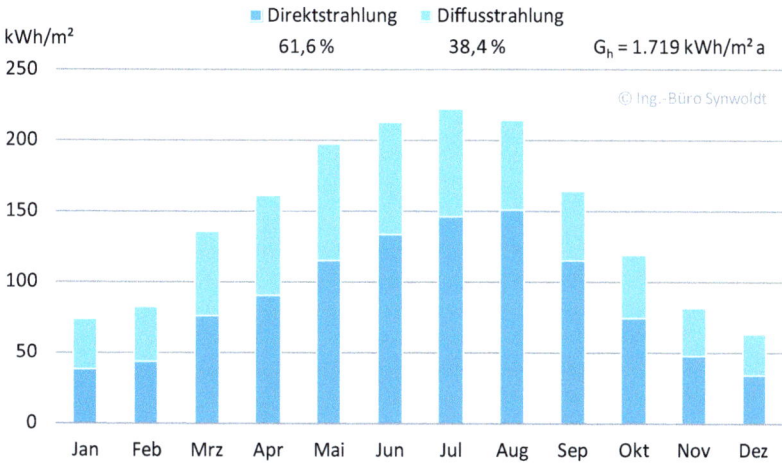

Abb. 1.26 Saisonale Einstrahlung für Antalya. (Daten: Meteonorm 7.1)

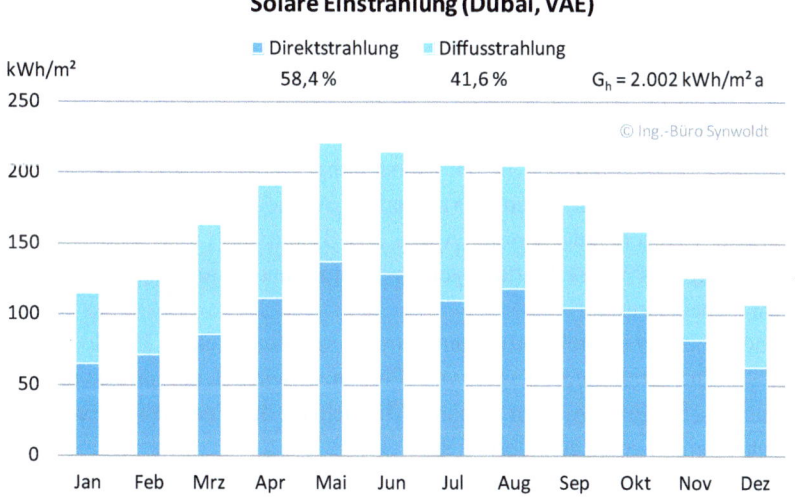

Abb. 1.27 Saisonale Einstrahlung für Dubai. (Daten: Meteonorm 7.1)

1.3.1.7 Photovoltaik

Die technische Nutzung und Entwicklung von Solarzellen erfolgte ab den 1950er-Jahren in erster Linie für Anwendungen im Weltraum und im Verteidigungssektor. Ab Beginn der 1970er-Jahre wurde das Potenzial einer solaren Energieversorgung erkannt. Konkret standen dabei Einrichtungen fernab jeglicher Infrastruktur im Fokus, wo der regelmäßige

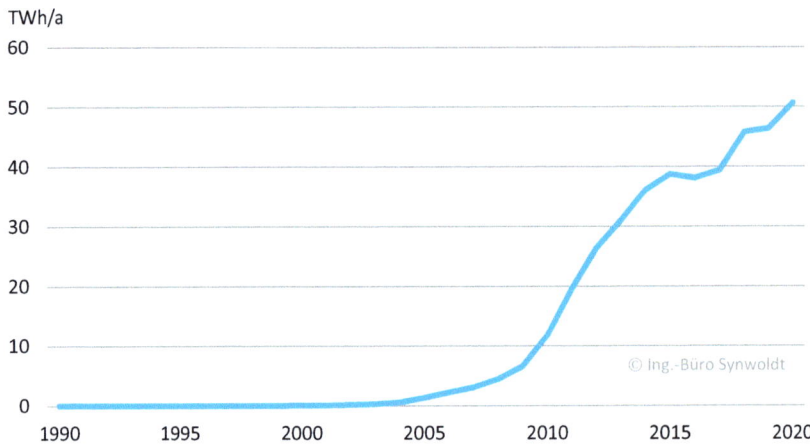

Abb. 1.28 Entwicklung der Stromerzeugung aus Photovoltaikanlagen in Deutschland. (Daten: AGEE-Stat [21])

Austausch von Batterien oder eine leitungsgebundene Versorgung mit hohem Aufwand verbunden ist. Die industrielle Massenproduktion begann ab 1990. Nach dem Inkrafttreten des *Gesetzes für den Vorrang Erneuerbarer Energien (EEG)* im Jahre 2000 ermöglichen Skaleneffekte eine rasante Weiterentwicklung von Solarzellen. Dies führte zu erheblichen Preissenkungen in der Herstellung von Solarzellen und Photovoltaikmodulen, die ab 2010 zu einem sprunghaften Anstieg der photovoltaischen Stromerzeugung in Deutschland führten (Abb. 1.28). Bereits 2011 wurde das Niveau der Stromerzeugung aus Wasserkraftanlagen in Deutschland – im langjährigen Mittel um 20 TWh/a – überschritten.

Der photovoltaische Effekt beruht auf dem inneren Fotoeffekt in Halbleitermaterialien (Abb. 1.29). Die Strahlungsenergie von Photonen wird dabei direkt in elektrische Energie umgesetzt. Eine insofern elegante Möglichkeit der Energiewandlung, da keinerlei bewegte Komponenten erforderlich sind.

Zum ersten Mal wurde das Phänomen 1839 von Alexandre Edmond Becquerel[26] beobachtet; Albert Einstein erhielt 1921 den Nobelpreis für seine 1905 erschienene Arbeit *Über einen die Erzeugung und Verwandlung des Lichtes betreffenden heuristischen Gesichtspunkt* – nicht für die allgemein bekanntere Relativitätstheorie. In diesem Aufsatz erklärt er den fotoelektrischen Effekt mithilfe der Quantenphysik.

---

[26]Die Maßeinheit 1 Bq für radioaktive Aktivität gibt die Anzahl der Zerfallsprozesse pro Sekunde an. Sie ist nach Antoine Henri Becquerel, dem Sohn von Alexandre Edmond Becquerel, benannt.

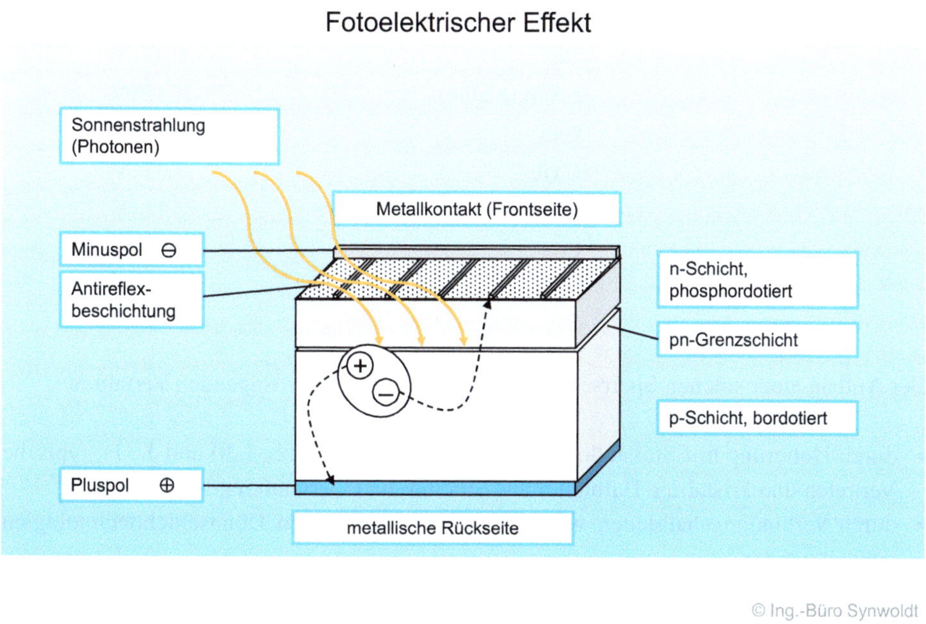

1.3 Regenerative Technologien

Fotoelektrischer Effekt

Abb. 1.29 Fotoelektrischer Effekt

1.3.1.7.1 Halbleiter

Der fotoelektrische Effekt bewirkt, dass durch die Absorption von Photonen Ladungsträger getrennt werden. Maßgeblich hierfür ist einerseits die Bandlücke zwischen Valenz- und Leitungsband des Halbleitermaterials und andererseits die Energie der Photonen. Nur wenn die Energie des Photons E_{ph} größer als der Bandabstand ΔW ist, können Ladungsträgerpaare generiert werden (Tab. 1.9).

$$E_{ph} > \Delta W \tag{1.9}$$

Ohne weitere Vorkehrungen würden die durch die Photonen erzeugten Ladungsträgerpaare jedoch kurzfristig wieder rekombinieren, d. h. sie würden sich elektrisch neutralisieren. Die Ladungsträger müssen nach der Trennung separiert werden. Dies geschieht durch das elektrische Feld einer Raumladungszone, wie sie typisch für die Sperrschicht von Halbleitern ist.

Strom aus Licht – und Licht aus Strom

Tatsächlich wird der entgegengesetzte Effekt (Elektrolumineszenz) genutzt, um beispielsweise in Leuchtdioden durch Anlegen eines elektrischen Feldes monochromatisches Licht zu erzeugen – der Bandabstand ist dabei maßgeblich für die Wellenlänge des emittierten Lichts.

Fotodioden (Solarzellen) und Leuchtdioden ähneln sich stark, und so wird für die Materialprüfung von Solarzellen ein Verfahren genutzt, das bei Anlegen einer elektrischen Spannung in Durchlassrichtung die Solarzellen zum Emittieren von Licht (in der Regel im infraroten Bereich, Tab. 1.9) anregt.

Tab. 1.9 Bandabstand von Halbleitern

Material	Bandlücke ΔW
Ge	0,67 eV
c-Si (kristallin)	1,12 eV
GaAs	1,42 eV
CdTe	1,45 eV
α-Si (amorph)	1,73 eV
CdSe	1,74 eV
CdS	2,42 eV

Der Aufbau einer solchen Sperrschicht erfolgt durch eines der folgenden Verfahren:

- durch Dotierung mit Störstellen in Elementhalbleitern (Abb. 1.30 und 1.31); typische Vertreter sind kristalline Halbleiter aus Silicium und Germanium,
- durch Verbindungshalbleiter, wie sie als Basis in diversen Dünnschichttechnologien genutzt werden,
- in organischen Halbleitermaterialien.

Kristalline Solarzellen auf der Basis von Silicium stellen mit mehr als 80 % den mit Abstand größten Teil des Weltmarktes dar. Ein Mitte der 1990er-Jahre einsetzender Trend zu Dünnschichttechnologien wurde durch die globale Erweiterung der Siliciumproduktion gebremst und ist seither wieder deutlich rückläufig. Skaleneffekte beim Bereitstellen von hochreinem Silicium wie auch das bessere Beherrschen der Fertigung kristalliner Solarzellen haben die seinerzeitigen Kostenvorteile für verschiedene Dünnschichtverfahren kompensiert.

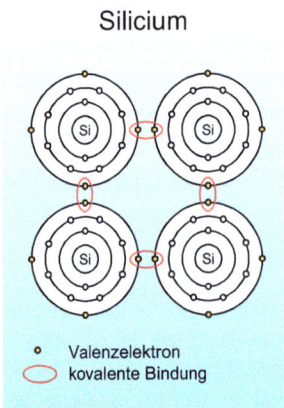
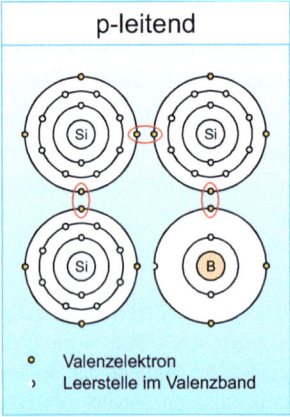
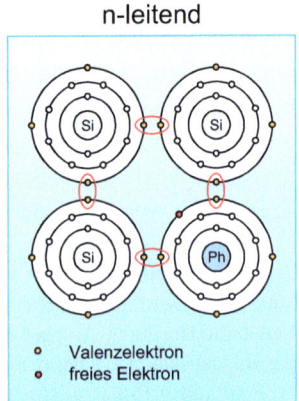

Abb. 1.30 Dotierung von Halbleitern

1.3 Regenerative Technologien

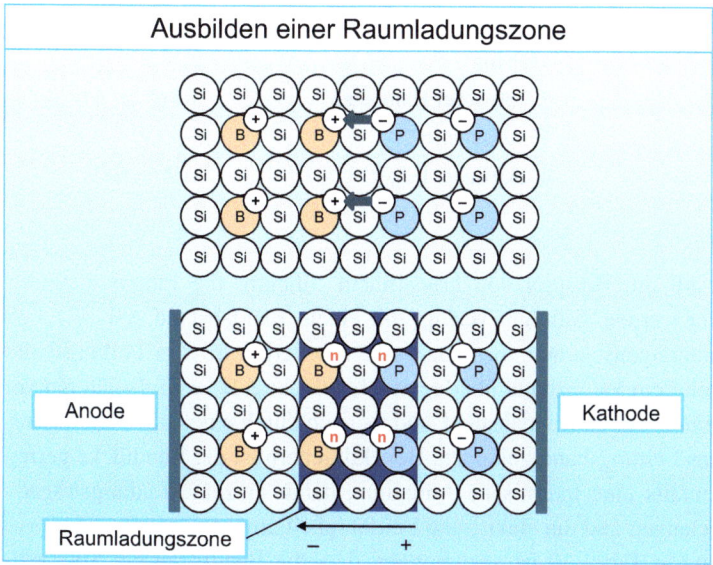

Abb. 1.31 Ausbilden der Raumladungszone

Dazu kommt ein weiterer Effekt: Aus Gründen der Nachhaltigkeit sind Materialien von weltweit hoher Verfügbarkeit unbedingt zu bevorzugen, wenn ein nennenswerter Beitrag zur globalen Energieversorgung zu leisten ist. In verschiedenen Dünnschichttechnologien werden hingegen teilweise sehr seltene und hochgiftige Elemente genutzt (u. a. Cadmium (Cd), Antimon (Sb), Tellur (Te)). Nachdem bereits weiter oben die Problematik einer *Endlichkeit von Ressourcen* betrachtet wurde, seien hier nur einige prinzipielle Fakten aufgezählt:

- Die solare Einstrahlung ist eine der wesentlichen Primärenergiequellen, sie wird damit eine der tragenden Säulen einer regenerativen Energieversorgung.
- Um einen nennenswerten Beitrag zur globalen Versorgung liefern zu können, sind Modulflächen im Bereich 10^5–10^6 km² zu kalkulieren.
- Selbst bei minimalem Einsatz – d. h. einzelner Atome pro Materiallage, oder auch als Dotiermaterial – ist absehbar, dass seltene Mineralien kaum für einen großtechnischen Einsatz geeignet sind.
- Zudem sei auf den Energieaufwand für das Bereitstellen von Rohstoffen für das Herstellen von Solarzellen und den weiteren Komponenten einer Photovoltaikanlage hingewiesen; ganz analog zu den Überlegungen zur konventionellen Versorgung gilt, dass die Energiebilanz über den gesamten Betriebszeitraum, inklusive Herstellung und Rückbau der Anlagen, positiv sein muss, um einen Nettobeitrag zur Versorgung zu erbringen.

Tab. 1.10 Elektrische Leitfähigkeit. (Daten: [49])

Material	Bandlücke ΔW
Isolator	$\Delta W > 4{,}0\,\text{eV}$
Elektrischer Halbleiter	$1{,}5\,\text{eV} < \Delta W \leq 4{,}0\,\text{eV}$
Fotohalbleiter	$0{,}1\,\text{eV} < \Delta W \leq 1{,}5\,\text{eV}$
Elektrischer Leiter	$\Delta W = 0\,\text{eV}$

Im Folgenden soll am Beispiel von kristallinem Silicium die Funktion einer Solarzelle verdeutlicht werden. Silicium verfügt mit einem Bandabstand $\Delta W = 1{,}1\,\text{eV}$ über typische Halbleitereigenschaften. In metallischen Leitern wird das Leitungsband ganz oder teilweise mit dem Valenzband überlagert (Bandlücke $\Delta W = 0$). Isolatoren verfügen hingegen über einen weiten Bandabstand, sodass auch durch eine äußere Anregung keine Elektronen in das Leitungsband gelangen. Bei Halbleitern ist die Bandlücke geringer. So reicht gegebenenfalls eine thermische Anregung, damit einzelne Ladungsträger in das Leitungsband gelangen und die elektrische Leitfähigkeit erhöhen.

Zur Einteilung in Tab. 1.10 ist anzumerken, dass die Bandlücke bei Solarzellen auf der Basis von Verbindungshalbleitern (Tab. 1.9) durchaus Werte $\Delta W > 2\,\text{eV}$ annimmt.

Ein Erhöhen der Leitfähigkeit in kristallinen Halbleitern ist durch das gezielte Einbringen von Störstellen möglich (extrinsische Leitfähigkeit). Aufgrund einer unterschiedlichen Zahl von Valenzelektronen stellen die Fremdatome wahlweise überzählige Elektronen für n-leitendes Halbleitermaterial oder Leerstellen im Valenzband für p-leitendes Halbleitermaterial.

Das derzeit immer noch am häufigsten verwendete Substrat für Solarzellen ist p-leitend,[27] sodass in einem weiteren Prozessschritt eine n-leitende Zone aufgebracht wird.

Im Grenzbereich zwischen p- und n-leitendem Material findet unmittelbar ein Neutralisieren von Ladungsträgerüberschüssen und Defektelektronen statt. Durch diese Ladungsträgermigration bildet sich in dem ursprünglich elektrisch neutralen Halbleiter eine Raumladungszone (Abb. 1.31). Sie ist durch das Ausbilden eines elektrischen Feldes gekennzeichnet, das der Ursache der Ladungsträgermigration entgegenwirkt. Die Raumladungszone etabliert damit eine Sperrschicht, die je nach Polarität eines äußeren elektrischen Feldes breiter (= einen Ladungsträgertransport erschwert) oder enger wird (= den Ladungsträgertransport erlaubt). Entsprechende Strukturen sind die Basis für den Aufbau von Halbleiter-Dioden und -Transistoren.

---

[27]Hier zeichnet die ursprüngliche Nutzung von Solarzellen vor allem für Anwendungen im Weltraum verantwortlich. Halbleitermaterial vom p-Typ erwies sich unter den Einsatzbedingungen im All, wo es harter UV-Bestrahlung ausgesetzt ist, als alterungsbeständiger. Seit dem Jahr 2000 werden verstärkt n-Typ-Zellen erforscht, da sie höhere Wirkungsgrade versprechen [50]. Der Marktanteil (in 2014) ist mit 6 % noch sehr gering [51].

Für die Funktion der Solarzelle ist die Raumladungszone von existenzieller Bedeutung: Erst durch das elektrische Feld werden Ladungsträger, die durch Photonen in der Sperrschicht generiert werden, zu den Elektroden transportiert. Auf diese Weise lassen sich die freigeschlagenen Ladungsträger einem äußeren Stromkreis zuführen. Beim in der Solarzelle erzeugten Fotostrom handelt es sich um einen Strom in Sperrrichtung (Sperrstrom) (Abb. 1.32).

Wird die Fotodiode im Kurzschluss betrieben, ist der Fotostrom direkt proportional zur Bestrahlungsstärke.

[i_{ph}: Fotostrom; E: Bestrahlungsstärke]

$$i_{ph} \propto E \qquad (1.10)$$

1.3.1.7.2 Charakterisierung von Solarzellen

Wie die Kennlinie in Abb. 1.33 zeigt, gilt der Zusammenhang mit hinreichender Genauigkeit über einen weiten Spannungsbereich. Für das betriebliche Verhalten ist ferner die Temperaturabhängigkeit der Leerlaufspannung u_0 von Bedeutung (Abb. 1.34). Der Rückgang der Leerlaufspannung bei zunehmenden Zelltemperaturen hat einen maßgeblichen Einfluss auf den Temperaturkoeffizienten des Zellwirkungsgrads, weil der positive Temperaturgang des Fotostroms um eine Größenordnung geringer ausfällt.

Da ein unverschatteter Betrieb von Photovoltaikanlagen zwangsläufig zu einer Temperaturerhöhung der Solarzellen führt, ist zweckmäßigerweise für eine Hinterlüftung der Module zu sorgen. Je nach Einsatzbedingungen (Montageart) und Außentemperaturen können allein durch diese passive Kühlung 10–20 K an Temperaturunterschied erzielt werden. Bei einem Temperaturkoeffizienten von $\gamma = -0{,}5\,\%/\mathrm{K}$ werden so 5–10 % (bezogen auf die Nominalleistung) an Verlusten vermieden.

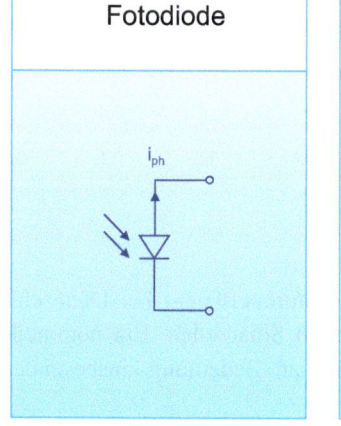
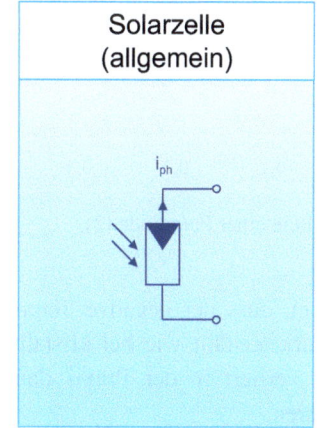

© Ing.-Büro Synwoldt

Abb. 1.32 Schaltbild für Solarzelle

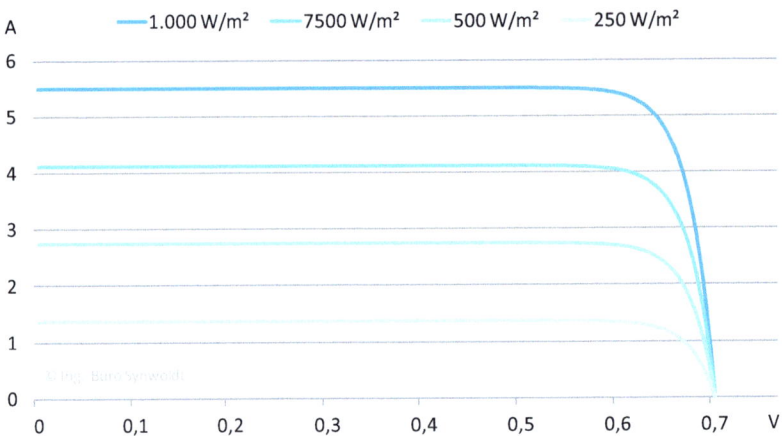

Abb. 1.33 Kennlinie einer Fotodiode (1)

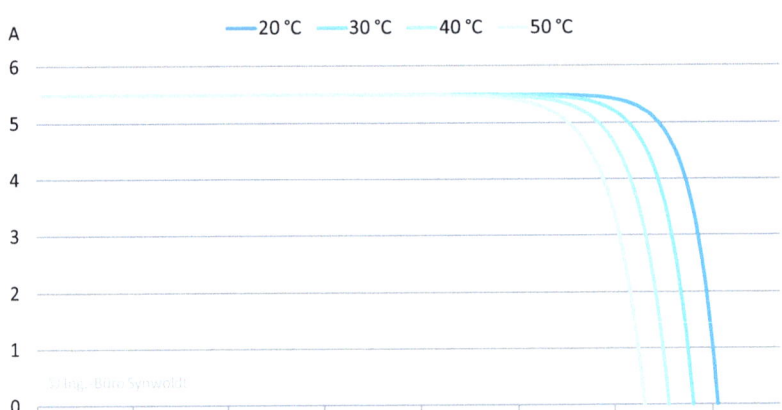

Abb. 1.34 Kennlinie einer Fotodiode (2)

Tab. 1.11 zeigt, dass der negative Temperaturkoeffizient bei Dünnschichtzellen nur etwa halb so stark ausfällt wie bei kristallinen Solarzellen. Ein nomineller Wirkungsgradunterschied verliert in der Praxis damit an Bedeutung, insbesondere bei hohen Außentemperaturen.

Aus der Kennlinie in Abb. 1.33 lässt sich zudem der optimale Arbeitspunkt der Fotodiode ableiten. Er ist durch den maximal erzielbaren Wert für die Leistung P_{max} gekennzeichnet.

[u_{mpp}: Spannung im MPP; i_{mpp}: Strom im MPP]

1.3 Regenerative Technologien

Tab. 1.11 Temperaturgang von Silicium-Solarzellen. (Daten: [52])

Technologie	Größe	Wertebereich [%/K]
Kristallin	Leerlaufspannung	−0,21…0,48
	Fotostrom	+0,02…0,08
	Wirkungsgrad, kristallin	−0,32…0,51
Amorph (Dünnschicht)	Leerlaufspannung	−0,27…0,38
	Fotostrom	+0,1
	Wirkungsgrad, Dünnschicht	−0,18…0,23

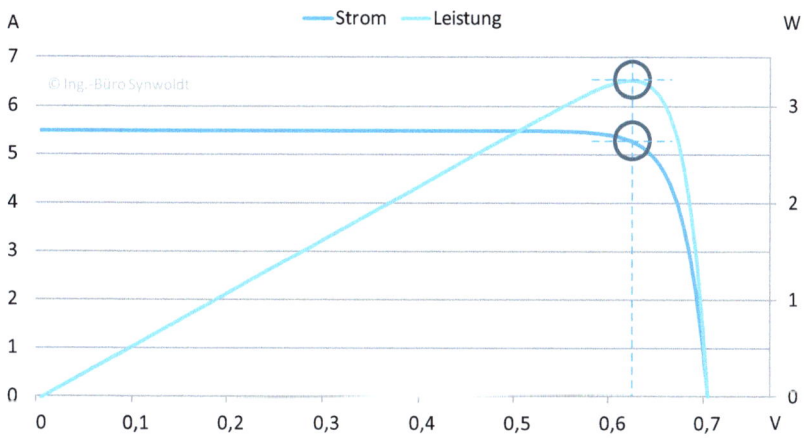

Abb. 1.35 Maximum Power Point

$$P_{\max} = u_{\mathrm{mpp}} \cdot i_{\mathrm{mpp}} \qquad (1.11)$$

Er ergibt sich aus der punktweisen Multiplikation der Spannungs- und Stromwerte (Abb. 1.35). Der Punkt maximaler Leistung (MPP, *Maximum Power Point*) ist kein statischer Arbeitspunkt, da unter realen Betriebsbedingungen mit einer kontinuierlich veränderlichen Einstrahlungssituation zu rechnen ist. Sie wird unter anderem durch den Sonnengang sowie etwaige Verschattungsereignisse durch atmosphärische Störungen (Wolken, Luftfeuchtigkeit, Staubpartikel) oder terrestrische Objekte (Bäume, Gebäude, Landschaftsrelief) beeinflusst. Die Steuerung des Arbeitspunktes obliegt dem MPP-Tracker im Wechselrichter, der in kurzen Zeitintervallen den Arbeitspunkt nachjustiert.[28]

---

[28]Hierzu reicht ein ebenso einfaches wie effektives Prinzip: Der Arbeitspunkt (die Spannung) wird geringfügig verschoben – vergrößert sich die Ausgangsleistung daraufhin, wird beim nächsten Messintervall in dieselbe Richtung weiterverfahren – ansonsten wird das Vorzeichen der Spannungsänderung invertiert.

Aus der Kennlinie in Abb. 1.33 und den Koordinaten des *Maximum Power Points* aus Abb. 1.35 wird der Füllfaktor *ff* bestimmt (Abb. 1.36).

[u_0: Leerlaufspannung; i_k: Kurzschlussstrom; u_{mpp}: Spannung im MPP; i_{mpp}: Strom im MPP]

$$u_0 = u(i = 0) \tag{1.12}$$

$$i_k = i(u = 0) \tag{1.13}$$

$$u_{mpp} = u(P = P_{max}) \tag{1.14}$$

$$i_{mpp} = i(P = P_{max}) \tag{1.15}$$

$$ff = \frac{u_{mpp} \cdot i_{mpp}}{u_0 \cdot i_k} \tag{1.16}$$

Der Füllfaktor ist ein direktes Maß für die Qualität einer Solarzelle (Tab. 1.12). Liegt der Strom im optimalen Arbeitspunkt deutlich unter dem Kurzschlussstrom, kann eine erhöhte Rekombination von Ladungsträgern dafür verantwortlich sein. Ein signifikanter Abfall der Spannung im Arbeitspunkt gegenüber der Leerlaufspannung deutet auf ohmsche Verluste bei der Stromübertragung innerhalb der Solarzelle hin.

1.3.1.7.3 Standard Testbedingungen (STC)

Um Solarzellen und Photovoltaikmodule weltweit miteinander vergleichen zu können, wurde mit den *Standard Test Conditions* (STC) eine einheitliche Basis geschaffen (Tab. 1.13). Die Solarstrahlung wird dabei durch ein Set aus Leuchten simuliert. Das

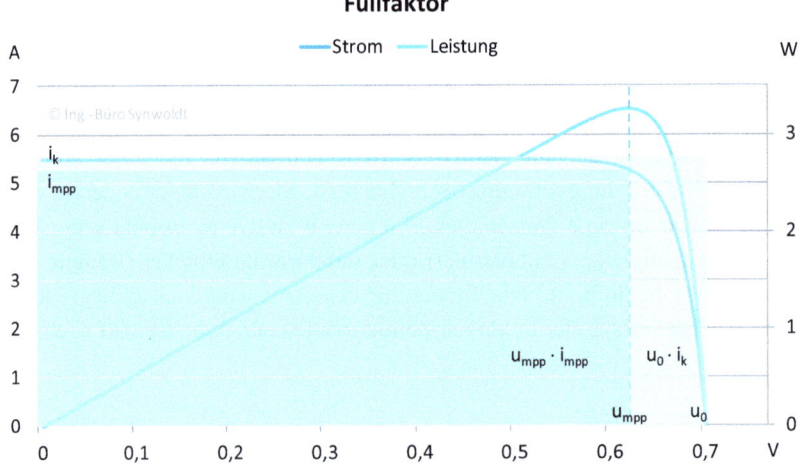

Abb. 1.36 Füllfaktor

1.3 Regenerative Technologien

Tab. 1.12 Füllfaktor von verschiedenen Solarzellentypen. (Daten: [53])

Technologie	Füllfaktor
c-Si (kristallin)	0,75–0,85
α-Si (amorph)	0,56–0,61
μc-Si (mikrokristallin)	0,63
CdTe Cadmiumtellurid	0,47–0,64
CIS Kupferindiumdiselenid	0,64–0,71
CIGS Kupferindiumgalliumdiselenid	0,62

Tab. 1.13 Standard Testbedingungen (STC). (Daten: DIN EN 60904)

Größe	Wert
Spezifische Einstrahlung	1000 W/m²
Temperatur der Solarzelle	25 °C
Strahlungsspektrum	AM 1,5

Spektrum entspricht mit AM 1,5 einer für mitteleuropäische Breiten üblichen Einstrahlung im Sommer. Die Bestrahlung erfolgt ausschließlich direkt; diffuse Strahlung wird bei der Messung nicht berücksichtigt.

Da selbst bei effizienter Kühlung durch das Kunstlicht eine erhebliche Erwärmung der Testobjekte auftritt, werden die Testreihen nicht mit Dauerlicht, sondern einer lediglich für 20 ms aufleuchtenden Blitzlampe durchgeführt *(flasher test)*.

Der Wert für die spezifische Einstrahlung von 1000 W/m² ist ein Bezugswert, der nur selten in der Natur erreicht oder gar übertroffen wird (senkrechter Lichteinfall, klarer Himmel, geringe Luftfeuchtigkeit, gegebenenfalls Albedo-Effekte). Die mit diesem Einstrahlungswert ermittelten Kenndaten der Solarzelle oder des Solarmoduls werden daher mit einem Index p *(peak,* Spitzenwert) versehen.

1.3.1.7.4 Wirkungsgrad

Verfügt ein Photovoltaikmodul mit einer Gesamtfläche von 1 m² über eine Ausgangsleistung von 200 W_p, so entspricht dies einem Modulwirkungsgrad von 20 %.

[η: Wirkungsgrad, P_{el}: elektrische Ausgangsleistung, bezogen auf Modulfläche; $E = 1000$ W/m², Bestrahlungsstärke]

$$\eta = \frac{P_{el}}{E} \qquad (1.17)$$

Der Zellwirkungsgrad (Abb. 1.37) der einzelnen Solarzellen fällt in der Größenordnung um ein bis zwei Prozentpunkte höher aus, da die fotoaktive Fläche beim Modul prinzipbedingt nicht die vollständige Modulfläche umfasst (Tab. 1.14). Zu berücksichtigen sind u. a. die Zwischenräume zwischen den Zellen und auch der Modulrahmen. Bei Dünnschicht-Modulen kann der Flächennutzungsgrad durch die Anordnung der Zellen und rahmenlose Modulkonstruktionen höher ausfallen. Dadurch kommt es zu einer geringeren Differenz zwischen Zell- und Modulwirkungsgrad.

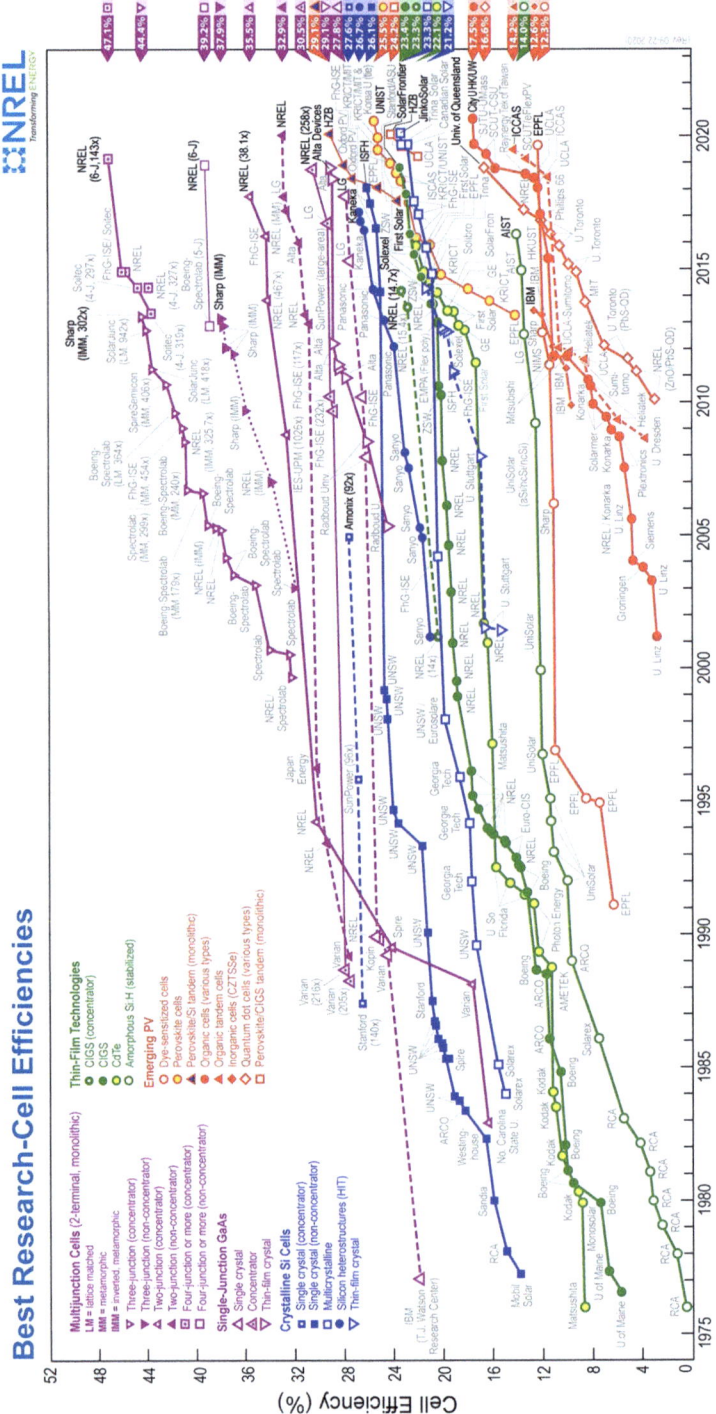

Abb. 1.37 Wirkungsgrad von Solarzellen. (Quelle: Wikimedia/National Renewable Energy Laboratory (NREL), public domain)

1.3 Regenerative Technologien

Tab. 1.14 Wirkungsgrad von Solarzellen und -modulen aus Serienfertigung. (Daten: [52])

Typ	Zellwirkungsgrad [%]	Modulwirkungsgrad [%]
mono-Si (monokristallin)	22,9	20,4
poly-Si (polykristallin)	17,8	16,0
α-Si (amorph, Dünnschicht)	7,6	7,4
CIGS (Dünnschicht)	15,1	14,5
CdTe (Dünnschicht)	12,8	11,8

1.3.1.7.5 Shockley-Queisser-Grenze

Der Wirkungsgrad einer Solarzelle wird sowohl durch das Lichtspektrum als auch durch den Bandabstand von Valenz- und Leitungsband (Tab. 1.9) bestimmt. Hierbei ergibt sich ein Optimierungskonflikt zwischen einem möglichst breitbandigen Nutzen des Spektrums einerseits und der Ausbeute von Photonen hoher spektraler Energiedichte andererseits: Sollen auch Photonen mit großer Wellenlänge Ladungsträger in der Sperrschicht generieren, so darf der Bandabstand nur ein geringes Energieniveau darstellen. Damit ist gleichzeitig auch die elektrische Energie der so gewonnenen Ladungsträger auf einem niedrigeren Niveau. Selbst Photonen kurzer Wellenlänge und hoher Energie können keinen höheren Beitrag liefern (Abb. 1.38: Galliumantimonid mit $\Delta W = 0{,}72\,\text{eV}$).

Ist die Bandlücke des Halbleiters größer, liefern Strahlungsanteile mit geringer Energiedichte keinen Beitrag zum Fotostrom. Das höhere Energieniveau der Photonen führt jedoch zu einer höheren Energieausbeute je Photon (Abb. 1.39: Silicium mit $\Delta W = 1{,}11\,\text{eV}$).

Hieraus ergibt sich ein theoretisches Maximum des Wirkungsgrads, da nur ein Teil der spektralen Energie tatsächlich umgesetzt werden kann (Shockley-Queisser-Grenze). Bei einem Bandabstand $\Delta W = 1{,}3\,\text{eV}$ erreicht der Wirkungsgrad mit 31 % seinen maximalen Wert. Durch hohe Konzentration des Sonnenlichts kann der Wirkungsgrad

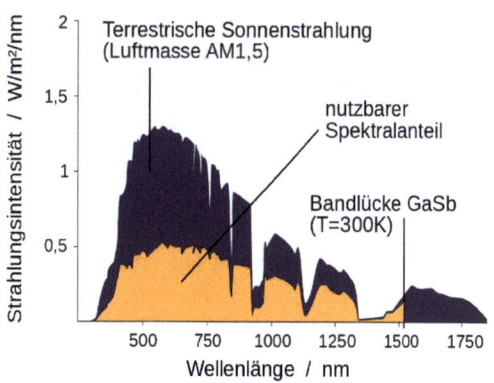

Abb. 1.38 Nutzbares Spektrum für Galliumantimonid. (Quelle: wikiuser Degreen, wikimedia, cc by-sa 2.0 de)

Abb. 1.39 Nutzbares Spektrum für Silicium. (Quelle: wikiuser Degreen, wikimedia, cc by-sa 2.0 de)

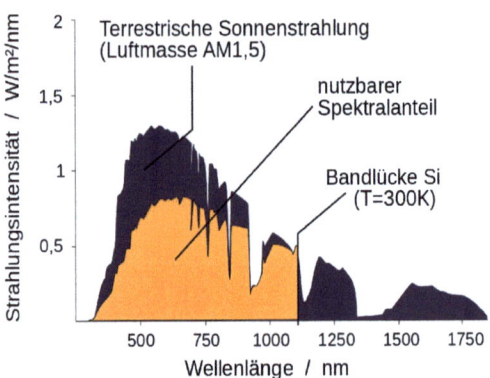

bis auf 41 % gesteigert werden. Dabei steigt der apparative Aufwand jedoch beträchtlich an. Neben einer Optik zur Bündelung des Lichts (Apertur 1:100–1000) ist eine präzise Mechanik zur Synchronisation mit dem Sonnenstand *(solar tracker)* erforderlich, damit der Brennfleck des Lichtkonzentrators zu jedem Zeitpunkt die fotoaktive Fläche der Solarzelle trifft. Einer der wichtigsten Vorteile der Photovoltaik, die Abwesenheit jeglicher beweglicher Teile, geht dabei verloren.

Eine weitere Möglichkeit, die Shokley-Queisser-Grenze zu umgehen, besteht in der Konstruktion von Stapelzellen. Hierbei werden mehrere fotoaktive Schichten mit jeweils unterschiedlichem Bandabstand vertikal übereinander angeordnet. In der Richtung des einfallenden Lichts befindet sich zunächst eine Ebene mit großem Bandabstand für die Nutzung von Photonen mit kurzen Wellenlängen. Darunter folgen eine oder mehrere Schichten mit immer kleiner werdendem Bandabstand für langwelligere Photonen. Auf diese Weise wird die spektrale Empfindlichkeit der Solarzelle an das Sonnenspektrum angepasst. Stapelzellen finden sich im Niedrigpreissegment von Dachbahnen mit Beschichtungen aus amorphem Silicium wie auch in Hochleistungsanwendungen für die Raumfahrt.

2013 ist Forschern der Fraunhofer-Gesellschaft (FHG-ISE) ein Verfahren gelungen, das selbst niederenergetische Wärmestrahlung auf ein für Solarzellen nutzbares Niveau hochkonvertieren kann. Hierbei wird die Energie mehrerer eintreffender Photonen kumuliert, um die zum Überbrücken der Bandlücke erforderliche Energie aufzubringen. Durch die Hochkonversion kann der nutzbare Strahlungsanteil auf bis zu 40 % gesteigert werden.

Andere Verfahren – wie die thermische Photovoltaik – können zumindest theoretisch eine höhere Ausbeute liefern, sind jedoch in der Praxis davon weit entfernt. Die Grundidee beruht bei Letzterem auf einer spektralen Anpassung der Strahlungsemission und der Empfindlichkeit der Fotozelle. Allgemein gilt für heute gängige Verfahren bei der Umsetzung von Sonnenlicht in Elektrizität: Verschiebt sich das Maximum der spektralen Empfindlichkeit der Fotozelle zum Infraroten, so führen Bewölkung und Abschattung zu weniger starken Ertragseinbußen, gleichzeitig fällt jedoch die Ausbeute bei maximaler

1.3 Regenerative Technologien

Sonneneinstrahlung niedriger aus. Entsprechend sind die Standortbedingungen bei der Wahl der Module zu berücksichtigen.

1.3.1.7.6 Zellen, Module, Strings

Solarzellen liefern einen von der Bestrahlungsstärke abhängigen Fotostrom (Abb. 1.33). Die Höhe des Stroms hängt u. a. vom Halbleitermaterial ab. Als zweiter Parameter spielt dabei die Fläche der Zelle eine Rolle: Proportional mit der Zellfläche wächst der Fotostrom. Je nach Größe der Zellen kommen so Kurzschlussströme in der Größenordnung von $i_k = 3 \ldots 15$ A zustande.

Für den praktischen Einsatz werden Photovoltaikmodule aus einer größeren Anzahl von Solarzellen gefertigt (Abb. 1.40). Die Reihenschaltung der Solarzellen führt dabei zu einer erhöhten Modulspannung. Ein Solarmodul mit 72 Solarzellen verfügt über eine Spannung im Arbeitspunkt von $u_{mpp} = 40$ V. Der Strom einer Solarzelle bestimmt die Höhe des Modulstroms mit $i_{mpp} = 5{,}5$ A. Die Nennleistung des Moduls wäre in diesem Fall $P_n = 220$ W$_p$.

[P_n: Nennleistung des Moduls; u_{mpp}: Spannung im optimalen Arbeitspunkt; i_{mpp}: Stromstärke im optimalen Arbeitspunkt]

$$P_n = u_{mpp} \cdot i_{mpp} \tag{1.18}$$

$$P_n = 40\,\text{V} \cdot 5{,}5\,\text{A} = 220\,\text{W}_p \tag{1.19}$$

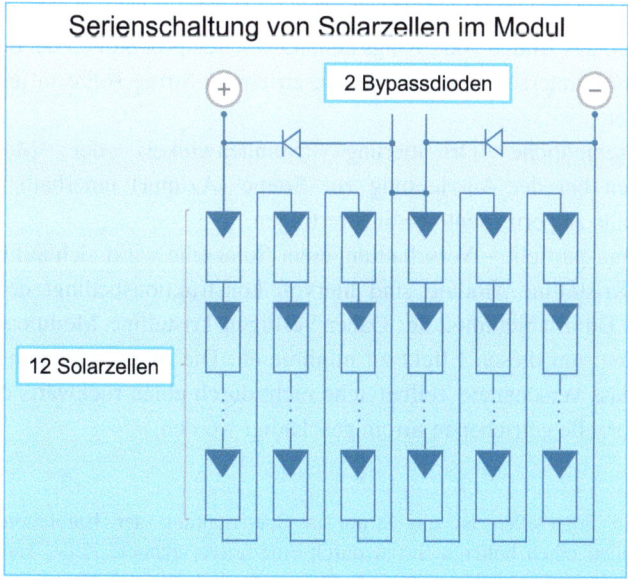

Abb. 1.40 Schematischer Aufbau eines Solarmoduls

Mit der Serienschaltung von Solarzellen wird das Ziel verfolgt, große Ströme zu vermeiden. Hintergrund sind ohmsche Verluste P_v, die bei der Stromübertragung quadratisch mit der Stromstärke i anwachsen. Dies betrifft sowohl eine äußere Verkabelung zwischen den Modulen als auch die interne Verbindung zwischen den Solarzellen. Selbst die Stromführung durch die einzelnen Solarzellen ist hiervon betroffen. Wie sich unmittelbar aus Abb. 1.29 entnehmen lässt, tritt auch hier ein Optimierungskonflikt auf. Einerseits soll der Strom möglichst ungehindert von den Kontaktbahnen und Sammelleitern *(bus bars)* aufgenommen und abgeführt werden, auf der anderen Seite führt jede Vergrößerung der Leiteroberfläche zu einer Abschattung der fotoaktiven Oberfläche der Solarzelle, was direkt den Ertrag reduziert.

[P_v: Verlustleistung im Leiter, i: Stromstärke, R_v: ohmscher Widerstand des Leiters]

$$P_\text{v} = i^2 \cdot R_\text{v} \qquad (1.20)$$

Aus ganz ähnlichen Erwägungen werden auch Module ihrerseits in einer Reihenschaltung zu Strings verkettet. Damit kommen Stringspannungen von 400–1000 V zustande. Trotz hoher Nennleistung (hier: die Summe aller Module in einem String, d. h. 2,2–5,5 kW$_\text{p}$) ist der maximale Strom im Kupferleiter lediglich 5,5 A.

Eine Reihenschaltung von Zellen und Modulen bringt jedoch auch Nachteile mit sich. Wie in einer mechanischen Kette gilt auch für das elektrische Pendant, dass das schwächste Glied die Leistungsfähigkeit bestimmt. Konkret hat dies mehrere Konsequenzen:

- Toleranzen in der Fertigung *(mismatch)* einzelner Elemente limitieren die gesamte Kette; Abhilfe schafft sowohl die Modulfertigung mit in der Fabrikation selektierten Zellen als auch das Bilden von Strings anhand von Testprotokollen bei der Montage.
- Das Verschalten unterschiedlicher Module zu einem String sollte in jedem Fall vermieden werden.
- Eine unterschiedliche Orientierung (Stundenwinkel) der Module sowie Abweichungen bei der Ausrichtung zur Sonne (Azimut) innerhalb eines Strings führen ebenfalls zu permanenten Mindererträgen.
- Eine – auch nur partielle – Verschattung einer Solarzelle wirkt sich auf den gesamten String aus. Kristalline Module sind hiervon konstruktionsbedingt deutlich stärker betroffen als Dünnschichtmodule. Daher verfügen kristalline Module über einzelne *Bypass* Dioden, um diesen Effekt zu minimieren. Die *by-pass*-Dioden sorgen dabei auch dafür, dass verschattete Teilbereiche nicht durch einen rückwärts durch die verschattete Solarzelle getriebenen Strom geschädigt werden.

Hot Spot

Der Fotostrom in Solarzellen ist ein Strom in Sperrrichtung der Halbleiterdiode. Treiben unverschattete Zellen einen höheren Strom durch eine teilverschattete Zelle, kann letztere sich dabei punktuell stark erwärmen *(hot spot)* und permanenten Schaden nehmen.

Durch thermografische Bildaufnahmen können entsprechende Schäden im laufenden Betrieb ermittelt werden.

1.3.1.7.7 Langzeitstabilität

Solarzellen und Photovoltaikmodule sind verschiedenen Alterungsprozessen unterlegen. Der Betrieb in direkter Sonne führt zu einer chemischen Alterung des Halbleitermaterials. Insbesondere der energiereiche UV-Anteil des Sonnenspektrums beeinträchtigt den Wirkungsgrad. In der Praxis ist mit einem jährlichen Rückgang der Erträge um 0,5–1,0 % zu rechnen. Die Modulhersteller geben meist langjährige Leistungsgarantien: So beispielsweise über 25 Betriebsjahre und ein Leistungsniveau von mindestens 80 % der ursprünglichen Leistung. Auch danach ist ein bedenkenloser Weiterbetrieb möglich, lediglich die Erträge sinken langsam ab.

Eine Ausnahme von dieser langfristigen Degradation der Modulleistung stellt die *Light Induced Degradation* nach dem Stabler-Wronski-Effekt in Solarmodulen aus amorphem Silicium dar. Hier verringert sich der Modulwirkungsgrad in den ersten Betriebsmonaten um bis zu 25 %, folgt danach jedoch einem ähnlichen Trend wie bei anderen Modultechnologien. Die Auslegung der Wechselrichter ist entsprechend anzupassen.

Eine Beschädigung der Glasoberfläche (z. B. durch Hagelschlag) oder eine Delamination der Solarzellen führen zu eindringender Feuchtigkeit und bedeuten damit regelmäßig das Lebensdauerende von Modulen. Eine Reparatur dürfte nur in Ausnahmefällen gelingen.

Bei einigen Baureihen von Dünnschichtmodulen tritt das Phänomen der TCO-Korrosion auf. Solarzellen in Dünnschichttechnologie verfügen über keine Leiterbahnen zum Einsammeln und Transport der Ladungsträger, sondern werden flächig mit einer leitfähigen, transparenten Schicht bezogen (TCO, *Transparent Conductive Oxide*). Durch elektrochemische Vorgänge zwischen Mineralien aus dem Deckglas und eindringender Feuchtigkeit wird die TCO-Schicht geschädigt. Sofern möglich reduziert eine Erdung des Photovoltaikgenerators die Neigung zur TCO-Korrosion.

Insbesondere bei sehr großen Photovoltaikgeneratoren – meist auf Freiflächen oder sehr großen Dachflächen mit mehreren Hektar Ausdehnung – werden Strings mit bis zu 1000 V Stringspannung, in einzelnen Fällen mit bis zu 1500 V gebildet. Dies kann in Einzelfällen dazu führen, dass es an der Oberfläche von Solarzellen zu statischen Aufladungen kommt (PID, *Potential Induced Degradation*), die die Leistung der Module deutlich reduzieren. Durch geeignete EVA-Folien (Ethylenvinylacetat) zur Lamination der Solarzellen und eine Anpassung bei den Antireflexbeschichtungen der fotoaktiven Oberfläche wird das Auftreten dieses Effektes vermieden. Zudem ist die PID umkehrbar: Wird beispielsweise während der Nachtstunden eine statische Spannung mit umgekehrtem Vorzeichen an den Photovoltaikgenerator angelegt, so bilden sich die Ursachen der Leckströme zurück.

Das Zentrum für Sonnenenergie und WasserstoffForschung Baden-Württemberg (ZSW) hat hierzu Extremtests bei bis zu 2500 V Stringspannung durchgeführt. Dabei konnte nachgewiesen werden, dass verbesserte Einbettmaterialen wie Folien aus hochresistivem EVA oder Polyolefin-Elastomer (POE) eine Degradation von 5 % erst nach 22 bzw. über 60 Jahren erfahren [54].

Degradation von Solarzellen

Neben den hier vorgestellten Effekten der *lichtinduzierten Degradation* (LID) und der *potenzialinduzierten Degradation* (PID) sind noch weitere Alterungsprozesse von Solarzellen bekannt [55].

Der *Bor-Sauerstoff-Komplex* führt in den ersten Stunden, in denen Solarzellen Licht ausgesetzt sind, zu einer Leistungsminderung. Ein hoher Sauerstoffgehalt im Silicium begünstigt den Mechanismus. Daher sind monokristalline Solarzellen aus Czochralski-Silicium besonders betroffen. Multikristalline Zellen unterliegen dem Alterungsprozess kaum. Zellen aus n-Typ Silicium sind überhaupt nicht betroffen. Durch entsprechende Fertigungseinrichtungen lässt sich der vollständig reversible Effekt weitgehend vermeiden. Der ansonsten zu erwartende Leistungsverlust liegt in der Größenordnung von 1–3 %.

Auch durch Dunkelheit können Degradationseffekte ausgelöst werden. *Eisen-Bor-Paare* bilden sich bei Dunkelheit und zerfallen unter Lichteinfall. Dabei diffundieren Eisenatome auf Zwischengitterplätze und bilden Störstellen. Der Prozess ist für eine Leistungsminderung von 1 % verantwortlich und läuft innerhalb von Minuten ab. Durch Verringerung der Eisenkonzentration lässt sich eine Minderung des ansonsten reversiblen Effektes erzielen.

Bei der *Sponge-Degradation* handelt es sich um eine Variante der lichtinduzierten Degradation. Davon betroffen sind insbesondere multikristalline Solarzellen aus besonders kleinen Kristallen. Der Effekt wurde erst 2014 entdeckt und kann eine Leistungseinbuße von bis zu 10 % bedingen. Durch eine Modifikation im Herstellungsprozess soll nach Herstellerangaben die Degradation vermieden werden.

PERC-Zellen *(Passivated Emitter Rear Cell)* erreichen durch die Rückseitenpassivierung um ca. 1 % höhere Wirkungsgrade als konventionelle Solarzellentechnologien. Dabei ist der Fertigungsaufwand kaum höher als bei rückseitenkontaktierten Zellen. Aus diesem Grund werden große Entwicklungsanstrengungen in PERC-Zellen getätigt. Unter hohen Temperaturen (75–85 °C, [56]) und starkem Lichteinfall zeigt sich ein Degradationseffekt *(Multi-PERC-Degradation)*. Als Name wird LeTID *(Light and elevated Temperature Induced Degradation)* verwendet.

1.3.1.7.8 BOS – Balance of System

Neben dem Photovoltaikgenerator (den Photovoltaikmodulen) besteht eine Photovoltaikanlage aus einer Reihe weiterer Komponenten:

- Tragrahmen,
- Verkabelung,
- Wechselrichter,
- Einspeisezähler.

Der Tragrahmen dient zur Befestigung der Module an oder auf einem Gebäude oder am Boden. Insbesondere bei Dachflächen ist die Statik bezüglich zusätzlicher Lasten (25–30 kg/m^2) zu prüfen und die Lebensdauer der Eindeckung abzuschätzen (Abb. 1.41 und 1.42).

Bei Flachdächern und Freiflächenanlagen hat der Tragrahmen noch eine weitere Funktion: Er dient zur Ausrichtung der Solarmodule. Wurde insbesondere in der Anfangszeit eine unbedingte Südausrichtung zur Optimierung der Erträge gewählt, so finden sich ab 2010 vermehrt auch Anlagen in Ost-West-Ausrichtung. Sinkende Modulkosten sind dabei nur ein Aspekt. Durch die Ost-West-Ausrichtung lassen sich deutlich mehr Module auf einer Fläche unterbringen – in Summe steigen auch die Erträge.

1.3 Regenerative Technologien

Abb. 1.41 Photovoltaikanlage, dachparallel west-orientiert. (Quelle: Ing.-Büro Synwoldt)

Abb. 1.42 Photovoltaikanlage, aufgeständert südwest-orientiert. (Quelle: Ing.-Büro Synwoldt)

Zudem wird durch diese Modulanordnung der Einspeise-Peak in den Mittagsstunden entschärft und eine zeitlich breitere Versorgung mit Solarstrom erzielt (Abb. 1.43). Der Effekt hängt außerdem auch vom Anstellwinkel der Module ab.

Werden Photovoltaikanlagen aufgeständert, so ist insbesondere bei horizontalen Flächen eine gegenseitige Verschattung der Modulreihen zu vermeiden. Hierzu ist in Abhängigkeit von geografischer Breite und der Geometrie der Modultische ein hinreichender Abstand zwischen den Modulreihen zu wählen (Abb. 1.44).

Für die lichte Weite zwischen den Modulreihen gilt

$$d_1 \geq h \cdot \frac{1}{\tan \gamma} \tag{1.21}$$

mit

$$\gamma = 90° - (\varphi + \varepsilon) \tag{1.22}$$

für Orte auf der Nordhalbkugel, am 21.12. um 12.00 Uhr.

Die minimale Verschattung wird in Mitteleuropa mit

$$d_1 = 6 \cdot h \tag{1.23}$$

erreicht.

Für den Abstand der Reihen gilt die Beziehung

$$d \geq h \cdot \frac{\sin (\beta + \gamma)}{\sin \gamma} \tag{1.24}$$

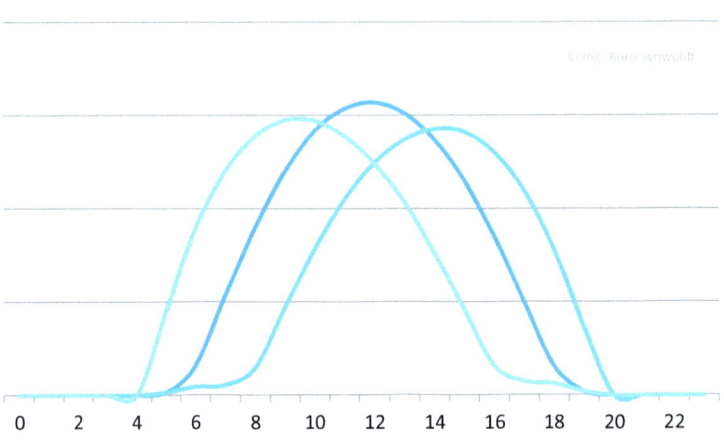

Abb. 1.43 Einspeisekurven für unterschiedliche Ausrichtung des Photovoltaikgenerators. (Daten: PV-SOL)

1.3 Regenerative Technologien

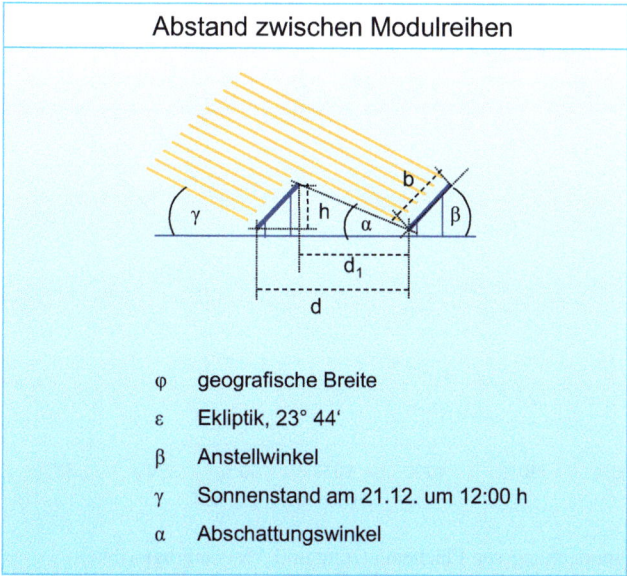

Abb. 1.44 Abstände zwischen aufgeständerten Modulreihen

Eine optimale Flächennutzung ist bei

$$d = 3 \cdot b \tag{1.25}$$

gegeben.

Weiterhin ergibt sich aus Abb. 1.44 der Abschattungswinkel α zu

$$\alpha = \tan^{-1}\left(\frac{f \cdot \sin(\beta)}{1 - f \cdot \cos(\beta)}\right) \tag{1.26}$$

Wie aus Abb. 1.45 hervorgeht, nimmt der Abschattungswinkel mit steigendem Flächennutzungsgrad f überproportional zu.

$$f = b/d \tag{1.27}$$

Die Abschattungsverluste von Photovoltaikmodulen sind vom Modulaufbau abhängig. Nach Gl. 1.10 ist die Ausbeute direkt proportional zur Bestrahlungsstärke. Eine von Abschattung betroffene Solarzelle produziert dementsprechend weniger Fotostrom. Durch die Reihenschaltung der Zellen zu Modulen und die Reihenschaltung der Module zu Strings wirkt sich bereits eine partielle Abschattung einer einzelnen Solarzelle auf einen größeren Teil des Photovoltaikgenerators aus.

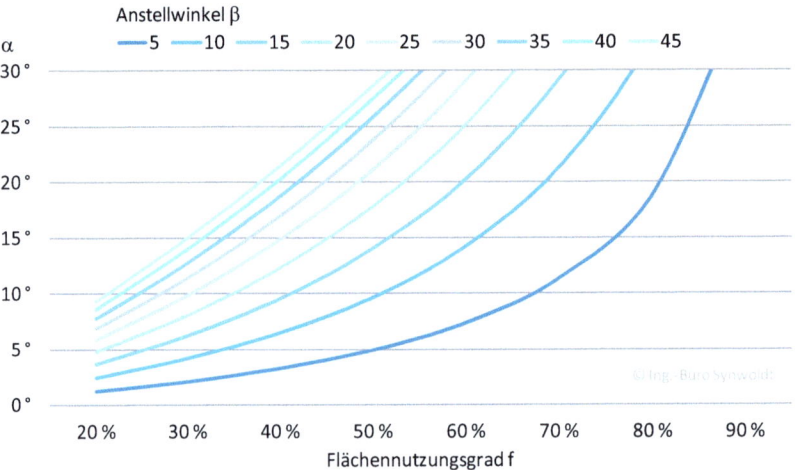

Abb. 1.45 Zusammenhang von Flächennutzung und Abschattungswinkel

Vermeidung von abschattungsbedingten Verlusten

Aus fertigungstechnischen Gründen gibt es einen deutlichen Unterschied zwischen Solarmodulen aus kristallinen Siliciumzellen und Dünnschichtmodulen. Die kristallinen Solarzellen werden aus Blöcken (polykristallin) oder zylinderförmigen Einkristallen (monokristallin) gesägt. Damit verfügen sie über eine exakt quadratische (polykristallin) oder näherungsweise quadratische Form (monokristallin; abgerundete Ecken). Bei Dünnschichtmodulen werden die einzelnen Zellen streifenförmig über die gesamte Modulbreite aufgetragen. Eine partielle Abschattung durch einen Blitzableiter oder andere Dachaufbauten führt damit zu einer Abdeckung von vielleicht 10 % der Zellfläche (kristallin), jedoch nur von 2 % der Zellfläche bei Dünnschichtmodulen.

Damit wird die Relevanz der Modulausrichtung – bei gebäudeintegrierten Photovoltaikanlagen wie auch bei Freiflächenanlagen – offensichtlich: Je nach Anordnung der Modulreihen wird ein mehr oder weniger großer Anteil der Module oder Zellen verschattet. Weiterhin ist bei der Stringverkabelung zu beachten, dass auch nur zeitweilig von Abschattung betroffene Module möglichst separate Strings bilden und an individuellen Wechselrichtereingängen mit eigenem MPP-Tracker angeschlossen werden (Abb. 1.46).

Die Verkabelung der Module zu Strings und der Anschluss an den Wechselrichter dienen primär der Stromübertragung. Den zum Einsatz kommenden Zelltypen entsprechend ist mit einer Strombelastung im Bereich $i = 3 \ldots 15\,\text{A}$ zu kalkulieren. Werden mehrere Strings in einem Generatoranschlusskasten zusammengeführt, ist das Strangkabel entsprechend stärker zu dimensionieren. Der Leiterquerschnitt der Verkabelung ist so zu wählen, dass die Verluste sowohl im Gleichstromteil (DC, *Direct Current*) der Photovoltaikanlage als auch im Wechselspannungsteil (AC, *Alternating Current*) jeweils 1 % nicht überschreiten. Dies kann bei langen Kabelwegen Anlass zur Wahl der nächstgrößeren Querschnittskategorie geben. Weiterhin ist die Verkabelung mit großer Sorgfalt durchzuführen, damit es während der gesamten Betriebsdauer der

1.3 Regenerative Technologien

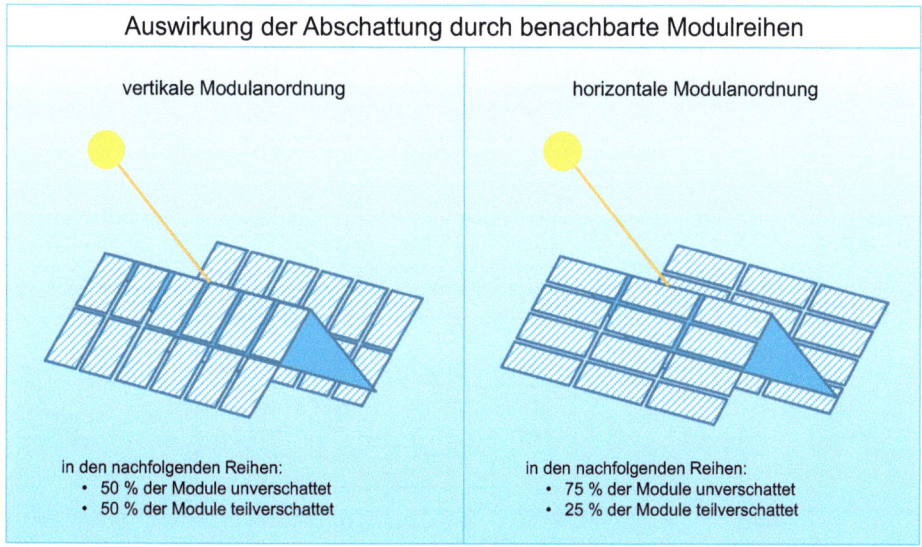

Abb. 1.46 Auswirkung der Modulanordnung auf die Abschattung

Photovoltaikanlage von 20–30 Jahren zu keinen Fehlfunktionen kommt. Dies betrifft sicherheitstechnische Aspekte (Spannungsfestigkeit für bis zu 1000 V, Berührsicherheit, Verpolungssicherheit, Witterungsbeständigkeit) wie auch die betriebliche Seite. Ein unbeabsichtigtes Lösen von Verbindungen kann ebenso weitreichende Folgen haben wie lose hängende Kabel, die durch Wind, Temperaturgang oder Vögel blank gescheuert werden: Photovoltaikmodule erzeugen einen Gleichstrom, der im Kurzschlussfall einen nicht von selbst verlöschenden Lichtbogen bilden kann. Lichtbögen verursachen durch ihre enorme Wärmeentfaltung permanente Schäden und können Brände auslösen (Abb. 1.47).

Der Wechselrichter nimmt neben der Wandlung des von den Photovoltaikmodulen erzeugten Gleichstroms nach Wechselstrom auch zentrale Steuerungs- und Überwachungsaufgaben wahr. Dies betrifft insbesondere den Betrieb des Photovoltaikgenerators, der zu jedem Zeitpunkt im optimalen Arbeitspunkt betrieben werden soll. Der MPP-Tracker regelt hierzu die Spannung am Eingang des Wechselrichters, um unter allen Einstrahlungsbedingungen die maximale Leistung zu erzielen. Weiter verfügt der Wechselrichter über eine Schaltungskomponente, die die Eingangsspannung an das Niveau der Ausgangsspannung am Netzverknüpfungspunkt anpasst. Je nach Eingangsspannung kann es sich dabei um eine *Step-Up-* oder *Step-Down*-Regelung handeln.

Die Architektur der Wechselrichterschaltung bestimmt maßgeblich die Rückwirkungen der Netzspannung auf den Photovoltaikgenerator (Welligkeit der Spannung, *ripple*). Gerade bei hoher Amplitude der Welligkeit ist auf die Kapazität der Photovoltaikmodule zu achten, da diese zu einem kapazitiven Erdstrom führt. Dünnschichtmodule sind mit

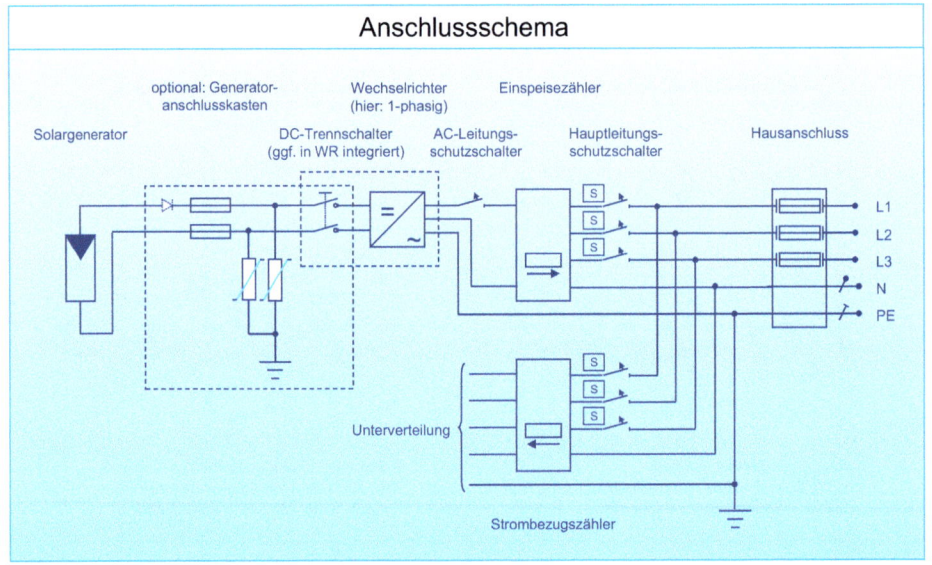

Abb. 1.47 Anschlussschema einer Photovoltaikanlage

1,0 µF/kW hiervon deutlich stärker betroffen als Module aus kristallinen Solarzellen (0,1 µF/kW). Abhilfe kann durch den Einsatz eines Transformators geschaffen werden. Die Potenzialtrennung durch einen Transformator erlaubt zudem eine Erdung des Photovoltaikgenerators. Die folgenden Abbildungen Abb. 1.48, 1.49, 1.50, 1.51, 1.52 und 1.53 stellen eine Reihe von Schaltungskonzepten und den Potenzialverlauf an den Klemmen des Photovoltaikgenerators dar.

Damit eine technische Anlage Strom in ein Versorgungsnetz einspeisen darf, müssen eine Reihe technischer Randbedingungen (Netz- und Systemregeln, *Grid Codes*) beachtet werden. Hierzu zählen Spannungs- und Frequenzbereiche, die ein Anschalten ans Netz erlauben bzw. ein Trennen erforderlich machen, wie auch das Verhalten bei Netzfehlern und das Erbringen von Systemdienstleistungen als Beitrag zur Stabilität des Netzbetriebs. Aufgrund einer Vielzahl nationaler Regelwerke sind Wechselrichter meist softwaretechnisch parametrisierbar.

50,2 Hz Problem

Wird in die elektrischen Versorgungsnetze über den aktuellen Bedarf hinaus Strom eingespeist, so steigt die Frequenz des Wechselstroms, bei einer Überlastung sinkt sie. Damit beschreibt die Netzfrequenz einen Qualitätsparameter für die Regelgüte der Stromversorgung. Im westeuropäischen Verbundnetz beträgt die Nennfrequenz $f = 50\,\text{Hz}$, sie soll mit einer Toleranz von $\Delta f = \pm 0{,}2\,\text{Hz}$ eingehalten werden.

1.3 Regenerative Technologien

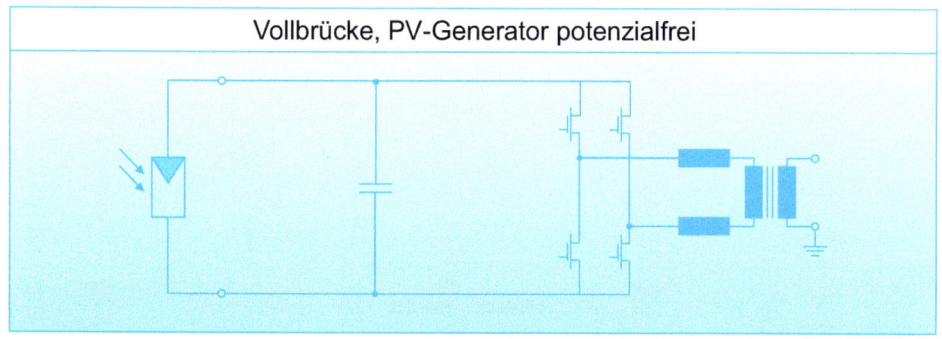

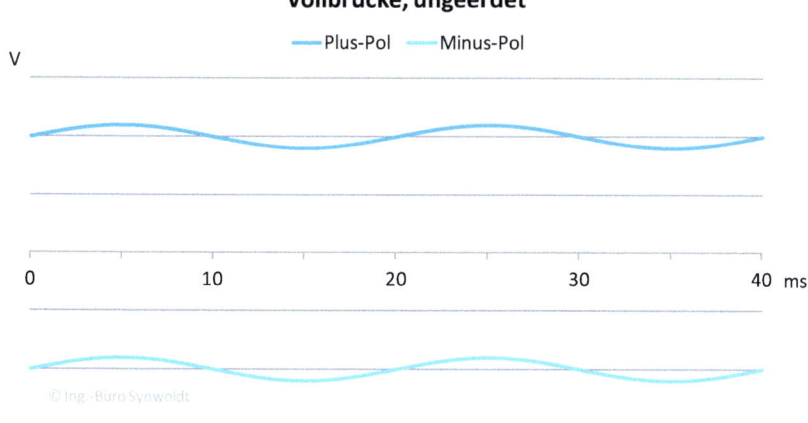

Abb. 1.48 Schaltungskonzept Vollbrücke. (Grafik: nach [57])

Da die Leistungsregelung großer thermischer Kraftwerke nur mit einer begrenzten Geschwindigkeit möglich ist – typisch sind Werte im Bereich von 2–5 % der Nennleistung pro Minute –, wurde mit dem zunehmendem Aufkommen regenerativer, fluktuierender Erzeuger über Möglichkeiten zur Vermeidung von regeltechnisch schwer zu beherrschenden Situationen nachgedacht. Insbesondere die nur für vergleichsweise kurze Zeiträume über die Mittagsstunden mögliche Spitzenleistung von Photovoltaikanlagen stand dabei im Fokus. Dazu wurde von den Netzbetreibern in ihren technischen Anschlussbedingungen für Niederspannungsnetze eine Maßnahme gefordert, die sonst nur als Ultima Ratio im Netzbetrieb zur Anwendung kommt: Das Trennen vom Netz, wenn die Toleranzmarke von 50,2 Hz erreicht wird.

2004 hatte sich die installierte Leistung von Photovoltaikanlagen gegenüber dem Vorjahr von 0,4 GW auf nunmehr 1,1 GW mehr als verdoppelt. Eine beachtliche Leistung, auch wenn kaum anzunehmen ist, dass sämtliche Anlagen bundesweit gleichzeitig mit

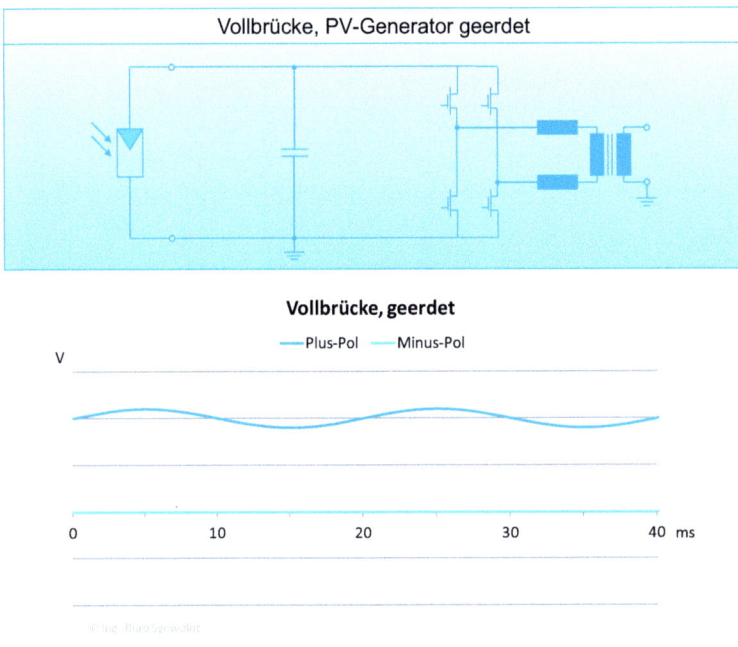

Abb. 1.49 Schaltungskonzept Vollbrücke, Photovoltaikgenerator geerdet. (Grafik: nach [57])

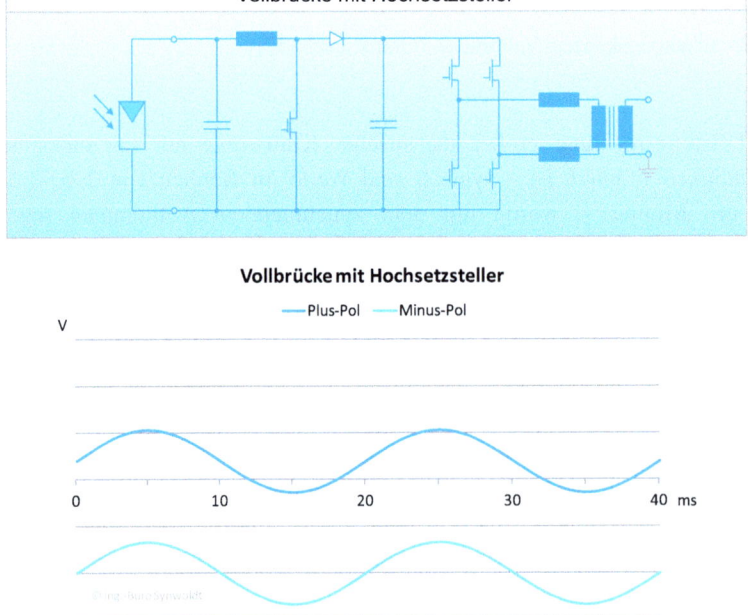

Abb. 1.50 Schaltungskonzept Vollbrücke mit Hochsetzsteller. (Grafik: nach [57])

1.3 Regenerative Technologien

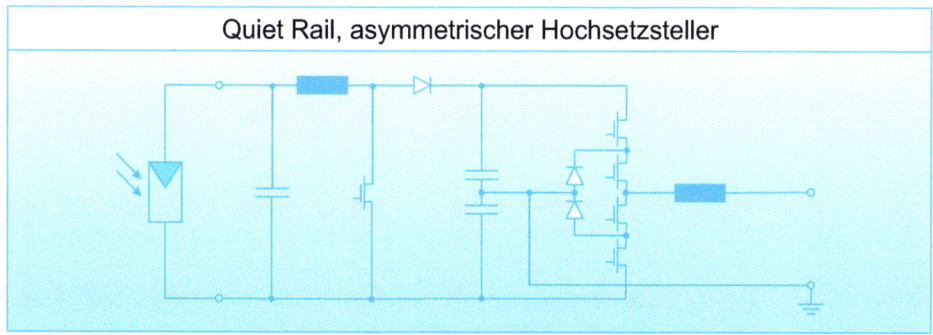

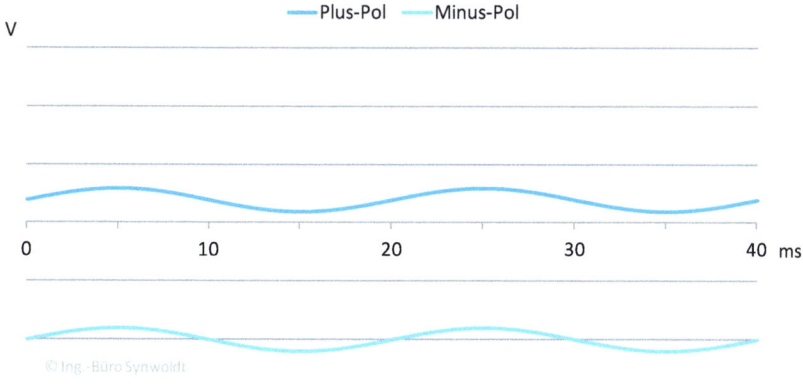

Abb. 1.51 Schaltungskonzept *Quiet Rail* mit asymmetrischem Hochsetzsteller. (Grafik: nach [57])

ihrer Spitzenleistung einspeisen (Abb. 2.44). Bei Erreichen der 50,2 Hz-Marke würde das Leistungsäquivalent eines großen Kraftwerksblocks wegfallen – ein durchaus im Netzmanagement vorgesehener Fall. Bereits ein Jahr später hatte sich die Kapazität von Photovoltaikanlagen nochmals verdoppelt auf jetzt 2,0 GW. Zum Jahresende 2011 belief sich die Zahl auf 24,8 GW, Ende Dezember 2014 betrug die installierte Leistung von Photovoltaikanlagen 38,2 GW [58]. Selbst wenn unter Berücksichtigung eines entsprechenden Gleichzeitigkeitskoeffizienten nur 50 % dieser Einspeiseleistung auf einmal vom Netz getrennt werden, hätte dies unabsehbare Folgen für die Stabilität – mehr als fünfzehn große Kraftwerksblöcke wären für den Ersatz unmittelbar erforderlich und müssten unter Volldampf bereit gehalten werden.

Der Bundesverband der Energie- und Wasserwirtschaft e. V. (BDEW) beschreibt die Situation anlässlich des Inkrafttretens der *Systemstabilitätsverordnung* (SysStabV) im Juli 2012 in sachlicher Weise [59]:

> Der Verband der Netzbetreiber (VDN) hat in den Jahren 2005/2006 in der Richtlinie „Eigenerzeugungsanlagen am Niederspannungsnetz" vorgeschrieben, dass alle Photovoltaik-Anlagen bei 50,2 Hz unverzüglich abgeschaltet werden müssen. Durch den

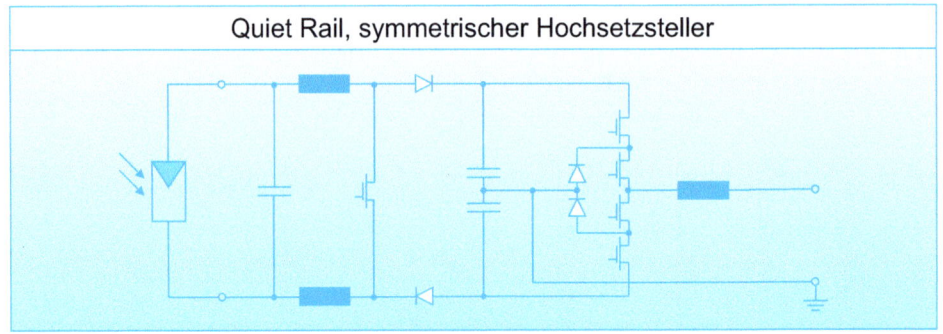

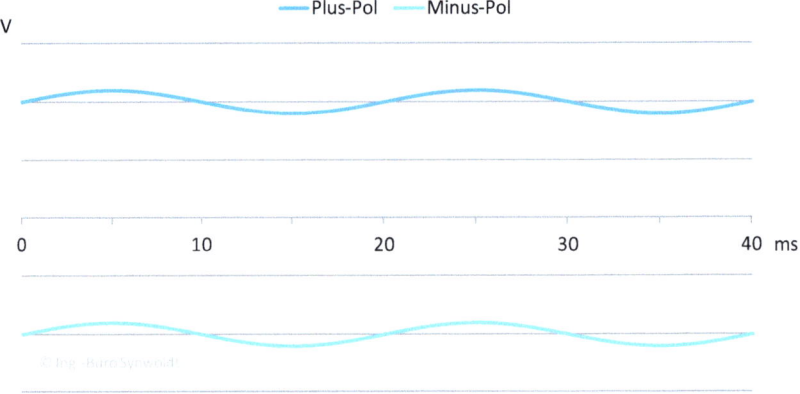

Abb. 1.52 Schaltungskonzept *Quiet Rail* mit symmetrischem Hochsetzsteller. (Grafik: nach [57])

dynamischen Ausbau der Photovoltaik – Ende 2011 betrug die in Deutschland installierte Leistung etwa 25 Gigawatt – besteht nunmehr akuter Anpassungsbedarf.

Die Änderung der Anschlussbedingungen im Jahre 2005 kann als Beispiel für eine kurzsichtige Regulation des Marktes gewertet werden. Immerhin war anhand des dynamischen Ausbaus von Photovoltaikanlagen – eine Verdreifachung der installierten Leistung von 2003 bis 2004, anschließend eine Verdopplung im Folgejahr – eine Entwicklung vorhersehbar, die ein hartes Abschalten aus Sicht des Netzbetriebs als technisch wenig zweckmäßig hätte erscheinen lassen müssen. Ebenfalls wäre es ein Leichtes gewesen, die, seit 2012 geltende, gleitende Abregelung der Einspeiseleistung bereits damals einzuführen. Die technischen Möglichkeiten der Wechselrichter hätten es erlaubt. Somit wird deutlich, dass weniger das Abwenden einer realen Gefahr als vielmehr der Gedanke der Verunsicherung von Anlagenbetreibern (Wie häufig findet die Abschaltung statt? Welche Ertragseinbußen sind zu fürchten?) im Vordergrund stand.

1.3 Regenerative Technologien

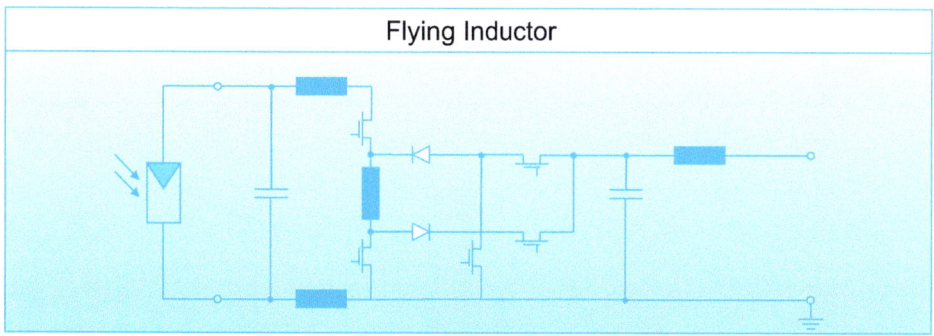

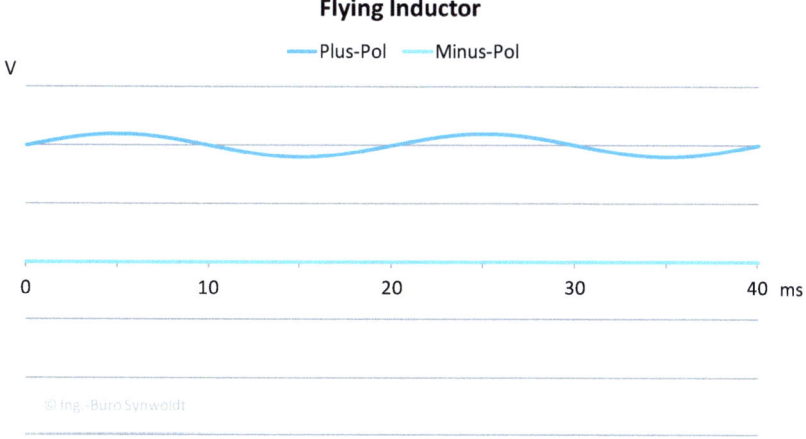

Abb. 1.53 Schaltungskonzept *Flying Inductor*. (Grafik: nach [57])

1.3.1.7.9 Kosten, Markt, Gridparity

Der zeitweilig hochdynamischen Entwicklung der Zubauzahlen (Abb. 1.54) steht eine spiegelbildliche Tendenz der Anlagenkosten (Abb. 1.55) gegenüber. Gleichzeitig sank auch die nach dem *Gesetz für den Vorrang Erneuerbarer Energien* (EEG) gewährte Einspeisevergütung stark ab. Dabei fällt auf, dass der Rückgang der Einspeisevergütung noch stärker als der Kostenrückgang erfolgt. Aufgrund der Änderung der EEG-Systematik haben sich Verschiebungen der Leistungsklassen über den dargestellten Zeitraum ergeben, was eine Darstellung der Zeitreihen in Abb. 1.56 erschwert.

Aus wirtschaftlicher Perspektive hat sich eine Verschiebung der Motivation für den Betrieb von Photovoltaikanlagen ergeben. Dominierte anfangs die Rolle als Investitionsobjekt, mit dem eine Rendite erzielt werden soll, so haben die sinkenden Anlagenpreise neue Anwendungsmöglichkeiten erschlossen. Die Stromerzeugung mit Photovoltaikanlagen ist seit einigen Jahren günstiger als der Strombezug aus dem Netz. Dies gilt insbesondere

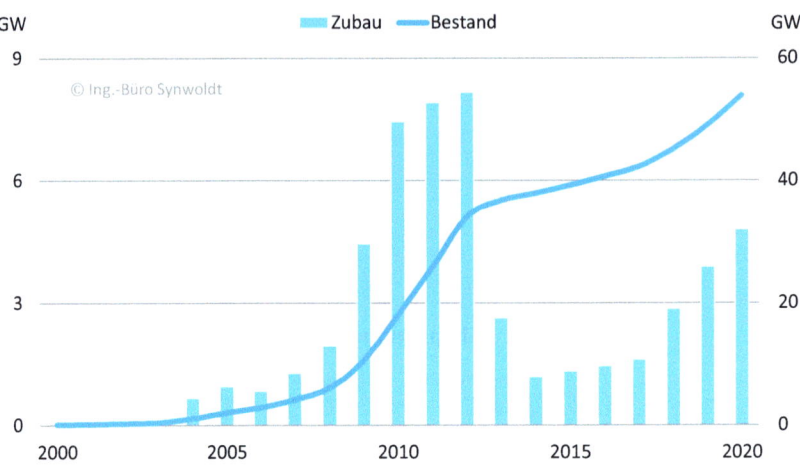

Abb. 1.54 Photovoltaikanlagen in Deutschland. (Daten: AGEE-Stat [21])

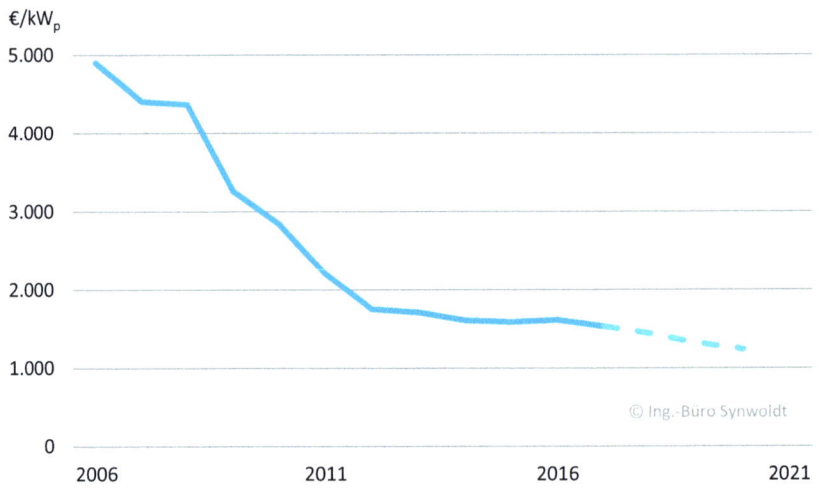

Abb. 1.55 Kostenentwicklung Photovoltaikanlagen bis 10 kW$_p$. (Daten: AEE [1], eigene Abschätzung)

für Kleintarifkunden wie private Haushalte und kleine Betriebe, die auf der Niederspannungsebene angeschlossen sind. Selbst mittelständische Unternehmen mit Strombezug auf der Mittelspannungsebene können durch Eigenerzeugung von Photovoltaikstrom

1.3 Regenerative Technologien

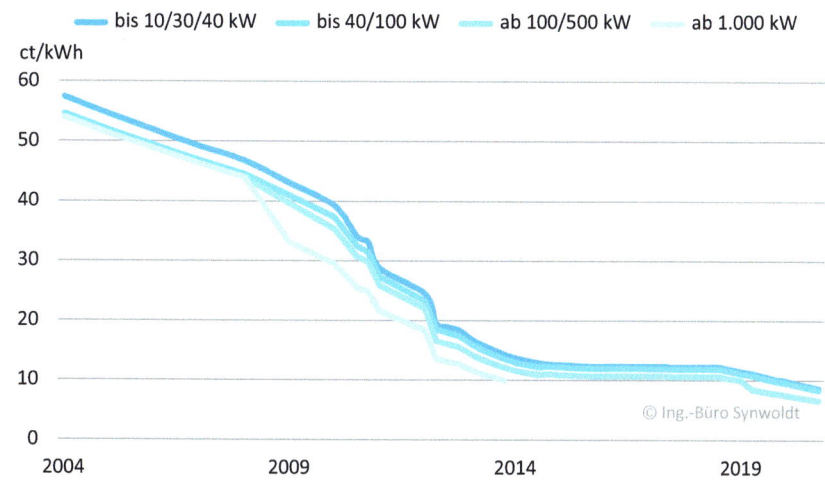

Abb. 1.56 Einspeisevergütung für Photovoltaikanlagen. (Daten: EEG 2004/2009/2012/2014/2017)

inzwischen ihre Stromrechnung reduzieren. Größere Photovoltaikanlagen erlauben eine noch günstigere Eigenstromerzeugung als bei Kleinanlagen für Privathaushalte.

Nutzer von selbsterzeugtem Photovoltaikstrom profitieren darüber hinaus von einer Kostensicherheit: Die Kosten des selbsterzeugten Stroms hängen maßgeblich von der Investition und den damit im Zusammenhang stehenden Kapitalkosten ab. Diese Kosten sind jedoch bei Projektbeginn bekannt und verändern sich über die Betriebsdauer der Photovoltaikanlage nicht mehr – ganz anders als die Strombezugskosten. Die auch künftig eher steigende Tendenz der Strombezugskosten führt zu einer immer weiter auseinanderklaffenden Schere. Hieraus resultiert eine zunehmende Kosteneinsparung durch die Eigenerzeugung (Abb. 1.57 und 1.58).

Eine Kostenbetrachtung für Photovoltaikanlagen fördert auf internationaler Ebene enorme Unterschiede zutage. Dies betrifft keineswegs allein eine Differenzierung nach Industrienationen mit dichten Vertriebs- und Servicenetzen und Schwellenländern. Gerade zwischen einzelnen Industrienationen liegen zuweilen erhebliche Preisspannen, die sich keineswegs allein aus den Hardwarekosten für Module, Wechselrichter und Montagematerial ableiten lassen. Da diese Komponenten zu Weltmarktpreisen gehandelt werden, werden Preisunterschiede in der Regel durch Importzölle und Steuern bedingt. In Einzelfällen dürften auch die Transportkosten Einfluss haben.

Als maßgeblich erweisen sich vielmehr die Aufwände für die Planung und das Erlangen der erforderlichen Genehmigungen, um eine Photovoltaikanlage ans Netz anschließen und Strom einspeisen zu dürfen. Entsprechende bürokratische Hürden schlagen sich unmittelbar in den Systemkosten nieder – nur so ist zu verstehen, dass

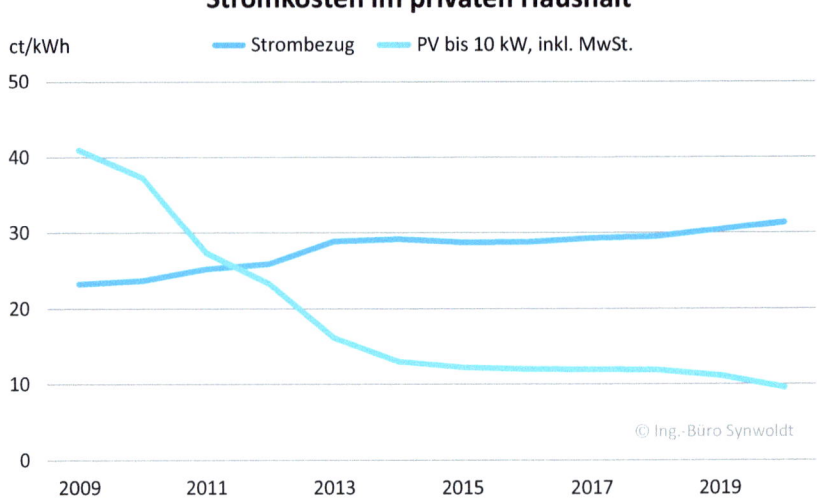

Abb. 1.57 Vergleich der Strombezugskosten für private Haushalte und Photovoltaikeinspeisetarife (Anlagen bis 10 kW$_p$). (Daten: BDEW [19], EEG 2009/2012/2014/2017)

Abb. 1.58 Vergleich der Strombezugskosten für Gewerbebetriebe und Photovoltaikeinspeisetarife (Anlagen bis 100 kW$_p$). (Daten: BDEW [19], EEG 2009/2012/2014/2017)

das Kostenniveau für eine schlüsselfertige Photovoltaikanlage in den USA mehr als doppelt so hoch ist wie in Deutschland – und in Frankreich noch darüber liegt. Der regulatorische Rahmen bestimmt weit mehr den Erfolg oder Misserfolg von regenerativen

1.3 Regenerative Technologien

Technologien, als eine häufig recht einseitig auf Einspeisetarife oder andere monetäre Anreizsysteme fokussierte Sicht vermuten lässt (Abb. 1.59).

1.3.1.7.10 Technische Weiterentwicklung

Die technische Weiterentwicklung von Solarzellen verfolgt zwei Schwerpunkte: Die Reduzierung der Herstellungskosten und die Erhöhung des elektrischen Wirkungsgrads.

Neben dem Beherrschen von Effekten im Halbleitermaterial, wie einer Verminderung der Rekombination von photovoltaisch generierten Ladungsträgern, handelt es sich auch immer wieder um optische Effekte. Dazu zählt eine Optimierung der Antireflexbeschichtung unter Zuhilfenahme von 3D-Strukturierungen durch Siliciumstäbchen im Nanometerbereich – ähnlich einem Flokati-Teppich oder einer invertierten Pyramidenstruktur. Durch die Beschichtung wird die Rückstreuung insbesondere auch von flach einfallendem Licht reduziert. Weitere Ansatzpunkte zur Optimierung betreffen die Verbindung der einzelnen Zellen untereinander, um den Stromfluss zu den Klemmen zu verbessern und die Abstandsflächen zwischen den Zellen zu verringern (Halbzellen und „Schindeln"). Durch eine Verlagerung der Kontakte auf die Rückseite oder ins Innere

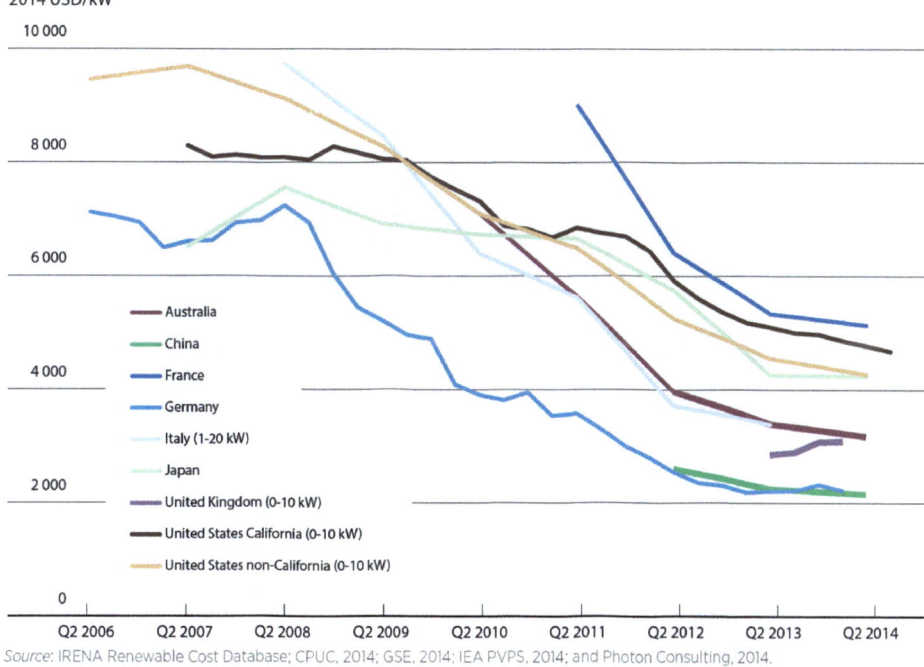

Abb. 1.59 Kostenentwicklung für Photovoltaikanlagen im internationalen Vergleich. (Quelle: [62])

der Halbleiter kann die für den Lichteinfall zur Verfügung stehende fotoaktive Fläche maximiert werden.

Möglichkeiten zur Kostenreduzierung setzen sowohl bei den Fertigungsverfahren als auch am Halbleitermaterial an: Wurde ursprünglich Silicium höchster Reinheit, wie in der Chip-Fertigung für elektronische Komponenten üblich, eingesetzt (*electronic grade*, 99,9999999(99) %), so wird inzwischen Material geringerer Reinheit (*solar grade*, 99,99999(9) %) verwendet. Verfahren zur direkten Herstellung von Wafern konnten sich nicht am Markt etablieren. *Edge Film Growth* und *String Ribbon* kommen ohne den Umweg des Zersägens zu Wafern aus. Letzteres ist nach dem Blockguss für polykristallines Silicium oder dem Ziehen von Einkristallen für monokristallines Silicium erforderlich.

Weitere Möglichkeiten zur Steigerung des Wirkungsgrads bieten sich durch den Einsatz optischer Konzentratoren, die das Sonnenlicht großflächig einfangen und auf eine kleine Chipfläche bündeln. Durch eine bis zu 500–1000-fache Konzentration des Sonnenlichts reduziert sich der Bedarf an Silicium (*concentrating photovoltaic*, CPV). Ähnlich wie bei Konzentratorsystemen im Bereich der Solarthermie ist auch hier eine Nachführung zum Sonnenstand erforderlich. Der Zellwirkungsgrad kann so auch Werte jenseits der Shockley-Queisser-Grenze (Abschn. 1.3.1.7.5) erreichen. In Verbindung mit einer Mehrfachsolarzelle wurde Ende 2014 ein Rekord bei 46 % bestätigt [63] (Abb. 1.60). In 2020 konnte eine Mehrfachsolarzelle mit sechs Schichten unter konzentriertem Licht einen Wirkungsgrad von 47,1 % erzielen [64].

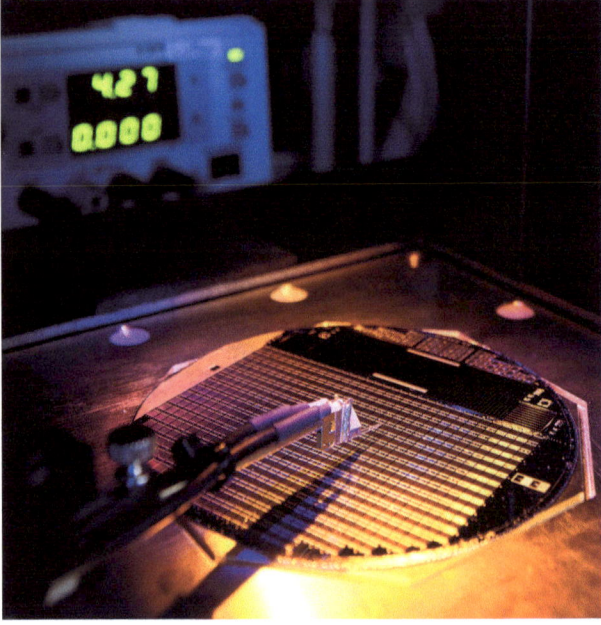

Abb. 1.60 Vierfachsolarzelle mit 46 % Wirkungsgrad. (Quelle: Fraunhofer ISE, Foto: Alexander Wekkeli)

1.3 Regenerative Technologien

Ein erhebliches Kosteneinsparungspotenzial verspricht die Herstellung organischer Solarzellen. Anstelle von Halbleitermaterial auf Siliciumbasis werden hier ausschließlich organische Materialien – unter anderem leitfähige Kunststofffolien und Farbpigmente – in einem Druckprozess verarbeitet. Ziel ist eine Rolle-zu-Rolle-Fertigung. Damit wird aus fertigungstechnischer Sicht eine besonders kostengünstige Großserienproduktion erzielt. Derzeit erreichen entsprechende Zelltechnologien jedoch weder den Wirkungsgrad noch die Langzeitstabilität von Silicium-Technologien.

Unter der Bezeichnung *DysCrete* wird an der Universität Kassel ein leitfähiger Beton entwickelt, der in Verbindung mit organischen Farbstoffen eine Farbstoffzelle (Grätzelzelle) bildet. Auch dieser Forschungsansatz fokussiert eine kostengünstige Massenfertigung.

Weitere technische Details zur Funktionsweise und Herstellung von Solarzellen und Photovoltaikanlagen finden sich u. a. in [65].

1.3.1.7.11 Beitrag zur Stromversorgung

Die Stromproduktion in Solarzellen ist in erster Näherung proportional zur solaren Einstrahlung. Damit hängen die Erträge unmittelbar mit dem Wettergeschehen zusammen. Die Streubreite der Einstrahlung kann durchaus um $\pm 10\,\%$ pro Jahr schwanken.

Im Folgenden werden aus Gründen der Vergleichbarkeit auf die Anlagenleistung bezogene Erträge (spezifische Erträge) dargestellt. Die betreffende Photovoltaikanlage ist Südsüdost ausgerichtet und dachparallel mit $21°$ angestellt. Die geografische Lage ist bei $50°$ nördlicher Breite.

Die vergleichsweise hohen spezifischen Jahreserträge um $1000\,\text{kWh/kW}_p$ hängen neben den Modulen aus mono-kristallinen Solarzellen auch mit den Betriebsbedingungen zusammen. Dazu zählen geringe Verschattungsverluste durch optimierte Stringbildung, eine Hinterlüftung der Module durch Aufständerung und moderate Umgebungstemperaturen in einer Mittelgebirgslage (Abb. 1.61).

Das Histogramm mit den Monatserträgen in Abb. 1.62 zeigt den nach Abb. 1.14 erwarteten Verlauf für einen Standort bei $50°$ nördlicher Breite. Während die Jahreserträge im Beobachtungszeitraum nur um $\pm 7\,\%$ um den Mittelwert schwanken, ist bei den Monatswerten hingegen eine deutlich stärkere Varianz zu beobachten. Selbst in den ertragsstarken Hochsommermonaten beträgt die Streuung zwischen den Jahren $\pm 15\,\%$ und mehr. Das lokale und individuelle Wettergeschehen bildet sich in den Erträgen ab (Abb. 1.63).

Auch bei den Tageswerten ist die Hüllkurve für den Jahresverlauf unverkennbar. Jedoch fallen die Unterschiede bei den Erträgen zwischen einzelnen Tagen noch stärker als bei den Monatswerten auf. Ein klarer, kalter Wintertag kann – trotz ungünstigerem Sonnenstand und kürzerer Sonnenscheindauer – einen höheren Ertrag liefern als ein verregneter Sommertag.

Die in Abb. 1.64 angedeuteten Monats- und Jahresmittelwerte sind daher nur für überschlägige Betrachtungen zweckmäßig. Sollen Erträge im Sinne einer physischen Versorgung untersucht werden, so sind Einspeisekurven mit Tages- oder besser noch mit Stundenwerten anzuwenden.

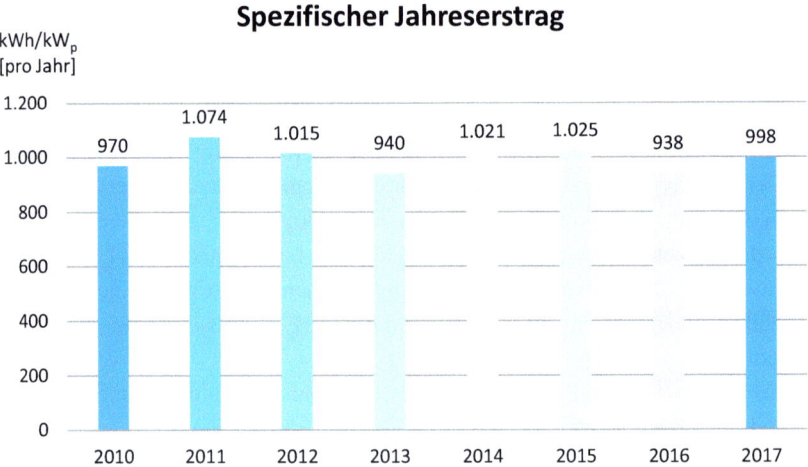

Abb. 1.61 Spezifische Jahreserträge

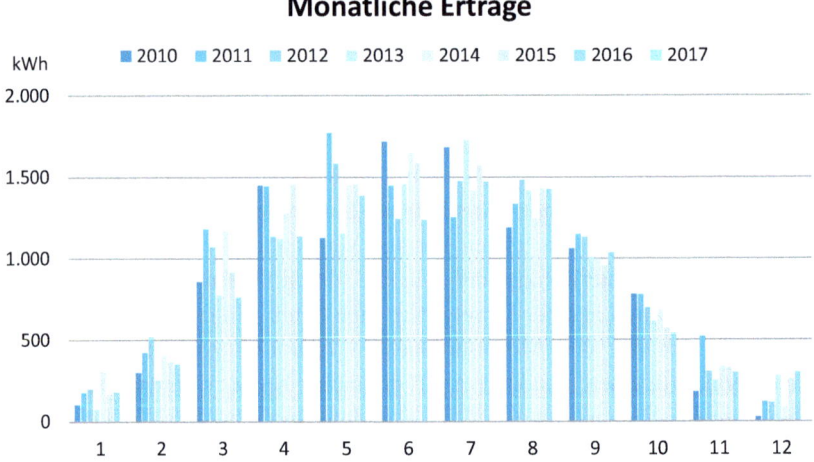

Abb. 1.62 Spezifische monatliche Erträge

Der Tagesgang – in Abb. 1.65 für drei zufällig ausgewählte Tage – offenbart den unmittelbaren Einfluss von Wetterereignissen. Der Einbruch gegen 17.00 Uhr am 28.3. ist mutmaßlich durch eine einzelne, kleinere Wolke an einem ansonsten nahezu wolkenlosen Himmel hervorgerufen. Der idealtypische Verlauf weist darüber hinaus nur kleine Abweichungen von der durch den Sonnengang bestimmten Hüllkurve auf. Ganz anders der Wintertag, an dem offensichtlich in den Vor- und Nachmittagsstunden dichte Bewölkung oder Nebel herrschte.

1.3 Regenerative Technologien

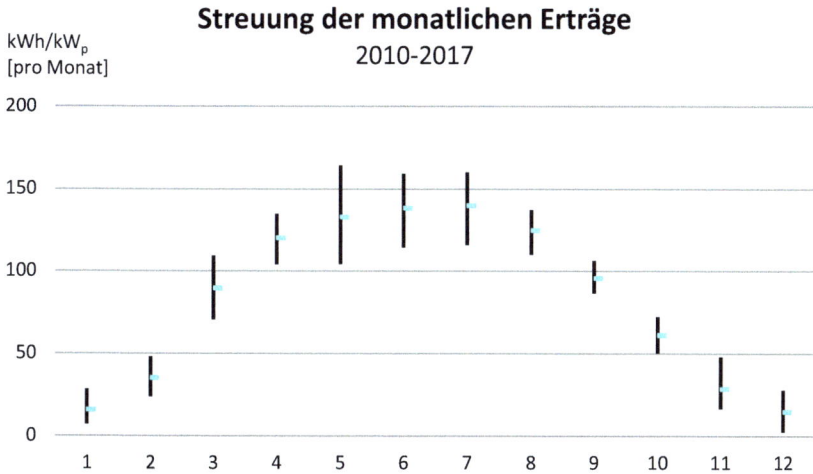

Abb. 1.63 Streuung der Monatserträge

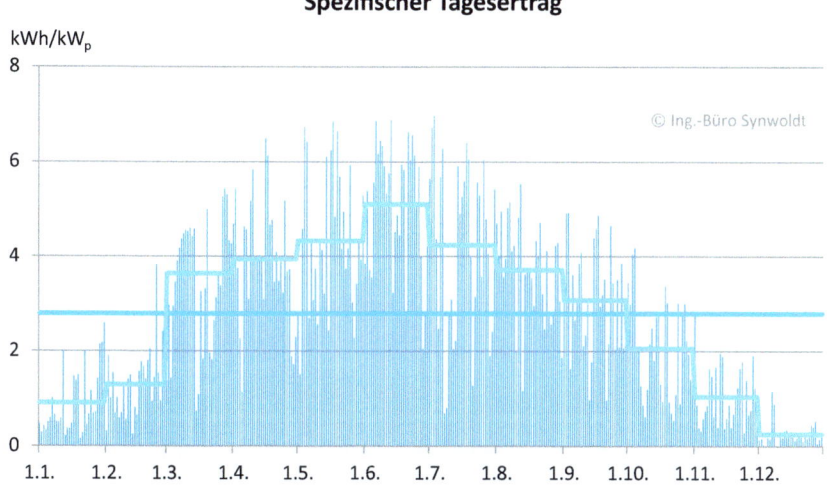

Abb. 1.64 Spezifische Tageserträge bei 21° Anstellwinkel

Weiterhin fällt auf, dass selbst im Hochsommer bei nahezu wolkenlosem Himmel die Nennleistung der Anlage nicht erreicht wird. Eine Überlastung der Wechselrichter kann ausgeschlossen werden, da die Kurve in diesem Fall ein Plateau um die Mittagszeit aufweisen müsste. Mindererträge aufgrund von Verschattung und Anlagenausrichtung können ebenfalls ausgeschlossen werden – dies würde auch nicht mit den hohen jährlichen Erträgen korrespondieren. Als maßgeblicher Faktor ist die Außentemperatur, vor allem aber auch die durch die solare Einstrahlung erhöhte Zelltemperatur zu benennen.

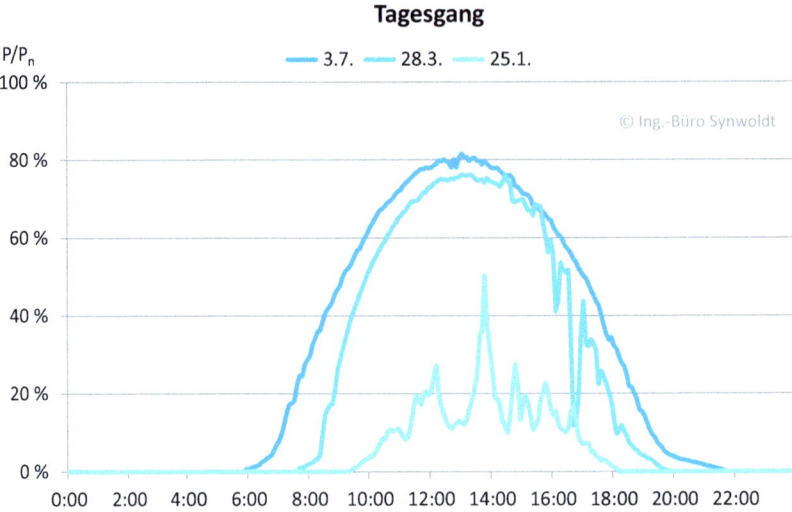

Abb. 1.65 Tagesgänge

Der negative Temperaturkoeffizient der Solarzellen war bereits weiter oben erläutert worden. Eine Leistungsminderung um 10–15 % liegt an heißen Sommertagen mit hoher Einstrahlung durchaus im Bereich des Realistischen. Ein weiterer Anhaltspunkt kann eine verminderte Einstrahlung durch hohe Luftfeuchtigkeit sein.

Durch einen steilen Anstellwinkel (Abb. 1.66) lässt sich die saisonale Charakteristik der PV-Stromerzeugung vergleichmäßigen. Damit wird die tiefstehende Sonne im

Abb. 1.66 Süddach mit 65° Anstellwinkel

1.3 Regenerative Technologien

Winterhalbjahr und auch in den Tagesrandzeiten besser genutzt. Die in Abb. 1.14 gezeigte saisonale Charakteristik kann damit jedoch nicht komplett kompensiert werden – insbesondere in Dezember und Januar sind die Einstrahlungswerte zu niedrig. Eine Konsequenz des steilen Anstellwinkels sind Ertragseinbußen in den Sommermonaten. Diese fallen in der Praxis jedoch weniger ins Gewicht, als aufgrund der geänderten Geometrie zu erwarten wäre. Ein Aspekt ist der negative Temperaturkoeffizient für die Modulleistung. Bei niedrigen Außentemperaturen steigt der Modulwirkungsgrad. Die Einstrahlung bei Kälte produziert dadurch höhere Erträge. Tatsächlich kann durch einen Anstellwinkel von 65° über neun Monate ein nahezu konstantes Ertragsniveau erzielt werden (Abb. 1.67) – immer vorausgesetzt, dass klarer Himmel herrscht.

Gerade bei einer Betrachtung der kurzfristigen und unmittelbaren Auswirkung einzelner Wetterereignisse wird die immense Wichtigkeit der Dezentralität deutlich: Die kurzzeitige Verschattung durch eine Wolke tritt bei anderen Photovoltaikanlagen zu einem anderen Zeitpunkt auf. Bis zum Nachbardach dauert das Fortschreiten des Schattens nur Sekunden, bis zum nächsten Dorf sind es schon einige Minuten. Je größer die betrachtete Region ist, desto besser mitteln sich solche Einzeleffekte aus. Viele kleinere und mittelgroße Anlagen sind daher für die Stromversorgung sehr viel zweckmäßiger als lediglich eine kleine Anzahl sehr großer Installationen. Dabei kommt noch hinzu, dass die kleineren und mittelgroßen Anlagen in die Niederspannungsebene der Verteilnetze einspeisen und damit den Strom unmittelbar dort zur Verfügung stellen, wo er auch abgenommen wird. Mehr dazu in Abschn. 2.2.2.

Letztlich wird an Abb. 1.65 noch ein anderer Aspekt sichtbar. Wird eine autarke physische Versorgung, unabhängig vom Netz, gesucht, dann ist eine stabile Versorgung nur mit großem technischem Aufwand zu etablieren. Denn die volle Bandbreite der Fluktuationen ist sowohl versorgungsseitig bei der Stromproduktion wie auch

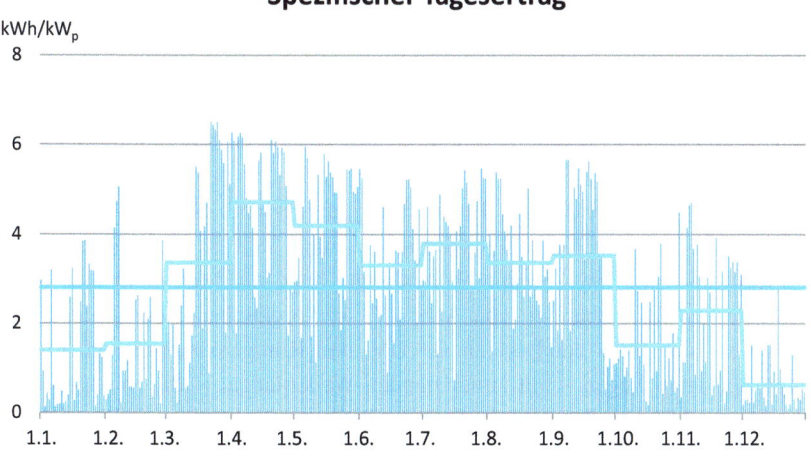

Abb. 1.67 Spezifische Tageserträge bei 65° Anstellwinkel

bedarfsseitig beim (eigenen) Stromverbrauch abzudecken. Eine wichtige, wenn nicht die wichtigste Funktion des Netzbetriebs, der zeitliche und räumliche Ausgleich zwischen Erzeugern und Verbrauchern, steht bei einem Inselbetrieb nicht zur Verfügung. Entsprechend sorgfältig ist die Steuerung von Anlagen im Inselbetrieb auszulegen und sind Speichersysteme zu dimensionieren (mehr dazu in Abschn. 2.2.1).

1.3.1.8 Solarthermie

Bei Anlagen zur Nutzung der Solarthermie wird die Wärmewirkung der solaren Einstrahlung genutzt. Einfache solarthermische Kollektoren verfügen über einen – im Vergleich mit den photovoltaischen Solarmodulen – relativ unkomplizierten Aufbau. Sie eignen sich zum Betrieb mit Direktstrahlung ebenso wie mit diffuser Strahlung und können daher praktisch überall zum Einsatz kommen. Anders als bei Photovoltaikmodulen wirkt sich eine teilweise Verschattung von Solarkollektoren Solarkollektor lediglich proportional zur verschatteten Fläche aus. Das maximal erreichbare Temperaturniveau von Solarkollektoren ist durch die optischen Eigenschaften begrenzt. Hierdurch wird der Einsatzbereich vorgegeben. Typische Bauarten sind solarthermische Flach- und Vakuumröhrenkollektoren (Abb. 1.68 und 1.69).

Da sich Wärmeenergie mit vergleichsweise einfachen Mitteln speichern lässt, ist ein kontinuierlicher Betrieb – selbst in Anbetracht der nur tagsüber verfügbaren Solarstrahlung – durchaus möglich. Je nach Temperaturniveau kann die solare Wärme für das Bereitstellen von Warmwasser, die Raumheizung, als Prozesswärme oder für den Betrieb eines Dampfkraftwerks genutzt werden (in der Reihenfolge des ansteigenden Temperaturniveaus). Die folgenden Abbildungen zeigen beispielhaft die Spannbreite der Anwendungsmöglichkeiten von der solaren Warmwasserbereitung und Heizungsunterstützung im privaten Haushalt (3–5 m^2 Kollektorfläche; Abb. 1.70) bis zur solarthermischen Stromerzeugung (Andasol, Spanien, 50 MW, 2 km^2 Ausdehnung; Abb. 1.71).

1.3.1.8.1 Spektrale Eigenschaften von Temperaturstrahlern

Bevor die unterschiedlichen Anwendungsformen und Technologien solarthermischer Anlagen betrachtet werden, sollen im Folgenden zunächst der physikalische Hintergrund sowie die sich daraus ableitenden Konsequenzen für *einfache* Solarkollektoren aufgezeigt werden. Anschließend werden in einem weiteren Abschnitt *konzentrierende* Systeme betrachtet.

Den Ausgangspunkt bildet die Einstrahlung der Sonne. Sie entspricht der eines Planckschen Strahlers mit einer Temperatur von rund 5800 K. Der Bereich des sichtbaren Spektrums mit 380–780 nm Wellenlänge liegt im Maximum der spektralen Energiedichte (im Skalenbereich von Abb. 1.72 hervorgehoben). Zu kleineren Wellenlängen schließt sich links der Bereich der UV- und Röntgenstrahlung an. Rechts vom sichtbaren Spektrum liegen – mit zunehmenden Wellenlängen – die Bereiche der Infrarotstrahlung, der Mikrowellen und der Radiowellen.

Die Charakteristik der spektralen Energiedichte zeigt mit abnehmender Temperatur des Strahlers nicht nur eine geringere maximale spektrale Energiedichte, sondern auch

1.3 Regenerative Technologien

Abb. 1.68 Flachkollektor. (Quelle: wikimedia, public domain)

eine Verschiebung des Maximums zu größeren Wellenlängen (Verschiebung in den roten/ infraroten Strahlungsbereich). Besonders deutlich wird dies bei einer Gegenüberstellung von solarer Einstrahlung in Abb. 1.72 und Wärmestrahlung im Bereich von 20–220 °C in Abb. 1.73. Bei identischer Charakteristik variiert die Skalierung der Abszisse um den Faktor 10^1, die der Ordinate sogar um den Faktor 10^6.

Erst in einer doppelt-logarithmischen Darstellung – hier die spezifische Leistung der Ausstrahlung von Planckschen Strahlern – lassen sich große Temperaturbereiche in einer Grafik abbilden (Abb. 1.74).

Weiterhin wird anhand der Charakteristik deutlich, dass die Sonne mit guter Näherung als Planckscher Strahler mit einer Oberflächentemperatur von rund 5800 K angesehen werden kann. Wie in Abb. 1.38 und 1.39 ersichtlich, hat jedoch das Absorptionsverhalten von Luftfeuchtigkeit und Gasen in der Atmosphäre Einfluss auf das den Erdboden erreichende Spektrum der Solarstrahlung. Dies ist an einzelnen Einbrüchen der am Boden eintreffenden Solarstrahlung, insbesondere im Infrarotbereich, erkennbar.

Abb. 1.69 Vakuumröhrenkollektor. (Quelle: Norbert Nagel, wikimedia, cc by-sa 3.0)

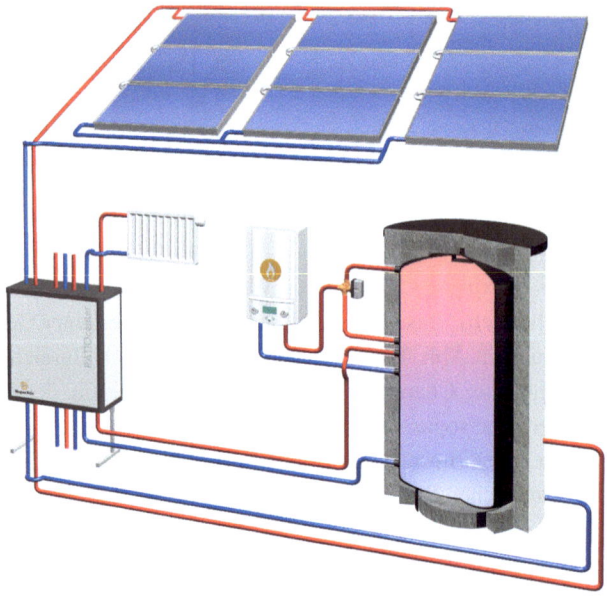

Abb. 1.70 Solarthermische Anlage zur Warmwasserbereitung und Heizungsunterstützung. (Quelle: Wagner Solar GmbH)

1.3 Regenerative Technologien

Abb. 1.71 Solarthermische Anlage zur Stromerzeugung, Andasol. (Quelle: wikimedia, gnu fdl 1.2)

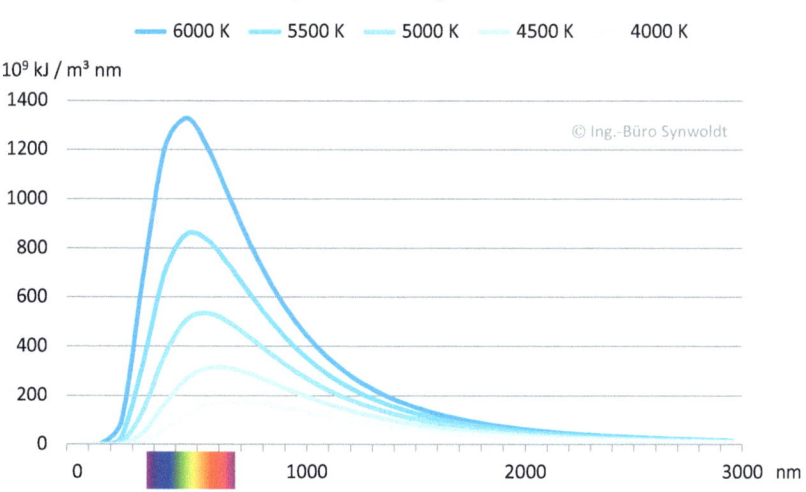

Abb. 1.72 Spektrale Energiedichte eines Planckschen Strahlers (Sonne)

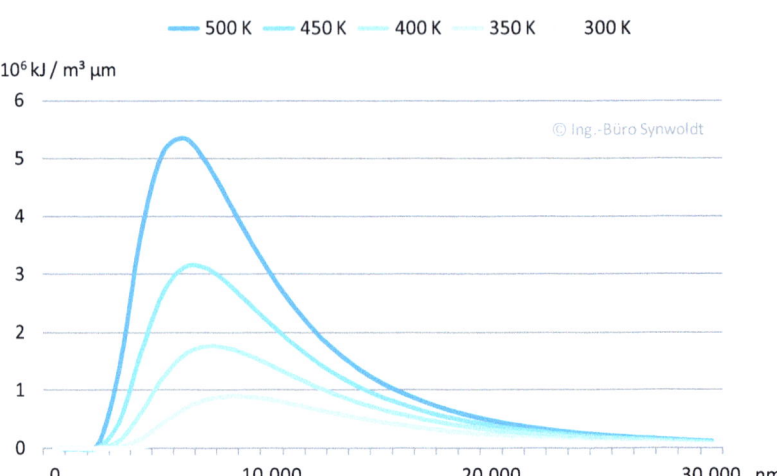

Abb. 1.73 Spektrale Energiedichte eines Planckschen Strahlers (Wärme)

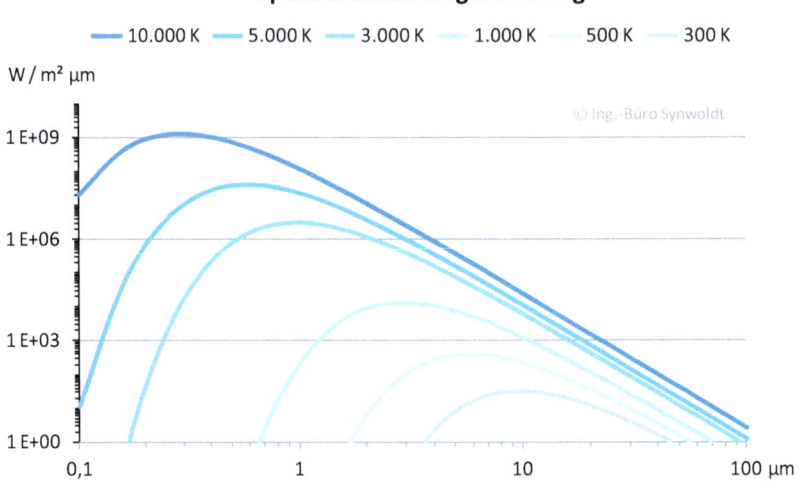

Abb. 1.74 Spektrale Strahlungsleistung eines Planckschen Strahlers

1.3.1.8.2 Kollektorkennlinie für nichtkonzentrierende Kollektoren

Für die technische Nutzung der Solarstrahlung ist entscheidend, welcher Teil der Globalstrahlung in solarthermischen Anlagen umgesetzt werden kann. Am Beispiel nicht

1.3 Regenerative Technologien

konzentrierender Systeme soll der Wirkungsgrad hergeleitet werden.[29] Maßgeblich hierfür ist der optische Wirkungsgrad, der sich aus dem Absorptionskoeffizienten des Absorbers α und dem Transmissionskoeffizienten τ eines meist verwendeten Schutzglases ergibt.

[η_o: optischer Wirkungsgrad; α: Absorptionskoeffizient; τ: Transmissionskoeffizient]

$$\eta_o = \alpha \cdot \tau \tag{1.28}$$

Aus der auf die Absorberfläche fallenden Globalstrahlungsleistung G wird damit die Absorberleistung P_{abs} ermittelt.

[P_{abs}: Absorberleistung; G: Strahlungsleistung (Globalstrahlung); α: Absorptionskoeffizient; τ: Transmissionskoeffizient]

$$P_{abs} = \alpha \cdot \tau \cdot G \tag{1.29}$$

Anstelle von absoluten Werten für die Strahlungsleistung, Absorberleistung, etc. werden die Werte auf flächenspezifische Größen [W/m^2] normiert. Dies erlaubt einen direkten Vergleich von Kollektoren verschiedener Abmessungen.

Aufgrund thermischer Verluste P_{ver} kann die auf den Absorber eingestrahlte Leistung P_{abs} nicht vollständig in Nutzleistung P_{nutz} umgesetzt werden. Weiterhin ist zu beachten, dass für die Kalkulation nicht die *Horizontal-Globalstrahlung* P_{hor}, sondern die tatsächlich auf die Ebene des Kollektorabsorbers fallende Strahlung P_{str} herangezogen werden muss. Dabei spielt der Anstellwinkel β des Kollektors (Abb. 1.15) eine wichtige Rolle. Es gelten dieselben Beziehungen wie in der Photovoltaik (Gl. 1.7):

$$G_{str} = G_{hor} / \cos \beta \tag{1.30}$$

Die Nutzleistung ergibt sich damit aus der Differenz der vom Absorber aufgenommenen Leistung P_{abs} und den thermischen Verlusten P_{ver}.

[P_{nutz}: Nutzleistung; P_{abs}: Absorberleistung; P_{str}: Strahlungsleistung; P_{ver}: thermische Verluste; α: Absorptionskoeffizient; τ: Transmissionskoeffizient; k: Wärmeverlustkoeffizient; T_{abs}: Absorbertemperatur;[30] T_{umg}: Umgebungstemperatur]

$$P_{nutz} = P_{abs} - P_{ver} \tag{1.31}$$

$$P_{nutz} = \alpha \cdot \tau \cdot G_{str} - k \cdot (T_{abs} - T_{umg}) \tag{1.32}$$

---

[29] Für konzentrierende Systeme findet sich eine vergleichbare Kalkulation im Abschn. 1.3.1.8.8.

[30] Die Absorbertemperatur lässt sich messtechnisch nicht immer direkt erfassen. Durch Temperaturmessungen des Wärmeträgermediums kann auf die Absorbertemperatur jedoch zurückgerechnet werden.

Mit der Vereinfachung [x: reduzierte Temperatur in [K/W]]

$$x = (T_{\text{abs}} - T_{\text{umg}})/G_{\text{str}} \tag{1.33}$$

und dem Kollektorwirkungsgrad η

$$\eta = P_{\text{nutz}}/G_{\text{str}} \tag{1.34}$$

ergibt sich der Kollektorwirkungsgrad η zu

$$\eta = \alpha \cdot \tau - k \cdot x \tag{1.35}$$

Bei genauer Betrachtung stellt sich jedoch heraus, dass der lineare Zusammenhang von thermischen Verlusten und der Temperaturdifferenz zwischen Absorber und Umgebung nur näherungsweise zutrifft.

$$\eta(x) = \alpha \cdot \tau - k \cdot x \; (1. \text{ Näherung}) \tag{1.36}$$

Die thermischen Verluste nehmen bei steigender Temperaturdifferenz – insbesondere wegen Strahlungsverlusten – überproportional zu. Aus diesem Grund wird eine Erweiterung um ein Glied 2. Ordnung eingeführt.

$$\eta(x) = \alpha \cdot \tau - k_1 \cdot x - k_2 \cdot x^2 \cdot G_{\text{str}} \; (2. \text{ Näherung}) \tag{1.37}$$

Die Wärmeverlustkoeffizienten k_1 und k_2 können den Datenblättern von Kollektoren entnommen werden. Anstelle des Formelzeichens k werden auch a oder α verwendet. Die Einheit von k_1 ist [W/m$^2 \cdot$ K], von k_2 [W/m$^2 \cdot$ K^2].

Der Wärmeverlustkoeffizient von Solarkollektoren entspricht dem Wärmedurchgangskoeffizienten *(U-Wert)* in der Bauphysik. In älterer Literatur zur Gebäudeenergieeffizienz ist auch vom *k-Wert* die Rede. Den Kehrwert des Wärmedurchgangskoeffizienten bildet der Wärmedurchgangswiderstand R_T [m$^2 \cdot$ K/W].

Die Kollektorkennlinie gibt direkt Auskunft über optische und thermische Verluste. Weiterhin zeigt sie mit der Stillstandstemperatur den Punkt, an dem der Kollektorwirkungsgrad auf Null absinkt. In diesem Punkt, oder besser: bei dieser Temperaturdifferenz zwischen Absorber und Umgebung befinden sich die Absorption der Solarstrahlung und die thermischen Verluste im Gleichgewicht.

Für die Dimensionierung solarthermischer Systeme ist dieser Wert von großer Bedeutung. Im laufenden Betrieb kann durchaus der Fall eintreten, dass die solarthermische Anlage mehr Wärme liefert, als momentan benötigt wird. Aus diesem Grund muss mit dem Abschalten der Zirkulation – und damit dem Ausbleiben der Nutzwärmeabnahme aus dem Kollektor – gerechnet werden. Anlagenbeispiele finden sich in Abb. 1.85 und 1.86. Szenarien zur solaren Deckung des Wärmebedarfs sind in Abb. 1.77, Abb. 1.78 und Abb. 1.79 dargestellt. Eine entsprechende Situation tritt insbesondere in den Sommermonaten und bei voller Einstrahlung auf. Die Temperatur des Absorbers steigt dann solange weiter an, bis sich absorbierte Solarstrahlung und emittierte Wärmestrahlung die Waage halten. Das gesamte Solarsystem inklusive der Rohrleitungen, den Armaturen und dem Wärmeübertragungsmedium ist entsprechend diesen Maximalwerten auszulegen.

Die dabei auftretenden hohen Temperaturen führen aufgrund thermischer Ausdehnung auch zu hohen mechanischen Belastungen. Durch *Kompensatoren* kann ein Längenausgleich bei der Verbindung von Kollektoren erreicht werden. Als Maßnahmen gegen eine Temperaturerhöhung kommen eine passive Verschattung durch Dachüberhänge sowie aktive Rollladen oder Markisen infrage. Weiterhin sind auch Absorberbeschichtungen im Einsatz, die über ein temperaturgesteuertes Absorptionsverhalten verfügen.

Die Kurve in Abb. 1.75 gilt nach Gl. 1.37 nur für eine Solarstrahlung von 1000 W/m^2. Dies entspricht einer maximal möglichen Einstrahlung bei klarem Himmel zur Mittagszeit. In höheren Breiten wird eine entsprechende Bestrahlungsstärke nur im Sommerhalbjahr erreicht. Das Teillastverhalten bei geringerer Einstrahlung ist in Abb. 1.81 und 1.82 weiter unten dargestellt.

Ein Vergleich der gängigsten Kollektortypen, Flachkollektor und Vakuumröhrenkollektor, zeigt die prinzipbedingten Unterschiede auf (Abb. 1.76).

Flachkollektoren verfügen bei vergleichbaren Absorbereigenschaften über einen höheren optischen Wirkungsgrad. Im Vergleich mit Vakuumröhrenkollektoren muss das Licht bei Flachkollektoren nur eine Glasschicht passieren. Wegen der deutlich größeren thermischen Verluste sind Flachkollektoren bei höheren Absorbertemperaturen gegenüber Vakuumröhrenkollektoren weniger vorteilhaft. Daraus ergeben sich unmittelbare Konsequenzen für den Einsatz der Kollektoren, die weiter unten noch vertieft werden.

Thermische Verluste
Obwohl der prinzipielle Aufbau eines Flachkollektors einfach wirkt, ist dennoch eine Reihe von Details zu beachten. Dabei spielt nicht nur die Absorption der Solarstrahlung eine wichtige Rolle, sondern vor allem auch die Minimierung thermischer Verluste.

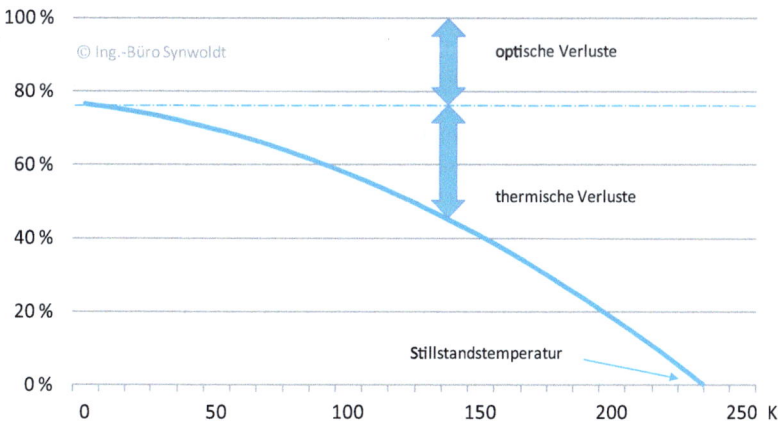

Abb. 1.75 Kennlinie von solarthermischen Kollektoren

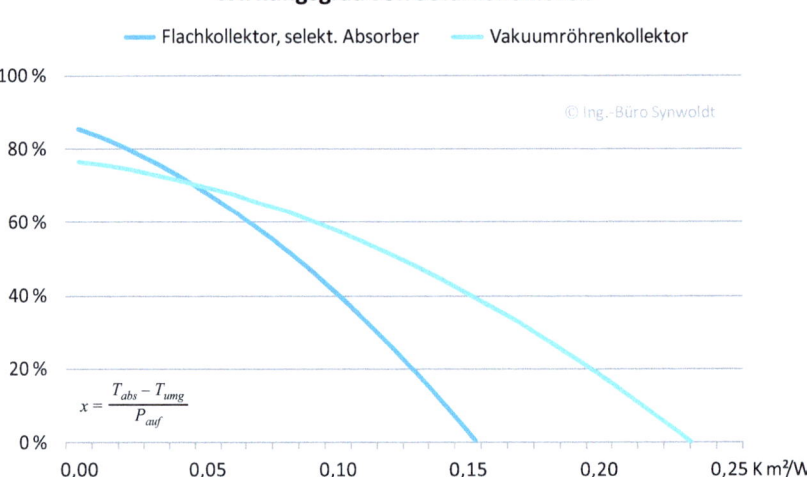

Abb. 1.76 Vergleich von solarthermischen Kollektoren (1)

Thermische Verluste können in Form von Strahlungsverlusten, Konvektion und Wärmeleitung auftreten. Dementsprechend muss zur Minimierung von Verlusten mit verschiedenen Gegenmaßnahmen gearbeitet werden.

Die folgenden Abbildungen zeigen den prinzipiellen Aufbau von Flachkollektoren und die wichtigsten Quellen für Verluste (Abb. 1.77 und 1.78). Diese treten sowohl im optischen Bereich bei der Nutzung der solaren Einstrahlung als auch bei den Wärmeverlusten des Absorbers und Wärmetransfers auf.

Strahlungsverluste

Für den Absorber existiert ein Optimierungskonflikt bezüglich einerseits einer möglichst hohen Absorption von Sonnenstrahlung und andererseits einer geringen Emission von Wärmestrahlung. Mattschwarze Oberflächen (z. B. Kupferoxid, Schwarzchrom) verfügen zwar über hohe Absorptionskoeffizienten, emittieren jedoch auch mit 80–90 % einen großen Teil der Wärmestrahlung.

Aus diesem Grund werden *selektive Absorber*, meist auf Titanbasis, eingesetzt. Sie reduzieren die Emission von Wärmestrahlung auf 10–20 % oder weniger. Die Oberflächen erscheinen dunkelblau.

In Abb. 1.79 sind die relativen Maxima der Energiedichte von Strahlung unterschiedlicher Temperaturen dargestellt. Dabei fallen die unterschiedlichen Wellenlängenbereiche der Solarstrahlung (<1 µm) und der Wärmestrahlung (3–10 µm) auf. Die absolute Höhe der Maxima liegt um mehrere Größenordnungen auseinander, da sie nach dem *Stefan-Boltzmann-Gesetz* mit der vierten Potenz der Temperatur zunehmen.

[P_{str}: Strahlungsleistung; σ: Stefan-Boltzmann-Konstante; A_{sst}: Oberfläche des schwarzen Strahlers; T_{sst}: Temperatur des schwarzen Strahlers]

$$P_{str} = \sigma \cdot A_{sst} \cdot T_{sst}^4 \tag{1.38}$$

Aufgrund der Normierung auf das jeweilige Maximum erscheint die relative spektrale Energiedichte für unterschiedliche Temperaturen des schwarzen Strahlers in Abb. 1.79 gleich.

1.3 Regenerative ...

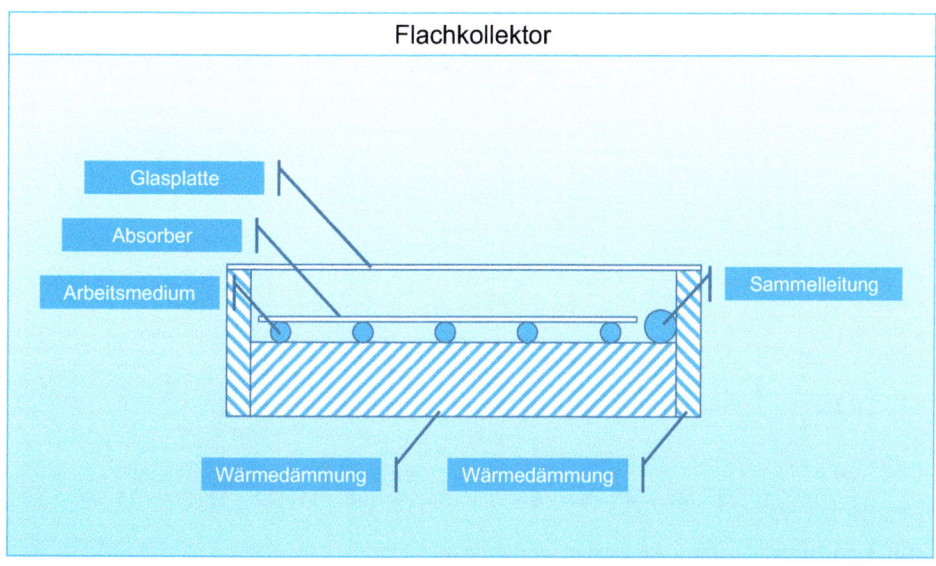

Abb. 1.77 Aufbau eines Flachkollektors

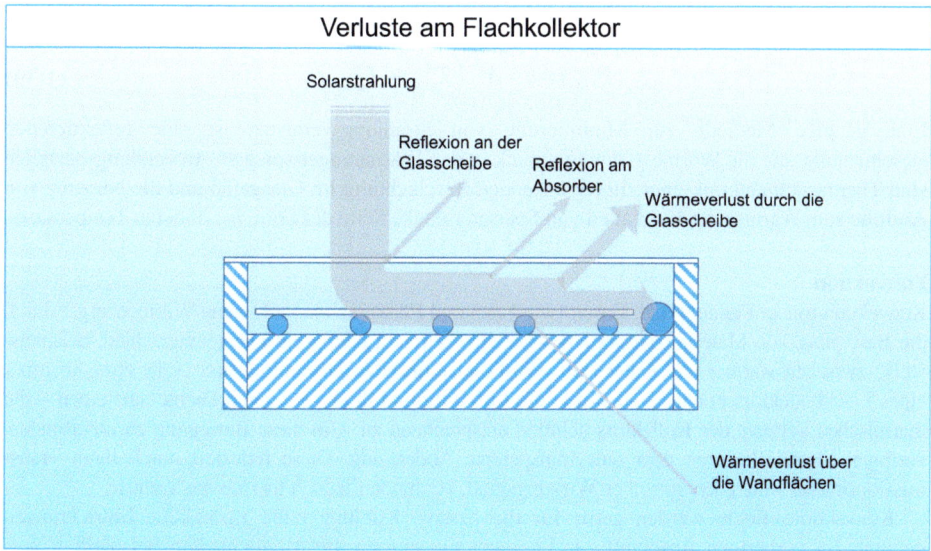

Abb. 1.78 Verluste am Flachkollektor

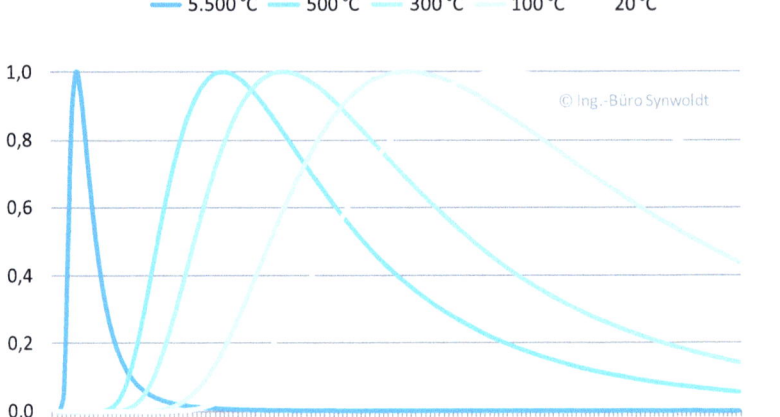

Abb. 1.79 Wirkungsweise des selektiven Absorbers

Das Stefan-Boltzmann-Gesetz hat zudem weitreichende Folgen für die Strahlungsverluste. Die durch Wärmestrahlung verursachten thermischen Verluste sind weit überproportional von der Temperaturdifferenz zwischen Absorber und Umgebung abhängig.

[P_{ver}: Verlustleistung durch Wärmestrahlung; σ: Stefan-Boltzmann-Konstante; A_{abs}: Oberfläche des Absorbers; T_{abs}: Temperatur des Absorbers; T_{umg}: Temperatur der Umgebung]

$$P_{ver} = \sigma \cdot A \cdot \left(T_{abs}^4 - T_{umg}^4\right) \qquad (1.39)$$

Eine gängige Methode zur Minimierung von Strahlungsverlusten ist eine reflektierende Beschichtung, die die Wärmestrahlung zurück in den Wärmeträger spiegelt. Anwendungsbeispiele sind Thermoskannen mit einer silberglänzenden Beschichtung im Glasgefäß und die Nutzung von Alufolie zum Warm- oder Kalthalten von Speisen (blanke Seite der Folie zur höheren Temperatur).

Konvektion

Konvektion tritt in Fluiden, d. h. Gasen (wie Luft) und Flüssigkeiten, auf, wenn Wärmeenergie durch die Bewegung von Materie transportiert wird. Hierzu reicht häufig ein Dichteunterschied, beispielsweise zwischen warmer und kalter Luft. Wird die Luftschicht in unmittelbarer Nähe zum Absorber eines Flachkollektors erwärmt, so würde die Luft aufgrund ihrer geringeren Dichte aufsteigen – die thermischen Verluste des Kollektors nehmen entsprechend zu. Um diese Bewegung zu unterbinden, verfügen Flachkollektoren über eine transparente Abdeckung. Diese reduziert durch ihren Transmissionskoeffizienten den optischen Wirkungsgrad, vermindert jedoch thermische Verluste.

Konvektionseffekte werden gerne für die passive Kühlung ohne zusätzliche Einrichtungen genutzt. Im vorherigen Abschnitt zur Photovoltaik wurden die Möglichkeiten beispielhaft aufgezeigt. Aufgrund der festen Kristallstruktur kann in Festkörpern keine Konvektion auftreten.

Wärmeleitung

Wärmeleitung tritt bei jeder Materie auf, an deren Grenzflächen eine Temperaturdifferenz herrscht. Dämmstoffe – wie sie auch für Bauwerke üblich sind – sorgen durch einen höheren Wärmewider-

1.3 Regenerative Technologien

stand für eine Verringerung der Wärmeleitung zwischen Absorber und dem Kollektorgehäuse bzw. der Umgebung.

Besonders wirkungsvoll wird die Wärmeleitung durch ein Vakuum unterbunden – wo keine Materie ist, kann auch keine Wärmeleitung stattfinden. Zusätzlich minimiert ein Vakuum zwischen zwei Grenzflächen auch Konvektionseffekte.

Ein typisches Anwendungsbeispiel sind Vakuumröhrenkollektoren, die zwischen äußerer und innerer Glasröhre über ein Vakuum verfügen. Aufgrund der doppelten Glasschicht fällt der Transmissionskoeffizient bei Vakuumröhrenkollektoren in der Regel schlechter aus, was zu höheren optischen Verlusten führt. Bei höheren Temperaturdifferenzen zur Umgebung dominiert jedoch die Reduzierung der thermischen Verluste.

Thermosgefäße und Wärme-/Kältespeicher nutzen ebenfalls den Effekt der geringen Wärmeleitung (= hoher Wärmewiderstand) eines evakuierten Raumes.

1.3.1.8.3 Solarkollektortypen

Solarkollektoren gibt es in unterschiedlichen Ausführungen für ein breites Einsatzspektrum. Entscheidend ist das benötigte Temperaturniveau für die Nutzwärme und die damit unmittelbar im Zusammenhang stehende Temperaturdifferenz zwischen Absorber und Umgebung.

Die Abszisse in Abb. 1.80 beschreibt nicht die absolute Temperatur des Absorbers, sondern die *Temperaturdifferenz* zwischen Absorber und Umgebung. Eine hier hervorgehobene Temperaturdifferenz von 50 K zur Umgebung stellt einen typischen Arbeitspunkt für die solare Brauchwarmwasserbereitung und Heizungsunterstützung dar. Es ist zu beachten, dass dieser Punkt im Sommer bei 70–80 °C Absorbertemperatur liegt, während es in den Übergangszeiten 60–70 °C und im Winter lediglich 40–60 °C sind. Mit anderen Worten, beim Bereitstellen eines geforderten Temperaturniveaus des

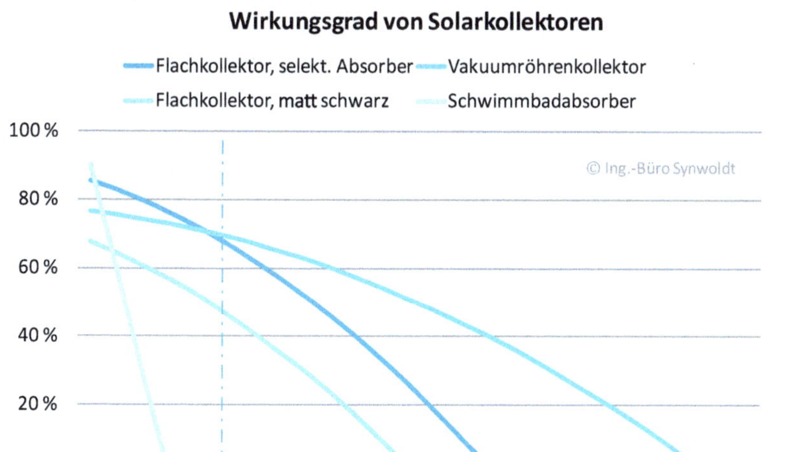

Abb. 1.80 Vergleich von solarthermischen Kollektoren (2)

Arbeitsmediums von 60 °C steigt die Temperaturdifferenz im Winter deutlich an, sodass mit einem geringeren Kollektorwirkungsgrad zu kalkulieren ist.

Die wohl einfachste Ausführung von Solarkollektoren sind *Schwimmbadkollektoren*. Dabei handelt es sich um einen schwarzen Schlauch, in dem Wasser durch die Einstrahlung erwärmt wird. Das Wasser zirkuliert direkt zwischen dem Absorber und einem Schwimmbecken. Meist ist der Schlauch auf dem Dach oder entlang einer Fassade verlegt. Die einfache Konstruktion ist kostengünstig, führt jedoch zwangsläufig zu höheren thermischen Verlusten. Letztere sind aufgrund des Sommerbetriebs und des benötigten Temperaturniveaus weitgehend unkritisch. Zudem fallen Energiebedarf und solares Strahlungspotenzial sehr gut zusammen, sodass gerade für lediglich im Sommer besuchte Freibäder oder Swimming Pools attraktive Einsatzmöglichkeiten existieren.

Flachkollektoren mit einfachen, matt schwarzen oder chromatierten Absorbern haben deutlich höhere Strahlungsverluste als selektive Absorber. Entsprechend fällt der Wirkungsgrad über den gesamten Arbeitsbereich geringer als bei Flachkollektoren mit selektiven Absorbern aus. Aufgrund einer mehr oder weniger aufwendigen thermischen Dämmung werden gegenüber Schwimmbadabsorbern, selbst bei deutlich höherem Temperaturniveau, noch gute Wirkungsgrade erreicht. Dazu trägt auch das Unterbinden der Konvektion durch ein Schutzglas bei. Ein wichtiges Anwendungsbeispiel ist die Brauchwarmwasserbereitung (Abb. 1.85).

Im laufenden Betrieb von Solarkollektoren werden nur selten solare Einstrahlungswerte wie unter Laborbedingungen (1000 W/m^2) erreicht. Bewölkung, hohe Luftfeuchtigkeit und niedriger Sonnenstand bedingen geringere Strahlungsniveaus. Das Teillastverhalten der Kollektoren ist daher von großer Bedeutung.

Abb. 1.81 zeigt, dass bei verringertem Niveau der Einstrahlung der Wirkungsgrad deutlich zurückgeht. Maßgeblich hierfür sind die thermischen Verluste, die unabhängig vom solaren Strahlungsniveau vor allem von der Temperaturdifferenz zur Umgebung abhängen. Die Stillstandstemperatur – die maximal zur Umgebung zu erzielende Temperaturdifferenz – sinkt bei Flachkollektoren daher unter Teillastbedingungen rasch ab. Dies ist bei der Höhe eines minimal erforderlichen Temperaturniveaus für die Nutzwärme zu berücksichtigen.

Vakuumröhrenkollektoren zeichnen sich gegenüber Flachkollektoren durch nochmals geringere thermische Verluste aus. Bauartbedingt erreichen sie nicht die hohe Flächenabdeckung von Flachkollektoren. Das erzielbare höhere Temperaturniveau eröffnet jedoch weitere Anwendungsfelder. Dies betrifft zum einen eine über die Sommermonate hinausgehende Nutzung, aber auch Anwendungen, für die ein höheres Temperaturniveau erforderlich ist.

Selbst in den Übergangszeiten und im Winter bei klarem Himmel herrscht ein hinreichendes solares Strahlungsniveau. Umso mehr kommt es bei niedrigen Außentemperaturen darauf an, dass die Wärmeverluste des Kollektors gering sind. Damit erweitern Vakuumröhrenkollektoren nicht nur den Nutzungszeitraum für solare Brauchwarmwasserbereitung, sondern eigenen sich auch zur Heizungsunterstützung.

1.3 Regenerative Technologien

Prinzipiell ähnelt das Teillastverhalten von Vakuumröhrenkollektoren dem von Flachkollektoren. In typischen Temperaturbereichen der solaren Wärmenutzung verfügen Vakuumröhrenkollektoren jedoch auch bei Teillast über einen deutlich höheren Wirkungsgrad als Flachkollektoren. In der Konsequenz kann eine kleinere Kollektorfläche denselben Wärmeertrag erzielen.

Preisliche Unterschiede zwischen den Kollektortypen werden in praktischen Anwendungen durch eine kleinere Kollektorfläche der Vakuumröhrenkollektoren bis zu einem gewissen Grad kompensiert. Weiterhin ist bei einem direkten Vergleich der Kollektortypen Flachkollektor und Vakuumröhrenkollektor zu beachten, dass die effektive Absorberfläche beim Flachkollektor nahezu die gesamte Fläche ausmacht, während beim Vakuumröhrenkollektor gewisse Abstände zwischen den Vakuumröhren existieren, und auch innerhalb der Röhren der Absorber nur einen Teil der Fläche einnimmt. Hieraus resultiert ein geringerer Flächennutzungsgrad beim Röhrenkollektor.

1.3.1.8.4 Nutzung solarthermischer Wärmeenergie

Aus den in Abb. 1.81 und 1.82 dargestellten Kennlinienscharen lassen sich unmittelbar Anwendungsbereiche identifizieren (Abb. 1.83). Hierbei spielt das erforderliche Temperaturniveau für die Nutzwärme die entscheidende Rolle. Nur wenn die solarthermischen Kollektoren eine höhere Temperatur als das geforderte Nutztemperaturniveau erreichen, kann die Wärme passiv über Wärmetauscher genutzt werden.

Die betrachteten Kollektortechnologien arbeiten sowohl mit direkter wie auch mit diffuser Strahlung. Dies lässt einen weiten geografischen Einsatzbereich zu. Anwendungen für Prozesswärme in höheren Temperaturbereichen sind jedoch nur begrenzt möglich.

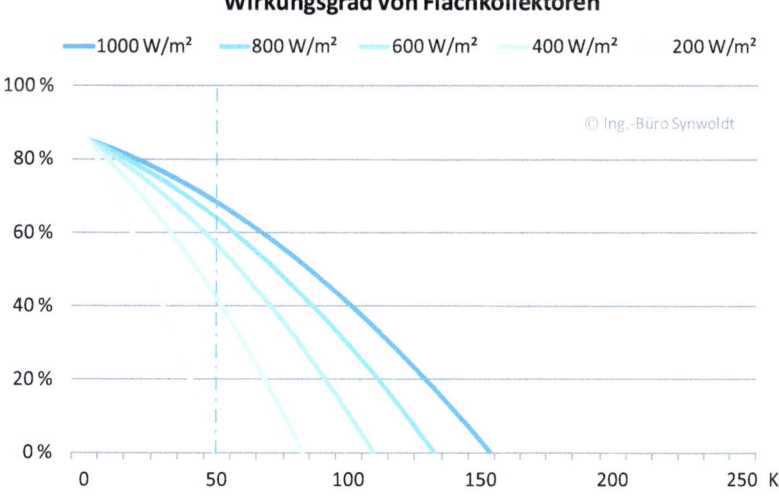

Abb. 1.81 Teillastverhalten von Flachkollektoren

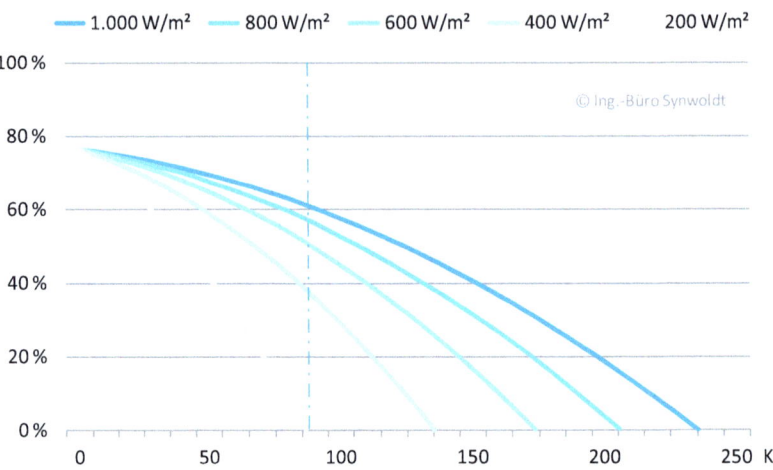

Abb. 1.82 Teillastverhalten von Vakuumröhrenkollektoren

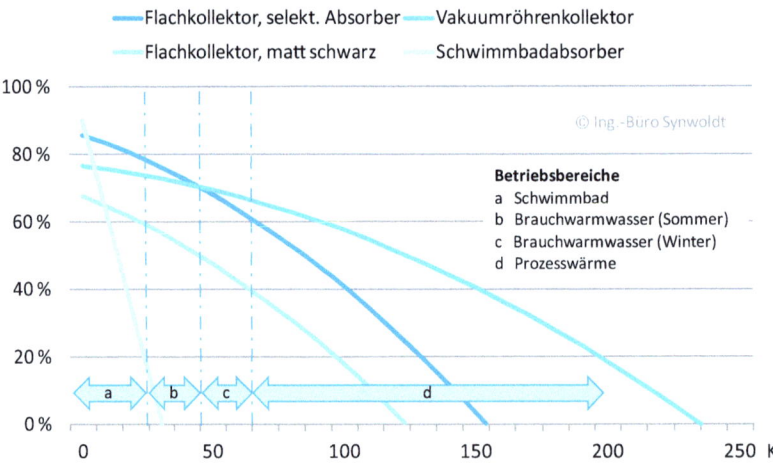

Abb. 1.83 Arbeitsbereiche von Solarkollektoren

Durch die im Folgenden noch vorgestellten Möglichkeiten zur optischen Konzentration des Sonnenlichts, wie Parabolrinne und Heliostaten, können deutlich höhere Absorbertemperaturen erreicht werden.

1.3 Regenerative Technologien

Technische Systeme zur Nutzung von Wärmeenergie[31] basieren in der Regel auf einem Wärmeträgermedium und dessen stofflichen Eigenschaften, insbesondere der spezifischen Wärmekapazität c_p.[32] Diese Materialeigenschaft beschreibt die auf die Masseneinheit des Mediums bezogene Temperaturdifferenz, die das Medium beim Zu- oder Abführen einer Wärmemenge erfährt. Sie ist damit gleichzeitig ein Maß für die Fähigkeit, Wärmeenergie im Material zu speichern. Dabei ist zu beachten, dass die Materialkennzahl c_p von der Temperatur des Mediums abhängig ist.

[Q: Wärmeenergie (Wärmemenge); m: Masse; c_p: spezifische Wärmekapazität; ΔT: Temperaturabnahme/-zunahme]

$$Q = m \cdot c_p \cdot \Delta T \tag{1.40}$$

Beim technischen Einsatz von Wärmeträgermedien ist die spezifische Wärmekapazität eine wichtige Designgröße. Über die spezifische Wärmekapazität kann einer Materie eine zu übertragende Wärmemenge zugeordnet werden – die Wärmeübertragungsleistung ist proportional zum Massenstrom.

$$\dot{Q} \propto \dot{m} \tag{1.41}$$

Wasser und Alkohol

Anhand der in Tab. 1.15 aufgeführten Kennwerte werden die Konsequenzen im praktischen Betrieb von solarthermischen Anlagen deutlich.

Ein Betrieb mit reinem Wasser profitiert von der hohen spezifischen Wärmekapazität ($c_{p,\text{wasser}} = 4{,}18 \, \text{kJ/kg} \cdot \text{K}$) des Wärmeträgermediums. Wird das System nicht regelmäßig entleert *(drain-back)*, besteht die Gefahr des Einfrierens, insbesondere bei Nachtfrösten. Aus diesem Grund kommt typischerweise ein Gemisch aus Wasser und Glykol ($c_{p,\text{glykol}} = 2{,}5 \, \text{kJ/kg} \cdot \text{K}$) zum Einsatz. Je nach geforderter Frostsicherheit (-15 bis $-25\,°C$) liegt der Glykolanteil bei 35–45 %. Dem Mischungsverhältnis entsprechend sinkt die spezifische Wärmekapazität des Wärmeträgers auf Werte im Bereich $c_p = 3{,}7 \ldots 3{,}9 \, \text{kJ/kg} \cdot \text{K}$.[33]

Eine Messung der Zusammensetzung des Wärmeträgermediums ist Bestandteil regelmäßiger Wartungsarbeiten. Die Messung erfolgt über die Dichte des Mediums – ähnlich wie bei der Bestimmung des Mostgewichtes von Weintraubenmost – mit einem Refraktometer (Abb. 1.84).

---

[31]Wärmeenergie aus Wärmestrahlung spielt bei den hier betrachten Beispielen nur eine untergeordnete Rolle. Wie aus Abb. 1.72, 1.73 und 1.74 hervorgeht, sinkt die spektrale Energiedichte bei Temperaturen im Bereich einiger Hundert Kelvin stark ab. Wärmestrahlung kommt daher nur bei Hochtemperatursystemen zur Wärmeübertragung infrage.

[32]Der Index p deutet auf eine Größe für Systeme konstanten Drucks (*pressure*, p) hin. In der Thermodynamik wird zwischen Systemen konstanten Drucks und konstanten Volumens (*volume*, v) unterschieden. Für eine Umgebung in offener Atmosphäre gilt in guter Näherung konstanter Druck.

[33]Die dargestellten Werte sind exemplarisch und variieren je nach eingesetztem Frostschutzmittel. Die Werte sind aus dem Datenblatt [66] entnommen.

Tab. 1.15 Spezifische Wärmekapazität verschiedener Materialien (massebezogen)

Material	Spezifische Wärmekapazität c_p
Wasserstoff	14,320 kJ/kg · K
Helium	5,193 kJ/kg · K
Wasser (20 °C)	4,182 kJ/kg · K
Ethanol	2,430 kJ/kg · K
Methan	2,158 kJ/kg · K
Petroleum	2,140 kJ/kg · K
Wasserdampf (100 °C)	2,080 kJ/kg · K
Eis (0 °C)	2,060 kJ/kg · K
Natrium	1,234 kJ/kg · K
Magnesium	1,046 kJ/kg · K
Luft	1,005 kJ/kg · K
Beton	1,000 kJ/kg · K
Aluminium	0,896 kJ/kg · K
Eisen	0,452 kJ/kg · K
Kupfer	0,382 kJ/kg · K
Silber	0,235 kJ/kg · K
Quecksilber	0,139 kJ/kg · K
Blei	0,129 kJ/kg · K

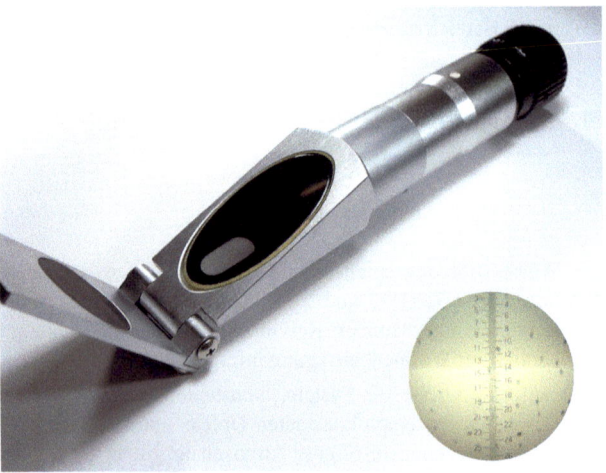

Abb. 1.84 Refraktometer. (Quelle: wikimedia, gnu-fdl)

1.3 Regenerative Technologien

Für die Berechnung einer Solarkollektoranlage bedeutet dies eine Erhöhung des Volumenstromes um 10 %, um die geringere spezifische Wärmekapazität des Wasser-Glykol-Gemisches auszugleichen. Die empfohlene Durchflussmenge des Wärmeträgermediums wird im Datenblatt von Solarkollektoren angegeben.

Die hohen Werte für die spezifische Wärmekapazität einiger Gase sowie die besonders niedrigen Werte bei den Metallen sind zumindest teilweise auch durch die Dichte des jeweiligen Materials bedingt. Die spezifische Wärmekapazität ist eine massebezogene Größe.

Bei einer volumenbezogenen Betrachtung relativieren sich die Unterschiede (Tab. 1.16). Auffällig ist weiterhin die besondere Eignung von flüssigem Wasser als Wärmeträger und/oder Wärmespeicher. Metalle und die in der Regel wesentlichen kostengünstigeren Baustoffe wie Sand oder Beton verfügen ebenfalls über hohe volumetrische Wärmekapazitäten. Sie eignen sich daher ebenfalls zur Wärmespeicherung. – Anders als bei der Wärmeübertragung spielt bei Wärmespeichern weniger die Masse als das erforderliche Volumen eine entscheidende Rolle.

Aus Gl. 1.40 und den Stoffkennzahlen aus Tab. 1.15 und 1.16 lassen sich die folgenden beispielhaften Kalkulationen ableiten.

Wird ein Wasservolumen von 10 l von 20 °C auf 60 °C erwärmt, so beträgt die Masse

$$m_{was} = V_{was} \cdot \rho_{was} \tag{1.42}$$

$$m_{was} = 0{,}010 \, \text{m}^3 \cdot 1000 \, \text{kg/m}^3 = 10 \, \text{kg} \tag{1.43}$$

Tab. 1.16 Spezifische Wärmekapazität verschiedener Materialien (volumenbezogen)

Material	Spezifische Wärmekapazität c_p	Dichte ρ	Volumenbezogene Wärmekapazität $c_{p,vol}$
Wasser (20 °C)	4,182 kJ/kg·K	1000 kg/m³	4182 kJ/m³·K
Eisen	0,452 kJ/kg·K	7874 kg/m³	3559 kJ/m³·K
Kupfer	0,382 kJ/kg·K	8920 kg/m³	3407 kJ/m³·K
Beton	0,879 kJ/kg·K	2275 kg/m³	2000 kJ/m³·K
Ethanol	2,430 kJ/kg·K	789 kg/m³	1917 kJ/m³·K
Blei	0,129 kJ/kg·K	11.342 kg/m³	1463 kJ/m³·K
Sand	0,835 kJ/kg·K	1600 kg/m³	1336 kJ/m³·K
Wasserstoff	14,320 kJ/kg·K	0,090 kg/m³	1,3 kJ/m³·K
Luft	1,005 kJ/kg·K	1,225 kg/m³	1,2 kJ/m³·K
Natrium	1,234 kJ/kg·K	0,968 kg/m³	1,2 kJ/m³·K
Helium	5,193 kJ/kg·K	0,179 kg/m³	0,9 kJ/m³·K

und die in diesem Volumen gespeicherte Wärmemenge

$$Q_\text{was} = m_\text{was} \cdot c_p \cdot \Delta T \qquad (1.44)$$

$$Q_\text{was} = 10\,\text{kg} \cdot 4{,}182\,\text{kJ}/(\text{kg} \cdot \text{K}) \cdot 40\,\text{K} \qquad (1.45)$$

$$Q_\text{was} = 1673\,\text{kJ} = 0{,}46\,\text{kWh} \qquad (1.46)$$

Wird anstelle von Wasser Beton als Wärmespeicher genutzt, muss für dieselbe Wärmemenge eine deutlich höhere Masse eingesetzt werden

$$Q_\text{bet} = m_\text{bet} \cdot c_p \cdot \Delta T \qquad (1.47)$$

$$m_\text{bet} = Q_\text{bet}/c_p \cdot \Delta T \qquad (1.48)$$

$$m_\text{bet} = 1673\,\text{kJ}/1{,}0\,\text{kJ}/(\text{kg} \cdot \text{K}) \cdot 40\,\text{K} \qquad (1.49)$$

$$m_\text{bet} = 67\,\text{kg} \qquad (1.50)$$

Das erforderliche Volumen eines Betonspeichers mit gleicher Wärmespeicherkapazität ist ebenfalls höher als das des Wasserspeichers. Jedoch verringert sich das Verhältnis im Vergleich zum Volumen.

$$V_\text{bet} = m_\text{bet}/\rho_\text{bet} \qquad (1.51)$$

$$V_\text{bet} = 67\,\text{kg}/2400\,\text{kg}/\text{m}^3 \qquad (1.52)$$

$$V_\text{bet} = 0{,}028\,\text{m}^3 \qquad (1.53)$$

Speicherparameter für Wärmespeicher
Die Werte für die spezifische Wärmekapazität von Baustoffen wie Beton, Sand und Stein schwanken je nach Typ des Materials und dessen Körnung sowie beim Beton auch nach der Art der Zuschlagstoffe.

Aus diesem Rechenbeispiel folgt, dass für Wärmespeicher gleicher Kapazität deutliche Volumenunterschiede aus dem jeweils verwendeten Wärmeträgermedium resultieren. Dies ist bei der Auslegung von großen Speichern wie saisonalen Wärmespeichern, die eine im Sommerhalbjahr gesammelte Wärmemenge für den Winterbetrieb zur Verfügung stellen sollen, zu berücksichtigen.

Gl. 1.46 zeigt eine Wärmeenergie von weniger als einer halben Kilowattstunde, die für das Erwärmen von 10 l Wasser von 20 °C auf 60 °C aufgewendet werden müssen. Wärmespeicher auf Warmwasserbasis, die als Äquivalent zu einem mehrere tausend Liter fassenden Öltank[34] genutzt werden sollen, benötigen eine Speicherkapazität von einigen zehntausend Kilowattstunden und erreichen damit Dimensionen im Bereich von 100 m³ und mehr. Hieraus lassen sich zwei Forderungen ableiten:

---

[34]Dies entspricht dem typischen Volumen von Öltanks im Gebäudebestand von Einfamilienhäusern.

1.3 Regenerative Technologien

- Durch eine Verbesserung des Baustandards ist der Heizenergiebedarf zu optimieren. Dies betrifft in erster Linie den Wärmebedarf im Winterhalbjahr mit geringer Solareinstrahlung (Abb. 1.89). Die Auslegung eines Saisonalspeichers würde von der verbesserten Wärmedämmung also besonders profitieren.
- Zum anderen ist eine hohe volumetrische Speicherdichte von Bedeutung, um die baulichen Anforderungen an einen solchen Speicher gering zu halten.

Die *Wärmekapazität* eines Wärmeträgermediums spielt nicht nur beim Speichern, sondern auch beim Transport von Wärme – zum Beispiel im Solarkreis von Kollektoren – eine wichtige Rolle. Die physikalische Größe ist jedoch nicht mit der *Wärmeleitfähigkeit* zu verwechseln. In der Infobox Thermische Verluste wurden die Prozesse der Wärmeleitung vorgestellt – dort jedoch unter dem Aspekt des ungewollten Wärmtransfers.

Insbesondere bei der Wärmespeicherung in Feststoffen ist die Wärmeleitfähigkeit des Materials von praktischer Bedeutung. Durch den Wärmefluss im Material findet beim Ein- und Ausspeichern ein Energietransport statt. Die Geschwindigkeit des Wärmetransfers bestimmt direkt die Speicherleistung und damit das dynamische Verhalten des Speichers. Anders als bei Gasen und Flüssigkeiten kann die Wärmeleitung in Feststoffen nicht durch freie Konvektion oder Umwälzung unterstützt werden.

Bei einer Betrachtung des Energiebedarfs – in der volkswirtschaftlichen Gesamtbilanz wie auch im privaten Haushalt – fällt auf, dass der Bereich Wärme in Deutschland mit einem Anteil von mehr als 50 % am Gesamtenergiebedarf dominiert (Abb. 1.3). Dies hängt ursächlich mit dem Bedarf an Heizwärme zusammen, der unmittelbar durch den thermischen Baustandard geprägt ist.

Mit der *Wärmeschutzverordnung (WSchV)* von 1977 und in der Nachfolge mit der *Energieeinsparverordnung (EnEV)* ab 2002 wurde der rechtliche Rahmen für ein kontinuierliches Anheben der Baustandards geschaffen. Aufgrund der vergleichsweise geringen Neubaurate von lediglich ca. 1 % des Wohnraumbestands und einer Sanierungsrate in ähnlicher Größenordnung ändert sich die Gesamtsituation jedoch nur langsam. Dies ist umso bedauerlicher, da eine gut gedämmte Außenhülle nicht nur zum Substanz- und Werterhalt des Gebäudes beiträgt, sondern auch gleichzeitig im Sinne des Klimaschutzes und der Vermeidung von Brennstoffkosten wirkt. Auch der Wohnkomfort steigt, wenn kalte Wände und zugige Fenster der Vergangenheit angehören. Zuweilen steht dem jedoch ein mikroökonomischer Zielkonflikt im Wege: Bei nichtselbstgenutzten Gebäuden werden die Brennstoffkosten unmittelbar an die *Nutzer* der Immobilie umgelegt. Ohne entsprechende rechtliche Verpflichtungen existiert für den *Besitzer* der Immobilie so keine Motivation zur Einsparung.

Wie im Folgenden noch gezeigt wird, ist die Gebäudeenergieeffizienz, das Einsparen an Heizenergie ohne Komfortverlust, einer der wichtigsten Bausteine – wenn nicht der wichtigste – wenn ein höherer Anteil an solarer Nutzwärme angestrebt wird.

Doch auch im gewerblichen und industriellen Umfeld kann solare Wärme eingesetzt werden. Aufgrund des Temperaturniveaus, auf dem gängige Solarkollektoren arbeiten, handelt es sich dabei um Niedertemperaturwärme (<100 °C) für die Bereiche Brauchwarmwasser, Lebensmittelverarbeitung und Trocknung. Fischzuchten zählen ebenfalls dazu, auch wenn sie in Mitteleuropa eher selten betrieben werden.

Chemische Prozesse und die Metallurgie benötigen Wärme auf einem deutlich höheren Temperaturniveau, meist mehrere 100 °C. Diese Hochtemperaturwärme kann durch konzentrierende Solarkollektoren – zum Beispiel für die Wasserstoffgewinnung aus Wasser oder die Reduktion von Metalloxiden – gewonnen werden [67], dazu mehr im folgenden Abschnitt.

Ein klassisches Anwendungsbeispiel sind solarthermische Anlagen zur Warmwasserbereitung, die tagsüber solare Wärme sammeln und in einem Pufferspeicher über viele Stunden – auch über Nacht – halten. Über entsprechend ausgelegte Anlagen wird im Sommerhalbjahr selbst in Mitteleuropa (Abb. 1.14) eine vollständige Warmwasserversorgung erzielt (Abb. 1.85). Durch Erhöhen der Kollektorfläche und Vergrößern der Pufferspeicher ist eine Heizungsunterstützung in den Übergangsmonaten möglich.

Dabei ist unabhängig von der Wärmequelle – solare Wärme oder konventionelle Feuerungsanlage – zu beachten, dass die Verweildauer des Brauchwarmwassers im Speicher und Gesamtsystem aus Hygienegründen nicht zu groß wird. Aufgrund der vorherrschenden Temperaturen können sich sonst Keime (u. a. Legionellen) bilden und ausbreiten. Mit der Novelle der *Trinkwasserverordnung (TrinkwV)* von 2011 wurden umfangreiche Vorschriften zur Kontrolle von zentralen Trinkwassererwärmungsanlagen erlassen. Durch *Frischwasserstationen* wie in Abb. 1.86 werden die Wassermengen zur Wärmespeicherung im Pufferspeicher und die zu erwärmende Trinkwassermenge entkoppelt. Die Frischwasserstation arbeitet nach dem Prinzip eines Durchlauferhitzers und erfordert einen weiteren Wärmetauscher.

Durch den Einsatz einer Frischwasserstation ist es möglich, die gesamte Wärmeversorgung in einem Niedertemperatursystem zu realisieren: Für Fußboden- und

Abb. 1.85 Solarthermische Anlage zur Warmwasserbereitung. (Quelle: Wagner Solar GmbH)

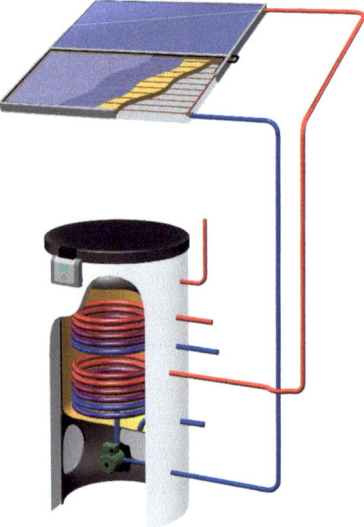

1.3 Regenerative Technologien

Abb. 1.86 Solarthermische Anlage mit Frischwasserstation und Heizungsunterstützung. (Quelle: Wagner Solar GmbH)

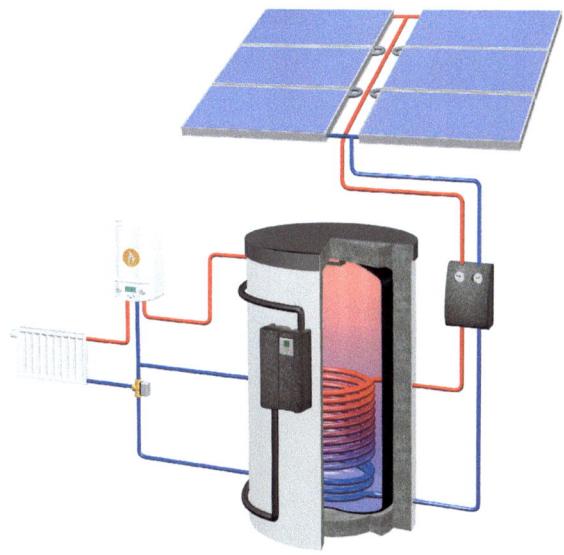

Wandheizungen werden selten über 35 °C im Vorlauf benötigt und für 40 °C an der Zapfstelle sind 45–50 °C im Puffer hinreichend.

Für die Charakterisierung von solarthermischen Anlagen im Niedertemperaturbereich werden Kenngrößen wie

- der solare Deckungsgrad und
- der Anlagennutzungsgrad

herangezogen. Der thermodynamische Wirkungsgrad spielt erst im Hochtemperaturbereich eine Rolle – dazu weiter unten mehr.

Der *solare Deckungsgrad* beschreibt den Anteil an Nutzwärme, der durch eine solarthermische Anlage bereitgestellt werden kann. Prinzipiell wird ein hoher Deckungsgrad angestrebt, um den ansonsten erforderlichen Einsatz von Brennstoffen für konventionelle Feuerungsanlagen oder Hilfsenergie für Wärmepumpen zu minimieren. Dennoch ist gerade in den Sommermonaten mit solaren Überschüssen zu rechnen, sodass eine größere Kollektorfläche sich nur begrenzt auf den solaren Deckungsgrad auswirkt (Szenario in Abb. 1.88).

[η_{sol}: solarer Deckungsgrad; Q_{sol}: Anteil solarer Nutzwärme; Q_{bed}: Wärmebedarf]

$$\eta_{sol} = Q_{sol}/Q_{bed} \tag{1.54}$$

Mit dem *Anlagennutzungsgrad* wird das Verhältnis aus tatsächlich genutzter Wärmemenge zu bereitgestellter Wärmemenge gekennzeichnet. Damit kommt insbesondere das zeitliche Zusammenspiel von solarem Wärmeangebot und Wärmebedarf zur Geltung.

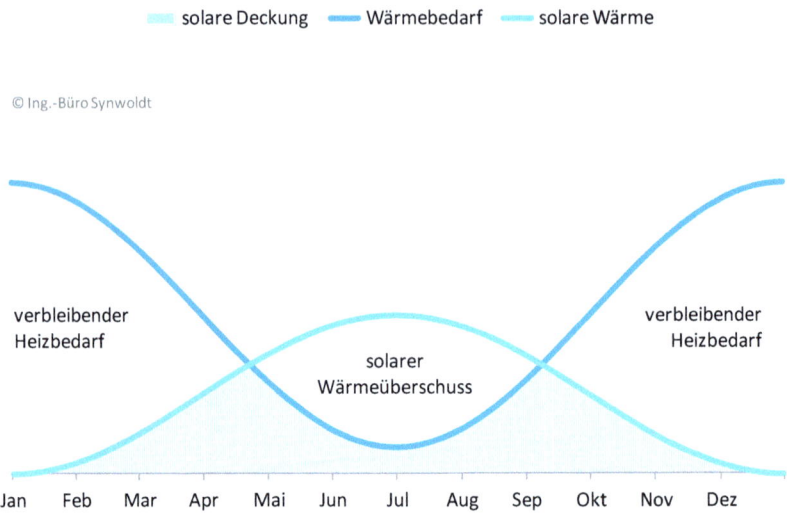

Abb. 1.87 Solare Ressource und Wärmebedarf im privaten Haushalt

[η_{anl}: Anlagennutzungsgrad; Q_{sol}: Anteil solarer Nutzwärme; Q_{anl}: von der solarthermischen Anlage insgesamt bereitgestellte Wärmemenge]

$$\eta_{anl} = Q_{sol}/Q_{anl} \tag{1.55}$$

Die in Abb. 1.14 dargestellte saisonale Ausprägung der Solarstrahlung führt gerade in Breiten oberhalb von 40–50° vom Äquator zu einem klassischen Dilemma. Insbesondere im Winterhalbjahr steht ein deutlich kleinerer Teil der solaren Ressource zur Verfügung, was den Beitrag zur Heizungsunterstützung mindert.

Andererseits fällt auf, dass auch in den Sommermonaten eine Grundlast für den Wärmebedarf existiert. Sie ergibt sich aus dem Warmwasserbedarf.[35] Im in Abb. 1.87 dargestellten Szenario liegt der solare Deckungsgrad bei 30 %. Der Anlagennutzungsgrad liegt bei 60 %. Maßgeblich hierfür sind die solaren Überschüsse in den Sommermonaten.

Der verbleibende Heizbedarf in den Wintermonaten resultiert vornehmlich aus dem Bedarf an Heizenergie und zu einem kleineren Teil auch aus dem Wärmebedarf für Brauchwarmwasser.

---

[35]Durch Haushaltsgeräte wie Waschmaschinen und Geschirrspüler mit separatem Warmwasserzulauf kann der Strombedarf dieser Geräte wesentlich reduziert werden, da das elektrische Aufheizen des kalten Wassers für den größten Teil des Strombedarfs verantwortlich ist. Folgerichtig kann durch den Anschluss dieser Geräte an eine solarthermische Warmwasserbereitung ein hohes Effizienzpotenzial beim Stromverbrauch erschlossen werden.

1.3 Regenerative Technologien

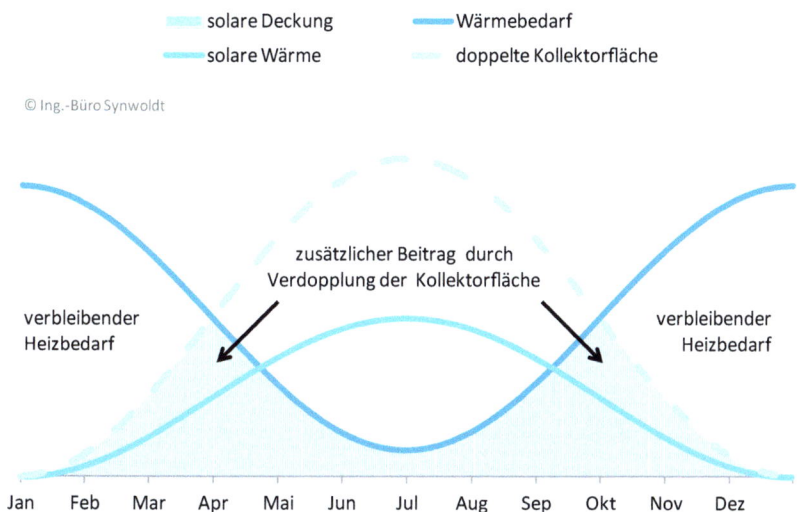

Abb. 1.88 Solare Ressource und Wärmebedarf im privaten Haushalt – doppelte Kollektorfläche

Dem saisonalen Effekt kann nur bedingt durch eine größere Kollektorfläche begegnet werden (Abb. 1.88). Dem deutlich größeren Wärmeertrag in den Sommermonaten steht – zumindest in mittleren Breiten[36] – nur ein vergleichsweise geringer Wärmebedarf gegenüber. Der zusätzliche Wärmeertrag in den Winter- und Übergangsmonaten liefert jedoch nur einen geringen Mehrbeitrag zur Heizungsunterstützung. Der solare Deckungsgrad steigt auf über 40 %, gleichzeitig sinkt der Anlagennutzungsgrad auf eine ähnliche Größenordnung, da die Wärmeüberschüsse in den Sommermonaten deutlich zunehmen.

Erst eine Verminderung des Bedarfs an Heizenergie lässt den Wärmebedarf aus zusätzlichen Quellen (z. B. Wärmepumpe, Gastherme, Ofen) in den Wintermonaten deutlich sinken. Aufgrund des geringeren Wärmebedarfs in den Übergangszeiten kann der solare Deckungsbeitrag nur begrenzt ansteigen. Im vorliegenden Szenario (Abb. 1.89) liegt er bei 40–45 %. Der Anlagennutzungsgrad erreicht Werte um 50 %.

1.3.1.8.5 Konzentrierende Systeme

Konzentrierende Systeme (*Concentrating Solar Power* Solarthermie, *CSP*) sammeln die auf eine größere Fläche eintreffende Solarstrahlung und bündeln sie auf einen

---

[36]Eine alternative Wärmenutzung, die sich insbesondere im Bereich mediterraner und subtropischer Wärmegürtel anbietet, wären solarthermisch angetriebene Sorptionskältemaschinen. Anders als bei Kompressionskältemaschinen wird nur ein geringer Teil der Antriebsenergie in Form von elektrischer Energie benötigt (Größenordnung: 5–10 %); der überwiegende Teil ist thermische Energie auf einem Temperaturniveau von 120–150 °C.

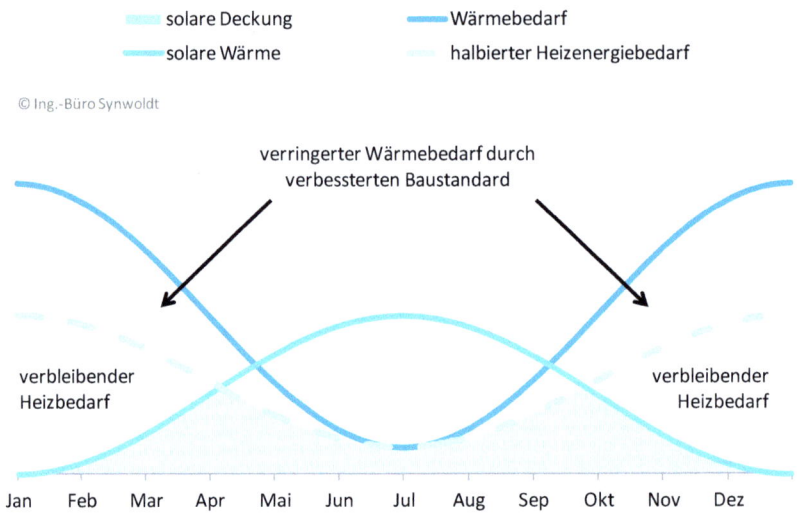

Abb. 1.89 Solare Ressource und Wärmebedarf im privaten Haushalt – halber Heizenergiebedarf

flächenmäßig deutlich kleineren Absorber. Hierdurch wird eine Erhöhung der Bestrahlungsstärke bewirkt. Der Absorber erreicht auf diese Weise höhere Temperaturniveaus, was das Einsatzspektrum der Nutzwärme erweitert: Anwendungen im Bereich der solarthermischen Stromproduktion sowie die Bereitstellung von Prozesswärme für chemische und metallurgische Prozesse. Konzentrierende Systeme sind gegenüber einfachen Solarkollektoren deutlich aufwendiger in der Herstellung und im Betrieb.

Der Einsatz von Linsen und Spiegeln zur Konzentration des Sonnenlichts erfordert – mit Ausnahme von Kugellinsen[37] – eine Nachführung zum Sonnenstand *(tracking)*. Die in Parabolrinnen, Parabolspiegeln und Heliostaten verwendeten Spiegel sowie auch Konzentratoren mit Fresnellinsen benötigen zudem Direktstrahlung, um das einfallende Licht auf den Brennfleck zu bündeln. Sammellinsen sind prinzipiell ebenfalls geeignet, erfordern jedoch bei großer Apertur[38] einen hohen Materialbedarf und Fertigungsaufwand, sodass sie in großtechnischen Anwendungen nicht zum Einsatz kommen. Fresnellinsen mit vergleichbaren Eigenschaften wie Sammellinsen lassen sich hingegen mit deutlich geringerem Materialaufwand fertigen.

---

[37]Die materialaufwendige Fertigung von dreidimensionalen Linsensystemen steht einer Nutzung für flächenmäßig weit ausgedehnte Konzentratoren von solarthermischen Kraftwerken (Größenordnung von 25 MW/km^2 Gesamtfläche) deutlich entgegen.

[38]Ein Konzentrationseffekt von 1:50 erfordert bei einem Absorberrohrdurchmesser von 10 cm eine Apertur von 5 m. Sammellinsen mit einer Brennweite von wenigen Metern hätten bei gängigem Brechungsindex des Linsenmaterials $n = 1{,}3\ldots 2{,}4$ eine erhebliche Materialstärke.

Hieraus ergeben sich unmittelbar technische Anforderungen an Standorte für konzentrierende solarthermische Anlagen. Geeignete Standorte müssen neben einer hohen Einstrahlung auch über einen hohen Direktstrahlungsanteil verfügen (Abb. 1.25, 1.26 und 1.27 sowie Abb. 1.90 und 1.91). Aus diesem Grund sind aride Zonen nördlich und südlich der tropischen Regenwaldgebiete für konzentrierende Solarsysteme bevorzugt. In diesen Breiten sind die für den Betrieb von Konzentratoren unerwünschten Anteile an diffuser Strahlung gering.

1.3.1.8.6 Optische Konzentratoren

Diffuse Strahlung wird durch Aerosole – Luftfeuchtigkeit (Wolken, Nebel, Wassertröpfchen) und andere Dämpfe sowie Staubpartikel – in der Atmosphäre hervorgerufen. Eine Konzentration diffuser Strahlung ist nicht möglich [68]:

> Die Bestrahlungsstärke an einem Absorber kann durch Konzentration nur soweit erhöht werden, bis sie einer Strahlungsquelle gleicher Strahldichte entspricht, die seinen gesamten Halbraum überdeckt. So ist leicht ersichtlich, dass diffuse Strahlung auf optischem Wege nicht konzentriert werden kann, da eine Ausweitung der diffusen Strahlung auf einen größeren Winkelbereich nicht mehr möglich ist.

Der Hintergrund wird an den folgenden Skizzen deutlich: Diffuse Strahlung trifft aus unterschiedlichen Winkeln auf den Parabolspiegel oder die Linse und wird dadurch nicht auf den Brennpunkt reflektiert (Abb. 1.92). Weitere Einrichtungen zur optischen Bündelung sind in Abb. 1.93 und 1.94 dargestellt.

Fresnellinsen verfügen abschnittsweise über dieselbe Krümmung wie herkömmliche Sammellinsen, sind jedoch wesentlich einfacher in der Fertigung. Sie lassen sich mit vergleichsweise einfachen Fertigungsverfahren auch als nur wenige Millimeter starke Folien ausführen, was deutliche Material- und Masseneinsparungen bedingt. Letzteres ist insbesondere angesichts der Nachführung zum Sonnenstand bedeutsam.

Aus Gründen der einfacheren Fertigung kann der parabelförmige Reflektor mit der Brennweite f auch durch einen Kreisbogen (sphärischen Reflektor) mit dem Radius R der Brennweite $f = R/2$ approximiert werden. Insbesondere bei kleinen Randwinkeln ($\phi < \pm 20°$) ist die Abweichung zwischen Parabel und Kreisbogen minimal ($\Delta \leq 0{,}015\,\%$). In Abb. 1.95 ist ein Randwinkel von $\phi = 10°$ skizziert.

Wie in Gl. 1.64 noch gezeigt wird, sind kleine Randwinkel zudem vorteilhaft, wenn ein hohes Konzentrationsverhältnis erzielt werden soll. Dieses ergibt sich aus dem Flächenverhältnis von Apertur des Konzentrators und der Absorberfläche. Es ist ein Maß für die Bündelung der Solarstrahlung und damit der erzielbaren Bestrahlungsstärke am Absorber.

[C: Konzentrationsverhältnis; A_{apt}: Apertur; A_{abs}: Absorberfläche]

$$C = A_{\text{apt}}/A_{\text{abs}} \tag{1.56}$$

Das maximale Konzentrationsverhältnis für Solarstrahlung ist begrenzt. Dabei sind zwei Effekte zu berücksichtigen. Die eine Schranke kommt durch den 2. Hauptsatz der

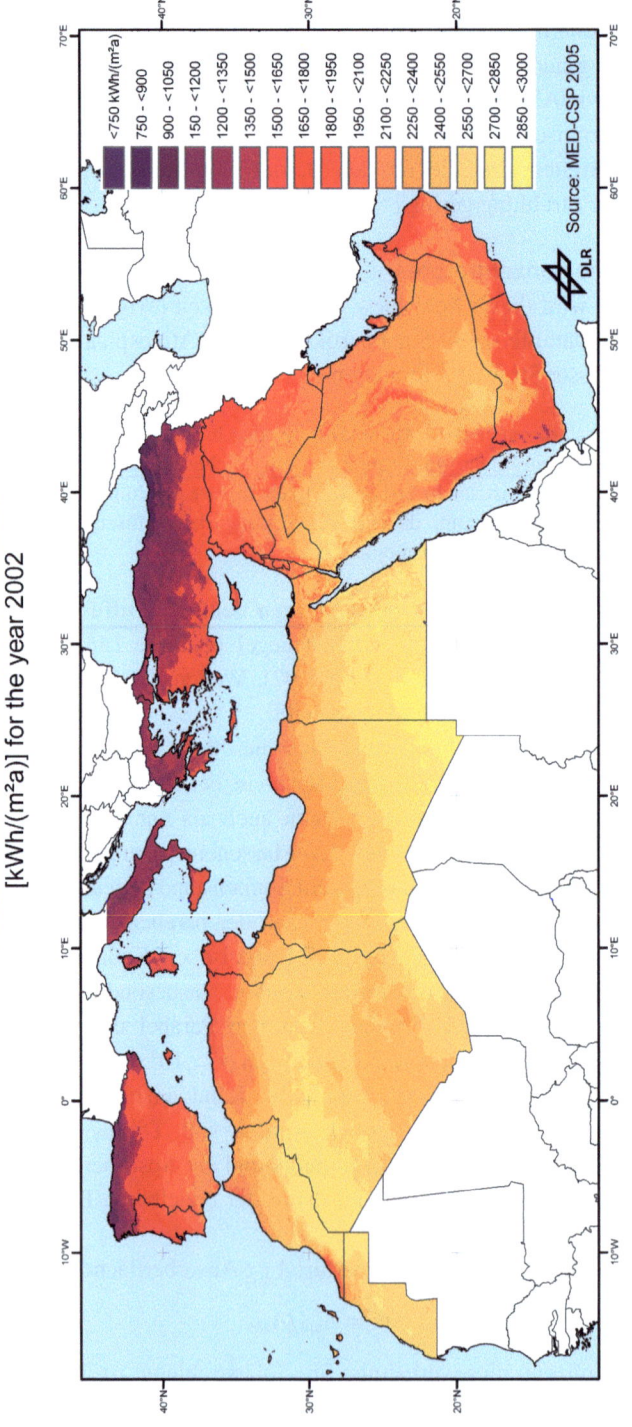

Abb. 1.90 Einsatzbereich für CSP-Anlagen. (Quelle: DLR)

1.3 Regenerative Technologien

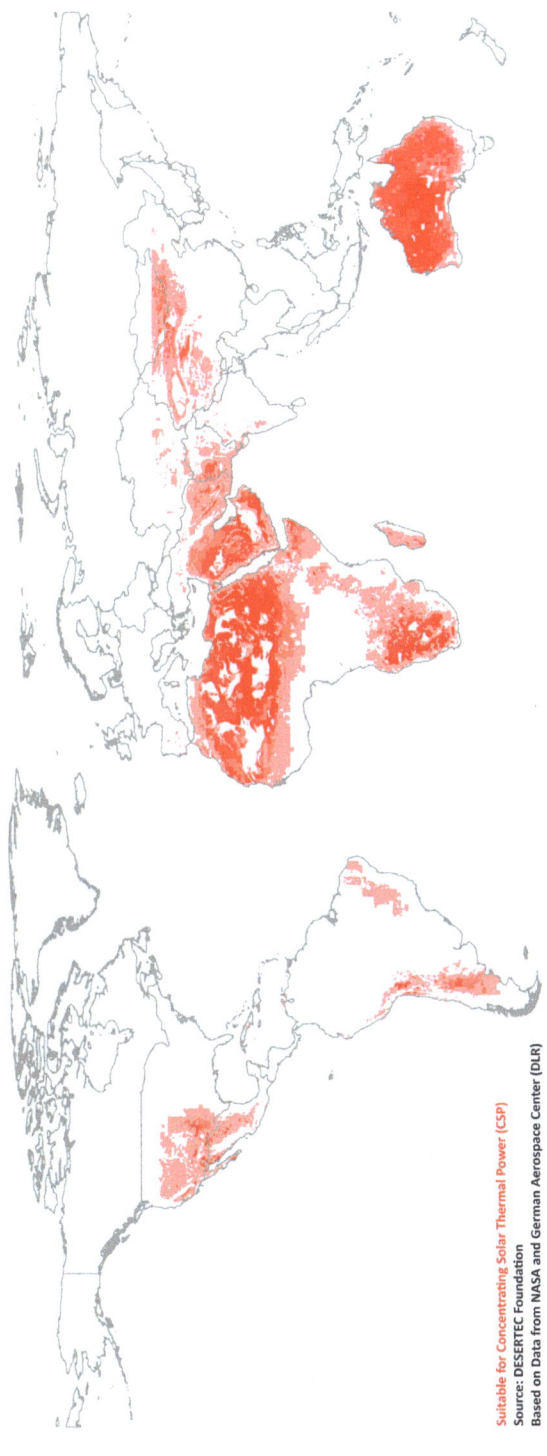

Abb. 1.91 Weltweiter Einsatzbereich für CSP-Anlagen. (Quelle: Desertec Foundation)

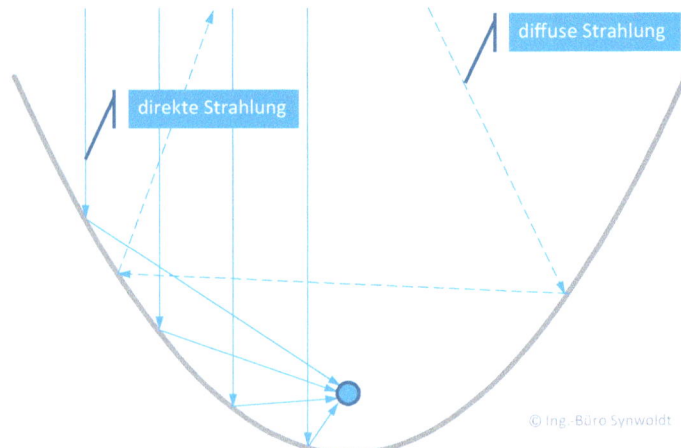

Abb. 1.92 Brennpunkt in einer Parabel

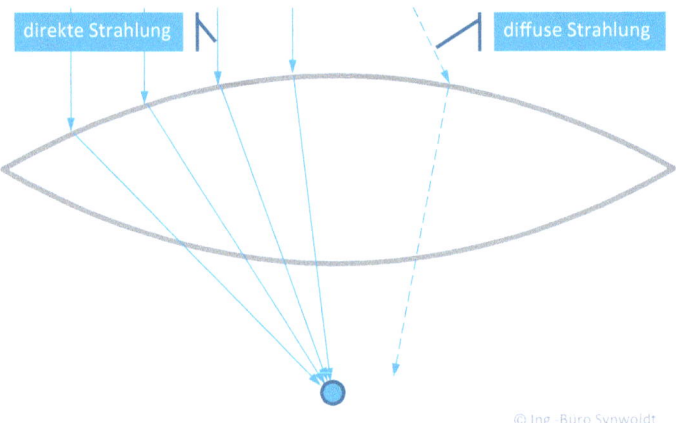

Abb. 1.93 Brennpunkt in einer Linse

Thermodynamik zustande. Wäre es möglich, eine höhere Konzentration der Strahlungsdichte als auf der Sonnenoberfläche zu erzielen, dann träte ein Wärmestrom vom kälteren zum wärmeren Körper auf, was dem 2. Hauptsatz der Thermodynamik widerspräche. Eine weitere Grenze für die maximale Konzentration ist durch die Divergenz der Solarstrahlung bedingt: Die Direktstrahlung trifft aus dem Oberflächenbereich der Sonne unter unterschiedlichen Einfallswinkeln auf der Erde auf (Abb. 1.96).

Damit ergibt sich aus dem Verhältnis von Sonnenradius und der Entfernung zwischen Erde und Sonne ein Streuwinkel α_{div}.

1.3 Regenerative Technologien

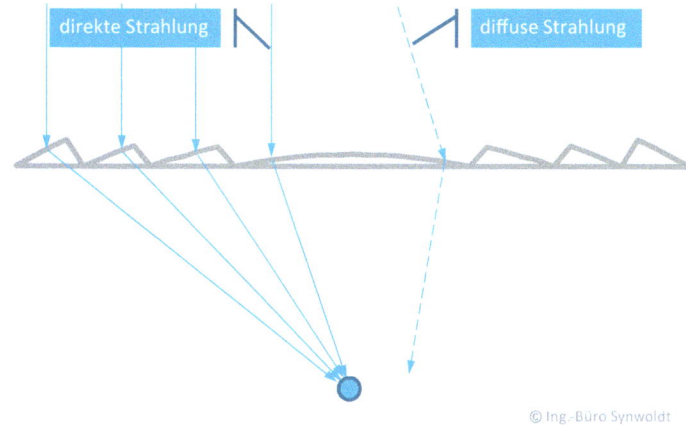

Abb. 1.94 Brennpunkt in einer Fresnellinse

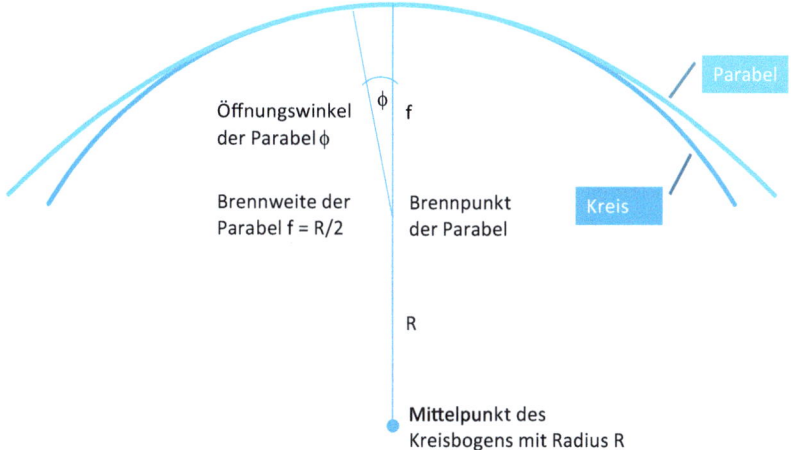

Abb. 1.95 Abweichung zwischen Parabolspiegel und sphärischem Spiegel

[α_{div}: Divergenzwinkel; $z\ r_{\text{son}} = 0{,}696$ Mio. km, Radius der Sonne; $r_{\text{AE}} = 149{,}6$ Mio. km, mittlere Entfernung zwischen Erde und Sonne *(Astronomische Einheit [AE])*]

$$\alpha_{\text{div}} = \tan^{-1}(r_{\text{son}}/r_{\text{AE}}) \tag{1.57}$$

$$\alpha_{\text{div}} = 0{,}2667° = 16{,}00' \tag{1.58}$$

$$\alpha_{\text{div}} = 0{,}00465\ \text{rad} \tag{1.59}$$

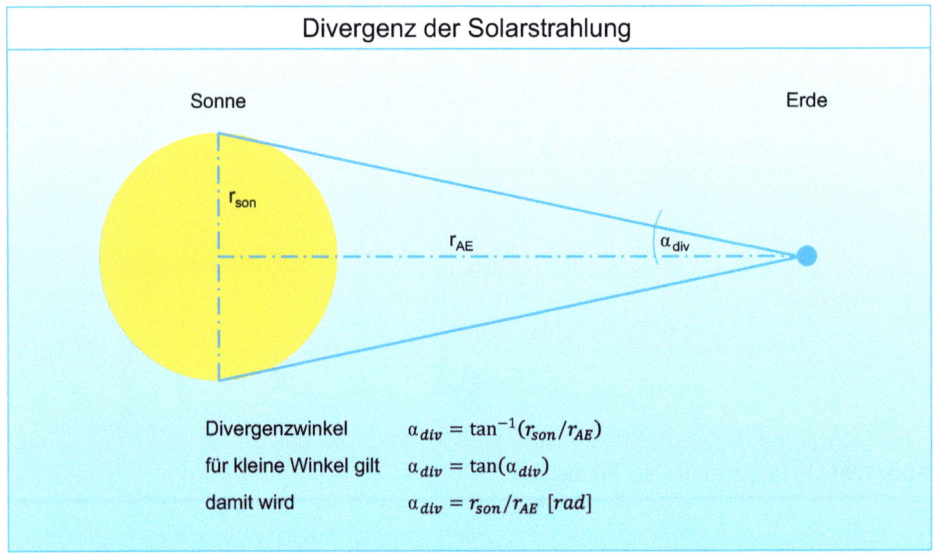

Abb. 1.96 Divergenz der Solarstrahlung

Aufgrund des sehr kleinen Öffnungswinkels gilt:

$$\alpha_{\text{div}}[\text{rad}] = \sin \alpha_{\text{div}} = \tan \alpha_{\text{div}} \tag{1.60}$$

Technisch kommt die Konzentration der Solarstrahlung dadurch zustande, dass die direkte Solarstrahlung aus einem kleinen Raumwinkel auf eine große Apertur trifft und von dieser auf eine kleinere Absorberfläche unter einem größeren Raumwinkel geworfen wird.

Bei homogener Ausleuchtung und unter Vernachlässigung von Strahlungsverlusten gilt für eindimensionale Konzentrationen, d. h. einachsig nachgeführte Systeme, wie zum Beispiel Parabolrinnen (Abb. 1.104) und Fresnellinsen (Abb. 1.107):[39]

[$\pm \phi_a$: Öffnungswinkel der auf die Apertur einfallenden Strahlung; $\pm \phi_e$: Öffnungswinkel der auf den Absorber einfallenden Strahlung]

$$A_{\text{apt}} \cdot \int_{\phi_{-a}}^{\phi_a} \cos \alpha \, d\alpha = A_{\text{abs}} \cdot \int_{\phi_{-e}}^{\phi_e} \cos \alpha \, d\alpha \tag{1.61}$$

---

[39] Die Beziehung ergibt sich aus dem Étendue eines Strahlenbündels und dessen Erhaltung beim Durchgang durch ein optisches System [68].

1.3 Regenerative Technologien

Mit der Beziehung aus Gl. 1.56 ergibt dies

$$C = A_{\text{apt}}/A_{\text{abs}} = \sin \phi_e / \sin \phi_a \tag{1.62}$$

Daraus folgen für die maximale Konzentration $C_{\max}$ folgende Konsequenzen:

1. Die Konzentration ist vom Randwinkel der Apertur ϕ_a für die einfallende Strahlung abhängig.
2. Die Konzentration ist vom Randwinkel des Absorbers ϕ_e für die reflektierte Strahlung abhängig.
3. Die maximale Konzentration ergibt sich genau dann, wenn der Absorber über den gesamten möglichen Winkelbereich $\phi_e = \pm \pi/2$ angestrahlt wird.

$$C_{\max} = 1/\sin \phi_a \tag{1.63}$$

Der minimal erforderliche Öffnungswinkel der Apertur, um die gesamte direkte Solarstrahlung zu empfangen, wird bei $\phi_a = \alpha_{\text{div}}$, dem Divergenzwinkel der Solarstrahlung, erreicht. Kleinere Öffnungswinkel würden nur noch einen Teil der – mit ± 16 Winkelminuten divergenten – Solarstrahlung auf den Absorber reflektieren. Der Öffnungswinkel der Apertur darf hierbei nicht mit der Öffnungsfläche verwechselt werden (Abb. 1.97).

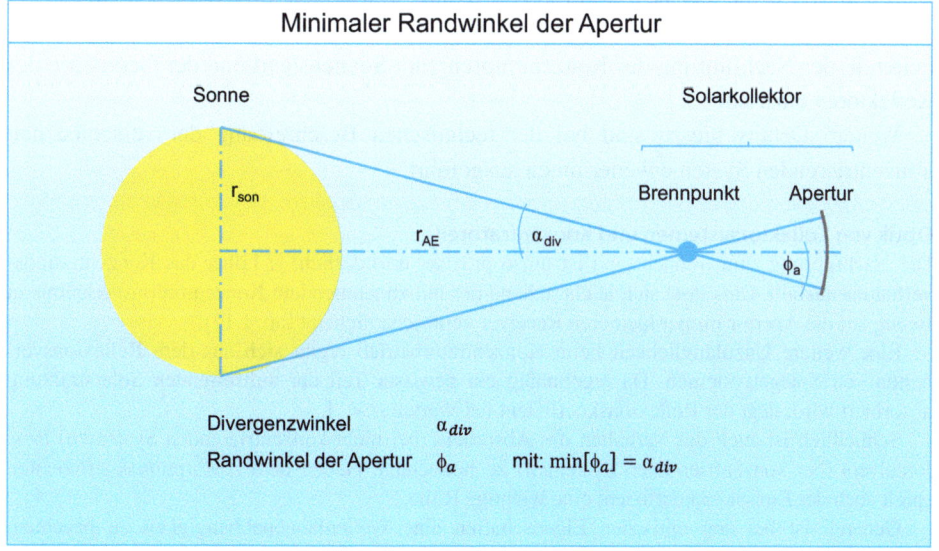

Abb. 1.97 Minimaler Randwinkel der Apertur

Tab. 1.17 Zulässige Orientierungsfehler. (Daten: [69])

Konzentrationsverhältnis C	Erforderliche Genauigkeit der Nachführung
3–10	±3°… ±1°
10–500	±1°… ±0,1°

Daraus folgt eine maximale optische Konzentration[40] der Strahlung von

$$C_{max} = 1/\sin\alpha_{div} = 215 \qquad (1.64)$$

Für zweidimensionale Konzentrationen in zweiachsig nachgeführten Systemen, wie zum Beispiel Parabolspiegel (Abb. 1.105) und Heliostaten (Abb. 1.108), gilt entsprechend:[41]

$$A_{apt} \cdot \int_0^{\phi_a} \sin\alpha \cos\alpha \, d\alpha = A_{abs} \cdot \int_0^{\phi_e} \sin\alpha \cos\alpha \, d\alpha \qquad (1.65)$$

$$C_{max} = 1/\sin^2\phi_a \qquad (1.66)$$

$$C_{max} = 1/\sin^2\alpha_{div} = 46.156 \qquad (1.67)$$

Typische Werte für das Konzentrationsverhältnis von realen CSP-Systemen liegen im Bereich 50–1000. Als technisch begrenzende Faktoren sind insbesondere Ungenauigkeiten in der Nachführung der Konzentratoren zum Sonnenstand und der Geometrie der Reflektoren anzusehen.

Weitere Details hierzu sind bei der technischen Beschreibung der verschiedenen konzentrierenden Systeme weiter unten ausgeführt.

Optik von Kollektorsystemen und Konzentratoren
Die Nachführung zum Sonnenstand ist umso präziser erforderlich, je höher das Konzentrationsverhältnis ausfällt. Dies lässt sich leicht anhand der mit zunehmendem Konzentrationsverhältnis in Bezug auf die Apertur immer kleineren Receiver veranschaulichen (Tab. 1.17).

Eine weitere Unzulänglichkeit beim Konzentratorbetrieb ergibt sich aus dem Reflexionsverhalten von Spiegelsystemen. Da regelmäßig ein gewisser Teil der auftreffenden Solarstrahlung absorbiert wird, liegt der Reflexionskoeffizient bei Werten $\rho < 1$.

Schließlich ist auch das Verhalten des Absorbers (bei nicht-konzentrierenden Systemen) bzw. Receivers (bei konzentrierenden Systemen) zu betrachten. Neben dem Absorptionskoeffizienten spielt auch der Emissionskoeffizient eine wichtige Rolle.

Generell ist bei den optischen Eigenschaften eine Wellenlängenabhängigkeit zu beachten. Absorptions-, Emissions-, Transmissions- und Reflexionskoeffizienten von Materialien können

---

[40]Geringfügig abweichende Werte in der Literatur rühren in der Regel aus der Varianz von Tabellenwerten zur mittleren Entfernung zwischen Erde und Sonne und dem Sonnenradius.
[41]Wie vor.

1.3 Regenerative Technologien

gegenüber dem sichtbaren Bereich des Lichtes im Infrarotbereich (langwelliger) und UV-Bereich (kurzwelliger) über deutlich abweichende Eigenschaften verfügen (Abb. 1.98).

Bei selektiven Absorbern von Niedertemperaturkollektoren wird dieser Effekt zur Optimierung der solaren Wärmeerträge genutzt. Während die solare Einstrahlung über einen hohen spektralen Energiebeitrag im kurzwelligen, nahen UV-Bereich verfügt (hoher Absorptionskoeffizient), ist für die Wärmeverluste der Emissionskoeffizient im langwelligen IR-Bereich verantwortlich. Solange die Eigenschaften eines Materials (Energiespeicher) vernachlässigt werden können, d. h. der Körper sich im thermischen Gleichgewicht befindet und es durch die Einstrahlung zu keiner Temperaturänderung kommt, muss die Summe aus absorbierter, reflektierter und emittierter Strahlung gleich Null sein. Da für einen Absorber ein Reflexionsfaktor nahe Null angenommen werden kann, müssen sich Absorption und Emission (ungefähr) die Waage halten. Beim thermischen Absorber in Solarkollektoren findet gewollt eine Entnahme von Wärmeenergie über den Kollektorkreislauf durch das Wärmetransfermedium statt. Hier tritt das Emissionsverhalten des Absorbers als Quelle für Wärmeverluste auf.

Ein anderes Beispiel sind Kaltlichtreflektoren für Halogenlampen: Hier wird der Infrarotanteil des Lichtes bewusst nicht reflektiert (d. h. in diesem Wellenlängenbereich ist der Reflektor transparent und lässt die Strahlung passieren), um das zu beleuchtende Objekt nicht unnötig zu erwärmen.

Während der Reflexionskoeffizient bei Silber und insbesondere Gold zu kürzeren Wellenlängen stark abnimmt, verfügt Aluminium auch im nahen UV-Bereich über ein konstantes Reflexionsverhalten. Dielektrische Oberflächen erreichen in begrenzten Wellenlängenbereichen Reflexionskoeffizienten $\rho > 99{,}5\,\%$. Zusätzlich spielt der Aufbau des Reflektors eine wichtige Rolle: Während bei optischen Präzisionsinstrumenten die reflektierende Schicht auf der Oberfläche eines Trägermaterials aufgebracht wird, befindet sich bei Solarkollektoren und Spiegeln im Alltagsgebrauch eine Schutzschicht auf der Oberfläche, um die Gefahr mechanischer (Kratzer) und chemischer (Korrosion) Schäden am Reflektor zu reduzieren.

Weiterhin ist der Einfallswinkel des Lichts zu beachten – so kann bei flachem Einfallswinkel Totalreflexion eintreten, während bei großen Winkeln eine hohe Transmission der Strahlung

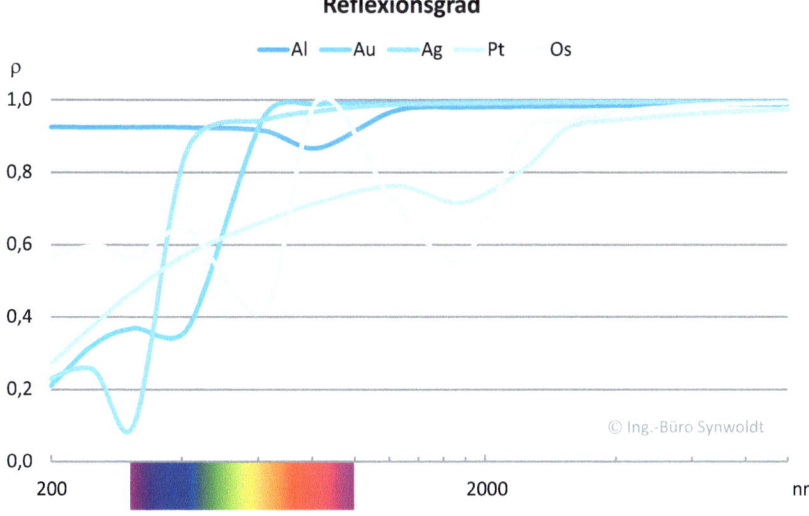

Abb. 1.98 Reflexion von Oberflächen. (Daten: [70])

zu beobachten ist (z. B. an Glasoberflächen). Durch Antireflexbeschichtungen lässt sich dieser Effekt minimieren, was für Abdeckgläser von Solarkollektoren und den Betrieb von Solarzellen gleichermaßen vorteilhaft ist.

Das Transmissionsverhalten ist ebenfalls wellenlängenabhängig. Damit können – analog zur Funktionsweise des selektiven Absorbers – die optischen Eigenschaften von Flachkollektoren optimiert werden. Einfallende Strahlung soll insbesondere auch im nahen UV-Bereich den Absorber erreichen (hoher Transmissionskoeffizient), während langwellige Infrarotstrahlung durch einen möglichst niedrigen Transmissionskoeffizienten zurückgehalten werden soll. Diese Wirkung wird als *Treibhauseffekt* gezielt in der Landwirtschaft genutzt.

1.3.1.8.7 Solarkonstante und maximale Absorbertemperatur

Weiterhin lässt sich aus dem Konzentrationsverhältnis die maximal erzielbare Absorbertemperatur ableiten. Diese ist, wie weiter unten verdeutlicht wird, nach dem 2. Hauptsatz der Thermodynamik für den thermodynamischen Wirkungsgrad des Systems entscheidend. Generell erweitert sich der Kreis an Anwendungsmöglichkeiten durch das Bereitstellen eines höheren Temperaturniveaus. Nutzwärme auf einem in sinnvollen Grenzen niedrigeren Temperaturniveau kann aus Hochtemperaturwärme mühelos erzeugt werden (z. B. durch das Mischen zweier Wärmemedien auf unterschiedlichem Temperaturniveau). Ein Hochskalieren des Temperaturniveaus der Nutzwärme ist jedoch nur bedingt möglich (z. B. mithilfe einer Wärmepumpe oder einer Nachfeuerung). Letzteres steht jedoch dem erklärten Einsatzziel solarer Wärme – der Vermeidung des Einsatzes von fossilen Brennstoffen und damit einhergehenden Emissionen – entgegen.

Die Herleitung umfasst die Bestimmung der solaren Strahlungsdichte in Gl. 1.69, die daraus abgeleitete Strahlungsdichte auf der Erde (Solarkonstante) in Gl. 1.74 und die maximal erreichbare Absorbertemperatur (Stillstandstemperatur) von konzentrierenden Solarsystemen in Gl. 1.81.

Aus dem Stefan-Boltzmann-Gesetz folgt die flächenspezifische Strahlungsleistung (Strahlungsdichte) der Sonne E_{son}:[42]

$$E_{son} = \sigma \cdot T_{son}^4 \tag{1.68}$$

Mit einer Temperatur von 5777 K an der Sonnenoberfläche berechnet sich die Strahlungsdichte zu

$$E_{son} = 5{,}67 \cdot 10^{-8} \cdot 5777^4 = 63{,}2\,\text{MW/m}^2 \tag{1.69}$$

Unter der Annahme, dass im Bilanzraum einer heliozentrischen Sphäre mit dem Radius r_{AE} (Abstand zwischen Sonne und Erde, astronomische Einheit) der 1. Hauptsatz der Thermodynamik (Energieerhaltungssatz) gilt und weiterhin im Bilanzraum keine Energie gespeichert wird, kann die Energiebilanz nach Gl. 1.70 aufgestellt werden. Da es durch Aerosole innerhalb der Erdatmosphäre zur Reflexion und Absorption von

---

[42]Für die Strahlungsdichte wird auch das Formelzeichen $\dot{G}$ verwendet.

1.3 Regenerative Technologien

Strahlung sowie Strahlungsverlusten von der Erdoberfläche in den Weltraum kommt, bezieht sich die Bilanz notwendigerweise auf einen Punkt *außerhalb* der Erdatmosphäre.

[E_{son}: Strahlungsdichte auf der Sonnenoberfläche; A_{son}: Oberfläche der Sonne; E_0: Strahlungsdichte auf der Erde (außerhalb der Atmosphäre); A_{AE}: Oberfläche der heliozentrischen Sphäre mit dem Radius 1 AE]

$$0 = E_{son} \cdot A_{son} - E_0 \cdot A_{AE} \tag{1.70}$$

Durch Umformung und Einsetzen der Geometrieparameter (Radius der Sonne r_{son}, Abstand der Sonne von der Erde r_{AE}) wird hieraus:

$$E_0 = E_{son} \cdot A_{son}/A_{AE} \tag{1.71}$$

$$E_0 = E_{son} \cdot r_{son}^2/r_{AE}^2 \tag{1.72}$$

mit den Geometriedaten aus Gl. 1.57

$$E_0 = 63{,}2 \cdot 10^6 \cdot \left(0{,}696^2/149{,}6^2\right) \mathrm{W/m^2} \tag{1.73}$$

$$E_0 = 1369 \,\mathrm{W/m^2} \tag{1.74}$$

Diese Größe E_0 wird als *Solarkonstante* bezeichnet. Sie schwankt aufgrund der bereits weiter oben beschriebenen Elliptizität der Erdbahn um die Sonne um ca. ±3,3 %. Der Mittelwert ist von *World Meteorological Organization* (WMO) auf $E_0 = 1367 \,\mathrm{W/m^2}$ festgelegt. Die Abweichung des Zahlenwertes zum Ergebnis in Gl. 1.74 hängt mit Rundungsfehlern bei den Geometrieparametern zusammen.

Weiterhin ist zu beachten, dass in der vorliegenden Betrachtung der Einfluss der Erdatmosphäre (Reflexion, Absorption, sowie Dispersion durch Aerosole) nicht berücksichtigt ist. Unter Laborbedingungen wird eine maximale Strahlungsdichte von 1000 W/m² für Messungen an Photovoltaikmodulen und Solarkollektoren herangezogen (Tab. 1.13). Dieser Wert stimmt mit den realen Bedingungen auf der Erdoberfläche gut überein. Die Randbedingungen hierfür sind ein klarer Himmel, Sonnenhöchststand und (nahezu) senkrechter Lichteinfall. In höheren Breiten trifft letztere Voraussetzung dementsprechend nur im Sommerhalbjahr zu.

Als Faustwerte können bei einem teilbewölkten Himmel noch 600 W/m² und bei trübem Himmel im Sommer 300 W/m² angenommen werden. An einem bedeckten Wintertag werden rund 100 W/m² erreicht. Der Direktstrahlungsanteil geht bei Bewölkung und trübem Himmel stark zurück.

Aus der solaren Einstrahlung und dem Konzentrationsverhältnis lässt sich schließlich die maximale Absorbertemperatur herleiten. Sie tritt im *Stillstand*, das heißt ohne Wärmetransfer durch das Arbeitsmedium und damit ohne das Bereitstellen von Nutzwärme ein. Aus der Energiebilanz von absorbierter Solarstrahlung und emittierter Wärmestrahlung (d. h. thermischen Verlusten) folgt dann die Stillstandstemperatur konzentrierender Systeme. Aufgrund der hohen Temperaturen des Absorbers dominieren Strahlungsverluste.

[E_{zu}: vom Konzentrator zugeführte Strahlungsleistung; E_{ver}: vom Absorber emittierte Strahlungsleistung (Verlustleistung)]

$$0 = E_{zu} - E_{ver} \quad (1.75)$$

Die dem Absorber zugeführte Strahlungsleistung ergibt sich aus Gl. 1.68 zu:

[E_{zu}: vom Konzentrator zugeführte Strahlungsleistung; A_{kon}: Konzentratorfläche; σ: Stefan-Boltzmann-Konstante; T_{son}: Temperatur an Sonnenoberfläche; r_{son}: Radius der Sonne; r_{AE}: Entfernung von Erde zur Sonne]

$$E_{zu} = \sigma \cdot T_{son}^4 \cdot r_{son}^2 / r_{AE}^2 \cdot A_{kon} \quad (1.76)$$

Die vom Absorber abgestrahlte Wärmeleistung ergibt sich aus:

[E_{ver}: vom Absorber emittierte Strahlungsleistung; A_{abs}: Absorberoberfläche; T_{abs}: Temperatur des Absorbers]

$$E_{ver} = \sigma \cdot T_{abs}^4 \cdot A_{abs} \quad (1.77)$$

Hieraus resultiert für die Stillstandstemperatur des Absorbers in konzentrierenden Systemen (Abb. 1.99):

$$\sigma \cdot T_{abs}^4 \cdot A_{abs} = \sigma \cdot T_{son}^4 \cdot r_{son}^2 / r_{AE}^2 \cdot A_{kon} \quad (1.78)$$

$$T_{abs}^4 = T_{son}^4 \cdot r_{son}^2 / a_{ae}^2 \cdot A_{kon} / A_{abs} \quad (1.79)$$

$$T_{abs}^4 = T_{son}^4 \cdot C / C_{max} \quad (1.80)$$

$$T_{abs} = T_{son} \cdot \sqrt[4]{C / C_{max}} \quad (1.81)$$

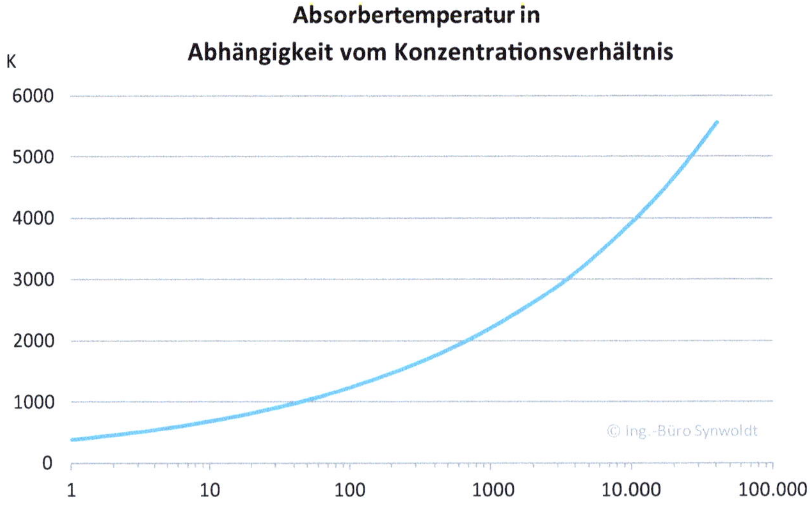

Abb. 1.99 Stillstandstemperatur in Abhängigkeit vom Konzentrationsverhältnis

Die hier aufgeführte Kalkulation geht von einer Reihe idealisierter Annahmen aus, dazu zählen u. a.:

- Die auf den Konzentrator auftreffende Strahlung wird vollständig reflektiert (Reflexionskoeffizient des Konzentrators $\rho = 1$).
- Die vom Konzentrator reflektierte Strahlung trifft vollständig auf dem Absorber auf (Transmissionskoeffizient der Luft $\tau = 1$, weiterhin existieren keine Oberflächen- und Orientierungsfehler des Konzentrators).
- Die vom Konzentrator auf den Absorber auftreffende Strahlung wird vollständig absorbiert (Absorptionskoeffizient des Absorbers $\alpha = 1$; Reflexionskoeffizient des Absorbers $\rho = 0$).

1.3.1.8.8 Kollektorkennlinie konzentrierender Systeme

Aus den vorliegenden Kalkulationen können nun der Wirkungsgrad und damit die Kennlinie von konzentrierenden Systemen bestimmt werden.

Maßgeblich ist dafür wiederum eine Bilanzgleichung. Die Summe aus Nutzleistung E_{nut} und sämtlichen Verlusten des Konzentrators $E_{r,kon}$ (Reflexionsverluste) sowie des Absorbers $E_{r,abs} + E_{k,abs} + E_{s,abs}$ (Reflexions-, Konvektions- und Strahlungsverluste) muss der in die (geneigte) Apertur eingestrahlten, solaren Direktstrahlungsleistung $D_{apt} \cdot A_{apt}$ entsprechen.

$$D_{apt} \cdot A_{apt} = E_{nut} + E_{r,kon} + E_{r,abs} + E_{k,abs} + E_{s,abs} \qquad (1.82)$$

Im Einzelnen sind dies:

- Der Reflexionsverlust des Konzentrators (Linse, Spiegel) [ρ_{kon}: Reflexionskoeffizient des Konzentrators]

$$E_{r,kon} = (1 - \rho_{kon}) \cdot D_{apt} \cdot A_{apt} \qquad (1.83)$$

- der Reflexionsverlust des Absorbers [ρ_{abs}: Reflexionskoeffizient des Absorbers]

$$E_{r,abs} = \rho_{abs} \cdot \rho_{kon} \cdot D_{apt} \cdot A_{apt} \qquad (1.84)$$

- der Konvektionsverlust des Absorbers [U_{abs}: Wärmedurchgangskoeffizient des Absorbers; T_{abs}: Temperatur des Absorbers;[43] T_{umg}: Temperatur der Umgebung]

$$E_{k,abs} = U_{abs} \cdot A_{abs} \cdot (T_{abs} - T_{umg}) \qquad (1.85)$$

- und der Strahlungsverlust des Absorbers

---

[43] Der Absorber ist aus Gründen der geringeren Wärmeleitung in der Regel von einem evakuierten Glasrohr ummantelt. Entsprechend ist für die Konvektionsverluste anstelle der Absorbertemperatur die Temperatur des Glasmantels anzusetzen.

[ε_{abs}: Emissionskoeffizient des Absorbers; σ: Stefan-Boltzmann-Konstante; T_{abs}: Temperatur des Absorbers; T_{umg}: Temperatur der Umgebung]

$$E_{s,abs} = \varepsilon_{abs} \cdot A_{abs} \cdot \sigma \cdot \left(T_{abs}^4 - T_{umg}^4\right) \tag{1.86}$$

Der Kollektorwirkungsgrad η_{kol} ergibt sich dann zu

$$\eta_{kol} = E_{nut}/\left(D_{apt} \cdot A_{apt}\right) \tag{1.87}$$

$$\eta_{kol} = \frac{D_{apt} \cdot A_{apt} - \left(E_{r,kon} + E_{r,abs} + E_{k,abs} + E_{s,abs}\right)}{D_{apt} \cdot A_{apt}} \tag{1.88}$$

$$\eta_{kol} = 1 - \frac{\begin{array}{c}(1-\rho_{kon}) \cdot D_{apt} \cdot A_{apt} + \rho_{abs} \cdot \rho_{kon} \cdot D_{apt} \cdot A_{apt} \\ + U_{abs} \cdot A_{abs} \cdot \left(T_{abs} - T_{umg}\right) + \varepsilon_{abs} \cdot A_{abs} \cdot \sigma \cdot \left(T_{abs}^4 - T_{umg}^4\right)\end{array}}{D_{apt} \cdot A_{apt}} \tag{1.89}$$

mit dem Konzentrationsverhältnis C_{kon}

$$C_{kon} = A_{apt}/A_{abs} \tag{1.90}$$

$$\eta_{kol} = (1-\rho_{abs}) \cdot \rho_{kon} - \frac{U_{abs} \cdot \left(T_{abs} - T_{umg}\right)}{D_{apt} \cdot C_{kon}} - \frac{\varepsilon_{abs} \cdot \sigma \cdot \left(T_{abs}^4 - T_{umg}^4\right)}{D_{apt} \cdot C_{kon}} \tag{1.91}$$

und dem Absorptionskoeffizienten des Absorbers α_{abs}

$$\alpha_{abs} = 1 - \rho_{abs} \tag{1.92}$$

ergibt sich der Kollektorwirkungsgrad konzentrierender Systeme zu:

$$\eta_{kol} = \alpha_{abs} \cdot \rho_{kon} - \frac{U_{abs} \cdot \left(T_{abs} - T_{umg}\right)}{D_{apt} \cdot C_{kon}} - \frac{\varepsilon_{abs} \cdot \sigma \cdot \left(T_{abs}^4 - T_{umg}^4\right)}{D_{apt} \cdot C_{kon}} \tag{1.93}$$

In Gl. 1.93 werden die Auswirkungen des Konzentrationsfaktors im Nennerterm deutlich: Ein hoher Konzentrationsfaktor reduziert den Einfluss von Konvektions- und Strahlungsverlusten. Damit sind die optischen Eigenschaften des Systems, d. h. der Reflexionskoeffizient des Konzentrators und Absorptionskoeffizient des Absorbers, entscheidend.

Die Analogie zur Kennlinie des nicht-konzentrierenden Kollektors in Gl. 1.37 ist augenscheinlich – jedoch mit einem wesentlichen Unterschied: Während nicht-konzentrierende Kollektoren die Globalstrahlung nutzen, können konzentrierende Systeme nur die Direktstrahlung umsetzen.

Weiter zeigt Abb. 1.100, dass sich höhere Arbeitstemperaturen nur mit einem Konzentrationsverhältnis $C > 10$ realisieren lassen, der Kollektorwirkungsgrad sinkt bei großer Temperaturdifferenz zur Umgebung ansonsten stark ab.

1.3 Regenerative Technologien

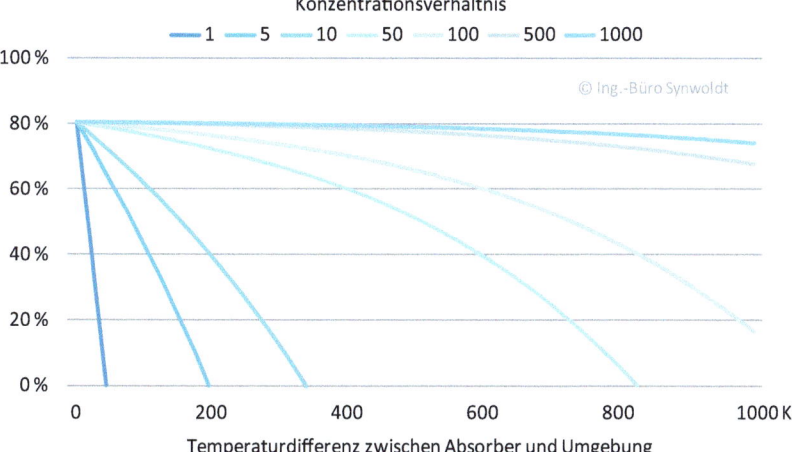

Abb. 1.100 Wirkungsgrad konzentrierender Systeme in Abhängigkeit vom Konzentrationsverhältnis

Wärmeenergie und Temperaturniveau

Die Nutzbarkeit von Wärmeenergie hängt im besonderen Maße vom Temperaturniveau ab. Insbesondere für industrielle Prozesswärme und den Kraftwerksbetrieb wird Wärmeenergie auf hohem Temperaturniveau benötigt. Der 2. Hauptsatz der Thermodynamik verdeutlicht den Zusammenhang. Der Carnot-Wirkungsgrad gibt die theoretische Obergrenze für den Wirkungsgrad von Wärmekraftmaschinen an. Die Definition erfolgt allein über eine Temperaturdifferenz – üblicherweise zur Umgebungstemperatur.

Der theoretische Wirkungsgrad des Carnotprozesses lässt sich aus den Temperaturniveaus der thermischen Energie vor und nach dem Durchlaufen des Carnotprozesses ableiten.

[η_{carnot}: Wirkungsgrad des Carnotprozesses; T_h: heißes Reservoir; T_k: kaltes Reservoir, meist die Umgebungstemperatur]

$$\eta_{carnot} = \frac{T_h - T_k}{T_h} \tag{1.94}$$

Es ist zu beachten, dass die Temperaturen in Kelvin [K] angegeben werden. Weiterhin gilt die Beziehung in Gl. 1.94 unabhängig von der Wärmequelle und der eingesetzten Technologie. Dampfkraftwerke – unabhängig ob mit Kohle, Öl, nuklearen Brennstoffen oder solarer Wärme betrieben – unterliegen ihr ebenso wie Verbrennungskraftmaschinen (Gasturbine, Ottomotor) oder Stirlingmotoren. Bei der technischen Umsetzung von Wärmekraftmaschinen wird in der Praxis nur selten ein Wirkungsgrad von mehr als 50 % des Carnot-Wirkungsgrads erreicht (Abb. 1.101).

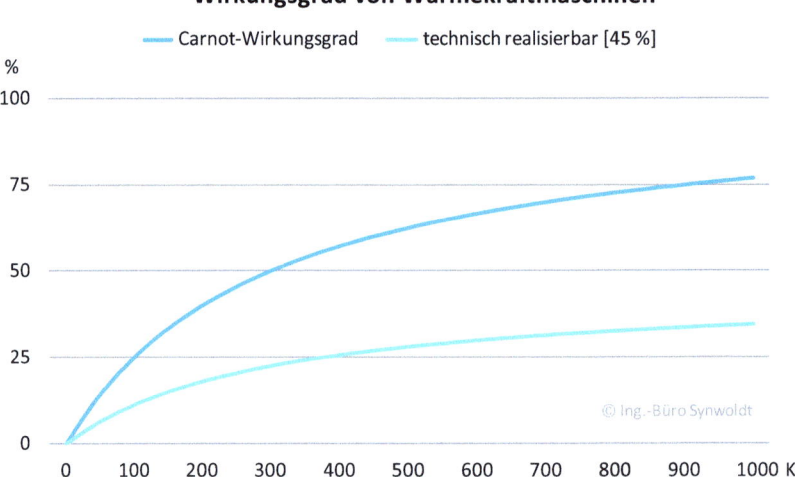

Abb. 1.101 Thermischer Wirkungsgrad als Funktion der Temperaturdifferenz

Aus der Überlagerung der Wirkungsgrade vom Kollektor und einer Wärmekraftmaschine kann der Systemwirkungsgrad ermittelt werden. Abb. 1.102 zeigt in der oberen Kurvenschar den Kollektorwirkungsgrad für zwei unterschiedliche Systeme mit konzentrierenden Kollektortypen. Im unteren Teil ist der resultierende Systemwirkungsgrad aufgetragen. Dabei wird eine technische Realisierbarkeit von 45 % des theoretischen Carnot-Wirkungsgrads angenommen. Die Markierungen zeigen das

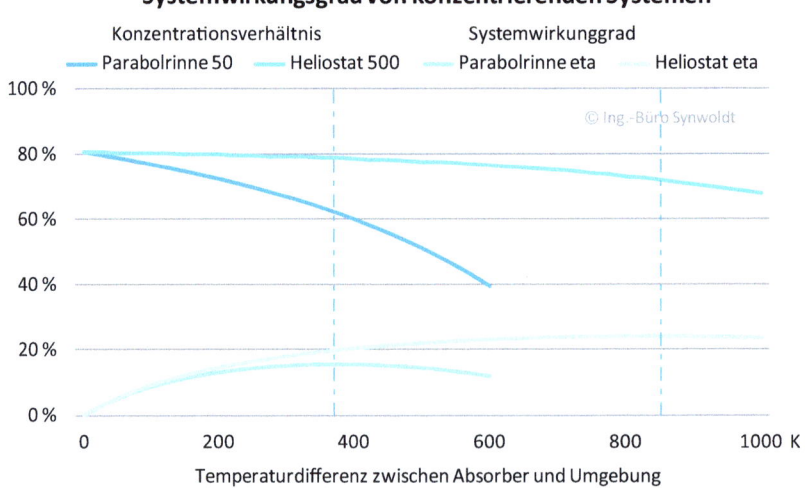

Abb. 1.102 Systemwirkungsgrad in Abhängigkeit vom Konzentrationsverhältnis

jeweilige Optimum für die Parabolrinne bei einer Temperaturdifferenz von 375 K zur Umgebung mit 15,6 % und beim Heliostaten bei 850 K Temperaturdifferenz mit 24,0 %. Der bei steigender Temperaturdifferenz zwischen Absorber und Umgebung sinkende Kollektorwirkungsgrad wirkt sich limitierend auf den Systemwirkungsgrad aus.

Wie weiter vorne bereits hergeleitet wurde, ist durch die optischen Eigenschaften von Kollektoren – selbst bei hochqualitativen selektiven Emittern – eine maximale Temperatur (Stillstandstemperatur) vorgegeben, die im Betrieb nicht überschritten werden kann.

Erst durch den Einsatz von optischen Konzentratoren lassen sich höhere Temperaturniveaus bei akzeptablen Kollektorwirkungsgraden erzielen. Im Folgenden werden eine Reihe verschiedener Kollektortypen vorgestellt. Ihnen gemeinsam ist, dass sie die solare Direktstrahlung aus einem kleinen Raumwinkel mit einer großen Fläche einfangen und auf einen flächenmäßig sehr viel kleineren Brennpunkt unter einem deutlich größeren Raumwinkel lenken.

Dabei gilt der 1. Hauptsatz der Thermodynamik (Energieerhaltungssatz) unverändert. Die vom Kollektor zur Verfügung gestellte Energiemenge kann bei gleicher Apertur – abgesehen von gegebenenfalls verringerten Verlusten – durch die Konzentration nicht erhöht werden, wohl aber die Nutzbarkeit der Energie (Exergie). Dies zeigen der 2. Hauptsatz der Thermodynamik und Abb. 1.101.

Bereits zu Anfang des 20. Jahrhunderts waren Parabolspiegel zur Dampfgewinnung bekannt und im Einsatz. In der Neuzeit erfolgte ab den 1980er-Jahren die Erprobung von verschiedenen solarthermischen Technologien, darunter Parabolrinnen, Parabolspiegel und Heliostatenfelder.

1.3.1.8.8.1 Parabolrinnen

Im Brennpunkt einer verspiegelten Parabolrinne (Abb. 1.104) befindet sich ein Absorberrohr. Die Apertur des Spiegels folgt einachsig dem Sonnenstand und ist jederzeit senkrecht zum einfallenden Licht (Abb. 1.92). Durch das Größenverhältnis von Apertur zur Oberfläche des Absorberrohrs wird eine Konzentrationswirkung im Bereich $C = 50 \ldots 100$ erzielt. Als Wärmeträgermedium kommen mineralische (bis 300 °C) oder synthetische Öle (bis 400 °C) sowie Salzschmelzen zum Einsatz.

Die Konzentrationswirkung ist von der Exaktheit der parabelförmigen Spiegeloberfläche abhängig und erfordert daher eine präzise Fertigung der Rinnen. Wie Abb. 1.92 zu entnehmen ist, können jedoch nur senkrecht einfallende Lichtstrahlen auf den Brennpunkt fokussiert werden.

Um die Nachführung zum Sonnenstand Nachführung auf eine Achse reduzieren zu können, werden die Parabolrinnen exakt in Nord-Süd-Richtung orientiert. Durch eine Rotation des Reflektors um das Absorberrohr wird dem Sonnenstand von Ost nach West gefolgt. Insbesondere bei niedrigem Sonnenstand liegen die Randbereiche des Absorberrohrs außerhalb des Brennflecks. Der Einfluss auf den Ertrag ist jedoch vernachlässigbar: Bei Längen von mehr als 100 m sind die Parabolrinnen ungleich größer, die Endverluste liegen bei unter 0,5 % [52]. Weiterhin ist der Strahlungsbeitrag in den Tagesrandzeiten prinzipbedingt geringer als tagsüber.

Ost-West oder Süd

Für die Vermeidung von gegenseitigen Abschattungsverlusten der Parabolrinnen gelten ähnliche Überlegungen, wie sie für Photovoltaikanlagen unter anderem in Abb. 1.44 skizziert sind – allerdings mit dem wesentlichen Unterschied, dass die vorgenannte Abbildung eine Orientierung der Photovoltaikmodulreihen zum Äquator aufweist. Die Anordnung der solarthermischen Kollektorreihen entspricht hingegen einer Ost-West-Ausrichtung, wie sie aus Gründen der Flächeneffizienz auch für Photovoltaikanlagen gewählt wird.

Durch die Ost-West-Ausrichtung kommt es, insbesondere bei nur flach angestellten Photovoltaikanlagen ($\beta \leq 10\ldots15°$), bei sehr niedrigem Sonnenstand zu einer gegenseitigen Verschattung der Modulreihen. Der Flächennutzungsgrad kann selbst in mittleren Breiten auf 70–80 % gesteigert werden, bei einer Südausrichtung sind je nach geografischer Breite 30–40 % möglich (Abb. 1.103).

Bei Parabolrinnen ist aufgrund der nicht unerheblichen Größe der Aperturweite von 2,50–5,76 m [52] bei niedrigem Sonnenstand die Gefahr einer Verschattung deutlich größer. Daher sind zwischen den Parabolrinnen entsprechende Abstände vorzusehen, um eine gegenseitige Verschattung in den Tagesrandzeiten zu minimieren.

Im Betrieb der Anlagen tritt noch ein weiterer unerwünschter Effekt auf, dem durch regelmäßige Wartung zu begegnen ist. In trockener Umgebung kann es zu einem Einstauben der Spiegel kommen, was deren optische Eigenschaften maßgeblich beeinträchtigt (Abb. 1.104).

Die solarthermische Energie auf einem Temperaturniveau von 300–500 °C kann sowohl zur Stromerzeugung in Dampfkraftwerken als auch für technische Prozesse

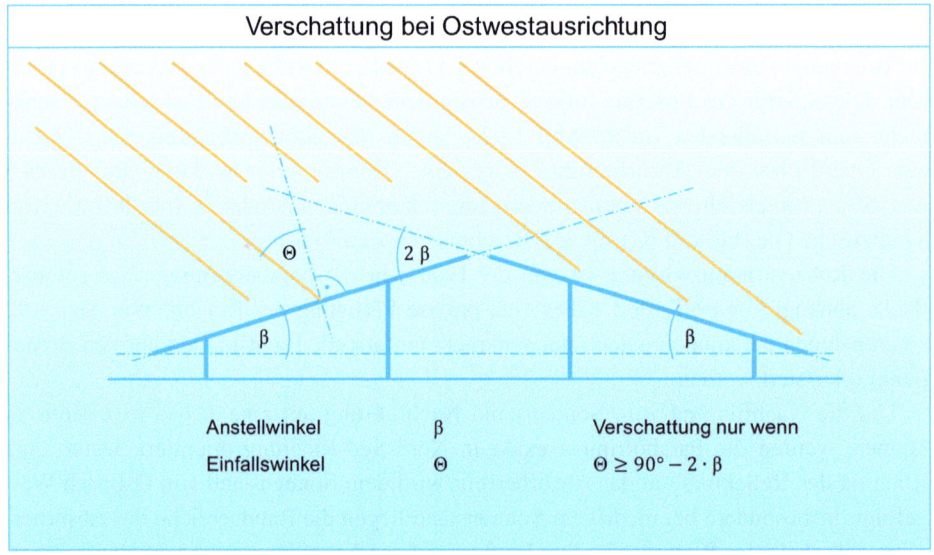

Abb. 1.103 Verschattung bei Ost-West-Ausrichtung

Abb. 1.104 Parabolrinne. (Quelle: DLR)

in der chemischen Industrie oder Metallgewinnung genutzt werden. Bei der Stromerzeugung wird über die gesamte Prozesskette ein Wirkungsgrad von $\eta = 15\ldots17\,\%$ erzielt. Thermische Verluste treten in der Größenordnung von rund 50 % in Form von Wärmestrahlung und Wärmeleitung vor allem innerhalb des flächenmäßig weit ausgedehnten Solarfelds auf.

Eine besondere technische Herausforderung ergibt sich aus den unterschiedlichen thermischen Ausdehnungskoeffizienten des Absorbers (Stahl) und des den Absorber umgebenden Glasrohrs. Aufgrund der hohen Temperaturunterschiede (nachts: Umgebungstemperatur, tagsüber: Arbeitstemperatur Absorber bzw. Arbeitstemperatur Glas) sind entsprechende konstruktive Maßnahmen zum Längenausgleich vorzusehen. Meist werden dafür faltenbalgähnliche Manschetten an den Enden der Glasröhren eingesetzt.

Der Wirkungsgrad ist mit dem Wert für die photovoltaische Stromerzeugung durchaus vergleichbar. Der wesentliche Unterschied liegt jedoch in der Möglichkeit einer primärseitigen Wärmespeicherung, sodass die Dampfturbine auch außerhalb der Tagstunden oder bei teilweise bewölktem Himmel betrieben werden kann. Die in Abb. 1.71 gezeigte Anlage ANDASOL verfügt hierzu über einen Salzschmelzenspeicher auf der Basis von Natriumnitrat ($NaNO_3$, 60 %) und Kaliumnitrat (KNO_3, 40 %). Mit dem Energievorrat des 28.500 t Salzschmelze umfassenden Wärmespeichers kann die 50 MW Dampfturbine für 7,5 h im Volllastbetrieb betrieben werden.

Unabhängig vom Aufkommen an Solarstrahlung muss der Speicher vor dem Auskühlen geschützt werden, da bei Temperaturen unter 240 °C das Salz kristallisiert. Aus diesem Grund ist eine Speicherheizung erforderlich.

1.3.1.8.8.2 Parabolspiegel

Parabolspiegel verfügen über eine zweiachsige Nachführung zum Sonnenstand (Abb. 1.105). Sie sind damit technisch aufwendiger und in der flächenmäßigen Ausdehnung des Konzentrators begrenzt. Daraus resultiert auch eine Limitierung der thermischen Leistung. Bei einem Durchmesser von 20 m können bis zu 500 kW$_{th}$ erzielt werden. Das maximale Konzentrationsverhältnis liegt bei $C_{par,s} > 200$. Im Brennpunkt des Parabolspiegels können sowohl thermische Absorber für das Gewinnen von Prozesswärme als auch direkt Wärmekraftmaschinen angeordnet werden.

Mit dem Stirlingmotor existiert eine externe Wärmekraftmaschine, die unabhängig von der Wärmequelle als Antrieb für einen Generator eingesetzt werden kann. Damit ist ein Verzicht auf ein Wärmeträgermedium und weitere Wärmetauscher möglich, was der

Abb. 1.105 Parabolspiegel mit Stirlingmotor im Brennpunkt. (Quelle: DLR)

Zuverlässigkeit im Betrieb entgegenkommt und Wärmeübertragungsverluste minimiert. Der elektrische Wirkungsgrad kann somit Werte bis 30 % erreichen.

Aufgrund des hohen Konzentrationsverhältnisses sind Temperaturniveaus bis 1000 °C möglich, was erhöhte Materialanforderungen an die Receiver stellt.

Stirlingmotor

Im Gegensatz zur internen Wärmekraftmaschine *(ICE, Internal Combustion Engine),* wird beim Stirlingmotor die Wärme von außen zugeführt. Damit ist prinzipiell jede Wärmequelle mit einem hinreichenden Temperaturniveau nutzbar. Dasselbe Prinzip gilt auch für Dampfturbinen.

Aufgrund der Arbeitsweise ohne die Zündung eines Brennstoff-Luft-Gemisches arbeiten Stirlingmotoren deutlich geräusch- und vibrationsärmer als Diesel- und Benzinmotoren (Abb. 1.106). Die Drehzahl der Stirlingmotoren fällt typischerweise deutlich geringer aus, dafür verfügen sie über ein hohes Drehmoment.

Der Aufbau von Stirlingmotoren ist zudem einfacher, da keine Ein- und Auslassventile benötigt werden und das Arbeitsmedium in einem geschlossenen Kreislauf zirkuliert. Als Arbeitsmedium kommen Gase infrage, die einerseits über eine hohe Wärmeleitfähigkeit λ und zum anderen über eine große spezifische Wärmekapazität c_p verfügen.

Nach Tab. 1.18 stellen sich die stofflichen Eigenschaften von Wasserstoff als besonders vorteilhaft dar. Insbesondere erlauben die hohe Wärmeleitfähigkeit und die geringe Viskosität hohe Drehzahlen. Dem stehen jedoch praktische Erwägungen entgegen: Wasserstoff ist als das kleinste Molekül besonders anfällig für Leckagen. Zudem neigen die meisten Metalle bei Kontakt mit Wasserstoff zur Versprödung. Helium verfügt über nahezu ähnlich gute stoffliche Eigenschaften wie Wasserstoff, ist jedoch inert und führt daher im Betrieb nicht zu den oben erwähnten Problemen. Die wesentlich geringere Wärmeleitfähigkeit von Stickstoff und Luft (78 % Stickstoff) führt zu Maschinen mit deutlich geringerer volumetrischer Leistungsdichte.

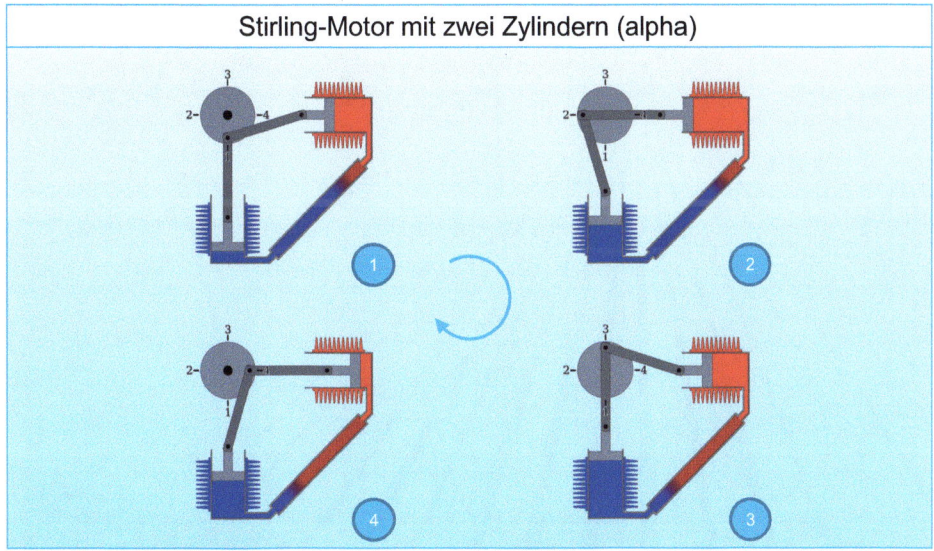

Abb. 1.106 Arbeitstakte eines Stirlingmotors. (Grafikelemente: wikimedia, cc0 1.0 universal)

Tab. 1.18 Arbeitsmedien für Stirlingmotoren. (Daten: [71])

Medium	Spezifische Wärmekapazität c_p	Wärmeleitfähigkeit λ
Luft	1,007 kJ/kg	0,026 W/m K
Helium	5,193 kJ/kg	0,156 W/m K
Wasserstoff	14,304 kJ/kg	0,186 W/m K

Aus thermodynamischen Gründen eignen sich insbesondere Gase mit einer geringen Molmasse als Arbeitsmedium.

1.3.1.8.8.3 Fresnellinsen

Fresnellinsen sind in ihren Einsatzmöglichkeiten und Kenndaten mit Parabolrinnen vergleichbar. Der wesentliche Vorzug ist der geringere Materialaufwand und die gegenüber Parabolrinnen einfache Fertigung der Konzentratoren. Neben der geringeren bewegten Masse erlaubt die Ausführung als Spiegellamellen auch einen einfacheren Mechanismus zur einachsigen Sonnenstandsnachführung als bei der Parabolrinne (Abb. 1.107).

Bereits im 19. Jahrhundert wurden Fresnellinsen in Leuchttürmen eingesetzt. Einfache Ausführungen als Handlupe lassen sich aus Kunststoffpressteilen herstellen.

Abb. 1.107 Konzentrator mit Fresnellinse. (Quelle: DLR)

1.3 Regenerative Technologien

1.3.1.8.8.4 Heliostaten

Bereits mit einem zweiachsig dem Sonnenstand nachgeführten Parabolspiegel lassen sich deutlich höhere Konzentrationsverhältnisse erzielen als mit einachsig nachgeführten Parabolrinnen. Der maximalen Größe der Apertur von Parabolspiegeln sind jedoch aus mechanischen Gründen – dazu zählen u. a. die bewegte Masse und Windlasten – Grenzen gesetzt.

Heliostatenfelder umgehen dieses Problem, indem die Apertur aufgeteilt wird. An die Stelle eines einzelnen großen Konzentrators tritt eine Vielzahl von kleineren Spiegeln, die die solare Direktstrahlung auf einen Brennfleck bündeln (Abb. 1.108). Das maximale Konzentrationsverhältnis wird im Prinzip nur noch durch die Abmessungen des Heliostatenfeldes begrenzt. In der Praxis erweist sich eine Reihe von Faktoren als limitierend [72]:

Abb. 1.108 Solarturm mit Heliostatenfeld. (Quelle: DLR)

- Je nach Sonnenstand und Abstand der Heliostaten besteht die Gefahr der gegenseitigen Verschattung (direkte Einstrahlung auf den Reflektor) wie auch des Abblockens der reflektierten Strahlung (in Richtung zum Absorber reflektierte Strahlung). Hieraus resultieren jeweilige Verluste in der Größenordnung von 1–2 %.
- Orientierungsfehler bei der Nachführung zum Sonnenstand führen zu Verlusten <10 %.
- Spiegelfehler durch Abweichungen von der ebenen Spiegelform führen zu Verlusten <10 %. Reflexionsverluste an den Spiegeloberflächen können noch einmal dieselbe Größenordnung erreichen.
- Aufgrund der flächenmäßigen Ausdehnung des Spiegelfeldes ist der Lichteinfall für Spiegel im Randbereich des Heliostatenfeldes nicht mehr senkrecht auf den Spiegel. Damit wird die effektive Spiegelfläche um den Kosinus des Einfallswinkels verringert: $A_{eff} = A_{spi}/\cos\zeta$ (Abb. 1.15 und 1.16). Die Kosinusverluste können je nach Lage des Spiegels Werte im Bereich 5–30 % annehmen.
- Durch Windlasten besteht die Gefahr einer Verformung und/oder Fehlorientierung der Spiegel. Hieraus resultieren Verluste in der Größenordnung von 3–7 %.
- Thermische Ausdehnung des Turms und durch Wind verursachte Schwingungen führen zu einer nicht optimalen Nutzung des Receivers. Die resultierenden Verluste liegen in der Größenordnung von 3–7 %.
- Die flächenmäßige Ausdehnung des Heliostatenfeldes führt insbesondere für Spiegel im Randbereich zu mehrere 100 m langen Entfernungen zum Receiver. Durch Absorption, Reflexion und Dispersion an Aerosolen ist mit deutlichen Strahlungsverlusten auf dem Übertragungsweg durch die Luft zu rechnen. Bei Entfernungen über 500 m können die Verluste 50 % und mehr erreichen.

Durch Konzentrationsverhältnisse im Bereich $C_{hel} = 200 \ldots 1000$ wird am Receiver ein Temperaturniveau von 500–1000 °C erreicht. Hieraus ergeben sich entsprechende Materialanforderungen an den Receiver und das Wärmeträgermedium. Bei Temperaturen >400 °C können keine Thermoöle mehr zum Einsatz kommen, da sich selbst synthetische Öle oberhalb dieser Grenze zersetzen. Als volumetrische Absorber kommen Keramiken, wie beispielsweise Siliciumkarbid (SiC), und Metalle infrage. Die Struktur ist wabenförmig oder geflechtartig, um einerseits eine große Oberfläche zu erzielen und dennoch eine gute Wärmeübertragung an das Wärmeträgermedium zu erreichen. Dafür kommen Luft, Salz- oder Metallschmelzen infrage.

Als Salzschmelzen werden Mischungen aus Natriumnitrat und Kaliumnitrat eingesetzt. Sie eignen sich für Temperaturbereiche von 250–550 °C. Die Salzschmelze kann dabei prinzipiell auch als Speichermedium dienen. Flüssige Metalle sind bis etwa 800 °C im Einsatz.

Solare Energie – für Photovoltaik oder Solarthermie?
Die Systemwirkungsgrade für Photovoltaikanlagen und Parabolrinnenkraftwerke liegen in einer vergleichbaren Größenordnung. So könnte es naheliegen, eine Investitionsentscheidung vornehmlich an den Kosten der Stromerzeugung (LCOE, *Levelized Cost Of Electricity*) auszumachen.

1.3 Regenerative Technologien

Zweifellos hat die Photovoltaik einen stetig sich vergrößernden Kostenvorteil auf ihrer Seite. Sowohl die Höhe der Investition wie auch die Kosten für den laufenden Betrieb sprechen eine eindeutige Sprache. Da Preisangaben stets mit Vorsicht zu betrachten sind, sollen nur überschlägige Werte angeführt werden. Während in 2021 große Photovoltaikanlagen ($>10\,\text{MW}_\text{p}$) bereits für unter 600 €/kW$_\text{p}$ schlüsselfertig installiert werden, liegt die Investition für solarthermische Kraftwerke mindestens um den Faktor 5 höher. Der Aufwand für Betrieb und Wartung ist bei der Photovoltaikanlage ebenfalls konkurrenzlos. Doch eine Kostendiskussion verdeckt nur allzu schnell die qualitativen Unterschiede.

Dies gilt bereits für die Standortfrage – konzentrierende Systeme, und das heißt sämtliche solarthermischen Kraftwerke, arbeiten nur mit Direktstrahlung; Photovoltaikmodule können auch diffuses Licht umsetzen. Der für den Betrieb wichtigste Unterschied ist jedoch die Option für einen systeminternen Speicher. Das Wärmeträgermedium, insbesondere Salzschmelzen, eignet sich als (Zwischen-)Speicher für Wärme. Damit ist ein primärseitiger Speicher realisierbar, der auch nach Sonnenuntergang oder bei teilweise bewölktem Himmel einen fahrplanmäßigen Kraftwerksbetrieb erlaubt.

Eine Reihe von solarthermischen Kraftwerken in Spanien verfügt zu diesem Zweck über SalzschmelzeTanks. Für die 50 MW-Blöcke *Andasol* (Parabolrinne) sind je rund 30.000 t vorgesehen, was einer Speicherkapazität von rund 1 GWh$_\text{th}$ entspricht. Im Fall der Anlage *Gemasolar* (Solarturm mit Heliostatenfeld) wird die Salzschmelze auch direkt als Wärmeträgermedium zur Abfuhr der Nutzwärme vom Receiver genutzt.

Die Nutzung solarthermischer Anlagen stellt mit der Möglichkeit der Speicherung thermischer Energie eine interessante, wenn auch kostspielige, Alternative zu Photovoltaikanlagen dar. Bei letzteren kann nur ein sekundärseitiger Speicher die kontinuierliche Versorgung sichern. Wie später noch gezeigt wird, ist eine stabile Versorgung jedoch keineswegs davon abhängig, dass bei jeder Photovoltaikanlage ein entsprechend ausgelegter Speicher angeschlossen ist.

Die wichtigsten Receivertypen für Heliostatenfelder sind:

- Offener Receiver
  Ein Luftstrom wird durch eine wabenartige Wärmetauscherstruktur aus Keramik oder Metall gesogen und gibt die Wärme an einen Verdampfer/Überhitzer ab. Mit dem Dampf kann eine konventionelle Dampfturbine betrieben werden.
  Die Luft erreicht Temperaturen im Bereich 650–850 °C. Die offene Bauweise erlaubt eine Bestrahlung aus allen Richtungen, bringt jedoch auch höhere thermische Verluste mit sich. Eine kleine äußere Oberfläche ist daher vorteilhaft.
  Aufgrund der geringen spezifischen Wärmekapazität von Luft ($c_{p,\text{luft}} = 1{,}005\,\text{kJ/kg K}$) ist ein hoher Volumenstrom zum Wärmetransport erforderlich ($\dot{V}_\text{luft} > 25.000\,\text{m}^3\text{/s}$).
- Druck-Receiver
  Bei Druck-Receivern kann die bis 15 bar komprimierte und auf 1100 °C erhitzte Luft zum direkten Antrieb einer Gasturbine genutzt werden. Mit den Abgasen[44] der Gasturbine lässt sich eine nachgeschaltete Dampfturbine betreiben, was den

---

[44]Hier heiße Luft, da nur für den Nachtbetrieb oder Nachheizzwecke ein Brennstoff erforderlich ist.

thermischen Wirkungsgrad bei der Konversion von Wärme in mechanische Energie auf Werte $\eta_{gud} > 50\,\%$ steigen lässt. Der Anlagenwirkungsgrad lässt sich damit auf 20–25 % steigern. Eine Dampfturbine erreicht selten einen höheren Wirkungsgrad als $\eta_d > 35\,\%$, was typische Anlagenwirkungsgrade unter 20 % bedingt.

Abb. 1.109 zeigt das erste kommerzielle Solarturmkraftwerk in Europa. Es wurde 2007 in Betrieb genommen. Im Vordergrund PS10 *(Planta Solar 10)* mit 11 MW_{el} und 624 Heliostaten. Dahinter liegt die seinerzeit noch im Baustadium stehende Anlage PS20. Sie verfügt über eine Nennleistung von 20 MW_{el} und insgesamt 1255 dem Sonnenstand nachgeführte Spiegel.

1.3.1.8.9 Solarthermische Kraftwerksprojekte

Aktuell (Jahresanfang 2021) befinden sich weltweit 110 solarthermische Kraftwerke im – in der Regel – kommerziellen Betrieb. Darüber hinaus sind 20 Anlagen im Bau und weitere 81 in der Planung. 15 Anlagen sind stillgelegt, zu weiteren 2 Anlagen liegen keine Daten zum Status vor (Tab. 1.19).

Anfang 2014 ist mit 392 MW die bislang größte solarthermische Kraftwerksanlage *Ivanpah* in der Mojave-Wüste, Kalifornien (USA), in Betrieb genommen worden. Auf einer Fläche von 14,2 km^2 sind insgesamt 173.500 Heliostaten (mit je zwei Spiegeln) und drei Solartürme installiert [73]. Anlagen mit mehr als 500 MW elektrischer Leistung

Abb. 1.109 Heliostatenfelder für PS10 und PS20, Spanien. (Quelle: wikimedia, cc by 3.0)

1.3 Regenerative Technologien

Tab. 1.19 Solarthermische Kraftwerksprojekte weltweit. (Daten: [74])

Technologie	Anzahl
Parabolrinne	115
Fresnellinse	17
Solarturm	50
Parabolspiegel	6

befinden sich im Bau (Dubai, Parabolrinne, 600 MW, voraussichtliche Inbetriebnahme in 2021) bzw. in der Entwicklung (USA, Kalifornien, Solarturm, 5 × 200 MW und 500 MW, sowie Parabolspiegel 750 MW, Chile, Solarturm 450 MW) [74].

Ein grundsätzliches Problem solarthermischer Kraftwerke *(Concentrating Solar Power, CSP)* ist die Beantwortung der Standortfrage. Primär steht dabei die solare Ressource im Vordergrund: Eine hohe Direktstrahlung ist zwingend erforderlich. Des Weiteren müssen die häufig nur dünn besiedelten, ariden Bereiche über eine entsprechende Anbindung an das Stromnetz verfügen.

Weniger im Fokus der Betrachtung ist hingegen der Kühlwasserbedarf. Hierin unterscheiden sich solarthermische Kraftwerke nicht von fossil gefeuerten Anlagen. Der Kühlwasserbedarf für die Rückkühlung des Turbinenkreislaufs liegt bei 2–3 l/kWh$_{el}$. Bei 100 MW installierter Leistung und einem angenommenen Systemnutzungsgrad (durch primärseitigen Wärmespeicher) von 75 % werden so täglich rund 3500–5000 m^3 Kühlwasser benötigt. Dieses Erfordernis steht in deutlichem Widerspruch zu den niederschlagsarmen Standorten – denn nur dort ist der Anteil der Diffusstrahlung hinreichend gering. Entsprechend ist eine Trockenkühlung als Alternative in Betracht zu ziehen. Dies führt jedoch zu einem geringeren Wirkungsgrad des Dampfturbinenkreislaufs, da der Wärmeentzug durch die Verdunstung von Kühlwasser wesentlich effizienter ist als der Betrieb von Lüftern bei hohen Umgebungstemperaturen.

Immerhin besteht die Möglichkeit – wie bei konventionellen thermischen Kraftwerken auch –, die Restwärme für die Entsalzung von Meerwasser zu nutzen. Insbesondere Verfahren mit einem hohen Bedarf an Wärmeenergie sind dabei im Fokus (Tab. 1.20).

Tab. 1.20 Energiebedarf von Verfahren zur Meerwasserentsalzung. (Daten: [75])

Prozess	Wärmebedarf	Strombedarf
Mehrstufige Entspannungsverdampfung *(MSF, Multi-Stage Flash)*	50–110 kWh/m^3	4,0–6,0 kWh/m^3
Multi-Effekt-Destillation[a] *(MED, Multi-Effect Destillation)*	60–110 kWh/m^3	1,5–2,5 kWh/m^3
Mechanische Dampfkompression *(MVC, Mechanical Vapor Compression)*		7,0–12,0 kWh/m^3
Umkehrosmose *(RO, Reverse Osmosis)*		3,0–5,5 kWh/m^3

[a]Vorläufer der mehrstufigen Entspannungsverdampfung

Auf den ersten Blick stellt die Meerwasserentsalzung eine durchaus einleuchtende Ergänzung zu solarthermischen Kraftwerken dar, zumal sich größere Siedlungen mit entsprechendem Wasserbedarf vorzugsweise in Meeresnähe finden lassen. Nachteilig ist jedoch die Empfindlichkeit der Anlagen, namentlich der Parabolspiegel und der Glasummantelung des Wärmeabsorbers, gegenüber Salznebel und entsprechender Korrosion.

Auf der anderen Seite ist der Flächenbedarf zu beachten. Die drei *Andasol* Anlagen in Spanien verfügen jeweils über eine Nennleistung von 50 MW und sollen jährlich 110 GWh elektrische Energie bereitstellen. Die erforderliche Grundfläche für eine Anlage liegt bei knapp 2 km^2. Hieraus ergibt sich ein spezifischer Ertrag von 55 kWh/m^2 a. Auf dieser Basis ließe sich eine statistische Hochrechnung der Potenziale anstellen, nach der beim globalen Stromverbrauch in 2012 in Höhe von 22.752 TWh eine Wüstenfläche von rund 400.000 km^2 für das Decken des globalen Stromverbrauchs ausreichen würde. Das entspricht einer Fläche, die ca. 12 % größer ist als Deutschland, jedoch weniger als 3 % der globalen Wüsten von 14,7 Mio. km^2 ausmacht.

Flächennutzungsgrad
Aufgrund der bereits erläuterten Verschattungsproblematik ist der Flächenbedarf von Solaranlagen deutlich höher als die Grundfläche von Photovoltaikmodulen, thermischen Kollektoren oder der Apertur von konzentrierenden Systemen. Je nach Art der Montage und Typ der Anlage ergeben sich Flächennutzungsgrade (Tab. 1.21).

Entsprechende Kalkulationen wurden bereits zu Beginn des 20. Jahrhunderts aufgestellt und erhielten nach der ersten Ölkrise (1973) erneuten Auftrieb. Verschiedene Großprojekte, insbesondere für die Stromversorgung in Europa durch Kraftwerke am Nordrand der Sahara wurden wissenschaftlich (u. a. MED-CSP, Deutsches Zentrum für Luft- und Raumfahrt – DLR; Projektabschluss in 2005 [76]) und kommerziell (Desertec, Desertec Foundation) untersucht. Neben der ursprünglich fokussierten Versorgung Europas

Tab. 1.21 Flächennutzungsgrad von solartechnischen Anlagen

Anlagentyp	Ausrichtung	Flächennutzungsgrad [%]
Heliostatenfeld[a] (zweiachsig nachgeführt)		<10
Photovoltaiktracker, Parabolspiegel (zweiachsig nachgeführt)		<20
Parabolrinne[a] (einachsig nachgeführt)	Hauptachse in Nord-Süd-Richtung	20–30
Freiflächen-Photovoltaik	Süd-Ausrichtung	25–35
Freiflächen-Photovoltaik	Ost-West-Ausrichtung	70–80
Dachintegrierte Photovoltaik, (Süd-) Hanglage mit >15° Neigung	Süd-Ausrichtung	75–95

[a]Inklusive aller benötigter Anlagenkomponenten wie Receiver, Gas- und Dampfkraftwerk, Anlagen zur Rückkühlung, etc.

1.3 Regenerative Technologien

mit Strom aus konzentrierenden Solarkraftwerken rückt inzwischen immer mehr die wirtschaftliche Entwicklung und Eigenversorgung Nordafrikas mit Energie in den Vordergrund. Dabei spielt insbesondere auch der steigende Wasserbedarf eine maßgebliche Rolle.

Die Markierungen in Abb. 1.110 verdeutlichen die Dimensionen für den potenziellen Beitrag von solarthermischen Kraftwerken zur Stromversorgung. Die größte der vier quadratischen Markierungen entspricht dem Flächenbedarf für eine globale Stromversorgung. Bei einer Aufteilung dieser Fläche auch auf andere aride Zonen, wie

- Afrika: Sahara, Kalahari,
- Nordamerika: Sonora, Mojave,
- Südamerika: Atacama,
- Arabien: Nefud, Rub al-Chali,
- Asien: Gobi, Takla Makan, und andere,
- Australien: Great Victoria Desert, Great Sandy Desert, und andere

würden nur jeweils geringe Flächenanteile der jeweiligen Wüsten benötigt werden und gleichzeitig eine für die globale Versorgung vorteilhafte Platzierung in verschiedenen Zeitzonen erfolgen.

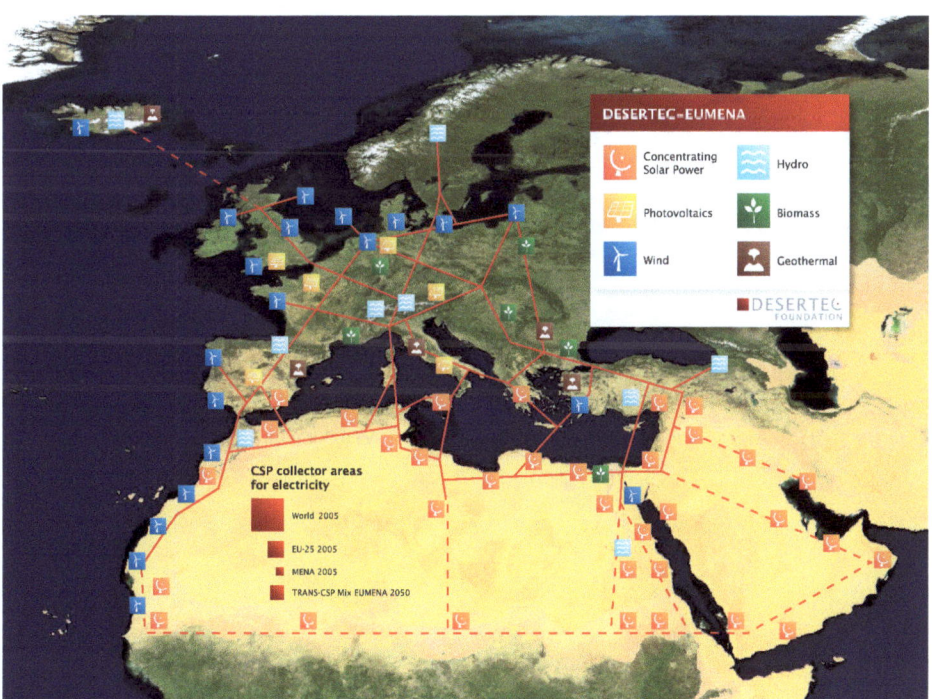

Abb. 1.110 Theoretischer Flächenbedarf für solarthermische Stromversorgung. (Quelle: DESERTEC Foundation, www.desertec.org, wikimedia, cc by-sa 2.5)

Neben diesen an technischen Gesichtspunkten orientierten Überlegungen existiert allerdings noch eine andere Dimension: Die Abhängigkeit von Lieferungen aus politisch wenig stabilen Regionen. Bereits in der Vergangenheit und bis in die Gegenwart hinein hat sich eine solche Konstellation bei der Förderung und Verteilung von Erdöl und Erdgas immer wieder als schwierig erwiesen. Es ist daher sorgfältig zu erwägen, inwieweit sich Europa auf elektrische Energie allein aus einer Region verlassen darf. Somit zeigt sich einmal mehr, dass die isolierte Betrachtung der Energiefrage und deren Reduzierung auf einen ausschließlich technischen Sachverhalt keine tragfähige Lösung hervorbringen kann. Ohne politische und wirtschaftliche Stabilität – wovon jede Gesellschaft ihre ganz individuellen Vorstellungen hat – wird es keine beständige Antwort geben.

Andererseits besteht diese Abhängigkeit längst bei den Importen fossiler Energierohstoffe. Deutschland bezieht mehr als 85 % der benötigten Steinkohle und praktisch das gesamte Erdöl und Erdgas aus dem Ausland (Abschn. 2.1.1).

1.3.1.8.10 Aufwindkraftwerk

In den 1970er-Jahren entstanden erste Prototypen von Aufwindkraftwerken (Abb. 1.111). Das technische Prinzip wurde bereits zu Anfang des 20. Jahrhunderts beschrieben.

Ein großflächiges, transparentes Dach dient dabei als Wärmefalle. Da die Dichte der Luft mit zunehmender Lufttemperatur abnimmt, entsteht ein thermischer Auftrieb, der durch einen hohen Kamin unterstützt wird (siehe auch Tab. 1.22).

$$\rho_{\text{luft}}(15°C) = 1{,}225 \, \text{kg/m}^3 \tag{1.95}$$

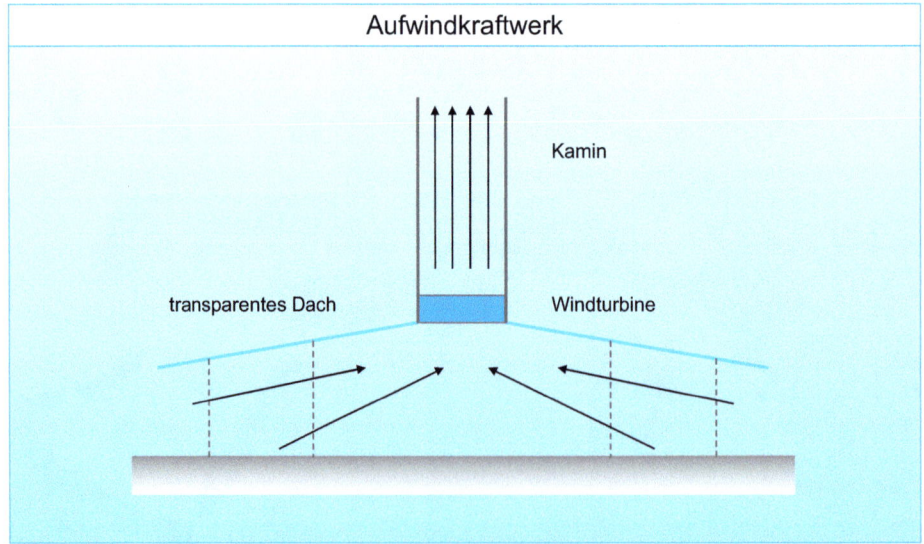

Abb. 1.111 Aufwindkraftwerk

1.3 Regenerative Technologien

Tab. 1.22 Abhängigkeit der Dichte der Luft von der Temperatur

Temperatur	Dichte ρ_{luft}
−25 °C	1,422 kg/m³
−20 °C	1,394 kg/m³
−15 °C	1,367 kg/m³
−10 °C	1,341 kg/m³
−5 °C	1,316 kg/m³
0 °C	1,292 kg/m³
5 °C	1,269 kg/m³
10 °C	1,247 kg/m³
15 °C	**1,225 kg/m³**
20 °C	1,204 kg/m³
25 °C	1,184 kg/m³

$$\rho_{\text{luft}}(35°C) = 1,146 \, \text{kg/m}^3 \qquad (1.96)$$

Damit kann im Kamin eine Windturbine betrieben werden. Der ebenfalls erwärmte Boden unter dem Dach spielt – in gewissen Grenzen – die Rolle eines Wärmespeichers und kann den Betrieb auch bei teilweiser Bewölkung und über eine gewisse Zeitspanne in den Abendstunden aufrechterhalten. Andererseits führt die thermische Trägheit des Systems zu einem verzögerten Betriebsstart nach Sonnenaufgang.

Der Systemwirkungsgrad setzt sich aus den Wirkungsgraden der einzelnen Komponenten zusammen:

- Kollektorwirkungsgrad der Wärmefalle (bedingt durch Wärmeverluste),
- Turmwirkungsgrad (Unterstützung des Auftriebs durch einen Druckunterschied),
- Turbinenwirkungsgrad (inkl. Antriebsstrang).

Der Turbinenwirkungsgrad fällt höher aus als bei konventionellen Windenergieanlagen, da im Zusammenspiel mit dem Kamin eine Mantelturbine entsteht. Damit ist das Betz-Limit[45] mit einem maximalen Leistungskoeffizienten $c_{p,\text{max}} \leq 59\,\%$ nicht länger anwendbar. Typische Werte für den c_p der Turbine liegen bei 60–80 %.

Der Kollektorwirkungsgrad der Wärmefalle wird durch die große Oberfläche und entsprechende Wärmeverluste (Wärmeleitung und Wärmestrahlung durch die transparente Dachhaut, Konvektion an der Oberfläche der Dachhaut) bestimmt. Hieraus resultiert ein nur mäßiger Temperaturanstieg der Luft und in der Konsequenz ein Kollektorwirkungsgrad um 25 %. Die geringe Temperaturdifferenz zwischen erwärmter Luft und

---

[45] Die Berechnungen von Betz gelten für frei angeströmte Rotoren, mehr dazu im folgenden Abschnitt zur Nutzung der Windenergie.

Umgebung hat noch eine weitere Folge: Der Anteil der mechanisch nutzbaren Energie (Exergie) erreicht nur marginale Werte.

Der Turmwirkungsgrad lässt sich aus dem Verhältnis der kinetischen Leistung zur thermischen Leistung des Massenstroms im Turm ableiten.

[η_{turm}: Turmwirkungsgrad; P_{kin}: kinetische Leistung des Luftstroms; P_{th}: thermische Leistung des Luftstroms]

$$\eta_{turm} = \frac{P_{kin}}{P_{th}} \qquad (1.97)$$

Dazu wird eine modifizierte Torricelli-Gleichung zur Ermittlung der kinetischen Leistung herangezogen [77]. Aus Gründen der Vereinfachung werden der Druckverlust an der Turbine sowie Reibungsverluste im Turm vernachlässigt.

[$\dot{m}$: Massenstrom der Luft, g: Gravitationsbeschleunigung; h: Turmhöhe; Δp: Differenz des Luftdrucks im Turm zwischen Turmspitze und Boden; p_0: Luftdruck am Boden; ΔT: Temperaturdifferenz zwischen Zuluft und Umgebung; T_0: Umgebungstemperatur in Bodenhöhe; v: Luftgeschwindigkeit im Turm]

$$P_{kin} = \dot{m} \cdot g \cdot h \cdot \frac{\Delta p}{p_0} \qquad (1.98)$$

Bei konstantem Volumen gilt für ideale Gase:

$$\frac{\Delta p}{p_0} = \frac{\Delta T}{T_0} \qquad (1.99)$$

$$P_{kin} = \dot{m} \cdot g \cdot h \cdot \frac{\Delta T}{T_0} \qquad (1.100)$$

$$P_{th} = c_p \cdot \dot{m} \cdot \Delta T \qquad (1.101)$$

$$\eta_{turm} = \frac{g \cdot h}{c_p \cdot T_0} \qquad (1.102)$$

Der Turmwirkungsgrad ist damit direkt proportional zur Turmhöhe. Unter idealen Verhältnissen ist ein maximaler Turmwirkungsgrad von 3,3 %/km Turmhöhe möglich.

Faktor 1000
Bei Anwendung von Gl. 1.102 ist zu beachten, dass die spezifische Wärmekapazität von Luft in der Einheit [kJ/kg K] angegeben wird. Damit kommt im Nennerterm ein um den Faktor 1000 höherer Zahlenwert zustande [kJ/kg] als im Zähler [J/kg].

Durch Angabe der Turmhöhe in [km] anstelle von [m] kann eine Umrechnung vermieden werden.

Selbst durch den Einsatz sehr hoher Kamine (Turmhöhen > 1 km) kann die atmosphärische Druckdifferenz zwischen Boden und Kaminaustritt nur bedingt erhöht werden.

1.3 Regenerative Technologien

Das Aufwindkraftwerk erreicht damit als Gesamtsystem einen Wirkungsgrad deutlich unter 1 %. Dies führt zu einem enormen Flächenbedarf, um eine nennenswerte Anlagenleistung zu erzielen (0,5–1,0 km²/MW).

$$\eta_{gesamt} = \eta_{kollektor} \cdot \eta_{turm} \cdot \eta_{turbine} \cdot \eta_{generator} \quad (1.103)$$

Die spezifischen Erträge [kWh/kW] hängen maßgeblich von der solaren Einstrahlung ab und liegen in einer ähnlichen Größenordnung wie bei Photovoltaikanlagen.

1.3.1.8.11 Solarteich

Noch einfacher ist die Funktionsweise von Solarteichen (Abb. 1.112). Dabei handelt es sich um flache Salzteiche oder -seen in sonnenscheinreichen Gebieten. Das stärker salzhaltige Wasser besitzt eine höhere Dichte und sinkt deshalb auf den Grund des Gewässers. Selbst wenn es durch solare Einstrahlung zu einer Erwärmung kommt, reicht die Dichteänderung nicht für hinreichenden Auftrieb, sodass das stark salzhaltige Wasser am Boden bleibt – obwohl die bodennahe Wasserschicht Temperaturen bis zu 90 °C erreicht. Die weniger salzhaltige Wasserschicht darüber spielt gleichzeitig die Rolle einer

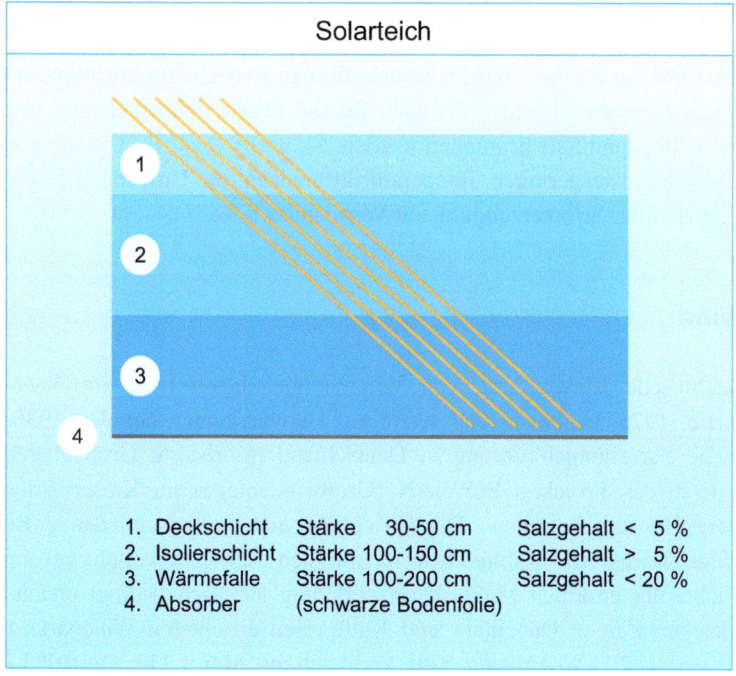

Abb. 1.112 Solarteich

Wärmefalle (ähnlich wie das Glasdach in einem Gewächshaus) und einer thermischen Dämmung. Sie unterbindet eine konvektive Thermik.

Um die Funktionsweise zu gewährleisten, ist ein Durchmischen der Schichtung durch Wind oder Wellenbildung an der Oberfläche, durch einen Sole- und Wärmeentzug im Bodenbereich sowie bei einer Frischwasserzufuhr zu verhindern.

Aufgrund von Verdunstungsverlusten ist eine regelmäßige Frischwasserzufuhr unumgänglich. Die Verluste können je nach Einstrahlungs- und Windverhältnissen bei bis zu 2000 mm und mehr pro Jahr liegen. Einhergehend mit der Verdunstung steigt mit der Zeit der Salzgehalt an, was – auch in den oberen Wasserschichten – zu einer unerwünschten Trübung führen kann.[46] Damit das Sonnenlicht dauerhaft den Teichboden erreicht, ist die stark salzhaltige Sole im Bodenbereich abzuführen. Das Absinken von Wasserschichten mit hohem Salzgehalt geschieht durch Diffusion im Zusammenhang mit Verdunstung (Anreicherung des Salzgehalts) und der Frischwasserzufuhr an der Oberfläche.

Die Tiefe von Solarteichen ist auf wenige Meter begrenzt, da das Sonnenlicht den Absorber am Teichboden erreichen muss. Je nach Wellenlänge und Salzgehalt beträgt die Eindringtiefe der Solarstrahlung 10–100 m. Mit zunehmender Lichtwellenlänge nimmt die Eindringtiefe ab, daher liegt sie im Infrarotbereich noch darunter.

Die sehr einfache Realisierung und Möglichkeit zur Speicherung großer Wärmemengen ist gerade für weniger entwickelte Regionen von Vorteil. Die Wärme lässt sich als Heiz- und Prozesswärme – beispielsweise für den Betrieb von Sorptionskälteanlagen oder die Meerwasserentsalzung – als auch für die Elektrizitätserzeugung heranziehen. Als Nebenprodukt kann Salz gewonnen werden.

Die vergleichsweise geringen Temperaturdifferenzen zur Umgebung begrenzen den Wirkungsgrad bei der Stromerzeugung auf Werte unter 5 %.

1.3.2 Wind

Die großtechnische Entwicklung von Windenergieanlagen hatte im Nachgang der ersten Ölkrise, 1973, begonnen und setzte auf Entwicklungen aus den 1930er-Jahren. Die staatliche Forschungsförderung in Deutschland priorisierte Großanlagen, und so wurde ab 1976 das Projekt GROWIAN (Großwindanlage) im Kaiser-Wilhelm-Koog in Schleswig–Holstein betrieben. Die Errichtung und der anschließende Betrieb der 3 MW-Anlage waren von zahlreichen technischen Schwierigkeiten gekennzeichnet, was angesichts der enormen Maßstabsvergrößerung lediglich bedingt erstaunen kann. Die zur gleichen Zeit in Dänemark und Kalifornien errichteten Windparks bestanden typischerweise aus 20 kW-Anlagen. Zum Vergleich mit Abb. 1.113: Die 1983 in Betrieb

---

[46]Eine Trübung im Bodenbereich ist weniger problematisch, da diese zur Absorption der Strahlung in der gewünschten Wasserschicht führt. Eine weitere Ursache für Trübungen kann Algenbildung sein.

1.3 Regenerative Technologien

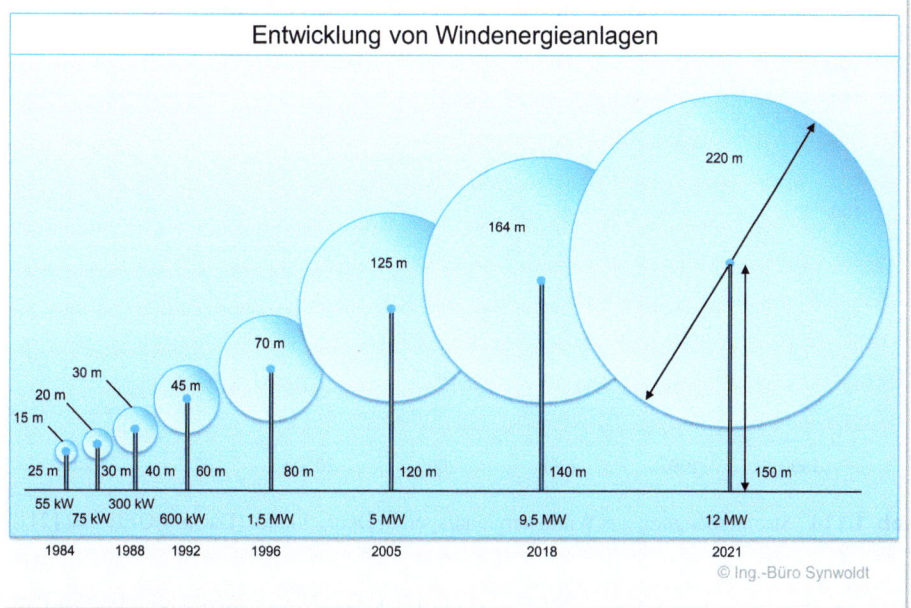

Abb. 1.113 Technische Entwicklung von Windenergieanlagen

genommene GROWIAN-Anlage hatte einen Rotordurchmesser und eine Nabenhöhe von jeweils 100 m.

Zudem standen weite Teile der Industrie und selbst der Politik dem Vorhaben von Beginn an skeptisch gegenüber. So argumentiert das RWE-Vorstandsmitglied Günther Klätte [78] auf einer Hauptversammlung vor Aktionären:

> Wir brauchen Growian […], um zu beweisen, daß es nicht geht
> [und; Anm. d. A.]
> daß Growian so etwas wie ein pädagogisches Modell sei, um Kernkraftgegner zum wahren Glauben zu bekehren.

Eine aus mikroökonomischen Erwägungen zumindest nachvollziehbare Argumentation: Ohne Windenergieanlagen lässt sich mehr Atomstrom verkaufen. Doch auch der seinerzeitige Finanzminister und frühere Forschungsminister Hans Matthöfer äußert sich in ähnlicher Weise [78]:

> Wir wissen, daß es uns nichts bringt. Aber wir machen es, um den Befürwortern der Windenergie zu beweisen, daß es nicht geht.

Letztlich ist auch diese Aussage wirtschaftlich motiviert. Nahezu sämtliche Bauvorhaben für kommerzielle Kernkraftwerke in Deutschland wurden, unter massiver staatlicher Investitionsförderung, in den Jahren 1970–1982 begonnen. Das Reaktorunglück in Tschernobyl (Ukraine) im Jahre 1986 führte zum vorzeitigen Ende weiterer Planungen.

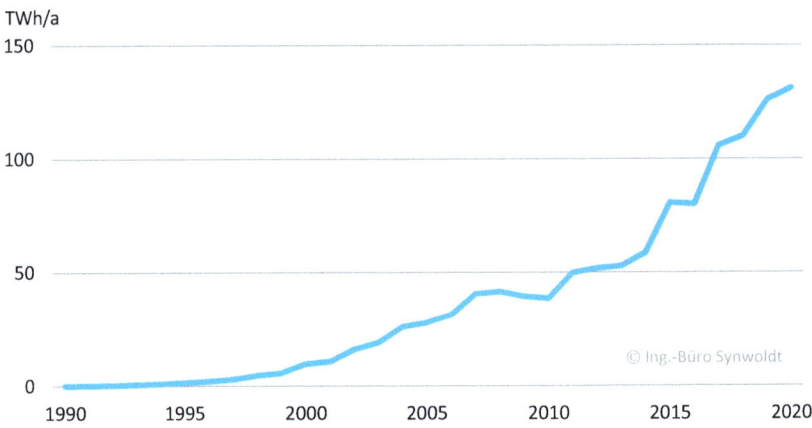

Abb. 1.114 Stromerzeugung aus Windenergieanlagen in Deutschland. (Daten: AGEE-Stat [21])

Dennoch wird insbesondere an Küstenstandorten bereits wenig später eine Vielzahl an – wesentlich kleiner dimensionierten – Windenergieanlagen betrieben. Die dafür erforderliche rechtliche Grundlage hatte das *Gesetz über die Einspeisung von Strom aus erneuerbaren Energien in das öffentliche Netz (StromEinspG)* von 1991 gelegt. Dieses Gesetz gilt als der Vorläufer vom späteren *Gesetz für den Vorrang Erneuerbarer Energien (EEG)* ab 2000.

Seither hat sich die Stromerzeugung aus Windenergieanlagen in Deutschland kontinuierlich weiterentwickelt. Einbrüche, wie in den Jahren 2009 und 2010 (Abb. 1.114), hängen nicht mit einer rückläufigen Anlagenzahl, sondern mit Fluktuationen im jährlichen Windaufkommen zusammen. Mehr dazu im Abschn. 1.3.2.5.

1.3.2.1 Entstehung von Wind

Bereits eingangs von Abschn. 1.3 wurde die Rolle der solaren Einstrahlung für das Aufkommen an regenerativen Energieträgern grob skizziert. Daher soll hier zunächst die Frage beantwortet werden, wie Wind entsteht.

Maßgeblich ist die Ungleichförmigkeit der solaren Einstrahlung. Dies betrifft sowohl die geografische Breite wie auch die jeweils der Sonne zu- bzw. abgewandte Seite der Erdkugel. Landflächen erwärmen sich tagsüber stärker und kühlen nachts schneller aus als Wasserflächen.[47] In der Folge entstehen über wärmeren Flächen Tiefdruckgebiete, während Hochdruckgebiete sich in kühleren Regionen bilden (Abb. 1.115).

---

[47]Dieser Effekt wird durch die hohe spezifische Wärmekapazität von Wasser mit $c_{p,\text{wasser}} = 4{,}18\,\text{kJ/kg K}$ geprägt. Sand verfügt lediglich über eine spezifische Wärmekapazität von $c_{p,\text{sand}} = 0{,}84\,\text{kJ/kg K}$. Auch unter Berücksichtigung der deutlich höheren Dichte ist das volumetrische Wärmespeichervermögen von Wasser mehr als dreimal so hoch wie das von Sand (Tab. 1.16).

1.3 Regenerative Technologien

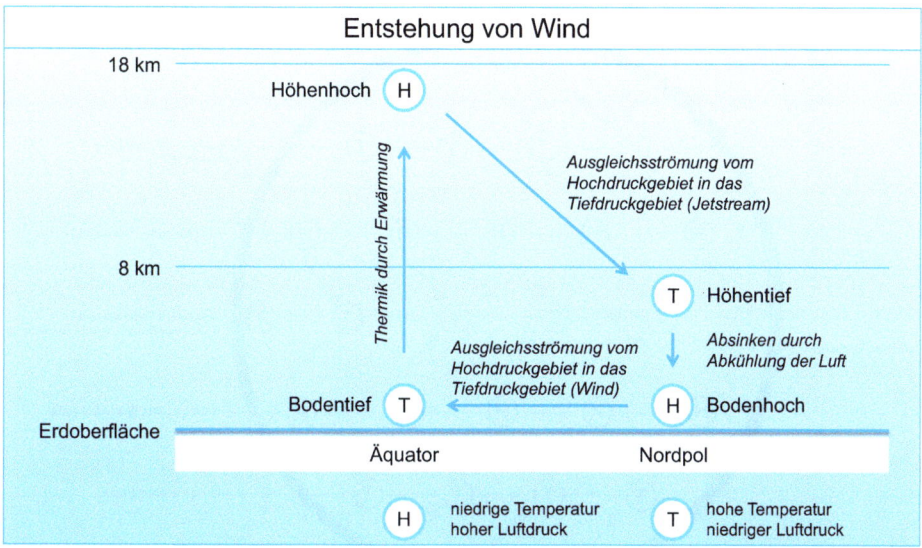

Abb. 1.115 Entstehung von Wind

Ursache dafür ist die Abnahme der Dichte durch die Erwärmung der Luft (Tab. 1.22). Damit erfahren wärmere Luftmassen einen Auftrieb gegenüber kühlerer Luft – bei geringerer Luftdichte nimmt der Luftdruck ab und es entsteht ein Tiefdruckgebiet.

Die globale Temperatur im Jahresmittel liegt bei 15 °C. Für Windertragsberechnungen wird daher typischerweise der entsprechende Wert für die Dichte der Luft $\rho_{\text{luft}}(15°C) = 1{,}225\,\text{kg/m}^3$ angesetzt. Je nach klimatischen Verhältnissen am beabsichtigten Anlagenstandort sind gegebenenfalls Zu- oder Abschläge einzukalkulieren.

Die Druckdifferenz zwischen Hochdruck- und Tiefdruckgebiet ist der Antrieb für eine entsprechende Ausgleichsströmung: Den Wind. Es handelt sich bei Wind daher um einen Massenstrom, der nach dem 2. Hauptsatz der Thermodynamik eine Gleichverteilung der Teilchen im Raum und damit eine maximale Entropie anstrebt. Je größer die Druckdifferenz zwischen den Bereichen ist, umso intensiver strömen die Luftmassen in das Gebiet mit dem niedrigeren Luftdruck – und entsprechend stärker fällt der aus der Luftbewegung resultierende Wind aus.

Weiterhin trägt auch die Rotation der Erde zur Bewegung der Luftmassen bei. Durch die Rotation der Erde sind die vom Hoch- in ein Tiefdruckgebiet fließenden Luftmassen der aus der Rotation resultierenden Corioliskraft ausgesetzt (Abb. 1.116). Somit bilden sich auf der Nord- und Südhalbkugel Wirbel mit jeweils entgegengesetzter Drehrichtung. Auf der Nordhalbkugel strömen Luftmassen entgegen dem Uhrzeigersinn in ein Tiefdruckgebiet hinein und im Uhrzeigersinn aus einem Hochdruckgebiet heraus. Auf der Südhalbkugel ist die Strömungsrichtung jeweils umgekehrt.

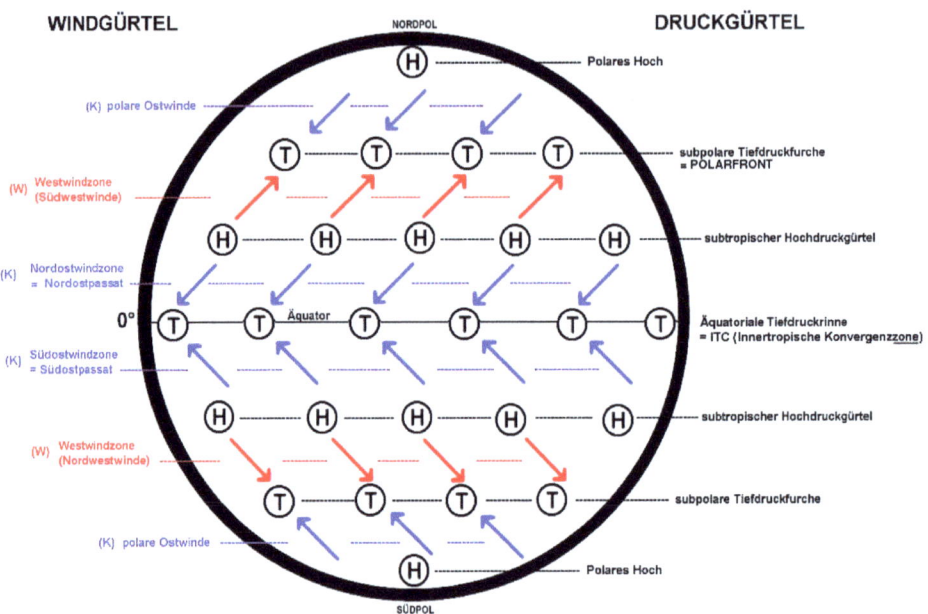

Abb. 1.116 Globale Windgürtel. (Quelle: wikimedia, public domain)

Zusätzlich führt die Schiefe der Rotationsachse der Erde zur Bahnebene um die Sonne (Ekliptik) zu saisonalen Schwankungen der Einstrahlung (Abb. 1.13 und 1.14) und somit zu jahreszeitlichen Fluktuationen des Windaufkommens.

Neben diesen globalen Einflüssen existiert eine Reihe lokaler Gegebenheiten, die Winde entstehen lassen. Aufgrund unterschiedlicher Wärmekapazitäten von Wasser und Land erwärmt sich das Land tagsüber schneller als das Wasser, in der Folge weht tagsüber durch die entstehenden Druckunterschiede ein Wind vom Wasser auf das Land. Nachts kühlen die Landmassen schneller ab als das Wasser, und der Effekt kehrt sich um (siehe Fußnote 47). Zusätzlich kann sich der Wind über dem Wasser ungebremst entwickeln, sodass es besonders in Küstengebieten zu regelmäßigen und starken Winden kommt. Auch durch Bergformationen und andere lokale Ausprägungen (z. B. Wälder, Bauwerke) werden Windströmungen beeinflusst. Durch Verengungen an Hindernissen kann es zu Düsen- oder Kapeffekten mit einer örtlichen Verstärkung der Strömung kommen.

Die Stärke des Windes hängt in den unteren Luftschichten ganz wesentlich von den dort vorhandenen Landschaftselementen ab. Wasser, Wiesen, Wald oder Bebauung werden als verschiedene *Rauheiten*[48] abgebildet, die die Reibung der Luft an der Erdoberfläche beschreiben. Dieser Effekt führt zu Turbulenzen und einer Verringerung der Windgeschwindigkeit. Die Wirkung ist abhängig von der Höhe über dem Boden. Der Wind folgt in seinem Strömungsverhalten der Erdoberfläche. Hügel, Berge, Bauwerke

---

[48]In älterer Literatur wird häufig der Begriff *Rauigkeit* verwendet.

und Wälder bewirken ein Aufsteigen des Windes. Hinter derartigen Hindernissen entstehen für Windenergieanlagen ungünstige Luftturbulenzen und Schwachwindgebiete (Lee, die dem Wind abgewandte Seite).

Nur in hinreichender Entfernung zu den Hindernissen – davor und dahinter – kann von einer weitgehend ungestörten Luftströmung ausgegangen werden. Dabei ist zu beachten, dass der Wind tages- und jahreszeitlich aus verschiedenen Richtungen kommt, mithin Objekte und Hindernisse in einem Umkreis um die für Windanlagen infrage kommenden Standorte zu untersuchen sind. Abb. 1.118 zeigt die erforderlichen Mindestabstände in Bezug auf die Höhe H des Hindernisses. Alternativ zu großen Abständen ist auch ein Ausweichen in vertikaler Richtung möglich. Die turbulente Störung der Luftströmung verringert sich mit zunehmender Höhe über dem Objekt. Insbesondere bei Windparks in Wäldern sind daher hohe Masten erforderlich, um zwischen den Baumkronen und dem Rotor für einen hinreichenden Abstand zu sorgen.

Es ist keineswegs nur in Strömungsrichtung *hinter* Hindernissen mit Turbulenzen und Abschattungen zu rechnen. Die Windgeschwindigkeit und die geometrischen Verhältnisse (z. B. Böschungswinkel einer Hanglage) sind entscheidend, ob es zu Turbulenzen und einer weiträumigen Umströmung des Hindernisses oder durch die laminare Umströmung zu Kapeffekten und einer Strömungsverdichtung kommt (Abb. 1.117).

Im Fußbereich von Abb. 1.118 ist zusätzlich das vertikale Windgeschwindigkeitsprofil skizziert. Starke Unterschiede der Windgeschwindigkeit in verschiedenen vertikalen Ebenen des Rotorbereichs *(Windscherung)* führen zu mechanischen Belastungen des Rotorblatts durch Biegeeffekte und ungleichmäßigem Drehmomentenverlauf des

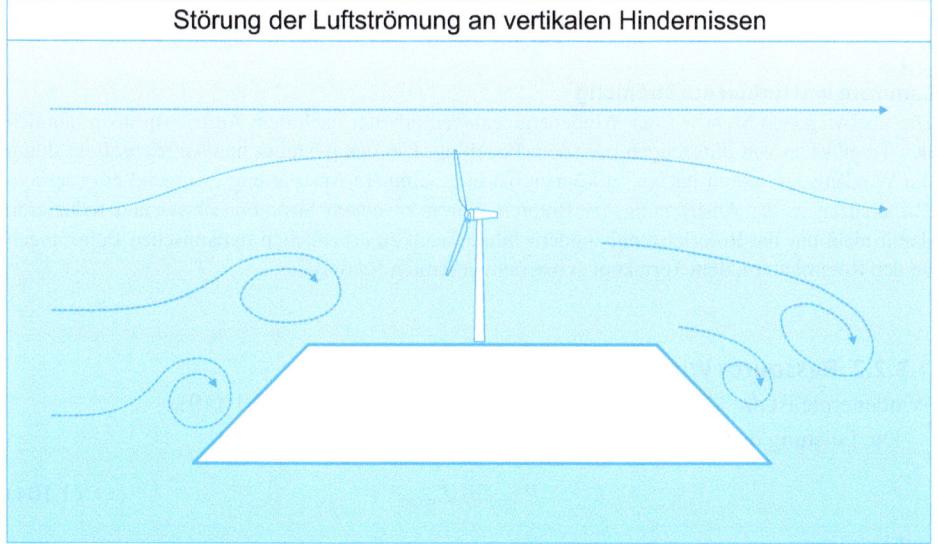

Abb. 1.117 Einfluss des Geländeprofils

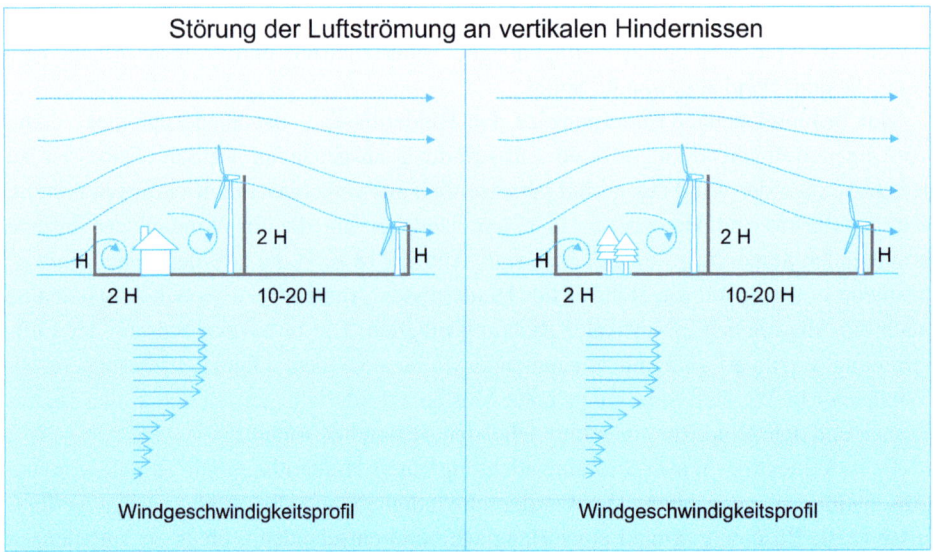

Abb. 1.118 Einfluss durch Objekte in Bodennähe

Antriebsstranges. Aus beiden Effekten resultieren Vibrationen, die sich auf den Turmkopf, den Turm und das Fundament übertragen. Um die Strukturbelastungen und durch den Momenteneinbruch verursachte Ertragsminderungen zu minimieren, ist die Nabenhöhe so zu wählen, dass die Windscherung sich in Grenzen hält.

Laminare und turbulente Strömung
Die überwiegende Mehrheit der Windenergieanlagen arbeitet nach dem Auftriebsprinzip, ähnlich den Tragflächen von Flugzeugen oder dem Vogelflug. Um den dynamischen Auftriebseffekt durch die Windanlagenrotoren nutzen zu können, ist eine laminare Anströmung zwingend erforderlich. Turbulenzen in der Anströmung der Rotoren führen zu einem Strömungsabriss und reduzieren damit nicht nur die Rotorleistung, sondern führen auch zu erheblichen dynamischen Belastungen an den Rotorblättern, dem Turmkopf sowie dem gesamten Bauwerk.

1.3.2.2 Ressource Wind

Windenergie ist die kinetische Energie eines Massenstroms (Abb. 1.119).

Die Leistung des anströmenden Windes ergibt sich aus

$$P_{\text{wind}} = \dot{E}_{\text{wind}} \tag{1.104}$$

mit

$$E_{\text{wind}} = \frac{1}{2} \cdot m \cdot v_{\text{wind}}^2 \tag{1.105}$$

1.3 Regenerative Technologien

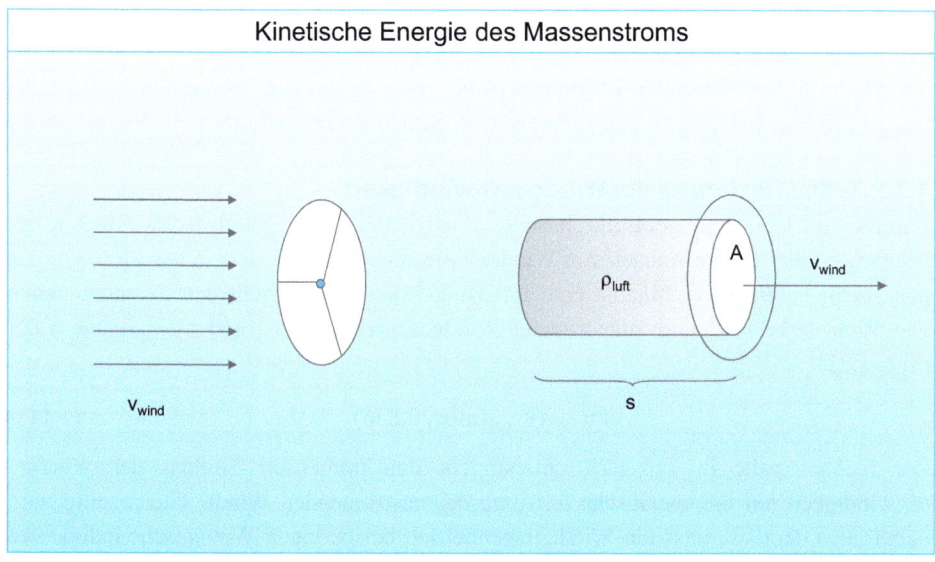

Abb. 1.119 Kinetische Energie im Massenstrom

$$m = \rho_{\text{luft}} \cdot V \tag{1.106}$$

$$\dot{m} = \rho_{\text{luft}} \cdot \dot{V} \tag{1.107}$$

$$V = A \cdot s \tag{1.108}$$

$$\dot{V} = A \cdot v_{\text{wind}} \tag{1.109}$$

zu

$$P_{\text{wind}} = \frac{1}{2} \cdot \rho_{\text{luft}} \cdot A \cdot v_{\text{wind}}^3 \tag{1.110}$$

Bezogen auf die Anströmung einer Windenergieanlage beschreibt die Fläche A die vom Rotor überstrichene Fläche. In Gl. 1.110 fallen zwei Aspekte ins Auge: Die Windgeschwindigkeit geht mit der dritten Potenz in die Leistung des anströmenden Windes ein. Damit wirken sich bereits kleine Änderungen der Windgeschwindigkeit in erheblichem Umfang auf die Eingangsleistung in das Rotorsystem aus.

Zudem ist die Dichte der Luft zu berücksichtigen, die sowohl dem bereits geschilderten Einfluss der Temperatur unterliegt (Tab. 1.22) als auch von der Höhe des Anlagenstandortes über dem Meeresspiegel abhängt. Für die unteren Schichten der Atmosphäre gilt bis ungefähr 100 km Höhe eine Halbierung der Dichte der Luft je 5000 m über Normalhöhennull (NHN). Als dritte Größe wirkt sich auch die

Luftfeuchtigkeit auf die Dichte der Luft aus. Da Feuchtigkeit (Wasserdampf) unter atmosphärischen Bedingungen (konstanter Druck!) Luft verdrängt, sinkt die Dichte der Luft mit zunehmender Luftfeuchtigkeit; die Dichte von Wasserdampf liegt bei $\rho_{\text{dampf}}(15°C) = 0{,}717\,\text{kg/m}^3$ und sinkt mit zunehmender Temperatur.

1.3.2.3 Klassifizierung der Windgeschwindigkeit

Bereits aus Gl. 1.110 geht die besondere Bedeutung der Windgeschwindigkeit als Eingangsgröße für den Antrieb von Windenergieanlagen hervor. Die in der Meteorologie gebräuchliche *Beaufortskala* ist eine Intensitätsskala und spiegelt den Zusammenhang von Windstärke [bft] und zugeordneter Windgeschwindigkeit [m/s] nicht linear wider (Tab. 1.23).

$$\text{bft} = (v_{\text{wind}}[\text{m/s}]/0{,}836)^{2/3} \tag{1.111}$$

Die rechte Spalte in Tab. 1.23 unterstreicht den immensen Einfluss der Windgeschwindigkeit auf die spezifische Leistung des anströmenden Winds. Gleichzeitig wird dabei auch deutlich, dass ein Windanlagenbetrieb bei geringen Windgeschwindigkeiten ($v_{\text{wind}} \leq 3$ m/s) nahezu keinen Beitrag zu den Erträgen liefern kann.

Eine am Betrieb von Windenergieanlagen orientierte Einstufung nimmt die IEC *(International Electrotechnical Commission)* mit den Windklassen vor. Hier stehen maximale Belastungen auf den Rotor und die gesamte Anlage im Vordergrund. Durch die Zuordnung von Anlagenstandorten zu Windklassen werden Prüfkriterien für die Abnahme beziehungsweise Zertifizierung von Windenergieanlagen definiert (IEC 61400). *Es ist zu beachten, dass die IEC-Windklassen zu aufsteigenden Windgeschwindigkeiten kleinere Werte erhalten* (Tab. 1.24).

Tab. 1.23 Windstärke und Windgeschwindigkeit

Windstärke	Bezeichnung	Geschwindigkeit	Leistungsdichte
0 bft	Windstille	0,0 m/s	0 W/m²
1 bft	Leichter Zug	≥0,3 m/s	≥0 W/m²
2 bft	Leichte Brise	≥1,6 m/s	≥3 W/m²
3 bft	Schwache Brise	≥3,4 m/s	≥24 W/m²
4 bft	Mäßige Brise	≥5,5 m/s	≥102 W/m²
5 bft	Frische Brise	≥8,0 m/s	≥314 W/m²
6 bft	Starker Wind	≥10,8 m/s	≥772 W/m²
7 bft	Steifer Wind	≥13,9 m/s	≥1645 W/m²
8 bft	Stürmischer Wind	≥17,2 m/s	≥3117 W/m²
9 bft	Sturm	≥20,8 m/s	≥5511 W/m²
10 bft	Schwerer Sturm	≥24,5 m/s	≥9008 W/m²
11 bft	Orkanartiger Sturm	≥28,5 m/s	≥14.179 W/m²
12 bft	Orkan	≥32,7 m/s	≥21.417 W/m²

1.3 Regenerative Technologien

Tab. 1.24 IEC Windklassen. (Daten: IEC 61400-1)

	IEC IV	IEC III	IEC II	IEC I
Mittlere Windgeschwindigkeit in Nabenhöhe	6,0 m/s	7,5 m/s	8,5 m/s	10,0 m/s
50-Jahres-Maximum der Windgeschwindigkeit	30,0 m/s	37,5 m/s	42,4 m/s	50,0 m/s
Böe, einmal in einem Jahr	31,5 m/s	39,4 m/s	44,6 m/s	52,5 m/s
Böe, einmal in 50 Jahren	42,0 m/s	52,5 m/s	59,5 m/s	70,0 m/s

Tab. 1.25 IEC Turbulenzintensität. (Daten: IEC 61400-1)

	a	b	c
Bei 15 m/s Windgeschwindigkeit	14 %	16 %	18 %

Neben der absoluten Windgeschwindigkeit führen insbesondere Turbulenzen zu erheblichen Strukturbelastungen. Daher ordnet die IEC den Windgeschwindigkeitsklassen zusätzlich eine Turbulenzintensität zu (Tab. 1.25).

Offshore-Bereiche zeichnen sich in der Regel durch eine besonders niedrige Turbulenzintensität $I < 10\,\%$ aus. Die Turbulenzintensität I_{wind} wird nach IEC 61400-1 und IEC 61400-3 aus dem Quotienten der Standardabweichung zur mittleren Windgeschwindigkeit innerhalb eines 10 min Intervalls ermittelt.

$$I_{wind}[10\text{ min}] = \sigma_{wind}/\overline{v}_{wind} \qquad (1.112)$$

Durch die zehnminütigen Messintervalle liegt die mittlere Windgeschwindigkeit deutlich unter dem Werteinzelner Spitzenböen. Letztere können kurzzeitig eine doppelt so hohe Windgeschwindigkeit aufweisen.

Ähnlich wie die IEC führt auch das *Deutsche Institut für Bautechnik* (DiBt) eine Reihe von Kategorien zur Bestimmung von Lasten auf Bauwerken. Die Windzonen werden anhand einer bodennahen (10 m über Grund), maximalen Windgeschwindigkeit ermittelt. Die Überschreitenswahrscheinlichkeit der maximalen Windgeschwindigkeit innerhalb eines 10 min. Intervalls[49] muss unter 2 % pro Jahr liegen. Auch wenn die bodennahe Messung auf die Windlasten für typische Baukörper hindeutet, ist das DiBt für die Typprüfung von Windenergieanlagen in Deutschland verantwortlich (Tab. 1.26).

Ein Problem für die Vergleichbarkeit – und auch die Anwendbarkeit – von Windgeschwindigkeitsdaten ist die unterschiedliche Messhöhe. Hinzu kommt die mit der Masthöhe von Windenergieanlagen variierende Lage des Rotorsystems. Meteorologische Daten werden in der Regel in 10 m Höhe über dem Boden ermittelt. Damit sind im offenen und flachen Gelände repräsentative Datenerhebungen möglich. Auf bebautem

---

[49]Hier gilt analog wie fürdie IEC Turbulenzintensität: Innerhalb des Messintervalls können kurzfristig deutlich höhere Windgeschwindigkeitenauftreten.

Tab. 1.26 DiBt Windzonen. (Daten: DIN 1055-4:2005-03)

	DiBt 1	DiBt 2	DiBt 3	DiBt 4
Maximale Windgeschwindigkeit	22,5 m/s	25,0 m/s	27,5 m/s	30,0 m/s

Terrain, bei Bäumen, Waldrändern oder im hügeligen Gelände ist jedoch mit einem spürbaren Einfluss der Orografie und räumlich zum Messort benachbarten Objekten zu rechnen.

1.3.2.4 Bestimmung der Windgeschwindigkeit

Über die bereits weiter oben eingeführte Größe der *Rauheit*, die das orografische Profil einer Landschaft repräsentiert, kann eine Umrechnung zwischen verschiedenen Mess- und Betriebshöhen von Rotoren stattfinden. Die Leistungsfähigkeit dieser Methode hängt eng mit der Qualität der Abschätzung für den Parameter der dynamischen Rauigkeitslänge z_0 zusammen.

Mit den Parametern Messhöhe z_r (Referenz) und der in dieser Höhe gemessenen Windgeschwindigkeit v_r lässt sich über das logarithmische Höhenprofil die Windgeschwindigkeit $v(z)$ in anderen Höhen z bestimmen.

$$v(z) = v_r \cdot \frac{\ln(z/z_0)}{\ln(z_r/z_0)} \quad (1.113)$$

Größenordnungen für die Rauigkeitslänge z_0 sind in der Legende von Abb. 1.120 angegeben. Das hier abgebildete logarithmische Höhenprofil gilt mit guter Näherung in der bodennahen Prandtl-Schicht bis 100 m Höhe über Grund. Nach oben wird die Prandtl-Schicht durch die Ekmann-Schicht (bis etwa 1000 m Höhe) begrenzt.

Über glattem Terrain kommt es in den bodennahen Luftschichten nur zu geringen Turbulenzen. Entsprechend wird auch in größerer Höhe (100–150 m)[50] nur eine um 20–25 % höhere Windgeschwindigkeit erreicht. Ganz anders verhält es sich über Kulturland oder in der näheren Umgebung von Wäldern und Städten. Dort ist von einer Verdopplung der in 10 m über Grund gemessenen Windgeschwindigkeit auszugehen.

Dennoch ist große Vorsicht bei der Interpretation von Messwerten geboten, da gerade Messstationen mit geringer Messhöhe (10 m über Grund, teilweise auch nur 5 m) in extremem Maße von der Umgebung beeinträchtigt werden.

In Abb. 1.121 sind die in Tab. 1.27 aufgeführten Messgeräte zu erkennen.

Die Windgeschwindigkeits- und Windrichtungsmessung erfolgt in 10 m über Grund. Die Lage des Messmastes ist eine Wiese am Nordost-Ufer eines Sees. Die Wiese befindet sich in einer Hanglage und ist von Bäumen und Gebäuden (oberhalb am Hang) gesäumt (Abb. 1.122).

---

[50]Dies ist die typische Nabenhöhe der aktuell (2020) installierten Windenergieanlagen.

1.3 Regenerative Technologien

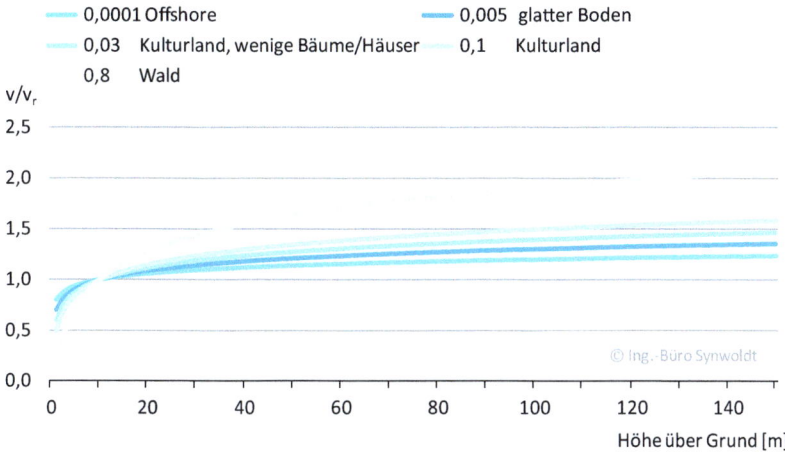

Abb. 1.120 Logarithmisches Höhenprofil

Anstelle von mechanischen Anemometern und Windfahnen werden auch Ultraschallmessgeräte eingesetzt, die beide Größen gleichzeitig erfassen. Insbesondere in klimatisch kälteren Regionen ist damit eine Heizung der Geräte zum Vermeiden von Vereisung entbehrlich.

Um die tatsächlichen Windverhältnisse im Rotorbereich zu ermitteln, sind Messkampagnen mit entsprechend höheren Messmasten erforderlich. Die Messungen beinhalten in der Regel Intervalle über je 15 min, für die die mittlere, die minimale und die maximale Windgeschwindigkeit sowie die Windrichtung erfasst werden. Ein Zeitjahr umfasst somit mehr als 35.000 Datensätze.

Übliche Zeiträume für Messreihen belaufen sich auf mindestens ein Zeitjahr. Anschließend sind die Daten mit anderen Messungen aus der näheren Umgebung (z. B. Windparks, meteorologische Messstationen) sowie langjährigen Zeitreihen sorgfältig zu vergleichen. Hierzu werden digitale Geländemodelle und daraus abgeleitete Strömungsmodelle (CFD, *computational fluid dynamics*) herangezogen. Der Aufwand ist erforderlich, um die Aussagekraft der Messdaten vor dem Hintergrund kurzzeitiger und saisonaler Fluktuationen der Windgeschwindigkeit beurteilen zu können. Weiterhin ist für diesen Vergleich der Einfluss des Geländeprofils auf die Strömungen aus den verschiedenen Himmelsrichtungen zu beachten.

Bei einer typischen Turmhöhe von 100–150 m und Rotordurchmessern >120 m sind Messungen im Bereich 100–200 m über Grund erforderlich. Die gängige Höhe von Messmasten ist auf 100–200 m begrenzt. Für noch größere Höhen werden bodengestützte Messungen mit laser *(LIDAR, Light Detection And Ranging)* und ultraschallgestützten *(SODAR, Sound Detection And Ranging)* Messsystemen vorgenommen. Anders als bei

Abb. 1.121 Messstation zur Erfassung von Klimadaten. (Foto: Ing.-Büro Synwoldt)

Tab. 1.27 Messgeräte am Messmast

Einbauort	Messgerät	Zweck
Oben rechts	Anemometer	Windgeschwindigkeit
Oben links	Windfahne	Windrichtung
Unten rechts	Pyranometer	Globalstrahlung
Unten mittig	Sonnenscheindauer	Sonnenscheinstunden $t\|G > 120\,\text{W}/\text{m}^2$

den punktuellen Messungen mit Anemometer oder Ultraschallmessgeräten am Mast liefern bodengestützte Messungen Informationen über einen einige Meter umfassenden Bereich. Der störende Einfluss von Messmast und Traverse entfällt. Jedoch verfügen bodengestützte Messungen über eine geringere Genauigkeit. Durch eine Kalibrierung mit Daten von einem nahegelegenen Messmast kann dieses Manko vermieden werden.

1.3 Regenerative Technologien

Abb. 1.122 Lage einer Messstation. (Foto: Ing.-Büro Synwoldt)

1.3.2.5 Windaufkommen

Für eine erste Charakterisierung von Windanlagenstandorten wird häufig die Windgeschwindigkeit im Jahresmittel benannt. Je nach Auslegung der Windenergieanlage und Höhe der Gesamtinvestition sowie den zu erzielenden Umsatzerlösen für die Stromeinspeisung sind mittlere Windgeschwindigkeiten in Nabenhöhe ab $\bar{v} \geq 5\ldots6\,\text{m/s}$ für einen auskömmlichen Betrieb erforderlich.

Investitionen und Kostenvergleiche
Die Sichtweise eines Anlagenvergleichs anhand der spezifischen Investition [€/kW] stammt aus einer bei konventionellen Maschinen zur Energieversorgung (Gas- und Dampfturbinen, Verbrennungskraftmaschinen, etc.) üblichen Betrachtungsweise. Doch auch in diesem Umfeld erweist sich eine auf die Investition verkürzte Betrachtung als problematisch. Selbst wenn von vergleichbaren Laufzeiten und Betriebsbedingungen (Grundlastbetrieb, Fahrplanbetrieb oder Spitzenlastbetrieb) ausgegangen wird, liefern Brennstoffkosten und Wartungsaufwände einen erheblichen

Beitrag zu den Gesamtkosten. Sogar bei Kohlekraftwerken[51] betragen die über die Laufzeit kumulierten Brennstoffkosten ein Mehrfaches der ursprünglichen Investition in die Kraftwerksanlagen. Das gilt bereits bei konstantem Kostenniveau der Brennstoffpreise. Werden zudem Kostensteigerungen berücksichtigt, verliert die initiale Investition immer mehr an Bedeutung.

Bei regenerativen Systemen wie Photovoltaik- und Windenergieanlagen entfällt der Kostenblock für die Brennstoffkosten. Der Betriebsaufwand ist damit konkurrenzlos günstig. Hingegen ist die Höhe der Investition umso entscheidender. Doch auch hier greift ein reiner Kostenvergleich zu kurz. Erst unter Berücksichtigung der jeweils zu erwartenden Erträge kann eine Amortisationsrechnung durchgeführt werden.

Gerade bei Windenergieanlagen sind die regelmäßig zu findenden Vergleiche anhand von spezifischen Investitionen [€/kW] wenig zweckmäßig und zuweilen eher irreführend. Die Problematik speist sich aus mehreren Aspekten, die eine auf die einzelne Windenergieanlage isolierte Betrachtung verbieten. Die Höhe der spezifischen Investition für eine Anlage hat lediglich eine begrenzte Aussagekraft bezüglich der tatsächlichen Kosten über die Betriebszeit und liefert keine Informationen bezüglich der spezifischen Erträge [kWh/kW]. Für die angestrebte Rentabilität einer Investition sind jedoch sämtliche Faktoren entscheidend.

Windenergieanlagen mit groß dimensioniertem Generator verfügen für einen Vergleich anhand der spezifischen Anlageninvestition über eine bessere Ausgangsposition: Durch den größeren Leistungswert im Nenner kommen die niedrigen spezifischen Anlagenkosten zustande. Jedoch ist bei ansonsten gleichen Anlagendimensionen – insbesondere gleicher Rotorgröße – nur in Ausnahmefällen auch mit höheren Erträgen zu rechnen.

Die Investition in die Windenergieanlage ist nur eine Komponente bei den tatsächlichen Kosten. Neben den Anlagen selbst sind auch die weiteren Baukosten für Fundamente, Zuwegungen und Kabeltrassen im Windpark und zur Netzanbindung zu berücksichtigen. Weitere Aufwände entstehen bei der Grundstücksicherung und für Gutachten zum Genehmigungsverfahren. Zudem sind Nebenkosten für Planung und Netzanschluss zu kalkulieren, die mit dem jeweiligen Anlagentyp zusammenhängen. Beispielsweise kann ein Windpark mit 4–5 Anlagen der 2,3 MW-Klasse in aller Regel an das Mittelspannungsnetz angeschlossen werden. Hingegen ist bei leistungsstärkeren 3 oder 4 MW-Anlagen der Netzanschlusspunkt gegebenenfalls an einer weiter entfernten Umspannstation vorzusehen. Die längeren Kabeltrassen führen dann zu Mehrkosten im Bereich von einigen 100.000 €. Auch die Auslegung der einzelnen Komponenten zur Stromübertragung im Windpark (Kabel, Leistungsschalter, Transformatoren) entsprechend der maximalen Leistung der Windenergieanlagen führt zu Mehrkosten – die nicht in den Kosten der Windenergieanlagen allokiert werden.

Bei gleicher Rotorgröße und größerer Generatorleistung ist vielmehr ein höheres Windaufkommen erforderlich, um die höhere Nennleistung auch tatsächlich zu erreichen. Vor allem im Bereich der meist vorherrschenden kleineren und mittleren Windgeschwindigkeiten ist sogar mit geringfügig kleineren Erträgen als bei Anlagen mit niedrigerer Generatorleistung zu rechnen (Abb. 1.153). Da das Windaufkommen jedoch in erster Linie mit der Wahl des Standortes zusammenhängt, ist eine auf den jeweiligen Standort optimierte Auslegung der Windenergieanlage unumgänglich.

Nachdem in der ersten Phase der Windenergienutzung vorzugsweise küstennahe Standorte genutzt wurden, sind mit Ende der 1990er-Jahre auch vermehrt Binnenlandstandorte, insbesondere in der norddeutschen Tiefebene und den Mittelgebirgslagen, im Fokus der Planer. Die

---

[51]Die spezifischen Brennstoffkosten in [€/kWh] sind für (Stein-)Kohle deutlich niedriger als für Erdöl und Erdgas (Abb. 3.6). Die Brennstoffkosten bei Dieselaggregaten im Leistungsbereich 1–5 MW_{el} machen 80–90 % der Gesamtkosten aus – mit weiter steigender Tendenz.

1.3 Regenerative Technologien

Windenergieanlagenhersteller reagieren ihrerseits mit unterschiedlich ausgelegten Anlagenfamilien für die jeweiligen Standorte.

Das Windaufkommen unterliegt jährlichen Schwankungen, wie sie auch bei der Globalstrahlung auftreten. Aufgrund der nichtlinearen Beziehung zwischen Windanlagenleistung und Windgeschwindigkeit ($P_{wind} \propto v_{wind}^3$) wirken sich die Änderungen im Windaufkommen jedoch wesentlich stärker auf die Erträge aus als bei Solaranlagen ($P_{solar} \propto G$) (Abb. 1.123).

Zur Minimierung kommerzieller Risiken sollten Ertrags- und Rentabilitätskalkulationen keinesfalls auf der Basis von Windgeschwindigkeiten im Jahresmittel (auch im langjährigen Mittel!) erfolgen. Stattdessen sollten statistisch abgesicherte Überschreitenswahrscheinlichkeiten (z. B. P75 oder P90) herangezogen werden (Abb. 1.162).

Weitere Details sind hierzu in den folgenden Abschnitten ausgeführt.

Wind zählt wie die solare Einstrahlung zu den fluktuierenden Energieträgern. Dasselbe trifft auch für Wasserkraftwerke zu, jedoch erscheinen bei letzteren die Fluktuationen auf ungleich größeren Zeitskalen: Ein Flusspegel steigt über Stunden und Tage, wohingegen solare Einstrahlung und Windgeschwindigkeit auch im Sekundenbereich variieren.

Aufgrund der in Gl. 1.110 aufgezeigten Proportionalität der Windleistung zur dritten Potenz der Windgeschwindigkeit ist eine Ertragskalkulation, die allein auf der im Jahresmittel anzutreffenden Windgeschwindigkeit fußt, bestenfalls überschlägig möglich. Zudem ist immer auch der Einfluss der Windanlagenkennlinie zu berücksichtigen (Abb. 1.153).

$$P_{wind} \propto v_{wind}^3 \qquad (1.114)$$

$$\Rightarrow E_{wind} \propto v_{wind}^3 \qquad (1.115)$$

$$\nRightarrow E_{wind} \propto \bar{v}_{wind} \qquad (1.116)$$

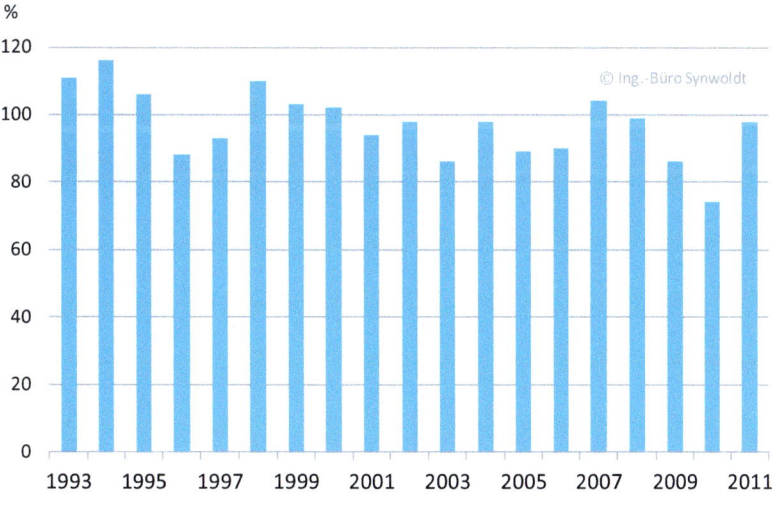

Abb. 1.123 Fluktuation der Windenergieerträge. (Daten: BWE [79])

Die in Gl. 1.115 beschriebene Proportionalität führt zu einem deutlich höheren Beitrag von Zeitintervallen mit hoher Windgeschwindigkeit zum Gesamtertrag (Jahresertrag). Entsprechend wichtig ist die Kenntnis der Windgeschwindigkeitsverteilung.

Eine hierfür erforderliche Verteilungsfunktion lässt sich aus zeitlich hochaufgelösten Datenreihen einer Windmessung aufstellen. Hierzu werden zunächst Windgeschwindigkeitsklassen gebildet, und anschließend wird die Anzahl der Datensätze ermittelt, die in die jeweilige Geschwindigkeitsklasse fallen (Abb. 1.124).

Die Hüllkurve der Verteilungsfunktion kann durch die *Weibull-Verteilung* approximiert werden. Die Weibull-Verteilung ist eine Verteilungsdichtefunktion und beschreibt mit zwei Parametern, dem Skalenparameter A und dem Formparameter k, die Wahrscheinlichkeit, mit der eine Windgeschwindigkeit v auftritt.

$$p(v) = \frac{k}{A} \cdot \left(\frac{v}{A}\right)^{k-1} \cdot e^{-(v/A)^k} \tag{1.117}$$

Der Skalenparameter A ist nicht mit der mittleren Windgeschwindigkeit $\bar{v}$ zu verwechseln. Der Skalenparameter beschreibt einen Wahrscheinlichkeitswert $p(v)$, dass Windgeschwindigkeiten $v > A$ auftreten. Die Wahrscheinlichkeit, dass der Skalenparameter A überschritten wird, liegt bei $e^{-1} = 36{,}8\,\%$. Entsprechend sind $(1 - e^{-1}) = 63{,}2\,\%$ aller Einzelwerte kleiner als der Skalenparameter. Typische Werte des Skalenparameters liegen – je nach Lage des Messpunktes und dessen Höhe über Grund – im Bereich $A = 4\ldots 8\,\text{m/s}$.

Bei der Betrachtung von Abb. 1.125 darf die absolute Höhe der Wahrscheinlichkeit nicht über die wesentliche Aussage hinweg täuschen: Je größer der Skalenparameter A ist, desto mehr Einzelwerte liegen im Bereich höherer Windgeschwindigkeiten.

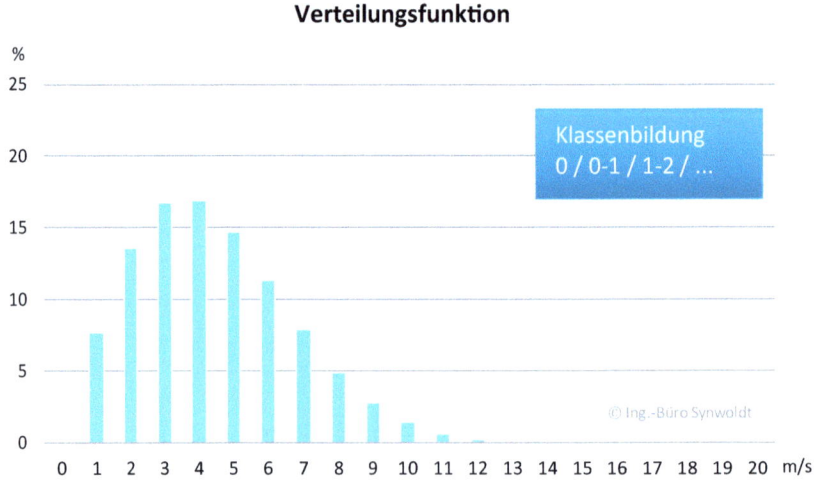

Abb. 1.124 Verteilungsfunktion der Windgeschwindigkeit

1.3 Regenerative Technologien

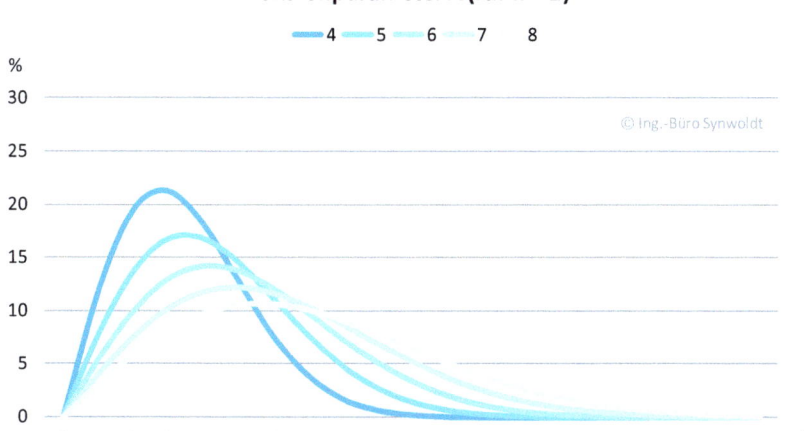

Abb. 1.125 Weibull-Verteilungen mit unterschiedlichem Skalenparameter A

Zwischen der mittleren Windgeschwindigkeit $\bar{v}$ und dem Skalenparameter A gilt die folgende Beziehung:

$$\bar{v} = A \cdot \left[0{,}568 + \frac{0{,}434}{k}\right]^{(1/k)} \quad (1.118)$$

Der Formparameter k bestimmt die Breite der Werteverteilung. Je kleiner der Formfaktor k ist, desto breiter fällt die Streuung der Einzelwerte aus. Typische Werte für den Formfaktor k liegen im Bereich 1,5–2,5. Arktische Regionen tendieren mit Werten um 1 am unteren Ende der Skala. In Mitteleuropa sind meist Werte um 2 anzutreffen. Die Passatwindzonen nördlich und südlich des Äquators weisen besonders gleichmäßige Windverhältnisse mit Werten $k = 3 \ldots 4$ auf.

Aus Abb. 1.126 lässt sich die Relevanz der Verteilung – bei konstantem Skalenparameter – ersehen. Ein langer Auslauf der Verteilungsfunktion bei kleinen Werten für den Formparameter führt zu einer deutlich höheren Anzahl von Zeitintervallen mit besonders hohen Windgeschwindigkeiten. Entsprechend höher fallen die erwarteten Erträge aus.

Für ausgewählte Formparameter geht die Weibull-Verteilung in besondere Verteilungsfunktionen über (Tab. 1.28).

Beispielhaft wird in Abb. 1.127 und 1.128 gezeigt, wie aus den aufgezeichneten Winddaten zunächst Klassen gebildet werden, und wie anschließend das Histogramm durch eine Weibull-Verteilung approximiert wird.

Der Formparameter $k = 3{,}5$ deutet auf einen Standort in der Passat-Windzone hin. Der außergewöhnlich hohe Skalenparameter $A = 9{,}3$ m/s lässt auf sehr hohe Windgeschwindigkeiten, sehr wahrscheinlich in Küstennähe, schließen.

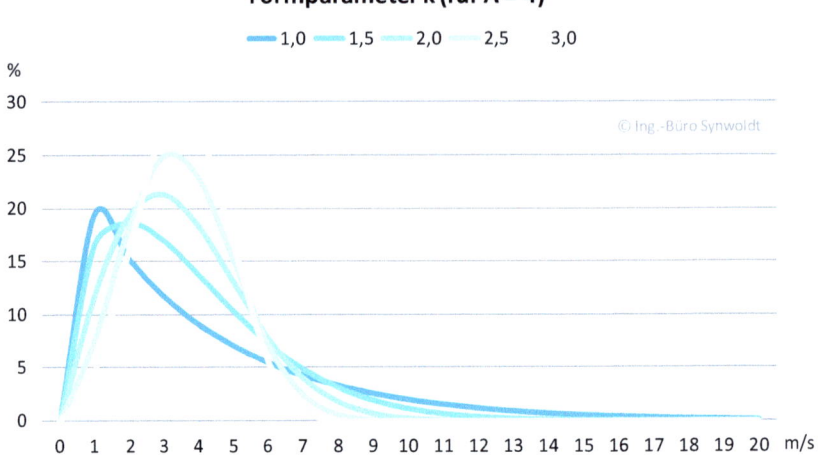

Abb. 1.126 Weibull-Verteilungen mit unterschiedlichem Formparameter k

Tab. 1.28 Einfluss des Formparameters auf die Verteilungsfunktion

Wert	Funktion
$k = 1$	Exponential-Verteilung
$k = 2$	Rayleigh-Verteilung
$k \cong 3{,}602$	Ähnlich zur Normal-Verteilung

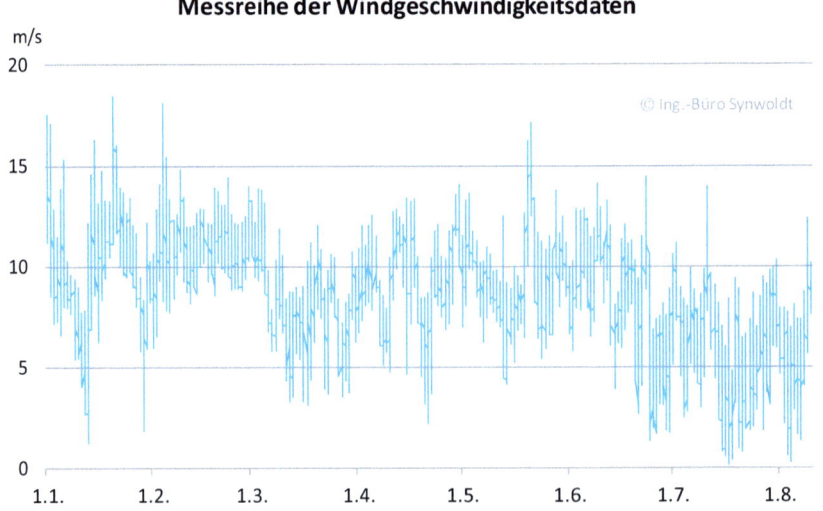

Abb. 1.127 Datenreihe aus Windgeschwindigkeitsmessungen

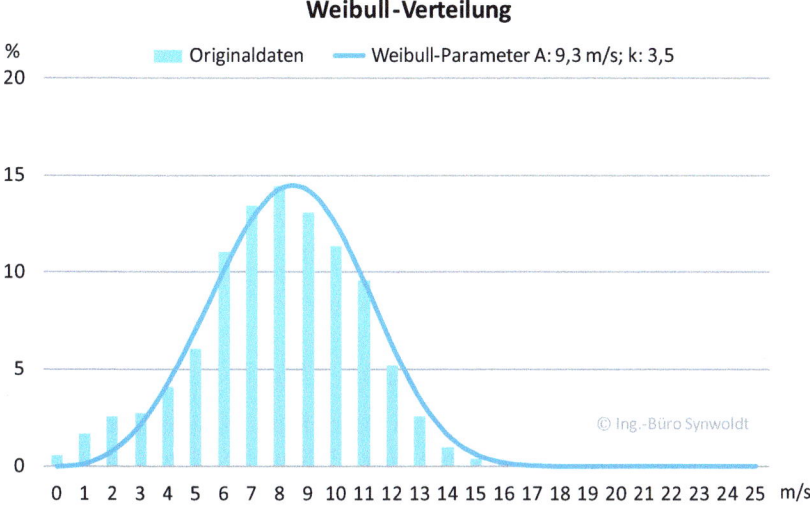

Abb. 1.128 Weibull-Verteilung der gemessenen Windgeschwindigkeit

1.3.2.6 Leistung der Windströmung

Bevor aus der Windgeschwindigkeit die Anlagenerträge ermittelt werden, ist zunächst eine grundsätzliche Frage zu klären: Wie viel Energie kann dem Wind maximal entzogen werden?

Anders als beispielsweise bei einem Fahrzeug, wo die *gesamte* kinetische Energie dem System entzogen werden kann (Stillstand des Fahrzeugs), ist dies bei der Nutzung von Windenergie nicht möglich. Im Gedankenmodell wäre die Analogie eine Windströmung, deren Geschwindigkeit beim Durchtreten der Rotorebene auf Null abgebremst wird. Daran schließt sich jedoch unmittelbar die Frage an, wo die zuvor noch bewegten Luftmassen verbleiben würden?

Aufgrund der Kontinuitätsgleichung ist die Masse der Luft eine Erhaltungsgröße. Konkret: Die Masse der Luft vor, in und hinter der Rotorebene ist konstant. Weiterhin ist im betrachteten Geschwindigkeitsbereich $v_{wind} = 0 \ldots 20\,\text{m/s}$ davon auszugehen, dass die Luft inkompressibel ist.[52] Eine Verdichtung des Volumens zugunsten der Massenerhaltung ist daher auszuschließen.

Weiterhin würde ein Reduzieren der Strömungsgeschwindigkeit bis auf Null eine Blockade der Strömung bedeuten, wie sie beispielsweise vor einem ausgedehnten Objekt (Hauswand, Waldrand, Bergmassiv) auftritt. In solchen Fällen wird das Hindernis umströmt (Abb. 1.118). Mit anderen Worten, ein Entzug kinetischer Energie in der Ebene des Hindernisses wäre, falls überhaupt, nur minimal möglich.

---

[52]Erst in Bereichen $v \geq 100\,\text{m/s}$ ist Luft kompressibel. Die Schallgeschwindigkeit in trockener Luft liegt bei $v_{schall} = 343\,\text{m/s}$.

Damit gelten folgende Beziehungen für die Luftmasse bzw. den Massenstrom:
[m: Luftmasse im Massenstrom; ρ: Dichte der Luft; V: Luftvolumen; v: Windgeschwindigkeit]

$$m = \rho \cdot V = \rho \cdot A \cdot s \qquad (1.119)$$

$$\dot{m} = \rho \cdot \dot{V} = \rho \cdot A \cdot v \qquad (1.120)$$

Wegen der Inkompressibilität der Luft ist (Abb. 1.129)

$$v \ll v_{\text{schall}} | \rho = \text{const.} \qquad (1.121)$$

$$v = 0{,}3 \cdot v_{\text{schall}} | \Delta \rho < 5\,\% \qquad (1.122)$$

Aufgrund der Massenerhaltung gilt für jeden Querschnitt der Stromlinien (Index 1: vor der Rotorebene, Index 2: in der Rotorebene, Index 3: hinter der Rotorebene)

$$v_1 \cdot A_1 = v_2 \cdot A_2 = v_3 \cdot A_3 \qquad (1.123)$$

Hieraus resultiert die Notwendigkeit für eine Strömungsaufweitung hinter dem Rotor. Um einen konstanten Massenstrom sicherzustellen, ist bei verringerter Strömungsgeschwindigkeit (als Konsequenz der Entnahme von kinetischer Energie) eine größere Querschnittsfläche erforderlich.

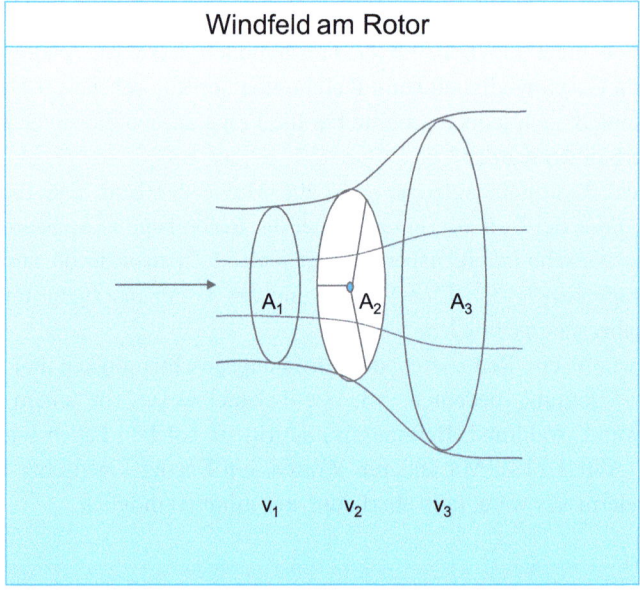

Abb. 1.129 Windfeld am Rotor

1.3 Regenerative Technologien

Windleiteinrichtungen zur Optimierung von Windrotoren

Der überragende Einfluss der Windgeschwindigkeit auf die Leistung des anströmenden Windes und damit des Antriebs für Rotorsysteme ist immer wieder Anlass, trichterförmige Konstruktionen als Windleiteinrichtungen zu implementieren.

Aufgrund der beschriebenen Strömungsaufweitung sind Windleiteinrichtungen, die auf einen Düseneffekt ähnlich der Venturi-Düse abzielen, jedoch zum Scheitern verurteilt. Anders als bei der Venturi-Düse in einem *druckdicht geschlossenen* System handelt es sich bei Windrotoren um *frei angeströmte* Systeme. Die Inkompressibilität der Luft führt zu einem Umströmen von Hindernissen – nicht zur gewünschten Druck- beziehungsweise Geschwindigkeitserhöhung in der Rotorebene. Damit wird, gerade durch die Windleiteinrichtung, eine *geringere* Durchströmung der Rotorebene verursacht.

Sollen Windleiteinrichtungen einen positiven Beitrag zur Leistung von Rotoren erbringen, so ist die Strömungsaufweitung im Nachlauf der Schlüssel. Ähnliche konstruktive Merkmale weisen auch Wasserturbinen auf. In beiden Fällen lautet das Prinzip: Wie lässt sich die *aufgrund des Entzugs von kinetischer Energie* verlangsamte Strömung möglichst so abführen, dass es zu keinem Rückstau im System kommt, der den Rotorbetrieb beeinträchtigt.

Anhand der Vorüberlegungen lässt sich die zuvor aufgeworfene Frage konkretisieren: Wie viel Leistung kann der Luftströmung maximal entzogen werden?

Mit Gl. 1.110 gilt dann für die der Luftströmung maximal zu entziehende Leistung P_{ent}

$$P_{ent} = \dot{E}_{ent} \tag{1.124}$$

Durch Einsetzen von Gl. 1.120

$$E_{ent} = \frac{1}{2} \cdot m \cdot v_1^2 - \frac{1}{2} \cdot m \cdot v_3^2 = \frac{1}{2} \cdot m \cdot \left(v_1^2 - v_3^2\right) \tag{1.125}$$

ergibt sich

$$P_{ent} = \frac{1}{2} \cdot \rho \cdot A \cdot \left(v_1^2 - v_3^2\right) \cdot v_2 \tag{1.126}$$

In diesem Ausdruck werden nun zwei Vereinfachungen vorgenommen: Für die Strömungsgeschwindigkeit in der Rotorebene kann in guter Näherung der Mittelwert aus der Geschwindigkeit vor und hinter dem Rotor angesetzt werden.

$$v_2 = \frac{1}{2} \cdot (v_1 + v_3) \tag{1.127}$$

Weiterhin lässt sich durch

$$x = v_3/v_1 \tag{1.128}$$

mit $0 \leq x \leq 1$ Gl. 1.126 umformen:

$$P_{ent}(x) = \frac{1}{4} \cdot \rho \cdot A \cdot v_1^3 \cdot \left(1 + x - x^2 - x^3\right) \tag{1.129}$$

Das gesuchte Maximum findet sich an der Nullstelle der ersten Differentiation, sofern die zweite Differentiation an dieser Stelle einen Wert kleiner Null liefert.

$$\max(P_{\text{ent}}(x)) \Rightarrow \dot{P}_{\text{ent}}(x) = 0 \wedge \ddot{P}_{\text{ent}}(x) < 0 \tag{1.130}$$

Mit der Vereinfachung

$$k = \frac{1}{4} \cdot \rho \cdot A \cdot v_1^3 \tag{1.131}$$

wird Gl. 1.129 zu

$$P_{\text{ent}}(x) = k \cdot \left(1 + x - x^2 - x^3\right) \tag{1.132}$$

und die erste Ableitung

$$\dot{P}_{\text{ent}}(x) = 0 = k \cdot \left(1 - 2x - 3x^2\right) \tag{1.133}$$

Durch Umstellen ergibt sich die Nullstelle der Funktion bei

$$x = 1/3 \tag{1.134}$$

Durch Einsetzen der Nullstelle in die zweite Ableitung

$$\ddot{P}_{\text{ent}}(x) = k \cdot (-2 - 6x) \tag{1.135}$$

$$\ddot{P}_{\text{ent}}(x = 1/3) = k \cdot (-4) \tag{1.136}$$

Mit $k > 0$ ist die zweite Ableitung an der Stelle $x = 1/3$, wie gefordert, negativ. Durch Einsetzen von Gl. 1.134 in Gl. 1.129 wird damit

$$\max(P_{\text{ent}}) = \frac{1}{2} \cdot \rho \cdot A \cdot v_1^3 \cdot \frac{16}{27} \tag{1.137}$$

Die Schreibweise in Gl. 1.137 weist eine große Ähnlichkeit mit Gl. 1.110 auf. Der Quotient aus der Luftströmung entnommener Leistung zur Leistung des anströmenden Windes ergibt den Leistungskoeffizienten c_p von Windenergieanlagen.

$$c_p = P_{\text{ent}}/P_{\text{wind}} \tag{1.138}$$

$$c_{p,\max} = \left(\frac{1}{2} \cdot \rho \cdot A \cdot v_1^3 \cdot \frac{16}{27}\right) / \left(\frac{1}{2} \cdot \rho \cdot A \cdot v_1^3\right) \tag{1.139}$$

$$c_{p,\max} = \frac{16}{27} = 59{,}26\,\% \tag{1.140}$$

Das Ergebnis nach Gl. 1.140 wird als Betz-Limit bezeichnet. Es gibt die theoretische, maximal mögliche Leistungsentnahme bei *freier Anströmung* eines Rotors an. Reale Windrotoren erreichen Leistungskoeffizienten im Bereich $c_p = 0{,}35\ldots 0{,}45$. Mantelturbinen

1.3 Regenerative Technologien

in geschlossenen und druckdichten Rohrsystemen sind von dieser Betrachtung nicht betroffen. Sie können Leistungskoeffizienten auch jenseits des Betz-Limits erreichen.

Bildhaft lässt sich das Ergebnis folgendermaßen interpretieren. Das Maximum der Leistungsentnahme aus der Luftströmung wird erreicht, wenn die Strömung im Nachlauf des Rotors eine Geschwindigkeit von einem Drittel der anströmenden Luft aufweist. Durch Einsetzen in Gl. 1.125 ergibt sich damit eine theoretische maximale Entnahme von $8/9 = 89\,\%$ der kinetischen Energie aus der anströmenden Luft. Die aus der verminderten Geschwindigkeit resultierende Aufweitung der Strömung reduziert die erzielbare Leistung auf zwei Drittel dieses Wertes: $2/3 \cdot 8/9 = 16/27 = 59\,\%$.

1.3.2.7 Anlagenbetrieb

Bereits mehrfach wurde die Proportionalität der Windleistung zur dritten Potenz der Windgeschwindigkeit thematisiert. Diese Gesetzmäßigkeit spielt auch beim Betrieb von Windenergieanlagen eine entscheidende Rolle.

Analog zu Solaranlagen, deren Ausgangsleistung von der aktuellen solaren Bestrahlungsstärke abhängt, wird die Leistung von Windenergieanlagen maßgeblich durch die jeweilige Windgeschwindigkeit bestimmt. Dabei werden verschiedene Windgeschwindigkeitsbereiche unterschieden (Tab. 1.29).

Hervorzuheben sind die Unterschiede zwischen Teil- und Volllastbetrieb. Während im Teillastbetrieb der bestmögliche Leistungskoeffizient gesucht wird, um die maximale Ausbeute zu erzielen, sind im Volllastbetrieb die Generatorleistung sowie die konstruktive Auslegung der Windenergieanlage und ihrer Komponenten maßgeblich. Ein 3 MW-Generator kann nur bis maximal 3 MW belastet werden. Damit ist eine höhere Leistungsentnahme ausgeschlossen, selbst wenn die Windbedingungen dies zulassen würden. Die Windgeschwindigkeit, bei der die Windenergieanlage ihre Nennleistung erreicht, wird als Nennwindgeschwindigkeit bezeichnet. Neben der Generatorleistung ist dies die zweite wesentliche Größe zur technischen Beschreibung einer Windenergieanlage. Die beiden weiteren Parameter sind Rotordurchmesser und Nabenhöhe. Sie werden später näher erläutert.

Tab. 1.29 Windanlagenbetrieb in Abhängigkeit von der Windgeschwindigkeit

Randbedingung	Typ. Werte für v_{wind}	Bemerkung
$v_{wind} < v_{cut0in}$	0…3 m/s	Anlagenstillstand aufgrund zu geringer Windgeschwindigkeit
$v_{cut0in} \leq v_{wind} < v_{nom}$	3–11…15 m/s	Teillastbetrieb; Rotor und Antriebsstrang arbeiten mit maximalem Leistungskoeffizienten c_p
$v_{nom} \leq v_{wind} < v_{cut0off}$	11…15–20…25 m/s	Volllastbetrieb; die dem Wind entzogene Leistung wird durch aerodynamische Maßnahmen reduziert
$v_{cut0off} \leq v_{wind}$	>20…25 m/s	Anlagenstillstand aufgrund zu hoher Windgeschwindigkeit

Aus der Windleistung nach Abb. 1.130 ergeben sich die verschiedenen Bereiche der Rotorkennlinie in Abb. 1.131.

In der Konsequenz führt die Leistungsgrenze des Generators dazu, dass der Rotor bei hohen Windgeschwindigkeiten nur einen Teil der Windleistung umsetzen darf. Andernfalls würde die Anlage überlastet und im schlimmsten Fall der Generator *durchgehen*. Die dauerhafte Leistungsminderung mittels einer Betriebsbremse ist keine Option, da zu höheren Windgeschwindigkeiten enorme Antriebsleistungen auf den Rotor wirken (Abb. 1.130).

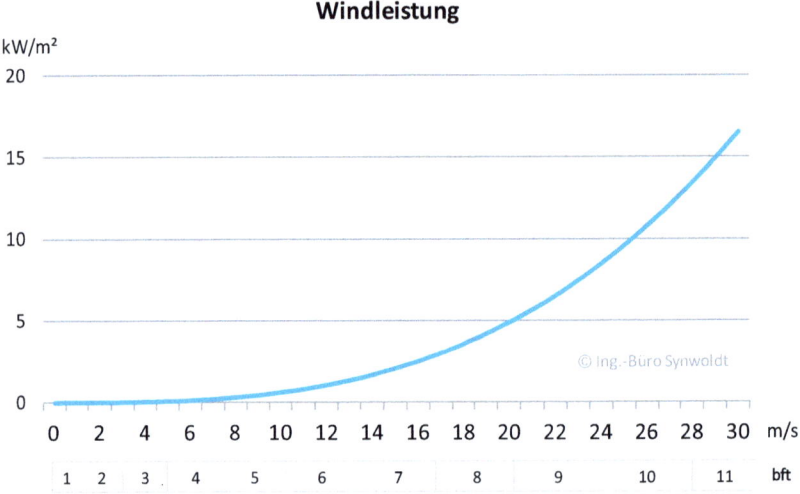

Abb. 1.130 Windleistung

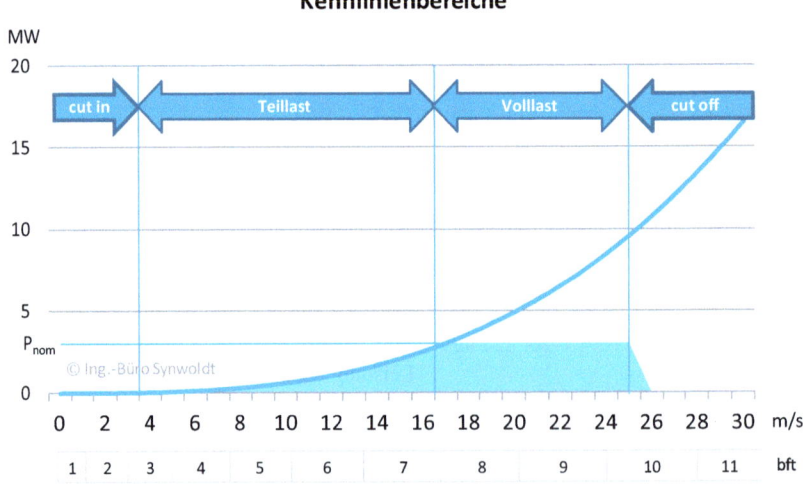

Abb. 1.131 Kennlinienbereiche einer Windenergieanlage

Durch die Energiewandlung im Generator – das Drehmoment der Rotorhauptwelle wird entweder direkt oder über ein Getriebe in elektrische Energie umgesetzt – wird der Rotor bis zur Nennleistung des Generators abgebremst. Die Steuerung des Rotorsystems erfolgt daher auf zwei Wegen:

- Die Steuerung der Generatorleistung
  Eine höhere Leistungsabgabe ans Stromnetz stellt eine höhere Last für den Antriebsstrang dar und bremst den Rotor. Diese Steuerungsmöglichkeit ist für Windgeschwindigkeiten bis zur Nennwindgeschwindigkeit anwendbar. Da die Ansteuerung über eine Leistungselektronik erfolgt, kann im Bereich von Millisekunden reagiert werden. Die Massenträgheit des Rotorsystems ist zu beachten.
- Die Aerodynamik des Rotors
  Ein Verfahren der Rotorblätter um ihre Längsachse (*pitch*, vgl. im folgender Abschnitt) in bzw. aus dem Wind erhöht/reduziert die Leistungsentnahme. Damit kann auch oberhalb der Nennwindgeschwindigkeit der Betrieb aufrechterhalten werden, ohne den Generator zu überlasten. Das motorische Verfahren der mehrere Tonnen schweren Rotorblätter um ihre Längsachse führt zu einem trägeren Ansprechverhalten (typisch: 2–5 s). Um beispielsweise auf eine Böe rechtzeitig reagieren zu können, muss das Windfeld in einer Entfernung von 50–100 m vor dem Rotor gemessen werden.
  Ein in den 1980er- und 1990er-Jahren häufig angewandtes Verfahren zum Reduzieren der Leistungsentnahme durch einen Strömungsabriss am Rotor *(stall)* wird bei modernen Konstruktionen kaum noch eingesetzt.

1.3.2.8 Aerodynamik – Auftriebseffekt

Bei den Rotoren von Windenergieanlagen wird zwischen Auftriebs- und Widerstandsläufern unterschieden. Zunächst soll hier der Auftriebseffekt *(lift)*, anschließend der Widerstandseffekt *(drag)* betrachtet werden (Abb. 1.132).

Auftriebsläufer nutzen die Auftriebskraft, die aerodynamisch geformte Profile orthogonal zur Anströmung erfahren (Gl. 1.144).

NACA-Profile

Für sämtliche hier beschriebenen Beispiele wird ein Standardprofil NACA 8412 herangezogen. Die NACA-Profile wurden durch das *National Advisory Committee for Aeronautics*, einer Vorgängerinstitution der NASA *(National Aeronautics and Space Administration)*, zur einheitlichen Beschreibung von Profilen für Flugzeugtragflächen entwickelt.

Der Zahlencode liefert direkte Informationen zur Profilgeometrie. Bei vierstelligen Codes gilt die Zuordnung nach Tab. 1.30 (Abb. 1.133).

Das NACA 8412 Profil verfügt somit über folgende Geometriedaten:

maximale Wölbung f/t	8 % der Profiltiefe,
Wölbungsrücklage x_f/t	40 % der Profiltiefe,
maximale Dicke d/t	12 % der Profiltiefe,
Dickenrücklage x_d/t	bei allen vierstelligen NACA-Profilen bei 30 % der Profiltiefe

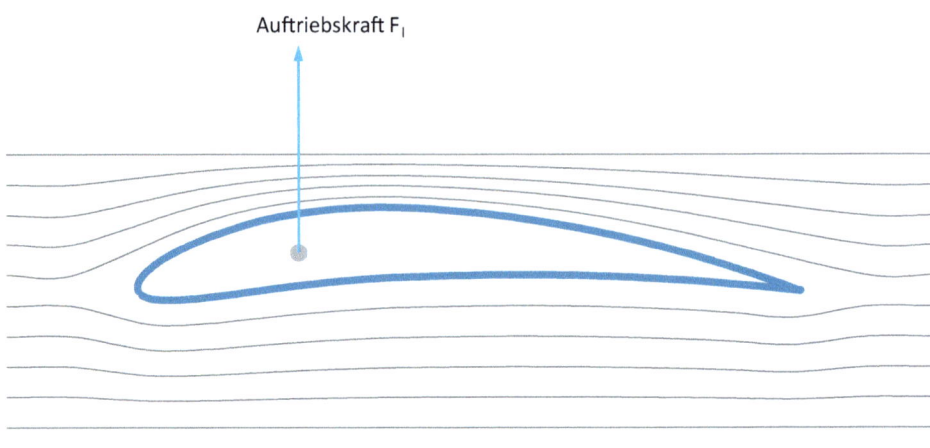

Abb. 1.132 Dynamischer Auftrieb an aerodynamischen Profilen. (Profildaten: Javafoil, Martin Hepperle, http://www.mh-aerotools.de)

Tab. 1.30 Vierstellige NACA-Codes

Stelle im Code	Geometrieparameter	Bezug zur Länge der Profilsehne (Profiltiefe)
1. Ziffer	Maximale Profilwölbung	In Prozent
2. Ziffer	Wölbungsrücklage	In Zehnteln
3. + 4. Ziffer	Maximale Profildicke	In Prozent

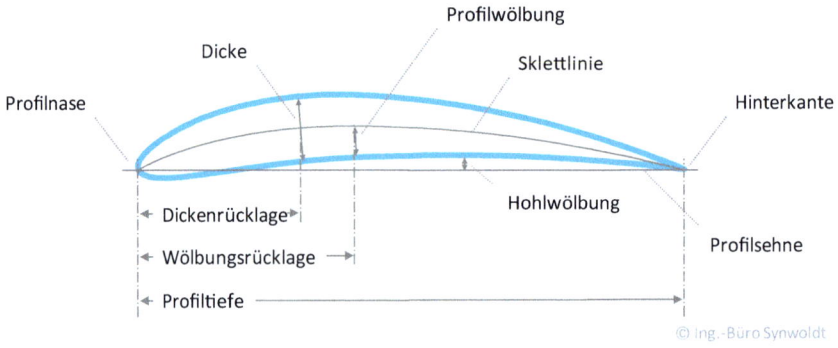

Abb. 1.133 Profilparameter. (Profildaten: Javafoil, Martin Hepperle, http://www.mh-aerotools.de)

Bei Flugzeugtragflächen ist es durchaus üblich, dass die Profilform nicht über die gesamte Spannweite konstant ist. Bei Rotorblättern für Windenergieanlagen mit horizontaler Drehachse ist es aus aerodynamischen Erwägungen erforderlich, mit einem sich längs des Rotorblatts ändernden Profil zu arbeiten, um für jeden Punkt entlang des Rotorblatts unabhängig von der Umlaufgeschwindigkeit dieselbe Anströmung zu erreichen (Abb. 1.136).

1.3 Regenerative Technologien

Am Beispiel von Flugzeugtragflächen soll das Prinzip verdeutlicht werden (Abb. 1.132). Die Strömung teilt sich an der Profilnase auf. Wegen des Massenerhalts gilt für die Luftmasse jeweils vor und hinter sowie in der Ebene des Profils:

[Index 1: vor dem Profil, Index 2: in der Ebene des Profils, Index 3: hinter dem Profil]

$$m_1 = m_2 = m_3 \tag{1.141}$$

Aufgrund der aerodynamischen Formgebung des Profils kommt es auf der Profiloberseite zu einer Verdichtung der Stromlinien. Bildlich gesprochen müssen hier die Luftmassen einen kleineren Querschnitt passieren als an der Unterseite. Wegen der Inkompressibilität der Luft (Gl. 1.121) kann dies nur durch eine größere Geschwindigkeit der Luftmassen geschehen. Nach dem 1. Hauptsatz der Thermodynamik (Energieerhaltungssatz) und der Bernoulli-Gleichung hat die Geschwindigkeitserhöhung eine Druckreduzierung zur Folge:

[ρ: Dichte der Luft; v: Strömungsgeschwindigkeit; p: (dynamischer) Druck]

$$\frac{v^2}{2} + \frac{p}{\rho} = \text{const.} \tag{1.142}$$

Auf der Tragflächenoberseite herrscht wegen $v_1 < v_2$ somit ein Unterdruck $p_1 > p_{2,o}$, auf der Unterseite ein – in absoluten Werten betrachtet – geringerer Überdruck $p_1 < p_{2,u}$. Beides führt zum Auftreten einer dynamischen Auftriebskraft F_l senkrecht zur Anströmung.

Die Auftriebskraft F_l *(lift)* wird durch den folgenden Zusammenhang beschrieben:

[F_l: Auftriebskraft, c_l: Auftriebskoeffizient, A_l: für den Auftrieb wirksame Oberfläche, ρ: Dichte der Luft]

$$F_l = c_l \cdot \frac{1}{2} \cdot \rho \cdot A_l \cdot v^2 \tag{1.143}$$

$$F_l \perp v \tag{1.144}$$

Der Auftriebskoeffizient c_l von aerodynamisch geformten Profilen ist abhängig vom Anstellwinkel des Profils in Bezug zur Anströmung. Damit besteht eine nahezu leistungslose Möglichkeit zur Steuerung der Auftriebskraft und in der Folge zur Leistungssteuerung von Windenergieanlagen. Ein Anstellen der Profilnase bewirkt einen, wenn auch geringen, Druck auf die Profilunterseite, der jedoch nur einen minimalen Beitrag liefert. Wesentlicher ist eine weitere Verdichtung der Stromlinien auf der Profiloberseite.

Aus der Kennlinie[53] in Abb. 1.134 ist über einen Winkelbereich bis $\alpha < 13°$ eine Zunahme des Auftriebskoeffizienten zu sehen. Bei Überschreiten eines für das jeweilige Profil typischen, maximalen Anstellwinkels nimmt der Auftriebskoeffizient mehr oder

---

[53]Die Kennlinie des Auftriebskoeffizienten für das Tragflächenprofil NACA 8412 ist für eine Reynoldszahl von $Re = 10^5$ bestimmt. Diese Größenordnung kann für typische Größenordnungen von Windenergieanlagenrotoren und der kinematischen Viskosität von Luft als charakteristisch angesehen werden. Für Flugzeuge wäre, insbesondere wegen des höheren Geschwindigkeitsbereichs, mit $Re = 10^7$ zu rechnen.

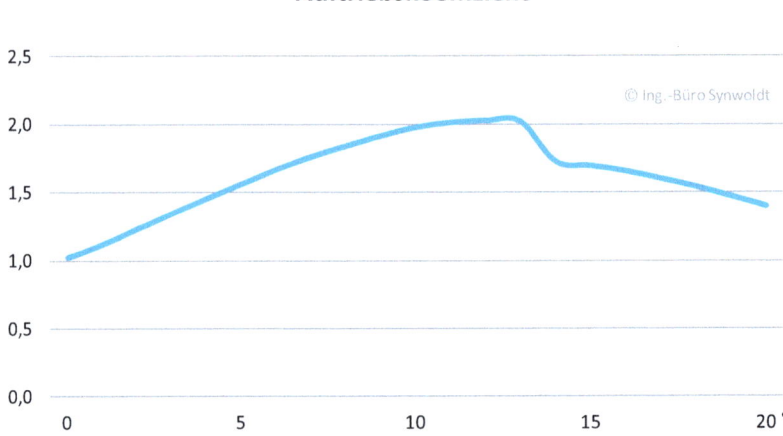

Abb. 1.134 Auftriebseffekt in Abhängigkeit vom Anstellwinkel des Profils. (Daten: Javafoil, Martin Hepperle, http://www.mh-aerotools.de)

weniger schlagartig niedrigere Werte an. In der Luftfahrt wird dieser Effekt als *Stalleffekt (stall,* Strömungsabriss) bezeichnet. Physikalisch liegt dem Rückgang des Auftriebskoeffizienten ein Strömungsabriss an der Tragfläche – beginnend von der Hinterkante des Tragflächenprofils – zugrunde. Je nach Tragflächenprofil kündigt sich das zu steile Anstellen (Überreißen) eines Flugzeugs durch Vibrationen, hervorgerufen durch Turbulenzen an der Hinterkante der Tragflächen, an. Auch für die Steuerung von Windenergieanlagen wurde und wird der Stalleffekt genutzt.

- Ältere Windenergieanlagen im Leistungsbereich $P_n < 1\,\mathrm{MW}$ verfügen in der Regel über starre Rotorblätter. Bei zu hoher Windgeschwindigkeit verändert sich der Anströmvektor (Abb. 1.136) zu einem steileren Anströmwinkel, sodass es schließlich zu einem Strömungsabriss kommt *(passive stall).* Hierdurch wird die Leistungsaufnahme aus dem Wind begrenzt. Nachteilig ist jedoch die hohe Strukturbelastung von Rotor, Turmkopf und Turm aufgrund der durch den Strömungsabriss ausgelösten Turbulenzen. Die Vibrationen führen zudem zu einer erhöhten Geräuschemission.
- Einige moderne Windenergieanlagen nutzen den Stalleffekt durch aktives Verfahren der Rotorblätter in den Stallbereich des Auftriebskoeffizienten *(active stall).*

Gebräuchlicher ist jedoch ein in beziehungsweise aus dem Wind Drehen der Rotorblätter, um den Auftriebskoeffizienten zu variieren *(pitch):*

- Für den Anlagenstillstand werden die Rotorblätter in Segelstellung gebracht. Die minimale Angriffsfläche für den Wind reduziert – insbesondere bei hohen Windgeschwindigkeiten – die Strukturbelastung.

1.3 Regenerative Technologien

- Beim Rotorstart ist die maximale Unterstützung durch die Schubkraft des Windes gefragt.
- Im Teillastbetrieb $v_{cut0in} < v_{wind} < v_{cut0off}$ wird die maximale Ausbeute durch den höchstmöglichen Auftriebskoeffizienten erzielt. Die Rotorblätter werden in den Wind gedreht.
- Oberhalb der Nennwindgeschwindigkeit $v_{cut0off} < v_{wind}$ wird der Auftriebskoeffizient durch das Reduzieren des Anstellwinkels zurückgenommen, um eine Überlastung des Antriebsstrangs zu verhindern.

Der bislang betrachtete Fall für Flugzeugtragflächen verfügt über einen wesentlichen Unterschied zu den rotierenden Rotorblättern von Windenergieanlagen. Aufgrund der hohen Geschwindigkeit des Flugzeugs kann mit guter Näherung regelmäßig von einer senkrechten Anströmung auf die Profilnase ausgegangen werden. Aus der Drehbewegung des Windanlagenrotors und der dazu senkrechten Anströmung ist jedoch der resultierende Windvektor $\vec{v}_{result}$ maßgeblich (Abb. 1.135).

Durch die resultierende Anströmung wird eine orthogonale Auftriebskraft $F_{l,res}$ wirksam (Gl. 1.143 und 1.144). Für den Antrieb der Windenergieanlage liefert jedoch nur die Tangentialkomponente der resultierenden Auftriebskraft einen Beitrag. Die auf den Rotor wirkenden Druckkräfte F_d (Widerstandskraft) führen zu Biegemomenten auf die Rotorblätter und entsprechenden dynamischen Lasten auf den Antriebsstrang und den Turmkopf. Durch die aerodynamische Optimierung des Rotorblattprofils, d. h. ein Reduzieren des Widerstandskoeffizienten c_d – u. a. durch schlanke Profile –, kann diese Querkomponente verringert werden.

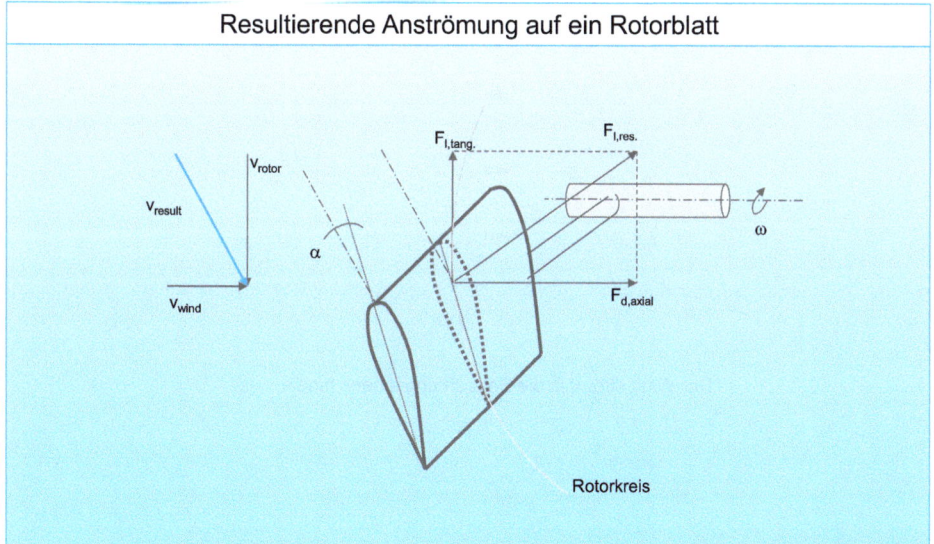

Abb. 1.135 Resultierende Anströmung bei Windenergieanlagen mit horizontaler Drehachse

Weiterhin ist zu beachten, dass jeder Punkt längs des Rotorblatts bei konstanter Rotordrehzahl eine andere Umlaufgeschwindigkeit erfährt. Hieraus resultieren für jeden Punkt unterschiedliche Anströmungsvektoren und in der Folge auch unterschiedliche Auftriebskräfte. Um dieser Schwierigkeit zu begegnen und eine gleichmäßige Kraftwirkung auf das Rotorblatt zu erzielen, wird durch eine konstruktiv implementierte Torsion des Rotorblatts der Auftriebskoeffizient derart variiert, dass längs des Rotorblatts eine gleichmäßige Auftriebskraft wirkt (Abb. 1.136).

Weiterhin ist zu bedenken, dass die Anströmung der um eine horizontale Achse rotierenden Rotorblätter grundsätzlich von vorne erfolgen muss. Dementsprechend ist ein Ausrichten des Turmkopfes in die jeweilige Windrichtung erforderlich. Je nachdem, ob die Arbeitslage des Rotors vor oder hinter dem Mast ist, wird von Luv- und Leeläufern gesprochen (Abb. 1.137).

Die meisten Anlagen sind Luvläufer, da die Anströmung vor dem Mast weniger turbulent ist. Ansonsten erleidet der Rotor bei jedem Mastdurchgang einen Strömungsabriss. Problematisch ist das Durchbiegen der Rotorblätter: Der Kontakt mit dem Mast muss unbedingt verhindert werden. Aus diesem Grund ist der Turmkopf um einige Grad nach oben gekröpft, um für die untere Rotorhälfte einen größeren Abstand zum Turm zu erzielen.

Die Drehrichtung der Rotoren ist prinzipiell beliebig, jedoch werden in aller Regel rechtsdrehende Rotoren konstruiert (Abb. 1.138). Die Drehrichtung spielt weniger für

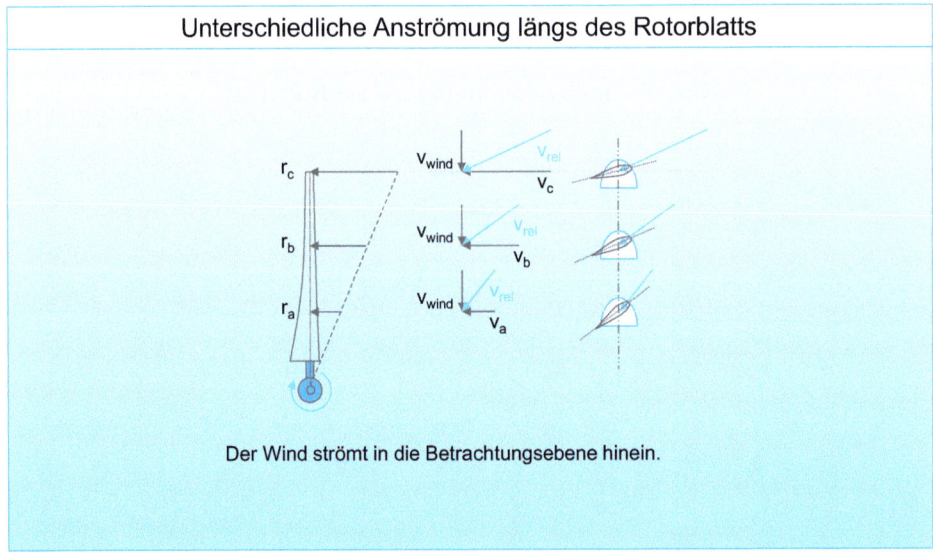

Abb. 1.136 Torsion des Rotorblatts zur gleichmäßigen Anströmung

1.3 Regenerative Technologien

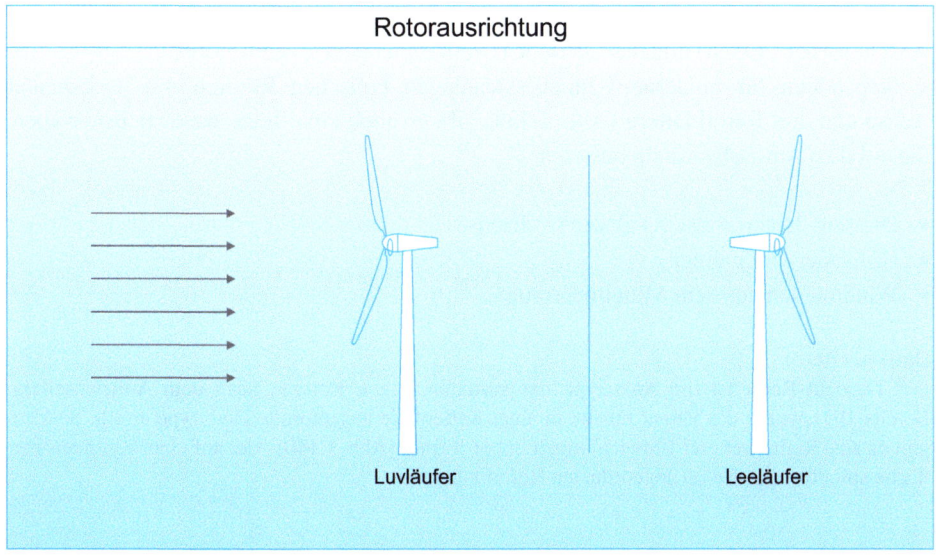

Abb. 1.137 Luv- und Leeläufer

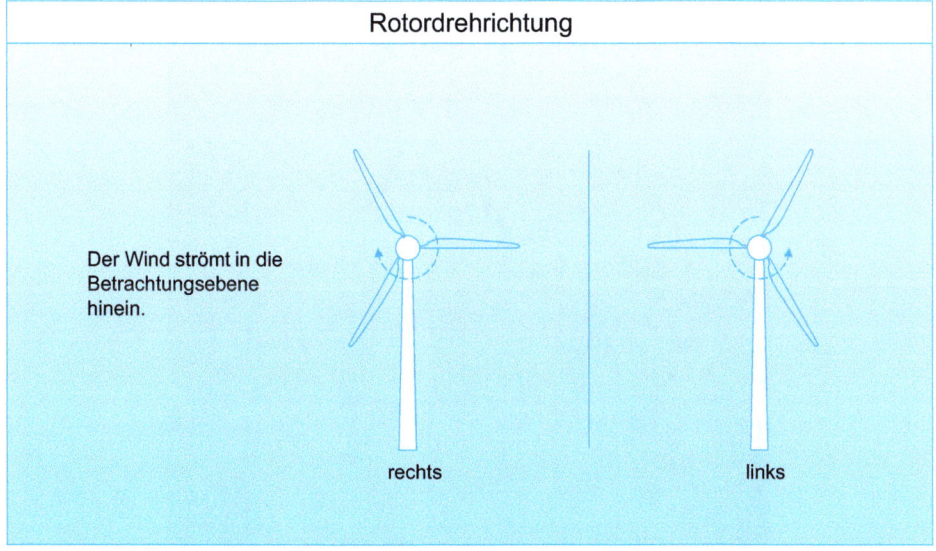

Abb. 1.138 Rechts- und Linksläufer

den Rotor (spiegelverkehrte Geometrie) als für den Generator (Drehsinn des Feldes und Anschluss der Phasen) und das Getriebe (Drehmomentstütze) eine Rolle.

Neben den für moderne Windenergieanlagen typischen Rotoren mit horizontaler Achse und drei Rotorblättern (Abb. 1.139) gibt es noch eine Reihe weiterer Rotortypen, die auf dem Auftriebsprinzip basieren:

- Darrieus-Rotoren mit vertikaler Drehachse,
- Holländerwindmühlen,
- Windmühlen aus dem Mittelmeerraum.

Darrieus-Rotor

Der Darrieus-Rotor ist die Archetype der vertikalachsigen Rotoren nach dem Auftriebseffekt. Bereits 1931 wurde das Patent für die in einer Kettenlinie ausgeformte Rotortype erteilt. Seitdem gibt es eine Reihe weiterer Entwicklungen mit H-förmig (Abb. 1.140) oder auf einer Zylinderoberfläche spiralförmig *(Helix)* angeordneten Rotorblättern.

Abb. 1.139 Horizontalachsige Windenergieanlage. (Quelle: Ing.-Büro Synwoldt)

1.3 Regenerative Technologien

Abb. 1.140 Vertikalachsiger H-Darrieus-Rotor. (Quelle: Dietmar Rabich, rabich.de, wikimedia, cc by-sa 4.0)

Das besondere Merkmal der Basisentwicklung ist, dass die Rotorblätter in Form einer Kettenlinie aufgrund der Zentrifugalkraft ausschließlich Zugspannungen und keiner Biegebeanspruchung ausgesetzt sind. Diese Randbedingung gilt für H- und Helix-Rotoren nicht.

Rotoren mit nur zwei Rotorblättern sind konstruktiv einfacher darstellbar, verfügen jedoch über einen längs der Umdrehung ungleichmäßigen Drehmomentenverlauf. Dies führt zu Vibrationen und dynamischen Strukturbelastungen. Bei höherer Blattzahl wird der Lauf gleichmäßiger, allerdings sind die in Tab. 1.31 aufgeführten Randbedingungen (u. a. Schnelllaufzahl, Solidität) zu beachten. Durch eine spiralförmige Anordnung der Rotorblätter wird der Drehmomentenverlauf deutlich beruhigt, was auch vibrationsbedingte Geräuschemissionen mindern hilft.

Wie nahezu sämtliche Rotoren nach dem Auftriebsläufer-Prinzip verfügen auch Darrieus-Rotoren in der Regel über keinen Selbstanlauf und benötigen eine Anlaufhilfe. Gängigste Variante ist ein motorischer Betrieb des Generators, bis der Rotor eine gewisse Drehzahl erreicht hat. Wie aus Abb. 1.135 ersichtlich, ist die Rotation eine notwendige Voraussetzung, um einen Auftriebseffekt zu erzielen. Aufgrund der schlanken Rotorblattprofile ist, selbst bei einer entsprechenden, variablen Blattausrichtung am H-Darrieus, nur in Ausnahmefällen mit einer für einen Selbstanlauf ausreichenden Druckkraft zu rechnen (Abschn. 1.3.2.9). Andere Anlaufhilfen – insbesondere bei älteren Konstruktionen wie der Holländerwindmühle – sind Klappen und Segel (Abb. 1.141).

Die Charakterisierung von Windrotoren erfolgt über eine Reihe von aerodynamischen Kennwerten (Tab. 1.31).

Tab. 1.31 Aerodynamische Charakterisierung von Rotoren

Parameter	Symbol	Bemerkung
Schnell-laufzahl	$\lambda = u/v$ Mit $u = \pi \cdot d \cdot n$	Die Schnelllaufzahl wird aus dem Quotienten von der Umlaufgeschwindigkeit der Rotorblattspitzen u und der Windgeschwindigkeit der anströmenden Luftmassen gebildet. Die Schnelllaufzahl ist eine der maßgeblichen Auslegungsgrößen für das Anlagendesign. Durch sie wird der Einfluss anderer Parameter wie Durchmesser des Rotors d und Drehzahl n normiert Auftriebsläufer verfügen in der Regel über eine Schnelllaufzahl $\lambda \geq 1$. Je geringer die Anzahl der Rotorblätter und je schlanker die Bauform der einzelnen Rotorblätter ausfällt, desto höher kann die Schnelllaufzahl gewählt werden. Rotoren mit drei Rotorblättern haben typische Werte im Bereich $\lambda = 4 \ldots 7$, bei Rotoren mit einem einzelnen Rotorblatt können Werte im Bereich $\lambda = 12 \ldots 20$ erreicht werden Widerstandsläufer verfügen prinzipbedingt über eine Schnelllaufzahl von $\lambda \leq 1$ Ein hoher Wert für die Schnelllaufzahl ist vorteilhaft für die Reduzierung der Kräfte im Antriebsstrang, da eine höhere Drehzahl mit geringeren Anforderungen an die zu übertragenden Momente einhergeht ($P_{\text{rotor}} = 2 \cdot \pi \cdot M \cdot n$) Durch eine höhere Schnelllaufzahl reduzieren sich Randwirbel im Bereich der Nachlaufströmung. Auch ist bei höherer Drehzahl ein Direktantrieb für den Generator (ohne Getriebe) einfacher zu realisieren
Drehzahl	n	Die Auslegung der Drehzahl im Nennleistungspunkt wirkt sich auf die Schnelllaufzahl und die Kräfte im Antriebsstrang aus. Dennoch unterliegt die Drehzahl deutlichen Restriktionen: Die Umlaufgeschwindigkeit der Rotorblattspitzen darf Werte von $u = 80 \ldots 90$ m/s nicht überschreiten, da im Bereich der Blattspitzen ansonsten Turbulenzen aufgrund von Strömungsablösungen kaum noch beherrschbar sind. Je nach Rotordurchmesser $d = 100 \ldots 150$ m liegen die Nenndrehzahlen typischer Windenergieanlagen daher im Bereich von $n = 11 \ldots 17$ U/min Zusätzlich wirkt sich die Rotordrehzahl auch auf den Strömungswiderstand aus ($\rightarrow$ *Solidität*). Eine hohe Drehzahl führt zudem zu einem erhöhten dynamischen Widerstandseffekt (*induced drag*) durch die Rotorblätter
Blattzahl	z	Die Anzahl der Rotorblätter z beeinflusst sowohl das aerodynamische Verhalten des Rotors als auch die betrieblichen Möglichkeiten zum Einsatz der Windenergieanlage Eine hohe Anzahl an Rotorblättern führt zu einer besseren Verteilung der Antriebskräfte und einem gleichmäßigeren Lauf des Rotors. Gleichzeitig kommt es jedoch zu einem klassischen Optimierungskonflikt: Die größere Abdeckung ($\rightarrow$ *Solidität*) des Rotorkreises führt zu einem größeren Strömungswiderstand und damit zu einem Umströmen des Rotors. Gerade wegen einer großen Rotorblattanzahl geht der Ertrag zurück Vorteilhaft ist jedoch der bessere Selbstanlauf des Rotorsystems ohne zusätzliche Hilfsenergie. Zudem liefern Rotoren mit größerer Blattzahl ein größeres Drehmoment, welches insbesondere beim direkten Antrieb von Wasserpumpen benötigt wird. Die *Western-Windmill* ist ein bekannter Vertreter dieser Anlagentype

(Fortsetzung)

Tab. 1.31 (Fortsetzung)

Parameter	Symbol	Bemerkung
Solidität	$\sigma = z \cdot t/r$	Die Solidität ergibt sich aus der Anzahl der Rotorblätter z, der Profiltiefe t und der Länge der Rotorblätter r. Sie stellt damit ein Maß für die Abdeckung des Rotorkreises durch den Rotor und mittelbar den so verursachten Strömungswiderstand dar Die Windernte, das Entnehmen kinetischer Energie aus der Luftströmung, hängt maßgeblich von der tatsächlichen Durchströmung der vom Rotor überstrichenen Fläche ab. Ein höherer Strömungswiderstand führt zu einer Umströmung der Windenergieanlage und reduziert so den Antrieb des Rotors Zudem steigt der Strömungswiderstand auch mit der Drehzahl, sodass eine größere Drehzahl nur bei geringer Solidität zweckmäßig ist. Letzteres führt zu besonderen Herausforderungen an die Konstruktion schlanker Rotorblätter mit geringerer Blatttiefe t: – Eine hohe Drehzahl führt zu größeren Zentrifugalkräften – Eine geringere Blattzahl ($z < 3$) führt zu unruhigem Lauf Gleichzeitig ist den Anforderungen an die vom Rotor zu übertragende Leistung Rechnung zu tragen: Bei einer Anlagennennleistung von $P_n = 3$ MW und einer Rotordrehzahl von $n = 12$ U/min liefert jedes Rotorblatt einen Drehmomentbeitrag[a] von $M = 0{,}8$ MNm. Weiterhin wirken bei einem Rotordurchmesser von $d = 120$ m und einer Rotorblattmasse von jeweils $m = 10$ t Zentrifugalkräfte[b] von $F_z = 0{,}95$ MN auf jedes der Rotorblätter
Gleitzahl	$E = c_l/c_d$	Die Gleitzahl ist eine Größe zur Beschreibung der aerodynamischen Qualität eines Profils. Der Quotient wird aus dem Auftriebskoeffizient c_l und dem (statischen) Widerstandskoeffizient c_d gebildet Wie in Abb. 1.135 dargestellt, führt ein höherer Wert für den (statischen) Widerstandskoeffizienten zu höheren Biegebelastungen auf den Rotor und reduziert die Tangentialkomponente der Auftriebskraft

[a] $M_{blatt} = P_{rotor}/(3 \cdot 2 \cdot \pi \cdot n)$; Drehzahlangaben in s^{-1} erforderlich
[b] $F_z = m \cdot u^2/r$ mit $u = \pi \cdot d \cdot n$; Drehzahlangaben in s^{-1} erforderlich

Abb. 1.141 Holländerwindmühle. (Quelle: wikimedia, gnu fdl 1.2)

Der in Gl. 1.140 angegebene, theoretische Maximalwert für den Leistungskoeffizienten wird in der Praxis nicht erreicht. Zu den technischen Verlusten von Rotoren nach dem Auftriebseffekt zählen:

- Die Umströmung von Längskanten und Stirnseiten der Rotorblätter aufgrund des Druckunterschieds zwischen der zur Windströmung orientierten Vorderseite und der windabgewandten Rückseite. Eine Minderung des Effekts kann durch Kantenprofile im Bereich der Rotorblattstirnflächen, ähnlich wie bei Flugzeugtragflächen (Winglet) oder Vogelflügeln (gespreizte Außenfedern), erzielt werden.
- Durch den rotierenden Rotor erhält die Luftströmung im Nachlauf einen entgegengesetzten Drehimpuls.
- Die Luftströmung verursacht an Mast und Turmkopf Turbulenzen.

Infolge dieser Effekte entsteht im Nachlauf eines Rotors eine Wirbelschleppe *(down windwake)*.

Die in Abb. 1.142 dargestellte Nebelbildung im Nachlauf der Windenergieanlagen hängt zum einen mit einer hohen Luftfeuchtigkeit und zum anderen mit einem erhöhten

1.3 Regenerative Technologien

Abb. 1.142 Wirbelschleppe im Nachlauf (Vattenfall Offshore Windpark Horns Rev, Dänemark). (Copyright: Vattenfall)

Druck zusammen. Durch den Entzug von kinetischer Energie aus der Luftströmung erhöht sich unmittelbar hinter der Rotorebene der statische Druck (Bernoulli-Gesetz). Das erneute Verdampfen der Nebeltröpfchen entzieht der Umgebung thermische Energie, sodass der Nebel sich nur durch das Vermischen mit der wärmeren Umgebungsluft auflöst – im Bild zu erkennen kurz vor der folgenden Anlagenreihe.

Für das Entstehen der Turbulenzen ist ein gewisser Energiebetrag der Anströmung erforderlich, der somit nicht mehr für die Energiewandlung durch den Rotor bereitsteht. Weiterhin ist die Wirbelschleppe für den Windparkbetrieb ein maßgeblicher Faktor. Da Auftriebsläufer auf laminare Anströmung angewiesen sind, müssen hinreichende Abstände zwischen den Windenergieanlagen eingehalten werden. Mehr dazu im Abschn. 1.3.2.15.

1.3.2.9 Aerodynamik – Widerstandseffekt

Bei Widerstandsläufern *(drag)* wird die Schubkraft, die eine Luftströmung auf eine Fläche ausübt, genutzt.

$$F_d = c_d \cdot \frac{1}{2} \cdot \rho \cdot A_d \cdot v^2 \qquad (1.145)$$

Obwohl Gl. 1.145 eine formale Ähnlichkeit mit Gl. 1.143 besitzt, sind dennoch signifikante Unterschiede zu berücksichtigen. Während es sich bei der für den Auftriebseffekt maßgeblichen Fläche A_l um die Oberfläche der Rotorblatts oder der Flugzeugtragfläche handelt, ist für die Widerstandskraft die quer dazu stehende Stirnfläche A_d verantwortlich.

Ein weiteres Merkmal ist der Widerstandskoeffizient c_d, der je nach Formgebung der Fläche und deren dreidimensionaler Formgebung nur selten Werte $c_d \geq 1{,}5$ annimmt. Der Auftriebskoeffizient kann hingegen je nach Profiltype und Anstellwinkel Werte $c_l \geq 2{,}5$ erreichen. Mit anderen Worten, bei der Nutzung des Auftriebseffekts reicht für dieselbe Kraftwirkung und bei derselben Strömungsgeschwindigkeit eine kleinere Rotorfläche.

Der Widerstandskoeffizient ist maßgeblich von der Form des Körpers abhängig (Tab. 1.32).

Aufgrund der Anordnung der für den Widerstandseffekt wirksamen Flächen quer zur Anströmung ergibt sich das prinzipielle Problem, dass lediglich die eine Hälfte des Rotors vom Wind angetrieben wird, während die andere Seite gegen den Wind läuft. Die Anordnung in Abb. 1.143 (links) zeigt das Prinzip eines häufig für Windmessungen herangezogenen Kugelschalen-Anemometers.

Bereits aus der Anschauung von Abb. 1.143 werden wesentliche Nachteile deutlich:

- Nur eine Hälfte des Rotors liefert einen Beitrag zur Energieumsetzung.
- Die andere Hälfte des Rotors wird durch die gegenläufige Strömung abgebremst.
- Eine Schnelllaufzahl $\lambda \geq 1$ ist kaum darstellbar.

Abschirmvorrichtungen wie in Abb. 1.143 rechts dargestellt, die den Bremseffekt der gegenläufigen Anströmung reduzieren sollen, sind bereits seit dem frühen Mittelalter bekannt *(Persische Windmühle)*.

Tab. 1.32 Widerstandskoeffizient von Körpern

Körper	Widerstandskoeffizient
Halbrohr, konkave Seite	2,3
Lange, rechteckige Platte	2,0
Halbkugel, konkave Seite	1,33
Halbrohr, konvexe Seite	1,2
Runde Scheibe, quadratische Platte	1,11–1,17
Kugel	0,45
Halbkugel, konvexe Seite	0,34
Flugzeug	0,08
Pinguin	0,03
Tropfen	0,02

1.3 Regenerative Technologien

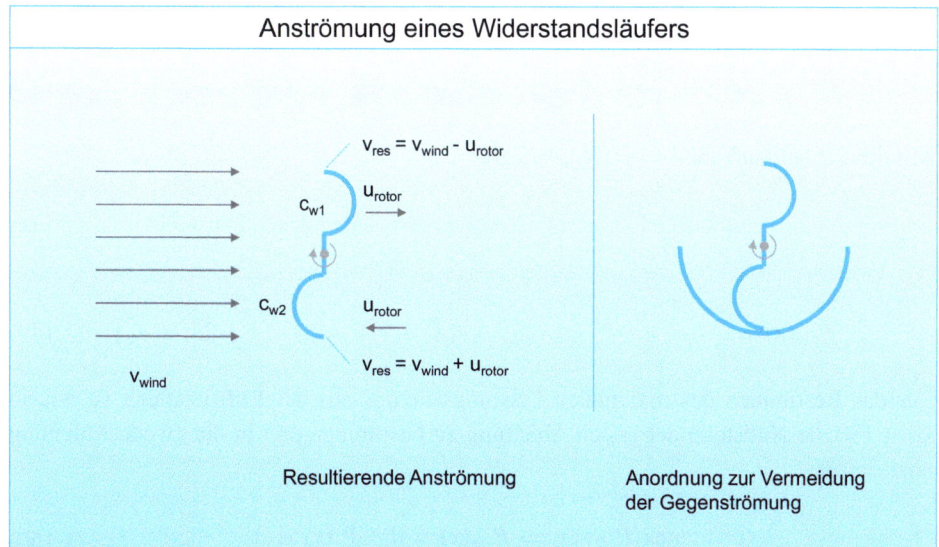

Abb. 1.143 Anströmung von Widerstandsläufern

Optimierung vom Widerstandsläufer

Regelmäßig werden Konstruktionen vorgestellt, die über zyklisch verstellbare Rotorblätter verfügen [80–82]. Während der Bewegung in Anströmungsrichtung soll damit ein größerer Strömungswiderstand beziehungsweise eine größere Widerstandsfläche erzielt werden. Durch die Fahnenstellung während der gegenläufigen Bewegung wird hingegen die Angriffsfläche minimiert.

Trotz der niedrigen Schnelllaufzahl $\lambda < 1$ von Widerstandsläufern ist mit mehreren Millionen Umdrehungen pro Betriebsjahr zu kalkulieren. Eine Mechanik zur zyklischen Verstellung der Rotorblätter muss eine entsprechende Anzahl von Stellvorgängen zuverlässig vollziehen, und das unter sämtlichen Witterungsbedingungen.

Eine Alternative stellt die in Abb. 1.143 rechts dargestellte Abschirmung der gegenläufigen Rotorhälfte dar. Vor diesem Hintergrund ist allerdings zu bedenken, dass die Windrichtung an den meisten Standorten mehr oder weniger stark variiert, sodass der Schirm entsprechend ausgerichtet werden muss. Damit ist ein Merkmal der vertikalachsigen Anlagen, eine von der Anströmung unabhängige Betriebslage, nicht mehr nutzbar.

Aus diesen Gründen können die in Gl. 1.140 festgestellten maximalen Leistungskoeffizienten für Widerstandsläufer nicht herangezogen werden. Vielmehr ist eine neue Abschätzung erforderlich. Die resultierende Kraft am Rotor setzt sich aus den Beiträgen der beiden Rotorteilflächen zusammen:

[A: Teilfläche je einer Halbschale]

$$F_{\text{res}} = \frac{1}{2} \cdot \rho \cdot A \cdot c_{w1} \cdot (v-u)^2 - \frac{1}{2} \cdot \rho \cdot A \cdot c_{w2} \cdot (v+u)^2 \quad (1.146)$$

Für die der Strömung entnommene Leistung folgt dann

$$P_{res} = \frac{1}{2} \cdot \rho \cdot A \cdot \left[c_{w1} \cdot (v-u)^2 - c_{w2} \cdot (v+u)^2\right] \cdot u \tag{1.147}$$

Mit der Schnelllaufzahl $\lambda = u/v$ ergibt sich

$$P_{res}(\lambda) = \frac{1}{2} \cdot \rho \cdot A \cdot v^3 \cdot \lambda \cdot \left[c_{w1} \cdot (1-\lambda)^2 - c_{w2} \cdot (1+\lambda)^2\right] \tag{1.148}$$

$$P_{res}(\lambda) = \frac{1}{2} \cdot \rho \cdot A \cdot v^3 \cdot \left[c_{w1} \cdot \left(\lambda - 2\lambda^2 + \lambda^3\right) - c_{w2} \cdot \left(\lambda + 2\lambda^2 + \lambda^3\right)\right] \tag{1.149}$$

Für das Bestimmen des maximalen Leistungsentzugs aus der Luftströmung ist wie in Gl. 1.130 die Nullstelle der ersten Ableitung zu bestimmen und in die zweite Ableitung einzusetzen.

$$\max(P_{ent}(x)) \Rightarrow \dot{P}_{ent}(x) = 0 \wedge \ddot{P}_{ent}(x) < 0 \tag{1.150}$$

Mit der Vereinfachung $k = \frac{1}{2} \cdot \rho \cdot A \cdot v^3$ ergibt sich die erste Ableitung

$$\dot{P}_{res}(\lambda) = k \cdot \left[c_{w1} \cdot \left(1 - 4\lambda + 3\lambda^2\right) - c_{w2} \cdot \left(1 + 4\lambda + 3\lambda^2\right)\right] \tag{1.151}$$

und die Nullstellen bei

$$\dot{P}_{res}(\lambda) \stackrel{\text{def}}{=} 0 \tag{1.152}$$

$$c_{w1} \cdot \left(1 - 4\lambda + 3\lambda^2\right) = c_{w2} \cdot \left(1 + 4\lambda + 3\lambda^2\right) \tag{1.153}$$

Mit der Vereinfachung $j = c_{w1}/c_{w2}$ ergibt sich

$$0 = 4\lambda \cdot (1+j) + 3\lambda^2 \cdot (1-j) \tag{1.154}$$

und mit der Zusammenfassung $p = \frac{4}{3} \cdot \frac{1+j}{1-j}$ lässt sich Gl. 1.154 in die Normalform umformen

$$0 = \lambda^2 + p \cdot \lambda + \frac{1}{3} \tag{1.155}$$

Die Nullstellen ergeben sich damit aus

$$\lambda_{1,2} = -\frac{p}{2} \pm \sqrt{\left(\frac{p}{2}\right)^2 - \frac{1}{3}} \tag{1.156}$$

Mit den Werten aus Tab. 1.32 für Kugelhalbschalen ($c_{w1} = 1{,}33$ und $c_{w2} = 0{,}34$) ergibt sich $p = -2{,}25$ und eine Nullstelle bei $\lambda_1 = 0{,}16$. Wird diese in die zweite Ableitung

$$\ddot{P}_{res}(\lambda) = k \cdot \left[c_{w1} \cdot (-4 + 6\lambda) - c_{w2} \cdot (4 + 6\lambda)\right] \tag{1.157}$$

eingesetzt, findet sich wegen $c_{w1}, c_{w2} > 0$ und mit $6\lambda < 4$ der gesuchte negative Wert für die zweite Ableitung.

Die zweite Nullstelle $\lambda_2 = 2{,}09$ führt nur unter der Bedingung $j < 1{,}94$ zu einem negativen Resultat der zweiten Ableitung. Eingesetzt in die Funktion $P_{\text{res}}(\lambda)$ würde die Nullstelle λ_2 einen Leistungskoeffizienten $c_{p,\max,w} = 207\,\%$ ergeben, was jedoch gegen die Energieerhaltung verstoßen würde und daher technisch nicht möglich ist.

Somit kann die maximal erzielbare Leistungsentnahme des Kugelschalen-Anemometers zu

$$P_{\text{res}} = \frac{1}{2} \cdot \rho \cdot A \cdot v^1 \cdot 0{,}16 \cdot \left[1{,}33 \cdot (1 - 0{,}16)^2 - 0{,}34 \cdot (1 + 0{,}16)^2\right] \quad (1.158)$$

$$P_{\text{res}} = \frac{1}{2} \cdot \rho \cdot A \cdot v^3 \cdot 0{,}077 \quad (1.159)$$

bestimmt werden.

Der Leistungskoeffizient erreicht einen maximalen Wert von

$$c_{p,\max} = \frac{P_{\text{res}}}{P_{\text{wind}}} = 0{,}077 \quad (1.160)$$

Der maximal erzielbare Leistungskoeffizient $c_{p,\max,w} = 7{,}7\,\%$ des Widerstandsläufers ist damit weit vom Betzschen Limit mit $c_{p,\max} = 59{,}6\,\%$ entfernt. Selbst im Fall einer idealen Abschirmung der der Anströmung entgegenlaufenden Rotorseite liegt das theoretische Maximum bei $c_{p,\max,w} = 19{,}7\,\%$. Dabei ist zu berücksichtigen, dass die Bezugsfläche im Fall des Widerstandsläufers nur die *Hälfte* des Rotors betrifft, beim Auftriebsläufer jedoch die *gesamte* Rotorfläche einen Beitrag liefert. Bei einem Bezug auf die gesamte Rotorfläche würde sich der Leistungskoeffizient des Widerstandsläufers noch einmal halbieren.

Für die Schnelllaufzahl des Widerstandsläufers ergibt sich im Fall des frei angeströmten Rotors ein Wert von $\lambda = 0{,}16$ beziehungsweise von $\lambda = 0{,}33$ für den teilweise abgeschirmten Rotor. Hieraus resultieren deutlich niedrigere Drehzahlen als bei Auftriebsläufern, die bei vergleichbarer Rotorleistung jedoch 20–50-fach höhere Drehmomente an der Antriebswelle zur Folge haben.

Ungeachtet der resultierenden technischen Herausforderungen erfreuen sich Widerstandsläufer insbesondere im Segment der Kleinwindanlagen hoher Aufmerksamkeit. Dies mag damit zusammenhängen, dass die von einer Luftströmung ausgeübte Druckkraft anschaulicher ist als der betragsmäßig sehr viel stärkere Auftriebseffekt. Ein weiterer Grund können die höheren Ansprüche an die Fertigungsqualität für das präzise Herstellen aerodynamischer Profile für Rotoren nach dem Auftriebsprinzip sein.

Savoniusrotor
Der Archetyp der Widerstandsläufer ist der Savoniusrotor. In seiner einfachsten Ausführung ist er aus den versetzt angeordneten Hälften eines vertikal aufgeschnittenen Metallzylinders zusammengesetzt. Die Konstruktion wurde 1924 zum Patent angemeldet.

Wie alle Widerstandsläufer verfügen Savoniusrotoren über die Fähigkeit zum Selbstanlauf. Daher werden sie auch als Anlaufhilfe für Auftriebsläufer eingesetzt. Eine andere, weit verbreitete Anwendung ist die Belüftung. Die vertikalachsige Anordnung (Abb. 1.144) erlaubt einen Antrieb ohne Ausrichtung am Wind. Der geringe Leistungskoeffizient ist bei passiven Systemen weniger entscheidend als der Nutzeffekt, beispielsweise die einfache Realisierung einer Lüftung ohne zusätzlichen Antrieb.

Durch eine größere Anzahl an Rotorblättern und/oder die spiralförmige Torsion der halbschalenförmigen Rotorblätter lässt sich, wie beim Darrieus-Rotor, ein gleichmäßigerer Drehmomentenverlauf erreichen.

Grundsätzlich ist es möglich, beide Typen von Rotoren, Auftriebs- und Widerstandsläufer, sowohl mit einer vertikalen wie auch mit einer horizontalen Drehachse zu konstruieren. Tab. 1.33 fasst die Basistypen zusammen. Von diesen abgeleitete Konstruktionen gehören jeweils in denselben Quadranten wie die Basistype.

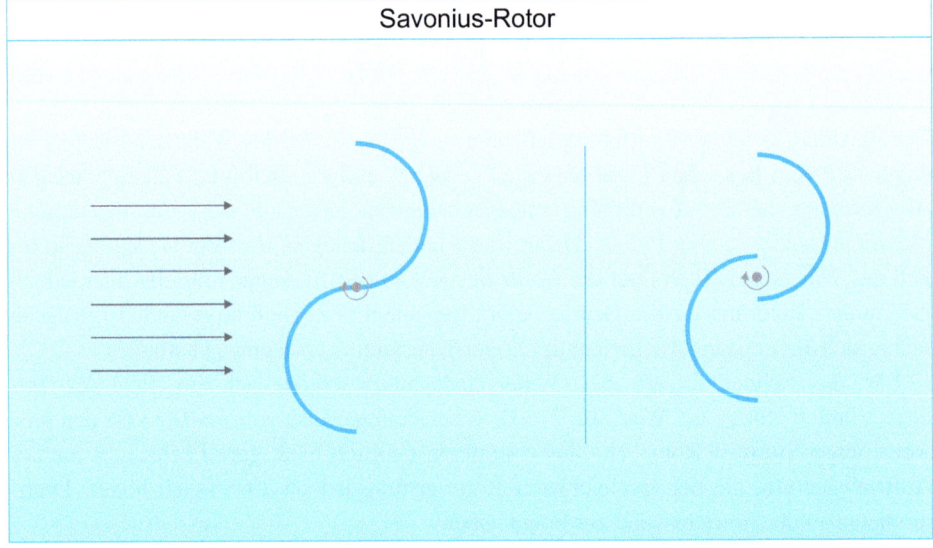

© Ing.-Büro Synwoldt

Abb. 1.144 Savoniusrotor

Tab. 1.33 Rotortypen

	Horizontale Achse	Vertikale Achse
Auftriebseffekt	Moderne Windenergieanlage *(Propellertyp)* Holländerwindmühle	Darrieus
Widerstandseffekt	Western Windmill	Savonius Persische Windmühle

1.3.2.10 Antriebskonzept

Der Rotor konvertiert einen Teil der kinetischen Energie der Luftströmung in Drehmoment. Dieses wird über die Hauptwelle in einem Generator in elektrische Energie umgesetzt. Je nach Auslegung des Rotorsystems und des zum Einsatz kommenden Generatortyps ist ein Getriebe zur Anpassung der Drehzahl erforderlich.

Dabei sind folgende Randbedingungen zu beachten:

- Die Frequenz am Generatorausgang wird durch die Polpaarzahl z und die Drehzahl n [in s^{-1}] des Generators bestimmt: $f = p \cdot n$. Für 50 Hz-Netze ist bei einer Polpaarzahl von $z = 2$ eine Drehzahl von 25 s^{-1} bzw. 1500 min^{-1} erforderlich, in 60 Hz-Netzen sind es 1800 min^{-1}.
  - Die für den Betrieb des Generators erforderliche Drehzahl ist damit wesentlich höher als die Rotordrehzahl, sodass ein Übersetzungsgetriebe benötigt wird. Bei Windenergieanlagen mit Rotordurchmessern von $d = 100 \ldots 150\,\text{m}$ werden Drehzahlen im Bereich $n = 11 \ldots 17\,\text{min}^{-1}$ erreicht. Das notwendige Übersetzungsverhältnis liegt bei $i = 1{:}87 \ldots 1{:}130$ und ist ausschließlich mit mehrstufigen Getrieben zu erreichen.
  - Alternativ wäre die Polpaarzahl des Generators mit dem hier angegebenen Übersetzungsverhältnis zu vergrößern. Dies erfordert einen grundlegend anderen Aufbau der Generatoren, um die Vielzahl der Polpaare konstruktiv zu implementieren. An die Stelle der klassischen, trommelförmigen Konstruktion tritt eine scheibenförmige Struktur. Mit Scheibendurchmessern im Bereich $d \geq 5 \ldots 10\,\text{m}$ entstehen, insbesondere für die Logistik, neue Herausforderungen. Der Stator des Generators kann erst vor Ort bei der Errichtung der Windenergieanlage aus mehreren Teilen montiert werden.
- Bei starrer Netzkopplung muss die Frequenz des vom Generator erzeugten Stroms mit der Netzfrequenz übereinstimmen (Abb. 1.145).
  - Aufgrund der starren Verkopplung von Generatordrehzahl und Netzfrequenz ist die Rotordrehzahl ebenfalls starr mit der Netzfrequenz gekoppelt. Unterschiedliche Windgeschwindigkeiten können sich *nicht* in jeweils angepassten Rotordrehzahlen niederschlagen – die Schnelllaufzahl λ variiert mit der Windgeschwindigkeit und verhindert somit einen aerodynamisch optimalen Betrieb des Rotors.
  - Weiterhin wirken sich Böen und Turbulenzen unmittelbar auf den Antriebsstrang aus: Die starre Kopplung des Generators an das Netz führt dazu, dass kurzfristige Laständerungen am Rotor von den Rotorblättern, der Hauptwelle und dem Getriebe abgefangen werden müssen. Dies führt zu erheblichen dynamischen Lasten, die insbesondere im Bereich des Getriebes abgebaut werden und dort zu vorzeitigem Verschleiß führen. Asynchrongeneratoren verhalten sich am Antriebsstrang aufgrund des Schlupfes weicher als Synchrongeneratoren, verfügen jedoch über einen um einige Prozentpunkte geringeren Wirkungsgrad. Wegen der vorgenannten dynamischen Lasten und den daraus resultierenden Getriebeproblemen werden Synchrongeneratoren kaum noch netzstarr betrieben.

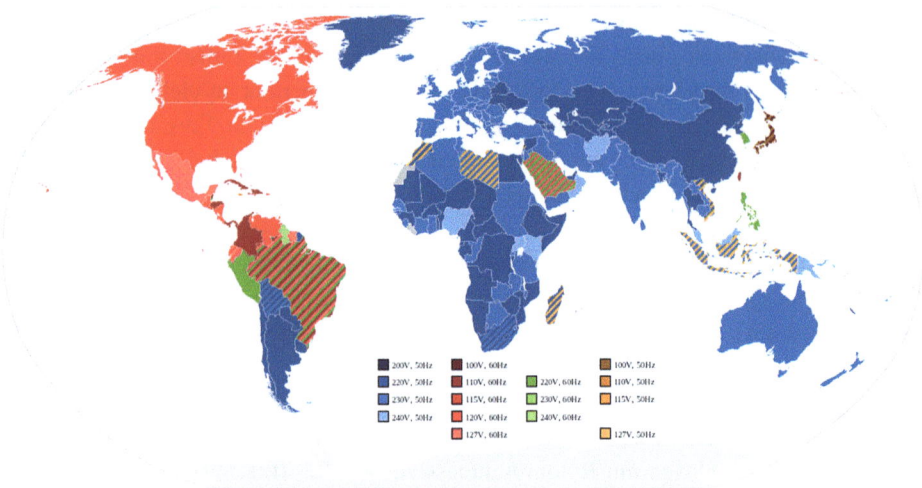

Abb. 1.145 Netzfrequenz. (Quelle: wikimedia, public domain)

Schlupf
Bei Asynchrongeneratoren kann lastabhängig die Drehzahl kurzfristig variieren. Der Schlupf s ist ein Maß für die maximale Abweichung von der Nenndrehzahl und liegt meist im Bereich $s \leq 1\,\%$. Eine lastbedingte Änderung der Drehzahl führt zu Schlupf, der im Generator eine der Ursache entgegengesetzte Wirkung hervorruft.

Im Motorbetrieb nimmt der Schlupf negative Werte an ($s \geq -1\,\%$).

Damit ist festzuhalten, dass durch den Einsatz von Getrieben eine Anpassung der Rotordrehzahl auf die für den Generatorbetrieb erforderliche Drehzahl möglich ist, eine aus aerodynamischen Gründen jedoch notwendige Anpassung der Rotordrehzahl an die jeweilige Windgeschwindigkeit hingegen nicht realisiert werden kann. Auch der Einsatz von scheibenförmigen Generatoren mit hoher Polzahl ändert an der starren Kopplung von Rotor- und Generatordrehzahl nichts. Ein drehzahlvariabler Generatorbetrieb ist erst durch die in Abb. 1.146 dargestellten Generatorkonzepte in Verbindung mit Umrichtern möglich.

Eine mögliche Variante zur Auslegung des Antriebstrangs sind Generatoren mittlerer Drehzahl ($n = 100\ldots400\,\text{U/min}$), die ein Getriebe mit geringerem Übersetzungsverhältnis benötigen.

1.3.2.11 Generatoren

Für den drehzahlvariablen Direktantrieb mit Synchrongeneratoren existieren zwei Typen mit einer Erregung überstromdurchflossene Spulen (elektrisch) oder Permanentmagneten. Aufgrund der hohen Energiedichte werden für durch Permanentmagnete erregte Synchrongeneratoren meist Seltenerdmagnete Permanentmagnet verwendet. Insbesondere kommt dabei der Werkstoff Neodym-Eisen-Bor ($Nd_2Fe_{14}B$) zum Einsatz. Aus

1.3 Regenerative Technologien

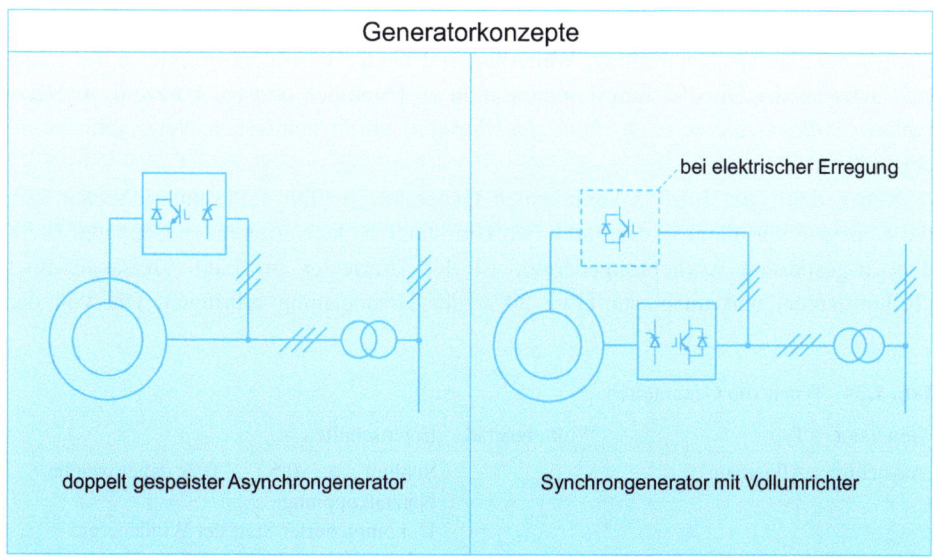

Abb. 1.146 Generatorkonzepte

der Summenformel wird ersichtlich, dass der Seltenerdanteil (hier: Neodym (Nd)) bei lediglich 11 % der Magnetmasse liegt. Damit liegt der Neodymbedarf entsprechender Generatoren in der Größenordnung $m_{Nd} = 100 \ldots 150 \, \text{kg/MW}_{el}$.

Veröffentlichungen, nach denen der gesamte Generator oder wahlweise auch die gesamte Windenergieanlage aus dem Seltenerdmetall Neodym produziert werden, sind daher mit Skepsis zu betrachten.

Die aktuell (2021) am weitesten verbreiteten Generatorkonzepte (Abb. 1.146) sind der

- doppelt-gespeiste Asynchrongenerator, und der
- Synchrongenerator mit Vollumrichter.

Sicherlich auch bedingt durch die Tatsache, dass der deutsche Marktführer Enercon (Marktanteil bei Onshore-Anlagen in 2014: >40 % [83], in 2015 >35 % [84]) bereits frühzeitig auf das Konzept direkt angetriebener Synchrongeneratoren setzte, liegt deren Marktanteil bei Installationen in Deutschland bei 40–50 %, doppelt-gespeiste Asynchrongeneratoren folgen mit 20–30 % [85].

Beide Konzepte erlauben einen drehzahlvariablen Betrieb des Generators und damit die bei jeder Windgeschwindigkeit aerodynamisch günstigste Drehzahl des Rotors. Weiterhin kann durch die leistungslose Ansteuerung der Umrichter im Subsekunden-Bereich auf Laständerungen wie Böen und Turbulenzen reagiert werden, um dynamische Lasten auf den Antriebsstrang zu minimieren. Die Reaktionsgeschwindigkeit der

Leistungselektronik übertrifft die aerodynamische Regelung über die Pitch-Antriebe um wenigstens eine Größenordnung. Weiterhin sind beide Generatorkonzepte in der Lage, sich aktiv an der Blindleistungskompensation zu beteiligen und bei kurzzeitigen Netzfehlern *(voltage-ride through, fault-ride through)* zur dynamischen Netzstabilisierung beizutragen.

Neben dem zum Einsatz kommenden Generatortyp (Tab. 1.34) unterscheiden sich die Konzepte vor allem in der durch den Umrichter zu konvertierenden Leistung. Beim doppelt-gespeisten Asynchrongenerator ist der Umrichter im Läuferkreis angeordnet (Teilumrichter) und muss nur etwa 30 % der Nennleistung erbringen. Die von der

Tab. 1.34 Typen von Generatoren

Generator	Typ	Wirkungsgrad	Eigenschaften
Asynchron	Allgemein		Schlupf $s = -0{,}5 \ldots 1{,}0\,\%$, daher weiche Netzankopplung Unkomplizierter Start der Windenergieanlage (Umschalten von Motor- in Generatorbetrieb) Robust
	Kurzschlussläufer *(cage runner)*	$\eta < 97\,\%$	Blindleistungsbedarf für Anlauf und Betrieb Drehzahl inelastisch, optional schaltbar
	Doppelt-gespeister Asynchrongenerator *(doubly-fed asynchronous generator)*	$\eta < 96\,\%$	Variable Drehzahl Umrichter im Rotorkreis Schleifringe Blindleistungskompensation; separate Steuerung für Blind- und Wirkleistung
Synchron	Allgemein		Blindleistungskompensation Starre Netzankopplung
	Ohne Vollumrichter		Drehzahl inelastisch Aufwendige Startsequenz beim Anlauf der Windenergieanlage (Spannung, Frequenz und Phasenwinkel vor der Netzverbindung synchronisieren)
	Mit Vollumrichter		Variable Drehzahl
	Elektrisch erregt	$\eta = 95 \ldots 98\,\%$	In der Regel Schleifringe Vollpol-Maschine: hohe Drehzahl Schenkelpolmaschine: niedrige/mittlere Drehzahl
	Permanentmagnet erregt	$\eta < 99\,\%$	Hohe Leistungsdichte und große Anzahl an Polpaaren Kosten und Montage der Permanentmagneten

Rotordrehzahlunabhängige Ausgangsfrequenz des Generators wird durch die frequenzvariable Ansteuerung des Läuferfelds erreicht.

Dagegen ist beim Synchrongenerator für den drehzahlvariablen Betrieb ein Vollumrichter im Statorkreis erforderlich. Dieser Umrichter muss die Generatornennleistung verarbeiten können. Der Umrichter entkoppelt die mit Rotordrehzahl variierende Generatorausgangsfrequenz von der Netzfrequenz.

Durch den Einsatz von Teil- beziehungsweise Vollumrichtern erlauben damit beide in Abb. 1.146 dargestellten Konzepte einen drehzahlvariablen Betrieb von Windenergieanlagen. Zusätzlich erlauben die Umrichter einen Zwei- oder sogar Vierquadrantenbetrieb, das heißt, dass gezielt Blind- und Wirkleistung gesteuert werden können. Über entsprechende Schnittstellen können damit ausgerüstete Windenergieanlagen von Netzbetreibern angesteuert werden. Bislang werden die Schnittstellen in den meisten Fällen lediglich zur Abregelung der Windenergieanlagen zum Schutz vor Netzüberlastungen (Abschn. 3.3) verwendet, da verschiedene Netzdienstleistungen aufgrund der rechtlichen Rahmenbestimmungen nur im Übertragungsnetz erbracht werden.

Umrichter

Als *Umrichter* werden Anlagen bezeichnet, die einen Wechselstrom mit einer Frequenz f_1 in einen Wechselstrom einer anderen Frequenz f_2 umsetzen. In der Vergangenheit wurden hierfür meist elektrische Maschinen genutzt (rotierende Umrichter), die mit einem direkt angeflanschten Generator die Frequenzwandlung vornehmen. Das Verhältnis der Frequenzen ist über die Drehzahl bzw. Wicklungsverhältnisse starr vorgegeben und kann nur durch unterschiedliches Verschalten der Motor-/Generatorwicklungen in Stufen verändert werden.

An die Stelle der rotierenden Umrichter treten in den letzten Jahrzehnten leistungselektronische Komponenten. Sämtliche Elektrolokomotiven seit 1980 verfügen über elektronische Umrichter, die den einphasigen Wechselstrom aus dem Fahrdraht in dreiphasigen Drehstrom umsetzen. Die Leistungsbereiche von $P = 2 \ldots 6\,\text{MVA}$ sind dabei durchaus mit Windenergieanlagen vergleichbar.

Der prinzipielle Aufbau von Umrichtern basiert auf einer Gleichrichtung und der anschließenden Wechselrichtung (indirekte Umrichter) oder einer elektronisch gesteuerten direkten Wandlung (direkte Umrichter). Je nachdem, ob als Filter und Energiespeicher eine Querkapazität (Abb. 1.147) oder stattdessen eine Längsinduktivität zum Einsatz kommt, wird von *Voltage Source Convertern* (VSC) oder *Current Source Convertern* (CSC) gesprochen. Neben den indirekten Umrichtern wie in Abb. 1.147 ist auch ein vollsymmetrischer Aufbau direkter Umrichter möglich (Abb. 1.148).

Aufgrund der Querkapazitäten beziehungsweise Längsinduktivitäten in den Umrichtern verfügen diese über eine, wenn auch begrenzte, Speicherkapazität. Das elektrische Feld eines Kondensators beziehungsweise das magnetische Feld einer Induktivität sind Energiespeicher, die im Fall des in Abb. 1.147 dargestellten Filters für eine Spannungsregelung im Umrichter sorgt. Das Ansprechverhalten dieser Art von elektronischen Speichern liegt im Mikrosekunden-Bereich.

Prinzipiell lässt sich damit die Massenträgheit konventioneller Kraftwerkssysteme emulieren. Dabei kann der Umrichter im Fall von Einbrüchen der Netzfrequenz kurzfristig eine höhere Wirkleistung am Einspeisepunkt bereitstellen.

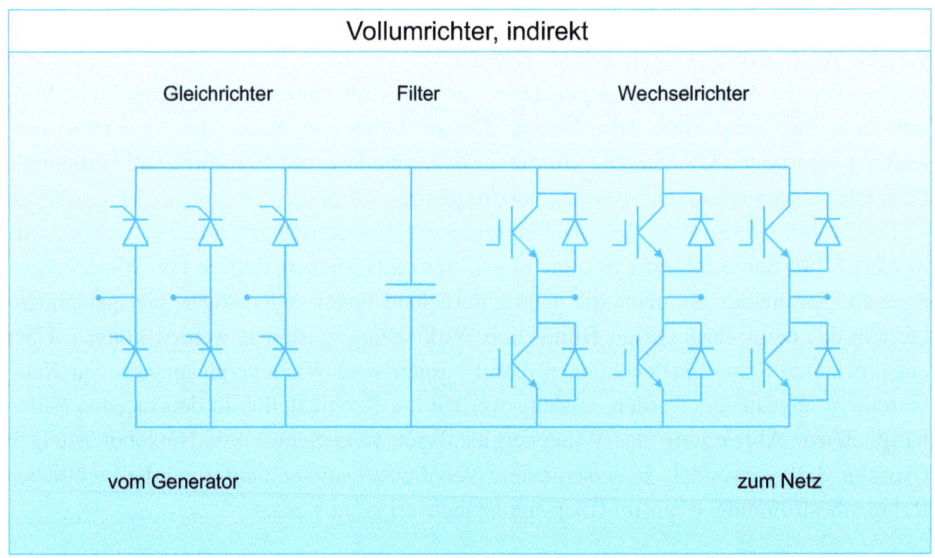

Abb. 1.147 Indirekter Umrichter

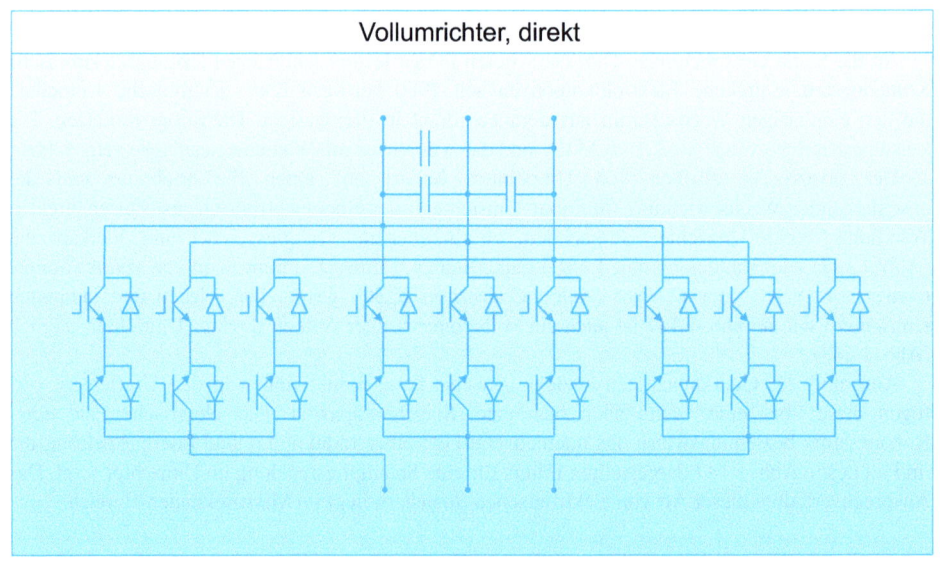

Abb. 1.148 Direkter Umrichter

1.3.2.12 Antriebsstrang

Der Antriebsstrang von Windenergieanlagen umfasst

- den Rotor mit Rotornabe,
- die Hauptwelle mit Wellenlager(n),
- das Getriebe mit Drehmomentstützen (optional),
- die Feststellbremse,
- den Generator.

Der Leistungsbereich aktuell (2021) installierter Windenergieanlagen liegt bei $P_n = 3 \ldots 10$ MW. Dies entspricht der Leistung großer Lokomotiven, was auch die Dimensionen, die Abmessungen und Massen der Komponenten verdeutlicht. Ein Maschinenträger für eine Windenergieanlage der 6 MW-Klasse (REpower 6M) erreicht eine Masse von 90 t, der darauf aufgebaute Antriebsstrang aus Rotor, Getriebe und Generator sowie das Gondelgehäuse *(Nacelle)* tragen noch einmal 320 t zur Turmkopfmasse bei.

Ringgeneratoren mit hoher Polpaarzahl erreichen Durchmesser von 12 m und eine Masse von über 200 t. Sie können nur in Segmenten zum späteren Anlagenstandort transportiert werden. Obwohl der Einsatz von direkt angetriebenen Generatoren das Zwischenschalten eines Getriebes erübrigt, ist häufig mit einer höheren Turmkopfmasse zu rechnen. Hierfür zeichnet die deutlich aufwendigere Konstruktion von Ringgeneratoren verantwortlich. Als Beispiele seien die getriebelosen Anlagen Enercon E112 mit 4,5 MW Nennleistung und einer Turmkopfmasse von 500 t [86], Enercon E126 mit 7,6 MW und 660 t sowie die Siemens SWT-6.0-154 mit 350 t angeführt [87].

Entscheidend für die Abmessungen des Turmkopfes ist die konstruktive Bauweise des Antriebsstrangs. Dafür existieren verschiedene Strategien:

- aufgelöster Antriebsstrang (4-Punkt-Lagerung, Abb. 1.149),
- aufgelöster Antriebsstrang (3-Punkt-Lagerung, Abb. 1.150),
- kompakte Bauform (Abb. 1.151),
- Direktantrieb ohne Getriebe (Abb. 1.152).

Der aufgelöste Antriebsstrang hat den größten Platzbedarf, erlaubt jedoch eine bessere Erreichbarkeit der Komponenten im Wartungs- und Austauschfall. Ein weiterer Vorzug ist das einfachere thermische Design: Die Abwärme von Getriebe und Generator kann besser abgeführt werden.

Um die Turmkopfabmessungen, vor allem aber auch die Masse zu reduzieren, wurden verschiedene Varianten zu einer kompakteren Bauform des Antriebsstrangs entwickelt. In Abb. 1.150 wird auf das hintere Lager der Hauptwelle verzichtet. Die Lagerung der Welle übernimmt das Getriebe.

Abb. 1.149 Aufgelöster Antriebsstrang (4-Punkt-Lagerung). (Quelle: ESM Energie- und Schwingungstechnik Mitsch GmbH)

Abb. 1.150 Aufgelöster Antriebsstrang (3-Punkt-Lagerung). (Quelle: ESM Energie- und Schwingungstechnik Mitsch GmbH)

Für noch engere Gondeln übernimmt das Getriebe die Funktion der Hauptwelle und des Hauptlagers. Dabei wird die Nabe direkt an das Getriebe angeflanscht. Auch eine direkte Anbindung des Generators an das Getriebe ist möglich (nicht dargestellt).

1.3 Regenerative Technologien

Abb. 1.151 Kompakter Antriebsstrang. (Quelle: ESM Energie- und Schwingungstechnik Mitsch GmbH)

Abb. 1.152 Direktantrieb. (Quelle: ESM Energie- und Schwingungstechnik Mitsch GmbH)

In letzterem Fall ist auch eine Feststellbremse zur Fixierung des Rotors für Wartungszwecke in das Getriebe zu integrieren.

Es ist offensichtlich, dass sowohl die Erreichbarkeit der Komponenten für Wartungszwecke als auch die Wärmeabfuhr unter den beengten Verhältnissen leiden. Daher sind die Abwägungen für oder gegen eine der Triebstrangvarianten eng mit den Standortverhältnissen (Temperatur, Turbulenzintensität) und den daraus zu erwartenden mechanischen Belastungen für Lager und Getriebe sowie dem Kühlungsaufwand von Getriebe und Generator verbunden.

Während bei den ersten drei vorgestellten Bauformen eine rotierende (Haupt-)Welle in festen Lagern ruht, wird beim Direktantrieb ein starrer Lagerzapfen zur Aufnahme des Rotors genutzt. Direkt mit der Rotornabe ist der Rotor des vielpoligen Ringgenerators verbunden. Auf dem festen Rotorzapfen ist auch der Stator des Ringgenerators angebracht.

Der Antriebsstrang ist die wichtigste mechanische Komponente der Windenergieanlage und unterliegt bei der Entwicklung von Rotoren mit immer größeren Leistungen besonderen Beanspruchungen. Konstante Windbedingungen vorausgesetzt, kann ein Leistungszuwachs nur mit einer Vergrößerung der vom Rotor überstrichenen Fläche erzielt werden. – Andernfalls würde die Nennleistung erst bei höheren Windgeschwindigkeiten erreicht. Dabei gilt

$$P \propto A \qquad (1.161)$$

$$P \propto d^2 \qquad (1.162)$$

Da die Umlaufgeschwindigkeit der Rotorblattspitzen nicht weiter zunehmen kann, wird die höhere Leistung bei einer niedrigeren Rotordrehzahl erreicht.

$$n \propto d^{-1} \qquad (1.163)$$

Das vom Antriebsstrang zu übertragende Drehmoment $M = P/(2\pi \cdot n)$ ändert sich somit mit der dritten Potenz des Rotordurchmessers.

$$M \propto d^3 \qquad (1.164)$$

Hierdurch kommt im Turmkopf ein Massenzuwachs $m \propto d^3$ zustande, der näherungsweise proportionale Investitionen $I \propto m$ nach sich zieht. Aus diesem Grund ist eine Steigerung der Erträge (Volllaststunden) $E \propto d^z$ mit $z \geq 1$ erforderlich, um eine vergleichbare Rentabilität zu erzielen.

Ein entsprechender Trend ist bei den spezifischen Investitionen für Windenergieanlagen zu verzeichnen: Bis zur Entwicklung der 2 MW-Klasse waren aufgrund von Skaleneffekten sinkende spezifische Kosten zu verzeichnen. Mit dem Erscheinen von Anlagen mit 3 MW und mehr Nennleistung zeigt der Trend wieder nach oben. Wie in der Infobox Investitionen und Kostenvergleiche beschrieben, ist ein von den Erträgen isolierter Kostenvergleich jedoch wenig zielführend.

1.3.2.13 Anlagenauslegung

Die Nennleistung von Windenergieanlagen wird maßgeblich durch die Leistung des Generators bestimmt. Unter welchen Bedingungen, d. h. bei welchen Windgeschwindigkeiten, diese Leistung erreicht wird, bestimmt jedoch die vom Rotor überstrichene Fläche.

1.3 Regenerative Technologien

Der Vergleich der Rotorkennlinien alleine lässt noch keine Abschätzung über die Vorteilhaftigkeit für oder gegen die Investition in eines der in Abb. 1.153 dargestellten Windanlagenkonzepte zu. Auffällig ist jedoch der breitere Bereich für die Einspeisung mit der Nennleistung, sodass die hier exemplarisch dargestellte 2,5 MW-Anlage aus Sicht des Netzbetriebs ein ausgeglicheneres Einspeiseverhalten aufweist. Zudem führt der größere Rotordurchmesser dazu, dass insbesondere im Bereich mittlerer Windgeschwindigkeiten die leistungsmäßig kleinere Anlage eine größere Einspeiseleistung bereitstellt. Somit wäre ein potenzieller Mehrertrag der 3,1 MW-Anlage nur dann zu erzielen, wenn die leistungsstärkere Anlage im Bereich der Windgeschwindigkeiten $v \geq 13$ m/s einen größeren Beitrag zum Gesamtertrag liefert als die kleinere Anlage im Bereich der sehr viel häufiger auftretenden mittleren Windgeschwindigkeiten.

Prinzipiell ist anhand der spezifischen Anlagenleistung [W/m^2] eine Zuordnung von Anlagentypen zu bestimmten Windlagen möglich (Tab. 1.35):

$$P_{\text{spez}} = P_n / A \tag{1.165}$$

Dabei ist zu beachten, dass eine hohe spezifische Leistung für sich betrachtet *kein* Qualitätsmerkmal darstellt. Vielmehr sind mit zunehmender spezifischer Leistung immer

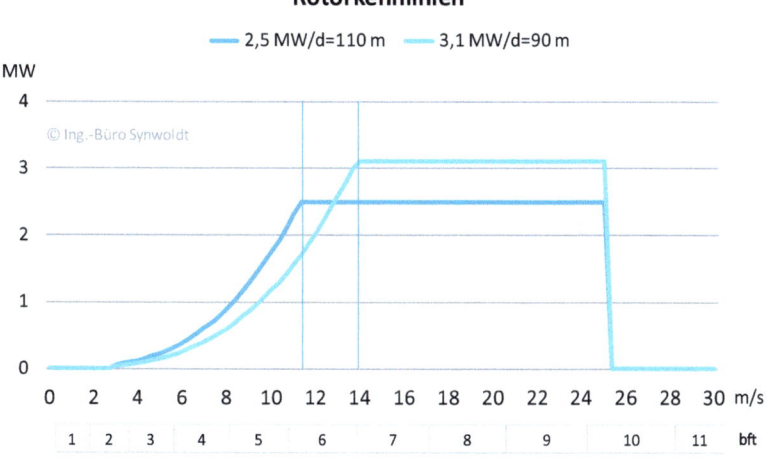

Abb. 1.153 Rotorkennlinien bei unterschiedlicher Anlagenauslegung

Tab. 1.35 Kategorien von Windenergieanlagen

Spezifische Anlagenleistung	Kategorie
$P_{\text{spez}} = 200\ldots350$ W/m^2	Schwachwindanlagen, typisch für Binnenlandstandorte
$P_{\text{spez}} = 350\ldots500$ W/m^2	Anlagen für mittlere Windlagen wie Küstenstandorte
$P_{\text{spez}} \geq 500$ W/m^2	Starkwindanlagen für Küsten- und Offshore-Standorte

höhere Windgeschwindigkeiten als *Antrieb* erforderlich, um die Nennleistung der jeweiligen Anlagen auch tatsächlich zu erreichen.

Weiterhin führt eine höhere Generatorleistung in Vergleichen anhand von spezifischen Kosten [€/kW] zu Verzerrungen: Anlagen mit größerem Generator schneiden besser ab als Anlagen mit größerem Rotor – obwohl gerade letzterer maßgeblich für die Erträge ist. Das Dilemma des Investors kann prägnant als „*es werden €/kW gekauft, hingegen €/kWh verkauft*" beschrieben werden. Im folgenden Abschnitt wird ein Ansatz zur Problemlösung aufgezeigt.

Die Übersicht einiger exemplarischer Windenergieanlagenmodelle in Tab. 1.36 zeigt das Spektrum von Generatorleistung und Rotorfläche auf (Abb. 1.154).

Die Streubreite der Rotorgröße bei Anlagen gleicher und ähnlicher Leistung ist signifikant. Dabei ist die Tatsache, dass einige der in der Aufstellung beschriebenen Anlagentypen bereits vor mehr als einem Jahrzehnterstmalig installiert wurden, für diese Übersicht eher nebensächlich. Historisch wurden zunächst Küstenstandorte und andere Starkwindlagen fokussiert, sodass ältere Anlagenmodelle typischerweise auf die dort anzutreffenden Windbedingungen ausgelegt sind. Erst durch das Erschließen von Binnenlandstandorten begann die Entwicklung von Anlagen mit entsprechend angepassten, immer niedrigeren Werten für die spezifische Leistung.

Tab. 1.36 Windenergieanlagen. (Daten: Herstellerangaben)

Hersteller	Typ	Nennleistung	Rotorfläche	Spez. Leistung
Enercon	E82	2,3 MW	5281 m^2	436 W/m^2
	E92	2,3 MW	6648 m^2	346 W/m^2
	E101	3,0 MW	8012 m^2	374 W/m^2
	E115	3,0 MW	10.387 m^2	289 W/m^2
	E126	7,6 MW	12.469 m^2	610 W/m^2
	E160	4,6 MW	20.106 m^2	229 W/m^2
Nordex	N80	2,5 MW	5027 m^2	497 W/m^2
	N90	2,5 MW	6362 m^2	393 W/m^2
	N117	2,4 MW	10.715 m^2	224 W/m^2
	N131	3,0 MW	13.478 m^2	223 W/m^2
	N149	4,0 MW	17.437 m^2	229 W/m^2
Vestas	V90	2,0 MW	6362 m^2	314 W/m^2
	V90	3,0 MW	6362 m^2	472 W/m^2
	V112	3,0 MW	9852 m^2	305 W/m^2
	V164	8,0 MW	21.124 m^2	379 W/m^2
General Electric	GE137	3,4 MW	14.741 m^2	231 W/m^2
	GE150	6,0 MW	17.671 m^2	340 W/m^2
	GE H-X	12,0 MW	38.013 m^2	342 W/m^2

1.3 Regenerative Technologien

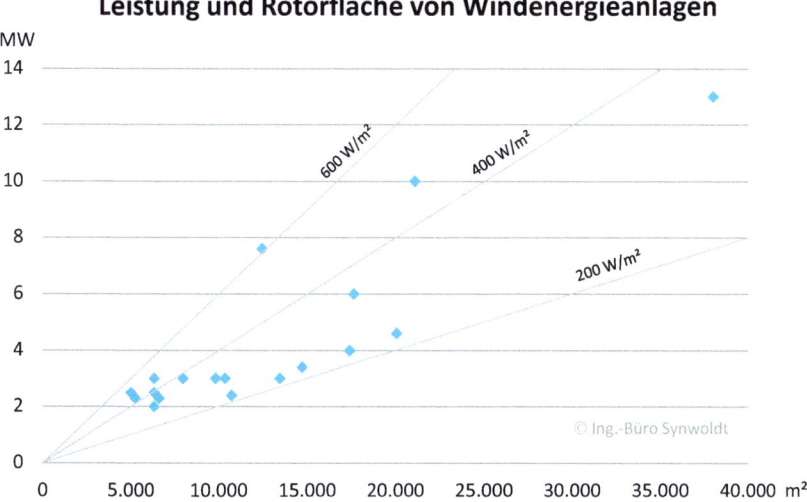

Abb. 1.154 Leistung und Rotorfläche von Windenergieanlagen

Ein besonders hervorzuhebender Vorzug dieser Anlagen ist eine höhere Auslastung. Damit liefern sie eine höhere jährliche Energiemenge E [kWh/a] je Leistungseinheit P [kW]. Die resultierende Größe wird als Volllaststunden vlh [h/a] bezeichnet und entspricht in der Aussage dem spezifischen Ertrag [kWh/kW$_p$] von Photovoltaikanlagen. Im angelsächsischen Raum wird die prozentuale Angabe *capacity factor* c_f benutzt. Dabei wird die dimensionslose Ergebnisgröße auf die Stunden eines Jahres (1a = 8760 h) bezogen.

$$\text{vlh} = E/P \tag{1.166}$$

Dadurch tragen Windenergieanlagen mit geringerer spezifischer Leistung zu weniger ausgeprägten Einspeisespitzen und damit einer Glättung der Netzeinspeisung bei. Das folgende Beispiel beruht auf einem messtechnisch aufgezeichneten Datensatz von Winddaten (15 min-Werte über einen Zeitraum von 3 Wochen; Abb. 1.155). Die Windenergieanlagen sind fiktiv und entsprechen den beiden in Abb. 1.153 abgebildeten Rotorkennlinien.

Rotorfläche oder Generatorleistung?
Deutlich ist in Abb. 1.156 und 1.157 zu erkennen, wie bei hohen Windgeschwindigkeiten der Generator die Einspeiseleistung begrenzt. Dennoch wirkt sich dieser Effekt weit weniger auf die Erträge aus, als es zunächst erscheinen mag.

Im Fall der 2,5 MW-Anlage wird die Nennleistung bereits bei einer Windgeschwindigkeit von $v_{n,1} \geq 11{,}3$ m/s erreicht. Die 3,1 MW-Anlage benötigt hingegen $v_{n,2} \geq 13{,}9$ m/s, um mit Nennleistung einzuspeisen.

Erst bei Windgeschwindigkeiten $v > 13{,}0$ m/s kann die Anlage mit dem leistungsstärkeren Generator tatsächlich eine höhere Einspeiseleistung erzielen (Abb. 1.153). Bei niedrigeren Windgeschwindigkeiten ist der Einfluss der Rotorfläche dominierend.

Abb. 1.155 Winddatensatz

Abb. 1.156 Einspeisung aus einer 2,5 MW-Anlage mit 110 m Rotor

Trotz des enorm hohen Windgeschwindigkeitsniveaus – die Daten stammen aus der Passatwindregion im Atlantik und haben im Betrachtungszeitraum einen Mittelwert von 10,2 m/s – ist der Gesamtertrag der 2,5 MW-Anlage im Beobachtungszeitraum um ca. 15 % höher als der Ertrag der 3,1 MW-Anlage. Würde das Windgeschwindigkeitsniveau mit einer mittleren Windgeschwindigkeit von 5,1 m/s zentraleuropäischen Bedingungen entsprechen, fallen die Erträge der nominell leistungsstärkeren Anlage sogar um mehr als 30 % niedriger aus.

1.3 Regenerative Technologien

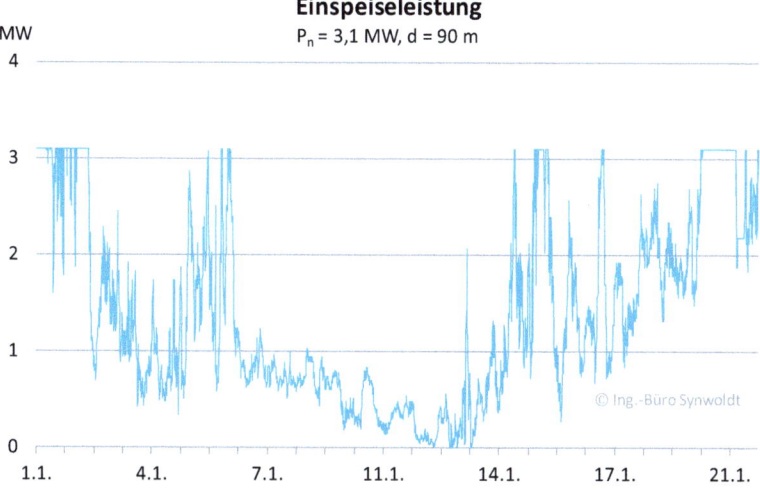

Abb. 1.157 Einspeisung aus einer 3,1 MW-Anlage mit 90 m Rotor

1.3.2.14 Ertragsbestimmung

Anhand der oben skizzierten Ergebnisse wird die Notwendigkeit für eine detaillierte Betrachtung der Ertragsbestimmung deutlich: Weder die Winddaten (mittlere Windgeschwindigkeit) noch die Angabe der Nennleistung einer Windenergieanlage erlauben eine zuverlässige Aussage bezüglich der zu erwartenden Erträge. Damit wird erneut die *Unzweckmäßigkeit* des häufig herangezogenen Vergleichs anhand von spezifischen Anlagenkosten erkennbar.

Das bereits für den Vergleich der unterschiedlichen Rotorsysteme angewandte Verfahren soll im Folgenden konkret beschrieben werden. Es bildet auch die Basis für ausgefeilte Simulationssysteme, die neben der Windgeschwindigkeit noch weitere Klima- und Standortparameter berücksichtigen.

Ausgangspunkte für die Untersuchung sind:

- Winddaten aus zeitlich hochaufgelösten, langen Zeitreihen,
- Kennlinie der für den Standort ausgewählten Windenergieanlage.

Die Winddaten können sowohl aus Messkampagnen stammen oder auch durch die Weibull-Verteilung als statistische Werte bereitgestellt werden. Die Leistungskennlinien der Windenergieanlagen sind vom Hersteller zu beziehen.

Liegen Winddaten aus einer Messkampagne vor, so ist zunächst die Messhöhe mit der Nabenhöhe der Windenergieanlage zu vergleichen und gegebenenfalls eine Anpassung gemäß des logarithmischen Höhenprofils (Abb. 1.120) durchzuführen. Je größer die Abweichung zwischen Messhöhe und Nabenhöhe ausfällt, desto stärker machen sich

Ungenauigkeiten beim Abschätzen der Rauigkeitslänge z_0 bemerkbar. Falls genaue Werte fehlen, kann mithilfe einer Szenarienbetrachtung die Sensitivität in Bezug auf die Erträge ermittelt werden.

Danach ist für jeden Datensatz der Windgeschwindigkeitsmessung der jeweils passende Wert aus der Leistungskennlinie zuzuordnen. Je höher die Kennliniendaten aufgelöst sind (0,5–0,1 m/s), desto präziser kann für jede Windgeschwindigkeitsklasse[54] die Anlagenleistung bestimmt werden.

Die zeitrichtig gebildete Summe der Leistungswerte liefert dann den – theoretisch – zu erwartenden Ertrag. Das Zeitintegral über die Leistung entspricht der verrichteten Arbeit beziehungsweise der bereitgestellten Energie. Von diesem theoretischen Ertrag sind dann gewisse Abschläge vorzunehmen. Dies betrifft im Einzelnen:

- Die technische Verfügbarkeit des Windparks (durch Wartungsverträge können Werte >97 % garantiert werden).
- Die Höhenlage des Windanlagenstandorts (Einfluss auf die Dichte der Luft).
- Das Temperaturniveau und die relative Luftfeuchtigkeit am Windanlagenstandort (Einfluss auf die Dichte der Luft).
- Die Netzverfügbarkeit (Deutschland zählt zu den am wenigsten von Netzausfällen betroffenen Ländern weltweit. Der SAIDI *[System Average Interruption Duration Index]* liegt im Bereich von 15 min pro Jahr; dieser Index bezieht sich auf die Versorgungssicherheit für Kunden; Abb. 2.22).
- Die Netzstabilität. Insbesondere durch die *Ausgleichsmechanismusverordnung (AusglMechV)* kommt es in einigen Regionen vermehrt zu Netzengpässen, da die Übertragungsnetzbetreiber den Strom aus EE-Anlagen nicht mehr in die Transportnetzebene hochspannen und abnehmen müssen. Das *Energiewirtschaftsgesetz (EnWG)* und das *Gesetzes für den Vorrang Erneuerbarer Energien (EEG)* sehen ein Einspeisemanagement vor, das die potenziellen Verluste der Anlagenbetreiber durch netzbedingte Abschaltungen monetär kompensiert.
- Die Abschattung der Anlagen untereinander (Windparkeffekt; durch hinreichenden Abstand der Windenergieanlagen untereinander können die Verluste unter 5 % [kleine Windparks] gehalten werden).

Liegen die Winddaten als Weibull-Parameter vor, so ist – passend zur Auflösung der Anlagenkennlinie – die Verteilungsfunktion der Windgeschwindigkeit aufzustellen. Eine gegebenenfalls erforderliche Korrektur der Windgeschwindigkeitswerte erfolgt analog wie bei den Messwerten.

Die Grafik in Abb. 1.158 basiert auf den Winddaten aus einer Weibull-Verteilung und einer realen Anlagenkennlinie.

---

[54]Analog zur Auflösung der Anlagenkennlinie kann die Windgeschwindigkeit nur innerhalb dieser Intervalle betrachtet werden. Bei statistischen Winddaten ist die Weibullverteilung in entsprechenden Intervall-Schritten zu bestimmen.

1.3 Regenerative Technologien

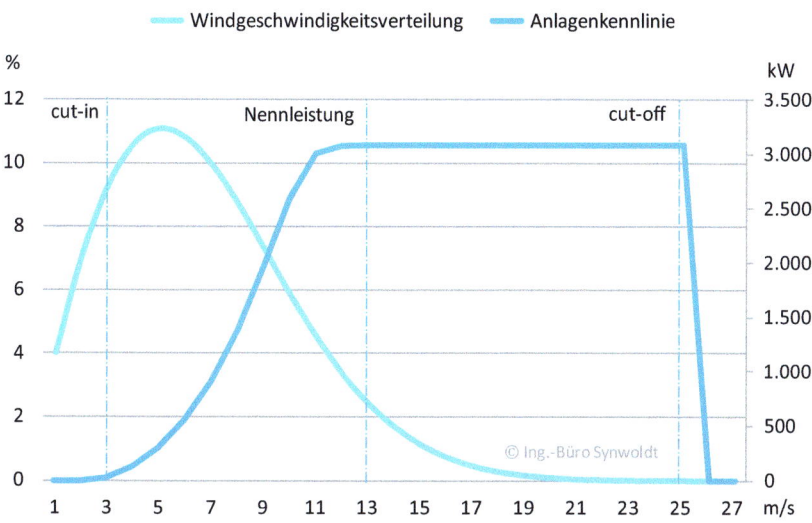

Abb. 1.158 Überlagerung von Windgeschwindigkeitsprofil und Anlagenkennlinie

Das schrittweise Ausmultiplizieren der Auftretensdauer einer Windgeschwindigkeit (bezogen auf den Zeitrahmen des Betrachtungsintervalls, hier: ein Zeitjahr) und der Anlagenleistung bei der jeweiligen Windgeschwindigkeitsklasse führt zu einer Ertragsverteilungsfunktion (ausgefüllte Fläche, Abb. 1.159).

Die Dauer des Auftretens der einzelnen Windgeschwindigkeitsklassen ergibt sich aus der Häufigkeit einer Windgeschwindigkeit (bezogen auf den Zeitrahmen des Betrachtungsintervalls, hier: ein Zeitjahr) multipliziert mit der Zeitbasis (hier: 8760 h/a).

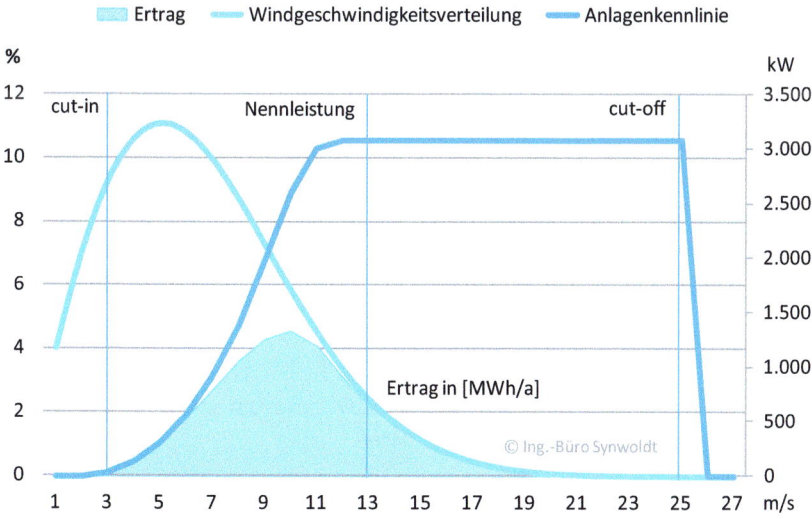

Abb. 1.159 Ertragsbestimmung aus Windgeschwindigkeitsprofil und Anlagenkennlinie

Das numerische Integral der Ertragsverteilung (ausgefüllte Fläche) liefert den Gesamtertrag im Betrachtungszeitraum. Es fällt auf, dass der größte Beitrag zum Ertrag im Teillastbereich der Windenergieanlage erbracht wird. Der Volllastbetrieb, oberhalb der Nennleistung, trägt im hier durchgerechneten Beispiel lediglich 30 % zum Gesamtertrag bei.

Eine große Unsicherheit bei derartigen Kalkulationen resultiert aus der jährlichen Fluktuation des Windaufkommens (Abb. 1.123). Aufgrund der nichtlinearen Beziehung zwischen Anlagenleistung und Windgeschwindigkeit wirkt sich die Varianz des Windaufkommens weitaus stärker auf die Erträge aus, als dies bei dem analogen Phänomen für Solaranlagen zutrifft. Umso wichtiger sind Abschätzungen, die eine gewisse Überschreitenswahrscheinlichkeit des Ertrags statistisch absichern.

Als Beispiel soll ein kleiner Windpark, bestehend aus drei 3,0 MW-Anlagen an einem Binnenlandstandort, betrachtet werden. In einem ersten Schritt werden anhand langjähriger Winddatensätze die Erträge für einzelne Jahre ermittelt (Abb. 1.160). Das dafür angewandte Verfahren wurde bereits weiter oben beschrieben.

In windschwachen Jahren ist mit geringeren Umsatzerlösen aus der Stromerzeugung und -einspeisung zu rechnen. Eine Kalkulation auf der Basis des langjährigen Mittelwerts kann – insbesondere bei mehreren aufeinanderfolgenden windschwachen Jahren – zu Liquiditätsproblemen führen, da die Verbindlichkeiten aus der Projektfinanzierung (Zins- und Tilgungszahlungen) regelmäßig zu leisten sind. Aus diesem Grund wird die Verteilung der Ertragswerte analysiert (Abb. 1.161).

Aus der kumulierten Wahrscheinlichkeit der Verteilungsfunktion lassen sich dann Ertragswerte ermitteln, die mit einer gewissen Wahrscheinlichkeit überschritten werden (Abb. 1.162). Der Wert P50 (P: *probability,* Wahrscheinlichkeit) steht für eine

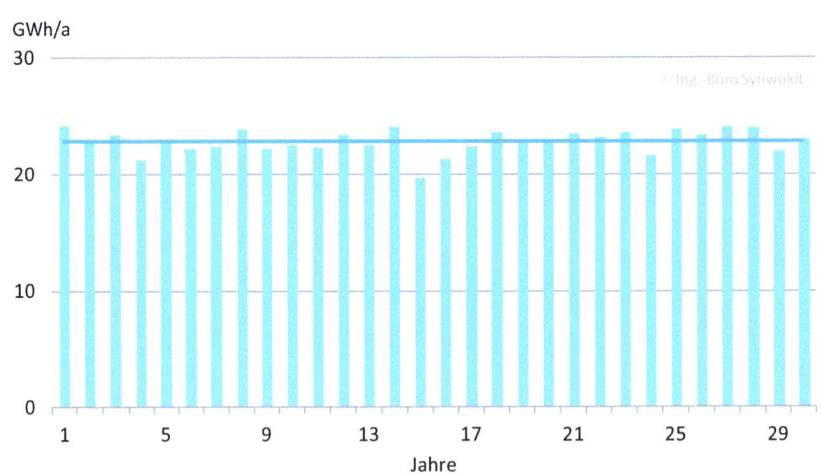

Abb. 1.160 Erträge im langjährigen Verlauf

1.3 Regenerative Technologien

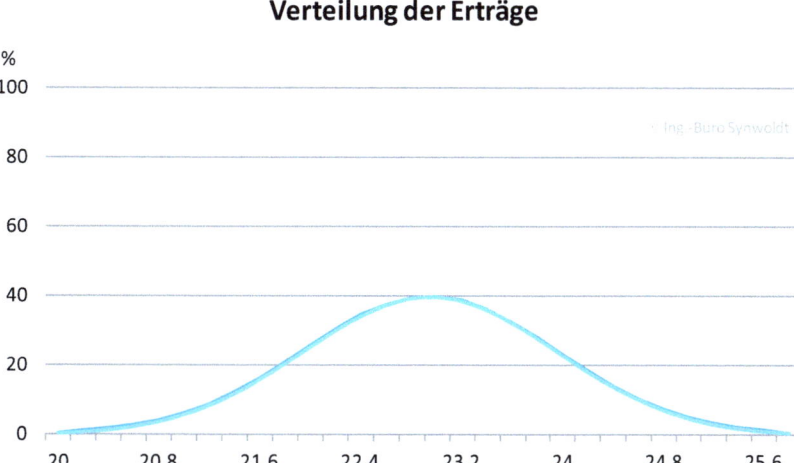

Abb. 1.161 Verteilungsfunktion der Erträge

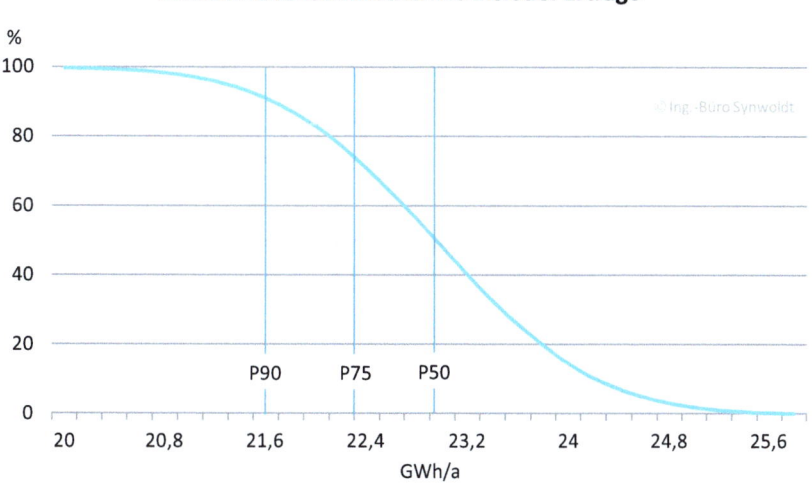

Abb. 1.162 Kumulierte Wahrscheinlichkeit der Erträge

Wahrscheinlichkeit von 50 % und repräsentiert den Mittelwert: Die Überschreitensw ahrscheinlichkeit ist 50 % – die Unterschreitenswahrscheinlichkeit jedoch ebenfalls. Ertragswerte mit einer höheren Überschreitenswahrscheinlichkeit (P75, P90) verringern das Risiko eines Unterschreitens. Sie verkörpern somit ein höheres Vertrauen, dass die Erträge und die auf dieser Basis kalkulierten Umsätze auch tatsächlich eintreten.

Je größer die Standardabweichung der Verteilungsfunktion in Abb. 1.161 beziehungsweise die Streubreite der jährlichen Erträge in Abb. 1.160 ausfällt, desto flacher ist die kumulierte Wahrscheinlichkeitsfunktion. Entsprechend größere Abschläge auf den mittleren Ertrag sind erforderlich, um eine Überschreitenswahrscheinlichkeit von 75 % (P75) oder 90 % (P90) zu erzielen.

1.3.2.15 Windpark

Eine Konzentration von Windenergieanlagen zu Windparks ist nicht nur ein Gebot der Landesentwicklungs- und Regionalplanung, sondern auch aus ökonomischen Erwägungen zweckmäßig. Infrastrukturen zur Errichtung und Wartung der Windenergieanlagen, zur Netzanbindung und zum Betrieb können effizienter genutzt werden.

Die Standorte von Windenergieanlagen müssen einen hinreichenden Abstand zum Siedlungsraum, zu Verkehrsinfrastrukturen und Freileitungstrassen sowie zu unter Natur- und Gewässerschutz stehenden Gebieten aufweisen. Zusätzlich sind auch gewisse Mindestdistanzen zwischen den einzelnen Anlagen untereinander einzuhalten. Dies betrifft weniger die mechanischen Dimensionen der Rotoren als das Phänomen der Wirbelschleppe im Nachlauf von Windenergieanlagen. Ein von Turbulenzen störungsfreier Betrieb ist erst in einiger Distanz hinter der die Wirbelschleppe verursachenden Anlage möglich. Allerdings ist die räumliche Beziehung *hinter* gar nicht so eindeutig, wie es zunächst erscheinen mag. Der Wind kommt typischerweise aus unterschiedlichen Richtungen, sodass jeweils verschiedene Anlagen in einer Nachbarschaftsbeziehung vor beziehungsweise hinter dem Wind stehen (Abb. 1.163).

In Deutschland ist an vielen Standorten eine Häufung der Windrichtung aus westlichen Richtungen festzustellen. Entsprechend wird zwischen der Hauptwindrichtung

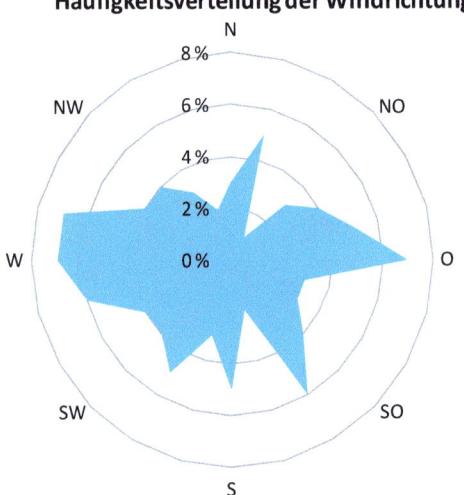

Abb. 1.163 Windrose mit Häufigkeitsverteilung der Windrichtungen

1.3 Regenerative Technologien

und der Nebenwindrichtung, quer zur Hauptwindrichtung, unterschieden. In der während des größeren Zeitanteils des Jahres vorherrschenden Hauptwindrichtung wird ein größerer Abstand zwischen den einzelnen Standorten der Windenergieanlagen vorgesehen (Abb. 1.164) – nachlaufströmungsbedingte Verluste (Abb. 1.140) würden sich hier stärker bemerkbar machen.

Während an Küstenstandorten oder in den norddeutschen Tiefebenen großflächige Windparks errichtet werden können, kommen im Binnenland eher Kammlagen der Mittelgebirge oder einzelne Hochplateaus infrage. Dies wirkt sich sowohl auf die Anzahl der möglichen Anlagenstandorte in einem Windpark als auch auf die Anordnung der Windenergieanlagen im Windpark aus.

Auch die Orografie des Geländes trägt zur Turbulenzbildung bei, sodass bei der Wahl der Parameter n und m neben dem Geländerelief auch eine möglicherweise dreidimensionale Staffelung der Standorte auf unterschiedlichen Höhenlagen zu berücksichtigen ist.

Infraschall

Neben Umweltschutzthemen werden regelmäßig auch Bedenken bezüglich möglicher Infraschall-Emissionen gegen die Errichtung von Windparks vorgetragen.

Infraschall betrifft Schallwellen mit einer Frequenz $f \leq 20\,\text{Hz}$. Diese niederfrequenten Schallanteile sind für Menschen unhörbar und entfalten erst bei sehr hohen Pegeln eine physiologische Wirkung. Quellen für Infraschall gibt es in der Natur (Wind, Windrauschen an Bäumen, Wellen, Meeresrauschen) und Technik (Motoren, Kompressoren und Pumpen, Lüftungsanlagen, Kühlschränke). Auch Windenergieanlagen zählen zu den technischen Quellen von Infraschall.

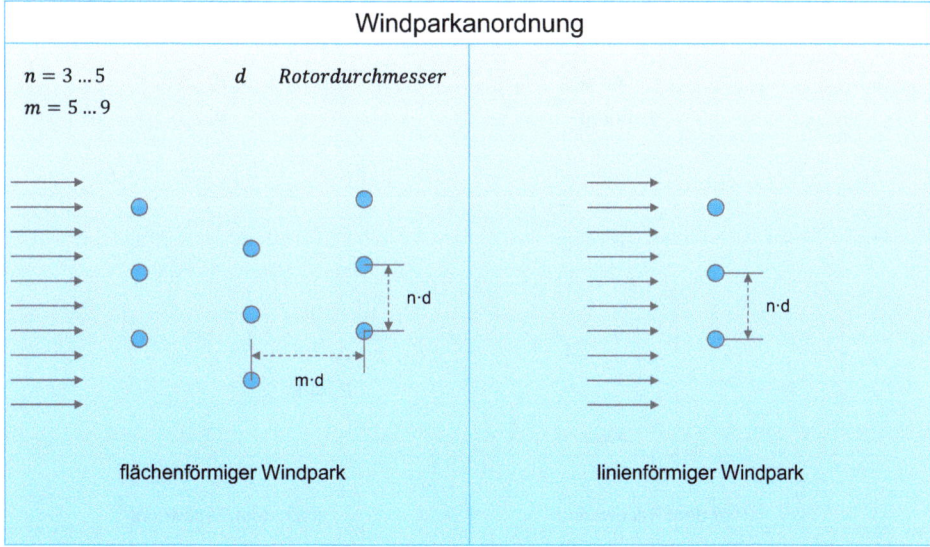

Abb. 1.164 Windparkanordnung

Hierzu haben verschiedene Umweltbehörden der Länder Untersuchungen durchgeführt beziehungsweise durchführen lassen [88, 89]. Dabei wurde die Intensität unterschiedlicher Schallanteile im Bereich $f = 1 \ldots 10\,\text{Hz}$ untersucht. Welchen Beitrag leistet ein Windpark von 14 Windenergieanlagen (Nennleistung $P_n = 1{,}5\,\text{MW}$) zur Infraschallimmission in einem ca. 600 m vom Windpark entfernten Wohngebäude?

Während in unmittelbarer Nähe der Windanlagen (100 m) eine messtechnische Erfassung von Infraschall gelang, konnte im Gebäude – unabhängig vom Betriebszustand der Windenergieanlagen (alle eingeschaltet, aufgrund der hohen Windgeschwindigkeit bei (Voll-)Nennlast; alle ausgeschaltet; nur einige Anlagen im Betrieb) – kein durch den Windpark verursachter, zusätzlicher Infraschall ermittelt werden. Der bei einer Windgeschwindigkeit von $v_{\text{wind},1} = 6 \ldots 18\,\text{m/s}$ (Emissionsort, Windpark) beziehungsweise $v_{\text{wind},2} = 10 \ldots 16\,\text{m/s}$ (Immissionsort, am Gebäude) durch Bäume, Gebäude und andere Objekte im Gelände verursachte Infraschall überdeckte die Immission des Windparks vollständig [89].

Weiterhin ist festzuhalten, dass die Infraschallimmission in einem fahrenden PKW um mehrere Größenordnungen (40 dB, das entspricht der 10.000-fachen Schallintensität) größer ist als die Immissionen in 250 m Entfernung zum untersuchten Windpark [90].

Im Umweltschutz beschreiben *Emissionen* das Aussenden oder Freisetzen von Schall oder Abgasen. Die Emissionen wirken sich an verschiedenen Punkten oder Orten unterschiedlich aus. Die Einwirkungen an einem Ort werden als *Immissionen* bezeichnet. Dabei können sich verschiedene Emissionen an einem Immissionsort überlagern.

1.3.2.16 Repowering

Mit dem Begriff *Repowering* wird die Ausrüstung von Windparks mit moderneren, leistungsstärkeren Windenergieanlagen verstanden (Abb. 1.165). Es handelt sich dabei keineswegs um die Nachrüstung bestehender Anlagen mit einem leistungsfähigeren Generator:

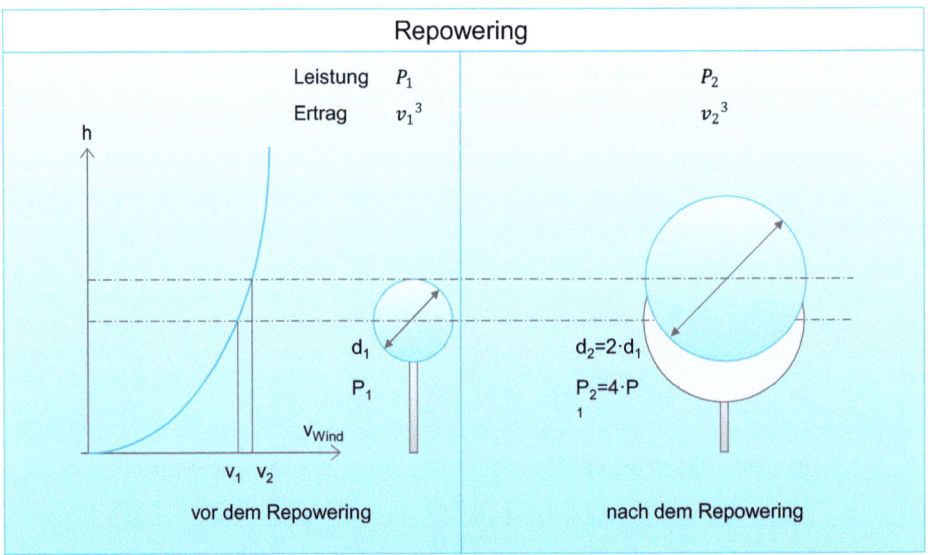

Abb. 1.165 Ertragssteigerung durch Repowering

- Eine größere Anlagenleistung bedingt einen größeren Rotor.
- Ein größerer Rotor erfordert in der Regel einen höheren Mast. Hieraus resultieren ein Rotorbetrieb unter besseren Windverhältnissen und damit ein deutlicher Ertragsgewinn.
- Der leistungsfähigere Generator hat eine höhere Masse und größere Bauform, damit scheidet eine Weiterverwendung von Gondel, Maschinenträger, Mast und Fundament aus.
- Bei gleicher Umlaufgeschwindigkeit der Rotorblattspitzen hat der größere Rotor eine geringere Drehzahl und erscheint damit optisch ruhiger.
- Aufgrund des größeren Rotors sind im Windpark größere Abstände zwischen den einzelnen Anlagenstandorten erforderlich. Bei gleichbleibender Windparkfläche sinkt die Anzahl der Windenergieanlagen. Die einzelnen Standorte sind neu zu bestimmen.
- Die größere Leistung der einzelnen Anlagen und gegebenenfalls auch des gesamten Windparks macht leistungsfähigere Kabel, Transformatoren und Leistungsschalter erforderlich. Gegebenenfalls ist ein anderer Netzverknüpfungspunkt für die höhere Windparkleistung zu bestimmen.
- Die Zuwegung zum Windpark und die Wege im Windpark sind den größeren Dimensionen und Massen anzupassen. Die Kabeltrassen sind an die neuen Anlagenstandorte anzupassen.

Damit wird ersichtlich, dass es sich im Endeffekt um den Neubau eines Windparks mit einer geringeren Anzahl leistungsstarker Anlagen auf der Fläche eines bestehenden Windparks handelt. Der bestehende Windpark ist zuvor zurückzubauen.

Im Folgenden sollen die Verhältnisse beim Repowering quantitativ untersucht werden. Ausgehend davon, dass die Leistung P einer Windenergieanlage proportional zur Rotorfläche A beziehungsweise zum Quadrat des Rotordurchmessers d ist,

$$P \propto A, P \propto d^2 \tag{1.167}$$

nimmt die erforderliche Rotorfläche beim Repowering zu. Aus Gründen einer erhöhten Ausbeute (niedrigere spezifische Rotorleistung) ist tendenziell sogar mit einer überproportionalen Zunahme der Rotorfläche zu rechnen.

[Index 1: vor dem Repowering; Index 2: nach dem Repowering]

$$\frac{P_2}{P_1} = \frac{d_2^2}{d_1^2} \tag{1.168}$$

Damit ergibt sich für den neuen Rotordurchmesser

$$d_2 = d_1 \cdot \sqrt{\frac{P_2}{P_1}} \tag{1.169}$$

Im gleichen Maßstab wie die Rotordurchmesser wachsen auch die Abstände zwischen den Anlagenstandorten.

Steht für die Repowering-Maßnahme dieselbe Fläche zur Verfügung wie für den bisherigen Windpark, so ergibt sich aus den vergrößerten Abständen zwischen den Anlagenstandorten eine neue Belegung. Wegen $A_{\text{windpark},1} = A_{\text{windpark},2}$ und dem Flächenbedarf pro Windanlage $A_{\text{anlage}} \propto d^2$ (aus den Abstandsbedingungen) gilt bei flächenförmigen Windparks für die Anzahl der Anlagen

$$P \propto d^2 \wedge A_{\text{anlage}} \propto d^2 \tag{1.170}$$

$$A_{\text{anlage}} \propto P \tag{1.171}$$

und der Anzahl z der Windanlagen

$$A_{\text{anlage},1} \cdot z_1 = A_{\text{anlage},2} \cdot z_2 \tag{1.172}$$

Damit ergibt sich die Anzahl der Windenergieanlagen nach dem Repowering im flächenförmigen Windpark zu

$$z_2 = z_1 \cdot \frac{P_1}{P_2} \tag{1.173}$$

oder

$$z_2 = z_1 \cdot \left(\frac{d_1}{d_2}\right)^2 \tag{1.174}$$

Aus Gl. 1.171 folgt auch, dass die Gesamtleistung des Windparks konstant bleibt. Aufgrund der größeren Nabenhöhe ist jedoch mit höheren Erträgen zu rechnen. Je nach Orografie kann bei Masthöhen im Bereich $h = 80\ldots 120$ m mit einem Ertragsgewinn von $\Delta E = 0{,}5\ldots 1{,}0\,\%/\text{m}$ für jeden zusätzlichen Meter Nabenhöhe kalkuliert werden.

Die Kreisringe in Abb. 1.166 und 1.167 stehen jeweils für einen Rotordurchmesser vor (links) und nach dem Repowering (rechts).

Bei kleineren Windparks in linienförmiger Gestalt sind die Abstände zwischen den Anlagenstandorten lediglich in einer Dimension zu berücksichtigen. Daraus folgt im Gegensatz zu Gl. 1.170 und 1.171

$$P \propto d^2 \wedge A_{\text{anlage}} \propto d \tag{1.175}$$

$$A_{\text{anlage}} \propto \sqrt{P} \tag{1.176}$$

Die Anzahl der möglichen Standorte nach dem Repowering im linienförmigen Windpark ergibt sich damit zu

$$z_2 = z_1 \cdot \sqrt{\frac{P_1}{P_2}} \tag{1.177}$$

1.3 Regenerative Technologien

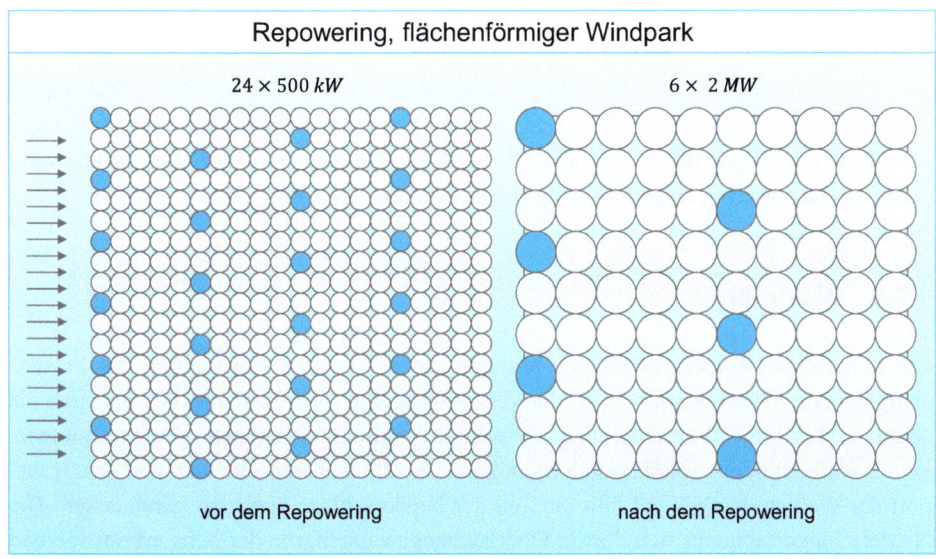

Abb. 1.166 Repowering von flächenförmigen Windparks

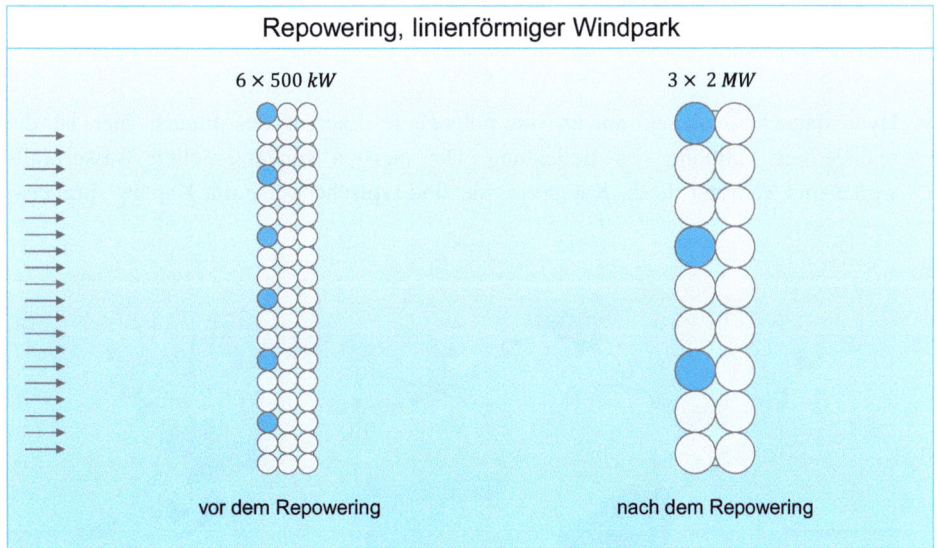

Abb. 1.167 Repowering von linienförmigen Windparks

oder

$$z_2 = z_1 \cdot \frac{d_1}{d_2} \tag{1.178}$$

Die Konsequenz der Beziehung aus Gl. 1.176 ist die Zunahme der Windparkleistung durch das Repowering bei gleichzeitig sinkender Anlagenzahl.

1.3.3 Wasserkraft

Die klassischen Wasserkraftanlagen basieren auf der solaren Einstrahlung als Primärenergiequelle. Dies betrifft sowohl die Verdunstung von Oberflächenwasser als auch die ebenfalls durch die Wärmewirkung der solaren Strahlung ausgelösten Luftströmungen. Durch Wolkenbildung (Kondensation) an kälteren Atmosphärenschichten und den Transport der Wolken durch Wind fällt ein Teil der Niederschläge über den Landmassen. Die Niederschläge sammeln sich dort in Oberflächengewässern, die der Schwerkraft folgend talwärts abfließen. Damit ist die Gravitation die zweite wesentliche Voraussetzung zur Nutzung der Wasserkraft.

Über Land kommen jährliche Niederschlagsmengen von 112.000 km^3 zustande, von denen 44.000 km^3 in die Meere strömen (Abb. 1.168) [52]. Der größere Teil verdunstet und nimmt erneut an der Wolkenbildung teil.

Bei der technischen Nutzung der Wasserkraft sind zwei Wirkmechanismen zu differenzieren:

- Hydrostatische Anlagen nutzen die potenzielle Energie des Fluids; hier ist die realisierbare Fallhöhe von Bedeutung. Die meisten konventionellen Wasserkraftwerke sind Vertreter dieser Kategorie. Sie sind typischerweise mit Kaplan-, Francis-,

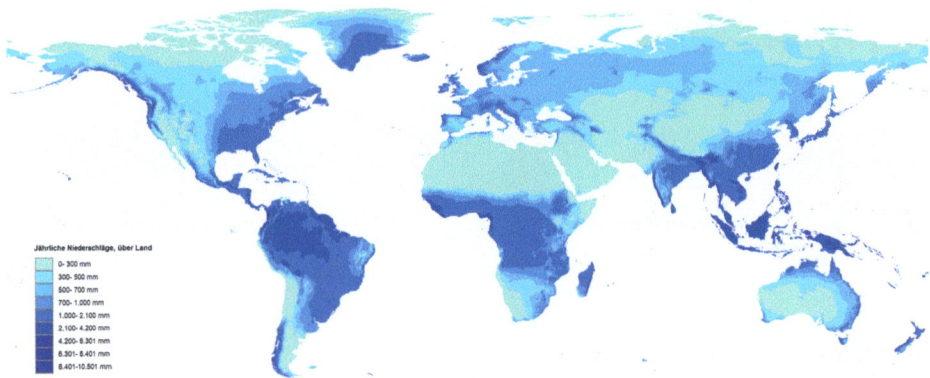

Abb. 1.168 Globale Niederschlagsverteilung. (Quelle: wikimedia, gnu fdl 1.2)

1.3 Regenerative Technologien

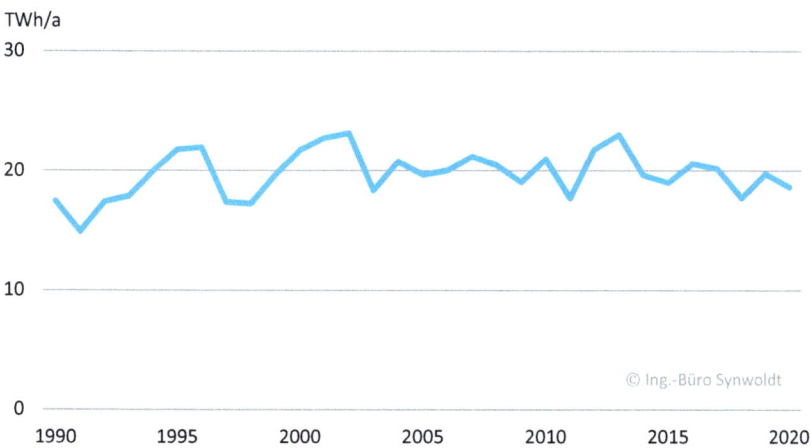

Abb. 1.169 Stromerzeugung aus Wasserkraftanlagen in Deutschland. (Daten: AGEE-Stat [21])

Pelton- oder Ossbergerturbinen ausgestattet. Unter-, mittel- und oberschlächtige Wasserräder nutzen sowohl die Fallhöhe als auch die Fließgeschwindigkeit.
- Hydrodynamische Anlagen arbeiten mit der kinetischen Energie eines Fließgewässers. Zu den traditionellen Anlagen gehören Schiffsmühlen und tiefschlächtige Wasserräder. Eine Reihe moderner Kleinanlagen folgt mit unterschiedlichen Rotorkonzepten diesem Ansatz.

Da Anlagen zur Nutzung der Wasserkraft schon seit dem Altertum im Einsatz sind und die Entwicklung moderner Turbinen bereits im 19. Jahrhundert stattfand, zählt die Wasserkraft zu den weltweit am weitesten verbreiteten und auch am weitesten entwickelten regenerativen Technologien.

Die Potenziale in Deutschland sind im Wesentlichen ausgeschöpft. Hauptsächlich durch die Optimierung von Anlagen im Fall einer technischen Sanierung können noch Steigerungen der installierten Leistung erzielt werden [91–93].[55] Der Verlauf der Stromproduktion aus Wasserkraftanlagen in Abb. 1.169 spiegelt daher weniger eine technische Entwicklung oder den Ausbau des Anlagenbestands als vielmehr das Wettergeschehen wider: Niederschlagsreiche Jahre führen zu höheren Erträgen. Im langjährigen Mittel tragen Wasserkraftanlagen 3 % zur Stromerzeugung in Deutschland bei. Die längeren Trockenperioden während der letzten Sommer tragen zu einer rückläufigen Tendenz bei.

Meeresbasierte Wasserkraftanlagen spielen bislang nur eine untergeordnete Rolle. Die Potenziale werden in einem eigenen Abschn. 1.3.3.7 weiter unten betrachtet.

---

[55] Weitere Beiträge in [94] und in [95].

1.3.3.1 Ressource Wasser

Wie im folgenden Abschnitt gezeigt wird, ist neben der verfügbaren Wassermenge die Nutzung einer möglichst großen Höhendifferenz für die erzielbare Leistung von Wasserkraftanlagen ausschlaggebend. Damit sind insbesondere geografische Merkmale für den Betrieb entscheidend:

- Menge und Regelmäßigkeit von Niederschlägen,
- Fläche des Einzugsgebietes,
- Topografie des Geländes (Orografie).

Während die ersten beiden Punkte die Wassermenge (Abfluss) betreffen, ist das Geländeprofil für nutzbare Höhendifferenzen verantwortlich. Eine weitere wichtige Rolle spielen Wasserspeicher, die für eine gleichmäßige Wasserabgabe sorgen:

- Schneefall und Gletscherbildung sorgen für eine saisonale Entkopplung,
- lehmig-sandige und humusreiche Böden sowie unterirdische (Grund-)Wasserspeicher halten Niederschlagsmengen temporär zurück und entkoppeln die Quellschüttung vom Niederschlag.

Abfluss

Die einen Flussquerschnitt passierende Wassermenge wird als Abfluss Q [m/s^3] bezeichnet. In der Hydrografie ist sie neben dem Wasserpegel eine der wichtigsten Kenngrößen. Je nach Klima und Orografie wird zwischen verschiedenen Abflussregimes mit variierender saisonaler Wasserführung unterschieden.

Sämtliche Fließgewässer, an der Geländeoberfläche oder im Untergrund, folgen der Schwerkraft. Dies führt in Tallagen zu Zusammenflüssen. Dadurch werden Niederschläge sowie Quell- und Schmelzwässer aus einem großen Einzugsgebiet in wenigen Flüssen und Strömen konzentriert. Je näher ein Pegel an der Flussmündung liegt, desto größer sind das Einzugsgebiet und der daraus resultierende Abfluss. Beispielsweise wird Deutschland über lediglich fünf große Ströme und einige kleinere Flüsse in Küstennähe entwässert: Über den Rhein, die Elbe, Eider, Weser und Ems in die Nordsee, über die Oder, Warnow und Peene in die Ostsee sowie über die Donau in das Schwarze Meer.

Neben dem mittleren Abfluss MQ werden in der Hydrografie verschiedene weitere Abflussgrößen unterschieden (Tab. 1.37). Für den Rhein-Pegel in Köln werden die jeweiligen Daten als Beispiel genannt [96].

Nicht zu verwechseln sind die *Abfluss*größen [m^3/s] mit dem *Pegel* [m] an den betreffenden Messpunkten. Beide Größen hängen eng miteinander zusammen. Es ist jedoch zu beachten, dass das Profil der Flussquerschnitte zu einer nichtlinearen Beziehung führt: Mit Ausnahme von vertikal eingefassten Kanalrändern oder Hafenmauern führt ein Ansteigen des Pegels in aller Regel zu einer Querschnittserweiterung, wenn nicht gar zu einem Über-die-Ufer-Treten *(Ausuferung)*. Zudem ist beim Ansteigen des Pegels auch mit einer Zunahme der Fließgeschwindigkeit zu rechnen (Abb. 1.170 und 1.171).

Bei der Auslegung von Wasserkraftanlagen ist zudem die Fallhöhe (Gl. 1.182) zu berücksichtigen. Die durch eine Wasserkraftanlage nutzbare, effektive Fallhöhe ergibt sich aus der Differenz der Pegel von Oberwasser und Unterwasser (Kaplan-, Francis-Turbine) beziehungsweise der Höhendifferenz zwischen Oberwasser und Turbine (Pelton-, Ossberger-Turbine). Die tatsächliche Fallhöhe ist damit ebenfalls vom Abfluss abhängig.

1.3 Regenerative Technologien

Tab. 1.37 Abflussgrößen in der Hydrografie

Wert	Bedeutung	Beispiel: Rhein Pegel Köln
NNQ	Niedrigster bekannter Abfluss	
NQ	Niedrigster Abfluss gleichartiger Zeitabschnitte in einer Zeitspanne (meist auf ein Jahr bezogen)	401 m³/s
MNQ	Mittlerer Niedrigwasserabfluss in betrachteter Zeitspanne; entspricht dem arithmetischen Mittel aus den niedrigsten Abflüssen (NQ) gleichartiger Zeitabschnitte für die Jahre des Betrachtungszeitraums	914 m³/s
MQ	Mittlerer Abfluss; durchschnittlicher Abfluss im langjährigen Mittel	2090 m³/s
MHQ	Mittlerer Hochwasserabfluss; entspricht dem arithmetischen Mittel aus den höchsten Abflüssen (HQ) gleichartiger Zeitabschnitte für die Jahre des Betrachtungszeitraums	6210 m³/s
HQ	Höchster Abfluss gleichartiger Zeitabschnitte in einer Zeitspanne (meist auf ein Jahr bezogen)	10.900 m³/s
HHQ	Höchster jemals gemessener Hochwasserabfluss	

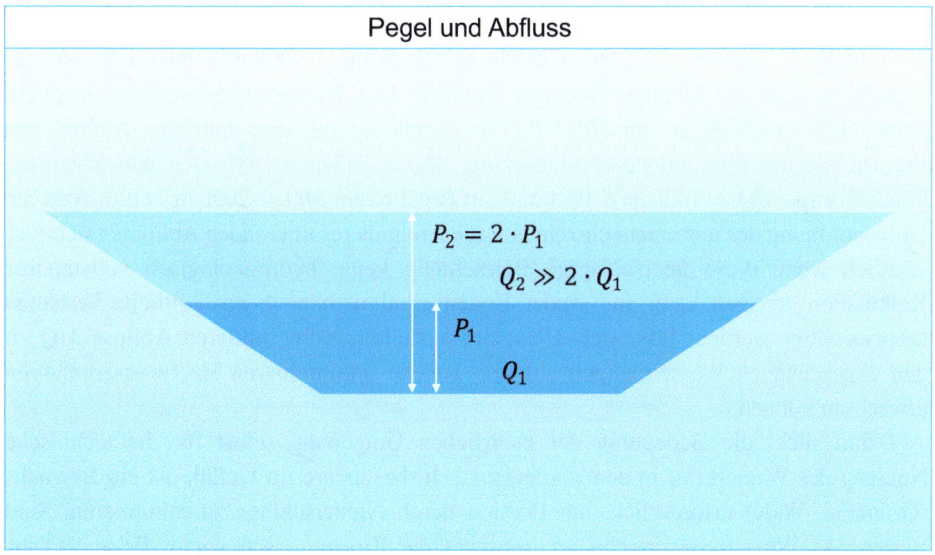

Abb. 1.170 Pegel und Abfluss im natürlichen Gerinne

Im Fall von Starkregenereignissen versickert nur ein kleiner Teil des Niederschlagswassers. Große Teile fließen unmittelbar in Oberflächengewässer ab. Dieser Zustand wird durch eine zunehmende Oberflächenversiegelung begünstigt.

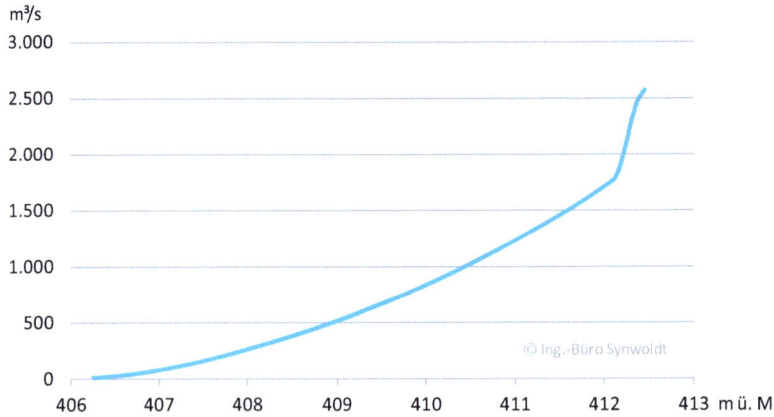

Abb. 1.171 Beziehung zwischen Pegelstand und Abfluss. (Daten: [97])

Das folgende Zahlenbeispiel macht deutlich, welche enormen Abflussmengen sich letztlich im Querschnitt weniger Ströme vereinen. Ein heftiges Starkregenereignis (100 l/m^2) über einer Fläche von einem Landkreis (1000 km^2) entspricht Wassermengen von 10^8 m^3 innerhalb weniger Stunden. Das Niederschlagsereignis entspricht damit Größenordnungen von 10^3–10^4 m^3/s. Verglichen mit dem mittleren Abfluss von Flüssen wie der Elbe am Pegel Magdeburg: $MQ = 558$ m^3/s [98] oder dem Rhein am Pegel Worms: $MQ = 1420$ m^3/s [99] und am Pegel Köln: $MQ = 2090$ m^3/s [96] wird die Größenordnung des aus einem einzelnen Regenereignis resultierenden Abflusses sichtbar.

Auch wenn diese überschlägige Betrachtung keine hydrogeologisch vollständige Kalkulation ersetzen kann und weder Bodenverhältnisse noch das zeitliche Verhalten berücksichtigt werden, lässt sich allein am Verhältnis vom mittleren Abfluss MQ zu den abgeschätzten Wassermengen ablesen, welche unmittelbaren Hochwassergefahren erwachsen können.

Damit rückt die Bedeutung der natürlichen Umgebung selbst für die technische Nutzung der Wasserkraft in den Vordergrund. Insbesondere im Gefälle ist ein Bewuchs (Grünland, Wald) erforderlich, um Erosion durch Niederschläge zu minimieren. Sind Boden und Wurzelwerk geschädigt, schreitet die Erosion rasch voran. Felsige Oberflächen verfügen über keine Speicherwirkung, das Wasser fließt ungebremst ab.

Boden als Wasserspeicher
Ein Beispiel hierfür sind die Kapverdischen Inseln (*Caboverde*, portugiesisch: Grünes Cap). In weiten Bereichen wurden die früheren Wälder abgeholzt und der Boden der Erosion preisgegeben. Die Bodendecke war außerdem – bedingt durch den vulkanischen Ursprung der Inseln – gering mächtiger als auf dem Kontinent. Wassermengen aus der kurzen Regenperiode strömen heute aus dem felsigen Gebirge zumeist ungenutzt ins Meer. In dem regenarmen und windreichen Klima ist die seit einigen Jahren begonnene Wiederaufforstung daher nur unter erschwerten Bedingungen möglich.

1.3 Regenerative Technologien

Bei einem Blick auf die größten Ströme Westeuropas fällt die Rolle der Gletscher ins Auge. Dies betrifft insbesondere Rhein und Rhône. Sie würden im Sommer versiegen, wenn sie nicht aus Alpengletschern gespeist werden würden. Umso bedenklicher müssen Forschungsberichte [100] über den globalen Rückzug von Gletschern und den Verlust von in den Gletschern gespeicherten Wassermassen stimmen.

Erst durch das Schmelzwasser der Gletscher sind die Flüsse auch im Sommer nutzbar: Für die Bewässerung und Schiffbarkeit, aber auch als Kühlwasserlieferanten für Industrie und konventionelle Kraftwerke. Unabhängig vom Brennstoff – Braunkohle, Steinkohle, Uran – verfügen alle Typen von thermischen Kraftwerken über einen Kühlwasserbedarf in der Größenordnung 2–3 l/kWh$_{el}$. Auch solarthermische Anlagen unterliegen dieser Problematik, wie bereits weiter oben beschrieben wurde.

Im Gegensatz zu den auf kurzen Zeitskalen fluktuierenden Energieträgern, wie der solaren Einstrahlung und dem Wind, verfügen Wasserkraftanlagen über ein eher auf längeren Zeitskalen fluktuierendes Primärenergieangebot. Der zeitliche Verlauf hängt eng mit klimatischen Verhältnissen (Sommer/Winter), einzelnen Wetterereignissen und dem Relief des Einzugsgebiets zusammen. Aus der Ausdehnung des Einzugsgebiets ergibt sich zudem eine gewisse zeitliche Verschiebung. Dies betrifft zum einen die reine Laufzeit[56] vom Regenereignis bis zum tatsächlichen Eintreffen der Wassermassen an einem bestimmten Pegel und zum anderen die zeitliche Streuung bedingt durch unterschiedliche Wege, Verweildauer im Boden und dergleichen.

Hierzu sollen zwei Beispiele den natürlichen und den menschengemachten Einfluss auf die Abflussmengen zeigen. In Abb. 1.172 wird der jahreszeitliche Einfluss deutlich. Die im Winter fallenden Niederschläge im Einzugsgebiet erreichen erst nach der Schneeschmelze den Pegel Diepoldsau (Schweiz). Es ist davon auszugehen, dass weite Bereiche des Oberlaufs einfrieren, entsprechend geringer fällt der Abfluss aus. Im Sommer machen sich zudem einzelne Wetterereignisse wie Sommergewitter mit Starkregen mit deutlichen Spitzen im Abfluss bemerkbar. Bei genauer Analyse der Daten fällt zudem eine, wenn auch geringe wöchentliche Periodizität der Minima auf. Diese hängen mit einem geringeren Strombedarf an Wochenenden (konkret: Sonntags) zusammen. Die Wasser- und Stauhaltung richtet sich in begrenztem Maße auch nach den technischen Zielen der Wasserkraft- und gegebenenfalls Wasserstraßennutzung.

Bei einer Betrachtung des Pegel Diepoldsau (Abb. 1.172) wird die Aussagekraft des mittleren Abflusses für die hypothetische Auslegung einer Wasserkraftanlage fraglich. Der mittlere Abfluss $MQ_{2014} = 247$ m^3/s wurde in 2014 an 153 Tagen erreicht oder überschritten. Doch welche Rolle spielt der Hauptwert MQ für die Auslegung von Wasserkraftanlagen?

Zur Beurteilung der für einen Betrieb von Wasserkraftanlagen relevanten Abflussmengen wird zunächst eine Dauerlinie aufgestellt. Diese entspricht einer Sortierung der Ganglinie in absteigender Reihenfolge der einzelnen Messwerte. An die Stelle der

---

[56]Bei einer mittleren Fließgeschwindigkeit von 1 m/s werden pro Tag rund 86 km überwunden.

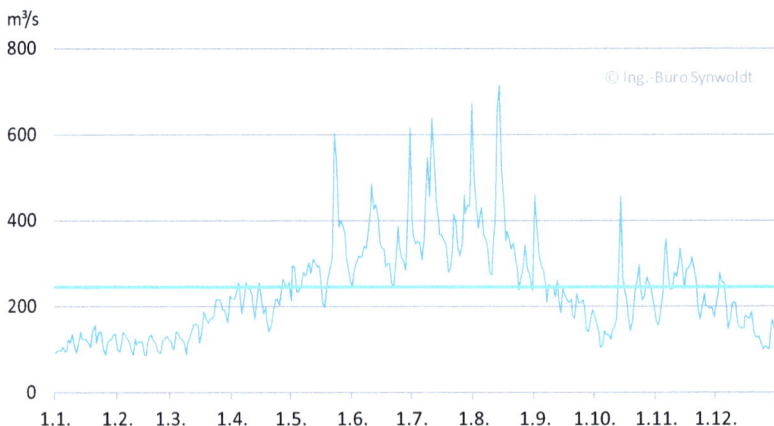

Abb. 1.172 Zeitlicher Verlauf des Abfluss des Rheins (Ganglinie). (Daten: Bafu [101])

Zeitskala tritt auf der Abszisse die Anzahl der Tage, an denen ein bestimmter Wert für den Abfluss überschritten wird (Abb. 1.173).

Neben den saisonal bedingten, monatlichen Schwankungen unterliegt auch der jährliche mittlere Abfluss MQ einer erheblichen Varianz. Die einzelnen Jahreswerte von MQ können um mehr als ±50 % um den langjährigen Mittelwert streuen. Einzelne Messreihen sind daher ohne Vergleiche mit historischen Daten nur bedingt aussagekräftig. In

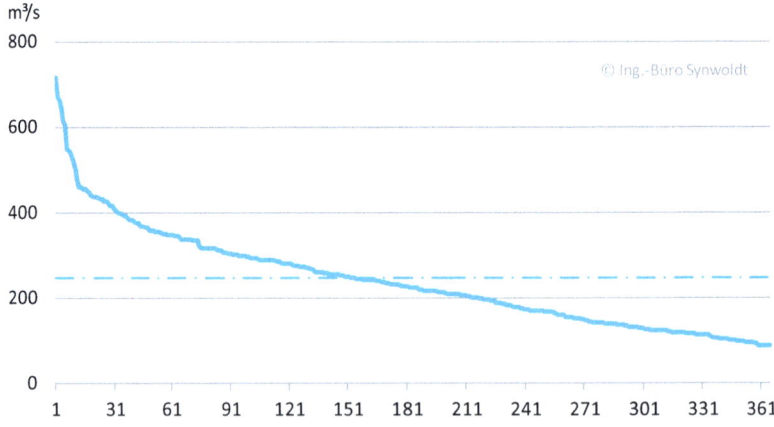

Abb. 1.173 Zeitlicher Verlauf des Abflusses des Rheins (Dauerlinie). (Daten: Bafu [101])

der Infobox Auslegung von Wasserkraftwerken wird die Bedeutung der Jahresdauerlinie noch einmal aufgegriffen.

Generell ist festzuhalten, dass, aufgrund des Wettergeschehens und einer auf größeren Zeitskalen bereits abzulesenden Klimaveränderung, auch andere Datenreihen für ein einzelnes Jahr nur über eine eingeschränkte Aussagekraft verfügen. Entsprechend den in Tab. 1.37 vorgestellten Größen werden aus langjährigen Messreihen Kategorien wie HQ_{10} für ein einmal im Jahrzehnt auftretendes Hochwasser oder HQ_{100} für ein Jahrhunderthochwasser gebildet. Wie sich an den Elbehochwassern der Jahre 2002 und 2013 zeigte, sind selbst die als Jahrhunderthochwasser eingestuften Marken für wasserbauliche Maßnahmen oder versicherungsmathematische Zwecke inzwischen nicht mehr ausreichend, sodass noch größere Zeitskalen (HQ_{1000}) für die Wahrscheinlichkeitsrechnung benötigt werden.

Eine zu Abb. 1.172 signifikant abweichende Form der Ganglinie liefert Abb. 1.174. Der Pegel Genève, Halle de l'île zeigt den durchschnittlichen täglichen Abfluss aus dem Genfer See in die Rhône. Neben der jahreszeitlichen Varianz fallen insbesondere einzelne Spitzen aufgrund von Niederschlagsereignissen (im November und Dezember) sowie vor allem die wöchentlich auftretenden Minima auf. Letztere deuten unmittelbar auf den an Wochenenden reduzierten Strombedarf hin. Hier wird der Abfluss in hohem Maße für den Betrieb von Wasserkraftanlagen geregelt, wobei der Genfer See als natürlicher Speicher dient.

Insofern ist der Jahresmittelwert sowohl dem fluktuierenden Aufkommen an Wassermengen wie auch den betrieblichen Gegebenheiten geschuldet. Weiterhin ist mit einem – zeitverzögerten – Auflaufen der an einem Stauwerk stromaufwärts kontrollierten Abflüsse weiter stromabwärts zu rechnen. In Flussstauketten werden neben dem Abfluss

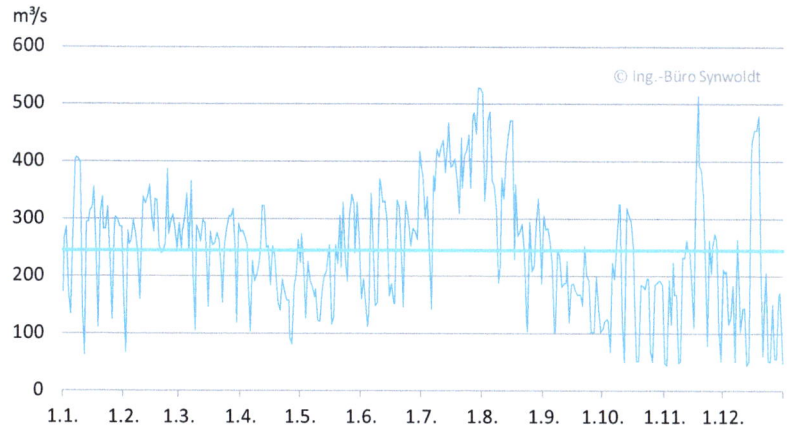

Abb. 1.174 Zeitlicher Verlauf des Abflusses der Rhône (Ganglinie). (Daten: Bafu [102])

vor allem die Pegel kontrolliert, um die Schiffbarkeit zu gewährleisten. Einhergehend mit dem in gewissen Grenzen variierendem Wasserpegel (Stauziel) verfügen die Stauwerke über begrenzte Speicherkapazitäten. Damit ist in gewissen Grenzen auch der Betrieb von Wasserkraftanlagen steuerbar.

Zusammenfassend wird deutlich, dass auch die Stromerzeugung aus Wasserkraft einem fluktuierenden Primärenergiedargebot ausgesetzt ist. Um die Schwankungen der Leistungsabgabe von Wasserkraftanlagen in gewissen Grenzen zu halten, ist eine an der Abfluss-Dauerlinie orientierte Anlagenauslegung erforderlich (Infobox Auslegung von Wasserkraftwerken). Das Wettergeschehen sorgt für in weiten Bereichen veränderliche jährliche Niederschlagsmengen. Aus diesem Grund sind langjährige Betrachtungen der Abflussmengen unerlässlich.

1.3.3.2 Wasserkraft

Aus der Betriebsart von Wasserkraftanlagen lassen sich die notwendigen Randbedingungen ableiten. Für *hydrostatische* Anlagen ist die potenzielle Energie aus der Fallhöhe relevant.

$$E_{\text{pot}} = m \cdot g \cdot h \tag{1.179}$$

Da es sich bei Wasser um einen Massenstrom handelt, gilt

$$E_{\text{pot}} = \rho \cdot V \cdot g \cdot h \tag{1.180}$$

Damit ergibt sich die hydrostatische Leistung im Massenstrom

$$P_{\text{stat}} = \rho \cdot \dot{V} \cdot g \cdot h \tag{1.181}$$

Anders als bei der freien Anströmung von Windenergieanlagen kann mithilfe von Wasserturbinen prinzipiell die gesamte Leistung des Massenstroms umgesetzt werden, sofern die folgenden Bedingungen erfüllt sind:

- Die Wassersäule wird durch ein (Druck-)Rohr oder einen geschlossenen Kanal geführt, sodass ein Umströmen[57] der Turbine ausgeschlossen ist.
- Das die Turbine durchströmende Wasser wird so abgeführt, dass es zu keinem Rückstau im Bereich der Turbine kommt. Dies wird beispielsweise bei Kaplan- und Francis-Turbinen durch ein Saugrohr im Auslauf unterstützt.

Die Höhe der Wassersäule (Fallhöhe) übt auf die Turbine einen Druck p aus

$$p = \rho \cdot g \cdot h \tag{1.182}$$

---

[57]Dieses Konzept wurde bereits bei mittelschlächtigen Wasserrädern umgesetzt.

1.3 Regenerative Technologien

Damit wird die Leistung aus dem Druck p der Wassersäule und dem Volumenstrom (Abfluss Q, [m³/s]) bestimmt

$$P_{\text{stat}} = p \cdot \dot{V} = p \cdot Q \tag{1.183}$$

Die über ein Jahr gewonnene elektrische Arbeit, das Regelarbeitsvermögen [kWh/a], ergibt sich dann aus dem Zeitintegral der veränderlichen Größen Fallhöhe $h(t)$ und Abfluss $Q(t)$ sowie den Wirkungsgraden von Turbine η_t und Generatoren η_g. In der Regel ist der Turbinenwirkungsgrad vom verfügbaren Abfluss abhängig (Abb. 1.181).

$$E_{\text{rav}} = \int_{1\,\text{Jahr}} \eta_t \cdot \eta_g \cdot \rho \cdot g \cdot h(t) \cdot Q(t) \mathrm{d}t \tag{1.184}$$

Für *hydrodynamische* Wasserkraftanlagen gelten – analog wie bei Windenergieanlagen – die Randbedingungen einer freien Anströmung. Der Antrieb der Anlage erfolgt über die kinetische Energie eines Massenstroms (hier: Wasserströmung). Aus den bereits im Abschn. 1.3.2 aufgezeigten Gründen kann lediglich ein Teil der Leistung in der Anlage umgesetzt werden.

$$P_{\text{dyn}} = \frac{1}{2} \cdot \rho_{\text{wasser}} \cdot A \cdot v_{\text{wasser}}^3 \tag{1.185}$$

Wichtigster Unterschied zu Gl. 1.110 ist die deutlich höhere Dichte von Wasser.

$$\rho_{\text{wasser}} = 1000\,\text{kg/m}^3 \tag{1.186}$$

$$\rho_{\text{luft}} = 1{,}225\,\text{kg/m}^3 \tag{1.187}$$

Um die Bedeutung des Volumenstroms hervorzuheben, lässt sich Gl. 1.185 umstellen zu

$$P_{\text{dyn}} = \frac{1}{2} \cdot \rho \cdot v^2 \cdot Q \tag{1.188}$$

Damit lässt sich eine zur Fallhöhe äquivalente Fließgeschwindigkeit[58] ermitteln, um die Leistungsfähigkeit der beiden Antriebskonzepte gegenüberzustellen.

$$\rho \cdot g \cdot h = \frac{1}{2} \cdot \rho \cdot v^2 \tag{1.189}$$

$$v = \sqrt{2 \cdot g \cdot h} \tag{1.190}$$

---

[58]Hier wird nur die Antriebsleistung des Volumenstroms betrachtet. Für die Anlagenleistung wäre gemäß Gl. 1.140 eine Korrekturgröße (Leistungskoeffizient) für die hydrodynamischen Anlagen einzuführen.

In Abb. 1.175 werden die eingangsseitigen Größen Fallhöhe (linke Skala) und Fließgeschwindigkeit (rechte Skala) miteinander verglichen; welcher Wert jeweils für dieselbe spezifische Antriebsleistung [W/(m³/s)] (Abszisse) erforderlich ist.

Typische Fließgeschwindigkeiten wasserreicher Oberflächengewässer liegen selten höher als $v > 3$ m/s. Dies hängt maßgeblich mit dem Geländeprofil, aber auch anderen Nutzungsformen wie beispielsweise der Schiffbarkeit von Wasserläufen zusammen. Die sich ergebende spezifische Leistung ist vergleichbar mit der von Fallhöhen im Bereich $h \leq 1$ m. Damit wird deutlich, dass bei gleichen Abflussmengen und Anlagendimensionen das Antriebsprinzip der Fallhöhe bereits bei geringen Höhendifferenzen eine größere Anlagenleistung verspricht.

1.3.3.3 Wasserturbinen

Die Entwicklung moderner Turbinen zur Nutzung der Wasserkraft leitet sich aus Konstruktionen von Wasserrädern und den passenden Kanälen zur Wasserzuführung ab. Für eine Stromerzeugung mit konstanter Frequenz ist zudem eine Drehzahl- und Lastregelung erforderlich. Hierzu dienen hydraulische Leitapparate, die das Wasser auf die Läuferschaufeln richten. Als deren technischer Vorläufer gilt die 1833 von Benoît Fourneyron erfundene Turbine.

Die verschiedenen Turbinentypen verfügen dabei über unterschiedliche Eigenschaften bezüglich des für ihren Betrieb benötigten Abflusses (Schluckvermögen) sowie der für den Druckaufbau verantwortlichen Fallhöhe (Druckhöhe Fallhöhe). In Tab. 1.38 und Abb. 1.176 werden die wichtigsten Turbinentypen vorgestellt. Die Ossberger-Turbine kann in diesem Rahmen als beispielhafter Vertreter der Turbinen nach dem Durchströmprinzip angesehen werden. Ähnliche Anlagen wurden auch 1917 von Donát Bánki (Ungarn) [103] und 1903 von Anthony George Maldon Michell (Australien) [104] vorgestellt.

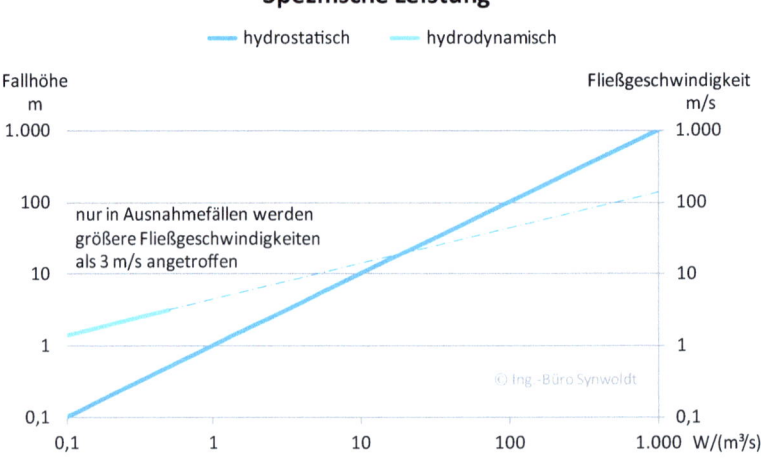

Abb. 1.175 Vergleich von hydrostatischem und hydrodynamischem Antrieb

1.3 Regenerative Technologien

Tab. 1.38 Wasserturbinen

Typ	Entwicklung	Arbeitsprinzip	Anwendung
Francis (Abb. 1.177)	1849	Überdruckturbine, Wasseraustritt über Saugrohr, $\eta \cong 90\%$	Mittlere Fallhöhe (bis 700 m) Mittlere Durchflussmenge
Pelton (Abb. 1.178)	1879	Gleichdruckturbine nach dem Impulsprinzip, Wasseraustritt seitlich, $\eta \leq 90\%$	Große Fallhöhen (bis 2000 m) Geringe Durchflussmenge
Kaplan (Abb. 1.179)	1913	Überdruckturbine, Wasseraustritt über Saugrohr, $\eta \leq 96\%$	Geringe Fallhöhe Große Durchflussmenge
Ossberger (Abb. 1.180)	1933	Gleichdruckturbine nach dem Durchströmprinzip, $\eta \cong 80\%$	Geringe Fallhöhe Geringe Durchflussmenge

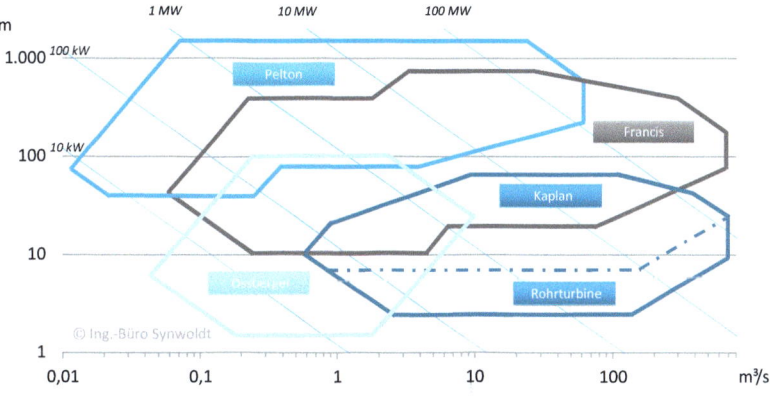

Abb. 1.176 Einsatzbereiche von Turbinen. (Grafik nach [52])

Der Wirkungsgrad der Turbinen hängt maßgeblich vom Abfluss ab. Unterhalb eines turbinenspezifischen, minimalen Abflusses Q_{min} ist kein Anlagenbetrieb mehr möglich. Oberhalb des Auslegungsabflusses Q_a arbeitet die Anlage mit der Nennleistung. Im Extremfall, beispielsweise bei Überflutungsgefahr der elektrischen Anlagen, kann ein Abschalten zum Schutz vor Zerstörung erforderlich werden. Insofern sind die Kennlinienbereiche von Wasserturbinen durchaus mit der Kennlinie von Windenergieanlagen (Abb. 1.131) vergleichbar. Lediglich die Beziehung zwischen Turbinenleistung und Abfluss ist über einen mehr oder weniger weiten Kennlinienbereich linear.

Typische Kennlinien für gängige Turbinentypen sind in Abb. 1.181 dargestellt. Der Darstellung liegen empirische Parameter für die Approximierung der Kennlinien zugrunde.

Durch entsprechende Leitapparate verfügen Durchströmturbinen (in Abb. 1.181 nicht dargestellt) ebenfalls über einen weiten Bereich der Beaufschlagung Q/Q_n über einen hohen Turbinenwirkungsgrad.

Abb. 1.177 Francis-Turbine. (Quelle: wikimedia, public domain)

Abb. 1.178 Pelton-Turbine. (Quelle: wikimedia, public domain)

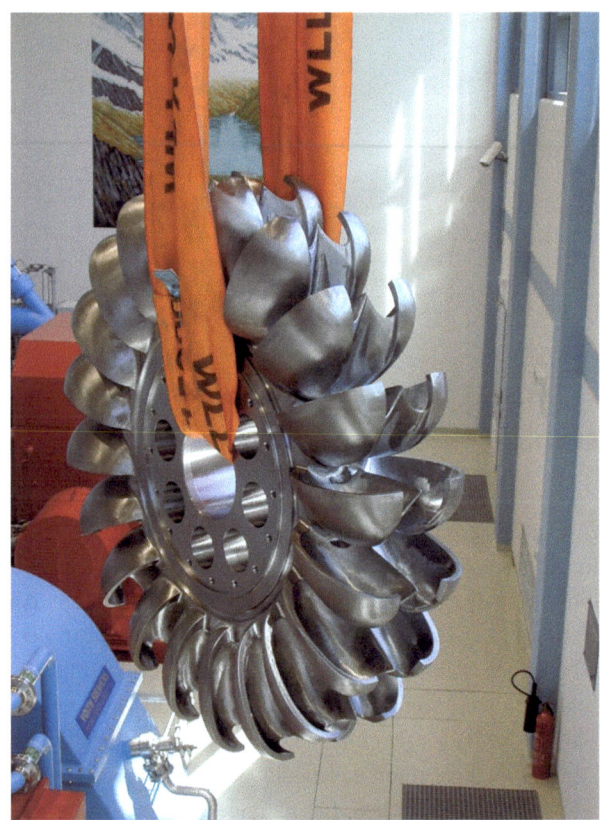

1.3 Regenerative Technologien

Abb. 1.179 Kaplan-Turbine. (Quelle: Voith Hydro Power Generation, wikimedia, gnu fdl 1.2)

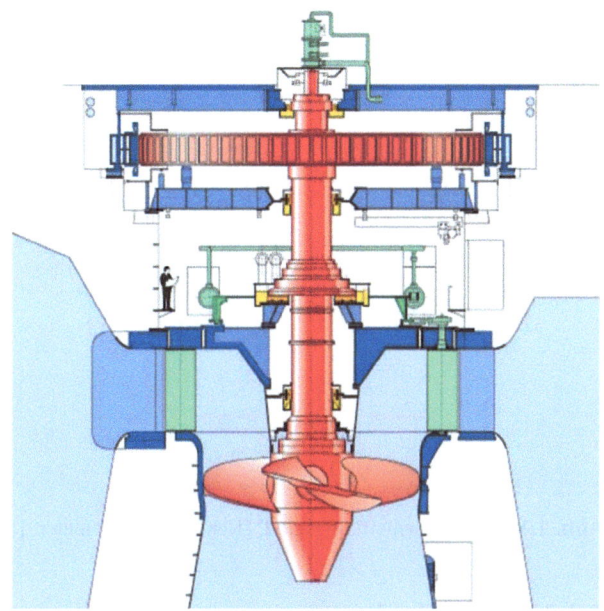

Abb. 1.180 Ossberger-Turbine. (Quelle: Ossberger GmbH+Co, wikimedia, cc-by-sa 2.0 de)

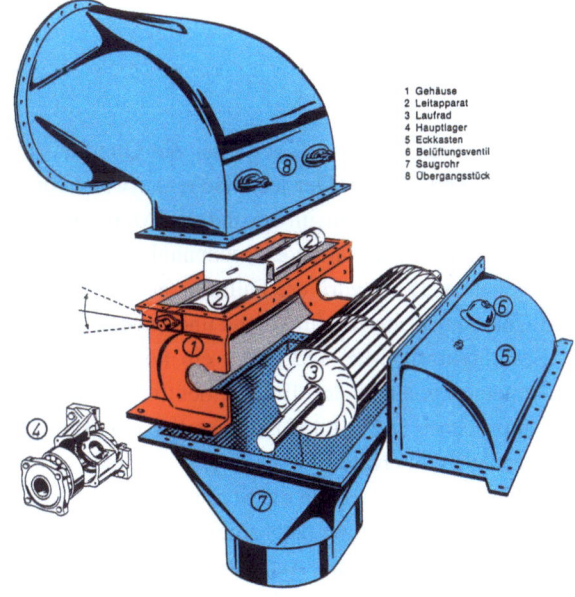

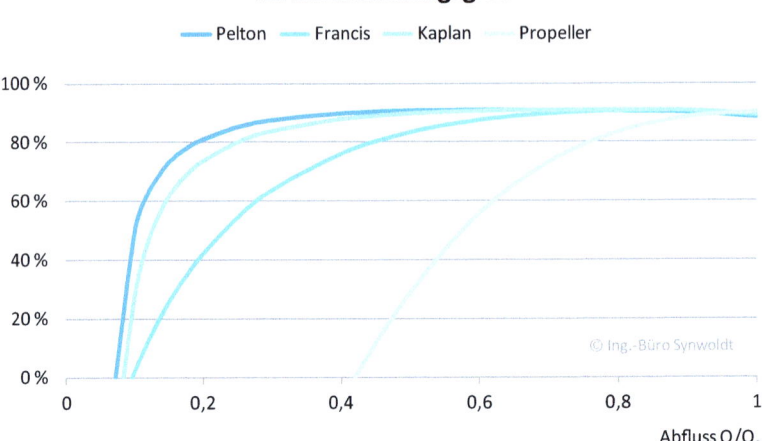

Abb. 1.181 Turbinenwirkungsgrad. (Kennlinien-Parameter: [52])

1.3.3.4 Wasserkraftwerke

Die Aufstellung in Tab. 1.38 gibt bereits erste Hinweise auf die Betriebsweise von Wasserkraftanlagen. Diese gliedern sich in

- Laufwasserkraftwerke und
- Speicherkraftwerke.

Laufwasserkraftwerke verfügen über ein Querbauwerk (Staumauer, Wehr) mit geringer Fallhöhe (Abb. 1.182). Der technische Aufwand für Bau und Betrieb ist meist geringer, die Leistung hängt dafür im besonderen Maß vom verfügbaren Wasserdargebot ab. Über eine regelmäßig zu wartende Rechenanlage wird Treibgut vom Eintritt in die Turbine fern gehalten. Die niedrigere Fallhöhe erlaubt das Anlegen von Fischtreppen, um Ober- und Unterlauf weiterhin für Fische und andere Gewässerorganismen passierbar zu halten.

Speicherkraftwerke sind durch ein hohes Stauwerk und/oder eine Wasserausleitung auf einem gegenüber der Turbine deutlich höher gelegenen Niveau (z. B. im Gebirge) gekennzeichnet (Abb. 1.182). Im ersten Fall stellt die hinter der Staumauer stehende Wassersäule den erforderlichen Druck für einen Grundablass in die Turbinen bereit. Das Maschinenhaus ist meist in die Staumauer integriert.

Bei einer Ausleitung auf einem hohen Niveau im Gebirge reicht ebenfalls eine kleinere Stauanlage zum Aufrechterhalten der Ausleitung der für den Turbinenbetrieb benötigten Wassermengen. Dabei ist eine aus naturfachlicher Sicht erforderliche Restwassermenge im Fließgewässer zu belassen, um Fauna und Flora zu schützen. Die Restwasserführung ist auch erforderlich, um – in hinreichender Entfernung stromabwärts der Turbinen – Fische in eine Umgehung zu locken. Ein Schwallbetrieb durch das starke Ändern der entnommenen Wassermengen zur Leistungsregelung der Turbinen sollte ver-

1.3 Regenerative Technologien

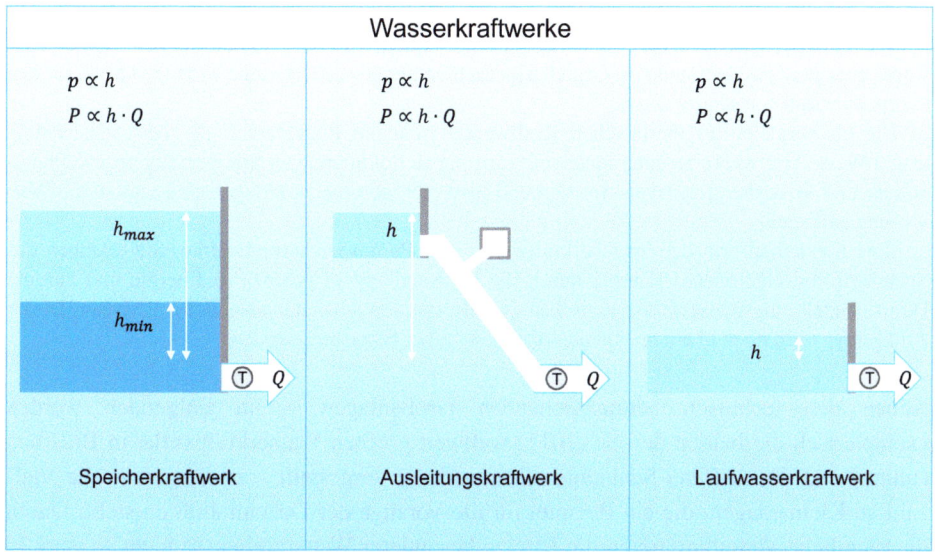

Abb. 1.182 Typen von Wasserkraftwerken

mieden werden, da neben Fauna und Flora auch Ufer und Bauwerke im und am Wasserlauf vor Schäden zu bewahren sind. Dies betrifft sowohl den Oberlauf des Fließgewässers unterhalb der Ausleitung als auch den Unterlauf unterhalb der Kraftwerksanlage.

Die Verbindung zwischen Ausleitung und Turbine erfolgt über einen Druckstollen oder Druckrohre. Um im Fall eines Lastabwurfs ein Durchgehen der Generatoren zu verhindern, muss die Wasserzuführung notfalls sehr schnell verschlossen werden.[59] Dies hat im Druckrohr eine entgegen der Fließrichtung wandernde Druckwelle *(Druckstoß)* zur Folge, die die Rohrleitung stark belastet. Zum Abbau des Drucks wird im oberen Bereich des Stollens ein nicht durchströmter Hohlraum *(Wasserschloss)* angeordnet, in dem sich die Druckwelle abbauen kann.

Grund- und Spitzenlast, Speicher

Insbesondere Speicherkraftwerke verfügen über eine für den Netzbetrieb wesentliche Eigenschaft. Sie sind innerhalb kurzer Zeiträume (einige zehn Sekunden bis wenige Minuten) in weiten Leistungsbereichen regelbar. Damit können sie direkt dem Strombedarf im Netz folgen und einen Beitrag zum Decken der Spitzenlast leisten.

---

[59]Die den Druckstollen gerade passierenden Wassermengen werden vor dem Eintritt in die Turbine gestoppt. Wird diese Wassermasse durch einen Absperrschieber schlagartig abgebremst, entsteht vor dem Schieber ein sehr hoher Druck. Der Druckstoß wird am Absperrschieber reflektiert und wandert durch die Fallleitung beziehungsweise den Druckstollen zurück und kann dabei am Stollen beziehungsweise den Druckrohren erhebliche Schäden anrichten.

Des Weiteren erlaubt das mit dem Stauwerk gebildete Speichervolumen einen nahezu konstanten Betrieb der Anlage – unabhängig vom aktuellen Zufluss. Damit können Wasserkraftwerke über gewisse Zeiträume im Grundlastbetrieb gefahren werden – eine wichtige Größe für den Fahrplanbetrieb von Kraftwerken.

Die im Vergleich zu thermischen Kraftwerken schnelle Regelbarkeit der Ausgangsleistung macht Wasserkraftwerke zu einer idealen Ergänzung zu fluktuierenden Stromerzeugern wie Photovoltaik und Windenergieanlagen. Im Verbund lässt sich so eine bedarfsgerechte und stabile Versorgung aufbauen.

Eine Sonderbauform der Speicherkraftwerke sind Pumpspeicherkraftwerke. Sie erlauben das Speichern von elektrischer Energie durch die Umwandlung in potenzielle Energie und zurück: Dafür pendelt eine Wassermasse zwischen zwei Reservoirs auf unterschiedlichem Niveau. Dieser Anlagentyp wird noch in einem eigenen Abschnitt näher betrachtet werden.

Neben den technisch herausstechenden Großanlagen – im Folgenden werden exemplarisch die beiden derzeit (2015) weltweit größten Wasserkraftwerke in Brasilien (Itaipú) und China (Drei-Schluchten-Damm) kurz vorgestellt – ist es gerade die Vielzahl an Kleinanlagen, die ein Beispiel für die Vorzüge der Dezentralität darstellt. Durch die räumliche Verteilung treten die Effekte besonderer Wetterereignisse nicht so stark in Erscheinung, wie es bei einer räumlichen Konzentration auf eine einzelne Großanlage der Fall ist. Die dezentrale Erzeugung hilft auch, Energie dort bereitzustellen, wo sie benötigt wird. – Gerade aus diesem Grund sind Wasserläufe seit jeher als Siedlungsräume bevorzugt. Sie liefern Trinkwasser, erlauben eine Bewässerung der Felder, sind Verkehrsader und ermöglichen den Antrieb von Mühlen und einfachen Maschinen in Schleifereien, Drahtziehereien, Säge- und Hammerwerken.

Auch wenn Großanlagen aus technischer Sicht den Bedürfnissen einer Industrie- und Massengesellschaft eher gerecht zu werden scheinen, darf nicht übersehen werden, dass gerade Kleinwasserkraftanlagen (auch: Mini-, Mikro- und Piko-Anlagen) bis in den einstelligen Kilowatt-Bereich einen wichtigen Beitrag zur nachhaltigen und kosteneffizienten Versorgung netzferner Landstriche leisten können. Großanlagen erfordern entsprechende Infrastrukturen für den Bau und den Betrieb. Aufgrund der weiter unten beschriebenen Risiken ist es nicht immer möglich, solche Projekte adäquat zu versichern.

Zu den größten Wasserkraftwerken weltweit zählt die Anlage Itaipú an der Grenze zwischen Brasilien und Paraguay am Paraná. Der mittlere Abfluss beträgt $MQ = 11.000 \, \text{m}^3/\text{s}$ [105]. Der 1984 in Betrieb genommene Komplex umfasst 18 Francis-Turbinen mit je 700 MW bei einer Fallhöhe von 118 m. Das Kraftwerk wurde im Jahre 2005 um zwei weitere Turbinen mit ebenfalls je 700 MW Leistung erweitert und verfügt seitdem über eine installierte Leistung von 14 GW. Das Regelarbeitsvermögen liegt bei 95 TWh/a (Abb. 1.183 und 1.184).

Aufgrund der unterschiedlichen Netzfrequenzen in Brasilien und Paraguay (Brasilien: $f_{\text{br}} = 60\,\text{Hz}$, Paraguay: $f_{\text{py}} = 50\,\text{Hz}$) laufen je die Hälfte der Turbinen mit den Drehzahlen $n_{\text{br}} = 92{,}3\,\text{min}^{-1}$ und $n_{\text{py}} = 90{,}9\,\text{min}^{-1}$. Da Paraguays Strombedarf nur einen Teil der Stromproduktion benötigt, werden Teile der 50 Hz-Produktion an Brasilien geliefert und dort in 60 Hz gewandelt.

1.3 Regenerative Technologien

Abb. 1.183 Wasserkraftwerk Itaipú. (Quelle: wikimedia, public domain)

Abb. 1.184 Fallrohre am Wasserkraftwerk Itaipú. (Quelle: wikimedia, gnu fdl 1.2)

Das 2008 fertiggestellte Drei-Schluchten-Projekt nahe Yichang (Provinz Hubei, China) am Jangtsekiang verfügt mit 26 Turbinen von je 700 MW über eine noch höhere installierte Leistung von 18,2 GW (Abb. 1.185). 2012 wurde die Anlage um sechs weitere Turbinen mit gleicher Leistung auf 22,4 GW erweitert. Die Fallhöhe beträgt 113 m. Der mittlere Abfluss ist mit $MQ = 13.500 \, \text{m}^3/\text{s}$ [106] höher als der des Paraná in Paraguay/Brasilien. Der Abfluss des Jangtsekiang unterliegt jedoch größeren saisonalen Schwankungen, sodass das Regelarbeitsvermögen zunächst mit 84 TWh/a etwas unterhalb des Wertes von Itaipú angegeben wurde. Durch die Erweiterung in 2012 wird mit bis zu 100 TWh/a gerechnet.

Auch wenn die Errichtung von Stauwerken, insbesondere für den Hochwasserschutz und zu Bewässerungs- bzw. Wasserversorgungszwecken bereits seit der Antike bekannt ist, so bleiben der Bau und die Nutzung von Wasserkraftwerken dennoch mit einer Reihe von Nutzungskonkurrenzen, Abwägungen und Konflikten verbunden:

- Der *Betrieb* von Wasserkraftwerken ist nahezu emissionsfrei.
- Insbesondere für die *Errichtung* großer Staumauern werden jedoch große Mengen an Stahlarmierung und Beton verbaut, was trotz der zu erwartenden Stromproduktion die Klimabilanz belastet.

Abb. 1.185 Wasserkraftwerk Drei-Schluchten-Damm. (Quelle: wikimedia, gnu fdl 1.2)

- Flussufer und Küsten zählen zu den am dichtesten besiedelten Gebieten. Dies schließt die technische Nutzung der Wasserläufe u. a. als Verkehrsweg mit ein.
- Zudem sind Flussufer aufgrund der einfachen Bewässerung bevorzugte landwirtschaftliche Anbauflächen.
- Durch das Aufstauen werden weite Flächen geflutet. Daraus resultiert die Notwendigkeit zur Umsiedlung und zu dem Erschließen neuer Anbauflächen. Städte und Kulturdenkmäler können dabei untergehen und unwiederbringlich zerstört werden (Abb. 1.186).
- Nach dem Fluten von Ackerland, Grünland und Waldflächen entstehen über einen gewissen Zeitraum große Mengen Methan. Methan verfügt über ein 28-fach höheres Treibhausgas-Potenzial als Kohlendioxid.
- Die für den Betrieb von Wasserkraftwerken erforderlichen Randbedingungen (Abfluss, Geländeprofil) sind nicht notwendigerweise in der räumlichen Nähe von Verbraucherzentren zu finden.
- Entsprechend der Anlagenleistung sind hinreichend ausgelegte Stromnetze erforderlich.
- Durch das Stauwerk, das Überlaufbauwerk zur Hochwasserentlastung und die Turbinen entsteht eine nahezu unüberwindliche Barriere zwischen den Biosphären im Oberwasser und im Unterwasser.
- Bei starker Geschiebefracht besteht die Gefahr eines Versandens. Dies betrifft sowohl den Betrieb der Anlagen (Turbinen, Schieber) als auch das Speichervolumen allgemein.
- Bei Schäden am Stauwerk aufgrund von Baumängeln und mutwilliger Zerstörung oder durch natürliche Ereignisse wie heftige Regenfälle, Erdrutsche oder Erdbeben können unabsehbare Gefahren durch Überflutung und Zerstörung im Unterlauf eintreten. Wassermassen in der Größenordnung von Kubikkilometern würden in kurzer Zeit talwärts stürzen. Hierdurch kann es zu Kettenreaktionen kommen, wenn ein höher gelegenes Stauwerk in einer Staukette Schaden nimmt.
- Es ist nicht auszuschließen, dass die im Reservoir gespeicherten Wassermassen ihrerseits seismische Vorgänge auslösen.

Auslegung von Wasserkraftwerken
Bei der Auslegung von Wasserkraftanlagen ist – ähnlich wie bei Windenergieanlagen – ein Optimierungskonflikt zu lösen: Maximale Ausbeute oder optimale Anlagenauslastung.

Für eine maximale Ausbeute muss sich die Anlagenauslegung Q_a an vergleichsweise hohen Abflusswerten orientieren, die typischerweise auf der Jahresdauerlinie nur an 30–90 Tagen überschritten werden (in Abb. 1.187: $Q_{90} = 303\,\mathrm{m^3/s}$). Damit können auch die nur selten auftretenden, höheren Abflussmengen zur Stromproduktion einen Beitrag liefern. Andererseits ist darauf zu achten, dass die Anlage auch im Teillastbetrieb noch über einen hinreichenden Wirkungsgrad verfügt, da die Ausbauwassermenge Q_a nur selten erreicht wird. Diese Auslegungsvariante ist typisch für einen Netzparallelbetrieb.

Anders verhält es sich beim Inselbetrieb. Hier steht eine konstante und sichere Versorgung im Vordergrund. Um einen möglichst dauerhaften Betrieb mit Nennleistung zu gewährleisten, ist bei der Auslegung ein Abflusswert heranzuziehen, der über weite Teile des Jahres erreicht wird. Eine gängige Größe ist der 270-Tage-Überschreitenswert (in Abb. 1.187: $Q_{270} = 169\,\mathrm{m^3/s}$).

Abb. 1.186 Kirchturm von Alt-Graun im Speichersee am Reschenpass (Südtirol, Italien). (Quelle: wikimedia, gnu-fdl 1.2)

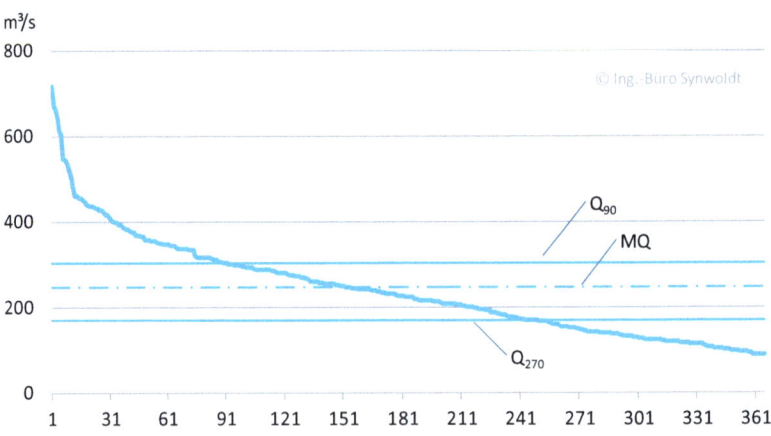

Abb. 1.187 Dauerlinie mit Q_{90}, Q_{270} und MQ. (Daten: Bafu [101])

1.3 Regenerative Technologien

In beiden Fällen sind die aus naturfachlichen Gründen einzuhaltenden Restwassermengen zu berücksichtigen. Der für den Betrieb von Wasserkraftanlagen verfügbare Abfluss verringert sich entsprechend. Weiterhin ist zu beachten, dass die Turbinen spezifische Anforderungen an Mindestwassermengen haben, unterhalb deren Niveau kein Betrieb möglich ist (Abb. 1.181).

Das Verhältnis $f_a = Q_a/MQ$ wird bei Laufwasserkraftwerken als Ausbaugrad bezeichnet. Im Fall von Speicherkraftwerken wird der Ausbaugrad aus dem Quotienten von Speichervolumen und dem jährlichen Volumen aller Zuflüsse gebildet $f_a = V_{sp}/V_{zu}$.

Eine umfangreiche Vertiefung des Themas findet sich unter anderem in [107] und [108].

1.3.3.5 Pumpspeicher

Pumpspeicherkraftwerke sind eine Sonderbauform von Wasserkraftwerken: In einem höher gelegenen Reservoir wird Wasser gespeichert und kontrolliert zur Stromerzeugung durch Turbinen abgelassen.

Durch die Möglichkeit, das Wasser auch in umgekehrter Richtung von einem niedrigeren auf ein höheres Niveau zu pumpen, entsteht ein Pumpspeicherkraftwerk (Abb. 1.188). Je nach Type können die Turbinen (z. B. Francis-Turbinen) auch als Pumpe arbeiten. Dafür werden die Generatoren umgeschaltet und als Elektromotor zum Pumpenantrieb eingesetzt. Andernfalls ist der Generator axial zwischen Pumpe und Turbine angeordnet und wird wahlweise mit einem der Aggregate über Kupplungen verbunden.

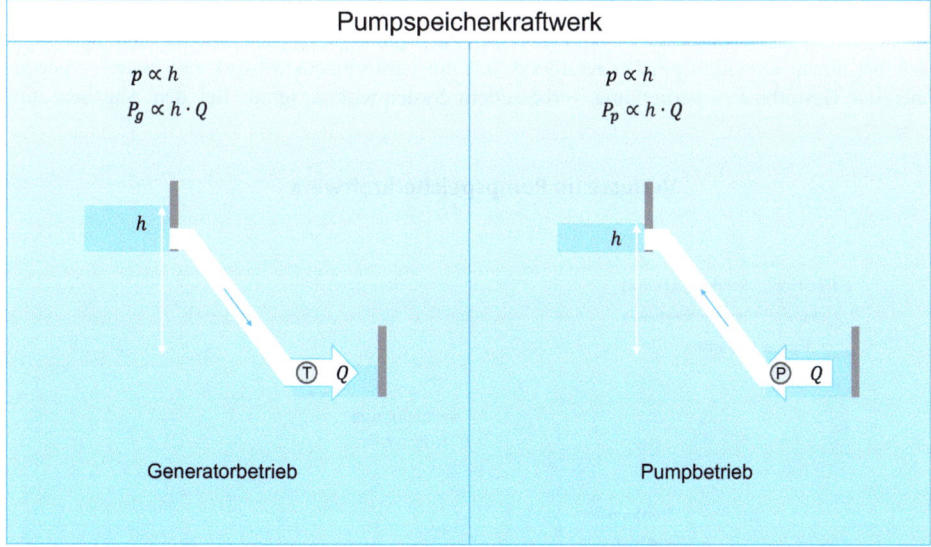

Abb. 1.188 Funktionsprinzip von Pumpspeicherkraftwerken

Pumpspeicherkraftwerke sind mechanische Energiespeicher. Sie nutzen elektrische Energie zu Schwachlastzeiten, um mittels Pumpbetrieb ein Reservoir auf höherem Niveau zu füllen. Die Energie wird als potenzielle Energie in den Wassermassen gespeichert. Bei erhöhtem Strombedarf im Netz strömt das Wasser durch die Schwerkraft wieder zurück in das tiefer gelegene Reservoir. Damit wird im Turbinenbetrieb die potenzielle Energie wieder in elektrische Energie gewandelt. Das Wasser pendelt zwischen den beiden Becken. Der Wirkungsgrad für einen vollständigen Speicherzyklus liegt bei $\eta = 60\ldots 80\,\%$. Ältere Anlagen tendieren zum unteren Skalenende, während moderne Anlagen eine Größenordnung von 75–80 % erreichen (Abb. 1.189).

Pumpspeicher zählen – trotz der beachtlichen Abmessungen – zu den effizientesten Energiespeichern. Die Speicherkapazität reicht bis in den Bereich von Gigawattstunden. Vergleichbar große Energiemengen können ansonsten nur in chemischen Speichern wie Wasserstoff und Methan unter beträchtlich höheren Umwandlungsverlusten bereitgestellt werden.

Druckluftspeicher als Alternative?

In der Kategorie *mechanische Speicher* werden standardmäßig auch Druckluftspeicher-Kraftwerke aufgeführt. Die Bezeichnung verführt zu der – irrigen – Annahme, dass Luft mittels Kompressoren unter hohem Druck in Kavernen eingelagert und zu einem späteren Zeitpunkt für den Antrieb von Turbinen benutzt wird.

Der Kern der Anlage ist jedoch eine mit fossilen Kraftstoffen gefeuerte Gasturbine, bei der die komprimierte Luft lediglich einen Teil der Kompressionsarbeit verrichtet. Der Brennstoff wird nicht nur zum Antrieb der Gasturbine benötigt, sondern auch, um ein Vereisen der Turbine durch die bei der Expansion sich stark abkühlende Luft zu verhindern. Aus technischer Sicht handelt es sich bei einem Druckluftspeicher-Kraftwerk um ein Gasturbinenkraftwerk mit einem – gegenüber der Gasturbine – geringfügig verbessertem Systemwirkungsgrad. Bei den Angaben zum

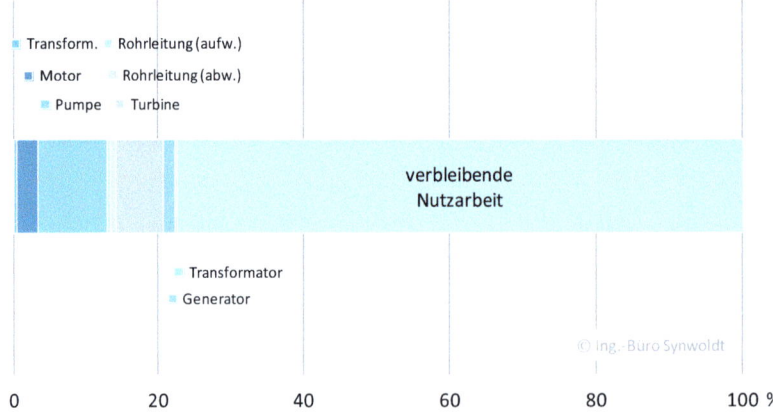

Abb. 1.189 Verluste im Pumpspeicherkraftwerk

1.3 Regenerative Technologien

Systemwirkungsgrad ist darauf zu achten, dass diese sich nicht nur auf die Feuerung für den Gasturbinenteil bei der Rückverstromung beziehen, sondern auch die elektrische Energie für die Kompressionsarbeit berücksichtigen. Die eingesetzte elektrische Arbeit hat, wie weiter unten gezeigt wird, bezogen auf den Speicherzyklus nur einen geringen Einfluss.

Der direkte Vergleich von einem Speicherzyklus für elektrische Energie (Pumpspeicher) mit der Kombination aus elektrischer und thermischer Energie (Druckluftspeicher) erscheint zweifelhaft. Ziel eines Speichersystems ist die Speicherung elektrischer Energie – nicht der effizientere Betrieb einer Gasturbine.

Ursächlich für die geringen Wirkungsgrade von Druckluftspeichern ist die bei der Kompression entstehende Kompressionswärme. Erst durch eine Speicherung der Kompressionswärme in einem separaten Wärmespeicher und anschließendes Vorwärmen bei der Druckluftentnahme aus der Kaverne könnte, zumindest theoretisch, ein Teil der Wärmeverluste vermieden werden (adiabatischer Druckluftspeicher, Wirkungsgrad bis zu 70 %). Bislang existieren jedoch keine Anlagen mit entsprechenden Wärmespeichern.

Die Anzahl der weltweit bislang realisierten Projekte ist übersichtlich. In Deutschland ist bei Huntorf, nordwestlich von Bremen, seit 1978 ein Druckluftspeicher in Betrieb. Die Anlage dient als Nachtspeicher und schwarzstartfähiges Kraftwerk zum Wiederanfahren des Kernkraftwerkes Unterwesen nach einem Netzausfall.[60] Sie verfügt über *keine* Wärmespeicher und besitzt einen Gesamtwirkungsgrad von ca. 40 %. Bei einer zweiten Anlage in McIntosh (Alabama, USA; seit 1991) werden die heißen Abgase der Gasturbine zum Vorwärmen der aus dem Speicher expandierten Luft benutzt. Hierdurch kann der Wirkungsgrad auf 54 % gesteigert werden. Darüber hinaus existieren ausschließlich kleinere Anlagen für Forschungszwecke.

Die ursächliche Problematik des mechanischen Druckluftspeichers wird bei einer Betrachtung der thermodynamischen Grundlagen deutlich. Bei einer reversiblen adiabatischen Zustandsänderung gilt für die an dem Gas verrichtete Volumenarbeit
[Index 1: vor der Zustandsänderung; Index 2: nach der Zustandsänderung; p: Druck; V: Volumen; κ: Adiabatenexponent]

$$W = \frac{-p_1 \cdot V_1}{\kappa - 1} \cdot \left[1 - \left(\frac{V_1}{V_2}\right)^{\kappa-1}\right] \quad (1.191)$$

Der Adiabatenexponent κ eines Gases wird aus dem Quotienten von spezifischer Wärmekapazität bei konstantem Druck c_p und spezifischer Wärmekapazität bei konstantem Volumen c_v gebildet

$$\kappa = c_p / c_v \quad (1.192)$$

Für zweiatomige Gase wie Luft (Stickstoff (N_2) 78 % und Sauerstoff (O_2) 21 %) lassen sich c_p und c_v aus den Freiheitsgraden der Moleküle ableiten. Für trockene Luft gilt $\kappa = 1{,}402$.

In dem Druckluftspeicher Huntorf wird die Luft mit $p_2 = 46 \ldots 72$ bar in die Kavernen verpresst [109]. Für den idealen Fall einer adiabatischen Kompression ergibt sich beim Maximaldruck eine Volumenänderungsarbeit von

---

[60]Das Kernkraftwerk Unterweser ging 1978 ans Netz und ist im Nachgang des Nuklearunfalls in Fukushima Dai-ichi (Japan) im Jahre 2011 zunächst abgeschaltet und kurz darauf endgültig stillgelegt worden.

[Umgebungstemperatur: $T_1 = 20\,°C = 293\,K$; Umgebungsdruck: $p_1 = 0{,}1013\,MPa$; Maximaldruck: $p_2 = 7{,}2\,MPa$]

$$\frac{W}{V_1} = \frac{-p_1}{\kappa - 1} \cdot \left[1 - \left(\frac{V_1}{V_2}\right)^{\kappa-1}\right] = 0{,}604\,MJ/m^3 \tag{1.193}$$

Ohne Zwischenkühlung und Wärmeverluste in den Kompressoren würde die Temperatur der Luft bei der Kompression auf über 720 °C ansteigen

$$T_2 = T_1 \cdot \left(\frac{p_2}{p_1}\right)^{\frac{\kappa-1}{\kappa}} = 995\,K \tag{1.194}$$

Die Kompression erfolgt mit einem Massenstrom von $\dot{m} = 108\,kg/s$. Daraus resultiert ein Volumenstrom $\dot{V}$ in der Kompression von

$$\dot{V} = \dot{m}/\rho \tag{1.195}$$

$$\dot{V} = 88{,}2\,m^3/s \tag{1.196}$$

Mit Gl. 1.193 ergibt sich daraus eine an dem Luftstrom verrichtete mechanische Leistung von

$$\dot{W} = \frac{W}{V_1} \cdot \dot{V}_1 = 54{,}2\,MW \tag{1.197}$$

Dieser Wert liegt in guter Übereinstimmung mit der elektrischen Gesamtleistung der Kompressoren von maximal 60 MW – d. h. im Kompressor treten Verluste in Höhe von 10 % auf.

Da die *adiabatische Kompression*, also eine Kompression ohne Wärmeabgabe an die Umgebung, eine technisch nicht erreichbare und am Beispiel Huntdorf daher nicht zulässige Idealisierung darstellt, ist die mit der in Gl. 1.194 beschriebenen Temperaturzunahme entstehende Kompressionswärme näher zu betrachten. In Huntorf muss die Kompressionswärme durch Kühlung nahezu vollständig abgeführt[61] werden, da die maximale Eintrittstemperatur der Luft in die Kaverne bei 60 °C liegt. Letzteres ist erforderlich, um eine Rissbildung durch thermische Spannungen in der Kaverne zu vermeiden und damit die Dichtigkeit des Salzkavernenspeichers nicht zu gefährden.

Somit ist eine *isotherme Kompression*, bei der die gesamte Kompressionswärme an die Umgebung abgeführt wird, zu untersuchen. Die abgeführte Wärmemenge ergibt sich aus

$$\frac{Q}{V_1} = p_1 \cdot \ln\left(\frac{V_1}{V_2}\right) = 0{,}432\,MJ/m^3 \tag{1.198}$$

Damit ergibt sich bei der Kompression eine Wärmeleistung zu

$$\dot{Q} = \frac{Q}{V_1} \cdot \dot{V}_1 = 38{,}7\,MW \tag{1.199}$$

Für den mechanisch nutzbaren Teil der Kompressionsarbeit verbleibt in der Druckluft nach Gl. 1.197 und 1.199

---

[61]Die Abkühlung erfolgt bis auf 50 °C.

1.3 Regenerative Technologien

$$\eta_{\text{mech}} = \frac{\dot{W} - \dot{Q}}{\dot{W}} = 28{,}5\,\% \tag{1.200}$$

Auch dieser Wert ist lediglich als Näherung zu betrachten, da unter anderem für Kühlung und Druckverluste im System weitere Abschläge vorzunehmen sind. Somit wird deutlich, dass Druckluftspeicher, bezogen auf die eingesetzte elektrische Energie, keine hohen Speicherzyklus-Wirkungsgrade erreichen können. Ein weiterer Beleg mögen auch Energieversorgungssysteme in der industriellen Fertigung und in Werkstätten auf der Basis von Druckluft sein. Der Gesamtwirkungsgrad liegt bei 10 %.

Spiegelbildlich zur Kompressionswärme entsteht bei der Expansion der komprimierten Luft in der Gasturbine Expansionskälte. Unabhängig vom Antrieb der Gasturbine durch heiße Abgase aus der Brennkammer ist, allein um ein Vereisen der Gasturbine zu verhindern, eine Wärmezufuhr erforderlich. Aus Gründen der Energieerhaltung entspricht die Expansionskälte genau jener Wärmemenge, die zuvor beim Kompressionsvorgang und der späteren Abkühlung der Luft in der Kaverne an die Umgebung abgegeben wurde.

Das Konzept eines *adiabaten* Druckluftspeicherkraftwerks beruht daher auf der Idee, die Kompressionswärme – separat vom Druckluftspeicher – zwischenzuspeichern und bei der Expansion zur Vorwärmung der Luft zu nutzen.

Der Pumpspeicher in Vianden (Luxemburg) zählt zu den größten Anlagen in Europa. Er befindet sich im Ourtal an der Grenze zu Deutschland und ist unmittelbar an das deutsche Übertragungsnetz angeschlossen. Das Oberbecken wurde ab 1954 auf dem Plateau des Nikolausbergs, oberhalb des Ourtals, errichtet. Durch eine Staumauer bei Stolzenburg ist ein Unterbecken eingerichtet. Es verhindert bei Pump- und Turbinenbetrieb Schwallwasser im Ourtal. Damit können Wassermassen zwischen Ober- und Unterbecken pendeln, ohne Abfluss und Wasserstand stromabwärts zu beeinflussen (Tab. 1.39).

Pumpspeicherkraftwerke werden typischerweise zur Spitzenlastdeckung eingesetzt. Ihre Dimensionierung ist auf eine Dauer von 4–6 Volllaststunden ausgelegt, das Energie-zu-Leistungs-Verhältnis beträgt dementsprechend 4–6 Wh/W. Da die spezifische Leistung der Pumpspeicher [kW/m³] mit der Fallhöhe zunimmt, ist ein Niveauunterschied von mindestens 100 m, besser $h > 250$ m, erforderlich (Tab. 1.4). Je nach Standort können natürliche Zuflüsse zum Oberbecken einen Beitrag zur Stromerzeugung leisten. Auf der anderen Seite sind Verdunstungsverluste zu kalkulieren. In

Tab. 1.39 Pumpspeicherkraftwerk Vianden (Luxemburg). (Daten: Angaben des Betreibers (Société électrique de l'Our, SEO))

Größe	Wert
Installierte Leistung (Generatorbetrieb)	1096 MW
Installierte Leistung (Pumpbetrieb)	850 MW
Fallhöhe	266,5–291,3 m
Stauraum (Oberbecken)	6,84 Mio. m³
Durchfluss (Generatorbetrieb)	432 m³/s
Durchfluss (Pumpbetrieb)	263 m³/s
Arbeitsvermögen (pro Zyklus)	4630 MWh

sonnenschein- und windreichen Regionen liegt die Verdunstungsrate offener Gewässer bei bis zu 3000 mm/a, in Deutschland ist mit ungefähr 400–500 mm/a zu rechnen.

In Deutschland sind Pumpspeicherkraftwerke mit einer Gesamtleistung von 6,6 GW in Betrieb. Sie verfügen über ein Speichervermögen von 37,7 GWh. Damit wäre – theoretisch![62] – eine Versorgung für eine Stunde zur Schwachlastzeit oder für eine halbe Stunde zur Hochlastzeit möglich.

Obwohl sich Pumpspeicherkraftwerke mit ihrer sehr schnell ansprechenden Leistungsregelung im Sekundenbereich und einer Umkehr zwischen den Betriebsarten innerhalb weniger Minuten besonders für das Zusammenspiel mit fluktuierenden Energieträgern wie Photovoltaik und Windenergie eignen, werden sie bislang zur Speicherung von Grundlaststrom eingesetzt. Die Bundesregierung nimmt hierzu auf eine Kleine Anfrage im Bundestag verklausuliert Stellung [110]:

> Gab es bei den Berechnungen einen vorrangigen Zugang zu Pumpspeicherkraftwerken für Strom aus Erneuerbaren Energien oder nach welchen Kriterien wurde berechnet, welcher Strom vorrangig von den Speichern aufgenommen wird?
> In den Energieszenarien erfolgt der Einsatz der Pumpspeicherkraftwerke im Strommarktmodell marktgetrieben – und damit unter Berücksichtigung von angebots- und nachfrageseitigen Durchmischungs- bzw. Ausgleichseffekten im Stromnetz. Dies trägt zur Gesamtkostenminimierung im Stromsystem bei.

Mit anderen Worten, Pumpspeicherkraftwerke sollen aus Gründen der Wirtschaftlichkeit eine möglichst hohe Speicherzyklenzahl erzielen. Dies – so die Logik der Antwort – schließt einen Betrieb mit Strom aus fluktuierenden Energieträgern aus, da Kernkraftwerke und Braunkohlekraftwerke günstiger und stetiger produzieren. Dabei liegt dieser Betrachtung der weitverbreitete Trugschluss zugrunde, dass für die thermischen Kraftwerke lediglich die Grenzkosten berücksichtigt werden, während bei Photovoltaik- und Windenergieanlagen die Vollkosten zum Ansatz kommen. Bei einem Vergleich auf Grenzkostenniveau liegen Sonne und Wind unzweifelhaft vor allen brennstoffbasierten Technologien.

Dennoch ist das Geschäftsmodell, die Veredelung von Grundlaststrom in Spitzenlaststrom, insbesondere durch die photovoltaische Stromerzeugung im Spitzenlastzeitfenster mit hohen Strommarkterlösen gefährdet [111]:

> Die aktuelle Entwicklung auf den Strommärkten, dass insbesondere an Tagen mit hoher Photovoltaikeinspeisung der Preisunterschied zwischen Spitzen- und Grundlaststrom stark sinkt, stellt derzeit sogar die Wirtschaftlichkeit von neuen Pumpspeicherkraftwerken infrage, der ökonomisch günstigsten aller Speichertechnologien.

---

[62]Technisch ist ein derartiges Szenario jedoch nicht möglich, da die Leistung der Pumpspeicher auf vorgenannte 6,6 GW begrenzt ist. Demgegenüber beträgt die Netzlast zur Schwachlastzeit rund 40 GW und zur Hochlastzeit bis zu 80 GW.

Und weiter [111]:

> Pumpspeicher stellten bis vor Kurzem im liberalisierten Strommarkt ein rentables Geschäftsmodell dar. Wenn allerdings der jüngste Trend anhält, dass der Preisunterschied zwischen Schwach- und Spitzenlaststrom schrumpft, steht dieses Geschäftsmodell mehr und mehr unter Druck. Falls keine anderen effizienteren Flexibilisierungsmaßnahmen zur Verfügung stehen, müsste in diesem Fall eventuell über Unterstützungsmaßnahmen nachgedacht werden, die über die derzeitige Befreiung von den Netzentgelten und der EEG-Umlage hinausgehen.

1.3.3.6 Weltweite Potenziale

In Gebirgslagen mit großem Gefälle und hinreichendem Abfluss aus Niederschlägen und Schmelzwasser finden sich besonders vorteilhafte Bedingungen für den Betrieb von Wasserkraftanlagen. Daher wurden in den europäischen Alpen bereits am Übergang vom 19. in das 20. Jahrhundert Wasserkraftwerke errichtet. Entsprechend dem Sohlgefälle der Oberflächengewässer können in gewissen vertikalen Abständen Wasserkraftanlagen entlang einer Staukette eingerichtet werden. Die Stauhaltung erleichtert dabei auch die Schiffbarkeit der Gewässer und trägt zum Hochwasserschutz bei.

Weltweit ist weiterhin ein wenn auch nachlassender Zubau von Anlagen zur Nutzung der Wasserkraft zu verzeichnen. Im Fünfjahreszeitraum bis 2019 gibt der *Renewable 2020 Global Status Report* [112] einen jährlichen Zubau in der Größenordnung von 1,8 %/a an – bei einer global installierten Leistung von 1.150 GW (in 2019). Damit konnte eine Stromproduktion von 4.306 TWh erzielt werden. Zum Vergleich: Die 443 global betriebenen Kernreaktoren verfügen zum Ende des Jahres 2019 über 393 GW und lieferten 2.586 TWh [113].

Bei einer Betrachtung der globalen Potenziale fällt auf, dass lediglich in Europa (49 %) bislang ein nennenswerter Teil der Potenziale genutzt wird. Insbesondere in Asien (11 %) und Afrika (2 %) besteht noch ein erhebliches Ausbaupotenzial (Abb. 1.190). Dennoch ist nicht jeder Ausbau machbar oder zielführend. Die weiter oben aufgeführten Aspekte zur Abwägung beim Bau von Wasserkraftanlagen sind zu berücksichtigen.

1.3.3.7 Meerestechnologie

Neben der Nutzung der Wasserkraft an Land existiert auch ein breites Spektrum an meeresbasierten Energieressourcen:

1. Wellen,
2. Meeresströmungen,
3. Gezeitenströmungen,
4. Tidenhub,
5. Salzgradient,
6. Temperaturgradient.

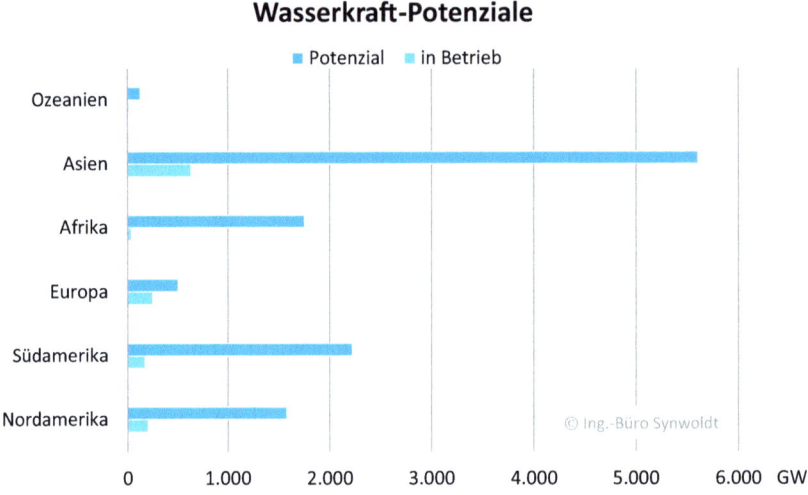

Abb. 1.190 Globale Wasserkraftpotenziale. (Daten: Hoes et al. [115])

Diese lassen sich grob in die Kategorien mechanisch (1. bis 4.), chemisch (osmotischer Druck, 5.) und thermisch (6.) einteilen.

Die meisten der im Folgenden vorgestellten Konzepte befinden sich im Prototyp- oder Planstudium. Weltweit sind bislang (2019) nur wenige Anlagen im kommerziellen Betrieb: Zwei Anlagen in Frankreich (seit 1966) und Korea (seit 2011) machen über 90 % der installierten Leistung aus [112]. Die raue Betriebsumgebung, die Entfernung zur landseitigen Anbindung an Versorgungsnetze und die Eingriffe in die Unterwasserflora und -fauna[63] sind nur die offensichtlichsten Hemmnisse. Die erschwerten Montage- und Wartungsbedingungen führen zwangsläufig zu hohen Kosten. Kann die Anlage nicht über eine entsprechende Mechanik aus dem Wasser gehievt werden, müssen Taucher die notwendigen Arbeiten vollziehen.

Infrage kommende Anlagenstandorte sind nicht nur in Bezug auf ihre Potenziale bezüglich des Primärenergieaufkommens an Strömungsgeschwindigkeit, Wellenhöhe, Tidenhub, etc. zu untersuchen, sondern auch hinsichtlich der Erreichbarkeit vom nächsten Hafen, Möglichkeiten zur Verankerung – und etwaigen Gefahren wie Schifffahrtsrouten oder Eisbildung. Das betrifft insbesondere die Flachwasserzonen am Rand des Kontinentalschelfs. Anderseits sind die globalen Potenziale von bedeutender Größe [26].

---

[63]Umgekehrt sind auch die Anlagen dem Bewuchs durch Algen, Muscheln, etc. ausgesetzt. Spezielle Beschichtungen oder Anstriche *(anti-fouling)* sollen das Wachstum verringern, haben jedoch ihrerseits auch Rückwirkungen auf die submarine Fauna.

1.3.3.7.1 Wellenkraftwerk

Wellen sind im Wesentlichen windinduziert, somit korreliert die Intensität der Wellen mit dem Windaufkommen über den Meeresflächen [116]. Abb. 1.191 wurde aus Stundenwerten, die über ein Jahr von einer Boje vor Hawaii aufgezeichnet wurden, erstellt. Da sich Wellen über weite Entfernungen bewegen können, sind gegebenenfalls auch Windströmungen weit vor den Küsten relevant.

Die Energie von Wellen wird maßgeblich durch die Wellenhöhe und die Wellenlänge (Frequenz der auf die Küste sich zubewegenden Wellen) bestimmt. Sofern Wellenlänge und Wassertiefe wesentlich größer als die Wellenhöhe ausfallen, und auch Wellenlänge und Wellenhöhe unabhängig voneinander sind, kann die lineare Wellentheorie zur Beschreibung angewandt werden. Damit ermittelt sich der Energiefluss (entsprechend einer physikalischen Leistungsgröße) pro Meter der Küstenlinie *(Wellenwalze)* zu
[ρ: Dichte von Meerwasser; $g = 9{,}81$ m/s^2, Gravitationsbeschleunigung; T: Periode der Wellen; H: Wellenhöhe (Höhendifferenz zwischen Wellenberg und Wellental)]

$$P = \frac{\rho \cdot g^2}{32 \cdot \pi} \cdot T \cdot H^2 \tag{1.201}$$

Für die Wellenhöhe wird die signifikante Wellenhöhe H_s angesetzt. Dabei handelt es sich um den arithmetischen Mittelwert des Drittels der höchsten Wellen. Dafür gilt

$$H = H_s/\sqrt{2} \tag{1.202}$$

$$P = \frac{\rho \cdot g^2}{64 \cdot \pi} \cdot T \cdot H_s^2 \tag{1.203}$$

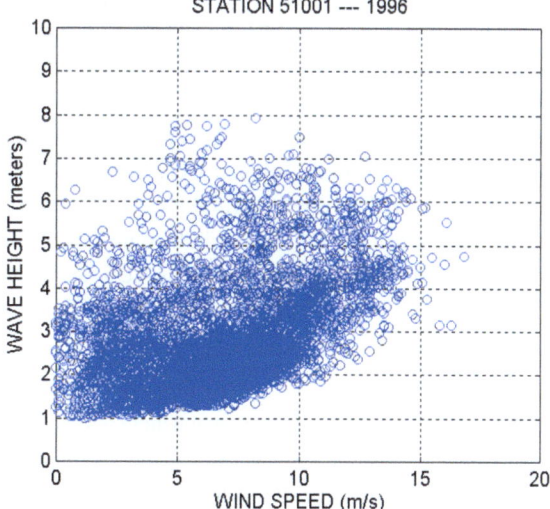

Abb. 1.191 Korrelation von Windgeschwindigkeit und Wellenhöhe. (Quelle: NOAA, public domain [117])

Mit[64,65] $\rho = 1025\,\text{kg/m}^3$ und $g = 9{,}81\,\text{m/s}^2$ folgt

$$P = 490{,}605 \cdot T \cdot H_s^2 \tag{1.204}$$

Dabei ist zu beachten, dass sich Wellen mit langer Periode schneller ausbreiten als solche mit kurzer Periode ($c \propto 1/T$). In der Folge treffen bei langer Periode weniger Wellen pro Zeiteinheit an der Küste ein, sie transportieren jedoch jeweils eine höhere Energiemenge.

Mit einer Wellenlänge L

$$L = \frac{g}{2 \cdot \pi} \cdot T^2 \tag{1.205}$$

und einer Ausbreitungsgeschwindigkeit c für Tiefwasserwellen

$$c = L/T \tag{1.206}$$

wird Gl. 1.203 zu

$$P = \frac{\rho \cdot g}{32} \cdot c \cdot H_s^2 \tag{1.207}$$

Bei einer signifikanten Wellenhöhe von 2 m und einer Wellenperiode von 10 s ergibt sich aus Gl. 1.203 ein Energiefluss (spezifische Leistung pro Meter Küstenlinie) von

$$P = 19{,}6\,\text{kW/m} \tag{1.208}$$

Dem Windaufkommen entsprechend finden sich in den Tropen die geringsten Wellenhöhen, während in den Bereichen jenseits 40° nördlicher und südlicher Breite die größten Wellenhöhen zu verzeichnen sind (Abb. 1.192).

Einer Nutzung der zuvor kalkulierten Wellenpotenziale stehen die konstruktiven Schwierigkeiten eines Anlagenbetriebs im offenen Meer oder im Brandungsbereich gegenüber. Die korrosive Wirkung des Salzwassers stellt zudem erhöhte Ansprüche an die zu verwendenden Bau und Werkstoffe. Hieraus resultieren unterschiedliche Anlagenformen (Tab. 1.40).

Die Leistung der Anlagen ist eng mit dem Auflaufen der Wellenwalze gekoppelt. Durch mehrere parallele Anlagen werden bereits im Kleinen die Vorzüge der Dezentralität deutlich. Der Zeitversatz beim Antrieb der einzelnen Systeme gleicht die rhythmische Wellenbewegung aus und ermöglicht eine quasi-kontinuierliche Stromerzeugung. Eine weitere Abhilfe können auch mechanische Systeme wie Schwungräder leisten.

---

[64]Die Dichte von Meerwasser beträgt abhängig vom Salzgehalt $\rho = 1020\ldots 1030\,\text{kg/m}^3$.

[65]Die Gravitationsbeschleunigung beträgt je nach geografischer Breite $g = 9{,}780\ldots 9{,}832\,\text{m/s}^2$; aufgrund der Zentrifugalkraft ist die Erde keine Kugel, sondern an den Polen gegenüber dem Äquator um rund 0,3 % abgeplattet. Entsprechend ist die Gravitationsbeschleunigung an den Polen höher.

1.3 Regenerative Technologien

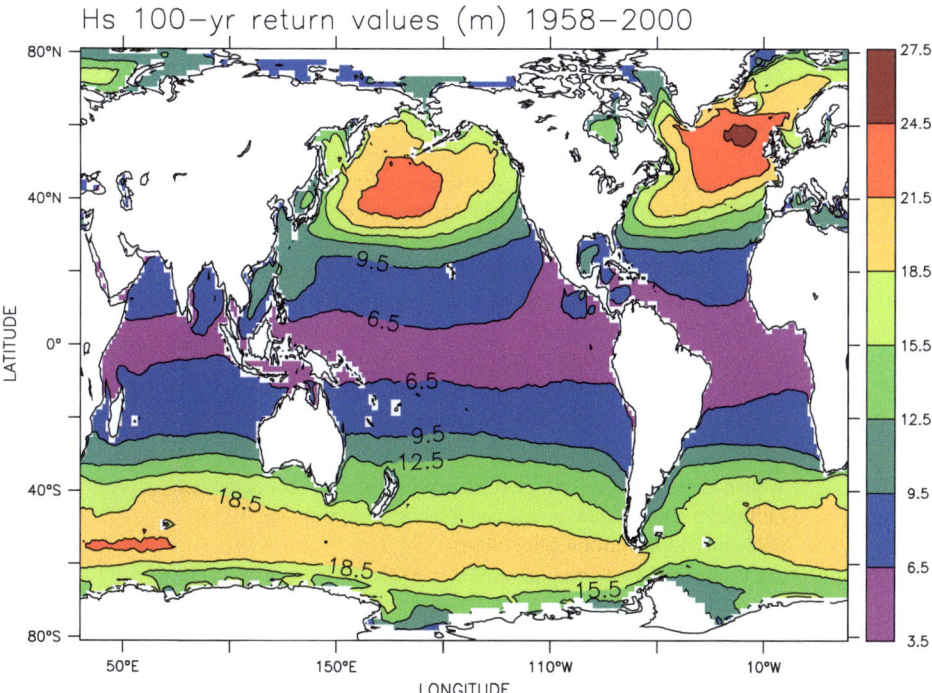

Abb. 1.192 Signifikante Wellenhöhe (100-Jahreswert). (Quelle: KNMI/ERA-40 Wave Atlas, www.knmi.nl/waveatlas/)

1.3.3.7.2 Meeresströmungskraftwerk

Meeresströmungen treten insbesondere in Meerengen oder bei Inseln auf (Abb. 1.199). Insbesondere in Fjorden oder Einbuchtungen kann es zudem zu starken Gezeitenströmungen kommen.

Anlagen zur Nutzung von Meeresströmungen arbeiten prinzipiell ähnlich wie Windenergieanlagen. Der wesentliche Unterschied liegt in den Betriebsbedingungen. Seewasser verfügt über eine rund 800-fach höhere Dichte als Luft, dafür sind die Strömungsgeschwindigkeiten jedoch nur selten höher als 3 m/s. Seit 1994 ist eine Reihe von Prototypen, vornehmlich vor der britischen Küste, in Betrieb genommen worden. Auf Basis der in Abb. 1.200 abgebildeten *SeaFlow* Anlage (2003, 300 kW, installiert am Meeresgrund in der Straße von Bristol) wurde 2009 bei Devon (Vereinigtes Königreich) der kommerzielle Betrieb von einer weiterentwickelten Anlage *SeaGen* (zwei Rotoren mit insgesamt 1,2 MW bei 2,4 m/s) aufgenommen.

Über eine Hubvorrichtung können der Rotor (SeaFlow) beziehungsweise die Rotoren (SeaGen) aus dem Wasser gehievt werden und erlauben damit Wartungs- und Reparaturarbeiten unter ähnlichen Bedingungen wie bei Offshore-Windenergieanlagen.

Während *Meeres*strömungen eher längerfristigen saisonalen oder sogar mehrjährigen Zyklen (beispielsweise der *El Niño Southern Oscillation*, ENSO) und Fluktuationen

Tab. 1.40 Wellenkraftwerke

Name	Beschreibung	Skizze/Foto
Wellenkammer	Durch die Wellenbewegung steigt und sinkt der Wasserspiegel in einer geschlossenen Kammer, entsprechend verändert sich das Luftvolumen. Über eine Ausgleichsöffnung wird der Luftstrom durch eine Windturbine genutzt. Die besondere Ausprägung des Rotors (Wells-Turbine) erlaubt eine gleichbleibende Drehrichtung für Saug- und Druckbetrieb Die Turbine wird mit Luft betrieben und kann daher nicht von der hohen Dichte des Meerwassers profitieren, gleichzeitig ist sie jedoch vor dem direkten Einfluss des Meerwassers geschützt Es existieren Prototypen an der Küste von Schottland (Ile of Islay, seit 2001) und in der Tasmanischen See (Australien, seit 2021), sowie eine erste kommerzielle Anlage in Spanien (Mutriku, seit 2011)	Abb. 1.193
Wellenrampe	Wellen laufen eine V-förmige Rampe hinauf und bilden damit den Zufluss zu einem höher gelegenen Reservoir. Aus dessen Abfluss wird eine Kaplanturbine angetrieben Ein Prototyp *(Wave Dragon)* wird seit 2003 vor der dänischen Küste betrieben	Abb. 1.194, 1.196
Auftriebskörper (Seeschlange)	Eine Reihe von Auftriebskörpern wird von den Wellen an der Meeresoberfläche auf und ab bewegt. Die einzelnen Auftriebskörper sind über Hydraulikzylinder miteinander verbunden, sodass die unterschiedliche Bewegung der Auftriebskörper relativ zueinander über ein Drucksystem einen Generator antreibt Die Vertäuung und elektrische Anbindung an das Land ist erheblichen mechanischen Belastungen ausgesetzt Nach einem Prototypen vor der portugiesischen Küste *(Pelamis,* griech. Seeschlange) wird das Konzept allgemein als Seeschlange bezeichnet. Aufgrund technischer und finanzieller Schwierigkeiten wurde der Betrieb 2009 nach nur zwei Jahren eingestellt Über eine ähnliche Funktionsweise verfügen auch Bojen, die dem Auf und Ab der Wellen ausgesetzt sind, oder am Meeresboden verankerte Plattformen, bei denen ein Schwimmkörper einen Hydraulikzylinder betätigt	Abb. 1.195, 1.197, 1.198

unterliegen, folgen *Gezeiten*strömungen dem tageszeitlichen Tidengang. Im oberen (Flut) und unteren (Ebbe) Umkehrpunkt kommt die Strömung dabei zum Erliegen. Aufgrund der hohen Strömungsgeschwindigkeiten sind Tidenströmungen aus technischen Gründen besonders interessant – trotz der kurzfristigen Fluktuationen. SeaFlow und SeaGen nutzen beide Gezeitenströmungen. Durch eine axiale Rotorblattverstellung, ähnlich dem Pitch von Windenergierotoren, ist keine Umkehrung der Rotordrehrichtung für die gegenläufigen Tidenströmungen erforderlich.

1.3 Regenerative Technologien

Abb. 1.193 Wellenkammer

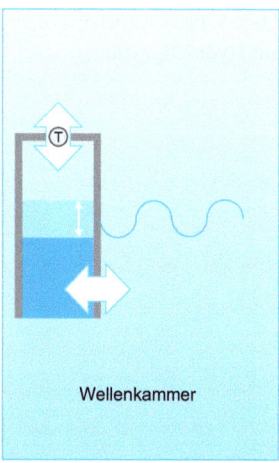

Abb. 1.194 Wellenrampe

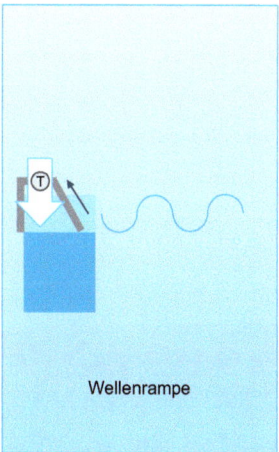

Die Anlagentechnik für Meeresströmungskraftwerke im Allgemeinen und Gezeitenströmungskraftwerke im Besonderen unterscheidet sich daher nicht.

1.3.3.7.3 Tidenhubkraftwerk

Im Flachwasserbereich der Küsten tritt der Tidenhub stärker in Erscheinung als bei großer Wassertiefe. Insbesondere in Flussmündungen, Buchten und Meerengen kann der Tidenhub auf 10 m und mehr ansteigen. Ausschlaggebend sind dafür die Querschnittsverengung, aber auch die durch den Tidenhub zurückgestauten Wassermassen in Mündungstrichtern (Abb. 1.201).

Abb. 1.195 Auftriebskörper mit Hydraulikzylinder

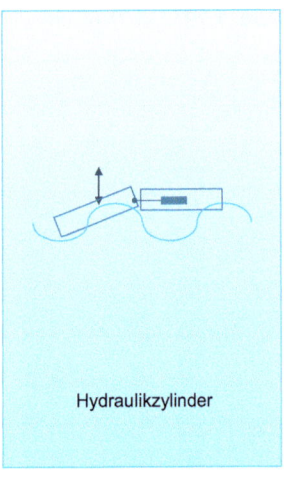

Abb. 1.196 Wave Dragon. (Quelle: Erik Friis-Madsen at English Wikipedia, cc by 3.0)

1.3 Regenerative Technologien

Abb. 1.197 Pelamis. (Quelle: wikimedia, gemeinfrei)

Abb. 1.198 PowerBuoy. (Quelle: Ocean Power Technologies, wikimedia, lal)

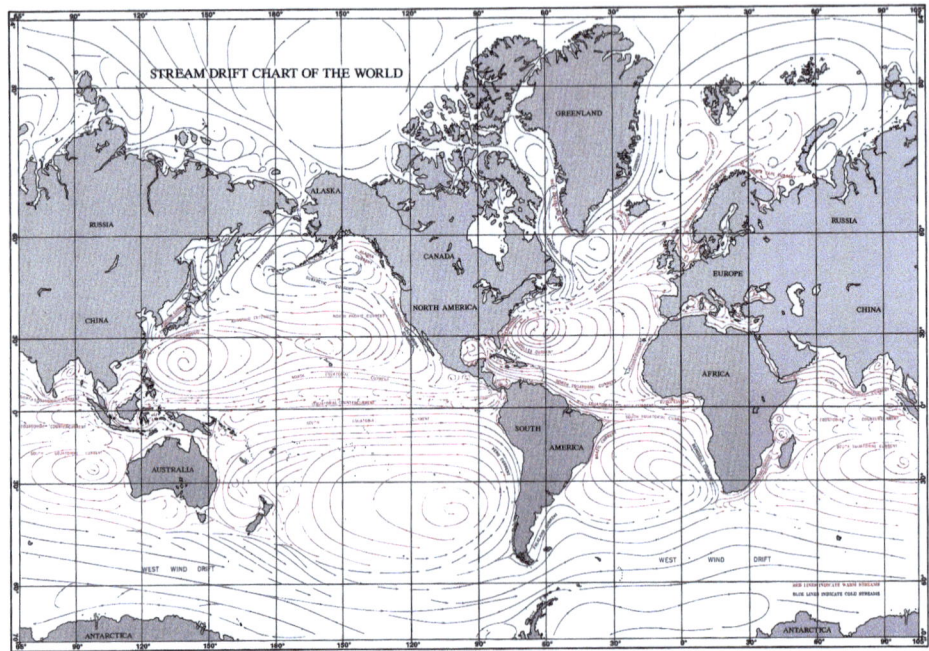

Abb. 1.199 Globale Meeresströmungen. (Quelle: wikimedia, public domain)

Dabei können Resonanzeffekte zu einer Überlagerung führen. Bekannte Buchten für einen besonders großen Tidenhub sind die *Bay of Fundy* (New Brunswick, Kanada) und die Rance-Mündung bei St. Malo (Frankreich, Ärmelkanal):

- In der Rance-Mündung sind seit 1967 24 Kaplanturbinen mit je 10 MW Nennleistung in Betrieb. Der Tidenhub beträgt 8 m.
- Seit 1984 wird die *Bay of Fundy* mit einem Damm für das Gezeitenkraftwerk Annapolis genutzt. Die Straflow-Turbine, eine horizontal eingebaute Kaplan-Turbine, leistet 20 MW. Der Betrieb erfolgt nur in eine Richtung, bei abfließendem Wasser (Ebbe). Der Tidenhub beträgt an einigen Stellen der Bucht mehr als 15 m.
- Die derzeit (2015) leistungsstärkste Anlage *Sihwa-ho* (Südkorea) verfügt über eine Turbinenleistung von 254 MW. Zehn Kaplanturbinen wurden nachträglich in einen bereits ab 1987 errichteten Damm eingebaut. Der ursprüngliche Zweck des Dammes war die Landgewinnung. Der Tidenhub beträgt hier bis zu 8 m. Das Kraftwerk wurde 2011 in Betrieb genommen.

Darüber hinaus gibt es weltweit vier weitere Anlagen in Südkorea, China, Russland und dem Vereinigten Königreich.

Durch einen Tidenhub von mehreren Metern können Betriebsbedingungen ähnlich wie für Laufwasserwerke entstehen. Dabei ist jedoch das Pendeln des Meereswasserspiegels

1.3 Regenerative Technologien

Abb. 1.200 SeaFlow. (Quelle: wikiuser Fundy, wikimedia, cc by-sa 3.0)

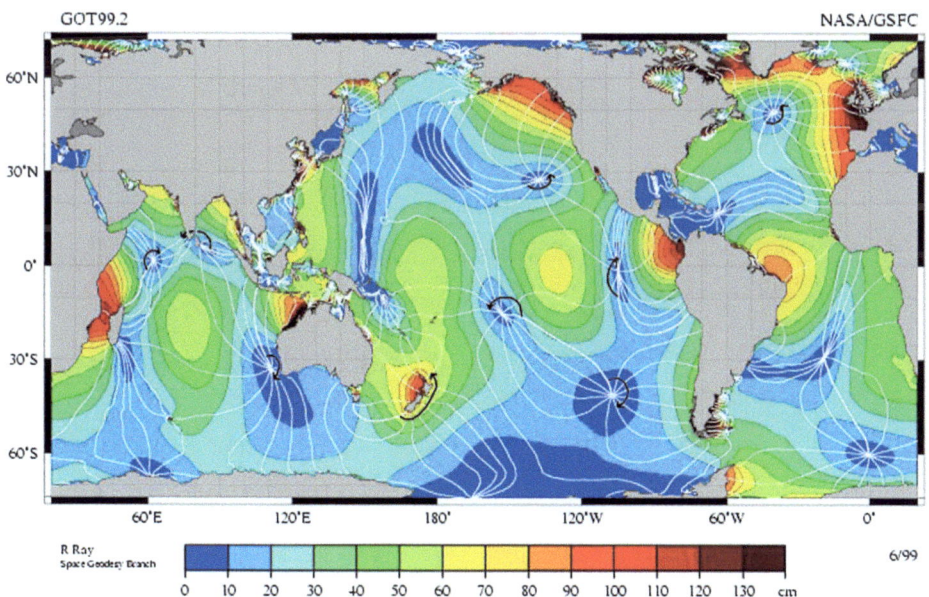

Abb. 1.201 Tidenhub (Amplitude der Gezeiten). (Quelle: wikimedia, public domain)

im Rhythmus der Gezeiten (Periodendauer $T = 12\,\text{h}\,26\,\text{min}$) zu beachten. Für den Betrieb der Turbinen muss eine gewisse Mindestfallhöhe gegeben sein. Wird diese durch die Pegeldifferenz zwischen dem Becken hinter dem Damm und dem aktuellen Meerwasserspiegel nicht erreicht, kann dennoch das Becken weiter gefüllt beziehungsweise geleert werden. Durch eine Rotorblattverstellung der Turbinenblätter oder ein Umdrehen der Turbinenköpfe können beide Strömungsrichtungen genutzt werden (Abb. 1.202).

Die in Abb. 1.203 dargestellten Verläufe gelten für einen Betrieb in beiden Richtungen. Ist, wie beispielsweise in der *Bay of Fundy,* nur bei abfließendem Wasser ein Turbinenbetrieb vorgesehen, so entfällt die Betriebsphase bei auflaufendem Wasser in das Becken. Dafür beginnt der Betrieb bei ablaufendem Wasser bereits früher, da der Füllstand des Beckens die volle Höhe des Flutpegels erreicht.

Das Sperrwerk bildet eine Barriere zwischen den Ökosystemen und kann zur Verlandung führen; je nach Maßgabe wird dieser Effekt gegebenenfalls auch als Küstenschutz wahrgenommen. Aufgrund der vergleichsweise geringen Höhendifferenzen ist das Anlegen eines Seitenkanals zur Verbindung der Biosphären möglich.

1.3.3.7.4 Salzgradientenkraftwerk

Aus der Meerwasserentsalzung ist die Umkehrosmose-Technologie bekannt. Durch eine Membran wird Salzwasser gepresst. Die im Vergleich kleinen Wassermoleküle ($d = 0{,}28$ nm) können die Membran passieren, die hydratisierten Salzionen und andere

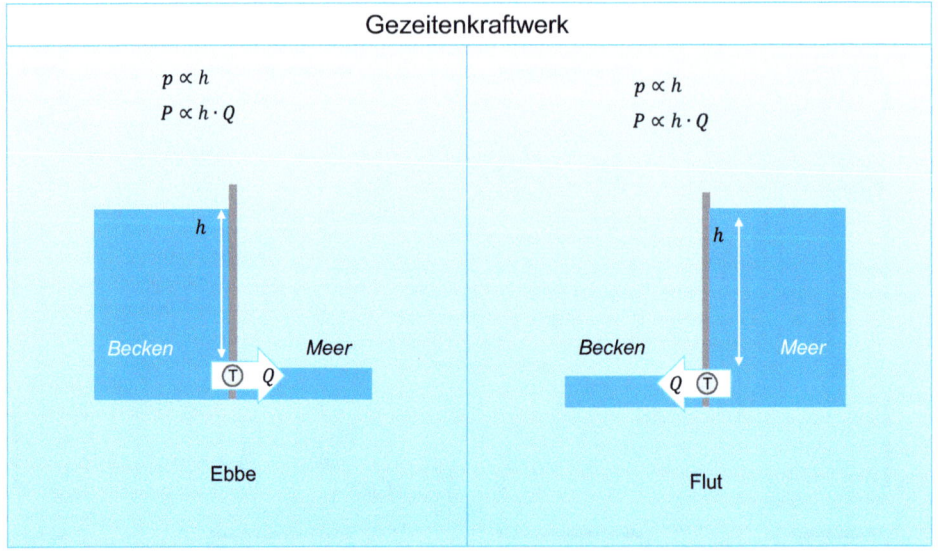

Abb. 1.202 Arbeitsweise eines Gezeitenkraftwerks

1.3 Regenerative Technologien

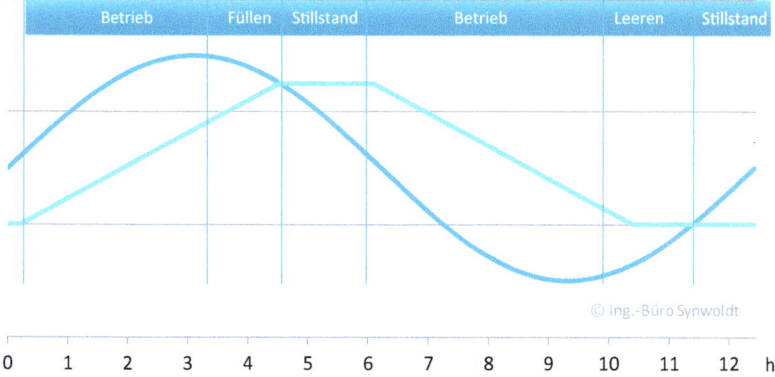

Abb. 1.203 Wasserspiegel und Betriebsphasen eines Gezeitenkraftwerks

Partikel werden zurückgehalten. Dasselbe Verfahren ist auch zur Reinigung von Schmutzwasser (Grauwasser, Schwarzwasser) anwendbar.

In einer invertierten Anordnung sorgt der osmotische Druck für einen Konzentrationsausgleich zwischen zwei wässrigen Lösungen, beispielsweise Süßwasser und Meerwasser. Da nur das Wasser die Membran passieren kann, findet solange ein Übergang von Süßwasser in Richtung Meerwasser statt, bis das Konzentrationsgefälle nahezu aufgehoben ist. Der Vorgang eignet sich dazu, eine Wassersäule – ohne mechanische Pumparbeit – aufzubauen, die dann in konventioneller Weise für eine gewisse Fallhöhe beziehungsweise Druckhöhe sorgt (Abb. 1.204).

Nach dem Van-'t-Hoffschen-Gesetz ergibt sich der osmotische Druck Π aus
[Π: osmotischer Druck; c: Stoffmengenkonzentration der Lösung (molare Konzentration); $i = 2$: Van-'t-Hoff-Faktor (für Kochsalz (NaCl)); R: universelle Gaskonstante, T: absolute Temperatur]

$$\Pi = c \cdot i \cdot R \cdot T \tag{1.209}$$

Mit einer Molmasse von Salz (NaCl) von $M = 0{,}05844\,\text{kg/mol}$ verfügt Meerwasser bei 3,5 % Salzkonzentration über eine molare Konzentration [n: Stoffmenge; m: Masse (NaCl)]

$$c = \frac{n}{V} \tag{1.210}$$

$$c = \frac{m}{M} \cdot \frac{1}{V} = 598{,}904\,\text{mol/m}^3 \tag{1.211}$$

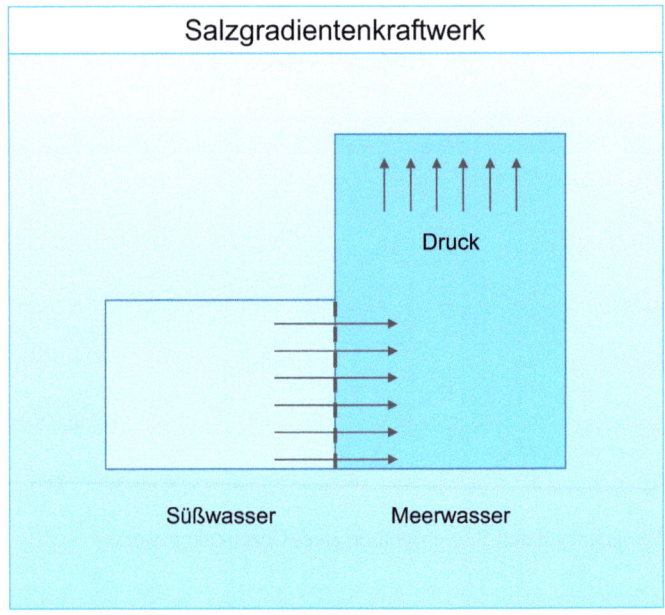

Abb. 1.204 Arbeitsweise eines Salzgradientenkraftwerks

Daraus ergibt sich bei einer Wassertemperatur von $T = 10°\,\mathrm{C} = 283\,\mathrm{K}$ ein osmotischer Druck von

$$\Pi = 598{,}904 \cdot 2 \cdot 8{,}314 \cdot 283\,\mathrm{Pa} = 2{,}817\,\mathrm{MPa} \tag{1.212}$$

Der osmotische Druck entspricht rund 27,8 bar und könnte damit theoretisch eine Wassersäule von knapp 280 m aufbauen. Druckverluste, vor allem an der Membran, reduzieren den Wert um mindestens die Hälfte. Weiterhin ist aus Gründen der Effizienz (Dauer des Prozesses) ein vollständiger Konzentrationsausgleich nicht erstrebenswert.

Aufgrund der benötigten Süßwassermengen eignen sich insbesondere Flussmündungen wasserreicher Ströme ins Meer. Darüber hinaus verfügen das Tote Meer (Israel, Jordanien), der Kara-Bogas-Gol (Ausläufer am Ostufer des Kaspischen Meeres, Turkmenistan) oder der Große Salzsee (*Great Saltlake,* Utah, USA) mit einem Salzgehalt von mehr als 25 % über ein hohes Potenzial. Auch das Mittelmeer hat aufgrund einer starken Verdunstung einen mit 3,8 % leicht erhöhten Salzgehalt. Dabei steigt der Salzgehalt von der Straße von Gibraltar mit 3,6 % bis zur kleinasiatischen Küste auf 3,9 % an. Andere Randmeere mit starkem Süßwasserzufluss haben hingegen eine geringere Salzkonzentration. Während in der westlichen Ostsee ein Salzgehalt von 1,9 % angetroffen wird, sind es in den östlichen Teilen lediglich 0,3–0,5 %. Auch in der Nähe der Polkappen ist der Salzgehalt in den Weltmeeren geringer. Das globale Potenzial – unter der Annahme, dass 10 % des Abflusses in die Meere genutzt wird – liegt bei

1300 TWh/a [118]. Seit 2009 ist in Norwegen eine Anlage im Prototypenstadium in Betrieb. Die Schlüsseltechnologie ist dabei die Membran.

Im Vordergrund von Abb. 1.205 sind der Druckaustauscher und die Turbine zu erkennen, dahinter die Rohre mit den Membranen.

1.3.3.7.5 Temperaturgradientenkraftwerk

Für den Antrieb von Wärmekraftmaschinen sind prinzipiell Temperaturdifferenzen erforderlich. Nach dem 2. Hauptsatz der Thermodynamik entscheidet die Höhe der Temperaturdifferenz über den maximal zu erzielenden thermischen Wirkungsgrad.

[T_w: Temperaturniveau des warmen Reservoirs; T_k: Temperaturniveau des kalten Reservoirs; Angaben in Kelvin]

$$\eta = \frac{T_w - T_k}{T_w} \tag{1.213}$$

Damit eignen sich insbesondere Küsten in den Tropen, an denen eine steile Schelfkante bereits unweit der Küste den Zugang zur Tiefsee mit Wassertemperaturen von 4 °C und weniger erlaubt, als Standort für Temperaturgradientenkraftwerke (*ocean thermal energy conversion,* OTEC).

Weiterhin ist die inverse Charakteristik von Oberflächen-Wassertemperatur (in Abb. 1.206) und Wellenhöhe (in Abb. 1.192) zu erkennen: Die tropischen Meere verfügen über die höchsten Temperaturen des Oberflächenwassers, die signifikante Wellenhöhe ist bedingt durch das geringe Windaufkommen minimal.

Abb. 1.205 Osmosekraftwerk. (Quelle: Statkraft, cc by-nc-nd 2.0)

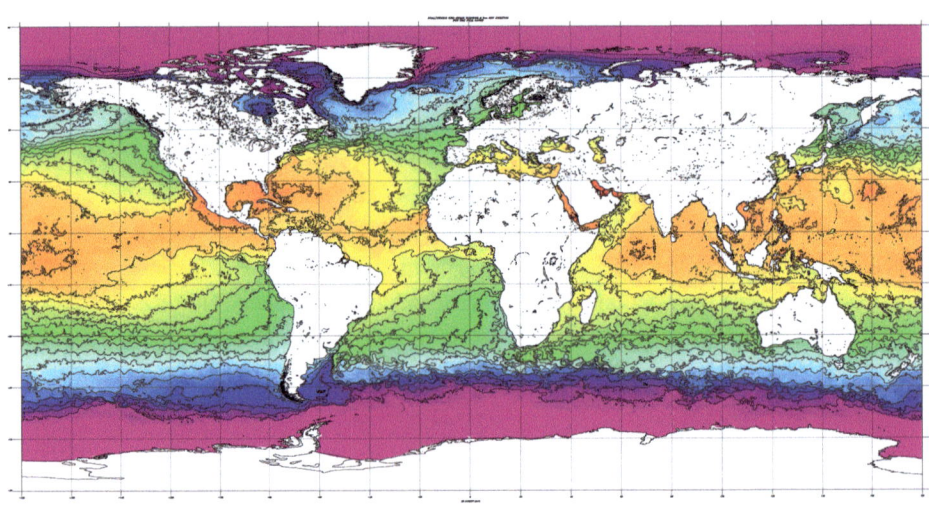

Abb. 1.206 Wassertemperatur an der Meeresoberfläche (23. August 2015). (Quelle: NOAA, public domain [119])

Aufgrund der Temperaturdifferenz zwischen Oberflächen- und Tiefseewasser ist der thermische Wirkungsgrad auf Werte $\eta_c < 10\,\%$ begrenzt. Eine reale, technische Umsetzung von Wärmekraftmaschinen erreicht kaum die Hälfte des theoretischen Wertes (Abb. 1.99). Weiterhin bedingt die geringe Temperaturdifferenz den Transport großer Wassermengen, was insbesondere für das kalte Tiefseewasser eine entsprechende Pumparbeit erforderlich macht.

Nach [120] errechnet sich die Bruttoleistung eines Temperaturgradientenkraftwerks aus

- der spezifischen Wärmekapazität des Salzwassers (3,5 % Salzanteil) $c_p = 4{,}053$ kJ/kg K,
- der Dichte des Salzwassers (3,5 % Salzanteil) $\rho = 1025$ kg/m^3,
- der Temperaturdifferenz zwischen Oberflächen- und Tiefenwasser $\Delta T = 20$ K; da eine kleinere Temperaturdifferenz mit deutlichen Leistungseinbußen einhergeht, gilt dieser Wert als untere Grenze,
- der Temperatur des warmen Oberflächenwassers $T = 299$ K; dieser Wert ergibt sich aus der erforderlichen Temperaturdifferenz und einer angenommenen Temperatur des Tiefenwassers von $T_k = 6°\,\text{C} = 279$ K,
- dem Wirkungsgrad des Antriebsstrangs inklusive Generator; in [120] mit $\eta_g = 75\,\%$ abgeschätzt,

- dem Verhältnis der Wassermengen von warmem Oberflächenwasser und kaltem Tiefenwasser $\gamma = \dot{V}_w/\dot{V}_k = 1{,}5\ldots 2{,}0$. Die Optimierung ist einzelfallbezogen und hängt vom Pumpaufwand, d. h. der zu überwindenden Höhendifferenz, ab, in [120] wird $\gamma = 1{,}5$ angenommen,[66]
- dem Volumenstrom des kalten Wassers $\dot{V}_k$

$$P_n = \dot{V}_k \cdot \frac{3 \cdot \eta_g \cdot c_p \cdot \rho \cdot \gamma}{16 \cdot (1+\gamma)} \cdot \frac{\Delta T^2}{T} \qquad (1.214)$$

Aus Gl. 1.214 kann die Kaltwassermenge in der Größenordnung von $\dot{V}_k = 2\,\text{m}^3/\text{s}$ pro Megawatt Bruttoleistung berechnet werden. Ein 100 MW Temperaturgradientenkraftwerk würde damit 200 m³/s an Kaltwasser und 300 m³/s an warmem Oberflächenwasser benötigen.

Je nach Betriebsart mit offenem, geschlossenem oder hybridem Kreislauf sind für den Pumpbetrieb rund 30 % der Nennleistung zu veranschlagen [120]. Bei kleineren Prototypenanlagen im Leistungsbereich bis 100 kW wurden bis zu 80 % der Nennleistung zum Pumpen aufgewendet. In [122] wird darauf hingewiesen, dass die Pumparbeit für das kalte Tiefenwasser jedoch häufig überschätzt wird. Hier ist die Betriebsart zu beachten (mehr dazu in Infobox Wasserdampf – auch bei niedrigen Temperaturen).

Die erforderliche Pumpleistung hängt maßgeblich mit der Wassertiefe zusammen. Bei geringerer Wassertiefe vermindert sich die erforderliche Pumpleistung, jedoch fällt dann die Temperaturdifferenz zum Oberflächenwasser geringer aus. Entsprechend wäre ein größerer Massenstrom erforderlich, mit einem fraglichen Effekt für die Nettoleistung. In [123] wird der Zusammenhang für den Temperaturgradienten entlang eines Tiefenprofils exemplarisch kalkuliert. Weiterhin wird der Einfluss verschiedener Parameter (Rohrdurchmesser, Wassertemperatur und -menge des Tiefenwassers, Wassermengenverhältnis von Oberflächen- und Tiefenwasser, etc.) auf die Nettoleistung untersucht.

Rankine Cycle

Der Betrieb von thermischen Kraftwerken ist eng mit den physikalischen Eigenschaften des Arbeitsmediums verbunden. Aufgrund der hohen spezifischen Wärmekapazität eignet sich hierfür Wasser. Mit einem Siedepunkt von 100 °C bei Normaldruck erfordert der Betrieb von Wasserdampfturbinen jedoch ein entsprechend hohes Temperaturniveau für den Verdampfer.

Durch die Auswahl eines geeigneten Arbeitsmediums mit niedrigerem Siedepunkt lässt sich in einem weiten Bereich die Verdampfungstemperatur an das Wärmeniveau der Energiequelle

---

[66]In einer früheren Publikation des Autors Nihous [121] wird eine von der Struktur identische Formel vorgestellt, lediglich der Parameter γ wird durch einen anderen Parameter η ersetzt, der als der Kehrwert von γ definiert wird: $\gamma = \dot{V}_w/\dot{V}_k$ (2013); $\eta = \dot{V}_k/\dot{V}_w$ (2005). Dies führt aufgrund des Terms $\gamma/(1+\gamma)$ in Gl. 1.214 zwangsläufig zu einem abweichenden Ergebnis; einzige Ausnahme: $\gamma = \eta = 1$.

Tab. 1.41 Wärmeträgermedien

Medium	Siedepunkt	Verdampfungswärme
Wasser	373 K	2256 kJ/kg
Ethanol	351 K	845 kJ/kg
Pentan	309 K	357 kJ/kg
Butan	273 K	384 kJ/kg

anpassen. Da es sich bei Wärmeträgermedien um kohlenwasserstoffbasierte Substanzen handelt, wird vom *Organic Rankine Cycle* (ORC) gesprochen. Die Verdampfungswärme liegt bei den meisten Substanzen eine Größenordnung unter der von Wasser. Bei vergleichbaren Turbinenleistungen sind entsprechend größere Massenströme des Wärmeträgermediums[67] zu kalkulieren (Tab. 1.41).

Mit Hilfe von Sorptionsprozessen kann – in gewissen Grenzen – auch auf chemischem Weg eine Temperaturerhöhung herbeigeführt werden. Die Prozesse sind, ähnlich wie der Rankine Cycle (nach William Rankine), nach ihren Erfindern Alexander Kalina und Haruo Uehara benannt.

Erste Anlagenkonzepte entstanden bereits in den 1930er-Jahren. Der Ölboom und der forcierte Ausbau der Kernenergie ließen Meereswärmekraftwerke jedoch als unökonomisch erscheinen. Dennoch wurde ab 1970 eine Reihe[68] von Prototypen in Japan, auf Hawaii und in Indien errichtet. Die Nennleistung liegt im Bereich 4 kW bis 1 MW. In 2014 startete die Planung für ein 16 MW-Projekt auf Martinique (zu Frankreich, Übersee-Departement; *Département d'outre-mer et région d'outre-mer, DOM-ROM*).

Ein großer Unterschied zwischen Temperaturgradientenkraftwerken und den anderen hier vorgestellten meeresbasierten Technologien ist die prinzipielle Grundlastfähigkeit. Wellen sowie Meeres- und Gezeitenströmungen unterliegen tageszeitlichen, witterungsbedingten und saisonalen Einflüssen. Die Oberflächentemperatur der tropischen Meere ändert sich nur in geringem Umfang und in der Regel mit begrenzter Änderungsgeschwindigkeit (Ausnahme: Wirbelsturm). Die Tiefseetemperaturen sind ganzjährig nahezu konstant.

Neben einer Nutzung als Kühlwasser für thermische Kraftwerke kann das kalte Tiefenwasser auch für andere Kühlzwecke (Gebäudekühlung, Bodenkühlung) herangezogen werden. Dabei sind auch Nutzungsketten denkbar. Aufgrund der um den Faktor 20 und mehr höheren Konzentration an Nährstoffen ist das Tiefenwasser für Aqua-

---

[67]Durch das 1989 in Kraft getretene *Protokoll von Montreal* ist die Produktion von Stoffen verboten, die die Ozonschicht schädigen. Hierzu zählen vor allem halogenierte Kohlenwasserstoffe, Fluorchlorkohlenwasserstoffe und bromierte Kohlenwasserstoffe. Diese häufig als *Kältemittel* genutzten Substanzen verfügen über einen niedrigen Siedepunkt und eignen sich damit für den Betrieb von Niedertemperatur-Dampfturbinen.

Das atmosphärische Ozon absorbiert kurzwellige UV-Strahlung und begrenzt so den UV-Anteil des Sonnenlichts (Abschn. 1.3.1.4).

[68]Hier spielt die politische Reaktion auf die erste Ölkrise 1973 eine auslösende Rolle: Mit Fördergeldern sollten alternative Technologien einen Anschub für mehr Unabhängigkeit vom Erdöl erhalten.

1.3 Regenerative Technologien

kulturen wertvoll. Die hohen Durchflussmengen lassen zudem das gezielte Sammeln von Mineralien denkbar erscheinen. Die Restwärme kann beispielsweise für eine Meerwasserentsalzung genutzt werden. Dabei wird in Unterdrucksystemen das Meerwasser auf niedrigem Temperaturniveau verdampft.

Wasserdampf – auch bei niedrigen Temperaturen
Der Betrieb einer mit Wasserdampf betriebenen Turbine ist nicht zwingend an ein hohes Temperaturniveau $T > 100°\,C$ der Nutzwärme gebunden. Gleiches gilt für die thermische Meerwasserentsalzung.

Durch Reduzieren des Drucks in einem geschlossenen System kann das Arbeitsmedium *Wasser* bereits bei deutlich geringerem Temperaturniveau eingesetzt werden. Für einen Siedepunkt bei 20 °C ist ein Umgebungsdruck von $p = 2{,}3\,\text{kPa}$ erforderlich (Entspannungsverdampfung, *flash evaporation*; Abb. 1.207).

Dabei ist – mehr noch als bei konventionellen Dampfprozessen – auf die Dichtigkeit des Systems zu achten: Ohne hinreichenden Unterdruck kommt es bei niedrigem Temperaturniveau zu keiner Verdampfung. Der Betrieb der Vakuumpumpe ist bei der Energiebilanz des Temperaturgradientenkraftwerks zu berücksichtigen.

In [120] werden globale Potenziale im Bereich von 14 TW beschrieben. Dabei wird die gesamte, auf der Basis einer minimalen Temperaturdifferenz in Höhe von 18 °C ermittelte, Meeresoberfläche zwischen 30° nördlicher Breite und 30° südlicher Breite als Potenzial angenommen, nicht nur die Küstenstreifen. In den Untersuchungen wurde insbesondere dem Umstand Rechnung getragen, dass eine zu intensive Nutzung der Ressource Rückwirkungen auf die Temperaturdifferenz hätte. Insofern wird das technische Potenzial so abgeschätzt, dass ein dauerhafter Betrieb – in der Simulation über 1000 Jahre – möglich sei.

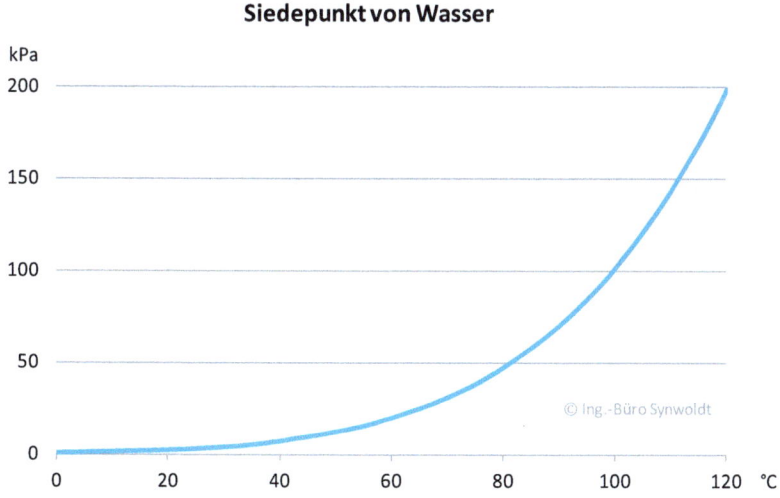

Abb. 1.207 Siedepunkt von Wasser. (Daten: [124])

Die weiter vorne beschriebenen Wassermengen führen, zumindest in küstennahen Regionen, zu nicht vernachlässigbaren Wasserumwälzungen. Somit ist der Eingriff in Ökosysteme zu berücksichtigen. Mit der Tiefe ändert sich nicht nur die Wassertemperatur, sondern auch Salzgehalt und Nährstoffdichte.

1.3.4 Biomasse

Der Einsatz von Biomasse als Energieträger ist für einen großen Teil der Weltbevölkerung – insbesondere in Entwicklungsländern – die einzige verfügbare Energiequelle. Dies betrifft neben Brennholz vor allem auch die Nutzung von Dung als Brennstoff.

Die Vorzüge von Biomasse und biogenen Energieträgern sind zum einen in der Versatilität zu sehen. Pflanzliche und tierische Kohlenwasserstoffe können direkt oder durch Umformung in chemischen Prozessen als Brennmaterial, als Kraftstoff und zur Stromerzeugung eingesetzt werden. Damit lassen sich die wesentlichen Sektoren des Energiebedarfs abdecken. Eine zweite, meist übersehene Funktion macht die biogenen Energieträger besonders wertvoll: Sie sind mit geringem Aufwand speicherfähig. Dies betrifft sämtliche Aggregatzustände (Tab. 1.42).

Die technische Nähe zwischen fossilen Energieträgern, die ebenfalls biogenen Ursprungs sind, und Biomasse legt den Gedanken einer Substitution nahe. Die begrenzte Verfügbarkeit der Ressource Biomasse führt dabei jedoch zwangsläufig zu einem Konflikt bei der Nutzung, da eine globale Umstellung von fossilen Energieträgern nicht nachhaltig darstellbar ist. Biogene Energieträger können nur in eng abgegrenzten und von einem hohen Grad an Effizienz und Suffizienz geprägten Nutzungssystemen eine tragende Rolle spielen. Die hohe Energieintensität von Industriegesellschaften lässt lediglich einen kleinen – jedoch wichtigen – Beitrag aus Biomasse und biogenen Reststoffen zu.

Das vollständige Abholzen von Wäldern – ohne Berücksichtigung der jahrzehntelangen Periode für ein natürliches Verjüngen der Bestände – ist auf dieselbe Stufe zu stellen wie der Kohleabbau aus einem Flöz. Es handelt sich um einen einmaligen Vorgang. Schlimmer noch, durch das großflächige Abholzen besteht die Gefahr einer Bodenerosion, die ein Nachwachsen oder das Setzen neuer Pflanzen unter Umständen unmöglich macht. Ein nachhaltiger Beitrag zur Umgestaltung der Energieversorgung

Tab. 1.42 Biogene Energieträger

Aggregatzustand	Beispiele
Gasförmig	Biogas, Biomethan
Flüssig	Methanol, Ethanol, BtL, CtL
Fest	Holz (Scheitholz, Pellets, Hackschnitzel), Pflanzensilage, Grünschnitt

1.3 Regenerative Technologien

sieht anders aus. Dafür müssen die Ernte und das Nachwachsen der Ressourcen in einem ausgewogenen Verhältnis stehen. Doch der Einsatz nachwachsender Rohstoffe und deren gezielter Anbau für die Nutzung als Energieträger führen zu einer ganzen Reihe von weiteren Konflikten.

1.3.4.1 Landnutzung

Wichtigste Aspekte sind die Landnutzung und die Fruchtbarkeit der Böden. Durch zunehmende Besiedlung und Versiegelung werden in Deutschland, trotz entsprechender Regelungen im § 1a Abs. 2 BauGB *(Baugesetzbuch)*

> Mit Grund und Boden soll sparsam und schonend umgegangen werden; dabei sind zur Verringerung der zusätzlichen Inanspruchnahme von Flächen für bauliche Nutzungen die Möglichkeiten der Entwicklung der Gemeinde insbesondere durch Wiedernutzbarmachung von Flächen, Nachverdichtung und andere Maßnahmen zur Innenentwicklung zu nutzen sowie Bodenversiegelungen auf das notwendige Maß zu begrenzen. Landwirtschaftlich, als Wald oder für Wohnzwecke genutzte Flächen sollen nur im notwendigen Umfang umgenutzt werden. [...] Die Notwendigkeit der Umwandlung landwirtschaftlich oder als Wald genutzter Flächen soll begründet werden; dabei sollen Ermittlungen zu den Möglichkeiten der Innenentwicklung zugrunde gelegt werden, zu denen insbesondere Brachflächen, Gebäudeleerstand, Baulücken und andere Nachverdichtungsmöglichkeiten zählen können.

täglich mehr als 70 ha Fläche versiegelt. Damit einher geht ein kontinuierlicher Rückgang land- und forstwirtschaftlich genutzter Flächen (Abb. 1.208).

Bei einer Analyse der Flächennutzung in Deutschland fällt auf, dass Energiepflanzen lediglich auf 13 % der landwirtschaftlich genutzten Flächen angebaut werden.

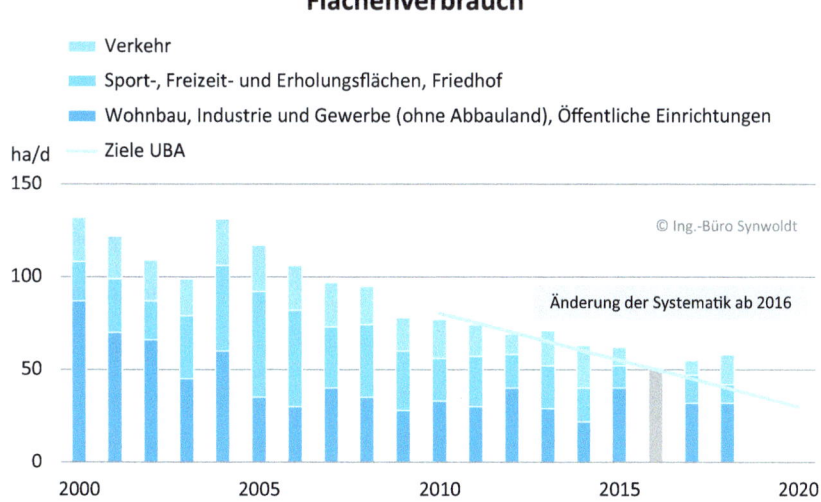

Abb. 1.208 Täglicher Flächenverbrauch in Deutschland. (Daten: [125, 126])

Verglichen mit Nahrungsmitteln (26 %) und Viehfutter (58 %) ist das ein vergleichsweise kleiner Anteil. Dies betrifft auch den Maisanbau, der zu einem großen Anteil für Fütterungszwecke erfolgt. Damit erweist sich der Fleischkonsum als ursächlich für einen erhöhten Bedarf an Anbauflächen. Nachwachsende Rohstoffe für die industrielle Verwendung machen nur einen marginalen Anteil (2 %) aus (Abb. 1.209).

Die vorhandenen Flächen sind global einer ständigen Degradation durch Erosion, Versalzung, Verschmutzung und Desertifikation ausgesetzt [31]. Hierzu trägt u. a. der intensive Einsatz von Düngemitteln und Pestiziden bei. In Regionen mit starker solarer Einstrahlung spielt zusätzlich die Verdunstung eine entscheidende Rolle.

Eine weitere Nutzungskonkurrenz beim landwirtschaftlichen Anbau ergibt sich aus dem Wasserbedarf. Durch das ungeklärte Einleiten von Abfällen und Abwasser in Oberflächengewässer werden diese teilweise schon im Oberlauf soweit durch Mineral- und Schadstofffrachten belastet, dass sie für eine Nutzung als Trinkwasser und zu Bewässerungszwecken unbrauchbar sind. Auch der Austrag von Mineralien und Chemikalien aus der Landwirtschaft trägt hierzu bei. Regionen mit hoher Dichte an Betrieben zur Viehzucht leiden unter der Nitratfracht, die durch das Ausbringen von Gülle und Wirtschaftsdünger auf Anbauflächen und Grünland in die Böden und das Grundwasser eingetragen werden.

Neben diesen offensichtlichen und messtechnisch einfach nachzuvollziehenden Aspekten treten Themen wie die rasant abnehmende Biodiversität erst allmählich ins Bewusstsein. Auch hier spielt die Art und Weise der Landnutzung eine entscheidende Rolle. Gerade durch großflächige Monokulturen und den unbedachten Einsatz von

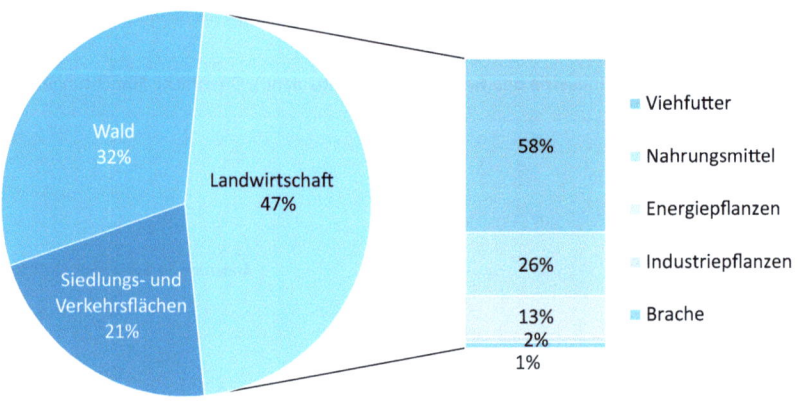

Abb. 1.209 Flächennutzung für die Landwirtschaft in Deutschland. (Daten: [127])

Chemikalien (Dünger, Pestizide) gehen Lebensräume verloren und werden Pflanzen- und Tierarten verdrängt oder ausgelöscht.

Grünland sowie land- und forstwirtschaftlich genutzte Flächen erfüllen noch weitere Funktionen: Als Naherholungsgebiet, als Rückzugsraum für Tiere, als Wasserspeicher und als Produzenten eines Mikroklimas mit moderater Temperatur und Luftfeuchtigkeit.

Mehrnutzungskonzepte für Boden und Anbaugut können helfen, Biodiversität im Landbau und im Kulturland zu integrieren. Insbesondere vor dem Hintergrund der Energieversorgung in einer post-fossilen Ära ist das Schließen von Nährstoffkreisläufen für den Erhalt der Fruchtbarkeit der Böden unumgänglich. Hierfür ist der auch und gerade durch den Einsatz von Chemikalien ausgelösten Degradation der Böden entgegenzuwirken. Eine Schlüsselrolle nehmen dabei bodenlebende Bakterien ein, die den Luftstickstoff für Pflanzen verfügbar machen. Der Erhalt und die Qualitätsverbesserung des Lebensraums *Boden* sichern nicht nur langfristige Anbauerträge, sondern erlauben auch den Verzicht auf energieintensive Chemikalien. Nur der Vollständigkeit halber sei auch an die weitreichenden Folgen des Chemikalieneinsatzes auf Organismen, deren Habitate oberhalb der Bodenoberfläche liegen, erinnert. Neben dem Dünger wirken sich auch Pestizide auf eine Vielzahl von Spezies (Pflanzen, Insekten, Vögel, Kleinsäuger) aus. Durch das mehr oder weniger selektive Verdrängen einzelner Spezies kann das ökologische Gleichgewicht nachhaltig gestört werden.

Das langfristige Sicherstellen der Verfügbarkeit von Anbauflächen ist für künftige Generationen in einer post-fossilen Ära noch essenzieller als für die derzeitige Versorgung mit Nahrung und Energie. Das Vermeiden von anthropogener Bodendegradation ist nur der erste Schritt. Gerade aus Gründen der Energieeffizienz führt kein Weg an einer Steigerung der Bodenqualität über Nährstoffkreisläufe vorbei. Zudem ist für den Einsatz im Energiesektor bei den Substraten ein klarer Fokus auf Rest- und Abfallstoffe zu legen.

Dieser Gedanke spiegelt sich im Technologiebonus nach Anlage 1 II Nr. 2 li. I zum EEG 2009, in den §§ 27a und 27b EEG 2012 sowie §§ 45 und 46 EEG 2014 mit erhöhten Fördersätzen für den Einsatz von biogenen Abfällen und Gülle wider. Es bleibt jedoch offen, ob die regelmäßig abgesenkten Fördersätze den technischen Aufwand kompensieren. Insbesondere bei Biogas-Substraten auf der Basis von Abfallstoffen sind immer auch die Kosten für ein Sammelsystem und die damit verbundenen Transporte zu berücksichtigen.

1.3.4.2 Effizienz

Unter dem Betrachtungswinkel der Energieversorgung ist nicht nur die Nachhaltigkeit des Anbaus zu analysieren, sondern auch der mit dem Anbau und der Verarbeitung der Ernteprodukte verbundene Energieaufwand. Hierbei sind an erster Stelle chemische Dünger aufzuzählen. In der konventionellen Landwirtschaft macht der Düngereinsatz bis zu zwei Drittel des gesamten Energieaufwands für den Anbau aus. Doch auch die weitere Verarbeitungskette zum Herstellen von Biokraftstoffen aus Raps (Methylester, Biodiesel) oder Mais (Bioethanol, Biomethanol) sowie von Strom aus Biogas oder Biomethan ist einzubeziehen.

Da die Ernteerträge der Flächen begrenzt sind, wirken sich die Umwandlungswirkungsgrade direkt auf den Flächenbedarf aus. Tab. 2.1 gibt einen Überblick über die Flächeneffizienz verschiedener regenerativer Systeme und belegt die Notwendigkeit eines schonenden und sparsamen Umgangs mit biogenen Energieträgern. Allgemeiner: Die Energieeffizienz von Anbau-, Umwandlungs- und Nutzungsketten gewinnt durch die begrenzte Flächeneffizienz zusätzlich an Bedeutung.

Zudem stehen die Flächen in einer Nutzungskonkurrenz für den Anbau verschiedener Produktkategorien:

- Lebensmittel (direkt),
- Lebensmittel (indirekt; Viehfutter),
- stoffliche Nutzung (z. B. Baumwolle, Holz, Chemie, Pharmazeutika),
- energetische Nutzung.

Gerade die letzten beiden Punkte müssen sich nicht gegenseitig ausschließen, denn in einer zeitlichen Abfolge können durchaus beide Nutzungsarten vollzogen werden. Generell ist in Nutzungskaskaden ein mehrfacher Einsatz der Produkte möglich. Dabei steht die Nutzung als Nahrungsmittel beziehungsweise die stoffliche Nutzung am Anfang einer Kette. Reststoffe, Abfälle und nicht mehr einsatzfähige Gebrauchsgüter können am Ende der Kette dann energetisch verwendet werden. Dasselbe gilt bei einer stofflichen Nutzung als Bauholz, für die Textilherstellung, etc.

Der Anbau nachwachsender Rohstoffe (NaWaRo) kann daher nur ein begrenzter Teilaspekt bei der Versorgung mit biogenen Energieträgern sein. Insbesondere die Umnutzung von Flächen wie Wäldern – vor allem Wäldern in mediterranen bis tropischen Zonen – in Anbauflächen ist in der Regel mit einer erheblichen Erosionsgefahr verbunden, sodass die Flächen innerhalb weniger Jahre stark degradieren. Weiterhin führt das Umbrechen zu einem Verrotten der im Boden gebundenen Biomasse. In der Konsequenz findet ein erheblicher Kohlendioxideintrag in die Atmosphäre statt.

Und auf einen letzten Faktor für den landwirtschaftlichen Anbau sei hingewiesen: Den Wasserbedarf. Global werden 60–70 % des Süßwassers für Bewässerungszwecke in der Landwirtschaft aufgewendet. Insbesondere in niederschlagsarmen und ariden Regionen erwachsen hieraus Optimierungskonflikte bei der Verteilung der spärlichen Wasserressourcen sowie Risiken einer massiven Bodendegradation durch Versalzung und Desertifikation. Insofern ist eine Situation wie in Deutschland mit Flächenstilllegungen und hinreichenden Niederschlägen nicht oder nur begrenzt übertragbar. Der Wasserbedarf sei hier stellvertretend für die Notwendigkeit einer umfassenden Ressourceneffizienz angerissen.

Eng verzahnt mit der Energieeffizienz von Anbau-, Umwandlungs- und Nutzungskette ist auch die Schadstoff- und Emissionseffizienz. Insbesondere bei konventionellem Anbau bedingen die Energieintensität für die Herstellung der Dünger wie auch der Eintrag von Schadstoffen in Böden und Atmosphäre nennenswerte Emissionsfaktoren.

1.3 Regenerative Technologien

Tab. 1.43 Emissionsfaktoren von biogenen und fossilen Stromerzeugern. (Daten: [128])

Prozess	Ohne Vorkette	Mit Vorkette	Bemerkung
Biogas, Grasschnitt	2,0 g/kWh	60,6 g/kWh	0,5 MW_{el}, 2020
Biogas, Gülle	2,0 g/kWh	23,5 g/kWh	0,5 MW_{el}, 2020
Biogas, Gülle	5,1 g/kWh	70,9 g/kWh	0,5 MW_{el}, 2005
Biogas, Mais	2,0 g/kWh	191,7 g/kWh	0,5 MW_{el}, 2020
Biogas, Mais	5,9 g/kWh	368,5 g/kWh	0,5 MW_{el}, 2005
Rapsöl	3,7 g/kWh	308,5 g/kWh	20 MW_{el}, 2010
HKW, Altholz	3,1 g/kWh	15,8 g/kWh	20 MW_{el}, 2020
HKW, Holzhackschnitzel	30,3 g/kWh	29,8 g/kWh	20 MW_{el}, 2020, Wald
HKW, Holzhackschnitzel	30,3 g/kWh	57,9 g/kWh	20 MW_{el}, 2020, Kurzumtrieb
HKW, Holzhackschnitzel	200,7 g/kWh	262,4 g/kWh	20 MW_{el}, 2010, Kurzumtrieb, ohne Wärmegutschrift
Kraftwerk, Erdgas	426,5 g/kWh	457,8 g/kWh	350 MW_{el}, 2020, ohne Wärmeauskopplung
Kraftwerk, Erdgas	570,2 g/kWh	663,6 g/kWh	100 MW_{el}, 2005, ohne Wärmeauskopplung
Kraftwerk, Braunkohle	922,9 g/kWh	937,5 g/kWh	800 MW_{el}, 2020; Lausitz
Kraftwerk, Braunkohle	1091,4 g/kWh	1129,6 g/kWh	600 MW_{el}, 2005; Rheinland

Zur besseren Vergleichbarkeit wird in Tab. 1.43 ausschließlich die Stromerzeugung durch unterschiedliche Prozessketten betrachtet. Bei Anrechnung der Wärmeauskopplung fallen die Werte für die Emissionsfaktoren entsprechend niedriger aus. Auffallend ist der starke Einfluss der Vorkette. Hierdurch verkürzt sich der Abstand von biogen zu fossil gefeuerten Erzeugern[69] signifikant. *Ein Grundlastbetrieb mit biogenen Energieträgern ist aus diesem Grund sowohl im Sinne der Energiebilanz wie auch des Klimaschutzes wenig zielführend.* Weiter ist die Entwicklung der Anlagentechnik bei neueren Anlagen zu beachten. Gerade im konventionellen Kraftwerkspark finden sich zahlreiche Anlagen mit 20 und mehr Betriebsjahren.

1.3.4.3 Speicher und Flexibilität

Dennoch können biogene Energieträger eine wichtige Rolle bei der Energieversorgung übernehmen. Der Schlüssel ist eine mit vergleichsweise einfachen Mitteln durchführbare Speicherung von Biomasse sowie festen, flüssigen oder gasförmigen Energieträgern,

---

[69]Gasturbinen und Braunkohlekraftwerke verkörpern den *best case* und den *worst case* bei fossil gefeuerten Kraftwerken. Die Werte zeigen damit die Spannbreite konventioneller Anlagen auf.

die aus Biomasse gewonnen werden. Damit eignet sich Biomasse in besonderer Weise als *Ergänzung* zu einem Mix aus fluktuierenden Energieträgern wie solare Strahlungsenergie oder Wind. Die aktuell erzeugten Strommengen aus Biomassen und Gasen (2019: 50,2 TWh; [21]) verfügen über eine Größenordnung, die die Suche potenzieller Langzeitspeicher deutlich entschärft – wenn die betreffenden Energiemengen in diesem Sinne genutzt würden (Abschn. 2.3.2 und 3.3). Es ist jedoch zu befürchten, dass sich an dieser Stelle im Energiemarkt zentrale Strukturen durchsetzen, z. B. aus dem Interesse, die Zahlungsströme langfristig zentral zu halten.

Mit § 33i EEG 2012 wird erstmals der flexible, d. h. bedarfsorientierte Betrieb von Biogas-BHKWs angereizt. Die Flexibilitätsprämie können Anlagen in Anspruch nehmen, die mindestens das 0,2-fache der Bemessungsleistung nach § 3 Abs. 2a EEG 2012 erreichen. Damit wird eine Mindestauslastung von 20 % vorausgesetzt – oder, aus Sicht einer flexiblen Einspeisung, eine Leistungsüberbauung bis zum Fünffachen der Nennleistung unterstützt. Die Flexibilitätsprämie wird gemäß der Rechenvorschrift in Anlage 5 zum EEG 2012 ermittelt.

Mit der EEG-Novelle 2014 wird die Leistungsüberbauung zur Pflicht. Hierzu wird bei sämtlichen neuen Anlagen mit einer installierten Leistung von mehr als 100 kW nach § 47 Abs. 1 EEG 2014 nur noch eine Strommenge bis zu einer Bemessungsleistung von 50 % gefördert. Damit wird eine Leistungsüberbauung auf den Faktor 2 – oder größer – obligatorisch. § 53 Abs. 1 EEG 2014 sieht einen Flexibilitätszuschlag für Biogasanlagen mit einer Leistung von mehr als 100 kW vor. Der Zuschlag beträgt 40 €/kW jährlich und wird für die gesamte Förderdauer, also 20 Jahre, gewährt. Damit wird die Förderung für die Leistungsüberbauung indirekt angehoben. Die mit dem EEG 2012 eingeführte Regelung bleibt für Bestandsanlagen mit einem Inbetriebnahmedatum vor dem 1. August 2014 weiterhin gültig.

Für thermische Erzeuger, die mit Deponie-, Klär- oder Grubengas sowie geothermischer Wärme betrieben werden, existiert keine Pflicht zur Leistungsüberbauung. Damit bleibt das entsprechende Potenzial für eine bedarfsgerechte Stromerzeugung ungenutzt. Andererseits ermöglicht die einfachere Anlagentechnik eine kostengünstigere Stromproduktion. Mittelbar wird der Einsatz von Biogas nicht nur insgesamt ökonomisch unattraktiver, sondern gerade auch im Vergleich zu den anderen Erzeugern kostspieliger. Ein durchaus kalkulierter Effekt, um den Zubau weiter zu reduzieren – was angesichts eines jährlichen Zubaukorridors nach § 3 Nr. 4 EEG 2014 von 100 MW (inklusive einer verpflichtenden Leistungsüberbauung) kaum mehr möglich ist (Abb. 1.212).

Leistungsüberbauung
Technisch bedeutet diese Maßnahme, dass die installierte Leistung des BHKWs für die betreffenden Anlagen mindestens doppelt so hoch ausfällt, wie es für den kontinuierlichen Betrieb in der Grundlast erforderlich wäre.

Vorausgesetzt, es wird weiterhin mit derselben Substratmenge eine entsprechende Menge an Biogas erzeugt, ist ein Gasspeicher zur Pufferung entsprechender Gasmengen erforderlich. Darüber hinaus ist bei einer Wärmenutzung oder dem Betrieb an Nahwärmenetzen zusätzlich eine Wärmespeicherung zu berücksichtigen.

1.3.4.4 Stromerzeugung

Biogas, sowie in geringerem Umfang auch Deponie-, Klär- und Grubengas, biogene Bestandteile des Hausmülls und feste Biomasse tragen im Jahr 2014 mit 8,6 % zur Stromerzeugung in Deutschland bei. Der Anteil von Biogas allein liegt bei 5,0 %. Bei sämtlichen vorgenannten Ausgangsstoffen handelt es sich ausnahmslos um problemlos speicherfähige Stoffe (Abb. 1.210).

Die jährlich aus diesen Materialien erzeugte Strommenge von 49,1 TWh ist rund 1000-mal größer als das Fassungsvermögen sämtlicher Pumpspeicherkraftwerke in Deutschland. Kalkulatorisch wäre mit der Energiemenge eine vollständige Stromversorgung für knapp einen Monat möglich – ohne Sonne, ohne Wind, ohne Kohle- und Kernkraftwerke. Daran lässt sich die Bedeutung von biogenen Energieträgern als *Ergänzung* für eine regenerative Vollversorgung mit Energie abschätzen. Die immer wieder aufgeworfene Frage nach fehlenden Speichern – insbesondere der Langzeitspeicher – für den Ausgleich einer Versorgung aus fluktuierenden Ressourcen ist zu einem guten Teil bereits gelöst. Nur wird es bislang geflissentlich übersehen, da die Anreizsysteme, zumindest bis 2012, ausschließlich auf die Grundlastversorgung abzielten. Beim Einsatz von Deponie-, Klär- und Grubengas sowie Geothermie erfolgt dies auch weiterhin (Abb. 1.211).

Nicht mit einem Einsatz in der Grundlast, wie bislang, sondern als künftig flexibel einsetzbare Reserve kann mit biogenen Energieträgern rechnerisch jedes Jahr ein Monat *Dunkelflaute* überstanden werden. Die derzeitige Nutzung von Biogas und den anderen vorgenannten Energieträgern folgt hingegen dem Paradigma der konventionellen thermischen Stromerzeuger – und führt zu einer volkswirtschaftlichen Entwertung des

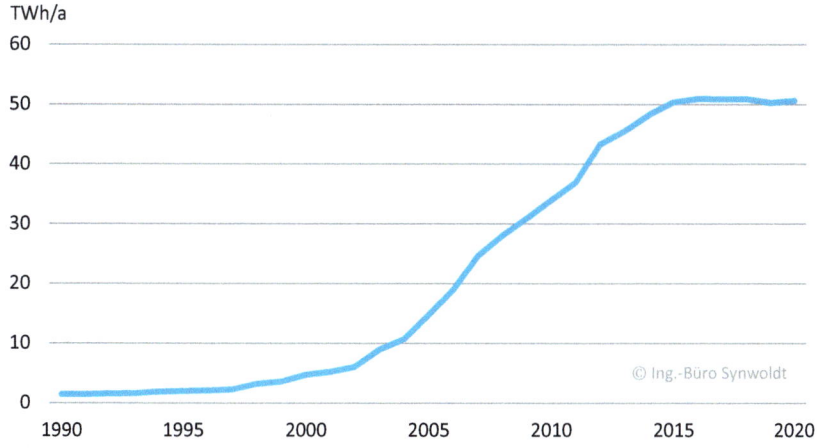

Abb. 1.210 Stromproduktion aus biogenen Energieträgern. (Daten: [21])

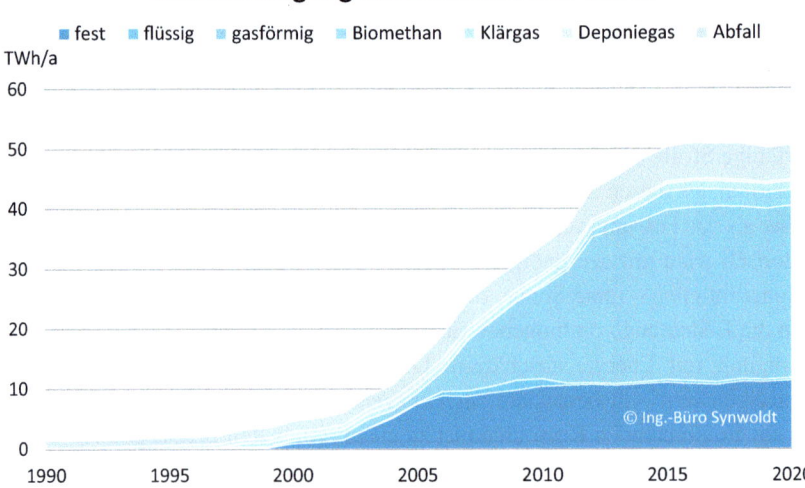

Abb. 1.211 Zusammensetzung der Stromerzeugung aus biogenen Energieträgern. (Daten: [21])

vergleichsweise teuren Stroms. Erst der gezielte Einsatz als Speicher rechtfertigt auch den höheren Preis, dem ein besonderer Wert gegenübersteht (Abschn. 3.3). In einem ausschließlich an Grenzkosten und abgelieferten Mengen *(energy-only)* orientierten Strommarkt werden weder der besondere Wert der Erzeugung aus speicherfähigen Energieträgern noch die zentrale Rolle eines qualifizierten Energiemix abgebildet.

In den politischen Leitlinien ist das Thema zumindest inzwischen erkannt. Die Novelle zum EEG 2009 führt erste Anreize für Investitionen in technische Maßnahmen ein, die eine flexible Anlagenfahrweise ermöglichen. Anstelle eines konkreten Hinweises zum tatsächlich netzdienlichen Betrieb existiert jedoch ab 2012 lediglich eine Bestimmung zur Teilnahme an der Direktvermarktung (§ 33i Abs. 1 Nr. 1 EEG 2012).

Der Referentenentwurf vom April 2014 des Bundesministeriums für Wirtschaft und Energie zur EEG-Novelle äußert sich unter der Überschrift *Lösung* auf S. 2 [129]:

> Bei Biomasse wird sichergestellt, dass die Anlagen künftig stärker bedarfsorientiert einspeisen; die damit verbundene Reduzierung der jährlichen Stromerzeugung wird durch einen Flexibilitätszuschlag ausgeglichen.

Die vorgeschlagene Lösung zielt offenbar darauf ab, dass eine Kompensation der Minderumsätze durch den Flexibilitätszuschlag stattfindet. Dies ist – bedingt durch die tatsächliche Höhe des Zuschlags – in der Praxis nur teilweise der Fall. Zumal auch die weiteren Rahmenbedingungen die Planung und den Betrieb von neuen Anlagen erschweren. Die quartalsweise Senkung der Vergütungshöhe (*anzulegender Wert,* § 28 Abs. 2 EEG 2014) macht eine Projektkalkulation nahezu unmöglich. Denn aufgrund der unterschiedlichen Substrate und Mengen handelt es sich bei jeder Anlage

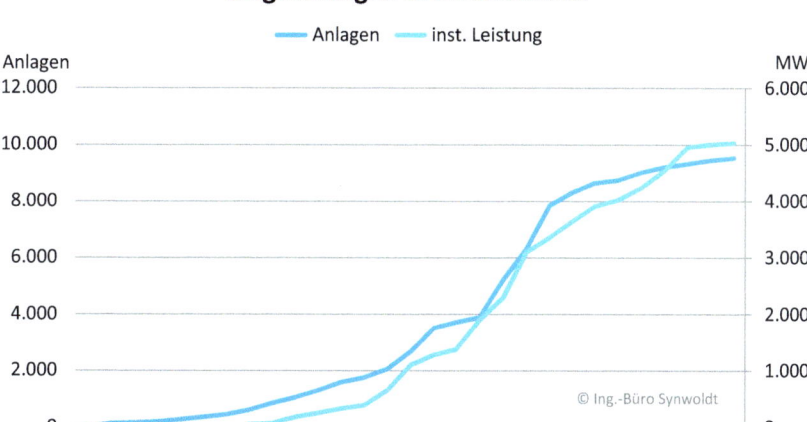

Abb. 1.212 Anzahl und installierte Leistung von Biogasanlagen. (Daten: [131, 132])

praktisch um eine maßgeschneiderte Einzelanfertigung. Zwischen Planungsbeginn und Inbetriebnahme vergehen durchschnittlich zwei Jahre.[70] Damit gerät die Projektkalkulation zum Vabanque-Spiel, was finanzierende Banken mit Risikozuschlägen quittieren. Gleichzeitig werden die mit der Vermarktung des Stroms erzielbaren Erlöse abgesenkt (§ 44 EEG 2014), sodass der Betrieb von Biogasanlagen aus betriebswirtschaftlicher Sicht kaum mehr realisierbar ist (Abb. 1.212).

1.3.4.5 Wärme

Die absoluten Zahlen für die Wärmeerzeugung aus biogenen Energieträgern fallen mehr als doppelt so hoch wie bei der Stromproduktion aus. Dennoch ist der Beitrag, bezogen auf den Gesamtbedarf an Wärme, mit 8,6 % nicht höher (Abb. 1.213).

Allein die Hälfte der biogenen Wärmeerzeugung kommt durch den Einsatz fester Biomasse in privaten Haushalten zustande. Dazu zählen in erster Linie Scheitholzheizungen, aber zunehmend auch Holzpellet-Kessel. In Industrie und Gewerbe sowie in Heiz- und Heizkraftwerken werden außerdem auch Holzhackschnitzel genutzt. Der Anteil dieser biogenen Festbrennstoffe liegt bei 74 % der gesamten biogenen Wärmeerzeugung. Gase, darunter Biogas und Biomethan, die über das Gasnetz oder Satellitenleitungen außerhalb von Biogasanlagen eingesetzt werden, kommen auf einen Anteil von 14 %. Einen kleinen Teil dieser Mengen liefern Kläranlagen und Deponien. Der Beitrag von Abfall

---

[70]Claus Bohling von der Industrieberatung Umwelt aus Wistedt im Interview mit dem Hamburger Abendblatt [130].

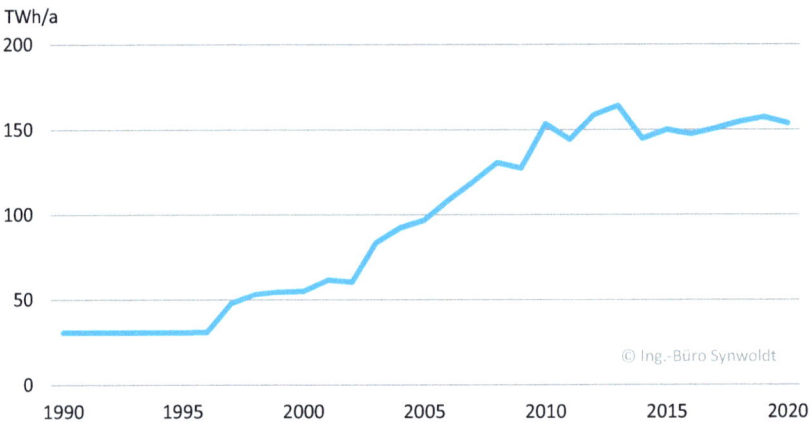

Abb. 1.213 Wärmeerzeugung aus biogenen Energieträgern. (Daten: [21])

zur Wärmeerzeugung liegt bei 10 % – Tendenz steigend. Die Absätze in Abb. 1.214 kommen teilweise durch Änderungen in der statistischen Systematik zustande.

Obwohl sich der spezifische Heizwert der in Abb. 1.215 dargestellten Energiepflanzen und Reststoffe nur um ±5 % unterscheidet, liegen die flächenbezogenen Erträge deutlich weiter auseinander. Dies ist unter dem Aspekt der Flächeneffizienz von Bedeutung.

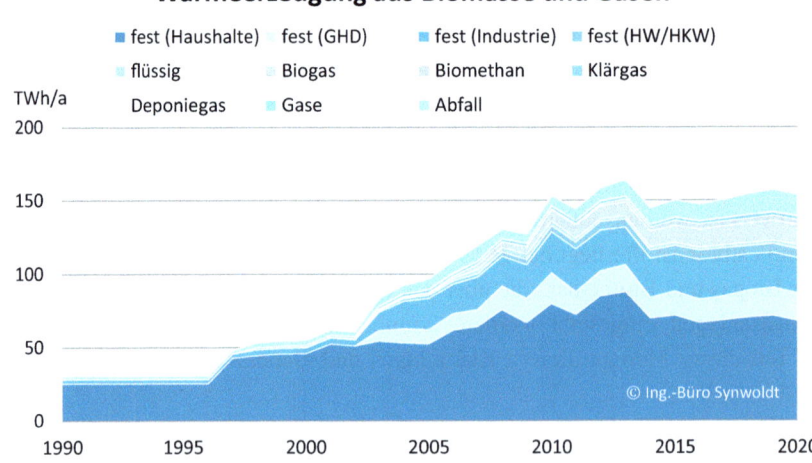

Abb. 1.214 Zusammensetzung der Wärmeerzeugung aus biogenen Brennstoffen. (Daten: [21])

1.3 Regenerative Technologien

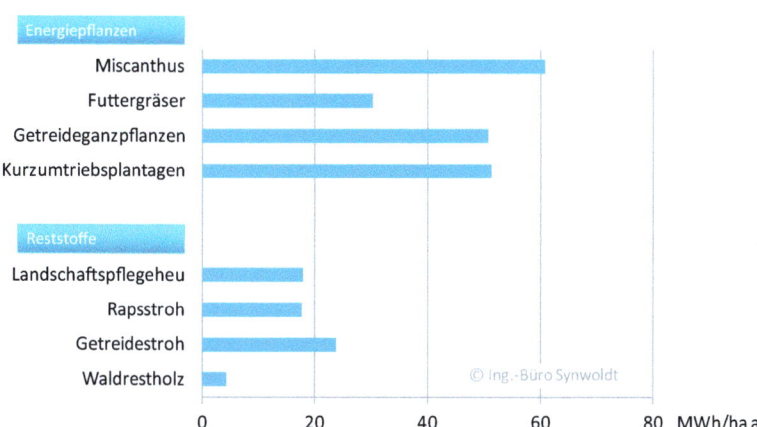

Abb. 1.215 Flächenbezogene Brennstofferträge. (Daten: [127])

1.3.4.6 Kraftstoffe

Der Anteil biogener Kraftstoffe hat sich zunächst dynamisch entwickelt. Danach war jedoch ein deutlicher Einbruch zu verzeichnen (Abb. 1.216).

Ursächlich hierfür ist die geänderte Besteuerung für Biokraftstoffe. *Das Gesetz zur Beschleunigung des Wirtschaftswachstums (Wachstumsbeschleunigungsgesetz)* vom 22.

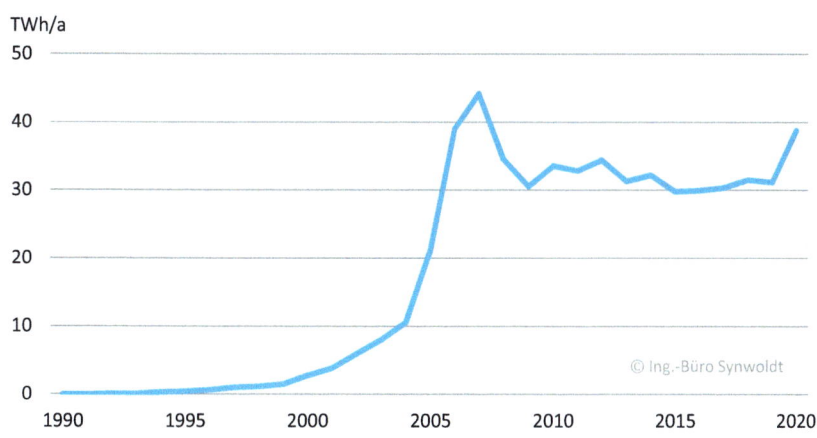

Abb. 1.216 Produktion von Biokraftstoffen. (Daten: [21])

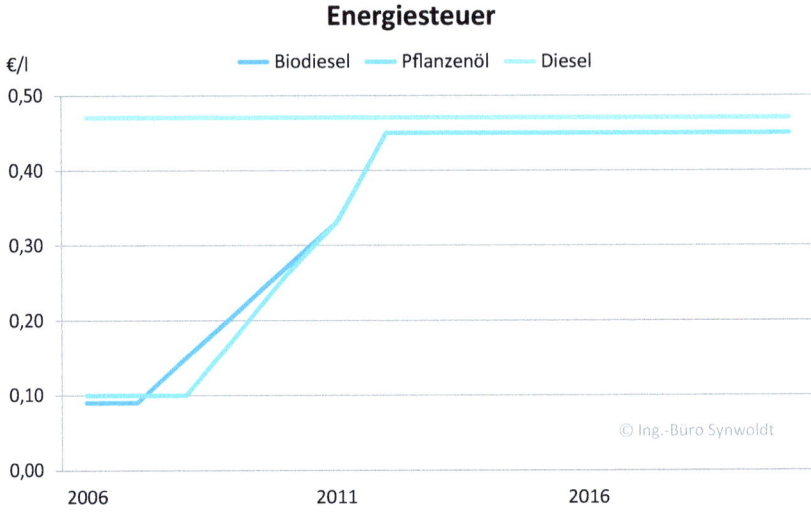

Abb. 1.217 Energiesteuer auf Biokraftstoffe (nominell). (Daten: EnergieStG)

Dezember 2009 führt in Artikel 13 eine Änderung der Steuerentlastung für Biokraftstoffe ein. Die Steuerentlastung nach § 50 *Energiesteuergesetz (EnergieStG)* wird für Biodiesel und Pflanzenöl reduziert. Seit 2013 ist die Differenz in der Besteuerung zwischen konventionellem Dieseltreibstoff sowie Biodiesel und Pflanzenöl nahezu aufgehoben. Die nominelle Steuerentlastung für Biodiesel liegt damit bei 0,021 €/l. – Dies entspricht der um ca. 5 % niedrigeren Energiedichte von Biodiesel gegenüber konventionellem Diesel. Mit anderen Worten, bezogen auf den tatsächlichen Energieinhalt findet eine gleiche Besteuerung statt (Abb. 1.217).

Durch die Verdoppelung der Steuer auf Biodiesel ab 2007 kam für zahlreiche Ölmühlen das wirtschaftliche Aus. Dies ist umso bemerkenswerter, da es sich um die ersten Ansätze für eine dezentrale Versorgung mit Brenn- und Treibstoffen handelte. Ein Marktanteil von 5,5 % bei Biodiesel und 7,8 % für sämtliche biogenen Treibstoffe im Jahre 2007 [21] schien auch in diesem Markt den beherrschenden Akteuren zu viel.[71]

Doch nicht nur die Sorge um Marktanteile, auch die Sorge um Steuereinnahmen kann die Entscheidungsfreudigkeit steigern. Die Gegenüberstellung der Energiesteuersätze (Abb. 1.218) macht deutlich, welche Bedeutung Brenn- und Treibstoffe für den Fiskus haben (Tab. 1.1).

Andere biogene Kraftstoffe können weiterhin nach § 50 EnergieStG von einer Steuerentlastung profitieren. Wie Abb. 1.219 zu entnehmen ist, ist deren Marktanteil wesentlich geringer.

---

[71]Vorangegangen war eine Bundestagswahl im Herbst 2005, bei der die vorherige Koalition von SPD und Grünen durch eine große Koalition aus CDU und SPD abgelöst wurde.

1.3 Regenerative Technologien

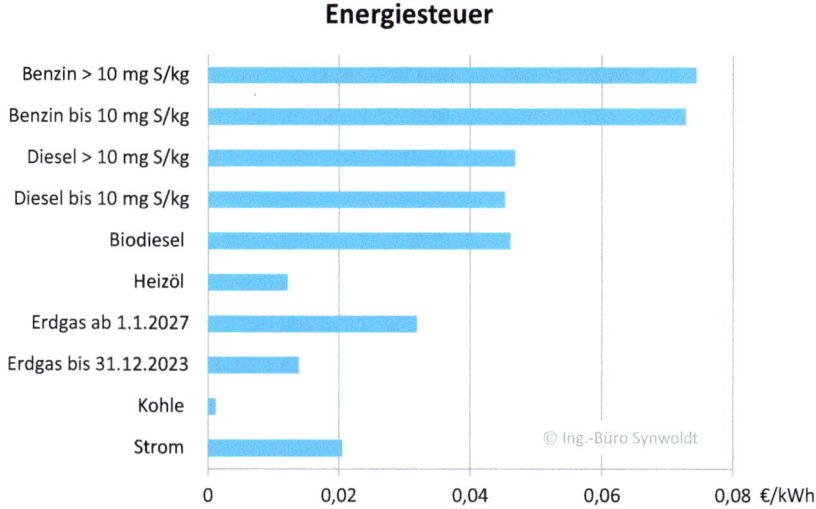

Abb. 1.218 Energiesteuersätze (energiemengenbezogen). (Daten: EnergieStG, eigene Berechnungen)

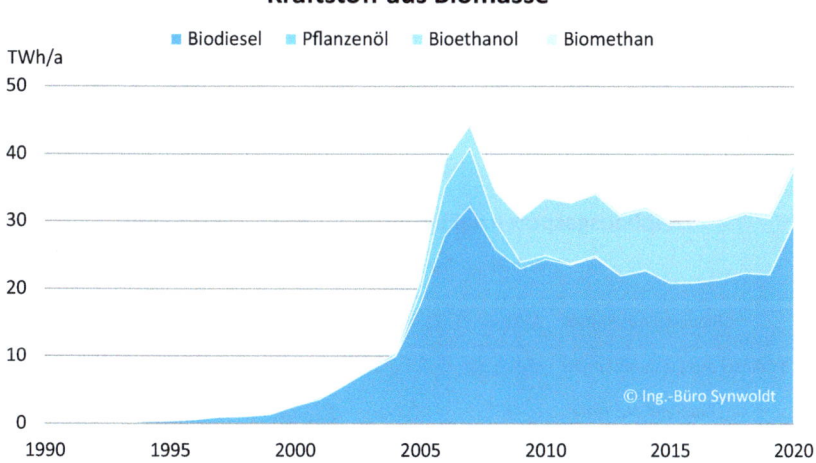

Abb. 1.219 Biokraftstoffe. (Daten: [21])

Das anhaltende Niveau der Biokraftstoffproduktion bei ungefähr 5 % des Kraftstoffmarktes findet seine Begründung ebenfalls in den juristischen Rahmenbedingungen. Hintergrund ist die gesetzliche Pflicht zur Beimischung von biogenen Kraftstoffen zu konventionellem Treibstoff. Diese wurde mit dem *Gesetz zur Einführung einer Biokraftstoffquote durch Änderung des Bundes-Immissionsschutzgesetzes und zur*

Änderung energie- und stromsteuerrechtlicher Vorschriften (Biokraftstoffquotengesetz, BioKraftQuG) vom 18. Dezember 2006 eingeführt.

Die Vorkette aus Anbau, Transport und Verarbeitung führt lediglich zu einer mehr oder weniger starken Emissionsreduktion. Als klimaneutral kann biogener Kraftstoff keineswegs eingestuft werden. Die Zielvorgaben der Europäischen Gemeinschaft (seit Dezember 2009: Europäische Union) zur Emissionsminderung sind in Abb. 1.220 hervorgehoben.

Damit wird deutlich, dass beispielsweise der Einsatz von Palmöl – aufgrund hoher flächenspezifischer Erträge besonders attraktiv als Rohstoff – nur unwesentlich besser als fossiler Kraftstoff abschneidet. Die Seiteneffekte aus der Umnutzung von tropischen Wäldern und Degradation der Böden sind weitere Gründe, die gegen Palmöl sprechen.

1.3.5 Geothermie

1.3.5.1 Entstehung

Unter Geothermie wird die Nutzung von Wärme aus den oberen Schichten der Erdkruste verstanden. Dabei sind zwei unterschiedliche Wärmequellen relevant:

- radioaktive Zerfallsprozesse in der Erdkruste und
- ein mit der Mantelkonvektion verbundener Wärmetransport aus dem Erdinneren.

Für die radioaktiven Zerfallsprozesse sind Isotope mit sehr langer Halbwertszeit sowie Radionuklide aus deren Zerfallsreihen maßgeblich. Hierzu zählen u. a. Kalium ^{40}K

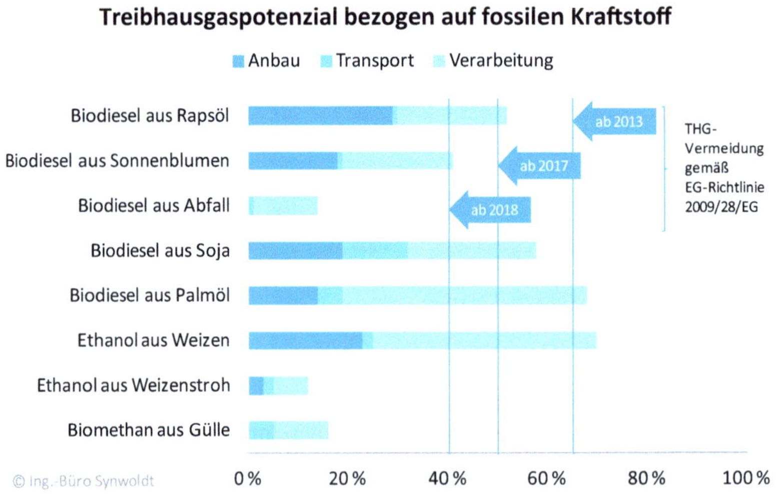

Abb. 1.220 Treibhausgaspotenzial von Biokraftstoffen. (Daten: [127])

(1,3 Mrd. Jahre) sowie die primordialen[72] Nuklide Thorium ^{232}Th (14 Mrd. Jahre), Uran ^{235}U (0,7 Mrd. Jahre) und ^{238}U (4,5 Mrd. Jahre). Zu den Zerfallsprodukten der Uran-Radium-Reihe zählen beispielsweise Radon ^{218}Rn und ^{222}Rn, die, bei Halbwertszeiten im Bereich von Sekundenbruchteilen bis Tagen, weitere Zerfallsprodukte freisetzen. Thorium ^{232}Th ist ein Zerfallsprodukt der Plutonium-Thorium-Reihe. Aufgrund der mit 80 Mio. Jahren vergleichsweise kurzen Halbwertszeit ist primordiales Plutonium kaum noch in der Erdkruste nachweisbar.

Der Beitrag natürlicher Radioaktivität am geothermischen Wärmeaufkommen wird auf ca. 25 TW geschätzt [133]. Hieraus resultiert eine mittlere Wärmeleistungsdichte von 50 kW/km^2 oder 50 mW/m^2. Andere Autoren geben abweichende Zahlen an, so beispielsweise [134] mit 27,5 TW. Die aus radioaktiven Zerfallsprozessen resultierende Wärme ist als regenerative Wärmequelle zu betrachten, da die sehr langen Halbwertszeiten für einen entsprechend langsamen Zerfall der Nuklide sorgen.

Die zweite wichtige Wärmequelle sind Wärmeströmungen in der Erdkruste. Ihr Beitrag zum geothermischen Potenzial ist deutlich geringer als die Wärmeproduktion aus natürlicher Radioaktivität in der Erdkruste. Ausgelöst werden die Wärmeströmungen durch die Mantelkonvektion. Sie kommt durch temperaturbedingte Dichteunterschiede zustande und sorgt für ein Aufsteigen heißen Mantelmaterials vom Erdkern zur Erdkruste sowie für ein Abtauchen erkalteter Massen. Dieser Teil der Mantelkonvektion ist nicht mit der Plattentektonik der Erdkruste (Kontinentaldrift) zu verwechseln und steht mit ihr auch in keinem ursächlichen Zusammenhang. Durch die Viskosität des Erdmantels sind die Geschwindigkeit der konvektiven Strömung (ca. 5 cm/a) und der Wärmetransport vom Erdkern zur Erdkruste begrenzt. Die Wärmeleitfähigkeit des Erdmantels spielt aufgrund des Temperaturgradienten in einer Größenordnung von lediglich 1 K/km nur eine untergeordnete Rolle. Als wahrscheinliche Wärmequellen gelten der Zerfall von Kalium ^{40}K im Erdkern sowie in einem geringen Umfang der Zerfall von Uran und Thorium im Erdmantel. [135] gibt die aus dem Kaliumzerfall resultierende Wärmeleistung mit 10 TW an. Weiterhin wird ein Beitrag durch die Erstarrungskälte des Erdkerns vermutet.

Die Stärke der Erdkruste (Abb. 1.221) variiert und ist im Bereich der Ozeane (5–10 km) meist deutlich geringer als unter den Kontinenten (30–70 km). Entsprechend nimmt die Wärmeleistungsdichte im Bereich der kontinentalen Kruste Werte von 65 mW/m^2 beziehungsweise bei ozeanischen Krusten von 101 mW/m^2 an. Die mittlere geothermale Wärmeleistungsdichte (Wärmestromdichte) liegt bei 87 mW/m^2 [134]. Der durchschnittliche Wärmegradient in der Erdkruste beträgt 3 K/km, kann bei Wärmeanomalien jedoch auch deutlich höhere Werte annehmen.

---

[72]Als *primordial* werden Radionuklide bezeichnet, die aufgrund ihrer sehr langen Halbwertszeit bereits bei der Entstehung der Erde vorhanden waren und in der Zwischenzeit nicht (vollständig) zerfallen sind. Neben mehr als 250 stabilen Isotopen existieren 32 primordiale Radionuklide.

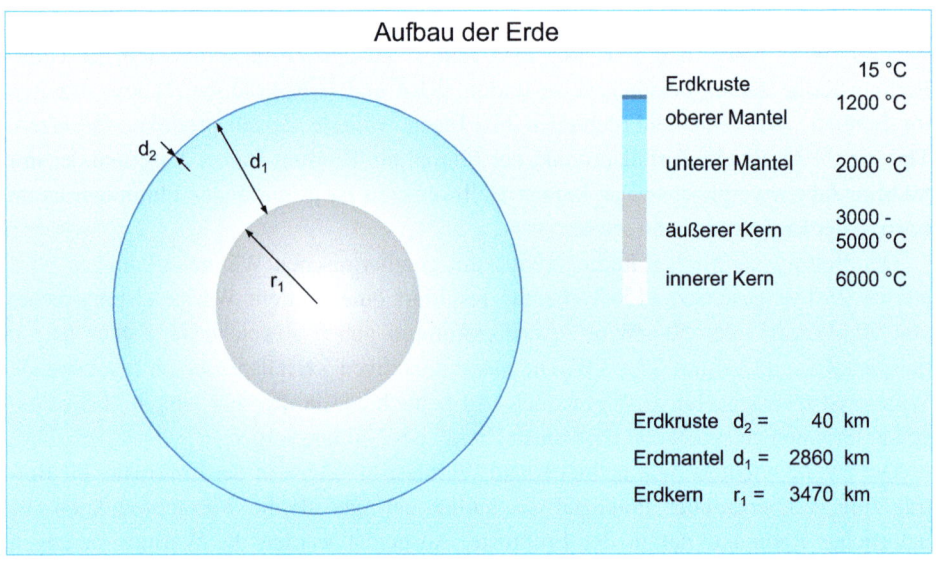

Abb. 1.221 Aufbau der Erde

1.3.5.2 Ressource

Unabhängig vom Temperaturniveau der Lagerstätte ist die lokale Wärmestromdichte q [W/m²] in der Erdkruste zu berücksichtigen. Die Wärmezufuhr wird u. a. durch die Wärmeleitfähigkeit λ [W/(m K)] und die spezifische Wärmekapazität c_p [kJ/(kg K)] bestimmt. Soll ein Absinken des Temperaturniveaus begrenzt werden, so ist die Wärmeentzugsleistung auf die Ausdehnung des geothermischen Reservoirs und dessen Wärmezufuhr abzustimmen.

Die Wärmeleitfähigkeit λ von Gestein ist deutlich größer als die von Wasser.

$$\lambda_{\text{stein}} = 2\ldots 6\,\text{W/(m K)} \tag{1.215}$$

$$\lambda_{\text{wasser}} = 0{,}598\,\text{W/(m K)} \tag{1.216}$$

Bei der spezifischen Wärmekapazität c_p ist das Verhältnis umgekehrt.

$$c_{p,\text{stein}} = 0{,}75\ldots 0{,}85\,\text{kJ/(kg K)} \tag{1.217}$$

$$c_{p,\text{wasser}} = 4{,}187\,\text{kJ/(kg K)} \tag{1.218}$$

Wasser ist ein schlechterer Wärmeleiter als Stein, jedoch ein besserer Wärmespeicher. – Diese Aussage bezieht sich auf ein ruhendes Wasservolumen, nicht auf die Nutzung von Wasser als Wärmeträgermedium in einer Zirkulation.

1.3 Regenerative Technologien

Die Wärmestromdichte q [W/m^2] ergibt sich aus der Wärmeleitfähigkeit λ [W/(m K)] und dem Temperaturgradienten grad T [K/m].

$$q = \lambda \cdot \text{grad } T \tag{1.219}$$

Die Wärmeentzugsleistung ist dem thermischen und hydraulischen Verhalten der geothermalen Lagerstätte anzupassen. Andernfalls führt ein dauerhafter Betrieb zu kontinuierlich sinkender Wärmeförderleistung. Im Fall einer saisonalen Nutzung, beispielsweise im Winterhalbjahr mit erhöhtem Heizbedarf, kann sich das unterirdische Reservoir in Zeiten geringerer Wärmeextraktion regenerieren und im Sinne eines Wärmespeichers erneut aufladen. Andernfalls ist mit einem Abbau der geothermalen Wärmelagerstätte, analog zum Abbau von Rohstoffvorkommen, zu rechnen. Dies steht einem nachhaltigen Betrieb entgegen.

Die *Fündigkeit* einer Geothermiebohrung gilt als gegeben, wenn die Quellschüttung eine Mindestförderrate Q übersteigt, ohne dass der Pegel eine maximale Absenkung Δs unterschreitet und ein vorgegebenes Temperaturniveau T erreicht wird. Über die Förderrate und die Temperatur – präziser die Temperaturdifferenz ΔT zwischen Extraktion und Injektion – wird die thermische Entnahmeleistung bestimmt.

[c_p: spezifische Wärmekapazität der Sole; ρ: Dichte der Sole; beide Parameter hängen von der Menge und Art der gelösten Bestandteile sowie dem Druck und der Temperatur ab]

$$E_{\text{th}} = m \cdot c_p \cdot \Delta T \tag{1.220}$$

$$P_{\text{th}} = \dot{m} \cdot c_p \cdot \Delta T \tag{1.221}$$

$$P_{\text{th}} = Q \cdot \rho \cdot c_p \cdot \Delta T \tag{1.222}$$

Das Absinken des Pegels wird durch eine begrenzte hydraulische Durchlässigkeit des Aquifers hervorgerufen. Dabei ist die Ergiebigkeit von der durchflusswirksamen Porosität abhängig. Bei der Ermittlung der Quellschüttung sind über viele Stunden andauernde Fördermessungen erforderlich, um Speichereffekte durch die Bohrung auszuschließen. Aus den Anfangs- und Randbedingungen sowie bei Pumptests ermittelten Parametern lassen sich unterschiedliche Aquifer-Charakteristiken ableiten [136].

1.3.5.3 Nutzung

Für das Erschließen geothermischer Reservoire sind Wärmeanomalien von besonderer Bedeutung. Hier findet im Bereich der Erdkruste nicht nur eine Wärmeleitung durch das Gestein, sondern auch ein zusätzlicher Wärmeeintrag durch aufsteigende Fluide statt. Der Wärmegradient steigt auf Werte von bis zu 50–100 K/km. Dadurch werden bereits in wenigen hundert Metern unter der Erdoberfläche Lagerstätten mit Temperaturen $T \geq 150°$ C vorgefunden. Ursächlich für Wärmeanomalien ist Magmatismus, der durch Vulkanismus (oberflächennahe magmatische Prozesse) und Plutonismus (Vorgänge in der Erdkruste und im oberen Erdmantel) zustande kommt. Aus diesem Grund finden sich Hochenthalpiereservoire meist in räumlicher Nähe zu aktiven oder vormals aktiven Vulkanen.

Auch bei tektonischen Störungszonen wird ein großes geothermisches Potenzial vermutet, das jedoch noch weitgehend unerforscht ist.

Die geografische Verteilung von Anlagen zur Nutzung geothermaler Wärme in Abb. 1.222 und 1.223 macht den räumlichen Zusammenhang zu vulkanisch aktiven Zonen deutlich. Obwohl die Zahlen den Zustand Ende 2015 reflektieren, fällt insbesondere der hohe Anteil Asiens auf. Die geothermische Stromproduktion konzentriert sich hier auf die Philippinen und Indonesien. Auch Mexiko und weitere Länder in Mittelamerika verfügen über nennenswerte Installationen zur geothermalen Elektrizitätserzeugung. Damit findet gerade in Schwellen- und Entwicklungsländern eine intensive Nutzung geothermaler Ressourcen statt. Dies betrifft sowohl das Bereitstellen von Elektrizität als auch von Wärme. In Europa sind Island und Italien die Hauptnutzer.

1.3.5.3.1 Hydrothermal

Im Fall von *Hydrothermalen* Vorkommen bildet Grundwasser aus Aquiferen den Wärmeträger. Das abgekühlte Wasser wird nach der thermischen Nutzung meist – an anderer Stelle – in den ursprünglichen Grundwasserleiter reinjiziert. Bei der Anordnung von Extraktions- und Injektionsbohrungen *(Dublette)* ist die Fließrichtung des Aquifers zu berücksichtigen. Der Abstand der Bohrungen ist hinreichend groß zu wählen, um einen thermischen und hydraulischen Kurzschluss zu vermeiden. Weiterhin soll es über den Nutzungszeitraum zu keiner nennenswerten Absenkung der Lagerstättentemperatur kommen. Andererseits darf der Abstand nicht zu groß ausfallen, damit eine hydraulische Verbindung zwischen den Bohrungen gewährleistet ist. Eine hydraulische

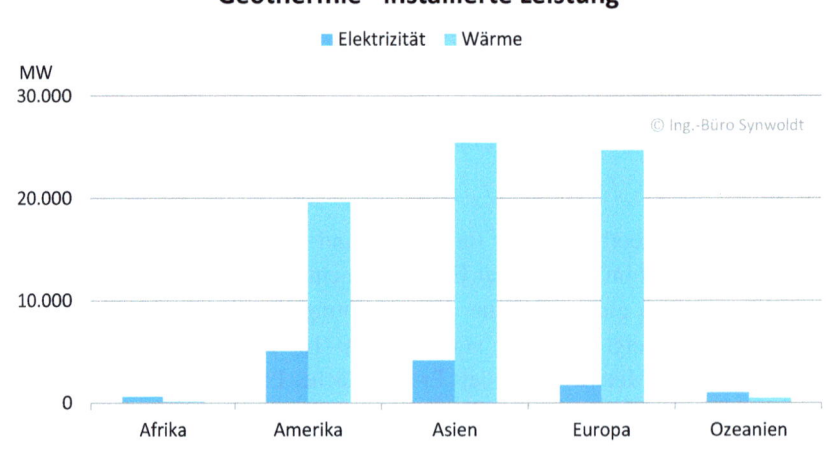

Abb. 1.222 Installierte Leistung von geothermischen Anlagen. (Daten: IGA [137])

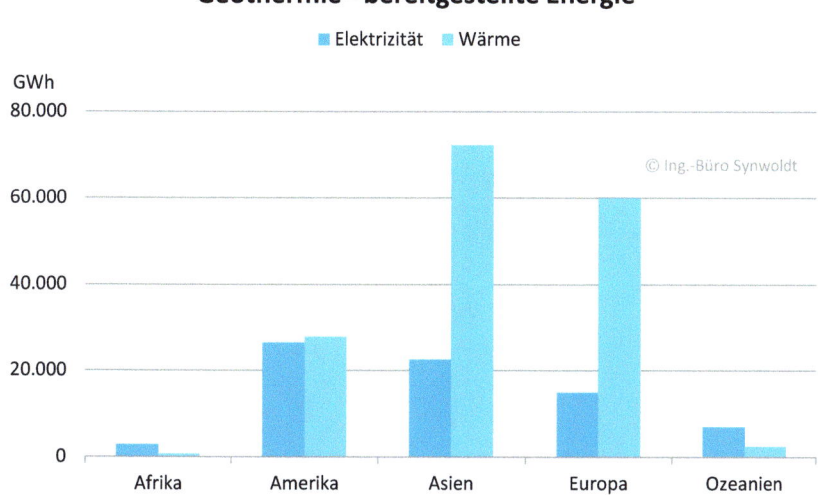

Abb. 1.223 Strom- und Wärmeerzeugung von geothermischen Anlagen. (Daten: IGA [137])

Verbindung unterschiedlicher Grundwasserhorizonte ist durch geeignete Abdichtungen auszuschließen.

Durch eine Rückführung bleibt die Wassermenge im Untergrund weitgehend aufrechterhalten, was mögliche Setzungen vermeiden hilft. Zudem lassen die Frachten an gelösten Mineralen und Gasen eine andere Nutzung der geothermalen Wässer nur bedingt zu – gegebenenfalls in Thermalbädern. Bei besonders hohen Mengen verhindert die Zirkulation der Thermalwässer in einem druckdichten System das Ausfällen der gelösten Stoffe.

Für geothermale Anwendungen nutzbare Aquifere sind in vielen Ländern als *Horizonte* kartiert (Abb. 1.224).

Mineralfrachten

Aquifere in geothermalen Lagerstätten verfügen über eine hohe Fracht an gelösten Mineralien und Gasen. Dazu zählen je nach geologischer Zusammensetzung des Untergrunds u. a. Schwefelsulfid (H_2S), Borsäure (H_3BO_3), Ammoniak (NH_3), Arsen (As) und Quecksilber (Hg). Auch radioaktive Substanzen können im Wasser enthalten sein [138]. Entsprechend der Mineralfracht sind alle mit der Sohle in Berührung kommenden Anlagenkomponenten (Rohre, Ventile, Schieber, Pumpen, Wärmetauscher, etc.) für einen Betrieb mit den teilweise aggressiven Medien auszulegen. Zusätzlich ist das Temperaturniveau zu berücksichtigen.

Rückstände und Schlämme aus der Reinigung kontaminierter Ausrüstungen erfordern eine fachgerechte Entsorgung.

Eine Sonderform von hydrothermalen Potenzialen bilden Sickerwässer in Bergwerken und Tunnel. Das Temperaturniveau des ins Freie tretenden beziehungsweise zutage geförderten Wassers kann je nach Stärke des Deckgebirges (Alpen) bzw. der Sohltiefe im Bereich 12–30 °C – oder auch darüber – liegen.

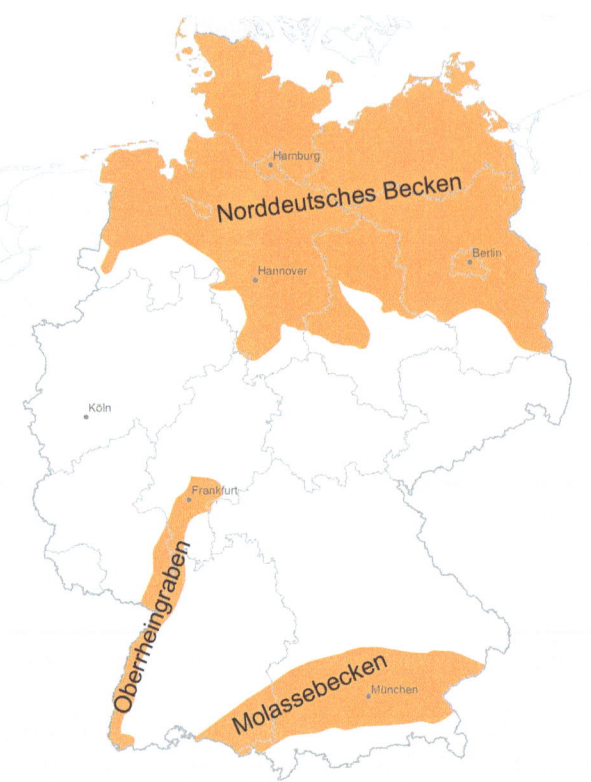

Abb. 1.224 Gebiete für eine hydrogeothermische Nutzung in Deutschland. (Quelle: www.geotis.de)

1.3.5.3.2 Petrothermal

In *petrothermalen* Reservoiren muss zunächst ein Wärmeträger in den Untergrund eingebracht werden, um die Wärme aus den heißen Gesteinsschichten zu fördern (Abb. 1.225). Die Injektion von kaltem Wasser fördert das Bilden von Rissen und Klüften im Gestein, durch die Wasser tiefer in den Untergrund eindringen und sich ausbreiten kann. In einigen hundert Metern Entfernung zur Injektionsbohrung werden Entnahmebrunnen abgeteuft. Durch diese Brunnen wird das heiße Wasser zutage gefördert, thermisch genutzt und anschließend reinjiziert.

Die Teufen reichen bis 5000 m. Damit wird ein Temperaturniveau von 150–250 °C angetroffen, was eine Nutzung zur geothermalen Stromproduktion erlaubt.

Da für den Betrieb keine Aquifere oder Grundwasserleiter im geothermalen Reservoir erforderlich sind, kommt praktisch jeder Standort für eine geothermale Wärmenutzung infrage.

Risiken der Geothermie 1

Das für den Wärmeübertragungsprozess im Untergrund vorteilhafte Bilden von Klüften *(Stimulieren)* kann zu Setzungen und in deren Folge zu induzierten seismischen Ereignissen führen.

1.3 Regenerative Technologien

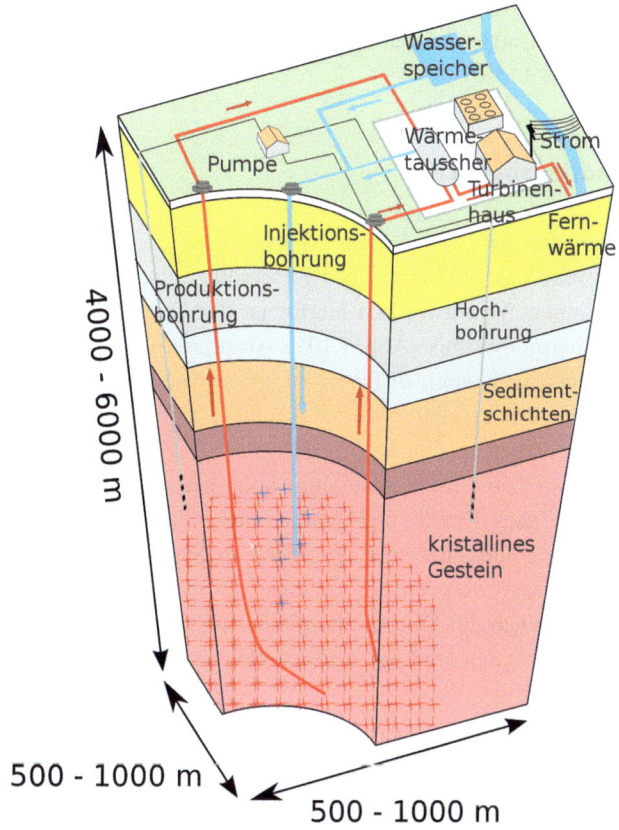

Abb. 1.225 Petrothermale Geothermie. (Quelle: Siemens Pressebild, wikimedia, gnu fdl 1.2)

Entsprechende Seismizität ist beispielsweise im Raum Basel (CH) bei Probebohrungen für *Deep Heat Mining Basel* im Jahr 2006/2007 beobachtet worden, was zum vorzeitigen Einstellen des Projektes führte. Auch im Bereich des Geothermie-Kraftwerkes Landau (D) traten 2009 leichte Beben auf. Seither werden die Anlage und die Umgebung durch ein Netz aus Messstellen überwacht.

Risiken der Geothermie 2
Beim Abteufen von Entnahme- und Reinjektionsbrunnen, aber auch beim Einbringen von Wärmesonden werden unterschiedliche Erdschichten durchbohrt. Dies kann insbesondere bei gespannten oberflächennahen Grundwasserleitern zu technischen Problemen führen.

Tritt in einem solchen Fall eine größere Grundwassermenge aus, kann es in der Folge zu Setzungen im Erdreich kommen. Dabei sind auch Hebungen möglich, wenn bislang trockene Schichten bei Wasserkontakt aufquellen. Prominentes Beispiel sind die Bohrungen in Staufen im Breisgau (D) im Jahre 2007. Durch den Wassereintritt in eine Anhydrit-Schicht trat eine Umwandlung in Gips auf, die im betroffenen Gebiet Hebungen von bis zu einem halben Meter auslöste [139]. Durch ein Abdichten der für die Wärmesonden vorgesehenen Bohrlöcher konnte die weitere Hebegeschwindigkeit auf wenige Millimeter pro Monat gesenkt werden.

Mithilfe gezielter geologischer und geotechnischer Untersuchungen des Untergrunds lässt sich das Risiko folgenreicher Unfälle deutlich reduzieren. Dies betrifft Vorhaben im Bereich der oberflächennahen Geothermie in gleicher Weise.

1.3.5.4 Anwendungsbereiche

1.3.5.4.1 Hochtemperatur

Das Temperaturniveau des geothermischen Reservoirs entscheidet maßgeblich über die Nutzungsmöglichkeiten. Verantwortlich hierfür ist der Carnot-Wirkungsgrad nach dem 2. Hauptsatz der Thermodynamik (Abb. 1.101). Aus diesem Grund wird zwischen *Hoch*- und *Niederenthalpie*-Lagerstätten differenziert. Eine kaskadierte Nutzung der Wärmeenergie entlang einer Prozesskette mit abnehmenden Temperaturniveaus führt zu einer Erhöhung der Energieeffizienz.

Für eine Nutzung zur Stromerzeugung kommen vorzugsweise Hochenthalpiereservoire infrage. Je nach Druck- und Temperaturverhältnissen überwiegt die Dampf- oder Flüssigphase im Fluid. In einem druckdichten System kann der Siedepunkt von Wasser auf Werte jenseits von 100 °C ansteigen (Abb. 1.207). Ein Verdampfen findet dann erst beim Entspannen des Drucks unmittelbar vor dem Eintritt in die Turbine statt. Andere Einsatzmöglichkeiten sind das Bereitstellen von Prozesswärme und Dampf für gewerbliche Prozesse.

1.3.5.4.2 Niedertemperatur

Niedertemperaturanwendungen betreffen in erster Linie das Bereitstellen von Wärme für Brauchwarmwasser, balneologische Anwendungen und Heizzwecke. Das weitere Anwendungsspektrum erstreckt sich von Fernheiznetzen (90–60 °C), Gewächshäusern (60–30 °C) über die Fischzucht (<30 °C) bis hin zur Bauteilaktivierung, um ein Vereisen von Brücken oder Bahnsteigen zu verhindern.

Neben den vorgenannten, meist großtechnischen Anwendungen zur tiefen Geothermie existiert auch eine zunehmende Zahl dezentraler Installation im Bereich der oberflächennahen Geothermie. Bis in eine Tiefe von 10–20 m unter der Erdoberfläche haben zusätzlich die solare Einstrahlung sowie Grund- und Sickerwässer einen Einfluss auf das Temperaturniveau und die Wärmestromdichte.

Oberflächennahe Geothermie
Gemäß der Richtlinienreihe VDI 4640 *Thermische Nutzung des Untergrunds* erstreckt sich der Bereich der oberflächennahen Geothermie auf Vorhaben bis zu einer Tiefe von ca. 400 m beziehungsweise einer Wassertemperatur $T_\text{w} < 20°$ C.

Der Einsatz von Erdwärmesonden setzt eine Genehmigung durch die untere Wasserbehörde voraus. Der Entscheid basiert auf den Ergebnissen einer hydrogeologischen Untersuchung. Der Antrag dient gleichzeitig als Anzeige nach § 49 Abs. 1 Satz 1 WHG.

> Arbeiten, die so tief in den Boden eindringen, dass sie sich unmittelbar oder mittelbar auf die Bewegung, die Höhe oder die Beschaffenheit des Grundwassers auswirken können, sind der

zuständigen Behörde einen Monat vor Beginn der Arbeiten anzuzeigen. Werden bei diesen Arbeiten Stoffe in das Grundwasser eingebracht, ist abweichend von § 8 Absatz 1 in Verbindung mit § 9 Absatz 1 Nummer 4 anstelle der Anzeige eine Erlaubnis nur erforderlich, wenn sich das Einbringen nachteilig auf die Grundwasserbeschaffenheit auswirken kann. Die zuständige Behörde kann für bestimmte Gebiete die Tiefe nach Satz 1 näher bestimmen.

Bei Vorhaben, die eine Teufe von 100 m überschreiten, ist nach § 127 des *Bundesbergbaugesetzes (BBergG)* eine Anzeige bei der zuständigen Landesbehörde einzuholen. Wird die Erdwärme innerhalb eines Grundstücks gewonnen, ist kein bergrechtliches Genehmigungsverfahren erforderlich [140].

Bereits wenige Meter unter der Geländeoberkante ist ein ganzjährig nahezu konstantes Temperaturniveau von ca. 10 °C anzutreffen. Mit vergleichsweise einfachen baulichen Maßnahmen lassen sich damit Wärmetauscher in den Boden einbringen oder die Wärmeenergie von Grundwasserleitern nutzen:

- horizontaler Bodenkollektor (ähnlich einer Fußbodenheizung),
- vertikale geothermische Sonden und Energiekäfige,
- Nutzung von Grundwasserleitern über Entnahme- und Schluckbrunnen,
- Fundamentelemente (Energiepfähle).

Insbesondere bei der Nutzung von Grundwasserleitern ist darauf zu achten, dass durch andere Anlagen in räumlicher Nähe keine Übernutzung der Ressource, d. h. ein Wärmeentzug mit zu hoher Leistung, stattfindet.

Je nach Anwendungszweck und erforderlichem Temperaturniveau ist eine Wärmepumpe erforderlich, um das beabsichtigte Temperaturniveau der Nutzwärme zu erreichen. Die Wärmepumpe profitiert durch die Erdwärme von einem Wärmereservoir, dessen Temperatur weitgehend unabhängig von der Umgebungstemperatur ist.

1.3.5.4.3 Wärmepumpe

Die Funktion einer Wärmepumpe lässt sich spiegelbildlich zur Wärmekraftmaschine verstehen. Wird bei der Wärmekraftmaschine ein Teil der Wärme in mechanische Energie umgesetzt, so nutzt eine Wärmepumpe mechanische Energie, um das Temperaturniveau eines Wärmereservoirs zu erhöhen.

Entsprechend dem 2. Hauptsatz der Thermodynamik lässt sich die Leistungszahl ε aus dem Temperaturniveau der (warmen) Nutzenergie T_w und dem Temperaturniveau des (kalten) Wärmereservoirs T_k bestimmen.

$$\varepsilon = T_w / (T_w - T_k) \qquad (1.223)$$

Die Leistungszahl entspricht damit dem Kehrwert des Carnot-Wirkungsgrads (Gl. 1.94).

$$\varepsilon = 1/\eta_{carnot} \qquad (1.224)$$

Bei einer technischen Umsetzung kann der so ermittelte Wert als theoretische Obergrenze interpretiert werden. Reale Wärmepumpen erreichen 50–60 % des theoretischen Wertes.

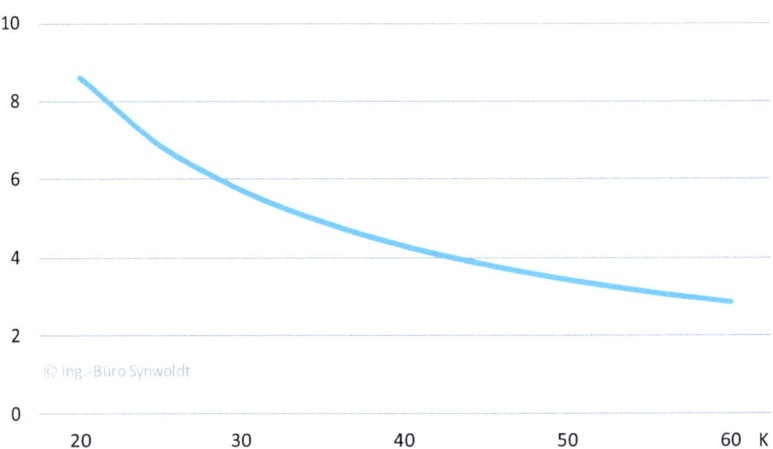

Abb. 1.226 Leistungszahl einer Wärmepumpe

Technisch bedeutet eine hohe Leistungszahl, dass verglichen zur Wärmemenge eine geringe Menge an elektrischer Arbeit ausreicht, um das Temperaturniveau der Nutzwärme zu erhöhen. Wie Abb. 1.226 darstellt, ist der Temperaturhub maßgeblich für den effizienten Einsatz von Wärmepumpen. Ein großer Temperaturhub bedingt zwangsläufig eine geringere Leistungszahl. Aufgrund der fluktuierenden Betriebsbedingungen für Wärmepumpen wird anstelle der Leistungszahl in der Regel auf einen Jahresmittelwert, die Jahresarbeitszahl JAZ, zurückgegriffen.

In praktischen Anwendungen für das Bereitstellen von (Niedertemperatur-)Wärme für die Raumheizung sind Wärmepumpen mit Erdwärmekollektor daher effizienter als Luftwärmepumpen, die die Umgebungsluft als Wärmereservoir nutzen. Gerade bei niedrigen Außentemperaturen sinkt die Leistungszahl bei Luftwärmepumpen deutlich ab und macht gegebenenfalls den Einsatz einer Heizpatrone oder Zusatzheizung erforderlich. Weiterhin hat die unterschiedliche spezifische Wärmekapazität des Wärmeträgermediums einen maßgeblichen Einfluss auf den Betrieb. Wegen $c_{p,\text{wasser}} > c_{p,\text{luft}}$ fällt der Massenstrom bei Wasser um den Faktor 4,2 geringer aus.[73] Bei niedrigen Außentemperaturen ist der Unterschied noch größer.

Dem Mehraufwand bei der Heizenergie von Luftwärmepumpen steht eine niedrigere Investition in die Anlagentechnik gegenüber. Für eine umfassende Wirtschaftlichkeitsbetrachtung sind neben der Höhe der Investition sowohl der absolute Bedarf an

---

[73]Beim Volumenstrom beträgt der Faktor 3400.

Heizenergie aufgrund des thermischen Baustandards wie auch die Entwicklung der Energiekosten (Strompreis; Antriebsenergie für die Wärmepumpe) über die langjährige Nutzungsdauer zu berücksichtigen.

1.3.5.4.4 Solarer Erdwärmespeicher

In Verbindung mit Erdkollektoren oder Erdsonden kann der Boden auch als saisonaler Wärmespeicher dienen. Die Wärme aus Solarkollektoren (Abschn. 1.3.1.8.3) wird im Erdboden eingelagert.

Ist der Pufferspeicher einer Solarkollektoranlage thermisch voll aufgeladen, droht der Stillstand des Systems. Über einen Erdwärmespeicher kann eine zusätzliche Wärmesenke zur sinnvollen Nutzung weiterer Wärmemengen bereitgestellt werden. Das vergleichsweise niedrige Temperaturniveau im Boden ermöglicht eine effiziente Nutzung solarer Wärme – auch in mittleren Temperaturbereichen (40–60 °C). Die Wärmespeicherung im Erdboden wird durch die begrenzte Wärmeleitfähigkeit begünstigt. Grundwasserleiter und Sickerbereiche eignen sich nicht als Wärmespeicher, da die Wärmeenergie mit der Grundwasserströmung und dem Sickerwasser abgeführt wird.

Die im Boden eingelagerte Wärme kann während der Heizperiode die Vorlauftemperatur einer Wärmepumpe um einige Grad erhöhen, was die Effizienz der Wärmepumpe anhebt. Damit sinkt die Stromaufnahme für das Bereitstellen der Nutzwärme.

1.3.5.4.5 Stromerzeugung

Ähnlich wie die Nutzung von Wasserkraft und von biogen-gefeuerten thermischen Erzeugern erlaubt auch die geothermische Stromerzeugung eine Grundlastversorgung und Regelbarkeit der Einspeisung.

In einem künftigen Versorgungssystem, das vornehmlich auf fluktuierende Erzeuger wie Photovoltaik- und Windenergieanlagen setzt, ist insbesondere der zweite Punkt entscheidend. Das Bereitstellen von Energie nach Bedarf qualifiziert die geothermische Strom- und Wärmeerzeugung als Komplementärtechnologie.

Anders als in vulkanisch aktiven Regionen finden sich in Deutschland keine Wärmeanomalien mit besonders hohem Temperaturniveau in geringer Bodentiefe. Neben einer geothermischen Stromerzeugung ist daher regelmäßig die Wärmenutzung ein wichtiger Bestandteil von tiefen Geothermie-Projekten. Die Stromerzeugung befindet sich noch auf einem sehr niedrigen Niveau. Dennoch ist eine deutliche Entwicklung zu erkennen (Abb. 1.227). Zudem existiert eine ganze Reihe geplanter Vorhaben.

Das bei Teufen von 2500–5000 m in Deutschland anzutreffende Temperaturniveau liegt im Bereich 120–160 °C. Damit ist der elektrische Wirkungsgrad geothermischer Kraftwerke auf Werte um 10–15 % begrenzt. Aufgrund der Teufen ist mit einem Abschlag an der Bruttostromerzeugung in Höhe von 30 % für die Förderpumpen zu kalkulieren. Daher kommt technisch wie auch kommerziell Wärmenutzungskonzepten ein hoher Stellenwert zu.

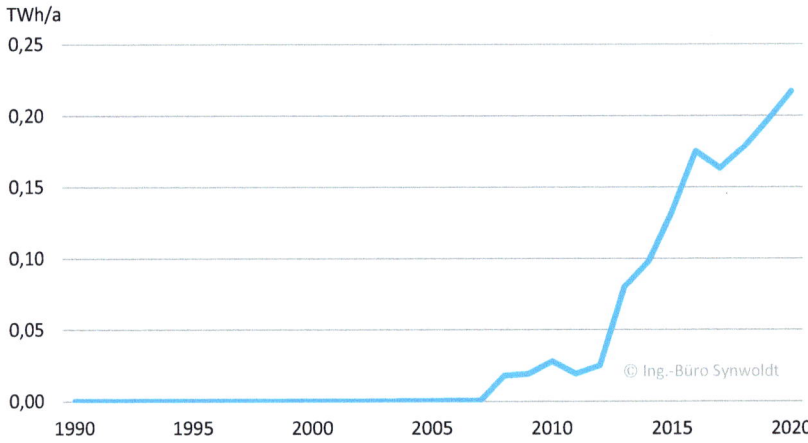

Abb. 1.227 Stromerzeugung aus Geothermie-Kraftwerken. (Daten: [21])

Um bei mäßigem Temperaturniveau die thermische Energie in mechanische Energie umzuformen, kommen im Turbinenkreis (Sekundärkreis) meist synthetische Wärmeträgermedien zum Einsatz. Diese verfügen über einen Siedepunkt $T_s < 100°\,C$ (Infobox Rankine Cycle).

Aspekte der Dezentralität 2

Eine dezentrale Energieversorgung ist zunächst *unabhängig* von der Wahl des Energieträgers. Vielmehr spielen Aspekte der verbrauchernahen, in der Fläche verteilten Bereitstellung von Energie – namentlich Elektrizität, Wärme und Kraftstoffe – die maßgebliche Rolle. Siedlungsräume entstanden bevorzugt dort, wo natürliche Ressourcen und technologische Entwicklung eine Versorgung sicherstellten. Die Vernetzung und ein Energiemix machen weniger abhängig von einzelnen Einflüssen wie der Witterung oder dem Ausfall von Erzeugern. Dabei hilft der zeitliche und räumliche Ausgleich durch den Netzbetrieb, insbesondere auch bei einer Erzeugung aus fluktuierenden Energieträgern. Die weiter unten folgenden Abschnitte (Abschn. 2.2 und 2.3) werden die technischen Details hierzu aufzeigen.

Zunächst sollen jedoch soziale und ökonomische Aspekte betrachtet werden. Die Dezentralität von Infrastrukturen führt zu einer breiten Palette an sozialen und ökonomischen Auswirkungen, Auswirkungen, ohne deren Berücksichtigung viele Diskussionen über regenerative Energien nicht verstanden werden können.

2.1 Sozial und ökonomisch

Eine dezentrale Versorgungsstruktur bedeutet eine hohe Anzahl flächenmäßig verteilter Anlagen und damit nahezu zwangsläufig auch eine Vielzahl an Betreibern. Die Akteursvielfalt ist damit ein Gegenmodell zu einer in vielen Wirtschaftsbereichen fortschreitenden ökonomischen Zentralisierung. Dezentraler Anlagenbetrieb bedeutet somit anstelle einer Konzentration von Kapital und Erträgen *die* Chance zur lokalen Wertschöpfung und eröffnet Möglichkeiten zum Schließen von Zahlungskreisläufen in der Region.

Erst an diesem Punkt kommt die besondere Rolle regenerativer Energieträger zum Tragen: Sie werden vor Ort *geerntet*. Das betrifft nicht nur Biomasse, auf die der Terminus originär abhebt, sondern Wind- und Solarenergie, Wasserkraft und geothermale Wärme gleichermaßen. Damit einhergehen regionale Entwicklungspotenziale, insbesondere für den ländlichen Raum. Spiegelbildlich sinkt der Bedarf an importierten[1] Energieträgern. Der Mittelabfluss zugunsten einiger weniger Organisationen oder Lieferanten verringert sich. Auch weitergehende, politische Abhängigkeiten werden vermieden.

Etliche der vorgeblich technischen Probleme, die einer dezentralen Versorgung entgegenstehen, sind bei nüchterner Betrachtung eher kommerziellen Ursprungs, denn jede Kilowattstunde Strom und Wärme aus dezentraler Erzeugung ist eine Kilowattstunde weniger aus zentraler Bereitstellung. Energieversorgung und der Betrieb entsprechender Infrastrukturen ist zunächst einmal ein den Gesetzen des Marktes unterworfenes Geschäft.

Doch der Strommarkt präsentiert ein ambivalentes Bild. Einerseits wird im deregulierten Sektor die günstigste Form der Stromerzeugung angestrebt. Doch eine kostengünstige Stromproduktion fernab von Verbrauchern führt zwangsläufig zu einem höheren Aufwand für den Stromtransport – technisch wie ökonomisch. Die Kosten dieser einseitigen Optimierung werden beim regulierten Netzbetrieb allokiert, also lediglich umverteilt. In Kap. 3 wird dieser *Markt* noch näher vorgestellt. Diese einseitige, betriebswirtschaftliche Sicht führt in erster Linie zu einer Optimierung von Partikularinteressen. Dabei wird übersehen, dass sich das gesamtwirtschaftliche Optimum keineswegs aus der Summe einzelwirtschaftlicher Optima ableitet.

Erst ein systemischer Ansatz, der das Bereitstellen[2] sowie die Übertragung und Verteilung von Strom, Wärme und gegebenenfalls auch Treibstoffen berücksichtigt, kann zu einem volkswirtschaftlichen Optimum führen. Im Nebeneffekt würde dies auch zu einer höheren Kostentransparenz beitragen.

2.1.1 Politische und wirtschaftliche Abhängigkeit

Deutschland ist – wie die meisten Industrieländer auch – in hohem Maße von Energieimporten Import abhängig. Lediglich Braunkohle aus heimischen Revieren trägt einen nennenswerten Teil zum Decken des Energiebedarfs bei (Abb. 2.1). Der Anteil liegt

---

[1]Der Begriff *Import* wird hier für den Bezug von sämtlichen Energieträgern von außerhalb des Versorgungsgebiets herangezogen.

[2]Dies beinhaltet auch die für einen Netzbetrieb erforderlichen Regel- und Speichereinrichtungen zum Erbringen von Systemdienstleistungen. Die Tatsache, dass der rechtliche Rahmen für den Markt von Systemdienstleistungen vornehmlich die Transportebene adressiert – mithin zentral organisiert ist –, bedeutet keinesfalls, dass dezentrale Erzeuger nicht dieselben Leistungen erbringen können.

2.1 Sozial und ökonomisch

Abb. 2.1 Braunkohletagebau. (Quelle: wikimedia, gnu fdl 1.2)

in 2020 voraussichtlich bei rund 16 % der Stromerzeugung und damit noch unter der Summe von Windenergieanlagen an Land mit 19 % [141].

Steinkohle wurde in 2013 bereits zu 86 % importiert [144, 145, 146]. Nachdem Ende 2018 die letzten der drei noch aktiven Steinkohlezechen ihren Betrieb aufgeben haben, ist die Quote auf 100 % angestiegen. Die Einfuhr von Erdöl und Erdgas liegt im Bereich von 85–95 % des Bedarfs. Auch Uran muss komplett aus dem Ausland bezogen werden.

Die Energieimporte (in Energieeinheiten des Primärenergieträgers) zeigen dabei eine langfristig weiter ansteigende Tendenz (Abb. 2.2). Während die Öleinfuhren nahezu konstant blieben, haben sich die Erdgaslieferungen im Betrachtungszeitraum seit 1992 mehr als verdoppelt. Die Steinkohleimporte haben sich sogar verfünffacht, machen in der Gesamtschau jedoch nur rund 10 % der Energieimporte aus.

Bei Uran ergibt sich nach der Stilllegung von acht Reaktoren an sieben Kernkraftwerkstandorten im Jahre 2011 eine zweischneidige Situation (Abb. 2.3). Einerseits wird weiterhin Natururan importiert. Doch durch die Aufbereitung zu reaktorfähigem Material und den Export eines Teils dieser Kernbrennstoffe werden eine ausgeglichene Handelsbilanz, tendenziell sogar Exportüberschüsse, erzielt.

Trotz des hohen Anteils von Importkohle bei der Stromversorgung ist die Menge – in Energieeinheiten – gering. Für den weitaus größeren Beitrag sind Gas- und Ölimporte verantwortlich. Dabei wird einmal mehr offensichtlich, wie hoch der Energiebedarf für

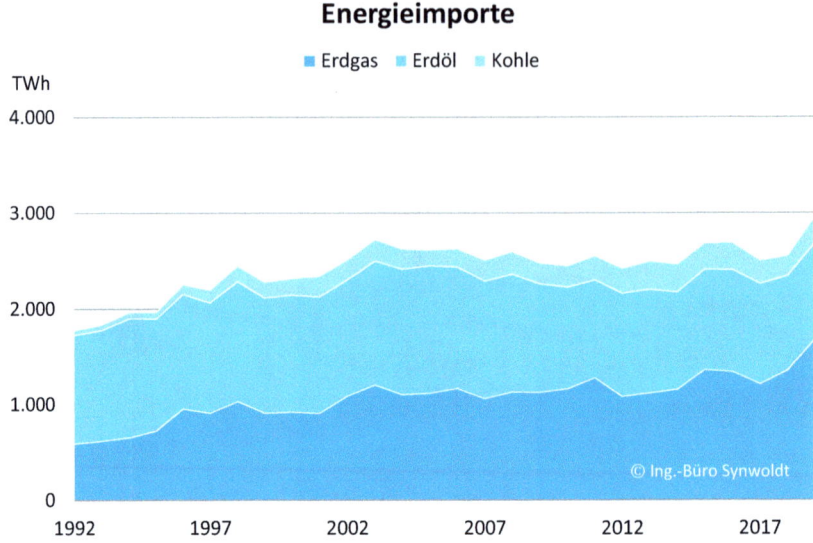

Abb. 2.2 Energieimporte nach Deutschland. (Daten: [147, 148, 149, 150])

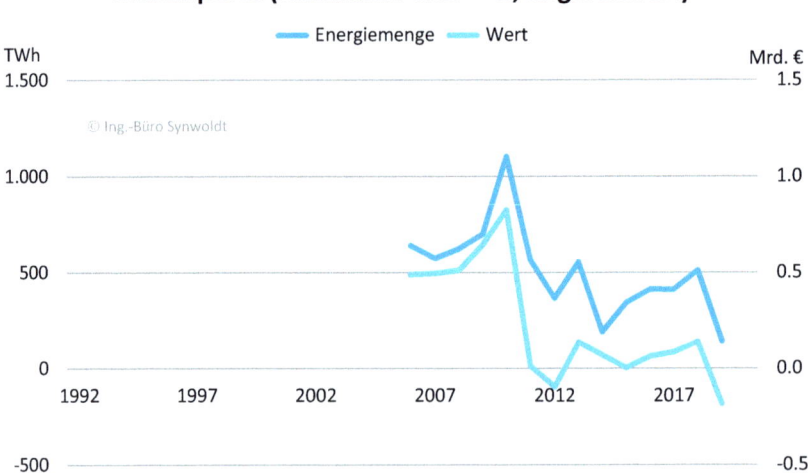

Abb. 2.3 Saldo der Uranimporte und -exporte nach Deutschland. (Daten: [151])

Wärme und Mobilität ist – und wie wenig eine allein auf die Stromerzeugung fixierte *Energiewende* zum Ziel führt. Des Weiteren wird auch der relativ geringe Einsatz regenerativer Energien gerade in den Sektoren mit dem höchsten Bedarf, Wärme und Mobilität, deutlich (vgl. Abb. 1.3).

2.1 Sozial und ökonomisch

Der *Import* von Energieträgern ist mit einem kontinuierlichen *Export* von Kapital verbunden. Dabei fällt auf, dass die Kosten für die Importe weitaus stärker als die Energiemengen steigen (Abb. 2.4).

Durch den direkten Vergleich wird das krasse Missverhältnis zwischen Kosten- und Mengenwachstum bei den Energieimporten noch deutlicher (Abb. 2.5): Während die eingeführten Energiemengen in den vergangenen zweieinhalb Jahrzehnten um 66 % anstiegen, sind die Kosten der Importe im selben Zeitraum fünfmal schneller um 326 % gestiegen. Dabei wird der Kostenanstieg über den Betrachtungszeitraum durch den Preiseinbruch seit 2012 noch signifikant abgeschwächt. Auf dem historischen Hoch der Importkosten für Energierohstoffe in 2012 lag das Verhältnis zwischen Kostenanstieg (+497 %) und Energiemengenanstieg (+36 %) bei einem Faktor knapp unter 14.

Weder die Marktsituation noch die allgemeine Versorgung mit Energierohstoffen gibt Anlass zu der Annahme, dass künftig eine deutliche Trendumkehr der sich weiter öffnenden Kostenschere eintritt. Zum einen tragen Schwellenländer mit großen Bevölkerungszahlen weiterhin zu einem weltweit stark ansteigenden Energiebedarf bei. Es ist davon auszugehen, dass selbst die ölreiche Region am Persischen Golf einen immer größeren Teil der Ölförderung zum Decken des eigenen Energiebedarfs benötigt. Kleinere, hoch entwickelte Länder wie Dubai (Vereinigte Arabische Emirate) sind bereits heute auf Energielieferungen der Nachbarn angewiesen. Der zeitweilige Preisverfall bei Rohöl und Erdgas ist ebenfalls eher politisch motiviert. Einige Ölexporteure im Mittleren Osten können selbst bei einem Preisniveau von 40 US\$/bbl noch kostendeckend arbeiten,

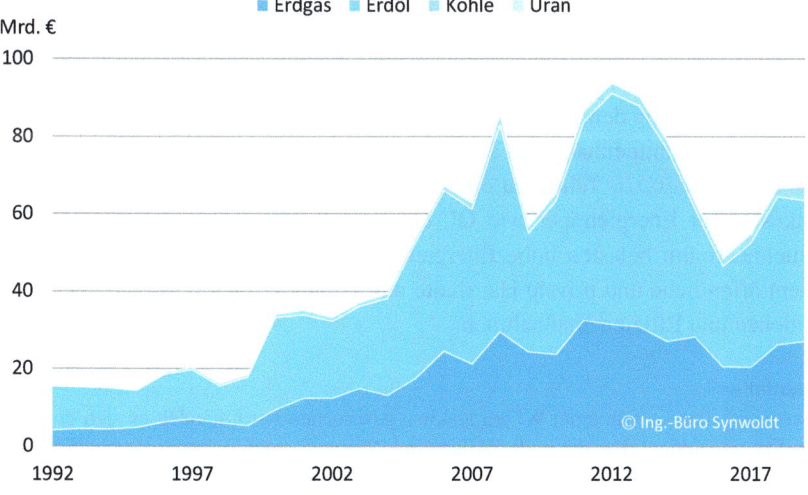

Abb. 2.4 Kosten der Energieimporte nach Deutschland. (Daten: [147, 148, 149, 150])

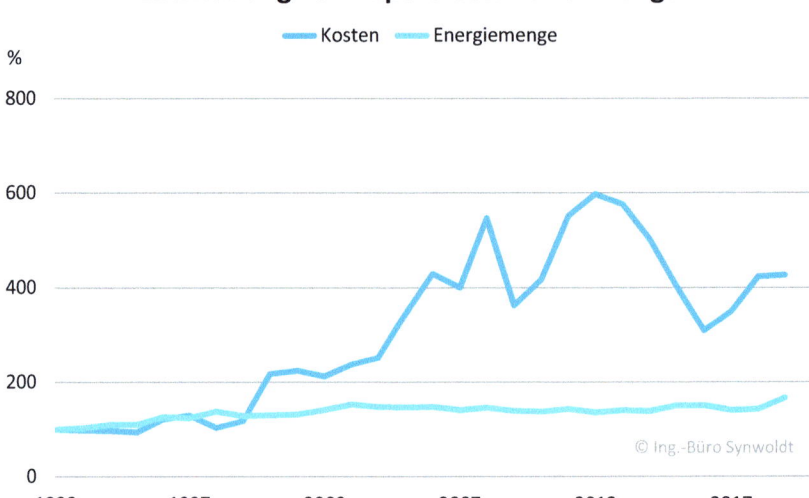

Abb. 2.5 Gegenüberstellung von Kosten- und Mengenentwicklung der Importe. (Daten: [147, 148, 149, 150])

während andere Lagerstätten in Russland oder den USA einen höheren Aufwand für die Exploration [152] – und damit höhere Förderkosten – erfordern. Ziel dieser Preispolitik ist eine langfristige Marktbereinigung und das Verdrängen von Wettbewerbern.

In den Kosten spiegeln sich daher weniger die Importmengen als vor allem Weltmarktpreise für Energieträger und Wechselkursschwankungen für vornehmlich in Dollar gehandelte Güter wider. Während es starken Volkswirtschaften mit hohem Exportaufkommen gelingt, trotz immensem Kapitalabfluss für Energieimporte weiterhin Handelsbilanzüberschüsse zu erwirtschaften, sind weniger exportorientierte Wirtschaftsräume in besonderem Maße von den steigenden Kosten betroffen.

In diesem Zusammenhang ist auch die Eurowährungskrise ab 2010 einzuordnen. Denn die *Währungskrise* führte zu einem Verfall des Eurokurses und damit zu höheren Importkosten für Energieträger wie Öl, Gas und Kohle. Insbesondere in EU-Ländern im Mittelmeerraum belasten hohe Energiekosten nicht nur die Handelsbilanz, sondern vor allem öffentliche und private Haushalte und verhindern damit dringend erforderliche Investitionen und Effizienzmaßnahmen.

Schuldenfalle
Auch wenn regelmäßig von einer Währungskrise gesprochen wird, handelt es sich doch vielmehr um eine Staatsschuldenkrise, die in der Folge einer Verstaatlichung privater (Bank-)Schulden nach der *Lehmann-Pleite* Ende 2008 ausgelöst oder verstärkt wurde.

Es ist genau jene Schuldenfalle, in der sich Länder mit weniger ausgeprägter Industrialisierung – auch innerhalb der EU – bereits befinden. Denn die in 2013 aufgetretene Finanzkrise in der EU ist nicht nur eine Währungskrise, sondern auch die Folge einer Zahlungskrise für Energie: Ohne hinreichend

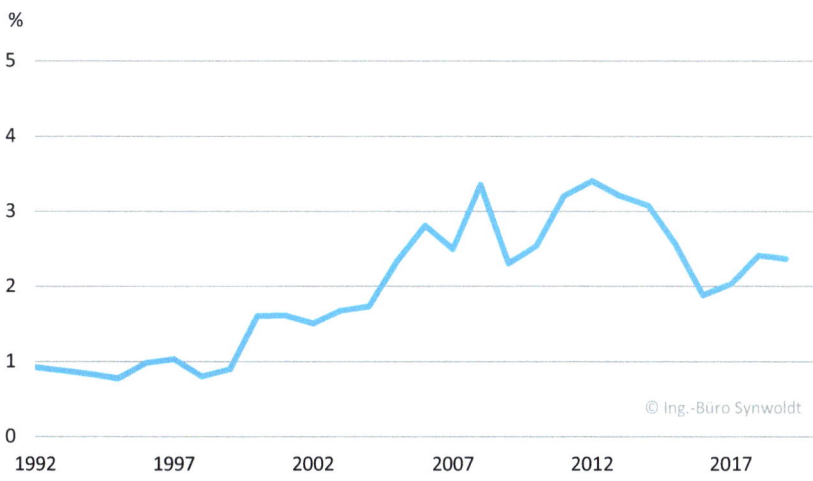

Abb. 2.6 Bruttoinlandsprodukt und Importe von Energieträgern. (Daten: [147, 148, 149, 150, 153, 154])

nationale Wertschöpfung kann der Import von fossilen Energieträgern nicht mehr bestritten werden – die Handelsbilanz gefährdet damit auch die Währungsstabilität.

Selbst in Deutschland ist der steigende Trend der Kosten für Energieimporte im Vergleich zum Bruttoinlandsprodukt unübersehbar. Innerhalb von zwei Jahrzehnten hat sich die Quote mehr als verdreifacht (Abb. 2.6).

Damit wird ein ständig wachsender Teil der Wertschöpfung für den Import von Energie aufgewendet. Konkret heißt das, dass Unternehmen, Kommunen und private Haushalte einen immer größeren Teil ihrer Einnahmen für Energie ausgeben. Entsprechende Mittel fehlen dann an anderer Stelle. Dies betrifft konsumtive Ausgaben wie Investitionen gleichermaßen, vor allem jedoch das Bilden von Rücklagen für Investitionen – und wirkt sich so auf das gesamte Wirtschaftssystem aus. Je größer der Anteil der energiebedingten Ausgaben am Budget, desto stärker wirken sich die steigenden Weltmarktpreise und das Währungsgefälle aus.

Die Abhängigkeit von den Importen hat jedoch noch eine andere Dimension: Die politische Abhängigkeit der Importeure von den Exporteuren [155].[3]

---

[3] Die Macht der Öllieferanten wurde bereits 1973 während der *ersten Ölkrise* durch das OPEC-Kartell *(Organization of the Petrol Exporting Countries)* im globalen Maßstab demonstriert. Hintergrund war die Unterstützung westlicher Nationen für Israel während des Jom-Kippur-Kriegs im Oktober 1973. Durch eine Drosselung der Ölförderung um lediglich 5 % wurde ein Anstieg des Ölpreises von 3 auf 5 US$/bbl ausgelöst. Im Folgejahr stieg der Ölpreis auf über 12 US$/bbl.

Auch insgesamt ist die große Abhängigkeit Deutschlands von nur wenigen Lieferanten beachtlich: 72 % aller Rohölimporte stammen aus nur fünf Staaten, neben Russland und Ländern der ehemaligen UdSSR mit 39 % handelt es sich dabei um Norwegen mit 11 %, das Vereinigte Königreich mit 12 % und Libyen mit 12 % (Zahlen für 2019, [156]). In den letzten Jahren ist zudem eine zunehmende Abhängigkeit Deutschlands von einem Lieferanten festzustellen.[4] So entbehrt es nicht einer gewissen Brisanz, wenn Russland und Staaten der Russischen Föderation für einen Großteil der Lieferungen an fossilen Energieträgern verantwortlich sind (Abb. 2.7).

Weiterhin ist die Frage nach der Mittelverwendung zu stellen. Für welche Zwecke werden die Einnahmen aus dem Export von Energierohstoffen genutzt? Dabei mag es zunächst wie ein Zufall erscheinen, dass sich nahezu sämtliche Ölexportländer in einer politisch eher instabilen Situation befinden. Viele sind direkt oder mittelbar in diverse, meist regionale Konflikte verwickelt. Unabhängig, ob die Konflikte wegen der Öl- oder Gasvorkommen geführt werden, tragen die Exporterlöse zum Decken der Ausgaben für Militärgüter und Personal signifikant bei.

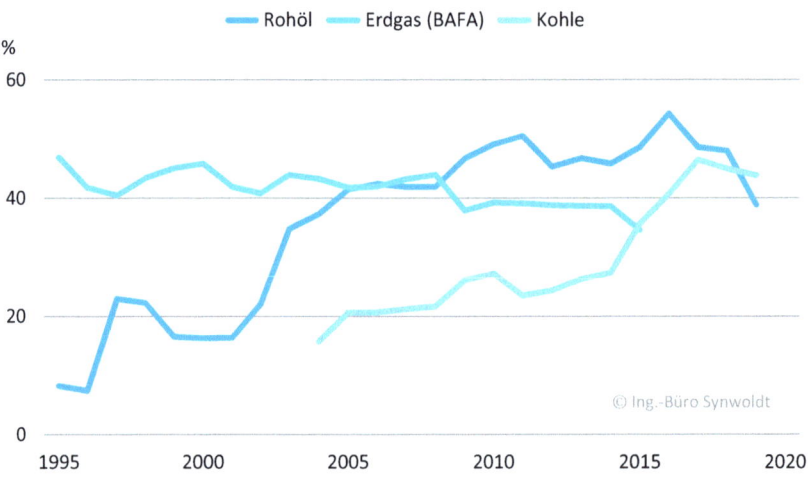

Abb. 2.7 Anteil Russlands an Importen von Energieträgern nach Deutschland. (Daten: [156, 157, 158, 150])[5]

---

[4]Andererseits bindet der Bau von Pipelinetrassen Finanzmittel, die nur durch eine langfristige Lieferung kommerziell zu rechtfertigen sind. Zudem birgt der potenzielle Ausfall von Kapitalflüssen bei Aussetzen von Lieferungen auch eine erhebliche Gefahr für den Lieferanten.

[5]Die Daten der BAFA zu den Erdgasimporten weisen nach 2015 keine Differenzierung nach Herkunftsländern aus. Die zur Fortsetzung herangezogenen Daten der Bundesnetzagentur führen die physischen Lieferungen inklusive der Transite ins benachbarte Ausland auf.

2.1 Sozial und ökonomisch

Abb. 2.8 Einnahmen aus dem Gas- und Ölexport und Militärausgaben in Russland. (Daten: [159]; Originaldaten von EIA, IEA, Platts, SIPRI)

Ein weiteres Mal wird Russland als Beispiel für das Aufzeigen des Zusammenhangs herangezogen. Konkret: Es wird das Aufkommen an Exporteinnahmen mit dem Militäretat verglichen.[6] Abb. 2.8 zeigt, dass im vergangenen Jahrzehnt ein nahezu konstanter Anteil der Exporteinnahmen aus der Öl- und Gasausfuhr in den russischen Militäretat floss. Damit drängt sich der unangenehme Gedanke auf, dass ein immer größerer Bedarf an Öl und Gas in Zentraleuropa zum Finanzieren (und Ausrüsten) von kriegerischen Auseinandersetzungen im Kaukasus (Aserbaidschan, Tschetschenien) und der Ukraine beiträgt. Ähnliche Zusammenhänge lassen sich auch bei anderen Konflikten im Mittleren Osten (Syrien, Irak, Libyen) und Afrika (Mali, Nigeria) aufzeigen.

Darüber hinaus lassen sich zahlreiche Beispiele für *failed states* aufzählen, in denen die Exporterlöse bestenfalls einer kleinen Elite zugutekommen. Dazu zählen unter anderem Libyen, Süd-Sudan, Nigeria, Syrien und der Irak.

2.1.2 Beschäftigung

Ein – auch makroökonomisch – nicht zu unterschätzender Aspekt sind Beschäftigungseffekte. Dies betrifft nicht nur die Herstellung von Produkten und Komponenten, sondern auch den Handel, die Montage und Wartung von Anlagen. Neben der Anlagentechnik und Dienstleistungen für den Betrieb – technische und kaufmännische Betriebsführung,

---

[6]Zynischerweise kommt es auf diesem Weg sogar zu einem teilweisen Ausgleich der Importaufwände durch den Einkauf von Militärgütern aus deutscher Produktion.

Wartung, Reparaturen – ist insbesondere im Bereiche Biomasse auch der land- und forstwirtschaftliche Anbau hervorzuheben.

In den drei wichtigsten Branchen Photovoltaik, Windenergie und Biomasse hat sich seit Inkrafttreten des *Gesetzes für den Vorrang Erneuerbarer Energien (EEG)* im Jahr 2000 eine dynamische Entwicklung vollzogen (Abb. 2.9). Der Zuwachs an Beschäftigten betrifft insbesondere die Produktion von Anlagen und Komponenten, aber auch zahlreiche Stellen im Handwerk zur Montage sowie Wartung und Reparatur. Durch die einschneidenden Änderungen des regulatorischen Rahmens ab 2012 für PV-Anlagen und ab 2017 für Windenergieanlagen sind deutliche Rückgänge beim Zubau zu verzeichnen. Dies hat entsprechende Rückwirkungen auf die Beschäftigtenzahlen.

Bemerkenswert ist der hohe Anteil an durch das EEG induzierten Arbeitsplätzen (Abb. 2.10): 60–70 % der Bruttobeschäftigung hängen direkt mit der Herstellung, der Montage und dem Betrieb von nach dem EEG geförderten Stromerzeugern zusammen [160]. Rund eine Viertelmillion zusätzlicher Arbeitsplätze bedeuten Einkommen für Betriebe und Beschäftigte. Konsum und Reinvestitionen sowie das Aufkommen an Steuern und Abgaben summieren sich in zweistelliger Milliardenhöhe jährlich. Die immer wieder angefachte Debatte über die *Kosten der Energiewende* übergeht – nicht nur – diesen makroökonomischen Effekt.

Insbesondere im Bereich der Stromerzeugung aus Bioenergie wird das Potenzial an damit verbundenen Arbeitsplätzen deutlich. Allein für die Wartung der Windenergieanlagen sind nahezu 18.000 Beschäftigte zu verzeichnen.

Trotz der niedrigeren absoluten Zahlen bei der Beschäftigung profitiert der ländliche Raum überdurchschnittlich: Mit 1,2 % Anteil an der Gesamtzahl der Erwerbstätigen

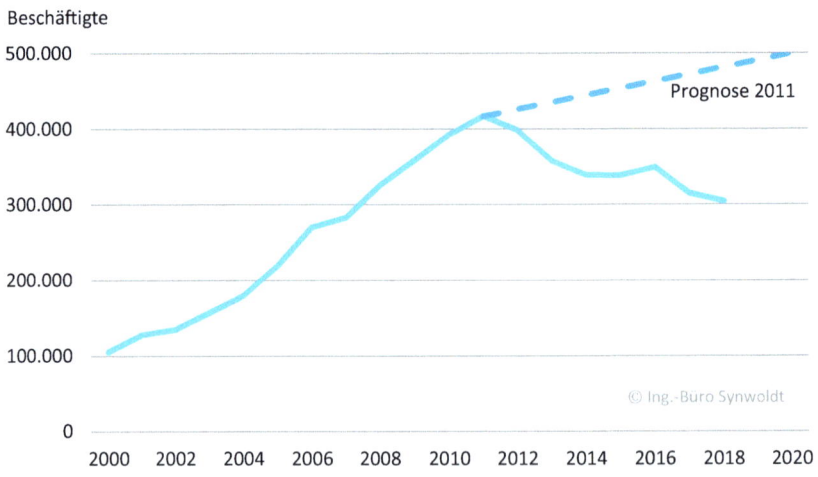

Abb. 2.9 Bruttobeschäftigte im Bereich regenerative Energien. (Daten: [160, 161, 162, 163])

2.1 Sozial und ökonomisch

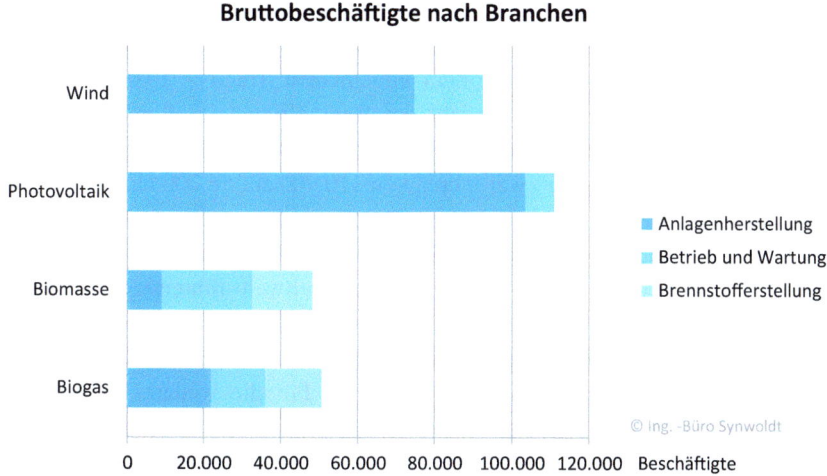

Abb. 2.10 Beschäftigte im Bereich regenerative Energien nach Branchen (2011). (Daten: [164])

sind hier doppelt so viele Beschäftigte im Bereich regenerativer Stromerzeugung zu verzeichnen wie in städtischen Räumen mit 0,6 %. Auch im verarbeitenden Gewerbe spiegelt sich dasselbe Verhältnis wider. Mit 7,8 % ist der Anteil im ländlichen Raum rund zweimal größer als im nicht ländlichen Raum mit 4,1 % [164] (Abb. 2.11).

Noch im Jahr 2011 lagen Branchenprognosen bei 500.000 Beschäftigten im Jahr 2020. Mit dem starken Abbremsen des Zubaus von Photovoltaikanlagen im Zuge der

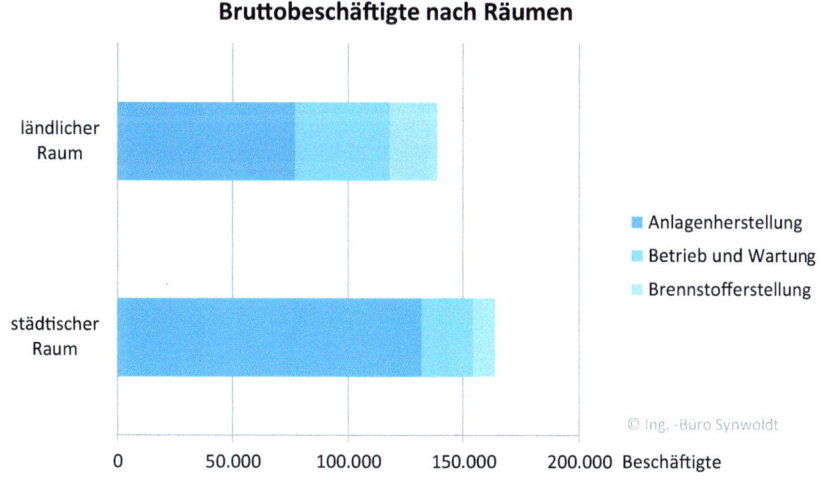

Abb. 2.11 Beschäftigte im Bereich regenerative Energien nach Räumen (2011). (Daten: [164])

EEG-Novelle 2012 ist jedoch erstmals ein Arbeitsplatzverlust zu verzeichnen (Abb. 2.9). Betroffen ist hiervon ab 2012 zunächst der Bereich Photovoltaik. Bereits innerhalb des Jahres 2012 gingen hier – entgegen dem allgemeinen Trend – 10.000 Arbeitsplätze verloren. Im Jahr 2013 sinkt die Anzahl der Beschäftigten im Bereich Photovoltaik um weitere knapp 45.000. Damit hat sich die Zahl der in der Photovoltaikbranche Beschäftigten innerhalb von nur zwei Jahren von 110.900 auf 56.000 halbiert [160, 161].

Der Arbeitsplatzverlust betraf die Produktion von Solarzellen und -modulen und Wechselrichtern genauso wie die Bereiche Planung und Montage von Photovoltaikanlagen. War Deutschland 2008 noch einer der weltweit führenden Hersteller von Solarzellen, so ist die Fertigung in 2015 nahezu komplett eingestellt oder ins Ausland verlagert. Mit der Schließung von Betrieben, der Verlagerung oder durch Übernahmen geht damit auch das Know-how verloren. Für die weitere Entwicklung der Branche eröffnen sich so nur wenig erfreuliche Perspektiven. Ab 2017 ist ein vergleichbarer Trend im Bereich Windenergie zu verzeichnen. Gab es hier 2016 nach Angaben des Bundesverbands WindEnergie (BWE) noch 160.200 Arbeitsplätze, so sank diese Zahl allein im Jahr 2017 um 25.100 Stellen. Für 2020 wird von nur noch 100.000 Beschäftigten ausgegangen [165]. Ursächlich ist ein massiver Rückgang beim Zubau von Windparks in Deutschland in Folge der Einführung von Ausschreibungsverfahren für Windparks im EEG 2017.

Während im Bereich der regenerativen Energien über einen langen Zeitraum ein Zuwachs an Beschäftigten zu verzeichnen ist, sind im konventionellen Energiesektor die Arbeitsplatzzahlen stetig rückläufig (Abb. 2.12). Neben den traditionellen Strom-, Gas- und Wärmeversorgern betrifft dies insbesondere den Stein- und Braunkohlebergbau.

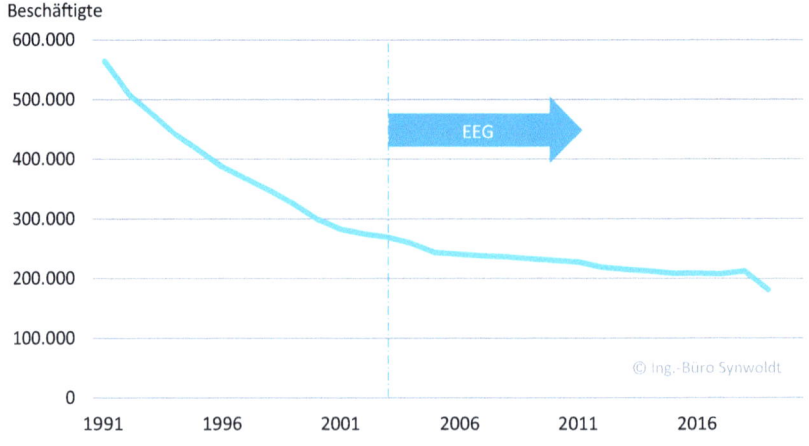

Abb. 2.12 Bruttobeschäftigte im Bereich konventionelle Energien. (Daten: [166])

2.1 Sozial und ökonomisch

Im Bergbau gingen über die letzten Jahrzehnte mehr als 300.000 Arbeitsplätze verloren [166].

Aus Abb. 2.12 wird jedoch auch ersichtlich, dass sich die Bruttobeschäftigung bereits *vor* Inkrafttreten des EEG und dem Ausbau der regenerativen Energien halbiert hat. Nicht der Ausstieg aus der Nutzung von Stein- und Braunkohle, sondern Zechenschließungen und eine massive Ausweitung des Imports von Steinkohle sowie eine stärkere Automatisierung bei der Braunkohleförderung sind die Ursache. Wurde Ende der 1950er-Jahre noch in mehr als 150 Bergwerken Steinkohle gefördert, waren 1990 nur noch 27 Zechen in Betrieb. Diese Zahl hatte sich zehn Jahre später auf zwölf Anlagen reduziert. 2014 sind noch drei Steinkohlezechen in Betrieb. Die Anzahl der Beschäftigten sank von ursprünglich 600.000 auf 12.000, die jährliche Förderleistung von 150 Mio. t auf knapp 8 Mio. t [146]. Das Ende des Steinkohlebergbaus in Deutschland nach 2018 war bereits im Jahre 2007 beschlossen worden.

Auch im Bereich der Elektrizitätsversorgung waren bereits vor dem Jahr 2000 die Beschäftigtenzahlen um 35 % zurückgegangen. Insgesamt reduzierte sich in der Zeitspanne 2000–2019 die Zahl der Arbeitsplätze im Energiesektor von 300.000 auf 180.000 [166].

Die starken Einschnitte im EEG 2012 und 2014 in Bezug auf Biogasanlagen bremsen auch dieser Markt massiv aus. Während in den Jahren bis 2011 jährlich rund 1000 Biogasanlagen zugebaut wurden, ist durch die EEG-Novelle 2012 ein deutlicher Einbruch beim Zubau eingetreten (Abb. 2.13). Die Situation hat sich durch das EEG 2014 noch einmal deutlich verschlechtert, sodass nur noch mit 3–4 % des früheren Zubaus gerechnet wird. Sollten die Branchenprognosen wie erwartet eintreten, sind in der Folge auch in dieser Branche sinkende Beschäftigungszahlen zu befürchten. Für das Jahr 2020

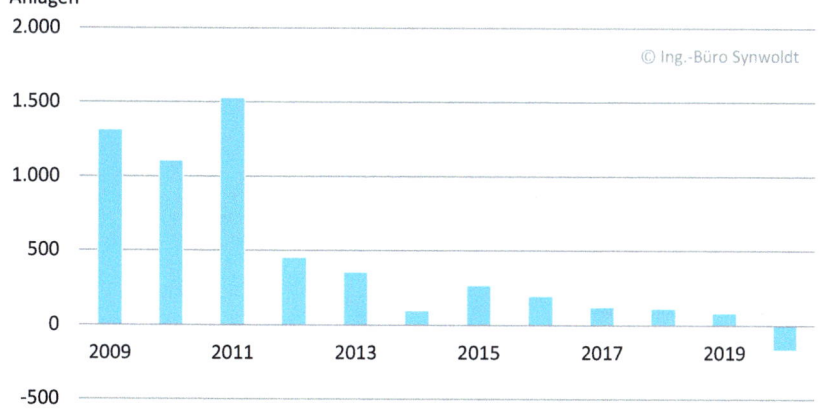

Abb. 2.13 Jährlicher Zubau von Biogasanlagen. (Daten: [167])

wird sogar von einem Rückgang der Anlagenzahlen ausgegangen, da Stilllegungen den Zubau übersteigen.

Damit bleibt offen, wie die 2014 vom Bundesministerium für Wirtschaft und Energie gestartete Exportinitiative die rückläufige inländische Nachfrage kompensieren kann. Vor allem ist es fraglich, ob vorwiegend regional tätige Handwerksunternehmen für Bauleistungen und Montage von Exportmaßnahmen profitieren. Damit ist der Trend zur (Re-)Zentralisierung unübersehbar.

2.1.3 Strukturen der Energieversorgung

Der Umbau der Energieversorgung ist nicht nur aus technischer Sicht ein besonderes Projekt. Der Ersatz fossiler und nuklearer Großkraftwerke durch dezentrale Anlagen zur Nutzung von Solar- und Windenergie, von Wasserkraft und Biomasse verändert auch die wirtschaftliche Struktur der Energielandschaft. Dies betrifft insbesondere die Branchen und die Anzahl der Akteure.

Die traditionellen Energieversorger engagieren sich nur in geringem Maße beim Betrieb von Anlagen zur Nutzung regenerativer Energien. Der Anteil der vier größten deutschlandweit agierenden Konzerne (E.ON, RWE, EnBW und Vattenfall Europe) liegt bei noch nicht einmal 6 % (2019, [168]). In der Mehrheit sind private Haushalte, Landwirtschaftsbetriebe und Bürgerenergiegenossenschaften, gefolgt von institutionellen Kapitalanlegern die Eigentümer (Abb. 2.14). Seit ca. 2015 ist hier eine Trendwende im Gange, in der das Geschäftsfeld mit Erneuerbaren Energien durch Tochterunternehmen der Konzerne aktiv entwickelt wird. Dennoch ist der Anteil der Energieversorger insgesamt gering.

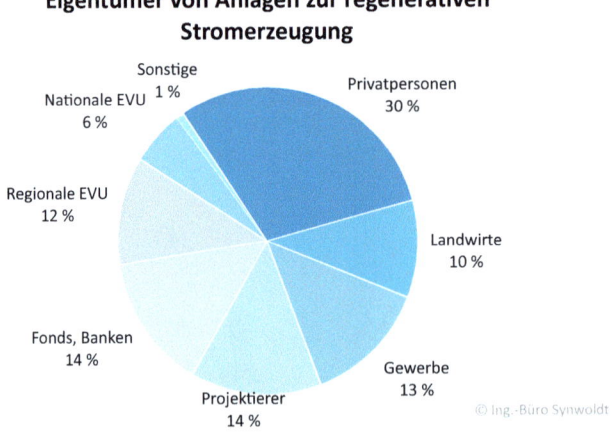

Abb. 2.14 Eigentümerstruktur von Anlagen zur Nutzung regenerativer Energien. (Daten: [168])

Aus Sicht der Energieversorgungsunternehmen (EVU) vollzieht sich damit ein besorgniserregender Trend: Denn bei kontinuierlich steigender Stromerzeugung aus regenerativen Energien schrumpft spiegelbildlich ihr Marktanteil. Das Geschäft mit den regenerativen Erzeugern machen nicht sie, sondern Privatpersonen und Landwirte, Stadtwerke und mittelständische Projektierer.

Mit der EEG-Novelle vom August 2014 hat der Gesetzgeber eine neuerliche Volte, zurück zur Rezentralisierung, in Gang gesetzt. Das ab 2017 verbindliche Auktionsverfahren für die Zuteilung einer EEG-Förderung stellt gerade für die kleineren Marktteilnehmer eine kaum zu überwindende administrative Hürde dar. Die ehemaligen Monopolisten stellen sich durch entsprechende Umstrukturierungen auf die neuen Geschäftsfelder – vorzugsweise mit regenerativen Großanlagen – ein. Mit dem EEG 2021 werden für Photovoltaikanlagen die Ausschreibungen auf mehrere Segmente aufgeteilt. Neben den Freiflächenanlagen (1. Segment) werden im 2. Segment PV-Anlagen an oder auf Gebäuden adressiert. Prinzipiell wird damit den unterschiedlichen Kostenstrukturen Rechnung getragen. Anderseits ist mit der Teilnahme an Ausschreibungen ein entscheidender Einschnitt verbunden: Erhält das Gebot einen Zuschlag, muss die gesamte Strommenge eingespeist und über den Großhandel für Strom vermarktet werden. Der – auch nur teilweise – Eigenverbrauch ist nicht gestattet. Damit wird eine weitere Hürde für die ansonsten sowohl betriebs- (günstige Eigenversorgung mit langfristig kalkulierbaren Stromkosten) wie auch volkswirtschaftlich (Netzentlastung, weniger Flächenverbrauch) sinnvollen Photovoltaikanlagen auf großen Gewerbehallen und öffentlichen Objekten errichtet. Bereits mit dem EEG 2014 wurde eine Pflicht zum Entrichten einer anteiligen EEG-Umlage auf den Eigenverbrauch, d. h. für Strommengen, die nie das Netz der öffentlichen Versorgung berührt haben, eingeführt.

Der seit Inkrafttreten des *Gesetzes für den Vorrang Erneuerbarer Energien* zunehmende Exportsaldo von Strom ins benachbarte europäische Ausland ist Indiz für eine Ersatzhandlung zur Auslastung der Kohlekraftwerke – eine Kompensation für entgangene Umsätze stellt er nur bedingt dar (Abb. 2.15).[7] Hierfür ist das Strommarktmodell mit einer Markträumung auf dem Niveau der Grenzkosten des jeweils teuersten noch benötigten Kraftwerks verantwortlich (Details hierzu in Kap. 3). Zudem werden die EU-Ziele zur Einsparung an Kohlendioxidemissionen durch die ungebremste Erzeugung von Strom in Braun- und Steinkohlekraftwerken konterkariert. Nach 2017 ist ein Rückgang der Stromexporte festzustellen. Für 2020 wird eine weitere Halbierung der Exportüberschüsse gegenüber dem Vorjahr prognostiziert. Ursächlich sind höhere Kosten für Importkohle und strukturellen Änderungen im europaweiten Handelssystem für CO_2-Emissionszertifikate, die zu höheren Zertifikatekosten führen (Abb. 3.18).

---

[7]Durch die Kopplung der Strommärkte in Europa profitieren die Betreiber von Kraftwerken von den höheren Marktpreisen im EU-Ausland.

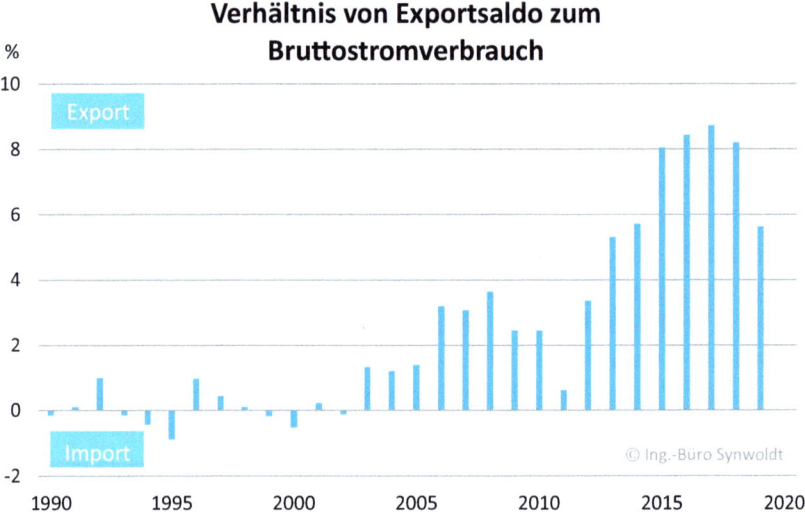

Abb. 2.15 Entwicklung der Stromexporte im Verhältnis zum Bruttostromverbrauch. (Daten: [141])

Um zu verstehen, aus welchem Grund die großen EVU so wenig Interesse am eigenen Betrieb oder zumindest an Beteiligungen an regenerativen Erzeugern zeigen, ist der kaufmännischen Logik für – oder eben auch gegen – eine Investitionsentscheidung zu folgen. Mit welcher Renditeerwartung wird ein finanzielles Engagement verbunden?

Aus Abb. 2.16 lässt sich eine Erklärung für die inhomogene Betreiberstruktur aus Bürgern, institutionellen Anlagen, kleineren EVU und den großen Stromerzeugern (Abb. 2.14) ableiten. Die Renditeerwartung der Bürger ist nur halb so hoch wie jene der großen Stromversorger. Was zudem in der mikroökonomischen Betrachtung der Renditeerwartung untergeht: Die Höhe der Rendite spiegelt sich zwangsläufig auch als Kostenfaktor in den Stromgestehungskosten wider. Damit wird einmal mehr deutlich, wie die kaufmännische Optimierung aus Sicht der Stromerzeuger dem volkswirtschaftlichen Optimum einer kostengünstigen Energieversorgung zuwiderläuft.

Das mit einer Investition regelmäßig verbundene Risiko kann hier nur bedingt angeführt werden, der Betrieb der nach dem EEG geförderten Anlagen mit festen Einspeisetarifen wird von Banken als sicher eingestuft und genießt entsprechend günstige Zinskonditionen. Damit gelten für sämtliche Investoren – Bürger wie institutionelle Anleger und Stromkonzerne – vergleichbare Rahmenbedingungen.

Sicherheit und Zinsen
Für Anlagen zur Nutzung regenerativer Energieträger, die vor 2012 in Betrieb genommen wurden, existierte ausschließlich eine EEG-Förderung mit festen Einspeisetarifen. Mit der Gesetzesnovelle 2012 wurde die *Direktvermarktung mit Marktprämie* eingeführt, die mit dem EEG 2014 verpflichtend ist. Lediglich für Anlagen im untersten Leistungssegment existieren

2.1 Sozial und ökonomisch

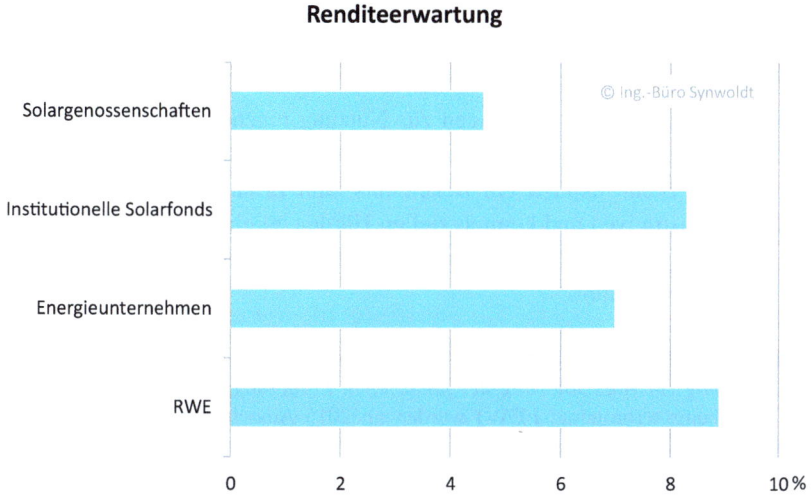

Abb. 2.16 Renditeerwartungen. (Daten: [169, 170])

Ausnahmeregelungen (Bagatellgrenze gemäß § 37 Abs. 2 Nr. 2 EEG 2014 von 100 kW bei einer Inbetriebnahme ab dem 1.1.2016).

Trotz eines Ausgleichs zwischen Börsenstrompreis und Einspeisetarif *(Marktprämie)* sowie einer zusätzlich gewährten *Managementprämie* stufen Banken diesen Schritt als erhöhtes Risiko ein. – Damit wird über den Umweg höherer Zinsen die Stromproduktion aus regenerativen Systemen künstlich verteuert.

Auch ein Mangel an Kapital kann als Ursache für die Zurückhaltung bei Investitionen in regenerative Systeme ausgeschlossen werden. Wie Abb. 3.4 zeigt, verfügen die Stromkonzerne über Vorsteuergewinne in Milliardenhöhe, in weiten Zeiträumen sogar mehr als 10 Mrd. € jährlich. Die Gewinne von Vattenfall sind in der Grafik noch nicht einmal enthalten, da die Zahlen nicht für die gesamte Zeitspanne vorliegen. Auf der anderen Seite führen die jährlichen Zubauzahlen von Windenergie-, Photovoltaik- und Biomasseanlagen in den Jahren 2009–2012 zu Gesamtinvestitionen von mehr als 20 Mrd. € pro Jahr. Vor allem bedingt durch den massiven Rückgang beim Zubau neuer Anlagen sind bis 2019 die Investitionen auf das halbe Niveau zurückgegangen [21].

Gerade die Investitionen von Bürgern und Genossenschaften führen zu einem wichtigen Nebeneffekt. Kleine Geldinstitute aus der Region engagieren sich bei überschaubaren Projektsummen mit Krediten, Zahlungsströme werden regional geschlossen und erlauben Reinvestitionen vor Ort. Auch dies ist ein Beitrag zur regionalen Wertschöpfung – mehr dazu im folgenden Abschnitt. Ganz anders verhält es sich bei Projekten mit Milliardeninvestitionen wie Großkraftwerken und Offshorewindparks. Weder vom administrativen Aufwand noch von den erforderlichen Kapitalsummen sind diese Projekte für regionale Versorger und Finanzinstitute, geschweige denn für Bürgerenergiegenossenschaften zu bewältigen. Durch Kooperationen aus einer Vielzahl von regionalen Versorgern wie der Trianel GmbH besteht die Möglichkeit, hinreichend kapitalkräftige Gesellschaften zu bilden.

Die Änderungen des EEG 2014 ebnen den Weg zu einer Rezentralisierung der Versorgungsstrukturen. Für neue Anlagen zur Nutzung regenerativer Energieträger wird ab 2017 die Förderung durch Ausschreibungen ermittelt (§ 2 Abs. 5 EEG 2014). Auch wenn an gleicher Stelle explizit ein Bekenntnis zum Erhalt der Akteursvielfalt folgt, werden die administrativen und kommerziellen Hürden zu einem Ende der kleinteiligen, dezentralen Anlagenstruktur führen. Jenem Modell, das gerade Bürgern und kleineren Firmen eine Teilhabe erlaubt.

Ausschreibungsverfahren für Photovoltaikfreiflächenanlagen
Mit der *Verordnung zur Ausschreibung der finanziellen Förderung für Freiflächenanlagen* (Freiflächenausschreibungsverordnung; FFAV) wurden ab 2015 Ausschreibungsverfahren eingeführt. Mit dem EEG 2017 sind die Regelungen Bestandteil des EEG §§ 37 ff. Sie gelten seither für alle PV-Anlagen mit einer Leistung im Bereich 750 kW–10 MW, d. h. sowohl für PV-Anlagen auf Freiflächen wie auch an oder auf Gebäuden. Mit dem EEG 2021 wird neben weiteren Änderungen ein separates Ausschreibungssegment für PV-Anlagen an oder auf Gebäuden eingeführt.

Neben Verfahrenskosten im Bereich 1000–1500 € sind im Rahmen des Verfahrens Sicherheitsleistungen zu erbringen, mit denen die Projektdurchführung garantiert werden soll. Wird das Projekt nicht umgesetzt, verfallen die Sicherheitsleistungen und werden an die Übertragungsnetzbetreiber ausgezahlt. Bei Abgabe eines Auktionsgebots ist eine Erstsicherheit in Höhe von 5000 €/MW_p zu entrichten. Diese Zahlung verfällt, wenn der Zuschlag erlischt. Erhält der Bieter einen Zuschlag, ist innerhalb von zehn Tagen eine Zweitsicherheit in Höhe von 45.000 €/MW_p zu hinterlegen. Die Zweitsicherheit verfällt, sofern die Anlage nicht innerhalb von zwei Jahren errichtet und in Betrieb genommen wird. Liegt ein Offenlegungsbeschluss gemäß § 3 Abs. 2 BauGB oder ein beschlossener Bebauungsplan gemäß § 30 BauGB vor, verringert sich die Zweitsicherheit auf 20.000 €/MW.

Dies bedingt jedoch den zeitlichen und administrativen Vorlauf sowie die Vorlage der Kosten für das Bebauungsplanverfahren durch den Bieter. Liegt hingegen zum Zeitpunkt der Gebotsabgabe kein Bebauungsplan vor, besteht das Risiko, dass die für die Förderung beantragten Flächen im Bebauungsplanverfahren nicht genehmigt werden. Dann trägt der Bieter zusätzlich das Kostenrisiko eines weiteren Bebauungsplanverfahrens und eines verringerten anzulegenden Wertes für die Förderhöhe bei der Nutzung von Flächen, die vom ursprünglichen Gebot abweichen.

Weiterhin wird der Anlagenbegriff – was unter *einer* Freiflächenphotovoltaikanlage verstanden wird – sehr weit gezogen: Sämtliche Photovoltaikanlagen, die innerhalb eines Zeitraums von 24 Monaten in einem Abstand von 4 km (EEG 2017: 2 km) errichtet werden, zählen im Sinne der FFAV als *eine* Anlage. Dies hat entsprechende Konsequenzen auf die Förderhöhe der gesamten Anlage.

Angesichts dieser Einstiegsbarrieren ist es nicht überraschend, wenn in der ersten Ausschreibungsrunde nur zehn Gebote (5,9 %) von natürlichen Personen und Personengesellschaften sowie vier Gebote (2,4 %) von Genossenschaften eingereicht wurden [171].

Die (Re-)Konzentration des Anlagenbetriebs in den Händen weniger Konzerne führt hingegen zu einer Zunahme der Marktmacht, der Kapitalbündelung und letztlich politischer Macht. Letzteres zeigt der Vorstoß der vier Kernkraftwerkbetreiber, die abgeschriebenen Anlagen in eine Stiftung zu überführen. Damit würden sich die Betreiber der finanziellen

Verantwortung für den Auslaufbetrieb, die Stilllegung und den Rückbau der Anlagen entziehen [172]. Eine andere Variante, die teils angestrebt wird (Beispiel: E.ON), teils auch bereits vollzogen wurde (Beispiel: Vattenfall), ist die Auslagerung von Unternehmensteilen ähnlich einer *bad bank*. Auch hier geht es um ein Begrenzen der Haftung aus dem Eigenkapital zulasten der Allgemeinheit. Nachdem jahrzehntelang die Gewinne aus dem Betrieb *privatisiert* wurden, sollen die Kosten für den Rückbau und die Suche nach einem Endlager *sozialisiert* werden. Bereits beim Bau der Anlagen hatte es massive Finanzhilfen durch die Bundesregierung gegeben, sodass dasselbe Verfahren auch am Lebensdauerende und vor allem für die zeitlich kaum absehbare Endlagerung der nuklearen Abfälle und kontaminierten Kraftwerksteile angewendet werden möge.

Dabei ergibt sich das Problem, dass zwar Rückstellungen für den Rückbau der Kernkraftwerke gebildet wurden, jedoch nicht als Bareinlagen, sondern u. a. im Anlagevermögen der Kraftwerkbetreiber. Am Ende der Laufzeit der Kernkraftwerke stellen damit in erster Linie die dann betriebenen Kohlekraftwerke den Kapitalstock dar [173]. Die Bundesregierung plant daher ein Gesetz zur Regelung der Nachhaftung (*Rückbau- und Entsorgungskostennachhaftungsgesetz – Rückbau- und EntsorgungskostennachhaftungsG*), damit selbst dann, wenn der kostenintensive Rückbau die Rückstellungen übersteigt, die ehemaligen Betreiber in die Pflicht genommen werden [174]. Dies erscheint umso erforderlicher, da die bisherigen Betreiber durch Auslagerung von Geschäftsfeldern und Umstrukturierung der Firmenvermögen sich offenbar einer langfristigen Haftung zu entziehen suchen.

2.1.4 Entwicklung des ländlichen Raums

Der Umbau der Stromversorgung ist vornehmlich im ländlichen Raum sichtbar. Das ist kein Zufall, denn der ländliche Raum verfügt über ein wesentliches Gut: Flächen. Die Ernte von regenerativen Energien erfordert für Solar- und Windenergie wie für Biomasse gleichermaßen Flächen. Das Prinzip der historischen Stadt-Land-Beziehung wiederholt sich. Dabei kommt auf die Kommunen eine besondere Gestaltungsaufgabe im Rahmen der Bauleitplanung zu. Entsprechend dem Subsidiaritätsprinzip werden die Vorgaben aus Landesplanung und regionalen Raumordnungsplänen durch das Aufstellen von Flächennutzungs- und Bebauungsplänen konkretisiert.

Werden bei Kohle, Öl und Uran die Ausbeute der Energieträger in Massen und bei Erdgas in Volumina gemessen, so erfordert die Ernte der solaren Einstrahlung ebene Flächen – ähnlich wie der land- und forstwirtschaftliche Anbau. Windenergieanlagen ernten die Luftströmung mit ihrem vertikalen Querschnitt, doch durch die Aerodynamik der Anlagen sind Mindestabstände einzuhalten. Auch hier ist die zur Verfügung stehende Fläche ein maßgeblicher Faktor für die Ernte. Urbane Zentren verfügen über Dachflächen für photovoltaische und solarthermische Anlagen; Raum für den Betrieb von Windenergieanlagen oder den land- und forstwirtschaftlichen Anbau findet sich dort jedoch kaum. Und selbst die vorhandenen Dachflächen werden aufgrund des

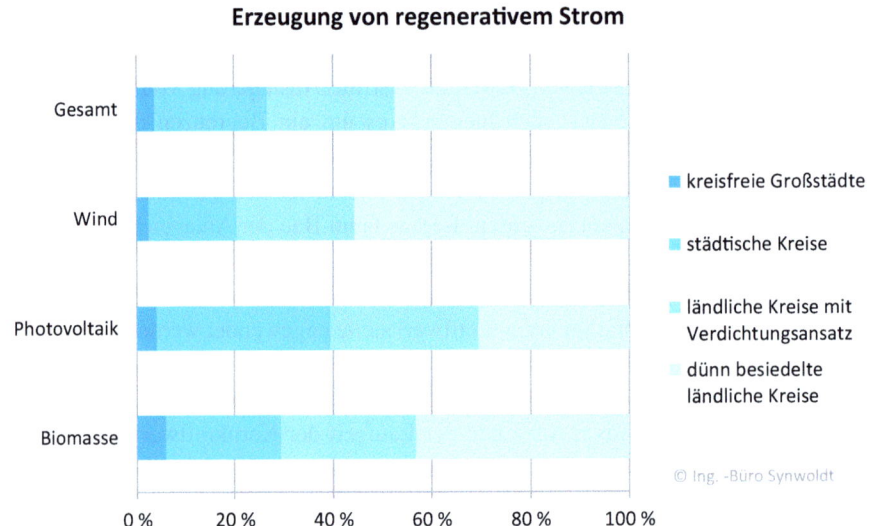

Abb. 2.17 Stromerzeugung aus regenerativen Energien nach Energieträgern (2011). (Daten: [164])

regulatorischen Rahmens nur zu kleinen Teilen genutzt. Da das EEG den Eigenverbrauch sehr eng auslegt (Personengleichheit zwischen Erzeuger und Verbraucher), tritt der PV-Anlagenbetreiber hier regelmäßig in die Rolle eines Stromlieferanten an Dritte – mit allen Rechten und Pflichten. Für Gebäude mit überwiegender Wohnnutzung wird im EEG 2017 eine Prämie für den administrativen Aufwand des Anlagenbetreibers gewährt (Mieterstromzuschlag). Die Höhe orientiert sich an der Entwicklung der EEG-Einspeisevergütung und tendierte ab 2019 gegen Null. Im EEG 2021 ist dieser Mieterstromzuschlag neu geregelt. Administrative und technische Hürden bleiben jedoch bestehen.

Bei einer Betrachtung der regenerativen Stromerzeugung nach Energieträgern in Abb. 2.17 fällt auf, dass Windenergie weit überproportional im ländlichen Raum bereitgestellt wird, während im städtischen Umfeld Photovoltaik zumindest relativ den höchsten Anteil beiträgt.

Flächenbedarf
Fläche ist de facto nicht vermehrbar.[8] Das betrifft insbesondere das Binnenland, doch auch Küstenländer können nur mit großem Aufwand neue Flächen gewinnen und auf Dauer vor dem Meer schützen. Beispiele sind die Niederlande (Ijsselmeer, ab 1932) oder Inselprojekte der Vereinigten Arabischen Emirate im Persischen Golf (u. a. Palm Jebel Ali, Palm Jumeirah; ab 2001).

Die Frage nach den Potenzialen einer dezentralen Versorgung mit regenerativen Energien ist dementsprechend eng mit den zur Verfügung stehenden Flächen verbunden. In diesem Zusammenhang ist die Höhe der energetischen Erträge pro Flächeneinheit relevant. Die Übersicht in Tab. 2.1 mag in ihrer Eindeutigkeit überraschen.

---

[8] Daher die Bezeichnung im angelsächsischen Sprachgebrauch *real estate* (wahrer Wert).

2.1 Sozial und ökonomisch

Die in Tab. 2.1 dargestellten Potenziale beziehen sich auf Standorte in Deutschland. Aufgrund der höheren Solareinstrahlung kann in ariden Regionen im Bereich der Wendekreise mit einem um bis zu 80 % höheren Ertragspotenzial kalkuliert werden. Der in Tab. 1.11 dargestellte negative Temperaturkoeffizient von Solarzellen erlaubt keine Extrapolation der Erträge anhand der bis zu 2,5-fach höheren Globalstrahlungswerte.

Beim Betrieb von Windenergieanlagen spielt die mittlere Windgeschwindigkeit die entscheidende Rolle. Küstenlagen schneiden in der Regel vorteilhafter ab. Ein besonders hohes Windaufkommen ist an Westküsten (Nordhemisphäre; z. B. Schottland, Marokko) und Ostküsten (Südhemisphäre; z. B. Patagonien/Süd-Argentinien). Weiterhin ist die Anordnung und Anzahl der Windenergieanlagen bei Windparks relevant. Kleine Windparks in optimaler Ausrichtung – quer zur Hauptwindrichtung – erreichen durch die geringeren Anlagenabstände höhere Flächenerträge, als in Tab. 2.1 angegeben.

Biomasseerträge hängen von einer Vielzahl von Parametern wie dem land- oder forstwirtschaftlichen Anbausystem, der Bodenqualität, dem Aufkommen an Solarstrahlung und Niederschlägen

Tab. 2.1 Flächeneffizienz von regenerativen Energieträgern. (Daten: Solarthermie, Photovoltaik, Wind: eigene Berechnungen; Biogas, Biokraftstoffe: [127])

Technologie	Betriebsart	Spezifischer Ertrag
Solarthermie	Dachparallel	400–600 kWh$_{th}$/m^2 a
	Aufgeständert	200–350 kWh$_{th}$/m^2 a
Photovoltaik	Dachparallel	150–200 kWh$_{el}$/m^2 a
	Aufgeständert	50–100 kWh$_{el}$/m^2 a
Windenergie	Küste	40–60 kWh$_{el}$/m^2 a
	Binnenland	20–30 kWh$_{el}$/m^2 a
Biogas	Biogas aus Mais	4,0–5,9 kWh$_{th}$/m^2 a
		1,5–2,0 kWh$_{el}$/m^2 a
	Biogas aus Getreide (Ganzpflanzensilage)	2,9–4,8 kWh$_{th}$/m^2 a
		1,0–1,6 kWh$_{el}$/m^2 a
	Biogas aus Schnitt vom Grünland	2,0–3,8 kWh$_{th}$/m^2 a
		0,7–1,3 kWh$_{el}$/m^2 a
	Biogas aus Getreide (Roggenkorn)	1,4–2,2 kWh$_{th}$/m^2 a
		0,5–0,7 kWh$_{el}$/m^2 a
Biokraftstoffe	Biodiesel aus Rapssaat	1,6 kWh$_{th}$/m^2 a
		0,5 kWh$_{el}$/m^2 a
	Bioethanol aus Mais	2,8 kWh$_{th}$/m^2 a
		0,9 kWh$_{el}$/m^2 a
	Bioethanol aus Roggen	1,5 kWh$_{th}$/m^2 a
		0,5 kWh$_{el}$/m^2 a
	Bioethanol aus Stroh	1,7 kWh$_{th}$/m^2 a
		0,6 kWh$_{el}$/m^2 a

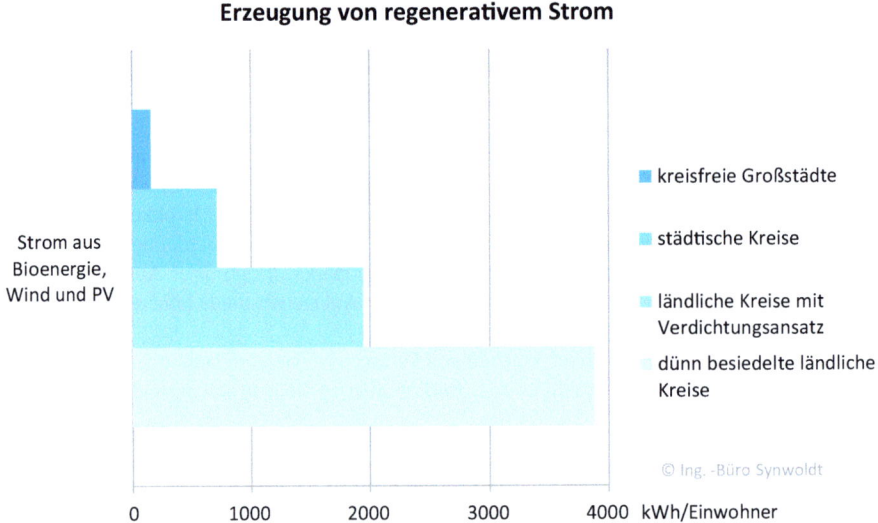

Abb. 2.18 Pro-Kopf-Stromerzeugung aus regenerativen Energien nach Regionen (2011). (Daten: [164])

sowie einer Bewässerung oder dem Einsatz von Düngern und Pestiziden ab. Des Weiteren sind die Prozessketten zur Herstellung von Endenergieträgern (Biogas, Biokraftstoff) zu berücksichtigen.

Eine detaillierte Betrachtung zur Flächeneffizienz findet sich in [31].

Hieraus ergeben sich aus dem Betrieb dezentraler Anlagen zur Nutzung regenerativer Energien besondere für die Entwicklung des ländlichen Raumes neue Chancen. So kommt ihm künftig wieder jene Rolle zu, die er über historische Zeiten innehatte: als Energielieferant zur Eigenversorgung und für die Städte im Umfeld. *Energie* ist dabei im weiteren Sinne zu verstehen – angefangen von Lebensmitteln bis hin zu Brennstoffen zur Wärmebereitstellung. In jüngster Vergangenheit wurde diese Bedeutung zusätzlich durch das Bereitstellen von elektrischer Energie und Treibstoffen unterstrichen. Letzteres betrifft Treibstoffe auf der Basis von Biomasse (Biogas, Alkohole wie Bioethanol und Biomethanol, Rapsmethylester) ebenso wie auch synthetische Energieträger, beispielsweise Wasserstoff oder synthetisches Methan.

Werden die erzeugten Strommengen auf die Einwohnerzahlen bezogen, fällt der enorme Beitrag des ländlichen Raums an der Energiewende umso deutlicher aus (Abb. 2.18[10]).

---

[9]Die zugrunde gelegten Zahlen beziehen sich auf das Jahr 2011 und berücksichtigen ausschließlich die Energieträger Photovoltaik, Wind und Bioenergie (101,2 TWh). Wasserkraft, der biogene Anteil des Abfalls und Geothermie liefern einen zusätzlichen Beitrag von noch einmal 22,3 % ($\Sigma = 123{,}8$ TWh). 2014 lag die Stromerzeugung aus Sonne, Wind und Bioenergie bereits bei 132,6 TWh, die Gesamtsumme bei 160,6 TWh – wobei sich der 30 %ige Zuwachs der Strommengen erneut zugunsten des ländlichen Raumes entwickelt haben dürfte.

2.1 Sozial und ökonomisch

Durch die Vergütung von regenerativ erzeugtem Strom nach dem *Gesetz für den Vorrang Erneuerbarer Energien* (EEG) entstehen Zahlungsströme. Die Zahlungen erfolgen durch sämtliche nicht privilegierte Endabnehmer von elektrischer Energie – in erster Linie private Haushalte und kleinere Gewerbebetriebe – über die EEG-Umlage im Strompreis. Von diesen Zahlungen kommt ein Teil den Betreibern der nach dem EEG geförderten Anlagen zugute. Wie die räumliche Struktur der regenerativen Stromerzeugung erwarten lässt, sind städtische Räume Nettozahler, während ländliche Räume von diesen Zahlungsströmen profitieren. Aus der Skalierung in Abb. 2.19 kann jedoch nicht abgeleitet werden, dass Einwohner im ländlichen Raum tatsächlich über einen entsprechenden Zahlungssaldo verfügen – hier muss nach Anlagenbetreibern und reinen Stromkonsumenten weiter ausdifferenziert werden. Entsprechend ist es notwendig, dass über entsprechende Pacht- und Betreibermodelle die Kommunen an den Zahlungsströmen beteiligt werden und so in der Lage sind, freiwillige Leistungen zu finanzieren, die allen Bürgern zu Gute kommen. Im EEG 2021 findet sich mit dem § 36k hierzu ein Ansatz, um für Investoren und Kommunen Rechtssicherheit zu schaffen.

Dass eine alleinige Betrachtung der EEG-Zahlungsströme keine methodisch vollständige Beurteilung erlaubt, legt die Studie [164] offen:

> Bei der Interpretation der Ergebnisse ist zu beachten, dass es sich bei den Finanzströmen aus dem EEG-Finanzierungssystem nicht um einen Einkommenssaldo handelt, da die EEG-Vergütungszahlungen auf der Erzeugerseite nur die Erlöse, nicht jedoch die Kosten berücksichtigen und der Finanzierungssaldo nur die formal einer Region zugeflossenen bzw. abgeflossenen Mittel widerspiegelt (formale regionale Inzidenz). Ob die Finanzmittel aus dem Saldo aus EEG-Vergütungs- und Umlagezahlungen in der Region letztendlich durch Konsum- und Investitionsausgaben auch effektiv zur Wirkung kommen und zu einer

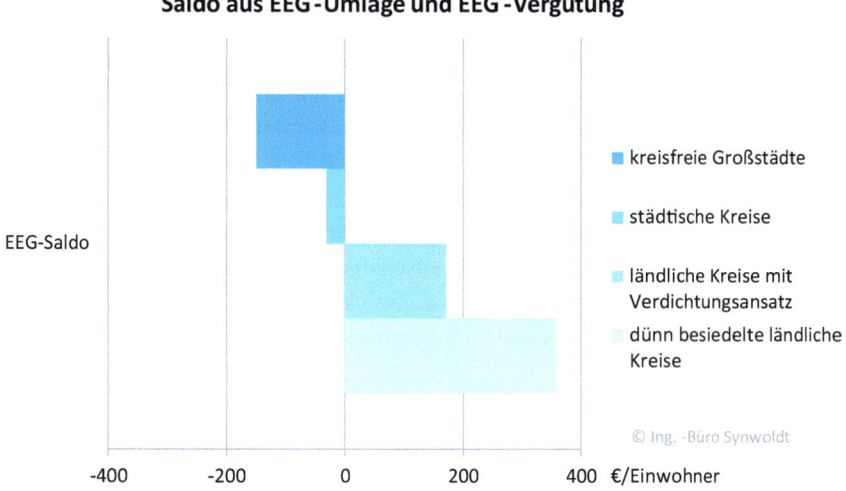

Abb. 2.19 Saldo der EEG-induzierten Zahlungsströme (2011). (Daten: [164])

regionalwirtschaftlichen Stärkung der Region beitragen, hängt nicht zuletzt auch davon ab, ob die Finanzmittel im regionalen Wirtschaftskreislauf der Region verbleiben und ob es zu Multiplikatoreffekten und nachhaltigen Wirkungen kommt [164].

Kurz gesagt, es kommt also darauf an, wer der Betreiber der Anlage und damit Empfänger eines durch das EEG induzierten Zahlungsstroms ist.

Gerade für die von steigender Verschuldung betroffenen Kommunen[10] eröffnen sich neue Möglichkeiten zur wirtschaftlichen Teilhabe und, um dem demografischen Wandel, namentlich einer Überalterung der Gesellschaft und der Abwanderung, zu begegnen. Sinkende Bevölkerungszahlen führen zu einem kontinuierlichen Auszehren kommunaler Kassen. Die Kosten für das Aufrechterhalten von Infrastrukturen und kommunalen Dienstleistungen werden auf immer weniger Köpfe verteilt. Gleichzeitig sind die Konsequenzen einer früheren Entwicklung mit Neubau- und Gewerbegebieten im Außenbereich spürbar. Die Ausweitung von Wohn- und Gewerbebereichen vergrößert den Einzugsbereich – ohne dass durch Zuzug oder Wachstum auch der Verbrauch (Strom, Wasser, Gas) oder die Dienstleistung (Abwasser, Briefträger, Telefon) mehr in Anspruch genommen wird. Die Kosten für die Ausweitung der Infrastruktur und deren Betrieb steigen hingegen. Damit geraten viele Kommunen in den Abwärtsstrudel einer Kostenfalle, der aus eigener Kraft kaum mehr verlassen werden kann.

Umso wichtiger sind neue Möglichkeiten zur lokalen und regionalen Wertschöpfung. Einer Wertschöpfung, an der die Kommunen wie auch die Bürger und Betriebe vor Ort teilhaben. Die Energieversorgung spielt in diesem Zusammenhang nicht nur für den privaten Komfort und die wirtschaftliche Entwicklung eine maßgebliche Rolle, sie ist auch als solches ein Wirtschaftsfaktor.

Umsätze aus EE-Anlagen bedeuten damit direkte und indirekte Einnahmen – gerade auch für Kommunen im ländlichen Raum. Während Steuereinnahmen am Sitz der Betriebsstätte beziehungsweise nach dem Wohnortprinzip anfallen, müssen die Gemeinden zum Erzielen von Pachteinnahmen über geeignete kommunale Flächen verfügen. Da für den Rückbau von zu errichtenden Anlagen entsprechende Bürgschaften zu hinterlegen sind und der Anlagenbetrieb in der Regel mit keinen größeren Umweltrisiken einhergeht, handelt es sich bei der Verpachtung von kommunalen Flächen um eine vergleichsweise risikoarme Möglichkeit zur kommunalen Teilhabe.

Eine unternehmerische Beteiligung am Projekt und Anlagenbetrieb ist mit höheren Einnahmenaussichten, jedoch auch einem höheren finanziellen Risiko verbunden. Dabei kann sich die Kommune über Gesellschaftsformen wie der Anstalt öffentlichen Rechts (AöR) oder kommunalen EVU und Zweckverbänden finanziell beteiligen oder auch selbst als Betreiber im Sinne der kommunalen Daseinsfürsorge aktiv werden.

---

[10]Die Ausgabensituation kommunaler Haushalte ist von Pflichtleistungen und Umlagen geprägt. Ohne substanzielle Veränderung der Einnahmensituation besteht allein über Sparmaßnahmen keine Chance, der Schuldenfalle aus eigener Kraft zu entkommen.

Unabhängig von der Form der Betreibergesellschaft werden zudem über die gesamte Wertschöpfungskette Beschäftigungseffekte ausgelöst.

Kommunale Wertschöpfung
Die Wertschöpfung gliedert sich in folgende Komponenten:

- kommunale und staatliche Einnahmen aus Steuern (Steuern auf die privaten Einkommen und Gewinne unternehmerischer Tätigkeit) sowie Pachten aus eigenen Ländereien, ggf. auch aus Beteiligungen an Betreibergesellschaften,
- Nachsteuererträge von Unternehmen (Vorfertigung und Fertigung von Komponenten und Anlagen, Planung, Finanzierung, Montage, Wartung, Reparatur, Betriebsführung, Abriss),
- Nettoeinkommen aus Beschäftigung.

Je mehr Schritte entlang der Wertschöpfungsketten regional erbracht werden, desto geringer ist der Kapitalabfluss und umso höher steigt der Beitrag zur wirtschaftlichen Entwicklung der Region.

Dabei erweist sich die Transformation der Energieversorgung mit dezentralen Strukturen und der Nutzung von regenerativen Energieträgern als eine besondere Chance für die Kommunen. Neben der rein monetären Wertschöpfung sind auch Effekte im Hinblick auf das Image der Kommune und vor allem soziale Aspekte hervorzuheben. Soziale Projekte und kommunale Einrichtungen wie Bibliotheken, kulturelle Einrichtungen und Schwimmbäder profitieren durch den zweckgebundenen Einsatz von Erlösen aus dem Betrieb von dezentralen Erzeugern. Die vielseitigen Handlungsmöglichkeiten sind in [175] beschrieben.

Die Wertschöpfungskette umfasst nicht nur die Herstellung und Vorfertigung der Anlagen (Wind, Photovoltaik, Biomasse), sondern eben auch deren Planung, Finanzierung, Errichtung, Wartung und Betrieb. Teile dieser Kette können regelmäßig Planungsbüros, Banken und Handwerksbetriebe vor Ort leisten – und führen damit zu Umsätzen, Einkommen und Steuern für die Kommune. Für die Besteuerung ist die Ortsansässigkeit (Firmensitz) der Betreibergesellschaft relevant. Die Teilhabe erstreckt sich auch auf die Bürger, die über Energiegenossenschaften[11] am Anlagenbetrieb beteiligt sind oder privat Anlagen besitzen (Abb. 2.20).

Während die industrielle Fertigung von Anlagen und Komponenten vorwiegend im städtischen Raum angesiedelt ist, überwiegt im ländlichen Raum die Wertschöpfung aus den Sektoren Betreibergewinne sowie Betrieb und Wartung (Abb. 2.21). Im Bereich Bioenergie ist zudem eine weitaus dezentraler geprägte Struktur an Herstellern und Zulieferern festzustellen als bei Wind- und Photovoltaikanlagen.

Selbst wenn die Wertschöpfung in absoluten Zahlen im ländlichen Raum geringer ausfällt, ist sie pro Kopf um 77 % höher als im städtischen Raum. Auch bezogen auf die gesamte Wertschöpfung liegt der Anteil aus regenerativer Stromerzeugung im ländlichen Raum mit 1,6 % mehr als doppelt so hoch wie im städtischen Raum mit 0,7 %

---

[11]Der Deutsche Genossenschafts- und Raiffeisenverband e. V. (DGRV) führte zum Jahresende 2014 allein 822 Energiegenossenschaften.

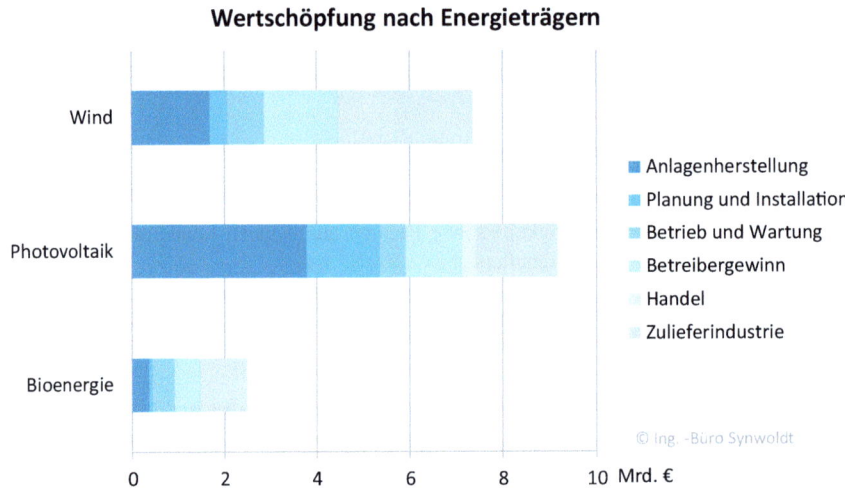

Abb. 2.20 Wertschöpfung aus regenerativen Energien nach Energieträgern (2012). (Daten: [164])

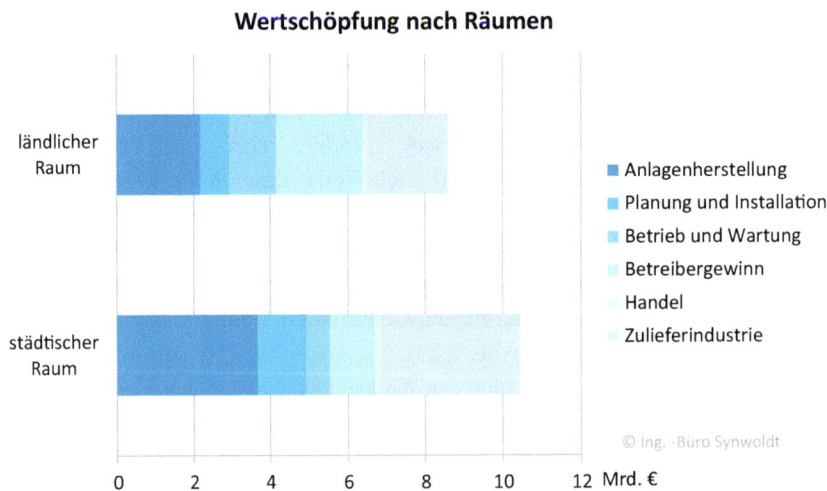

Abb. 2.21 Wertschöpfung aus regenerativen Energien nach Räumen (2012). (Daten: [164])

[164]. Dies ist ein weiteres Indiz dafür, dass die ländlichen Räume, wie auch schon bei den Beschäftigtenzahlen, vom dezentralen Ausbau regenerativer Energien besonders profitieren.

Für die Kommunen sind die Rückflüsse aus diesen Projekten von besonderer Bedeutung, da sie im Sinne der kommunalen Daseinsvorsorge auch die Querfinanzierung freiwilliger Leistungen wie kultureller und karitativer Einrichtungen ermöglicht. Damit ist der dezentrale Betrieb von Anlagen zur Nutzung regenerativer Energien einer der wenigen Ansätze, die Einkommenssituation der Kommunen nachhaltig zu verbessern. Zum anderen besteht die Möglichkeit, durch den Eigenbetrieb von Wind- und Photovoltaikanlagen die Energiekosten der Kommune zu reduzieren.

Kläranlagen spielen in diesem Zusammenhang eine besondere Rolle. Sie sind nicht nur regelmäßig der größte Stromverbraucher, aus dem Faulgas der Anlage kann – ähnlich wie aus dem Fermenter von Biogasanlagen – ein methanreiches Gas zum Betrieb von Verbrennungsmotoren gewonnen werden. Die Kläranlagen können damit Strom für den Eigenbedarf oder auch zur Vermarktung als hochwertigen Spitzenlaststrom oder Regelleistung bereitstellen. Da ein großer Teil des Strombedarfs der Kläranlagen aus dem Betrieb von Rührwerken und der Belüftung der Becken resultiert, ist eine in gewissen Grenzen variierende Versorgung aus fluktuierenden Energieträgern durchaus vertretbar. Ferner eröffnen sich Potenziale zu einem netzdienlichen Betrieb der Kläranlagen.

Ein zweiter kommunaler Großverbraucher ist die Straßenbeleuchtung. Durch den Ersatz der Leuchtmittel mit LED (*light emitting diode,* Leuchtdiode) kann der Stromverbrauch um 50–80 % gesenkt werden. Dezentrale Energiespeicher (Batterien) sind in netzversorgten Bereichen derzeit noch keine wirtschaftlich interessante Lösung. Zudem fehlt der Rechtsrahmen für ein Betreibermodell.

Noch einen Schritt weiter gehen Bioenergiedorfkonzepte, bei denen Kommunen gezielt eine regionale Energieversorgung mit Strom und Wärme aus regenerativen Energien ansteuern. Die *Fachagentur Nachwachsende Rohstoffe e. V.* (FNR) und andere Institutionen verfügen hierzu über umfangreiches Informationsmaterial [176]. Dass eine Nahwärmeversorgung dabei nicht zwangsläufig auf Biogas basieren muss, demonstriert das Dorf Büsingen. Hier wird eine solarthermische Großanlage mit 1000 m² Kollektorfläche kombiniert mit zwei Holzhackschnitzelkesseln betrieben. Im Sommer werden die Kessel komplett abgeschaltet, in der Übergangszeit durch die solarthermische Anlage unterstützt. Dieses Konzept berücksichtigt die begrenzten Ressourcen an fester Biomasse (meist Holz oder Holzprodukte) und ist damit zukunftsfähiger für eine Übertragbarkeit in die Breite. Insbesondere in Dänemark werden Nahwärmenetze mit sehr großen Solarkollektorfeldern ausgestattet (Silkeborg, 2016: 156.000 m² Kollektorfläche). Auch Stadtwerke im In- und Ausland setzen vermehrt auf Kollektorfelder mit mehreren 10.000 oder 100.000 m² Kollektorfläche.

2.2 Technisch und ökologisch

Der Übergang zu einer dezentralen Versorgungsstruktur ist mit einem Paradigmenwechsel verbunden. Dies betrifft die zentrale Steuerung der Infrastruktur mit Systemdienstleistungen – und auch die Richtung, in der sich Energieströme bewegen.

Trotz einer deutlichen Zunahme der Einspeisung aus dezentralen und fluktuierenden Energieträgern (Abb. 1.3) kommt es zu keiner Instabilität des Netzbetriebs. Während sich im Zeitraum 2004–2014 der Anteil der regenerativen Stromerzeugung von 9,3 % auf 27,8 % verdreifachte, war der SAIDI (*System Average Interruption Duration Index*) um 46 % rückläufig (Abb. 2.22). Der SAIDI Versorgungssicherheit beschreibt die durchschnittliche Dauer von Versorgungsausfällen für Endverbraucher und ist damit ein Maß für die Versorgungsqualität. Höhere Gewalt wie durch Naturkatastrophen und geplante Abschaltungen für Wartungszwecke werden dabei nicht erfasst.

Deutschland findet sich hier im globalen Spitzenbereich mit der Schweiz und Luxemburg wider. Selbst in Westeuropa (Frankreich, Großbritannien, Italien, Spanien) liegen die Vergleichswerte bei rund einer Stunde, in Osteuropa (Slowakei, Polen) ist mit einer Nichtverfügbarkeit zwischen zwei und vier Stunden jährlich zu rechnen [185]. Auch in den USA (nicht dargestellt) ist mit Werten im Stundenbereich zu rechnen.

Zudem zeigt sich, dass gerade durch die dezentrale Energieeinspeisung die Netze deutlich entlastet werden (Abb. 2.23). Durch die vermehrte Stromeinspeisung in räumlicher Nähe zum Verbrauch sinken die Übertragungsverluste im Netz. Im Vergleich zu den Daten des Jahres 2000 reduzierten sich die jährlichen Netzverluste in 2019 um rund 10 TWh. Dies entspricht der Einspeisung eines sehr großen Kernkraftwerks oder zweier großer Kohlekraftwerksblöcke. Dezentralität trägt damit zur Energieeffizienz und zur Verminderung von Emissionen bei.

Der Rückgang der Netzverluste ist insbesondere im Sommerhalbjahr mit einem hohen Beitrag von Strom aus Photovoltaikanlagen zu verzeichnen. Dies hängt ursächlich mit der Vielzahl an Photovoltaikanlagen im Leistungsbereich unter 150 kW$_p$ zusammen, die regelmäßig an das Niederspannungsnetz angeschlossen sind (Abb. 2.36) und damit verbrauchernah einspeisen. Dies gilt analog auch für größere PV-Anlagen und Windparks,

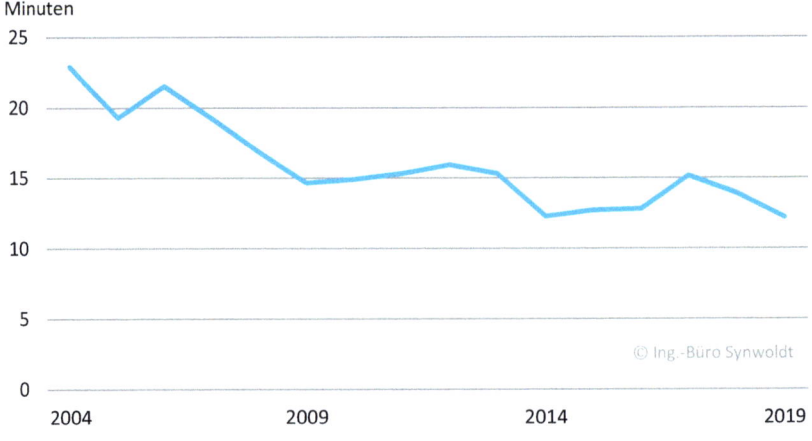

Abb. 2.22 Durchschnittliche Dauer von Versorgungsunterbrechungen für Endverbraucher in Deutschland (SAIDI). (Daten: [177, 178, 179, 180, 181, 182, 183, 184])

2.2 Technisch und ökologisch

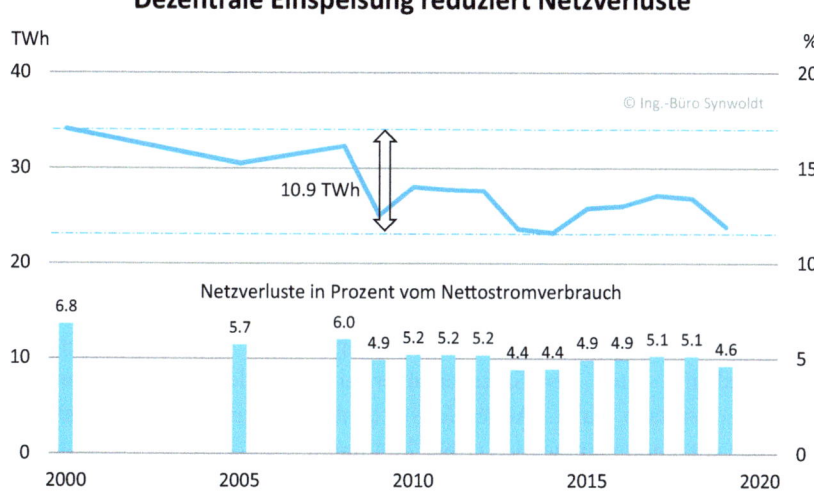

Abb. 2.23 Sinkende Netzverluste durch dezentrale Einspeisung. (Daten: [186, 187, 188])

die zur weit überwiegenden Anzahl an Mittel- und Hochspannungsnetze betrieben werden (>90 % der installierten Leistung) [208–211].

2.2.1 Ausgleich von Verbrauch und Erzeugung

Anlagen zur Nutzung regenerativer Energien – namentlich Photovoltaik- und Windenergieanlagen – sind in ihrer Stromerzeugung eng an das Primärenergieangebot gekoppelt. Bei Dunkelheit oder Flaute liefern sie keine Energie, bei Sonnenschein und unbedecktem Himmel oder Starkwind speisen sie mit großer Leistung ein. Das gilt auch für Wasserkraftanlagen, die vom Dargebot an Wasser abhängig sind. Friert das Gewässer im Winter ein oder führt es in einem trockenen Sommer Niedrigwasser, müssen Wasserkraftanlagen ihren Betrieb einstellen.

Beschränkt sich die Betrachtung auf eine einzelne Anlage, ergibt sich daraus zunächst ein wenig ermutigendes Szenario. Neben der Frage, *wie viel* Energie durch diese eine Anlage bereitgestellt werden kann, kommen zwei mindestens ebenso entscheidende Fragen nach dem Zeitlichen, *wann* wird die Energie bereitgestellt, und nicht weniger wichtig: *Wann* fällt der Bedarf zur Nutzung der Energie an?

Dazu ein Gedankenspiel: Ist die Energiemenge für den Bedarf bekannt oder kann sie in gewissen Grenzen abgeschätzt werden, so wäre zunächst zu ermitteln, ob die über eine Periode – in der Regel ein Jahr – durch die Anlage bereitgestellte Energiemenge prinzipiell zum Decken des Bedarfs ausreicht. Ist diese Voraussetzung erfüllt, kann in einem zweiten Schritt der zeitliche Zusammenhang betrachtet werden.

Es leuchtet ein, dass der optimale Fall genau dann vorliegt, wenn beide Vorgänge, Energiebereitstellung und Energiebedarf, zeitlich synchron ablaufen. Hiervon ist jedoch nur in wenigen Fällen auszugehen und selbst dann sind weitere Randbedingungen einzuhalten, auf die im Weiteren noch eingegangen wird.

Sind Energiebereitstellung und Energiebedarf nicht steuerbar und sollen aufeinander angepasst werden, kann mit einem *Speicher* die bereitgestellte Energie *zeitlich verschoben* zum Decken des Bedarfs genutzt werden.

Hieraus ergibt sich die nächste Frage. Wird *nicht* kontinuierlich Energie bereitgestellt, so muss zumindest in einzelnen Zeitintervallen eine deutlich über dem Bedarf liegende Energiemenge durch den Erzeuger geliefert werden. Der Quotient aus Energie und Zeit ist jedoch nichts anderes als die Leistung, mit der die Anlage Energie bereitstellt. Zwangsläufig muss der Speicher über eine Ladeleistung verfügen, die zur bereitstellenden Anlage passt. Andernfalls könnte nur ein Teil der beabsichtigten Energiemenge aufgenommen werden (Abb. 2.24 und 2.25).

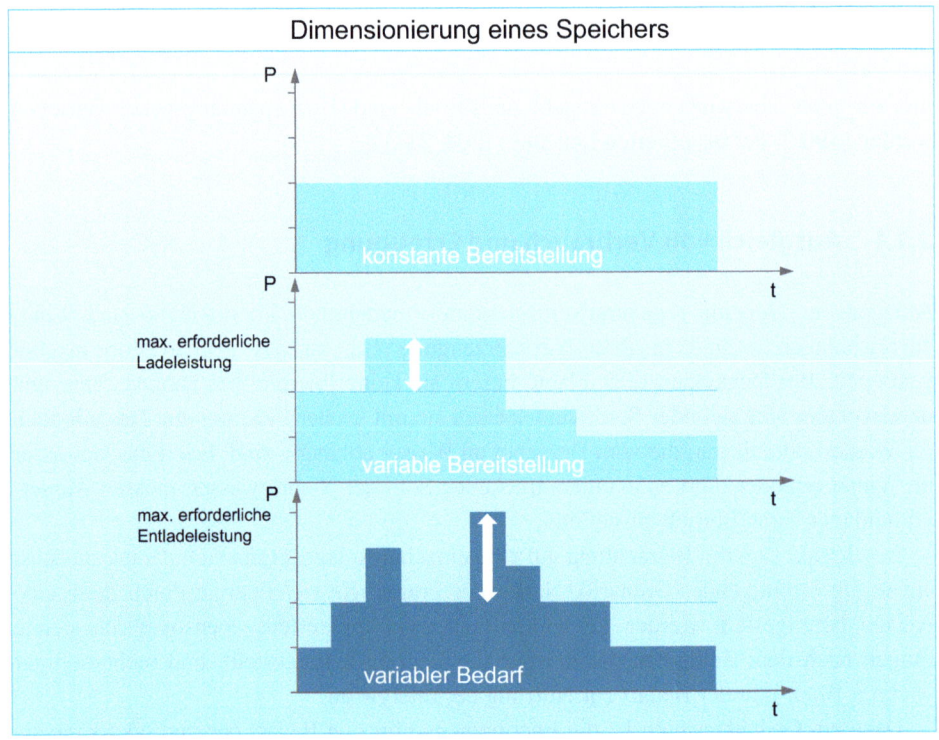

Abb. 2.24 Speicherdimensionierung bei fluktuierender Erzeugung und variablem Bedarf

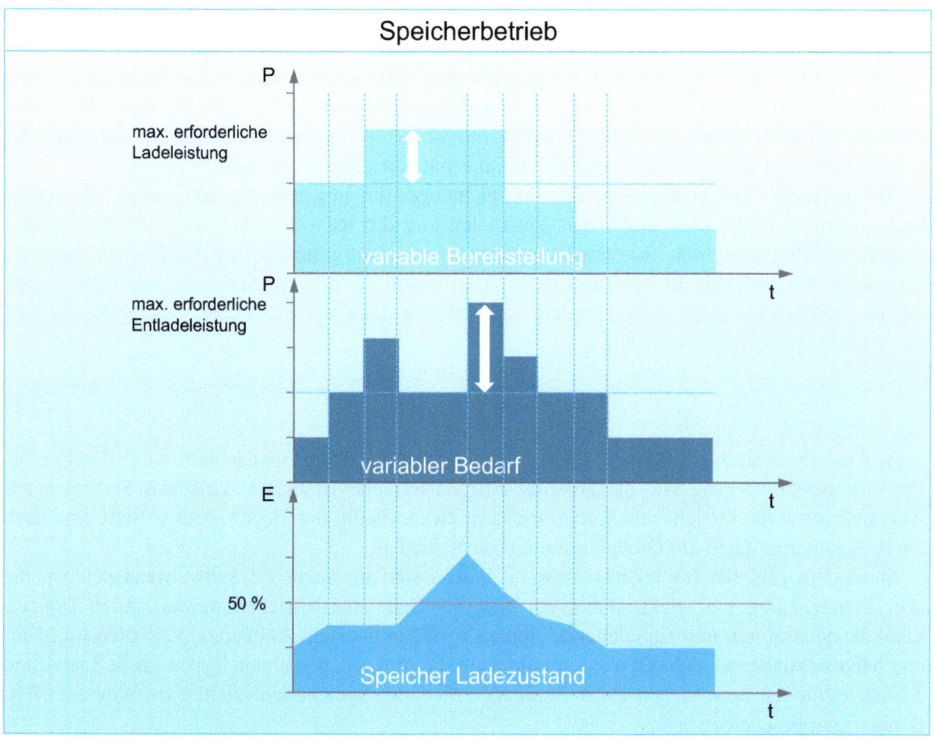

Abb. 2.25 Speicherbetrieb bei fluktuierender Erzeugung und variablem Bedarf

Speicher – Nutzung von Energie zu einem anderen Zeitpunkt
Energie ist die Fähigkeit, im physikalischen Sinne Arbeit zu verrichten. Damit ist die physikalische Einheit für die Größen Arbeit und Speicherkapazität identisch [J, kWh].

Bei der Dimensionierung von Speichern sind neben der regelmäßig im Vordergrund stehenden Speicherkapazität weitere Parameter zu beachten, die wichtigsten sind:

- die maximale Lade-/Entladeleistung,
- das dynamische Verhalten des Speichers bei starken Gradienten der Lade-/Entladeleistung,
- der Speicherwirkungsgrad,
- die maximale Speicherentladungstiefe,
- die maximale Zyklenzahl.

Der Speicherwirkungsgrad oder Zykluswirkungsgrad trägt dem Umstand Rechnung, dass bei der Umwandlung zwischen verschiedenen Energieformen zwangsläufig Verluste auftreten. Typische Werte liegen bei 80–90 % für Akkumulatoren (Sekundärbatterien), 70–80 % für Pumpspeicherkraftwerke und 30–50 % bei der Herstellung synthetischer Energieträger (beispielsweise Wasserstoff oder Methan). Auch gilt, der Wirkungsgrad ist eine wichtige Größe, alleine genommen jedoch wenig aussagekräftig in Bezug auf die Anwendbarkeit oder Zweckmäßigkeit eines Speichersystems – die anderen oben aufgeführten Speicherparameter lassen dies erwarten.

Insbesondere bei Sekundärbatterien spielt die maximale Entladetiefe eine wichtige Rolle. Bleiakkus schneiden hier mit 50 % deutlich schlechter als Lithiumtypen mit 80–95 % ab. Wird eine Batterie unterhalb dieser Schwelle entladen, nimmt sie in der Regel dauerhaften Schaden. Als Konsequenz wird die tatsächlich *verfügbare* Kapazität eines Speichers dadurch limitiert.

Während die Speicherkapazität die *Energie*menge, die in einem Speicher abgelegt werden kann, definiert, bestimmen Lade- und Entladeleistung die maximale *Leistung,* mit der Energie in den Speicher ein- bzw. ausgelagert werden kann. Häufig stehen aus technischen und/oder kommerziellen Aspekten Energie und Leistung in einem bestimmten Verhältnis zueinander, zum Beispiel werden Pumpspeicherkraftwerke zum Decken des Spitzenlastbedarfs so ausgelegt, dass das Verhältnis in der Größenordnung

$$\frac{E}{P} = 4 \ldots 6\text{h} \tag{2.1}$$

liegt. Das dynamische Verhalten eines Speichersystems hängt maßgeblich vom Design ab. Ein chemischer Vorgang wie die Hydrolyse/Brennstoffzelle ist hier elektrischen Systemen aus Akkumulatoren mit Gleich- und Wechselrichtern zwangsläufig unterlegen. Andererseits sind auch die Speicherkapazitäten um Größenordnungen verschieden.

Besonders geeignet für hochdynamische Lasten sind mechanische Schwungradspeicher, die über Frequenzumrichter elektromotorisch bzw. als Generator betrieben werden. Auch Doppelschichtkondensatoren und supraleitende Spulen verfügen über ein Antwortzeitverhalten im Milli- und Mikrosekundenbereich. Obwohl gerade auch die drei letztgenannten Typen große Lade- und Entladeleistungen beherrschen (MW-Bereich), fallen die Speicherkapazitäten im unteren kWh-Bereich eher bescheiden aus.

Die erreichbare Zyklenzahl ist ein Maß für die technische Lebensdauer eines Speichersystems. Beim Speicherbetrieb stehen die Zyklenzahl und das dynamische Verhalten in einer engen Beziehung; je schneller das Antwortzeitverhalten ist, desto höher fällt die Zyklenzahl aus. Häufig hängt die Zyklenzahl von einer Reihe von Betriebsparametern ab, die eine reduzierende (hohe Temperatur, Tiefentladung) oder steigernde Auswirkung (begrenzte Lade- und Entladeleistung) haben. Entsprechend sorgfältig ist bei der Auslegung und Auswahl von Speichern vorzugehen. Ähnlich wie bei der Energieversorgung ein Energiemix herangezogen wird, ist auch bei Speichersystemen ein Speichermix erforderlich.

Eine umfangreiche Darstellung von Speichern, deren Einsatz und auch den Bedarf an Speichern für eine regenerative Energieversorgung findet sich in [189]. Zu den auch in dieser Quelle angeführten Druckluftspeichern sei auf die Infobox Druckluftspeicher als Alternative? verwiesen.

Aus der vorangegangenen Betrachtung ergeben sich wesentliche Konsequenzen für eine Umsetzung. Der elektrische *Inselbetrieb*[12] eines einzelnen fluktuierenden Erzeugers mit lediglich einem Verbraucher würde einen enormen technischen Aufwand nach sich ziehen. Das hängt nur bedingt mit der Nutzung regenerativer Energieträger zusammen. Auch mit Dieselgeneratoren betriebene (Mini-)Netze erweisen sich bei allgegenwärtigen Lastschwankungen im Betrieb als wenig stabil.

---

[12]Betrieb ohne Verbindung zu einem öffentlichen Versorgungsnetz.

2.2 Technisch und ökologisch

Erst eine räumliche Vernetzung führt zu Ausgleichseffekten, die die betriebliche Stabilität unterstützen. Der Betrieb von Versorgungsnetzen gibt ein anschauliches Beispiel. Aus der Anbindung einer Vielzahl von Verbrauchern und durch deren individuelles Lastverhalten ergibt sich eine signifikante Glättung einzelner Lastspitzen. Dies betrifft die Höhe der einzelnen Spitzen ebenso wie die Steilheit der ansteigenden und abfallenden Flanke. Beides sind wesentliche Voraussetzungen zur verbesserten Stabilität bei der bedarfsgerechten Versorgung (Abschn. 2.3).

Für fluktuierende Erzeuger gilt sinngemäß dasselbe. Die räumliche Verteilung von zahlreichen Erzeugern in dezentralen Versorgungsstrukturen ist dabei ein entscheidender Faktor für mehrere Ausgleichseffekte:

- Das Wettergeschehen ist über größere Distanzen und in verschiedenen Regionen in der Regel nicht einheitlich.
- Einzelne Wetterereignisse sind räumlich oder zeitlich eng begrenzt, sodass bei einer dezentralen Versorgungsstruktur immer nur Teile des Anlagenparks von besonderer Windstille oder Starkwindereignissen betroffen sind.
- Während eine einzelne Wolke am ansonsten klaren Himmel die Einspeiseleistung einer Photovoltaikanlage innerhalb von Sekunden um 40 % und mehr sinken lassen kann, ist die Photovoltaikanlage in der nächsten Straße erst eine Minute später von dem Ereignis betroffen. Nach wenigen Sekunden oder Minuten ist der Wolkenschatten weitergezogen und die Anlage produziert wieder mit voller Leistung. Das Nachbardorf, der nächste Stadtteil ist je nach Zugrichtung der Wolke hiervon überhaupt nicht beeinträchtigt. Dasselbe gilt bei teilweise bewölktem Himmel. Immer wird nur ein Teil der Anlagen verschattet sein, während eine Vielzahl von Photovoltaikanlagen ohne Verschattung mit voller Leistung Strom produziert.

Zur Verdeutlichung zeigen die folgenden Abbildungen die Auswirkung einer geringen Verschleierung am Himmel (Abb. 2.26) beziehungsweise einzelner Wolken (Abb. 2.27).

In Abb. 2.27 fällt besonders der scharfe Einbruch gegen 14:00 Uhr auf. Er spiegelt die Verschattung durch eine kleine Wolke wider, die den Generator für wenige Minuten trifft. Rund eine Stunde später wird der Generator dann durch eine große Wolke für rund eine halbe Stunde verschattet.

Auch auf größeren, saisonalen Zeitskalen existieren Fluktuationen. Im Sommerhalbjahr ist in mittleren Breiten ein weit überproportionaler Teil der Solarstrahlung zu verzeichnen (Abb. 1.14), während das Windaufkommen in den Wintermonaten deutlich größer ausfällt. Dadurch zeigt sich in Zentraleuropa eine hervorragende Ergänzung zwischen den Energieträgern Wind und solarer Einstrahlung. Im Abschn. 2.3 wird dieser Gedanke weiterverfolgt.

Netze – Nutzung von Energie an einem anderen Ort
Wasser-, Strom-, Gas- und Wärmenetze transportieren und verteilen ein Medium oder einen Energieträger. Damit dienen sie zur Verbindung von Verbrauchern und Erzeugern. Häufig wird

Sommertag: Leichte Bewölkung am Nachmittag

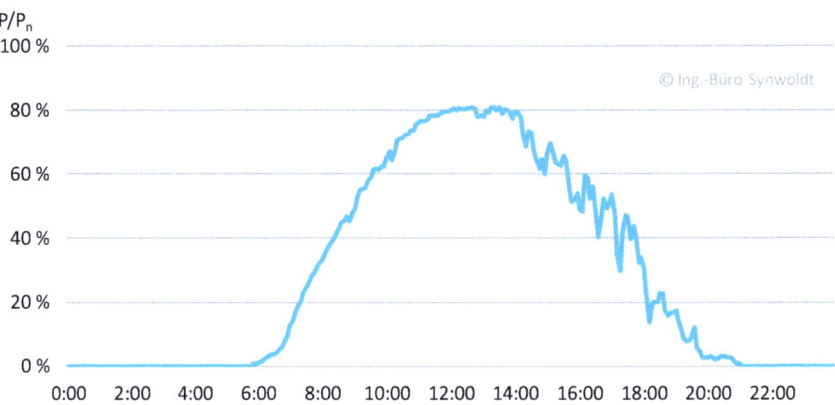

Abb. 2.26 Photovoltaikanlage bei leichter Bewölkung

Sommertag: Am Nachmittag zunehmende Bewölkung

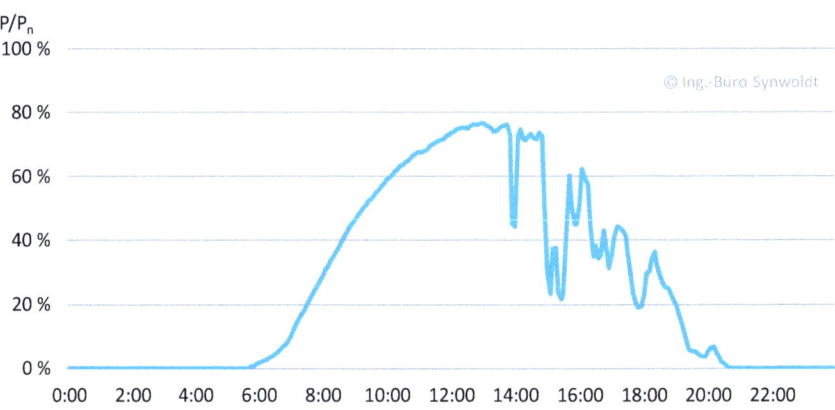

Abb. 2.27 Photovoltaikanlage bei Bewölkung

dabei ein mindestens ebenso wichtiger Aspekt jedoch übersehen: der räumliche und zeitliche Ausgleich zwischen einzelnen Verbrauchsereignissen.

Zwar existieren ganz klare, saisonale und tageszeitliche Trends für den Bedarf, der einzelne Verbraucher hat jedoch ein von individuellen Bedürfnissen geprägtes Verhalten. Bereits eine einfache Überlegung liefert Hinweise zur *Gleichzeitigkeit* von Verbrauchsereignissen. Je nach Aufenthaltsort einer Person fallen Verbräuche am Wohn-, Arbeits- oder sonstigen Aufenthaltsort an.

2.2 Technisch und ökologisch

- Private Haushalte haben einen an den Arbeits- und Wachzeiten orientierten Tagesrhythmus.
  - Zwischen der Schwachlast in den Nachtstunden in der Größenordnung von 100 W und der Spitzenlast im Bereich von 10 kW liegt ein Faktor von 100.
  - Über die Summe aller privaten Haushalte glättet sich das Verhältnis von Grundlast und Spitzenlast zum Faktor 6 (Abb. 2.28).
  - Über die Summe sämtlicher Stromverbraucher in Deutschland (private Haushalte, Gewerbe und Industrie, öffentlicher Sektor) liegt der Faktor bei 2.
- Gewerbebetriebe (Abb. 2.29) haben branchenspezifische Hochlastphasen.
  - Backstube: nachts, früh morgens.
  - Fertigungsbetrieb: tagsüber, ggf. Schichtbetrieb.
  - Gastronomie: abends.
- Öffentliche Einrichtungen.
  - Verwaltungen: tagsüber.
  - Krankenhäuser: rund um die Uhr.

Um eine Versorgung sicherzustellen, muss der aktuelle Bedarf zu jedem Zeitpunkt durch die Erzeugung gedeckt werden. Neben der Summe der maximalen Einzelbedarfe kommt damit eine zweite Größe zum Tragen: die Gleichzeitigkeit.

[P_{res}: resultierender Leistungsbedarf; P_i:: Einzelbedarfsleistung; $g = 0, 1 \ldots 1$, Gleichzeitigkeitsfaktor]

$$P_{res} = g \cdot \sum_{i=0}^{n} P_i \tag{2.2}$$

Der Gleichzeitigkeitsfaktor wird in der Regel empirisch, aus langen Zeitreihen und Erfahrungswerten, gewonnen. Die Vorhersagewerte treffen lediglich bei besonderen Ereignissen, die eine

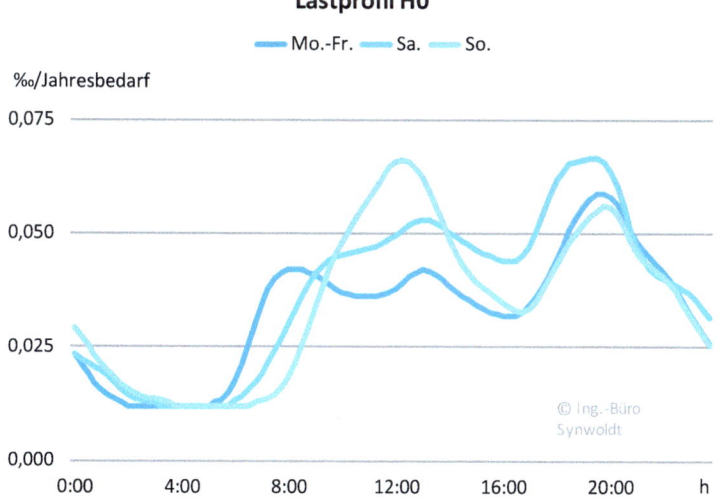

Abb. 2.28 Standardlastprofil für private Haushalte im Winter. (Daten: [190])

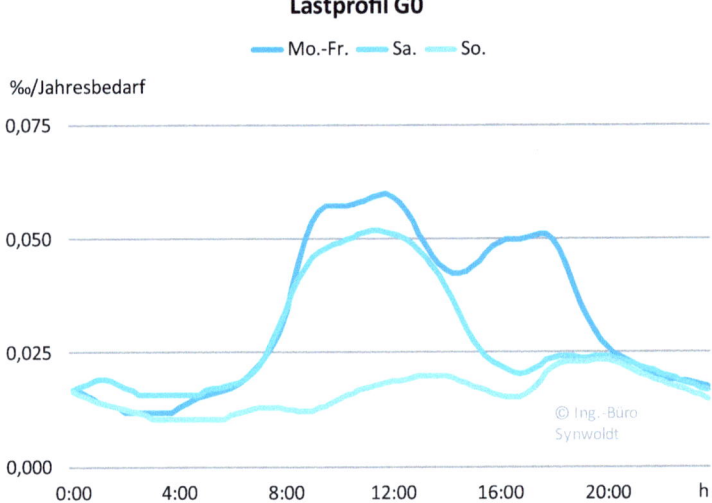

Abb. 2.29 Standardlastprofil für Gewerbe im Winter. (Daten: [190])

große Anzahl an Individuen zu zeitgleichem Verhalten veranlassen, *nicht* zu – beispielsweise, wenn in der Pause vom Endspiel der Fußballweltmeisterschaft Millionen Fernsehzuschauer gleichzeitig das Bad besuchen oder eine Tiefkühlpizza in den Backofen legen.

Bezogen auf einen einzelnen Verbraucher – etwa einen privaten Haushalt – ist von einer sehr dynamischen Lastkurve auszugehen. Nachts sind nur wenige Verbraucher (Radiowecker, Kühlschrank) aktiv, die Last liegt in der Größenordnung von 100 W. Tagsüber kann durch den gleichzeitigen Betrieb von Herd, Waschmaschine und anderen Geräten die Last temporär auch mehr als 10 kW betragen. Im Jahresdurchschnitt hat ein privater 3-Personen-Haushalt eine mittlere Last von

$$\overline{P} = \frac{3500 \text{ kWh/a}}{8760 \text{ h/a}} = 400 \text{ W} \tag{2.3}$$

Aus den zeitlich präzise überlagerten Lastgängen einer Vielzahl von Haushalten lassen sich Lastprofile erstellen, die die Gleichzeitigkeit des Bedarfs widerspiegeln. Hierzu existieren vom Verband der Elektrizitätswirtschaft e. V. (VDEW, 2007 im Bundesverband der Energie- und Wasserwirtschaft e. V. (BDEW) aufgegangen) zeitlich hoch aufgelöste Datenreihen (15-min-Werte), die saisonale Einflüsse abbilden und nach Verbrauchergruppen und Wochentagen trennen (Abb. 2.28 und 2.29).

2.2.2 Netzausbau

Im Zusammenhang mit dem Ausbau von dezentralen Erzeugern zur Nutzung von Solar- und Windenergie wird ein Aus- und Umbaubedarf der Stromnetze sichtbar. Die Regionen, der ländliche Raum, werden zu immer wichtigeren Produzenten von Strom (Abschn. 2.1.4).

Ausgehend von Versorgungsstrukturen mit konventionellen Großanlagen, haben sich Netzstrukturen gebildet, die die Ballungs- und Verbrauchszentren auf der Transportnetzebene verbinden und dann – ähnlich wie die Äste eines Baumes – sich über die

2.2 Technisch und ökologisch

Verteilnetze immer weiter verzweigen. Regionale Zentren verfügen über einen Anschluss an das Hochspannungsnetz, Kleinstädte und Dörfer sind über Mittel- und Niederspannungsnetze angebunden. Einhergehend mit der abnehmenden Einwohnerdichte findet eine Ausdünnung der Netzstrukturen statt. Nur selten sind industrielle Großverbraucher im ländlichen Raum anzutreffen.

Damit wird die Frage des Netzverknüpfungspunktes für Windparks und größere Photovoltaikanlagen, aber auch für biomassegefeuerte BHKW immanent.

- Wie weit ist ein Netzverknüpfungspunkt an eine geeignete Spannungsebene vom beabsichtigten Anlagenstandort entfernt?
- Bis zu welcher Maximalleistung können an das Leitungssegment oder das Umspannwerk noch weitere Erzeuger angeschlossen werden?

Hieraus resultiert ein zunehmender Bedarf am Netzausbau auf der Verteilnetzebene, da mit 73 % [208–211] die weit überwiegende Mehrzahl der installierten Anlagenleistung regenerativer Erzeuger an der Nieder- und Mittelspannungsebene angebunden ist.

Durch die zunehmende Leistung neu installierter Windenergieanlagen wird die Schwelle zum Anschluss an die Mittelspannungsebene bereits bei Windparks mit mehr als fünf bis sechs Anlagen überschritten. Damit erfahren die 110 kV-Hochspannungsnetze eine ganz neue Nutzung, von der regionalen Verteilung hin zu *Stromeinsammelnetzen* zur Versorgung der Region und benachbarter urbaner Zentren. Ein weiterer Begriff, der in diesem Zusammenhang gebrauht wird, ist das *Flächenkraftwerk*, welches durch den Verbund dezentraler Erzeuger entsteht. Die 110 kV-Hochspannungsnetze gehören ebenfalls zu den Verteilnetzen. An diese Ebene ist ein Anteil von gut 25 % der installierten Leistung regenerativer Erzeuger angeschlossen. Lediglich 2,5 % der regenerativen Erzeuger speisen in die Übertragungsnetzebene (230 und 400 kV) ein.

Auch § 12 Abs. 1 des *Gesetzes für den Ausbau Erneuerbarer Energien (EEG)* bekräftigt die Notwendigkeit zum Netzausbau:

> Netzbetreiber müssen auf Verlangen der Einspeisewilligen unverzüglich ihre Netze entsprechend dem Stand der Technik optimieren, verstärken und ausbauen, um die Abnahme, Übertragung und Verteilung des Stroms aus erneuerbaren Energien oder Grubengas sicherzustellen. Dieser Anspruch besteht auch gegenüber den Betreibern von vorgelagerten Netzen mit einer Spannung bis 110 Kilovolt, an die die Anlage nicht unmittelbar angeschlossen ist, wenn dies erforderlich ist, um die Abnahme, Übertragung und Verteilung des Stroms sicherzustellen.

Netzausbau

Die Übertragungsnetzbetreiber werden nach § 12 Abs. 1 EEG explizit von entsprechenden Pflichten entbunden. Dies ist umso bemerkenswerter, da sämtliche vom Gesetzgeber forcierten Netzbaumaßnahmen ausschließlich die Übertragungsnetzebene betreffen.

Während eine Rückspeisung von der Nieder- und Mittelspannungsebene in die 110 kV-Hochspannungsnetze explizit vorgesehen wird, ist mit der *Ausgleichsmechanismusverordnung (AusglMechV)* die Pflicht zur Hochspannung in die Übertragungsnetzebene bereits im Jahr 2010 entfallen.

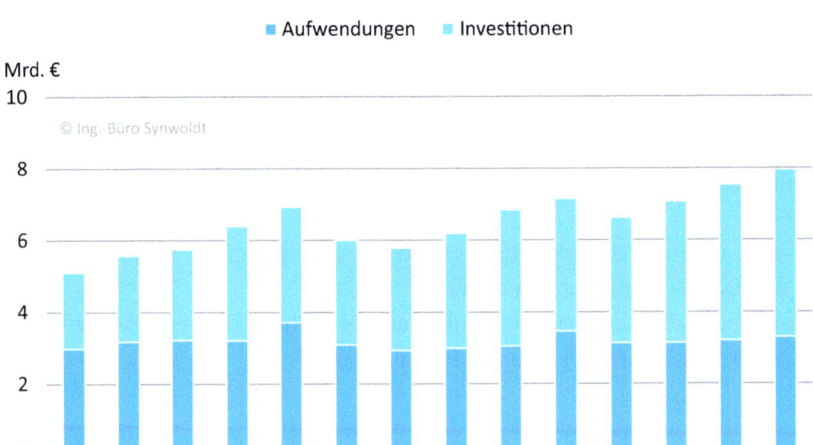

Abb. 2.30 Investitionen in Verteilnetze. (Daten: [179, 180])

Hieraus erwachsen regional sehr unterschiedlich – und vor allem für Verteilnetzbetreiber im ländlichen Raum – Notwendigkeiten zur Investition in Infrastrukturen (Abb. 2.30). Bei Flächennetzbetreibern, in deren Netzgebiet eine große Anzahl an Windenergieanlagen installiert ist, stehen Maßnahmen zur Netzverstärkung auf der 110 kV-Ebene im Vordergrund. Dies erfolgt vorzugsweise durch eine Um- und Neubeseilung. Im ersten Fall werden vorhandene Leiterseile, soweit es die technischen Rahmenbedingungen[13] erlauben, durch Hochtemperaturleiterseile oder Seile mit größerem Querschnitt ersetzt. Sind Leitungstrassen nicht voll bestückt, können weitere Leitungssysteme auf bislang ungenutzten Traversen eingezogen werden. Weiterhin gehören auch elektronische Komponenten zur aktiven Lastflussregelung zu den möglichen Maßnahmen.

Kleine Photovoltaikanlagen ($P \leq 100\dots150\,\mathrm{kW_p}$), die an die Niederspannungsebene angeschlossen sind, machen 38 % der gesamten Erzeugerleistung aus regenerativen Energien aus [208–211]. Die Mehrzahl der knapp zwei Millionen Anlagen ist auf Gebäuden installiert. In einzelnen Strängen von Ortsnetzen kann sich durch die verstärkte Einspeisung aus Photovoltaikanlagen in den Mittagsstunden die Richtung des Energieflusses umkehren. Dabei spielt weniger die Strombelastung als das Einhalten der Spannungstoleranz eine Rolle. Typische Maßnahmen zum Gewährleisten des Spannungsbandes sind die Ertüchtigung der vorhandenen Netzinfrastrukturen durch

---

[13]Das Ertüchtigen eines einzelnen Netzabschnitts erfordert immer die Gesamtschau auf alle angrenzenden Netzmittel. Mündet die Freileitung in eine Kabelstrecke, so ist eine alleinige Ertüchtigung der Freileitung nicht zielführend.

regelbare Ortsnetztransformatoren (rONT)[14] oder Längsregler zur Spannungsregelung. Im Fall von Ringnetzen kann auch durch das Schließen einer im Normalbetrieb offenen Trennstelle ein gleichmäßigerer Lastfluss erreicht werden. Bislang nur selten findet eine messtechnische Überwachung von Netzmitteln (Transformatoren, Kabel, Leistungsschalter …) statt. Hierdurch lässt sich die Nutzung der vorhandenen Infrastruktur optimieren.[15]

Der rechtliche Rahmen für Investitionen in den Netzausbau ist durch die *Verordnung über die Anreizregulierung der Energieversorgungsnetze (Anreizregulierungsverordnung, ARegV)* bestimmt. Hiernach können Investitionen nur mit einem gewissen Zeitverzug und bis zu gewissen Grenzen bei der Kalkulation der Netznutzungsentgelte für die Kunden berücksichtigt werden. Die Regulierung der Erlösobergrenzen erfolgt über fünfjährige Perioden. Die besonders hohen Investitionen in 2011 lassen sich damit erklären, dass 2011 als Basisjahr für die Neufestsetzung der Erlösobergrenzen in der zweiten Regulierungsperiode ab 2014 herangezogen wird. Verbände kritisieren das Prinzip der Erlösobergrenzen und festgelegten Effizienzsteigerung als eher geeignet für ein System im eingeschwungenen Zustand als für eine Phase mit deutlichem Ausbaubedarf. Der erste Erfahrungsbericht der Bundesnetzagentur [191] sieht hier ebenfalls Nachbesserungsbedarf, insbesondere auch in Bezug auf langfristig wirksame Investitionen.

In welcher Höhe ein Ausbaubedarf besteht, wird recht unterschiedlich eingeschätzt (Tab. 2.2). Im Vergleich mit dem als erforderlich eingestuften Ausbau der Übertragungsnetze (Tab. 2.3) fällt der signifikant höhere Umfang auf. Die Bundesnetzagentur veröffentlicht seit 2019 Berichte zum Zustand aus Ausbau der Verteilnetze mit Fokus auf den Netzausbau in der Hochspannungsebene.

Damit wäre der Rahmen für den technischen Netzausbau zur weiteren Dezentralisierung der Versorgung skizziert.

Netze
Die Stromnetze in Deutschland (Abb. 2.31) teilen sich in zwei Bereiche, die Verteilnetze und die Übertragungsnetze auf. Wenn in der öffentlichen Diskussion von *Stromnetzen* die Rede ist, dann sind praktisch immer und ausschließlich Übertragungsnetze gemeint, die lediglich 2 % des gesamten Netzes ausmachen.

Während es lediglich vier Übertragungsnetzbetreiber gibt, die aus historischen Gebietsmonopolen hervorgingen, sind knapp 900 Verteilnetzbetreiber aktiv. Viele Verteilnetze umfassen nur kleinere lokale Bereiche. 76 % der Verteilnetze verfügen über eine Stromkreislänge von unter 1000 km (Abb. 2.32).

---

[14]Regelbare Transformatoren sind im Hochspannungs- und Mittelspannungsnetz seit Jahrzehnten Stand der Technik.

[15]Verteilnetze werden in aller Regel passiv betrieben. Dabei erfolgt eine kalkulatorische Auslegung anhand von Kenndaten und Sicherheitszuschlägen, die betrieblich durch Sicherungseinrichtungen überwacht wird. Die tatsächlichen Parameter wie Leitertemperatur, Spannungs- und Stromwerte etc. werden im laufenden Betrieb nur in Ausnahmefällen erfasst.

Tab. 2.2 Netzausbaubedarf im Verteilnetz. (Daten: [192])

Studie	Jahr	Ausbau HS [km]	Ausbau MS [km]	Ausbau NS [km]	Gesamt [km]	Bezugsjahr
DENA – Verteilnetzstudie NEP B	2012	35.610	72.051	51.563	159.224	2030
DENA II Verteilnetzstudie Bundesländerszenario	2012	39.544	117.227	57.229	214.000	2030
BDEW Energiekonzept 2020	2011	350	55.000	140.000	195.350	2020
BDEW BMU-Leitszenario 2020	2011	650	140.000	240.000	380.650	2020

Tab. 2.3 Netzausbaubedarf im Übertragungsnetz. (Daten: [192])

Studie	Jahr	Umbau [km]	Neubau AC [km]	Neubau DC [km]	Gesamt [km]	Bezugsjahr
DENA I	2005	400	850		1250	2015
DENA II Basisszenario	2010		3600		3600	2020
DENA II Hybridlösung	2010		3100	800	3900	2020
VDE-Studie Overlaygrid	2011			2556	2556	2050
BET und VBW	2011		1300	1500	2800	2020
Consentec 2015	2010				700	2015
Netzentwicklungsplan	2012	4400	1700	2100	8200	2022
Netzentwicklungsplan	2013	4900	1500	2100	8500	2023

Ganz anders stehen die Prioritäten auf der politischen Agenda. Im Netzentwicklungsplan [193] ist ausschließlich die Transportnetzebene im Fokus der Betrachtung. Was in der Diskussion um den dort beschriebenen Netzausbau zudem regelmäßig untergeht, ist die geringe Relevanz der Übertragungsnetze für den Betrieb dezentraler Erzeuger und den Umbau der Energieversorgungsinfrastruktur insgesamt [194].

> Es bestand allerdings seit Längerem die starke Vermutung, dass der geplante massive Stromnetzausbau, insbesondere auch die geplante Südthüringen-Leitung von Erfurt über Altenfeld nach Redwitz, wesentlich verursacht wird durch unnötige Einspeisung von Kohlestrom parallel zu Starkwindeinspeisung sowie durch die Nichtberücksichtigung des gesetzlich gebotenen Abschneidens von seltenen erneuerbaren Erzeugungsspitzen.
> …
> Mittlerweile liegen detaillierte Lastflussdaten des Übertragungsnetzbetreibers 50 Hertz für 03/2012–06/2013 vor sowie von der Bundesnetzagentur für das Prognosejahr 2022, die Grundlage für den Bundesbedarfsplan sind. Aus entsprechenden Abgleichen der Daten zu Netzbelastung und Stromeinspeisung lässt sich u. a. detailliert quantitativ belegen, inwiefern der laut Netzentwicklungsplan und Bundesbedarfsplan erforderliche massive Netzausbau primär durch hohe Wind- und Sonnenenergieeinspeisung verursacht wird oder eben doch,

2.2 Technisch und ökologisch

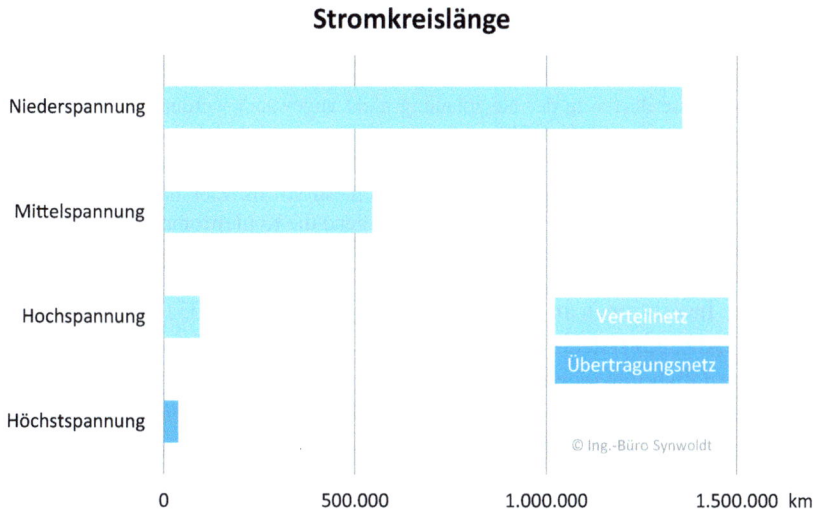

Abb. 2.31 Stromnetze in Deutschland. (Daten: [180])

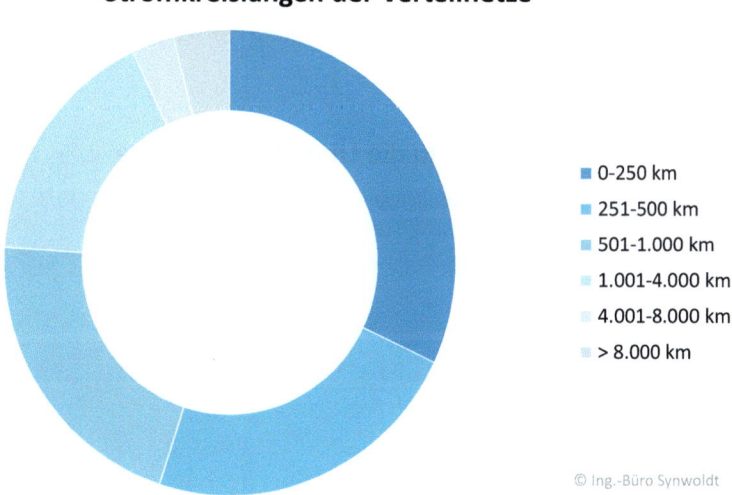

Abb. 2.32 Struktur der Verteilnetze. (Daten: [180])

wie bisher nur vermutet, von unnötig hoher Kohlestromeinspeisung zeitgleich zu hoher Windenergieeinspeisung.

…

Im Gegensatz zu den gesetzlich festgelegten energiepolitischen Zielen der Energiewende soll gemäß Netzentwicklungsplan das Stromnetz für eine unbeschränkte Einspeisung fossil erzeugten Stroms auch bei gleichzeitig hoher Einspeisung von erneuerbarem Strom ausgebaut werden.

Bei der Netzausbauplanung bleibt nämlich weiterhin ein Herunterregeln konventioneller Kraftwerke bei Netzengpässen („Redispatch") unberücksichtigt mit der fragwürdigen Begründung: „Redispatch und Countertrading sind präventive und kurative Maßnahmen des Netzbetriebs. Diese dürfen in der Netzplanung nicht angewandt werden." Dies klingt nach einem gesetzlichen Verbot, doch ein solches Verbot existiert mitnichten. Die Verweigerung von „Redispatch" bei der Netzausbauplanung widerspricht grundlegend der Energiewende, die mehr erneuerbare Energien und weniger Kohlestrom als Ziel hat. Bei ausreichend erneuerbarem Energieangebot muss demnach zwingend die Kohlestromproduktion heruntergefahren werden [194].

Die Höhe der Investitionen in die Übertragungsnetze (Abb. 2.33) fällt gegenüber den Verteilnetzen (Abb. 2.30) deutlich ab. Insbesondere die Investitionen für die erforderliche Anbindung der Offshorewindparks an die Küsten und weiter zu den Verbraucherzentren sowie mögliche Kosten aus der *Verordnung zur Regelung des Verfahrens der Beschaffung einer Netzreserve sowie zur Regelung des Umgangs mit geplanten Stilllegungen von Energieerzeugungsanlagen zur Gewährleistung der Sicherheit und Zuverlässigkeit des Elektrizitätsversorgungssystems (Reservekraftwerksverordnung, ResKV)* bergen jedoch das Potenzial für weitere Erhöhungen der Netznutzungsentgelte [195].

Der rechtliche Rahmen für den bundesweiten Übertragungsnetzausbau:

- das *Gesetz zum Ausbau von Energieleitungen (EnLAG)*,
- das *Gesetz über die Elektrizitäts- und Gasversorgung (EnWG)*,

Abb. 2.33 Investitionen in Übertragungsnetze. (Daten: [180])

- das *Netzausbaubeschleunigungsgesetz Übertragungsnetz (NABEG)*,
- das *Gesetz über den Bundesbedarfsplan (BBPlG)*.

Wenn ein überregionaler Transport von Strom aus *regenerativen* Erzeugern erforderlich wird, dann nur aufgrund eines quasizentralisierten Zubaus, der der Marktlogik folgt: Für die Stromerzeugung gelten die Rahmenbedingungen eines liberalisierten Marktes, während der Stromtransport reguliert ist. Die (Folge-)Kosten einer Gewinnmaximierung bei der Erzeugung (Photovoltaik in Süddeutschland, Windenergie Offshore und in Norddeutschland) werden beim Stromtransport allokiert – und damit sozialisiert. Da Photovoltaikanlagen jedoch nur in Ausnahmefällen in die Übertragungsnetze einspeisen, sind es vielmehr konventionelle Kraftwerke und deren Stromexport in den europäischen Binnenmarkt, die beim Netzausbau im Fokus stehen. Eine detaillierte Betrachtung hierzu findet sich in Kap. 3.

Neben dem starken gesetzgeberischen Engagement fällt die Varianz unterschiedlicher Studien zur Einschätzung des Ausbaubedarfs bei den Übertragungsnetzen auf (Tab. 2.3).

Neben technischen Erwägungen spielen beim Ausbau von Infrastrukturen auch Aspekte wie Akzeptanz und Umsetzbarkeit von Maßnahmen eine wesentliche Rolle. Gerade Netzbaumaßnahmen stoßen regelmäßig auf wenig Zuspruch. Die Sichtbarkeit von Freileitungstrassen über weite Distanzen ist dabei ein maßgebliches Element. Die 80–100 m hohen Masten der Höchstspannungsebene sind um ein Mehrfaches größer als Hoch- und Mittelspannungsmasten im Verteilnetz und überragen deutlich den Baumkronenbereich von Wäldern. Entsprechend stärker fallen die Vorbehalte aus.

Speicher und Netze
Durch den Einsatz von Speichern kann das Bereitstellen und das Nutzen von Energie *zeitlich* entkoppelt werden. Netze erlauben hingegen einen *räumlichen* Ausgleich.

Bis zu einem gewissen Grad kann daher der *netzdienliche* Einsatz von Speichern den Zubaubedarf an Netzinfrastrukturen kompensieren. Sowohl Verbrauchs- wie auch Erzeugungsspitzen lassen sich damit glätten *(peak shaving)*.

Andererseits kann ein marktgetriebener Einsatz von Speichern – bei einem hohen Angebot an Stromeinspeisung sinkt der Börsenstrompreis und die Speicher sollen hiermit kostengünstig geladen werden – den Ausbaubedarf der Netze sogar signifikant erhöhen [196].

Zentrale oder quasizentrale Erzeuger, wie beispielsweise auch Offshorewindparks, machen den weiträumigen Transport eines Energieträgers erforderlich. Ein Speicherbetrieb kann in diesem Szenario den Netzausbau nur in äußerst begrenztem Rahmen reduzieren.

Ein Ersatz von Freileitungen durch Erdkabel ist – jenseits von Kostenüberlegungen – technisch nur beschränkt möglich. Das kapazitive Verhalten von Höchstspannungskabeln begrenzt die maximale Länge einer Kabelstrecke auf weniger als 50–100 km, ansonsten übersteigt die Blindleistung aufgrund des kapazitiven Verhaltens die übertragene Wirkleistung (Abb. 2.34). Zudem wird das Kabel durch die Blindleistung zusätzlich belastet. Einer überregionalen oder landesweiten Querung mit Kabelverbindungen sind damit Grenzen gesetzt.

Die Blindleistungsproblematik ist jedoch ausschließlich für Wechselstromnetze relevant. Bei längeren Distanzen, zum Beispiel Meeresquerungen, wird die *Hochspannungsgleichstromübertragung* (HGÜ) gewählt. Dazu sind an den Kopfstationen Gleich- bzw. Wechselrichter erforderlich (Abb. 2.35).

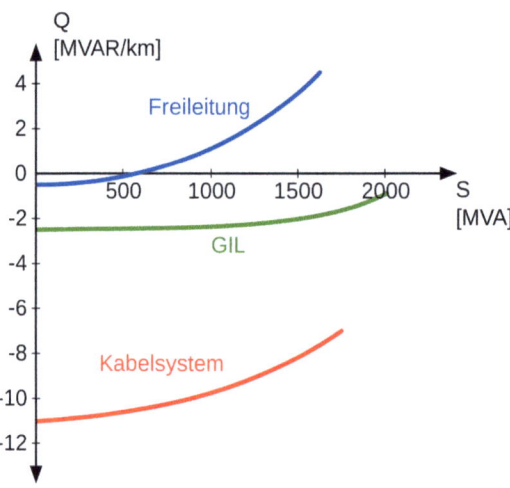

Abb. 2.34 Blindleistungsbedarf pro Kilometer. (Quelle: wikimedia, gnu fdl 1.2)

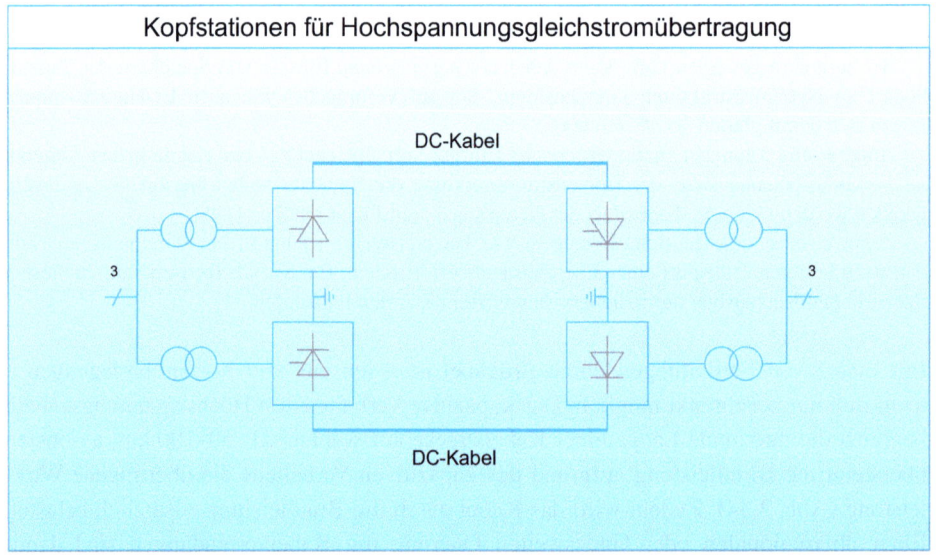

Abb. 2.35 Umspannstation für HGÜ

Eine phasen- und frequenzstarre Kopplung von Wechselstromnetzen ist über Gleichstromverbindungen nicht möglich. Dasselbe gilt für die in Wechselspannungsnetzen übliche Lastflusssteuerung durch Phasenverschiebung. Die Stromrichter erlauben bei entsprechender Ansteuerung einen Beitrag zur Blindleistungskompensation.

Über lange Verbindungen ($\gg 100$ km) fallen bei einer Gleichstromübertragung, trotz der erforderlichen Kopfstationen, die Übertragungsverluste geringer als bei Wechselspannungsübertragung aus. Für die Anbindung der Offshorewindparks wird daher ein gleichstrombasiertes Overlay-Netz, zusätzlich zu anderen Netzbauvorhaben, zu den Verbraucherzentren in Süd- und Westdeutschland diskutiert [193].

2.2.3 Versorgungssicherheit und Netzverluste

Werden kleinzellige, verteilte Einheiten miteinander vernetzt, so hat dies durchaus Vorteile für die Versorgungssicherheit: Während der Ausfall einer (Groß-)Anlage zu weitreichenden Konsequenzen für eine Vielzahl von Verbrauchern führt, sind im Fall einer dezentralen Versorgung nur wenige Verbraucher von einem Ausfall direkt betroffen. Der Ausfall eines einzelnen Erzeugers ist für das Gesamtsystem weniger relevant. Die allgemeine Versorgung lässt sich durch die anderen Erzeuger aufrechterhalten. Aufgrund der Vernetzung von Erzeugungseinheiten wird die (zusätzliche) Last auf benachbarte Erzeuger verteilt.

Bei zentralen Versorgungsstrukturen dienen hierzu Übertragungsnetze, deren primäre Aufgabe der Verbund von Großkraftwerken zur Erhöhung der Sicherheit vor Versorgungsstörungen ist. Der heute über diese Netze abgewickelte Stromhandel und die bundesweite Durchleitung von Strommengen über Hunderte von Kilometern waren bei der Entwicklung und Dimensionierung dieser Netze kein Auslegungskriterium. Der Zubaubedarf auf der Übertragungsnetzebene ist vor allem der Ausweitung des Stromhandels geschuldet (Abschn. 2.2.2).

Bei dezentralen Erzeugern übernehmen die Verteilnetze, an die die Mehrzahl der *dezentralen* Erzeuger und auch die Mehrzahl der Verbraucher angeschlossen sind, gleichzeitig die Rolle des übergeordneten Ausgleichs. Dabei tritt, wie in den folgenden Abschnitten noch weiter vertieft wird, neben der Sicherheit gegenüber Ausfällen auch der Ausgleich von witterungsbedingten und saisonalen Einflüssen ein.

Dezentrale Versorgungsstrukturen verfügen zudem über einen wenig beachteten Vorzug: Durch die verbrauchernahe Einspeisung fallen die Netzverluste aus der Stromübertragung spürbar niedriger aus; die Grafik in Abb. 2.23 zeigt den Rückgang der Netzverluste über den Zeitraum seit Inkrafttreten des EEG im Jahre 2000.

Dies lässt sich nicht nur an den aggregierten Daten der deutschlandweiten Stromerzeugung ablesen, sondern auch im Lastverlauf eines Verteilnetzes. Eine Gegenüberstellung von dezentraler Einspeisung und Netzlast verdeutlicht den Zusammenhang. Während in Abb. 2.36 die Netzlast (rechte Skala) im Sommerhalbjahr nur geringfügig niedriger ausfällt als im Winter, ist bei den Netzverlusten (linke Skala) im selben Zeitraum nahezu eine Halbierung festzustellen.

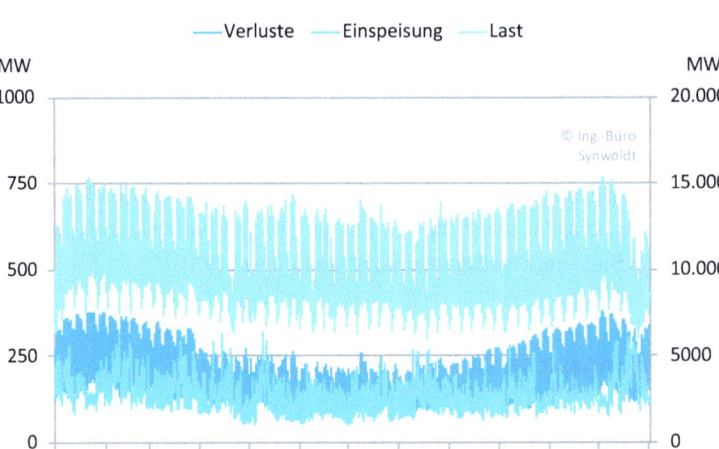

Abb. 2.36 Auswirkung der dezentralen Einspeisung auf die Netzverluste. (Daten: [197, 198, 199])

Die Einspeisekurve[16] zeigt ein ganzjähriges Minimum von rund 1 GW. Diesen Beitrag liefern thermische Erzeuger (biogene und fossile Brennstoffe, Hausmüll). Bei der Einspeisekurve ist insbesondere in den Sommermonaten eine höhere Dichte an Einspeisemaxima auszumachen. Dies ist auf die Erzeugung aus Photovoltaikanlagen zurückzuführen. Einzelne Spitzen in den Wintermonaten und der Übergangszeit legen eine Einspeisung aus Windenergieanlagen nahe.

Das Vermeiden von Netzverlusten hat zudem eine handfeste wirtschaftliche Dimension. Wie aus den Veröffentlichungen [200] hervorgeht, hat der Verteilnetzbetreiber Westnetz GmbH im Jahr 2014 Kosten in Höhe von mehr als 96,5 Mio. € für den Ausgleich der Netzverluste zu tragen. Ein hypothetischer Rückgang der Netzverluste analog zu dem in Abb. 2.23 gezeigtem Verlauf entspräche damit einer jährlichen Einsparung von 30–40 Mio. €.

Aus der dezentralen Einspeisung ergibt sich neben den vermiedenen Netzverlusten auch eine verringerte Nutzung der vorgelagerten Netzebenen. Dies führt für die Betreiber nachgelagerter Netze, und damit in letzter Konsequenz auch für die Verbraucher, zu vermiedenen Netznutzungsentgelten. Gemäß § 57 (3) EEG wird dieser monetäre Vorteil jedoch nicht den Betreibern der nach dem EEG geförderten Anlagen erstattet, sondern von den Verteilnetzbetreibern an den jeweils zuständigen Übertragungsnetzbetreiber weitergegeben. Diese führen die Zahlungen zusammen mit der

---

[16]Da sich sämtliche Daten auf das Netz eines Verteilnetzbetreibers (Westnetz GmbH) beziehen, kann von einer dezentralen Einspeisung ausgegangen werden.

EEG-Umlage der Verbraucher dem EEG-Konto zu. Die EEG-Jahresabrechnung für 2014 weist für vermiedene Netznutzungsentgelte mehr als 750 Mio. € aus [201]. Mit dem *Netzentgeltmodernisierungsgesetz (NEMoG) 2017* werden für ab 2018 in Betrieb genommene, volatile Erzeuger (PV, Wind) keine vermiedenen Netznutzungsentgelte mehr angerechnet. Für andere dezentrale Erzeuger gilt die Regelung ab 2023.

Insbesondere für den Ausbau von Offshorewindparks werden jedoch erhebliche Mittel für den Netzausbau, nicht nur zur Anbindung an die Küsten, sondern auch zur Weiterleitung an die Verbraucherzentren, erforderlich. Daher soll der durch die *dezentrale* Stromerzeugung ausgelöste Zahlungsfluss nicht mehr beim EEG-Konto allokiert werden, sondern an die Übertragungsnetzbetreiber umgelenkt werden. Im *Entwurf eines Gesetzes zur Weiterentwicklung des Strommarktes (Strommarktgesetz)* wird eine entsprechende Änderung des § 57 Abs. 3 EEG dahin gehend angestrebt, dass ab 2021 die Zahlungen direkt den Übertragungsnetzbetreibern zugutekommen [202]. Zur Optimierung des (Verteil-)Netzausbaus wird in § 11 Abs. 2 EnWG eine Leistungskappung von 3 % bei Photovoltaik- und Windenergieanlagen zur Netzauslegung berücksichtigt.

Auf diesem Weg werden nicht nur die nicht privilegierten Letztverbraucher über den Umweg der EEG-Umlage zusätzlich belastet. Besonders elegant ist die Umleitung der Zahlungsströme: Die Betreiber dezentraler EE-Anlagen finanzieren anstelle eines aus ihrer Sicht erforderlichen Umbaus der Verteilnetze den Ausbau der Übertragungsnetze für quasizentrale Offshorewindparks und müssen im Gegenzug mit einer Abregelung ihrer Anlagen rechnen.

2.2.4 Energieklippe

Während die *monetären* Kosten für den Bezug von konventionellen Energieträgern ein vielfach beschriebenes Phänomen sind, genießt der *energetische* Aufwand bislang nur wenig Aufmerksamkeit.

Die zunehmende Ausbeutung besonders ergiebiger und mit geringem Aufwand erreichbarer Rohstoffquellen führt zwangsläufig zu kontinuierlich mehr Aufwand bei der Gewinnung von Öl, Gas, Kohle und Uran: mehr technischer Aufwand zum Erreichen der Lagerstätte und zu deren Ausbeutung.

Die dafür erforderlichen Investitionen schlagen nachvollziehbar auf die Förderkosten durch. Doch es gibt noch einen zweiten Aspekt – und dieser ist weitaus bedeutsamer: Der technische Aufwand zum Erreichen tieferer Gesteinsschichten, zu dem förmlichen Auspressen von Gas und Öl mit Wasser, Dampf oder Gasen aus dem Gestein oder schlicht zur Förderung immer größer Gesteinsmengen wegen rückläufiger Urankonzentration führt regelmäßig zu einem erhöhten *Energieaufwand* für die Förderung. Damit wird ein kontinuierlich größerer Teil der eigentlich für andere Zwecke benötigten Energie bereits für die Gewinnung der Energieträger aufgewendet. Als Konsequenz öffnet sich eine immer weiter ansteigende Spirale des Hungers nach Energie – allein um weitere Energie für die Förderung von Energieträgern bereitzustellen.

Entsprechende Kalkulationen können ganz analog zur monetären Investitionsrechnung durchgeführt werden. Die angelsächsische Literatur kennt für monetäre Größen den Begriff des ROI (*return on investment,* Gesamtkapitalrendite; als Verhältnis von Gewinn und Kapitaleinsatz).

$$\text{ROI} = \frac{\text{Gewinn}}{\text{Gesamtkapital}} \tag{2.4}$$

Entsprechend wird beim Energieaufwand für das Gewinnen von Energieträgern der EROEI *(energy return on energy invested)* gebildet.

$$\text{EROEI} = \frac{\text{Nutzenergie}}{\text{Energieaufwand}} \tag{2.5}$$

Damit entspricht der EROEI dem Erntefaktor ε, wie er bei der Betrachtung regenerativer Systeme angewendet wird (Infobox Bedeutung der Energieklippe).

Da der erforderliche Energieaufwand aus bereits zuvor bereitgestellter Nutzenergie aufgebracht wird, verbleibt netto nur jener Teil der Nutzenergie, der nach Abzug des Energieaufwands übrig bleibt.

$$\text{NettoEnergie} = \text{Nutzenergie} - \text{Energieaufwand} \tag{2.6}$$

Ein auf konventionellen Energien beruhendes Versorgungssystem führt sich somit spätestens an der Stelle $\varepsilon \leq 1$ ad absurdum. Tatsächlich finden sich die mit großem werblichen Aufwand in Szene gesetzten Energieträger wie Schiefergas und Ölsandvorkommen – *New Gas, New Oil;* [26] – bereits jenseits der Energieklippe von $\varepsilon = 8$ wieder; der tatsächliche Beitrag zur Versorgung ist erschreckend gering und nimmt tendenziell weiter ab. Auch die auf die Zukunft verschobenen Kosten, ausgelöst durch Umweltschäden beim *unkonventionellen* Abbau, befeuern lediglich das Geschäftsmodell und lenken vom eigentlichen Dilemma eines sich selbst verstärkenden Energiebedarfs ab.

Bedeutung der Energieklippe
Eine Betrachtung von Abb. 2.37 macht deutlich, dass im Bereich großer Erntefaktoren $\varepsilon > 10$ der Energieaufwand zum Gewinnen der Energieträger nur einen minimalen Anteil der Nutzenergie ausmacht: Im Bereich $\varepsilon = 50 \ldots 10$ reduziert sich der Anteil der netto verbleibenden Nutzenergie lediglich von 98 % auf 90 %.

Für kleinere Erntefaktoren verändern sich die Energieflüsse jedoch abrupt: Bei $\varepsilon = 5$ stehen lediglich noch 80 % der Nutzenergie zur Verfügung, bei $\varepsilon = 2$ ist es nur noch die Hälfte der geförderten Energiemenge.

Weiterhin ist zwischen Primär- und Endenergieträgern zu unterscheiden. Primärenergieträger wie beispielsweise Erdöl müssen zunächst weitere Verarbeitungsschritte durchlaufen, bis sie als Endenergie in Form von Treib- und Brennstoffen eingesetzt werden können. Entsprechend addieren sich weitere Energieaufwände für Transport und Verarbeitung. Wird als Endenergieträger Elektrizität erzeugt, so ist auch der elektrische Wirkungsgrad der Kraftwerke zu berücksichtigen.

Auch die immer wieder als Problemlösung propagierte Nuklearenergie schneidet mit Erntefaktoren weit unterhalb der Energieklippe ab: Mit abnehmender Urankonzentration

2.2 Technisch und ökologisch

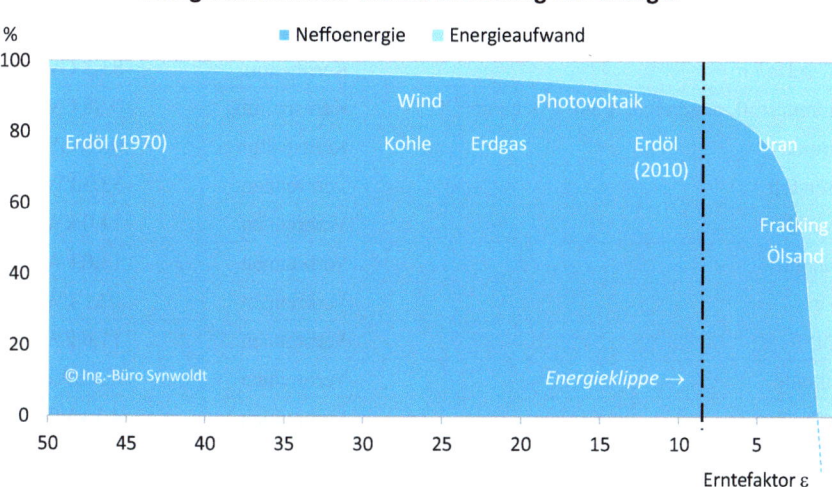

Abb. 2.37 Energieklippe. (Daten: [203])

in den Lagerstätten steigt der Energiebedarf für die Gewinnung von Uran exponentiell an.[17] Damit ist fraglich, ob die derzeit neu initiierten Kernkraftwerksprojekte über ihre Betriebszeit überhaupt einen Beitrag zur Energieversorgung leisten können. Zudem wird regelmäßig übersehen, dass elektrische Energie nur einen begrenzten Teil des Bedarfs an Endenergie darstellt.

2.2.5 Energiedichte

Die Attraktivität fossiler – und mehr noch nuklearer – Energieträger ist in der hohen massebezogenen Energiedichte begründet (Tab. 2.4). Bereits eine kleine Masse des jeweiligen Rohstoffes transportiert eine große Menge an Energie, die sich durch chemische Reaktionen (Oxidation, Verbrennung) oder nukleare Prozesse in Wärme

---

[17]Bei Literaturangaben ist unbedingt der Zeitpunkt der zitierten Originalstudie zu berücksichtigen. Uranerzkonzentrationen bewegen sich in der Mehrheit der Lagerstätten im Bereich 0,1–0,01 % (Massenanteile am Gestein) – ältere Studien gehen von teilweise deutlich höheren Konzentrationen aus. In [34] werden die Zusammenhänge detailliert aufgezeigt.

Bei der Herstellung nuklearer Brennstoffe muss zunächst das Uran aus dem Gestein gebrochen und gelaugt werden, um es anschließend durch chemische Aufbereitung und extrem energieintensive Anreicherungsverfahren zu reaktorfähigem Material zu verarbeiten. Je niedriger die Erzkonzentration im Gestein ist, desto größere Gesteinsmengen müssen abgebrochen, transportiert und weiterverarbeitet werden.

Tab. 2.4 Energiedichte von Energieträgern (thermische Energie)

Energieträger	Prozess	Energiedichte
D+T → He+n	Kernfusion	83,3 GWh/kg
Kernbrennstoff, angereichert auf 4 % Uran ^{235}U	Kernspaltung	0,88 GWh/kg
Natururan	Kernspaltung	0,18 GWh/kg
Wasserstoff	Verbrennen	33,3 kWh/kg
Erdgas H	Verbrennen	14,0 kWh/kg
Flüssiggas	Verbrennen	13,0 kWh/kg
Benzin	Verbrennen	12,1 kWh/kg
Rohöl	Verbrennen	11,6 kWh/kg
Steinkohle	Verbrennen	8,3 kWh/kg
Brennholz	Verbrennen	4,1 kWh/kg
Ersatzbrennstoff (Müll, feucht)	Verbrennen	3,1 kWh/kg
Rohbraunkohle (ungetrocknet)	Verbrennen	2,4 kWh/kg

umsetzen lässt. Nukleare Energieträger schneiden hier besonders vorteilhaft ab, was anderer Aspekte wie den energetischen Aufwand zur Bereitstellung für einen technisch nutzbaren Brennstoff nicht vergessen lassen sollte (s. Abschn. 2.2.4, u. a. *Erntefaktor*).

Wie auch aus Tab. 1.3 bereits hervorgeht, liefern biogene Brennstoffe wie Holz oder Stroh immer noch eine hohe, wenn auch gegenüber Steinkohle und Erdöl um den Faktor 2 bis 3 geringere Energiedichte. Eine äquivalente Menge an Primärenergie erfordert damit den Transport eines Mehrfachen der Masse gegenüber Kohle oder Öl.

Damit erscheint die Rolle der Elektrizität unter dem Blickwinkel der Energiedichte in einem ganz anderen Kontext. Anstelle des physischen Transports eines Mediums reicht nunmehr ein elektrischer Leiter mit vergleichsweise kleinen Abmessungen. Hiervon profitieren insbesondere urbane Ballungsräume. Unter planerischen Aspekten stellen Ballungsräume höhere Anforderungen an die Energieversorgung. Durch die flächenmäßig dichtere und zudem mehrstöckige Bebauung ist der flächenbezogene Energiebedarf um ein Vielfaches höher als bei einer aufgelockerten und auf wenige Stockwerke begrenzten Bebauung im ländlichen Raum. So wird ein Zusammenhang sichtbar, dass die zentralisierte Energieversorgung mit konventionellen Großkraftwerken überhaupt erst das Bereitstellen entsprechend großer Energiemengen erlaubt und damit das Entstehen und den Aufbau entsprechender Ballungsräume begünstigt. Gerade wegen der Attraktivität urbaner Räume stellt sich daher die Frage, welche Aspekte beim Übergang auf eine regenerative Energieversorgung mit dezentraler Struktur zu bedenken sind.

Die Potenziale regenerativer Energien sind – neben dem lokal unterschiedlichen Aufkommen – in erster Linie an die Fläche gebunden. Dafür ist deren Ernte pro Flächeneinheit oder, um im Kontext des einleitenden Gedankens zubleiben, die flächenbezogene Energiedichte maßgeblich. In [31] werden hierzu Zahlenangaben für die verschiedenen

Energieträger wie Strom aus Photovoltaik, Wind- und Bioenergie ermittelt. Photovoltaikanlagen, insbesondere wenn sie auf geneigten Dachflächen installiert werden, liefern mit jährlich 150–200 kWh/m² die mitAbstand größte Ausbeute pro Flächeneinheit. Nachwachsende Rohstoffe markieren das andere Ende der Skala (Tab. 1.5).

Ist der spezifische Energiebedarf unter der entsprechenden Dachfläche kleiner oder gleich diesem Betrag, so wäre in erster Näherung eine kalkulatorische Versorgung möglich – saisonale Effekte und Aspekte einer entsprechenden Speicherung einmal außen vorgelassen (Abschn. 2.2.1). Insbesondere bei mehrstöckiger Bebauung und/oder Verbrauchern mit hohem flächenbezogenen Bedarf (Krankenhäuser, Hotels, Industriebetriebe) werden jedoch zusätzliche Flächenerforderlich. Auch dürfen Infrastrukturen wie Straßenbeleuchtung, Wasserversorgung und Abwasserentsorgung bei entsprechenden Kalkulationen nicht vernachlässigt werden.

Damit wird deutlich, dass die für urbane Räume in besonderem Maße geeignete Photovoltaik lediglich einen anteiligen Beitrag zur Versorgung von Ballungszentren liefern kann. Entsprechend wichtig ist die regionale Versorgung aus dem Umfeld. Dezentrale Versorgungsstrukturen begünstigen damit nicht nur die Eigenversorgung des ländlichen Raums, sondern eröffnen die bereits weiter oben beschriebenen Perspektiven zur wirtschaftlichen Entwicklung durch die Mitversorgung benachbarter urbaner Räume (Abschn. 2.1.4). Die Infobox Energiebedarf einer Großstadt zeigt eine überschlägige Kalkulation.

Hinzu kommt, dass sich erst durch Nutzung von Flächen im ländlichen Raum Möglichkeiten für einen Energiemix (Abschn. 2.3.1) mit Windenergie und Biomasse ergeben. Durch einen ausgewogenen Energiemix lassen sich saisonale Effekte (Abb. 2.39–2.42) zur Minimierung eines ansonsten wesentlich größer ausfallenden Speicherbedarfs nutzen. Hierzu trägt auch ein Energiemanagement mit speicherfähigen biogenen Energieträgern und der gezielten Verwertung biogener Reststoffe bei.

2.3 Versorgung mit fluktuierenden Energieträgern

2.3.1 Energiemix

Bereits in verschiedenen vorangegangenen Abschnitten wurden Optionen zum Ausgleich beim Betrieb von fluktuierenden Erzeugern aufgezeigt. Neben dem zeitlichen und räumlichen Ausgleich durch den Netzbetrieb ist dabei vor allem der Energiemix von Bedeutung. Dabei werden durch die gezielte Nutzung verschiedener Energieträger deren ausgeprägte saisonale Schwankungen gegenseitig minimiert.

Ausgleichseffekte
Gerade um die Ausgleichseffekte zwischen dem jahreszeitlichen Aufkommen von Wind und solarer Einstrahlung wirksam werden zu lassen und sie auch technisch nutzen zu können, ist es erforderlich, dass ein ausgewogenes Verhältnis von installierter Anlagenleistung existiert.

Der häufig sehr verengte Blick auf die *kostengünstigste* Form der Stromerzeugung verhindert damit eine systemische Betrachtung, bei der diese Ausgleichseffekte überhaupt erst sichtbar werden.

Anhand der Entwicklung von installierter Anlagenleistung und den erzeugten Strommengen in Abb. 2.38 wird ersichtlich, dass erst nach 2012 von einer hinreichenden Größenordnung der Solarstromerzeugung ausgegangen werden kann. Zudem wird ersichtlich, wie der regulatorische Rahmen nach 2014 ein starkes Abbremsen des PV-Zubaus bewirkt und sich die Strommengen aus Photovoltaik- und Windenergieanlagen in unterschiedlicher Weise entwickeln.

Dabei ist zu bedenken, dass je installierter Leistungseinheit moderne Windenergieanlagen in Deutschland rund den doppelten, an besonders windhöffigen Standorten auch den drei- bis vierfachen spezifischen Ertrag [kWh/kW] von Photovoltaikanlagen erzielen können. Ältere Windenergieanlagen verfügen über eine geringere Masthöhe (Abb. 1.113), was in der Regel zu geringeren spezifischen Erträgen führt.

Ein Vergleich anhand der gleichen *installierten Leistung* von Photovoltaik- und Windenergieanlagen kann somit nur bedingt die gesuchten Ausgleichseffekte aufzeigen.

In den Abb. 2.39, 2.40, 2.41 und 2.42 werden die monatlichen Summen der Einspeisung aus Photovoltaik- und Windenergieanlagen dargestellt. Dabei wird der jahreszeitliche Ausgleich der saisonalen Schwankungen von solarer Einstrahlung und Winddargebot deutlich. Das zeitliche Erscheinen von einzelnen Tiefdruckwetterlagen zum Jahresende spielt dabei eine wesentliche Rolle. Ein Orkantief liefert einen signifikanten Beitrag zur monatlichen Einspeisung und kann damit zu deutlichen Verschiebungen führen (zum Beispiel Jahreswechsel 2011/2012).

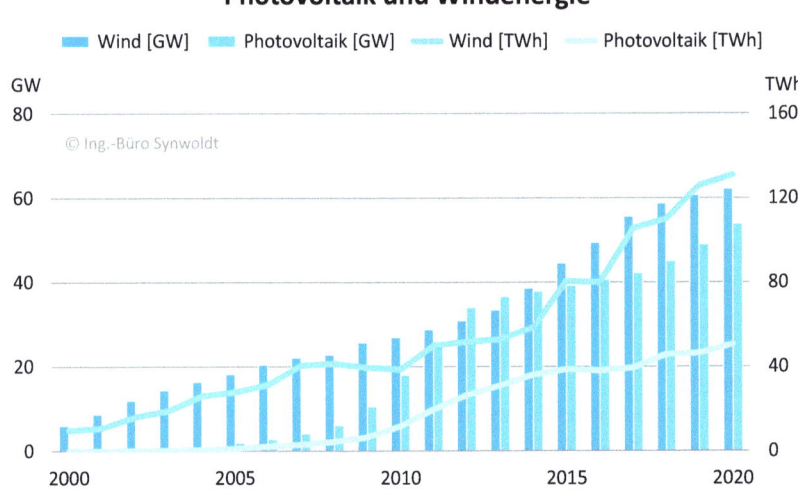

Abb. 2.38 Entwicklung der installierten Leistung und Strommengen aus Photovoltaik- und Windenergieanlagen. (Daten: [21])

2.3 Versorgung mit fluktuierenden Energieträgern

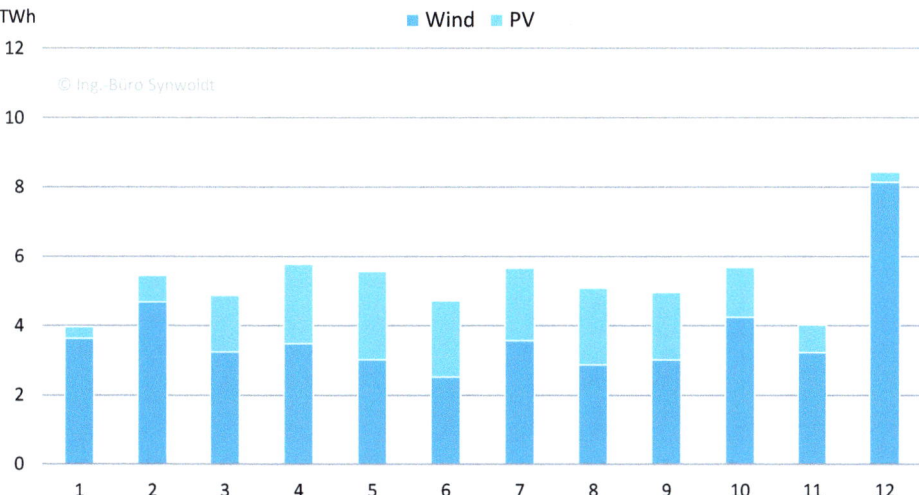

Abb. 2.39 Monatliche Einspeisung aus Photovoltaik- und Windenergieanlagen 2011. (Daten: [204–207])

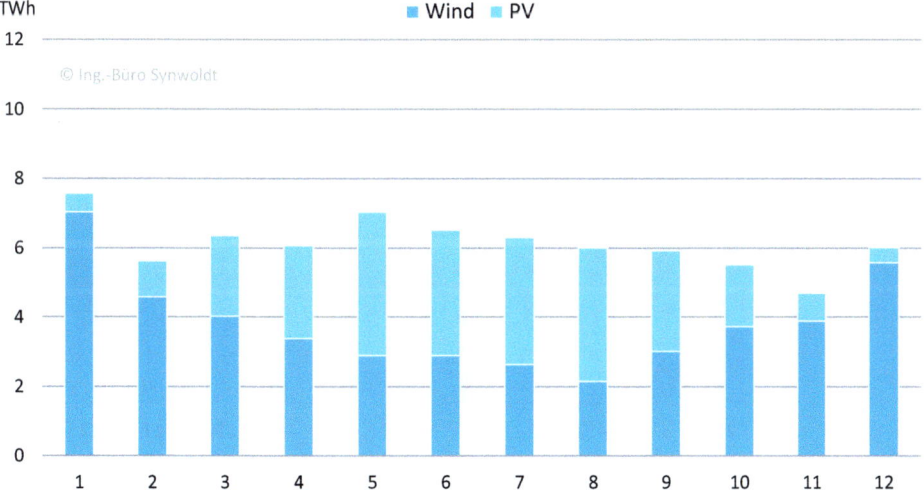

Abb. 2.40 Monatliche Einspeisung aus Photovoltaik- und Windenergieanlagen 2012. (Daten: [204–207])

Durch den Zubau an Photovoltaikanlagen, insbesondere zum Jahresende 2011, konnte die Photovoltaikstrommenge 2012 sichtbar zulegen. Aufgrund des vergleichsweise geringen spezifischen Ertrags in den Wintermonaten, wirkt sich der Zubau an

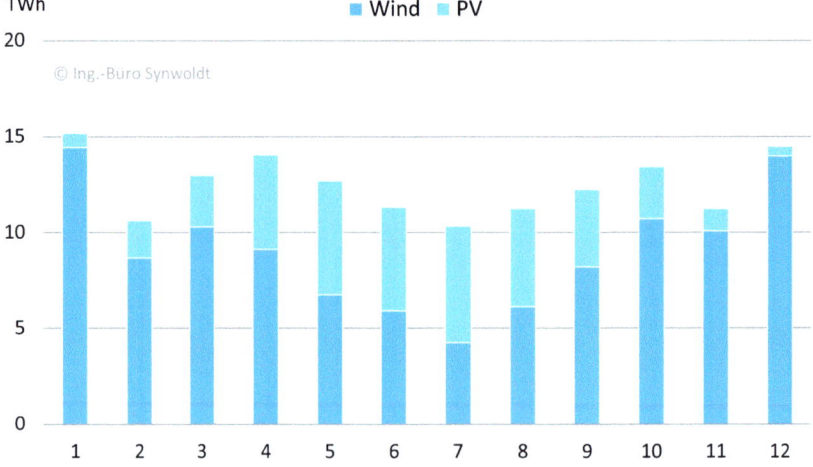

Abb. 2.41 Monatliche Einspeisung aus Photovoltaik- und Windenergieanlagen 2013. (Daten: [204–207])

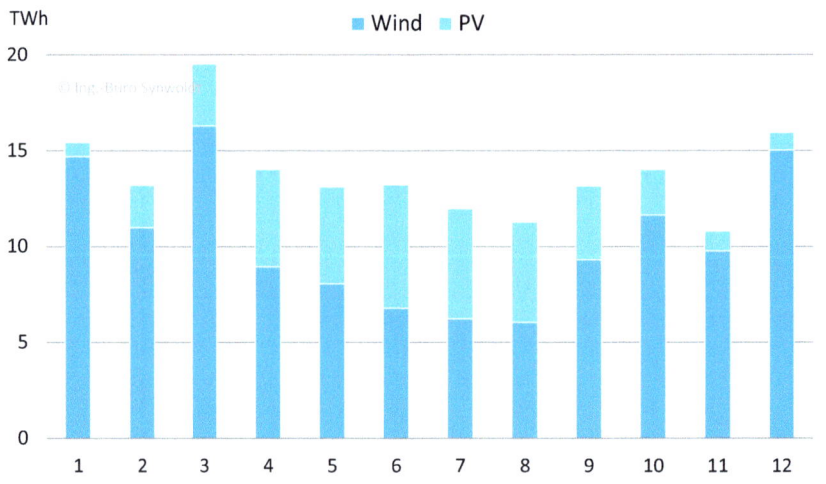

Abb. 2.42 Monatliche Einspeisung aus Photovoltaik- und Windenergieanlagen 2014. (Daten: [204–207])

Photovoltaikanlagen während der zweiten Jahreshälfte generell erst im Folgejahr vollständig auf die Strommengen aus.

Aufgrund der Aggregation zu Monatswerten findet zwangsläufig auch eine signifikante Glättung der Einspeisedaten statt. Vor allem für die Bestimmung von tatsächlichen

2.3 Versorgung mit fluktuierenden Energieträgern 335

Netzlasten, jedoch auch für die Beurteilung des gegenseitigen Ausgleichs, visualisiert eine Punktwolke (Abb. 2.43, 2.44, 2.45 und 2.46) der mehr als 35.000 Viertelstundenwerte aus Photovoltaik- und Windenergieeinspeisung die Gleichzeitigkeit. Zudem ist der bereits beschriebene Effekt beim Zubau von Photovoltaikanlagen zu beachten: Die volle

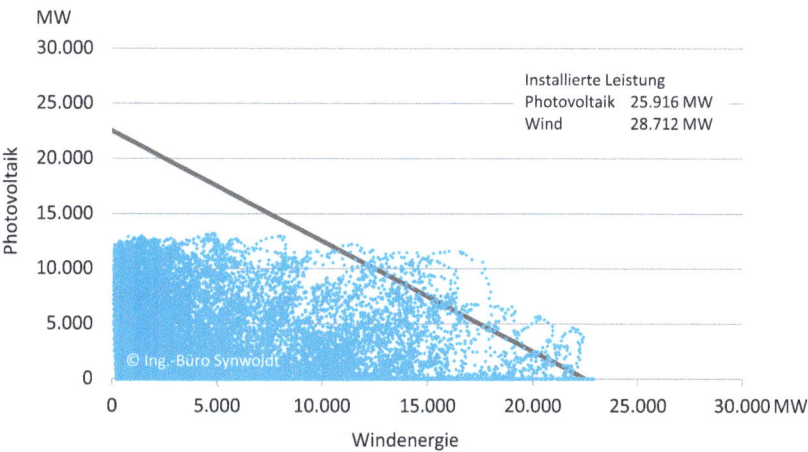

Abb. 2.43 Gleichzeitigkeit der Einspeisung aus Photovoltaik- und Windenergieanlagen 2011. (Daten: [21, 204–207])

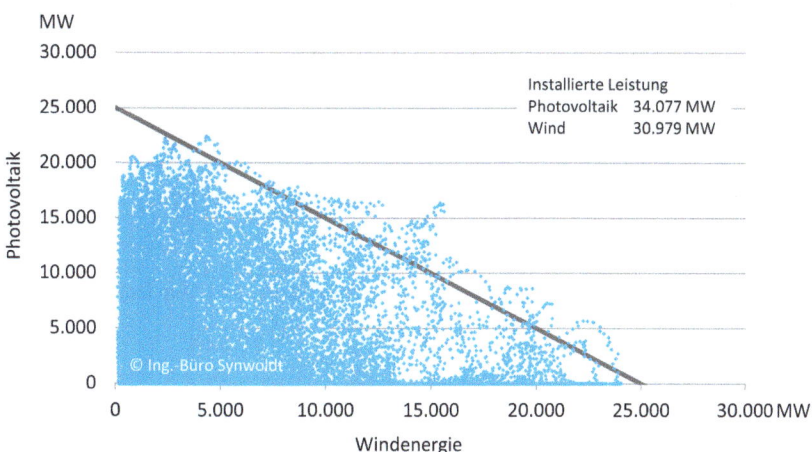

Abb. 2.44 Gleichzeitigkeit der Einspeisung aus Photovoltaik- und Windenergieanlagen 2012. (Daten: [21, 204–207])

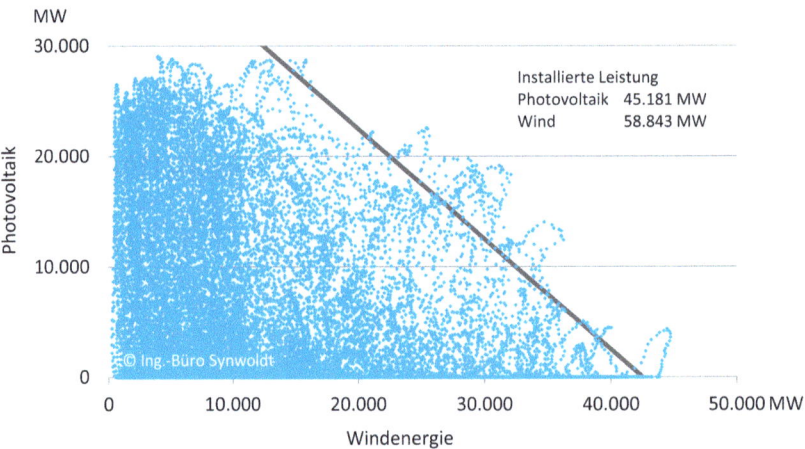

Abb. 2.45 Gleichzeitigkeit der Einspeisung aus Photovoltaik- und Windenergieanlagen 2013. (Daten: [21, 204–207])

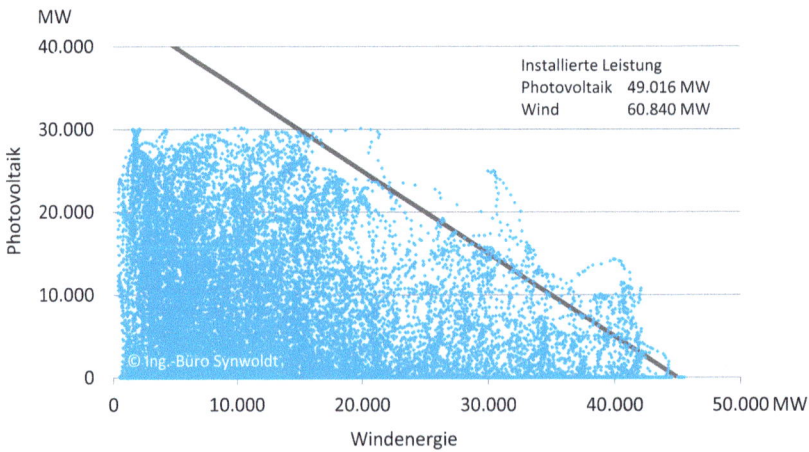

Abb. 2.46 Gleichzeitigkeit der Einspeisung aus Photovoltaik- und Windenergieanlagen 2014. (Daten: [21, 204–207])

Leistung der in der zweiten Jahreshälfte installierten Photovoltaikanlagen ist erst in der folgenden Sommersaison zu erkennen.

Ebenfalls ein wichtiges Ergebnis aus der Betrachtung liefern die Extremwerte. Sie zeigen, dass zu keinem Zeitpunkt sämtliche Photovoltaik- oder Windenergieanlagen

2.3 Versorgung mit fluktuierenden Energieträgern

mit ihrer Nennleistung *gleichzeitig* ins Netz einspeisen. Die maximale Summeneinspeisung (Gleichzeitigkeit) liegt bei Windenergieanlagen im Betrachtungszeitraum zwischen 68–80 % der installierten Leistung, bei Photovoltaikanlagen werden Werte zwischen 51(62)–66 % erreicht. Der Wert für 2011 mit 51 % muss als wenig aussagekräftig angesehen werden, da rund die Hälfte des Photovoltaikanlagenzubaus erst im letzten Quartal stattfand – und die Bezugsgröße der insgesamt installierten Leistung damit während des Einspeisehochs im Sommer deutlich niedriger war. Ein Grund für den geringeren Wert der Summeneinspeisung bei Photovoltaikanlagen ist in der unterschiedlichen Ausrichtung der Anlagen, abweichend von der aus Ertragsgründen optimalen Südausrichtung, zu finden. Dies hängt zum einen mit der Ausrichtung der Baukörper zusammen, zum anderen jedoch auch mit Photovoltaikgeneratoren in Ostwestausrichtung. Letztere weisen geringere *leistungs*spezifische Erträge [kWh/kW$_p$] als südausgerichtete Photovoltaikgeneratoren aus, erreichen jedoch höhere *flächen*spezifische Erträge [kWh/m^2].

Ein weiteres Mal wird deutlich, dass die Summe aller einzelwirtschaftlichen Optima (hier: maximaler Ertrag durch Südausrichtung) keinesfalls mit dem gesamtwirtschaftlichen Optimum (gleichmäßigere Stromerzeugung über den gesamten Tagesverlauf, geringere Spitzeneinspeisung und Netznutzung in den Mittagsstunden) übereinstimmt.

Auch die bereits im vorherigen Abschnitt beschriebenen Ausgleichseffekte durch die Dezentralität der Anlageninstallationen spiegeln sich in den Gleichzeitigkeitswerten wider (Tab. 2.5). So ist zu keinem Zeitpunkt mit der Summe aus maximaler Solar- und Windenergieeinspeisung zu rechnen: Das tatsächliche Maximum liegt in den Jahren 2011–2019 gerade einmal im Bereich 49–54 %. Eine vielfach befürchtete Überlastung der Stromnetze ist damit eher eine Frage der weiteren regionalen Konzentration von Solar- und Windenergieanlagen. Bei einem dezentralen Zubau von Photovoltaik- und Windenergieanlagen betrifft der Ausbaubedarf für die Netze in erster Linie die Verteilnetze (Abschn. 2.2.2).

Tab. 2.5 Gleichzeitigkeit bei der Einspeisung aus Photovoltaik- und Windenergieanlagen. (Daten: [21, 204–207], eigene Berechnungen)

	Inst. Leistung aus Photovoltaik- und Windanlagen (GW)	Max. Einspeisung aus Photovoltaik- und Windanlagen (GW)	Gleichzeitigkeit (%)	Potenzielle Begrenzung auf (GW)	Resultierende Abschaltverluste (%)
2011	54,6	28,2	52	22,5	3,3
2012	65,1	31,9	49	25,0	3,0
2013	70,2	36,0	51	27,5	3,5
2014	76,5	37,8	49	30,0	2,5
2015	83,8	42,8	51	35,0	3,0
2016	90,1	44,2	49	35,0	3,2
2017	97,9	52,4	54	40,0	3,5
2018	104,0	50,5	49	42,5	2,7
2019	109,9	55,4	50	45,0	2,8

Die in den Grafiken von Abb. 2.43–2.46 dargestellten Diagonalen zeigen eine weitere Möglichkeit zur Begrenzung der Netzlasten aus fluktuierender Einspeisung auf. Selbst eine starke Begrenzung der Einspeisung auf 80 % der tatsächlichen maximalen Einspeisung würde nur vergleichsweise geringe Abschaltverluste bedingen. Eine aus makroökonomischer Sicht sinnvolle Maßnahme (Vermeidung des Netzausbaus) muss jedoch auch mikroökonomisch vertretbar ausgestaltet werden (Abschn. 3.2).

Netzlast aus regenerativer Einspeisung
Es ist darauf hinzuweisen, dass die bundesweite Summendarstellung aufgrund des Anschlusses der meisten Photovoltaik- und Windenergieanlagen an die Verteilnetze und der seit 2010 mit der *Ausgleichsmechanismusverordnung (AusglMechV)* rechtlich nicht mehr verpflichtenden physischen Wälzung der EE-Strommengen auf die Übertragungsnetzebene als Modell anzusehen ist. Entsprechende Betrachtungen wären für die konkrete Situation in den Verteilnetzen vorzunehmen.

Diese vordergründig wenig effizient scheinende Maßnahme kann im Rahmen einer systemischen Gesamtbetrachtung jedoch durchaus sinnvoll sein. Dafür sind zwei Überlegungen maßgeblich:

- Der energetische Aufwand (nicht: monetäre Aufwand) für die Nutzung auch der letzten aus Photovoltaik- und Windenergieanlagen erzeugten Kilowattstunde. Hierfür sind Maßnahmen der räumlichen und oder zeitlichen Umlenkung (Netze und Speicher) zu betrachten.
- Bei einer regenerativen Vollversorgung kann es zudem ökonomisch sinnvoll sein, anstelle des weiteren Ausbaus von Netzen und Speichern ein gewisses Maß an regenerativer Erzeugung auch jenseits des tatsächlichen Bedarfes vorzusehen. Hierfür maßgeblich ist ein Vergleich der Kosten für bauliche Maßnahmen und der Opportunitätskosten einer Nichtnutzung möglicher Strommengen.

Der *energetische* Aufwand für den Ausbau von Netzen (Energiebereitstellung für Material- und Bauaufwand), entsprechend einer Nutzung einer zeitlich nur extrem kurzfristig auftretenden Maximaleinspeisung, *kann* den intendierten Zweck (maximale Energienutzung aus regenerativen Quellen) konterkarieren. Hier wären vertiefende Untersuchungen, die u. a. auch die Übertragungsverluste im Betrieb berücksichtigen, anzustellen. Erneut gilt: Eine allein an Kosten orientierte Betrachtung erlaubt keine Aussage zur Energieversorgung in Bezug auf einen Beitrag. Dasselbe gilt für die Positionierung und Auslegung möglicher Speicher im Netz.

Die im *Entwurf eines Gesetzes zur Weiterentwicklung des Strommarktes* vorgesehene Kappung von bis zu 3 % der Einspeisung aus solarer Strahlungsenergie und Windenergie an Land als Auslegungskriterium für den Netzausbau (Änderung des § 11 Abs. 2 Nr. 2 EnWG) verfolgt jedoch andere Ziele. Zum gegenwärtigen Zeitpunkt mit einem Anteil von 33 % regenerativer Erzeuger (Schätzung für 2015) existieren keine regenerativen

Erzeugungsüberschüsse. Vielmehr kommt es zu einem Überangebot am Markt durch die Fahrweise thermischer Großkraftwerke (Infobox Negative Strompreise).

Die jeweils zum Jahresende installierte Leistung von Photovoltaik- und Windenergieanlagen ist in den Grafiken (Abb. 2.43–2.46) zu Vergleichszwecken angegeben.

Die Punktwolken in Abb. 2.43–2.46 verfügen über noch weiteren Informationsgehalt. Ein aus Sicht der Versorgung möglichst konstanter Beitrag würde sich als lineare Verteilung parallel zu den Diagonalen darstellen. Die Punktdichte in der Nähe des Koordinatenursprungs weist jedoch auf 15-min-Intervalle hin, in denen eine lediglich geringe Summeneinspeisung erfolgt.

Da die Punktwolke jedoch keine zeitlichen Informationen wiedergibt, kann anhand dieser Darstellung nicht auf einen etwaigen Speicherbedarf oder andere Maßnahmen zum Ausgleich der fluktuierenden Einspeisung geschlossen werden. Erst eine Betrachtung von Zeitreihen der Einspeisung kann die erforderlichen Energiemengen sowie Lade-/Entladeleistungen für Speicher beziehungsweise von Flexibilitätsmaßnahmen für das Bereitstellen von Ausgleichsenergie aufzeigen. Weiterhin ist dabei aus Gründen der technischen Umsetzung zwischen verschiedenen Maßnahmen und Technologien entlang von Zeitskalen und Energiemengen zu differenzieren.

Die folgenden Abschnitte leiten in diese Thematik ein.

2.3.2 Flexibilisierung

Prinzipiell ist bei der Einspeisung aus fluktuierenden Energieträgern wie solarer Einstrahlung und Windenergie sowohl mit kurzfristigen Schwankungen wie auch mit saisonalen Unterschieden im Primärenergiedargebot zu rechnen. Weiterhin ist zwischen vorhersehbaren Änderungen, zum Beispiel anhand des astronomischen Sonnenstandes, und unvorhersehbaren Änderungen zu unterscheiden. Letztere werden aufgrund immer präziserer Wettervorhersagen und Prognosemodelle jedoch immer geringer. Zudem hat sich eine Reihe von kommerziellen Dienstleistern darauf spezialisiert, kurz- und mittelfristige Prognosen für Anlagenbetreiber und Stromhändler aufzustellen.

Die Übertragungsnetzbetreiber sind gemäß § 17 (1) der *Verordnung über den Zugang zu Elektrizitätsversorgungsnetzen (Stromnetzzugangsverordnung, StromNZV)* dazu verpflichtet, zur Einspeisung am Folgetag eine *Prognose* abzugeben sowie anhand ausgewählter Wind- und Solarparks eine Hochrechnung von *Istdaten* vorzunehmen. Aus den entsprechenden Zeitreihen mit 15-min-Werten kann für jede der vier Regelzonen die Entwicklung der Prognosequalität bestimmt werden (Abb. 2.47 und 2.48). Als Bezugsgröße wird die mittlere installierte Leistung für das jeweilige Jahr herangezogen. Eine Kalkulation mit Stichtagswerten vom Jahresende würde, gerade wegen des dynamischen Anlagenzubaus in den Jahren bis 2012, zu Verzerrungen führen. Die auffällige Abweichung im Jahr 2018 bei TransnetBW ist ebenfalls auf einen dynamischen Ausbau bei gleichzeitig kleinen Anlagenbestand zurückzuführen.

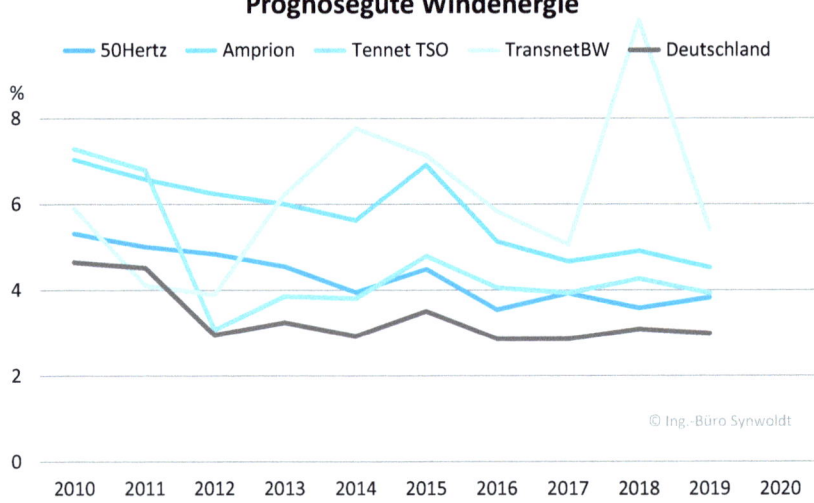

Abb. 2.47 Prognosequalität für die Stromeinspeisung aus Windenergie. (Daten: [204–211], eigene Kalkulation)

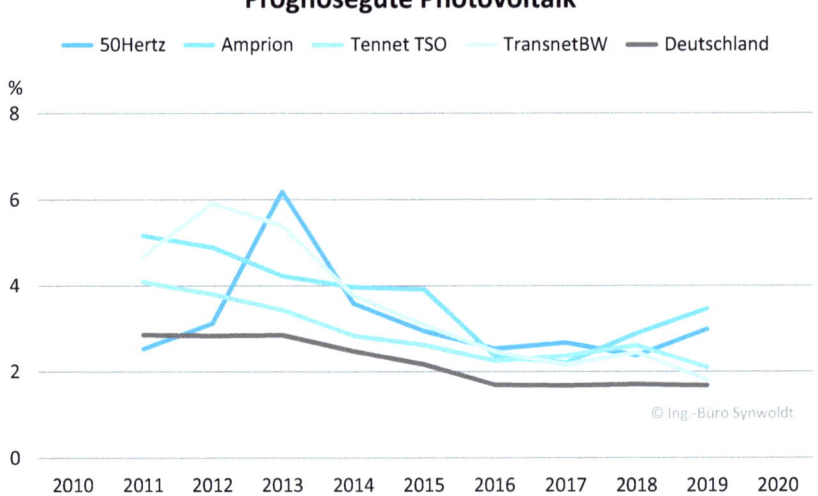

Abb. 2.48 Prognosequalität für die Stromeinspeisung aus Photovoltaik. (Daten: [204–211], eigene Kalkulation)

Es ist anzumerken, dass die veröffentlichten EEG-Stammdaten der vier Übertragungsnetzbetreiber für die einzelnen Jahre nicht mit den Erhebungen der AGEE-Stat [21] übereinstimmen. Bei der Summe der installierten Leistung ergeben sich Abweichungen im Bereich von 4–8 %.

2.3 Versorgung mit fluktuierenden Energieträgern

Das Fraunhofer-Institut für Windenergie und Energiesystemtechnik (IWES) interpretiert die Entwicklung der Prognosequalität wie folgt:

> Seit 2010 ist eine grundsätzlich sinkende Tendenz des RMSE [*root mean square error*, Standardabweichung; Anm. d. A.] zu erkennen. Eine Ausnahme dieses Trends stellt der Verlauf bei dem kleinsten ÜNB TransnetBW dar. Aufgrund möglicher Ausgleichseffekte ist der Prognosefehler umso geringer, je größer das Übertragungsnetz ist und je mehr WEA dort installiert sind [...]. Dies zeigt sich neben der tendenziell höheren Prognosegüte bei TenneT und 50 Hertz ggü. Amprion und TransnetBW vor allem im Vergleich mit dem gesamtdeutschen Fehlerwert. Wegen des kleinen Übertragungsnetzes und der geringen installierten Anlagenleistung ergibt sich demnach bei TransnetBW systembedingt eine deutlich größere Fehleranfälligkeit [212].

Dabei ist festzuhalten, dass gerade bei kleiner installierter Anlagenbasis sich ein Zubau stärker auswirken kann, insbesondere in Bezug auf die Prognosemodelle für neue Standorte und Erfahrungen mit neuen Anlagentypen. Auffällig ist auch, dass die mittlere Abweichung bei der Prognose der Einspeisung aus Photovoltaikanlagen niedriger ausfällt als bei Windenergieanlagen – obwohl mit Windenergieanlagen die Erfahrungskurven ein Jahrzehnt weiter in die Vergangenheit reichen.

Die systemimmanente Problematik höherer Prognosefehler in kleineren Betrachtungsräumen wirkt sich insbesondere beim Stromhandel aus (Infobox Teilnahme am Stromhandel). Auffällig ist der deutschlandweite Trend mit sinkenden Prognoseabweichungen auf einem Niveau von rund 3 % bei Windenergie und weniger als 2 % bei Photovoltaik. Ausgleichseffekte durch dezentrale Anlagenstandorte sind dafür maßgeblich.

Doch aus welchem Grund wird sich an dieser Stelle so ausführlich mit der Prognose der Einspeisung aus fluktuierenden Energieträgern beschäftigt? – Grundsätzlich muss beim Netzbetrieb immer die Menge an Energie bereitgestellt werden, die aktuell auch benötigt wird. Die Erzeugung von Strom muss in ihrer Leistung dem Bedarf angepasst werden. Schwankt die Erzeugung aus Solar- und Windenergie, so sind diese Fluktuationen durch andere Erzeuger auszugleichen. Damit rücken regelbare Anlagen wie Wasserkraftwerke und thermische Erzeuger ins Blickfeld.

Sollen Erzeuger im *Lastfolgebetrieb* flexibel auf eine variable Nachfrage – und/oder zum Ausgleich fluktuierender Erzeuger – reagieren, kommt es praktisch immer zu einem Optimierungskonflikt: Das Paradigma, zur Amortisation der Investitionen eine möglichst hohe Auslastung und Laufzeit anzustreben, lässt sich nicht mehr aufrechterhalten. Hier sind innovative Marktmodelle und Anreizsysteme erforderlich, die den aus Gründen der Systemstabilität notwendigen Betrieb auch kommerziell erlauben. In einem *energy-only market* (Kap. 3) sind die Anreize über Knappheitssignale unter Umständen zu gering und zu risikobehaftet, um Anlagenbetreiber zu Investitionen in flexible Erzeuger zu motivieren.

Generell ist auch ein Blick auf die Anlagentechnik notwendig. Thermische Großkraftwerke erfordern eine minimale Ausgangsleistung von 20–60 % der Nennleistung, um stabil arbeiten zu können. Kernkraftwerke tendieren zum oberen Skalenende, Gaskraftwerke zum unteren. Zudem ist der Leistungsgradient, die maximale Änderung der Leistung pro Zeiteinheit [MW/h] begrenzt. Während Gaskraftwerke mit bis zu 20 %

der Nennleistung pro Minute an- und abgefahren werden können, sind Kohle- und Kernkraftwerke weit weniger flexibel mit Änderungsraten in der Größenordnung 3–5 % der Nennleistung pro Minute [213].

Damit rücken, bezogen auf die Leistung der Einzelanlagen, kleinere Einheiten wie die mit Biomasse und Biogas gefeuerten Blockheizkraftwerke (BHKW) in den Fokus. Die installierte Anlagenbasis beträgt zum Jahresende 2014 knapp 9 GW, davon allein 4,1 GW an Biogas- und Biomethan-BHKW (Abb. 2.49).

Diese Anlagen verfügen mit typischen Größenordnungen im Leistungsbereich 0,1–5 MW über wesentliche technische Eigenschaften für den Ausgleich von fluktuierenden Erzeugern:

- nach wenigen Minuten Vorwärmzeit flexibel in der Leistung regelbar,
- dezentral im Netz verteilt,
- der Primärenergieträger Biomasse/Biogas/etc. ist prinzipiell speicherbar.

Für die kontinuierliche Biogasproduktion im Fermenter wäre ein Pufferspeicher vorzusehen. Dasselbe gilt für Klär- und Grubengase.

Entgegen der derzeitigen Fahrweise im Grundlastbetrieb – das Anreizsystem favorisierte vor dem EEG 2014 die maximale Anlagenlaufzeit – kann dieselbe Brennstoffmenge auch zeitlich zielgerichtet und dann mit höherer Leistung zum Einsatz kommen (*Überbauung* der auf den Grundlastbetrieb ausgelegten BHKW-Leistung). So kann eine elektrische Arbeit von 12 MWh mit 500 kW Leistung kontinuierlich, 24 h am Tag erbracht werden oder auch in zweimal vier Stunden mit 1,5 MW Leistung.

Selbst wenn nur ein Teil der bestehenden Anlagenbasis um- bzw. aufgerüstet wird, um flexibler auf die nach Abzug der fluktuierenden Erzeuger verbleibende Nachfrage

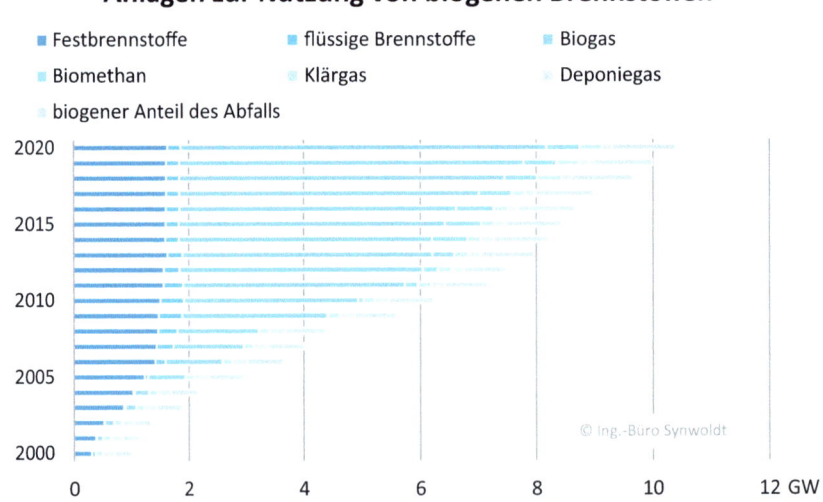

Abb. 2.49 Entwicklung der Anlagenkategorien zur Nutzung biogener Brennstoffe. (Daten: [21])

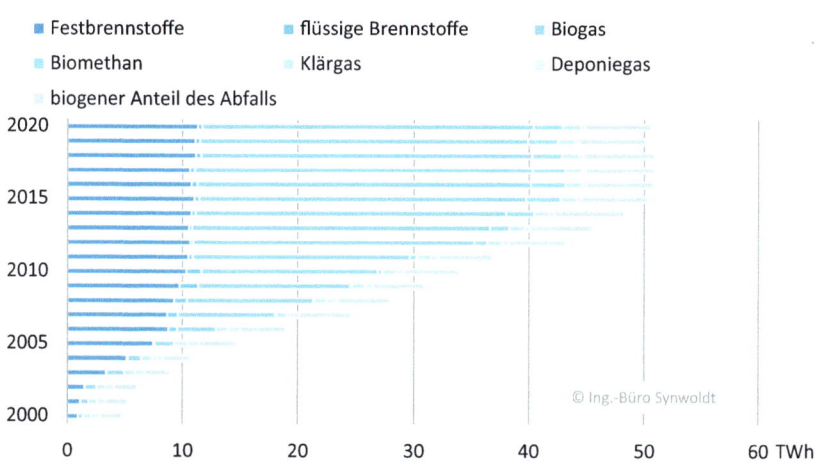

Abb. 2.50 Einspeisung aus biogenen Brennstoffen. (Daten: [21])

(Residuallast) zu reagieren, existiert ein großes Leistungspotenzial. Auch die Strommengen, die aus vorgenannten Anlagen – derzeit noch nahezu ausschließlich in der Grundlast – eingespeist werden, machen die Rolle in einem zunehmend auf regenerativen Technologien basierenden Versorgungssystem deutlich. Rein kalkulatorisch reichen die 50,4 TWh, die 2019 aus biogenen Brennstoffen eingespeist wurden, zum Decken der gesamten Inlandsstromnachfrage für einen Monat (Abb. 2.50). Obwohl der Vergleich mit einer Batterie hinkt, da die Biomasse nicht aus dem Stromnetz entnommen wird, sondern über den solaren Kreislauf nachwächst: Hier steht ein regenerativer Speicher zur Verfügung, dessen Potenzial bislang kaum erkannt wurde.

Biomasse ist für die Grundlast viel zu wertvoll!
Weder aus Flächen- noch aus Effizienzgründen wird ein Austausch fossiler und nuklearer Energieträger durch biogene Brennstoffe gelingen. Der eigentliche Wert der Biomasse und daraus abgeleiteter Energieträger ist die Speicherfähigkeit und damit eine wesentliche Voraussetzung für Flexibilität.

Daher soll in Ergänzung zum vorhergehenden Abschnitt *Energiemix* hier der Aspekt der Biomassenutzung hinzugenommen werden. In der Vergangenheit, es wurde mehrfach betont, wurden biomassegefeuerte Anlagen technisch so ausgelegt, dass ein möglichst gleichmäßiger Betrieb mit Nennleistung möglich ist[18]. Aufgrund der typischen Anlagengröße existieren für

---

[18] Mit dem EEG 2012 wurde eine Flexibilisierungsprämie eingeführt, die eine Leistungsüberbauung anreizt und damit einen bedarfsgerechten Betrieb erlaubt. Das EEG 2014 führte die Flexibilisierung verpflichtend ein.

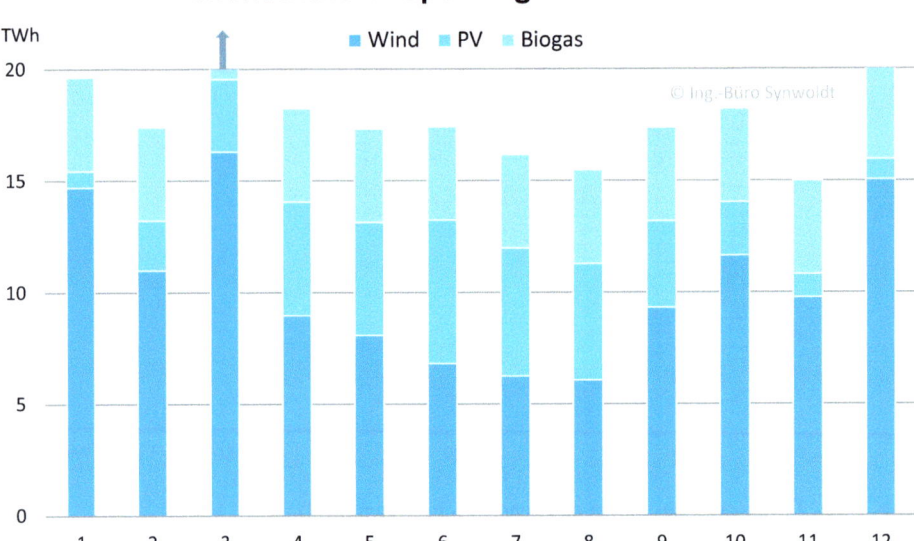

Abb. 2.51 Monatliche Einspeisung aus Photovoltaik- und Windenergieanlagen sowie Biomasse und Gasen – aktuelle Fahrweise. (Daten: [204–207], eigene Berechnung)

die Einspeisung aus biogenen Brennstoffen (feste Biomasse, Biogas) sowie für den biogenen Anteil des Hausmülls, der Deponie-, Klär- und Grubengase keine Zeitreihen. Die installierte Leistung der Anlagen liegt in aller Regel unter 100 MW, womit sie nicht unter die Transparenzpflicht gemäß der EU-Verordnung Nr. 543/2013 [214, Artikel 16 (1) a] fallen. Daher kann lediglich aus der Einspeisung im laufenden Kalenderjahr unter der Annahme einer weitgehend konstanten Fahrweise der Anlagen auf den monatlichen Beitrag zur Stromversorgung zurückgerechnet werden (Abb. 2.51).

Die Betriebsweise von Biomasse-BHKW (Bestandsanlagen von vor 2014[19]) im Grundlastbetrieb kann durchaus zu Engpasssituationen beim Netzbetrieb führen, da die BHKW auch bei hoher Einspeisung aus Solar- und Windenergie weiter betrieben werden und so um die Netzmittel konkurrieren.

Um das Potenzial an Ausgleichsmöglichkeiten zu ermitteln, sollen in der folgenden Betrachtung – ohne technische Restriktionen in Bezug auf Speicherkapazitäten und Leistungsbeschränkungen – die biogenen Brennstoffe allein zum Ausgleich von Fluktuationen bei der Erzeugung dienen.

Dafür wird von folgenden Randbedingungen und Vereinfachungen ausgegangen:

---

[19]Ab 2012 brach der Zubau von Biogasanlagen stark ein (Abb. 1.212).

2.3 Versorgung mit fluktuierenden Energieträgern

- Rohstoffpotenzial an Biomasse wie 2019,
- Gas-/Brennstoffspeicher zur Zwischenspeicherung ohne zeitliche/volumenmäßige Begrenzung,
- BHKW-Motorleistung hinreichend zum Decken der elektrischen Netzspitzenlast,
- keine Einschränkungen durch die Verteilnetze, insbesondere in Regionen mit vielen Biogasanlagen,
- keine Einschränkungen aufgrund von Wärmelieferungen durch das BHKW, ggf. sind Wärmespeicher erforderlich,
- der Strombedarf wird als saisonal konstant betrachtet (gleiche Monatswerte).

Als Kalkulationsbasis werden die Einspeisedaten von Photovoltaik- und Windenergieanlagen (Zeitreihen) sowie die Summeneinspeisung (Jahreswert) aus biogenen Brennstoffen für das Jahr 2019 herangezogen (Abb. 2.52).

Bei der Darstellung der monatlichen Einspeisewerte lässt sich aus dem Biomassepotenzial problemlos ein Ausgleich zur fluktuierenden Einspeisung aus Photovoltaik- und Windenergieanlagen erreichen. Dabei hilft die Betrachtung von monatlichen Intervallen unwillkürlich mit, denn durch die vergleichsweise langen Zeitintervalle findet bereits innerhalb des Monatszeitraums eine gewisse Mittelwertbildung statt. Je kürzer die betrachtete Zeitspanne ist, desto stärker wirken sich Wetterextreme wie ein Orkantief oder eine mehrtägige Flauteperiode aus.

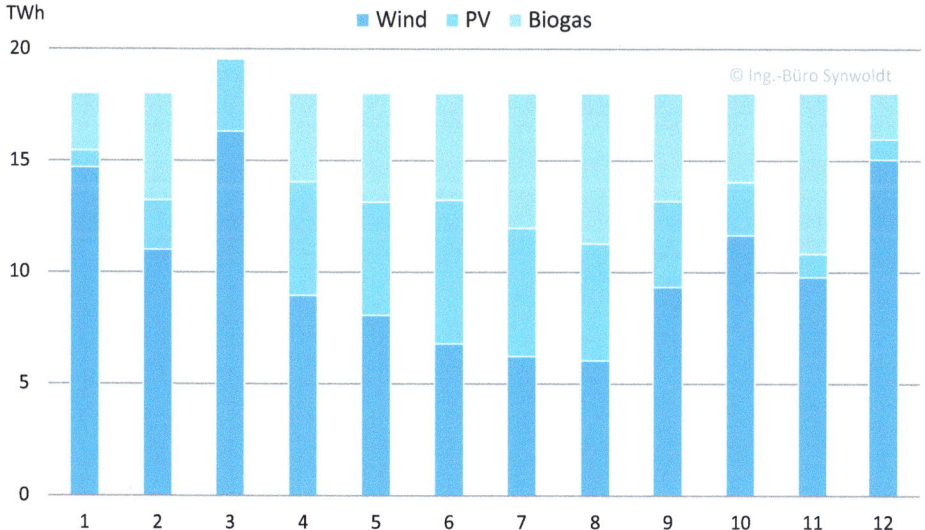

Abb. 2.52 Monatliche Einspeisung aus Photovoltaik- und Windenergieanlagen sowie Biomasse und Gasen – flexible Fahrweise. (Daten: [204–207], eigene Berechnung)

Dies wird beim Übergang von Monatswerten zu Wochenwerten deutlich. Ein einzelnes Sturmtief liefert im vorliegenden Beispiel zum Jahresende 2014 einen so großen Beitrag zur Versorgung, dass ein Ausgleich auf demselben Niveau für das gesamte Jahr nicht mehr möglich ist (Abb. 2.53 und 2.54).

Weiterhin weist die Verkürzung der Zeitskala zwischen Monats- und Wochenwerten den Weg zu einer täglichen und stündlichen Versorgung und letztlich den Weg zum physischen Netzbetrieb unter Laufzeitbedingungen.

Technische Optionen zum Nutzen der temporären Stromerzeugung auf höherem Niveau wären:

- die überregionale Weiterleitung über Kuppelstellen (Stromexport),
- der zeitlich gesteuerte Betrieb von flexiblen Stromsenken (zum Beispiel Wärmepumpen, Elektrokesseln, Kälteanlagen),
- der Ladebetrieb von Speichern,
- Maßnahmen zum Einspeisemanagement (Abregelung von Erzeugern).

Insbesondere bei der Planung und dem Einsatz von Flexibilitätsoptionen und Speichern (hier: Ladebetrieb) ist jedoch sehr wohl zu untersuchen, inwieweit die Netzinfrastrukturen eine Nutzung zusätzlicher Strommengen erlauben. Sowohl die überregionale Übertragung durch die Transportnetze wie auch die regionale Weiterleitung durch die

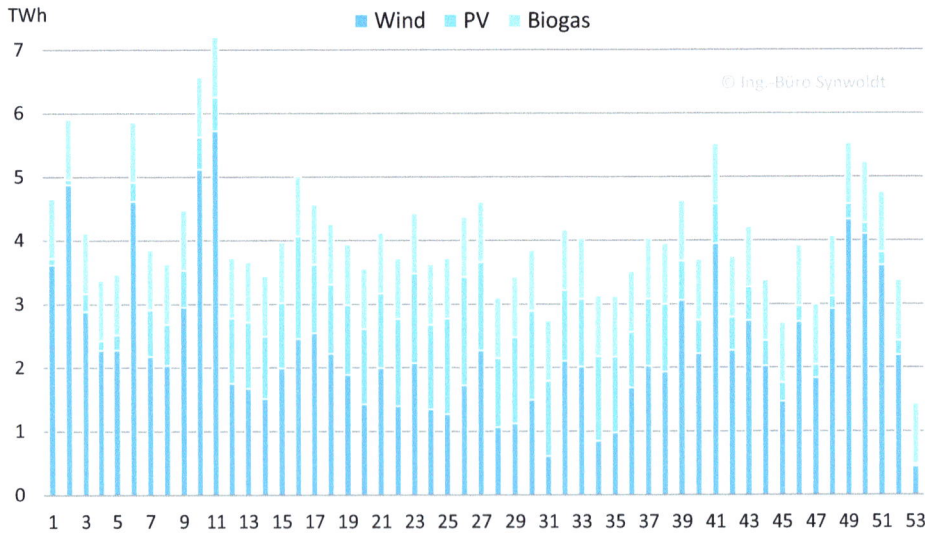

Abb. 2.53 Wöchentliche Einspeisung aus Photovoltaik- und Windenergieanlagen sowie Biomasse und Gasen – aktuelle Fahrweise. (Daten: [204–207], eigene Berechnung)

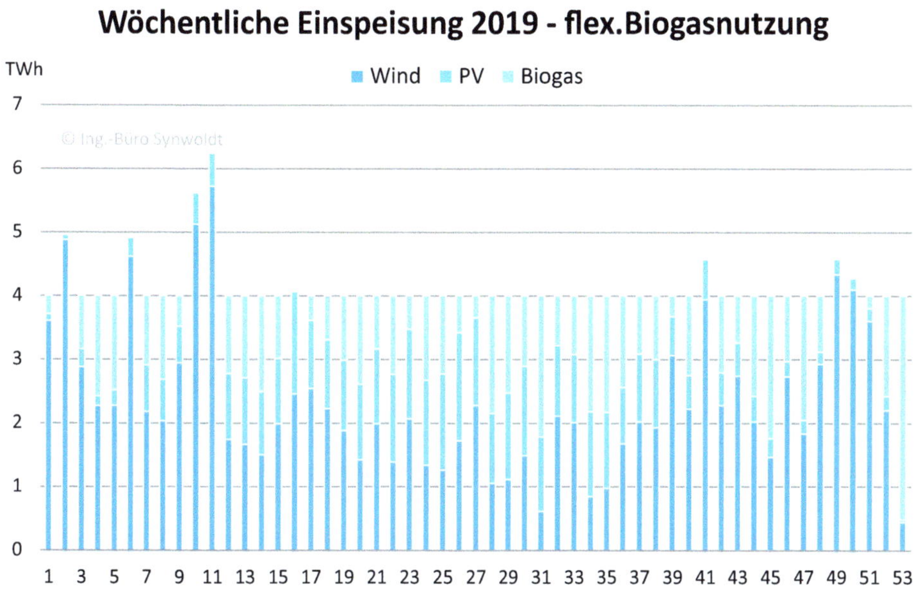

Wöchentliche Einspeisung 2019 - flex.Biogasnutzung

Abb. 2.54 Wöchentliche Einspeisung aus Photovoltaik- und Windenergieanlagen sowie Biomasse und Gasen – flexible Fahrweise. (Daten: [204–207], eigene Berechnung)

Verteilnetze ist eng mit den jeweiligen Übertragungskapazitäten verknüpft. In einem rein marktgesteuerten Szenario – der Strompreis sinkt bei hoher Einspeisung; daraufhin schalten sich flexible Verbraucher automatisch ein – wäre mit erheblichen Rückwirkungen auf den Netzbetrieb zu rechnen [215].

Was in einem Marktszenario spiegelbildlich wirkt – ein Abschalten von Erzeugern bei niedrigem oder negativem Preissignal oder das Einschalten von zusätzlichen, flexiblen Lasten –, hat auf den Netzbetrieb ganz unterschiedliche Auswirkungen. Muss beim Abschalten von Erzeugern lediglich sichergestellt sein, dass alle Verbraucher weiterhin ohne Engpass bedient werden können, so ist es gerade der potenzielle Engpass, der im Fall von zusätzlichen Lasten droht. Analog könnte ein Szenario bei temporär hohen Strompreisen aussehen. Während das Abschalten von Lasten den Netzbetrieb eher entlastet, würde das lawinenartige Zuschalten von Speichern und flexiblen Erzeugern Engpässe im Netz geradezu provozieren. *Es ist daher fraglich, ob und wie weit sich die Volatilität von Aktien- und Derivatebörsen in den physischen Rahmen eines Stromnetzes übertragen lässt.*

Ansätze zum *demand side management*, der Steuerung von Abnehmern, sind daher bei drohender Unterdeckung des Bedarfs durch temporäres Abschalten aus technischer Sicht anders zu bewerten als der spiegelbildliche Fall mit einem Zuschalten von Lasten. Durch die *Verordnung über Vereinbarungen zu abschaltbaren Lasten (Verordnung zu abschaltbaren Lasten, AbLaV)* ist für Großverbraucher mit Lasten über 50 MW bereits ein Anreiz zum Bereitstellen entsprechender Flexibilitätsoptionen initiiert. Die hieraus resultierenden Mehrkosten tragen – wie so häufig – die nicht privilegierten Letztverbraucher.

Verbundnetz
Sämtliche Verbraucher und Erzeuger in einem Wechselstromnetz nehmen indirekt an der Frequenzhaltung teil: Ein Mehr an Erzeugung führt zu einer Erhöhung der Netzfrequenz, ein Mehr an Verbrauch reduziert die Frequenz. Die entsprechenden Beiträge hängen von der Größe des Netzes, präziser der Höhe der aktuellen Netzlast und der Laständerung ab. Das westeuropäische Verbundnetz ENTSO/E verhält sich gegenüber Last- und Einspeiseänderungen daher mit einer stärkeren Dämpfung als beispielsweise das Netz UKTSOA im Vereinigten Königreich.

Vor diesem Hintergrund spielt die geografische Lage eines Kraftwerks oder Erzeugers für das Erbringen von Regelleistung zum Ausgleich eines Prognosefehlers zunächst keine Rolle. Dasselbe gilt für zu- oder abschaltbare Lasten. Tatsächlich ist jedoch das Engpassmanagement im Stromnetz zu berücksichtigen, damit die zusätzlichen Leistungsflüsse nicht eine Kompensation an Engpassstellen erforderlich machen. Die Tatsache, dass Sekundärregelleistung aus der den Bedarf auslösenden Regelzone bereitzustellen ist, weist bereits in dieselbe Richtung.

Weder ein zentraler Markt mit einem bundesweit einheitlichen Preissignal noch eine zentrale Steuerungsinstanz für knapp 50 Mio. Zählpunkte (in Deutschland, [179]) können das erforderliche Maß an Flexibilität zielgenau im betreffenden Netzbereich managen. Die Lösung dieses Problems ist wiederum in der Dezentralität zu suchen. Denn erzeuger- und verbraucherseitige Flexibilität ist unabdingbar mit der jeweils vorhandenen Netzinfrastruktur verbunden. Wenn in einem Netzsegment tatsächlich eine Situation der temporären Übererzeugung droht, dann kann nur dort durch zusätzliche Lasten oder das Laden von Speichern eine sinnvolle Nutzung der Energiemengen zustande kommen – andernfalls handelt es sich um keine Übererzeugung. Auch bei einer lokalen Unterversorgung ist zunächst die Netzauslastung durch die aktiven Lasten zu betrachten, bevor eine Entscheidung für zusätzliche Leistungsflüsse oder das Abschalten von Lasten getroffen werden kann.

In genau diesem Sinn weist die Verteilnetzstudie der Deutschen Energie-Agentur [196] auf die signifikanten Mehraufwände für den Ausbau der Verteilnetze bei *markt*getriebenen Ansätzen für flexible Verbraucher (*demand side management*, DSM) und Speicher hin. Insbesondere in der Niederspannungsebene wird der Bedarf für den Netzausbau um 94 % (DSM) bzw. 194 % (Speicher) erhöht. Durch eine *netz*getriebene Betriebsweise wäre hingegen mit einem geringfügig reduzierten Aufwand zu rechnen.

2.3.3 Systemischer Ansatz

Ein wesentlicher Aspekt zum Ausgleich von Fluktuationen wurde bereits eingehend betrachtet: der flexible Betrieb von Lasten, der sich an die jeweilige Versorgungssituation anpasst.

Eine wichtige Kategorie stellen dabei Anlagen zur Wärme- und/oder Kälteversorgung dar. Sie verfügen über inhärente Speichereigenschaften. Hierfür maßgeblich sind der

2.3 Versorgung mit fluktuierenden Energieträgern

Prozess zur Wärme- oder Kälteversorgung sowie sekundärseitige Puffer. Damit kann die Nutzwärme oder -kälte auch ohne laufendes Aggregat eine gewisse Zeitspanne aufrechterhalten werden. Typische Beispiele sind:

- Warmwasserbereiter (auch in Waschmaschinen etc.),
- Wärmepumpen,
- (Elektro-)Kessel oder Heizkessel mit zusätzlicher elektrischer Heizpatrone,
- Schwimmbäder,
- industrielle Prozesse mit großem Wärmebedarf (Metallschmelzen, chem. Industrie),
- Kühlhäuser,
- Tiefkühltruhen und Kühlschränke,
- Fahrzeugbatterien von E-Mobilen.

Jedes der Beispiele verfügt über individuelle, typische Systemanforderungen in Bezug auf das Maß an Flexibilität, die Dauer und die Leistung, mit der auf die Energiezufuhr verzichtet bzw. mit der temporär zusätzliche Energie aufgenommen werden kann.

Gedanklich ist damit eine Brücke zu den beiden anderen großen Energieverbrauchssektoren, Wärme und Mobilität, geschlagen. Denn im Sinne einer tatsächlichen Energiewende geht es nicht nur um das Bereitstellen einer regenerativen Stromversorgung. Jeder Energiebezug aus einem Stromnetz, das regenerativ gespeist wird, vermeidet den Einsatz von fossilen Energieträgern für das Erzeugen von Wärme oder Kälte, für Mobilität.

Werden die Energieströme in einem Dorf, einer Region oder einer Stadt näher analysiert, lassen sich eine Vielzahl von systeminhärenten Wechselwirkungen und Speichern identifizieren (Abb. 2.55). Dabei sind es gerade die Übergänge zwischen den einzelnen Versorgungssystemen (Strom, Wärme, Gas) und die Vernetzung der Strukturen (zum Beispiel Abwasser → Klärgas → BHKW), die den Mehrwert ausmachen. Je nach Versorgungslage können Strom und Wärme aus einem Biomasse- oder Biogas-BHKW oder rein elektrisch über Photovoltaik- und Windenergieanlagen bereitgestellt werden. Die Produktion von synthetischem Methan als Treibstoffsubstitut[20] und vor allem als chemischer Langzeitspeicher profitiert von Fermentern oder Faultürmen als Kohlendioxidquelle. Die stoffliche Ähnlichkeit von Biomethan, synthetischem Methan und Erdgas erlaubt eine Nutzung über dieselben Infrastrukturen.

Weiterhin ist die zeitliche Koinzidenz von (Heiz-)Wärmebedarf und dem erhöhten Aufkommen an Windenergie im Winterhalbjahr relevant. Sie erlaubt einen Betrieb von Großwärmepumpen an Nahwärmenetzen – wie es bereits seit vielen Jahren in Dänemark praktiziert wird. Über angeschlossene Wärmespeicher kann das Windaufkommen flexibel genutzt werden.

---

[20] Aus energetischen Gründen verfügt Elektromobilität über die unbedingte Priorität. Nur in Ausnahmefällen wäre ein Substituieren von fossilen Kraftstoffen durch synthetisches Methan zielführend.

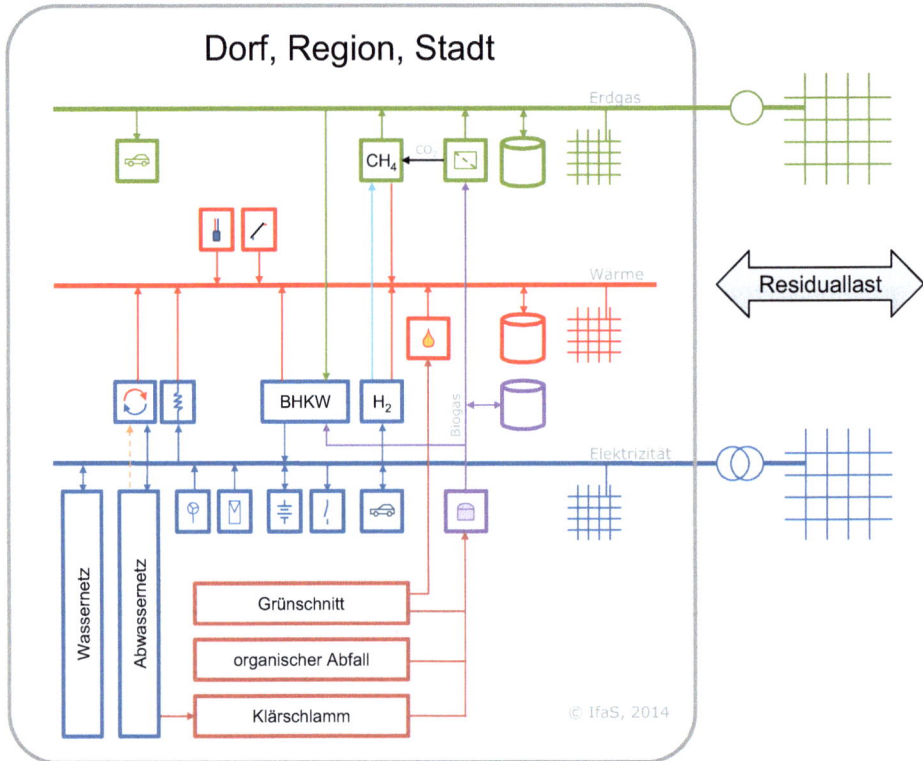

Abb. 2.55 Sektorübergreifende Systemintegration. (Quelle: Institut für angewandtes Stoffstrommanagement IfaS [216])

Das Ziel einer solchen Systemintegration ist, das sei explizit betont, *nicht* die autarke Versorgung eines Dorfes, einer Region oder einer Stadt, sondern die optimale Nutzung sämtlicher Flexibilitätsoptionen, die sich erst aus dem systemischen Ansatz erschließen. Dabei spielt der Wertschöpfungsgedanke eine zentrale Rolle.

Der verbleibende Bedarf ist über einen Netzbetrieb im Austausch mit der Umgebung zu decken. Hierfür stehen als netzgebundene Energieträger Gas und Elektrizität zur Verfügung. Eine Wärmeübertragung über größere Distanzen (>10 km) ist aufgrund der damit einhergehenden Wärmeverluste in der Regel nicht zweckmäßig.

Mehrdimensionale Optimierung
Bereits für das Gedankenexperiment in Abschn. 2.2.1 zeigt sich, dass ein Energiemix aus verschiedenen Energieträgern saisonale Fluktuationen, beispielsweise der solaren Einstrahlung oder des Windaufkommens, in gewissen Grenzen kompensieren kann. Dies hat erhebliche Rückwirkungen auf den Speicherbedarf und den damit verbundenen Investitionen in ein Versorgungssystem.

Der Einsatz von Speichern hat neben den technischen Randbedingungen und dem Kostenaspekt noch zwei weitere Auswirkungen. Zum Einen verfügen Speicher über einen begrenzten Wirkungsgrad. Mithin ist eine mehr oder weniger große, zusätzliche Energiemenge bereitzustellen, um die benötigte Endenergie zur Verfügung zu stellen. Dies ist insbesondere bei Speichern mit niedrigem Wirkungsgrad relevant und trifft insbesondere auf Wasserstofftechnologien zu. Ein kompletter Speicherzyklus (Elektrizität, Hydrolyse, Speicherung, Brennstoffzelle, Elektrizität) erreicht Wirkungsgrade im Bereich von 30–40 %. Mit anderen Worten: Es ist dreimal so viel Strom eingangsseitig erforderlich, wie später ausgangsseitig produziert wird. Entsprechend größer muss der Erzeugerpark ausfallen und umso teurer wird die ausgespeicherte Energie. Andere Großspeichersysteme wie Pumpspeicher verfügen über 75–80 % Wirkungsgrad, was die zusätzlich benötigten Ladestrommengen auf 25–33 % begrenzt. Der zweite Aspekt betrifft das zeitliche Ladeverhalten des Speichers: Über welche Zeiträume findet das Laden statt und wie wirken sich Fluktuationen von solarer Einstrahlung und Windaufkommen aus. In beiden Fällen gibt es – unterschiedliche – Rückwirkungen auf den optimalen Energiemix. Umgekehrt hängt die minimal erforderliche Speicherkapazität vom Energiemix ab.

Aufgrund der im Vergleich zu den Erzeugungskosten aus Photovoltaik- und Windenergieanlagen relativ hohen Speicherkosten[21] gilt generell und Technologie-unabhängig, dass eine gewisse Übererzeugung makroökonomisch günstiger ausfällt, als ein auf technische Effizienz optimiertes System. Das Nutzen der „letzten Kilowattstunde" macht größere Speicherkapazitäten erforderlich. Wie kaum anders zu erwarten, beeinflusst auch die Leistungsüberbauung des Erzeugerparks erneut den optimalen Energiemix.

Ein weiterer Einflussfaktor sind die Kosten des erforderlichen Netzausbaus. Sie hängen mit den weiter oben vorgestellten Aspekten der Dezentralität und Flexibilität, sowie wiederum dem Energiemix zusammen.

In der Konsequenz zeigen sich die Limitierungen des derzeitigen Strommarktmodells überdeutlich: Der liberalisierte Strommarkt orientiert sich am Betrieb von thermischen Kraftwerken, vorzugsweise in einem Markt mit Überkapazitäten. Eine mehrdimensionale Optimierung makroökonomischer Systemkosten, wie hier beschrieben, wird nicht adressiert.

---

[21] Investition plus Betrieb plus Kosten für Ladestrom verteilt auf die während der Betriebsdauer gelieferten Strommengen.

Strommarkt 3

Bis zur Novellierung des Energiewirtschaftsgesetzes (EnWG) im Jahr 1998 war die Elektrizitätswirtschaft in Deutschland durch vertikal integrierte Monopolunternehmen gekennzeichnet. Dabei obliegen die Stromerzeugung, -übertragung und -verteilung einem Anbieter. Hieraus resultierenden organisatorischen Vorteilen stehen mögliche Ineffizienzen und Wettbewerbsnachteile gegenüber. Durch die Liberalisierung konnten jedoch nur bedingt Vorteile erreicht werden.

> Durch den Wettbewerb hoffte man, globale wirtschaftliche Vorteile und Effizienzgewinne (und damit Preisreduktionen) zu erzielen. Bis jetzt sind diese allerdings nur selten erreicht worden oder dem Kleinverbraucher nicht zu Gute gekommen. Im Gegenteil, die Preise sind meistens gestiegen, vor allem, wenn die Liberalisierung von einer Privatisierung begleitet wurde […]. Liberalisierung führt nicht grundsätzlich zu niedrigen, sondern, in einem funktionierenden Markt, zu wettbewerbsfähigen Preisen. Dazu ist auch zu erwähnen, dass die Umweltprobleme allgemein zu einer Verteuerung der Energie führen müssen [217].

Die Wettbewerbssituation ist aus Kundensicht im liberalisierten Markt eng mit dem Volumen der Stromabnahme verknüpft. Insbesondere Großabnehmer profitieren einerseits von einer direkten Marktteilnahme und verfügen zudem über verschiedene Privilegien bei Netznutzungsentgelten, Steuern (z. B. Stromsteuer) und Abgaben (diverse Umlagen, am bekanntesten ist die EEG-Umlage).

Die vertikal integrierten Monopolunternehmen mussten ihre Stromtarife gemäß § 11 der *Bundestarifordnung Elektrizität (BTOElt)* von 1971 der zuständigen Behörde zur Prüfung vorlegen. In der Fassung von 1989 wird gemäß § 12 explizit eine Genehmigung durch die Preisaufsichtsbehörde gefordert. Hierzu waren die Selbstkosten und die Erlöse dazustellen. Weiterhin wird in § 1 BTOElt 1989 geregelt:

§ 1 Allgemeine Grundsätze

(1) Elektrizitätsversorgungsunternehmen mit allgemeiner Anschluß- und Versorgungspflicht nach § 6 des Energiewirtschaftsgesetzes haben für die Versorgung in Niederspannung allgemeine Tarife anzubieten, die den Erfordernissen:

- einer möglichst sicheren und preisgünstigen Elektrizitätsversorgung,
- einer rationellen und sparsamen Verwendung von Elektrizität,
- der Ressourcenschonung und möglichst geringen Umweltbelastung

genügen. Dazu müssen sich die Tarife an den Kosten der Elektrizitätsversorgung orientieren.

Die Tarifaufsicht über die Stromtarife endete zur Jahresmitte 2007. Das Verfahren gemäß BTOElt weist eine Reihe von Parallelen zum regulierten Netzbetrieb nach der *Anreizregulierungsverordnung (ARegV)* mit Erlösobergrenzen und Anforderungen an Effizienz, Versorgungssicherheit, etc. auf. Zudem besteht nach § 11 EnWG 1998 bzw. § 39 EnWG 2008 *(Energiewirtschaftsgesetz)* bis heute die Möglichkeit zur Einflussnahme durch das Bundeswirtschaftsministerium. Dieses kann damit per Verordnung Preise und Versorgungsbedingungen bestimmen.

Die Änderung des Marktmechanismus von behördlich geprüften Tarifen zum liberalisierten Markt hat nur kurzfristig zu einer Senkung der Stromkosten geführt. Insbesondere Kleintarifkunden werden inzwischen deutlich stärker belastet (Abb. 3.1).

Dies ist umso bemerkenswerter, da die Börsenstrompreise seit den Hochphasen 2006 und 2008 stetig sinken (Abb. 3.5). Ein mangelnder Wettbewerb, aber auch erhöhte Margen für die Position *Erzeugung, Transport, Vertrieb* stehen hinter diesem Anstieg. Steuern und Abgaben sind in der Darstellung in Abb. 3.2 explizit ausgeklammert. Zudem

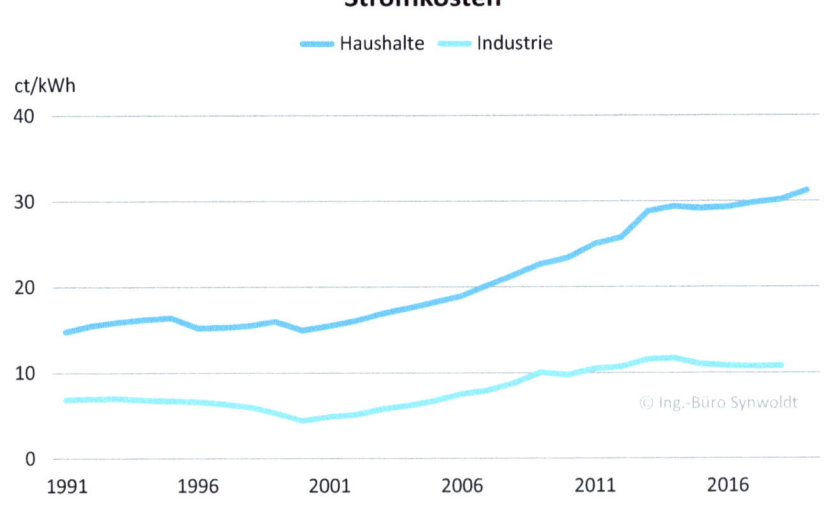

Abb. 3.1 Entwicklung der Stromtarife für verschiedene Verbrauchergruppen. (Daten: [218])

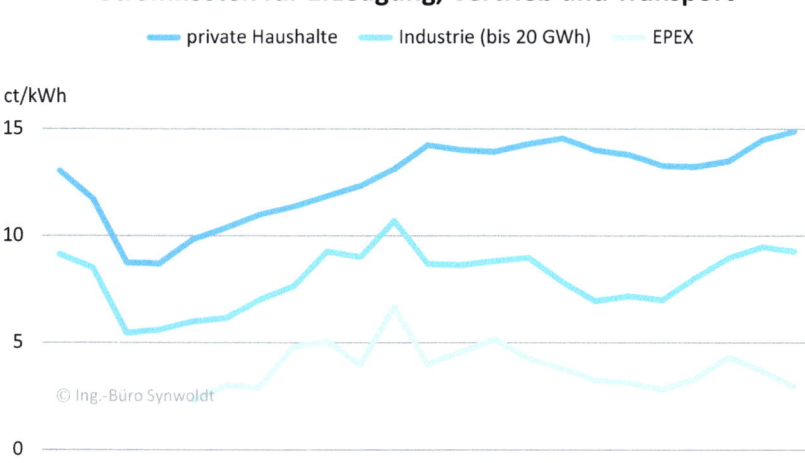

Abb. 3.2 Entwicklung der Stromkosten für Erzeugung, Vertrieb und Transport. (Daten: [219, 220, 221, 222])

wurde bereits in Abb. 2.36 gezeigt, wie die dezentrale Einspeisung zur Reduzierung von Netzverlusten beiträgt.

3.1 Einführung

Da Strom – anders als Äpfel, Maschinen oder Erdöl – nur in dem Augenblick verbraucht werden kann, in dem er gerade hergestellt wird, ergibt sich eine spannende Frage: Wie lässt sich Strom überhaupt an einer Börse handeln? Zudem ergibt sich aus der Zeitgleichheit von Erzeugung und Verbrauch ein noch wichtigeres, technisches Problem: Erzeugung und Verbrauch müssen sich zu jedem Zeitpunkt die Waage halten. Größere Abweichungen würden zu erheblichen Schwierigkeiten im Netzbetrieb führen.[1] Eine zu geringe Stromerzeugung würde zum Abschalten einzelner Verbraucher bis hin zum totalen Netzzusammenbruch führen. Bei Übererzeugung müssen Kraftwerke notabgeschaltet werden und können im Extremfall irreparable Schäden erleiden.[2] Dies

---

[1] Der Roman *Blackout* von Marc Elsberg zeigt vor fiktivem Hintergrund die realen Auswirkungen auf eindringliche Weise.

[2] Bei einem Lastabwurf auf null fehlt der Turbine das im normalen Betrieb durch den Generator ausgeübte Bremsmoment. Die Drehzahl des Turbosatzes steigt dadurch stark an. Ist ein kurzfristiges Abfangen nicht möglich, wirken extreme Fliehkräfte, die den Turbosatz zerstören können [223].

erfordert nicht nur eine sorgsame Abstimmung der einzelnen Kraftwerke, sondern auch präzise Prognosen – für den Bedarf von Industrie, öffentlichen Einrichtungen und privaten Haushalten gleichermaßen wie auch der Erzeugung aus fluktuierenden Erzeugern (Photovoltaik- und Windenergieanlagen sowie Wasserkraftanlagen).

Es lässt sich die Frage aufwerfen, ob angesichts der technischen Randbedingungen für einen stabilen und zuverlässigen Betrieb der Stromversorgung ein Handel mit Strom ähnlich wie mit Aktien oder Derivaten überhaupt sinnvoll ist – abgesehen von dem Gedanken, aus dem Verkauf als solchem ein Geschäftsmodell zu machen.

Churn-Rate
Der Bundesverband der Energie- und Wasserwirtschaft e. V. beschreibt das Geschehen beim Stromgroßhandel wie folgt [224]:

> Gerade der deutsche Stromhandelsmarkt ist mit einer Churn-Rate von rund zehn wohl der liquideste Stromhandelsplatz in Europa.

Weiter heißt es in einer diesbezüglichen Fußnote:

> Die sog. Churn-Rate beschreibt die Umschlaghäufigkeit und ist damit ein Indikator für die Liquidität. Ein liquider Terminhandel dient der Optimierung der Beschaffung, nicht aber der Erzielung spekulativer Gewinne.

Mit anderen Worten besagt die *Churn-Rate,* dass ein und dieselbe physisch gelieferte Strommenge zuvor zehnmal gehandelt wurde. Das klingt geradezu phantastisch und unwillkürlich stellt sich die Frage nach der Sinnhaftigkeit.

Es dürfte ohne weitere Erläuterung einleuchten, dass jede dieser Transaktionen mit gewissen Aufwänden und Kosten verbunden ist. Ebenso benötigt es keiner weiteren Ausführungen, dass hinter jeder der Transaktionen auch ein kommerzieller Nutzen für den Verkäufer steht, ansonsten würde die Transaktion nicht zustande kommen. Zweifellos kommt der Stromkunde für diesen Mehraufwand und die Margen eines jeden Handelsgeschäfts auf.

Mit der Frage *cui bono* lässt sich der Kreis weiter ziehen. Erst die Entkopplung von Stromtransport und Stromhandel hat dazu geführt, dass zahlreiche Handelsteilnehmer Lieferverträge mit einzelnen Kunden eingehen. Das bedeutet jedoch einen entscheidenden Mehraufwand für die Prognose des Bedarfs und der entsprechend einzukaufenden Strommengen. Erst hieraus resultiert der Bedarf für den marktinternen Handel mit Strommengen. Damit verkörpert das Modell des Großhandels für Strom ein System, das zu seinem eigenen Erhalt beiträgt. Erneut stellt sich die Frage nach der Effizienz aus Kundensicht.

Dass die Liquidität des Strommarktes von der Vielzahl an Transaktionen profitiert, steht außer Frage. Es leuchtet ein, dass der Einfluss einer jeden einzelnen Transaktion auf den Marktpreis dabei sinkt. Dennoch sei die eingangs des Kapitels beschriebene Besonderheit beim Stromhandel noch einmal hervorgehoben: Elektrizität kann nur in dem Moment verbraucht werden, in dem sie auch erzeugt wird. Dem spekulativen Handel durch eine künstliche Marktverknappung oder Mehrproduktion sind allein aus technischen Gründen (Systemstabilität) damit enge Grenzen gesetzt. Eher ist davon auszugehen, dass die weiter unten beschriebene starke Konzentration der Stromerzeuger zur Sorge Anlass gibt. Deren Kraftwerksfahrpläne können in Verbindung mit Prognoseungenauigkeiten (bei schwankendem Bedarf und fluktuierender Erzeugung) durchaus zu starken Ausschlägen bei den Börsenstrompreisen beitragen.

Weiterhin ist im Auge zu behalten, dass unabhängig vom Großhandel mit Strom die physische Erfüllung der Kontrakte weiterhin an das natürliche Monopol der Netzbetreiber gekoppelt ist – und

Deutschland keineswegs von einer Kupferplatte[3] überdeckt wird, die einen beliebigen Stromtransfer erlaubt.

Die plakativ dargestellte Rolle des Großhandels als Element für einen effizienten Gesamtmarkt [225] ist zumindest in einzelnen Aspekten infrage zu stellen.

Teilnahme am Stromhandel
Für die Erstausstattung mit Personal und technischen Ausrüstungen, sowie dem administrativen Aufwand werden Kosten von rund 250.000 € veranschlagt. Zudem kommen jährlich aufzubringende Aufwände von 400.000 € für die Teilnahme am Strommarkt [225]. Hierbei handelt es sich, wohlgemerkt, nur um die Teilnahme. Der Börsenplatz, der sich durch Transaktionsgebühren finanziert, sowie durch die Abwicklung und Modalitäten der Börsengeschäfte zusätzlich entstehende Kosten sind hier noch nicht berücksichtigt.

Zu letzteren zählt insbesondere das bilanzielle Bereitstellen von Reserveenergie aus weiteren Börsentransaktionen, mit denen Prognosefehler bei Bedarf und Erzeugung auszugleichen sind. Stromhändler stehen als Bilanzkreisverantwortliche in der Pflicht, zu jedem Zeitpunkt einen ausgeglichenen Bilanzkreis zu führen. Je kleiner der einzelne Bilanzkreis ausfällt, desto stärker tragen individuelle Ereignisse bei Erzeugung und Bedarf zu Prognoseabweichungen bei (Abschn. 2.3.2). Dabei ist es unerheblich, ob bei einem Großverbraucher eine Produktionsstörung auftritt und sich die Fertigungseinrichtung abschaltet, ein Tiefdruckgebiet schneller als prognostiziert weiterzieht oder ein Maschinenausfall zu einem Kraftwerksstillstand führt.

Während sich derartige Einzelereignisse im großflächigen Maßstab weitgehend ausmitteln, handelt es sich bei der Aufteilung des Handels auf eine zunehmende Zahl von Stromhändlern für das System der Strombörse um einen Glücksfall: Denn das System generiert damit kontinuierlich neue Transaktionen – und jedes Mal zusätzliche Kosten für die Stromverbraucher.

Durch das *Energiewirtschaftsgesetz (EnWG)* von 1935 existierten – bis 1998 – vertikal integrierte Gebietsmonopole: Im Gegenzug für eine (zu)gesicherte Stromversorgung erhielten die Stromversorger das Monopol für die Erzeugung (Kraftwerksbetrieb) sowie die Verteilung und den Transport (Netzbetrieb). Vor dem Hintergrund einer Kriegsvorbereitung durch das Deutsche Reich nahm die sichere Energieversorgung der Industrie einen essenziellen Stellenwert ein. Die industrielle Massenfertigung hielt gerade erst Einzug in die Fabriken. Entsprechend hoch war der Bedarf an Arbeitskräften. Gleichzeitig war der Mechanisierungsgrad in der Landwirtschaft noch vergleichbar gering. Mitte der 1930er-Jahre arbeiteten mehr als 9 Mio. Menschen in der Landwirtschaft, in Etwa jeder dritte Beschäftigte. Einige Jahrzehnte zuvor war der Anteil der im primären Wirtschaftssektor Erwerbstätigen noch doppelt so hoch [226].[4] Aktuell (2020) sind es 1,3 % [227]. Unausgesprochen bedeutet auch heute noch jedes Mehr an

---

[3]Der Terminus *Kupferplatte* spiegelt eine stark vereinfachte Sichtweise eines Stromnetzes ohne physische Begrenzungen der Übertragungskapazität *(Engpässe)* und des Zugangs wider. Das Prinzip des liberalisierten Stromhandels basiert auf dem Konzept der Kupferplatte.

[4]Die Zahlen betreffen den primären Wirtschaftssektor mit der Land- und Forstwirtschaft sowie der Fischerei. Bei einem Vergleich historischer Zahlen ist die betrachtete Gebietskulisse (Preußen, Deutsches Reich in den jeweiligen Grenzen, Deutschland, etc.) zu beachten.

Automation, Mechanisierung oder technischem Aufwand ein Mehr an Energiebedarf für den Betrieb der Maschinen, Anlagen und Prozesse [228].

Die Marktregeln (neu: das *Marktdesign*) wurden im Zuge der Deregulierung des Binnenmarkts durch die Europäische Gemeinschaft neu entworfen. Ab 1998[5] wurden die Strommärkte schrittweise umgebaut. Hierzu erfolgte zunächst ein Entflechten *(unbundling)* der Geschäftsbereiche Stromerzeugung und Netzbetrieb mit dem Ziel, den Netzzugang auch für Dritte zu erleichtern. Die nur in Deutschland gewählte Lösung des *verhandelten Netzzugangs* (§ 6 EnWG 1998) gilt als schwächere Maßnahme, da die Übertragungsnetzbetreiber weiterhin natürliche Monopole betreiben und über die Preisgestaltung starken Einfluss nehmen können. Das wird an folgender Überlegung zu den Netznutzungsentgelten deutlich: Im Gegensatz zu dritten Stromerzeugern besteht insbesondere für verbundene Konzernunternehmen aus dem Bereich Stromerzeugung die Möglichkeit, Erträge aus einem Geschäftsfeld lediglich in ein anderes zu verlagern.

Der Publizist und Journalist Udo Leuschner beschreibt den Zusammenhang [229].

Der liberalisierte Markt privatisiert alles, was Gewinn bringt, und sozialisiert die Verluste

Diese Konstruktion lud dazu ein, die Gewinne im Bereich von Erzeugung und Handel zu maximieren und zugleich möglichst viel von dem, was die Gewinne schmälern konnte, in den regulierten Bereich der Netzkosten zu verlagern. […] Zugleich dominierten sie den Stromhandel und sorgten dafür, daß der erzeugte Strom möglichst hohe Preise erzielte. Dagegen verloren sie weitgehend das Interesse am Netzbetrieb mit seinen vergleichsweise bescheidenen Renditen. E.ON und Vattenfall trennten sich sogar ganz von ihrem Stromtransportnetz und den damit verbundenen Regelzonen. Es blieb den regulierten Netzbetreibern überlassen, die enormen Probleme zu lösen, die sich aus der Zunahme von Stromhandel und Windstromeinspeisung ergaben. Die für den Ausgleich der Lastschwankungen benötigte Regelenergie mußten sie von den Kraftwerksbetreibern einkaufen. Im Unterschied zu früher, als die integrierten EVU eine Gesamtverantwortung für Erzeugung, Netz und Vertrieb besaßen, hatten die Stromkonzerne deshalb zumindest kurzfristig gar kein Interesse an der Lösung der Netzprobleme, denn an steigenden Regelenergie-Kosten konnten sie nur verdienen.

So kam es, daß die Netzbetreiber das Problem der fluktuierenden Windstrom-Einspeisung zunehmend über die Strombörse lösten, indem sie ein sich abzeichnendes Überangebot vorab am Spotmarkt verkauften. In der Praxis bedeutete dies meistens, den Strom unter dem durchschnittlichen Marktpreis zu verschleudern. Mitunter mußten sie ihn sogar verschenken und den Abnehmern noch Millionen Euro an Draufgeld zahlen. Die so entstehenden Verluste waren angeblich noch immer geringer, als wenn sich die Netzbetreiber bei den Kraftwerksbetreibern entsprechende „negative" Regelenergie durch Abschalten oder Herunterfahren von Kraftwerken eingekauft hätten.

Nach der Logik des liberalisierten Marktes war dieses Verschleudern von Windstrom notwendig, um genügend „Marktanreize" für die Schaffung neuer Regelenergie-Kapazitäten

---

[5]Durch eine Änderung des Energiewirtschaftsgesetzes (EnWG) auf Basis der EG-Richtlinie 96/92/EG.

zu schaffen. [...] Den einzigen Änderungsbedarf sah[en] die Energiepolitiker darin, die riesigen Verluste nicht mehr als Netzkosten zu deklarieren, sondern sie zusätzlich zu den Einspeisungsvergütungen in die EEG-Kosten eingehen zu lassen. Mit Inkraft[t]reten der neuen Regelung ab 1. Januar 2010 stieg deshalb die auf den Stromrechnungen ausgewiesene EEG-Umlage schlagartig um 70 % [...]. Das war aber schon deshalb Augenwischerei, weil die Netz- und Regelprobleme keineswegs allein durch Windstrom, sondern auch durch den Stromhandel verursacht wurden.

Generell stellt sich die Wettbewerbssituation schwierig dar. Der deutsche Energiemarkt wird von vier großen Stromerzeugern (E.ON, RWE, EnBW und Vattenfall) dominiert, die gemeinsam rund 75 % des Marktes unter sich aufteilen. Zudem werden nur etwa ein Viertel der Strommengen über die Energiebörse veräußert, ein großer Teil des Geschäfts erfolgt *over the counter* (OTC). Dabei handelt es sich um bilaterale Verhandlungen, die außerhalb jeder Aufsicht und Kontrolle stattfinden.[6] Mithin kann keineswegs von einem transparenten Markt ausgegangen werden. So kommt selbst die industriefreundliche Redaktion der Zeitschrift *Wirtschaftswoche* zu dem Schluss, dass das Geschehen an der Energiebörse mitnichten *der Markt* für Strom sei, sondern lediglich einen kleinen Ausschnitt darstellt [230]. Es ist aus vorgenannten Gründen gerade nicht davon auszugehen, dass alle Marktteilnehmer über dieselben Informationen verfügen – damit ist eine essenzielle Randbedingung idealer Märkte verletzt.

Auch nach Angaben des Monitoringberichts 2019 der Bundesnetzagentur überwiegt der OTC-Handel den börslichen Terminhandel: Kontrakten aus dem *intraday*- und dem *day ahead*-Handel in Höhe von 53 bzw. 225 TWh sowie dem Terminhandel in Höhe von 1.058 TWh stehen außerbörsliche Geschäfte von 4.956 TWh im selben Zeitraum (Jahr 2018) gegenüber [180]. Zum Vergleich: Die Bruttostromerzeugung in Deutschland liegt in der Größenordnung von 600 TWh. Anhand dieser Zahlen werden zwei Sachverhalte deutlich: Die gehandelten Strommengen überschreiten die gelieferten Mengen um ein Vielfaches (Infobox Churn-Rate) und die außerbörslich gehandelten Strommengen machen rund 80 % des Stromhandels aus. Langfristige, bi- und multilaterale Vereinbarungen sind eher die Regel als die Ausnahme im Strommarkt: Die Betreiber von konventionellen Kraftwerken nutzen regelmäßig entsprechende Kontrakte zur Absicherung ihrer Investitionen in neue Erzeugereinheiten.

Weiter stellt die Bundesnetzagentur fest [232]:

Eine lückenlose Abbildung des bilateralen Elektrizitäts-Großhandels mit Lieferort Deutschland anhand der erhobenen Daten ist grundsätzlich nicht möglich. Dies ergibt sich bereits daraus, dass nicht alle relevanten Unternehmen, insbesondere, soweit sie im Ausland niedergelassen sind, vollständig in die Erhebung eingebunden werden können. Zudem führen die

---

[6]Durch das OTC-Clearing besteht die Möglichkeit, OTC-Kontrakte nachträglich an der Börse zu registrieren. Damit stellt das OTC-Clearing eine Schnittstelle zwischen dem börslichen und dem außerbörslichen OTC-Handel dar.

vielfältigen Gestaltungsmöglichkeiten, die den Marktteilnehmern hinsichtlich der Produkte und der Abwicklungsmodi offen stehen, zu Abgrenzungsproblemen in der Erhebung.

Außerbörslich gibt es weder klar abgrenzbare Marktplätze, noch einen festen Kanon an Kontraktarten. Standardisierte Formen bilden sich zwar heraus, es besteht jedoch nicht wie an Börsen eine strikte Notwendigkeit, sich an feste Formen, die den Kontrakt bis in das Detail bestimmen, zu halten.

In der Frankfurter Rundschau [233] äußern sich Wettbewerbshüter und Verbraucherschützer unisono:

> Justus Haucap, Chef der Monopolkommission, sagte der FR: „Die enormen Gewinne überraschen nicht. Es gibt keinen funktionsfähigen Wettbewerb bei der Energieerzeugung in Deutschland, das wurde durch die Laufzeitverlängerung für die Kernkraft noch einmal verfestigt." [...]
>
> Holger Krawinkel, Energieexperte des Bundesverbands der Verbraucherzentralen, sagte: „Der Wettbewerb auf dem deutschen Stromerzeugungsmarkt ist eine Farce." Die Energieriesen verfügten über mehr Marktmacht als vor der Liberalisierung vor gut zehn Jahren. „Das ist vor allem auf Versagen der Politik zurückzuführen, die nicht ausreichend für Wettbewerb gesorgt hat."

Gerade die fehlende Transparenz und der geringe Teil der an der Börse gehandelten Strommengen begünstigen die Einflussnahme auf die Kursentwicklung. Selbst durch Fehlprognosen ist eine Manipulation des Börsenstrompreises möglich. Dabei spielt es keine Rolle, ob die Abweichungen Strombedarf oder -erzeugung betreffen. Unvorhergesehene Prognoseabweichungen können starke Preisschwankungen hervorrufen. Zuweilen ist dies auch auf Nachlässigkeiten zurückzuführen wie beispielsweise in den Weihnachtstagen 2012. Ein Sturmtief sorgte für unerwartet große Mengen an Windstrom in Deutschland. Aufgrund der Feiertage waren viele Handelsabteilungen nicht besetzt, sodass die Prognosen nicht aktualisiert wurden. In der Folge kam es am 25. und 26. Dezember 2012 zu negativen Strompreisen von bis zu -22 ct/kWh [234] – mit anderen Worten, der Käufer entsprechender Strommengen wurde für die Abnahme belohnt.

Zudem zeigt eine Betrachtung der an der Strombörse gehandelten Strommengen – in Abb. 3.3 der Handel für den Vortag *(day ahead)* an der EPEX SPOT – einen bemerkenswerten Umstand auf: Die weit überwiegende Mehrheit aller Kontrakte ist preisunabhängig. Entsprechend der physischen Realität des Strommarkts – Strom kann nur in dem Augenblick verbraucht werden, in dem er erzeugt wird – bleibt für den Erzeuger auch kaum eine andere Wahl: Verkaufen um jeden Preis oder die Anlage abschalten. Dasselbe gilt jedoch auch für Marktteilnehmer, die physische Lieferungen erfüllen müssen.

Dieses hohe Volumen an preisunabhängigen Verkaufsangeboten resultiert vor allem durch den Verkauf von Strom aus EEG-geförderten Anlagen. Die vier Übertragungsnetzbetreiber veräußern den EEG-Strommengen überwiegend ohne Preislimit. Das physische

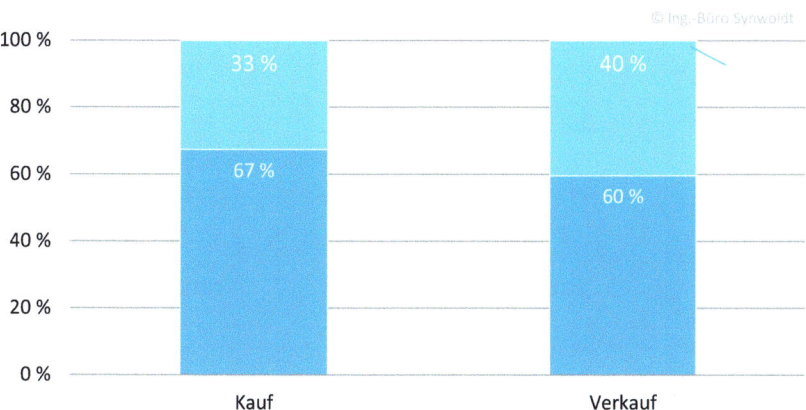

Abb. 3.3 Preisabhängiger und -unabhängiger Handel mit Stromkontrakten. (Daten: [180])

Erfüllen von langfristigen Terminkontrakten[7] (Phelix Futures) liefert ebenfalls einen großen Beitrag zu preisunabhängigen Verkaufs- wie auch Abnahmegeboten.

Funktion des Großhandels mit Strom

Mit der Einführung des Großhandels für Strom wurde das natürliche Monopol von Stromerzeugern mit eigenem Netz durchbrochen. Obwohl der physische Transport weiterhin über dieselben Stromnetze wie bislang stattfindet, virtualisiert[8] der Großhandel den Markt: Anbieter und Abnehmer können ungeachtet der tatsächlichen Lieferwege den Bezug von Strommengen vereinbaren.

Technisch erfolgt die Lieferung von Strom grundsätzlich durch den nächsten Erzeuger. Das kann die Photovoltaikanlage auf dem eigenen Dach oder in der Nachbarschaft sein, das Kraftwerk oder der Windpark eines regionalen Stromerzeugers oder auch das mehrere hundert Kilometer entfernte Großkraftwerk – je nach Erzeugungs- und Lastsituation im Netz.

Damit wäre eine weitere Voraussetzung für das gängige Marktmodell verletzt. Angebot und Nachfrage spielen im Strommarkt nur eine begrenzte Rolle bei der Preisfindung. Dies hängt u. a. mit einer vergleichsweise geringen Preiselastizität der Nachfrage zusammen: Es ist wesentlicher, dass beim Umlegen des Lichtschalters oder Einschalten des Computers auch Strom zur Verfügung gestellt wird, als dass der Strompreis um einige Cent pro

---

[7]Die Stromlieferung erfolgt erst zu einem späteren Zeitpunkt, z. B. eine Woche oder ein Jahr nach Vertragsabschluss.

[8]Die Literatur spricht auch von einer *Neutralisierung des Netzbereichs* [225].

Abb. 3.4 Vorsteuerergebnisse der drei größten Stromerzeuger in Deutschland. (Daten: [236, 237, 238]; Für den vierten großen Stromerzeuger, Vattenfall GmbH, liegen für den betrachteten Zeitraum keine vollständigen Datenreihen vor. Auf eine Darstellung wird daher verzichtet. Die Vattenfall GmbH ging 2012 aus der Vattenfall Europe AG hervor. Letztere entstand 2002 aus dem Zusammenschluss der Hamburgischen Elektrizitäts-Werke und der Vereinigten Energiewerke AG sowie dem Bergbauunternehmen Lausitzer Braunkohle AG. Im Folgejahr ging auch die Berliner Bewag in der Vattenfall GmbH auf. Nach einer Meldung des Handelsblatts führt die Umfirmierung dazu, dass die schwedische Holding aus der Haftung für den Rückbau der Kernkraftwerke entlassen sei, da *„die Haftung für die deutschen Atomlasten nur noch ‚bis zur obersten deutschen Konzerngesellschaft' gehe"* [239])

Kilowattstunde höher oder niedriger ausfällt. Skaleneffekte ändern das Bild ebenfalls nur bedingt: Zwar wirken sich Preisschwankungen für Industriebetriebe mit hohem Strombedarf stärker aus, dennoch kann auch nur temporär, in engen zeitlichen Grenzen durch Ab- oder Zuschalten bestimmter Anlagen, auf den jeweiligen Strompreis reagiert werden.

Ein Blick in die Bilanzen der vergangenen Jahre offenbart die Erlöse der großen Stromerzeuger. Der in Abb. 3.4 dargestellte Zeitabschnitt beginnt mit dem Inkrafttreten des *Gesetzes für den Vorrang Erneuerbarer Energien (EEG)* im Jahr 2000.

Trotzdem die Stromerzeugung aus regenerativen Systemen im Zeitraum von 2000–2009 von 3,4 % auf 16,3 % anstieg, konnten die *Großen Vier*[9] ihr Betriebsergebnis bis dahin deutlich steigern. Nach 2009 sinken die Erträge hingegen rapide.

Aus Abb. 3.5 lässt sich eine ganz ähnliche Dynamik bei der Kurve der Börsenstrompreise verfolgen. Laut dem Internationalen Wirtschaftsforum Regenerative Energien (IWR) [240] hält der Trend auch für Termingeschäfte weiter an.

---

[9]Gemeint sind die vier größten Stromerzeuger in Deutschland, RWE, E.ON, EnBW und Vattenfall.

3.1 Einführung

Abb. 3.5 Entwicklung der Börsenstrompreise. (Daten: [220, 222, 235])

Für das Lieferjahr 2017 können Großabnehmer und die Industrie heute [Anm.: 2014] ihren Strom am Terminmarkt für aktuell nur noch 3,2 Cent pro kWh einkaufen. Das sind die niedrigsten Strompreise seit über 10 Jahren. Zum Vergleich: im Spitzenjahr 2008 musste die Industrie den Strom noch für bis zu 9,5 Cent pro kWh einkaufen.

Auf der anderen Seite entwickeln sich die Brennstoffkosten für die konventionellen Kraftwerke deutlich nach oben. Auch wenn Preisrückgänge infolge der weltweiten Rezession 2007/2008 und politisch motivierter Ölpreissenkungen[10] kurzfristig eine andere Sichtweise erlauben (Abb. 3.6).

Für die Kraftwerksbetreiber ergeben sich bei tendenziell steigenden Kosten geringere Erlöse. Zwar folgen die Börsenstrompreise den Grenzkosten der Stromerzeugung und damit den Brennstoffkosten. Deckungsbeiträge und Margen kommen jedoch erst durch die Markträumung auf dem Niveau von Anlagen mit höheren Grenzkosten zustande. Dabei spielen die Erdgaspreise eine besondere Rolle, da sie die höchsten Grenzkosten für die Stromerzeugung markieren. Das derzeitige Preisniveau bewegt sich im Jahresmittel auf dem Niveau der Grenzkosten von Kohlekraftwerken.

Die vermehrte Einspeisung von regenerativem Strom reduziert die Laufzeiten von Steinkohlekraftwerken im Mittellast- und Gaskraftwerken im Spitzenlastbereich. Um die Laufzeiten für Kohlekraftwerke künstlich hoch zu halten, werden regelmäßig größere Strommengen exportiert (Abb. 3.21).

---

[10] Erdöl und auf Erdöl basierende Energieträger spielen bei der Stromerzeugung in Deutschland nur eine marginale Rolle (<1 %). Demgegenüber tragen mit Steinkohle gefeuerte Kraftwerke 17 % und mit Erdgas betriebene Anlagen 12 % zur deutschen Stromproduktion bei (Zahlen für 2020).

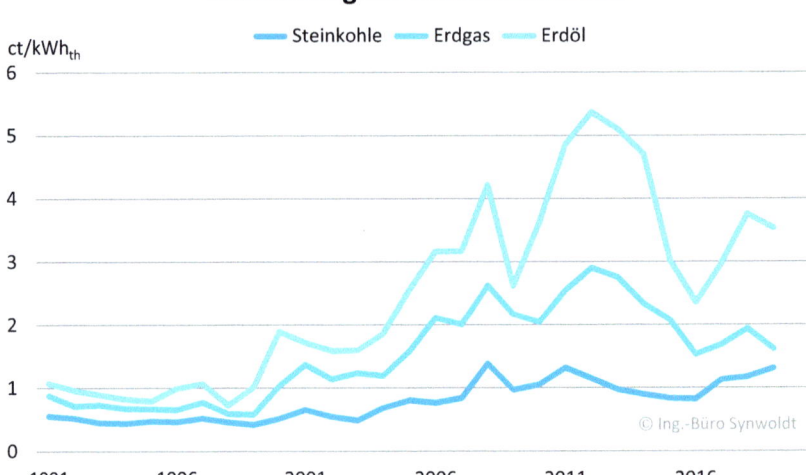

Abb. 3.6 Entwicklung der spezifischen Brennstoffpreise. (Daten: [147, 148, 150])

Energiepreise und die Folgen

Insbesondere die OPEC *(Organization of the Petrol Exporting Countries)* setzt die in den USA boomende Schiefer-Gasproduktion mittels *fracking (hydraulic fracturing)* unter finanziellen Druck. Da die Ergiebigkeit der mit Fracking erschlossenen Lagerstätten rasch nachlässt, ist hier ein enormer Kapitalbedarf zum Niederbringen neuer Bohrungen erforderlich. Ein Weltmarktniveau für Erdöl- und Erdgaspreise unter den Kosten für das Frackingverfahren versperrt den Marktteilnehmern damit den Zugang zu neuem Kapital. Die Förderkosten für Ölsandvorkommen in Kanada liegen sogar noch höher. Doch auch die Ölförderung in Ländern wie Russland, Mexiko und Brasilien ist bei Weltmarktpreisen um 50 US$/bbl (zweite Jahreshälfte 2015) nicht mehr rentabel [152].

In Bezug auf die Exploration von neuen Öl- und Gasvorkommen kommt diese Situation dem Klimaschutz durchaus entgegen. Besonders aufwendig zu erschließende Förderstätten in der Tiefsee und der Arktis sind unter den vorliegenden Bedingungen ökonomisch wenig attraktiv.

Anders sieht es auf der Verbraucherseite aus. Denn Investitionen in Effizienzmaßnahmen amortisieren sich bei niedrigem Ölpreis erst über längere Zeiträume. Der Druck für einen Technologiewechsel bei der Wärmeversorgung oder im Bereich Mobilität nimmt ab.

Auch volkswirtschaftliche Vorteile sind spürbar. Niedrige Energiepreise reduzieren die konsumtiven Ausgaben in privaten Haushalten, Unternehmen und im öffentlichen Sektor. Damit werden die Haushalte entlastet und Mittel für andere Zwecke frei.

Ganz anders als immer wieder verlautbart zeigt sich damit eine Entwicklung, die geradezu beispielhaft die Marktintegration der erneuerbaren Stromerzeugung hervorhebt. Insbesondere der massive Zubau an Photovoltaikanlagen seit 2008 (Abb. 1.28) führte ab 2009 zu einem erheblichen Rückgang der Börsenstrompreise – mehr dazu im folgenden Abschn. 3.2.

Gesetzliche Rahmenbedingungen und die Folgen

Der Zubau an Photovoltaikanlagen verteilt sich über das ganze Jahr, jedoch in der früheren Vergangenheit mit einem deutlichen Schwerpunkt in der zweiten Jahreshälfte. Dies hängt mit der Systematik der EEG-Einspeisetarife zusammen, die regelmäßig zum Jahreswechsel abgesenkt wurden. Mit der zweiten Novelle des EEG innerhalb des Jahres 2012, die rückwirkend zum 1. Juli 2012 in Kraft trat, wurde eine monatliche Degression der Einspeisetarife für Photovoltaikanlagen eingeführt.

Die Stromerzeugung von Photovoltaikanlagen, die erst in der zweiten Jahreshälfte in Betrieb genommen werden, wird erst in der folgenden Periode spürbar. Aufgrund der Einstrahlungsbedingungen produzieren Photovoltaikanlagen in Deutschland in den Sommermonaten 5–10-mal mehr Strom als um den Jahreswechsel.

Die sinkenden Erträge der konventionellen Stromerzeuger in Abb. 3.4 lassen keinen Zweifel aufkommen, wie sehr sich die Erlöse an der Strombörse auf das Betriebsergebnis auswirken. So wird die Motivation für ein Ausbremsen des weiteren Zubaus von Photovoltaikanlagen nachvollziehbar, eher aus ökonomischen Erwägungen für die Kraftwerksbetreiber und weniger aufgrund der gesamtwirtschaftlichen Folgen für die Verbraucher. Auch wenn in der öffentlichen Diskussion regelmäßig die sinkenden Einspeisetarife für Photovoltaikstrom im Vordergrund stehen, so ist die Reihe der technischen, kommerziellen und juristischen Maßnahmen zur Verlangsamung des weiteren Zubaus von Photovoltaikanlagen lang.

Die aus Verbrauchersicht durchaus zu begrüßende Entwicklung der Börsenstrompreise stößt angesichts der sinkenden Ergebniszahlen bei den konventionellen Stromerzeugern nachvollziehbar auf wenig Resonanz. Auch wenn einstweilen langfristige Lieferverträge, die vor Jahren noch auf höherem Preisniveau abgeschlossen wurden, den Ertragsausfall in Grenzen halten. Doch diese Verträge laufen nach und nach aus. Die Neuverträge – unabhängig ob an den Terminmärkten der Strombörse oder im OTC-Handel – werden auf deutlich niedrigerem Niveau fixiert. Ohne Änderungen im Geschäftsmodell oder den Marktbedingungen ist die künftige Entwicklung der Umsatzerlöse vorgezeichnet.

Negative Strompreise

Obwohl das Phänomen der negativen Strompreise hohe publizistische Aufmerksamkeit genießt, handelt es sich dabei lediglich um ein Randphänomen des Stromhandels.

Es ist zu beobachten, dass negative Börsenstrompreise insbesondere an Wochenenden und Feiertagen oder während der Nachtstunden auftreten. Mit anderen Worten: Eher dann, wenn der Strombedarf unterdurchschnittlich ist. Kommt es in diesen Zeiträumen gleichzeitig zu einem erhöhten Aufkommen an regenerativem Strom (in der Regel nachts: aus Windenergie) oder weichen die Bedarfs- und/oder Einspeiseprognosen von den tatsächlichen Zahlen ab, so *kann* es zu einem temporären Überangebot an Strom *an der Strombörse* kommen.

Anhand einer groben Analyse der Transparenzdaten der Übertragungsnetzbetreiber [204, 205, 206, 207] zur Ist-Einspeisung und Netzlast sowie der Börsenstrompreise [241] lassen sich gewisse Muster ableiten. Die tatsächlich eingespeisten Strommengen spielen dabei nur indirekt eine Rolle. Dasselbe gilt auch für die Relation der Einspeisung zur Netzlast. So *können* bei starkem Windaufkommen in den Nachtstunden (Schwachlastzeitfenster) negative Strompreise bereits ab einer Residuallast von weniger als 30 GW auftreten. In den Tagesstunden (Hochlastzeitfenster) ist die

Summe der Einspeisung aus Photovoltaik- und Windenergieanlagen maßgeblich. Zu diesem Zeitpunkt existieren für konventionelle Kraftwerke Möglichkeiten für einen lukrativen Stromexport in Nachbarmärkte. In der Folge sind negative Strompreise erst unter 10 GW Residuallast zu verzeichnen. Die Tatsache, dass es in beiden Fällen keine Zwangsläufigkeit zwischen Residuallast und dem Auftreten negativer Strompreise gibt, belegt eine ursächliche Beziehung zum Handel.

> Häufig werden daher in der Öffentlichkeit negative Strompreise auf eine zu große Produktion aus erneuerbaren Energien zurückgeführt. Wenn diese Aussage zutreffen würde, müssten erneuerbare Anlagen Strom über die zeitgleiche Stromnachfrage hinaus erzeugen. Dies ist jedoch bisher für Deutschland noch nicht der Fall gewesen. In 2014 lag der maximale Anteil der erneuerbaren Stromerzeugung am der [sic!] stündlichen Stromverbrauch bei 80 %. Das bedeutet, dass in dieser Zeit immer noch 20 % der Stromnachfrage aus konventionellen Anlagen gedeckt wurde. Und auch für den 10. Mai 2015 trifft die Aussage nicht zu [242].

In jedem Fall spielt noch ein zweiter Umstand eine wichtige Rolle: Die Inflexibilität zahlreicher konventioneller Erzeuger. Insbesondere die als Grundlastkraftwerke ausgelegten Kernkraft- und Braunkohlekraftwerke lassen nur begrenzte Regelbereiche zu. Für die Betreiber kann es daher wirtschaftlich durchaus vertretbar sein, eine Anlage trotz sehr niedriger, oder auch negativer Strompreise weiter produzieren zu lassen; Ab- und Anfahrrampen sowie Teillastbetrieb wären gerade bei nur kurzen Zeitspannen mit negativen Börsenpreisen kostspieliger [244]. Vorgenanntes gilt ebenfalls für die meist im Mittellastbereich betriebenen Steinkohlekraftwerke. Im eigentlichen Sinne handelt es sich jedoch um ein Marktversagen, da die Preissignale nicht ausreichen, um einen Ausgleich zwischen Angebot und Nachfrage herbeizuführen.

Der Anteil von negativen Preisen betroffenen Strommengen liegt deutlich unter dem Anteil der Zeitscheiben, in denen negative Strompreise auftreten (Tab. 3.1; Abb. 3.7). Dies ist ein Indiz für den unterdurchschnittlichen Strombedarf zum Zeitpunkt des Auftretens negativer Börsenstrompreise. Mit § 24 (1) EEG 2014 wird für regenerative Stromerzeuger der anzulegende Wert für die gesamte Dauer des Auftretens negativer Strompreise auf null gesetzt, wenn in sechs aufeinanderfolgenden Stunden negative Strompreise existieren. Damit wird, zugunsten der Ertragssituation konventioneller Kraftwerke, der Betrieb von regenerativen Systemen temporär unattraktiv gestaltet. Betreiber regenerativer Systeme erhalten auf diese Weise ein *Marktsignal* zum Abregeln oder Abschalten ihrer Anlagen, um den Börsenpreis zu stützen, und so den Betreibern konventioneller Kraftwerke stabile Erträge zu sichern. Dies ist weder aus Sicht der Verbraucher noch im Sinne eines intendierten Übergangs zu regenerativen Stromerzeugern (*Energiewende*) nachvollziehbar.

Unter der Überschrift „Riesen taumeln im Wind" beschreibt die Wochenzeitung *Die Zeit* die Existenzkrise von E.ON und RWE [245]:

> … In Deutschland mit Sonne Strom zu erzeugen, sagte zehn Monate nach Fukushima der ehemalige RWE-Chef Jürgen Großmann, sei in etwa so sinnvoll „wie Ananaszüchten in Alaska".
>
> **Kein deutscher Versorger schreibt mit seinem Kraftwerkspark schwarze Zahlen**
> Großmann wurde nach diesem Ausspruch als Dinosaurier der Energiebranche verspottet, ebenso wie der von ihm geführte Konzern und dessen große Weggefährten. Aus seinen

3.1 Einführung

Tab. 3.1 Auftreten von negativen Strompreisen

	Minimalpreis [€/MWh]	Stunden mit negativem Preis	Anteil des Jahres [%]	Anteil an Strommengen[a] [%]
2008[b]	−101,52	15	0,17	0,03
2009	−500,02	71	0,81	0,17
2010	−20,45	12	0,14	0,05
2011	−36,82	15	0,17	0,08
2012	−221,99	56	0,64	0,27
2013	−100,03	64	0,73	0,32
2014	−65,03	64	0,73	0,39
2015	−79,94	126	1,92	0,68
2016	−130,09	97	1,48	0,54
2017	−83,06	145	2,21	0,78
2018	−76,01	79	1,20	0,39
2019[c]	−90,01	135	–	–

[a]Bezogen auf die Bruttostromerzeugung. [b]Ab dem Start der European Power Exchange SE (EPEX-SPOT) in Paris am 01.09.2008. [c]Bis 13.10.2019.

Worten sprach ein völliges Unverständnis dafür, dass nicht nur die deutsche Politik, sondern vor allem auch die Kunden danach verlangten, Energieversorgung künftig anders zu organisieren und grüner zu gestalten. Das wirkt bis heute [Anm.: 2013] nach: In einer im Frühjahr veröffentlichten Umfrage der Personalberatung LAB & Company kritisierte mehr

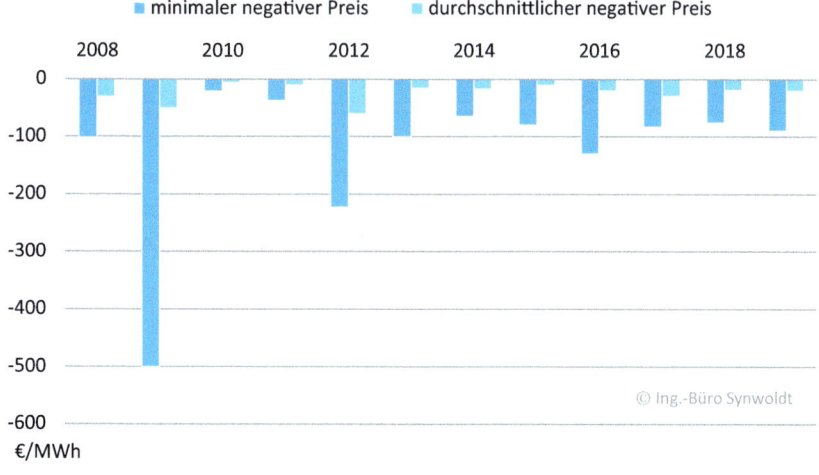

Abb. 3.7 Negative Strompreise. (Daten: [241])

als die Hälfte der befragten Experten und Führungskräfte aus der Energiewirtschaft, die Konzerne seien zu zögerlich bei der Energiewende. Nur jeder Fünfte glaubt, dass die großen Versorger diese Wende „wesentlich gestalten" können.

Einen Ansatz stellt der Stromhandel selber dar: Derzeit werden nur 25–30 % der Strommengen über die Strombörse gehandelt, während die Lieferung des größten Teils außerbörslich im OTC-Handel abgewickelt wird. Der Anteil der Stromerzeugung aus regenerativen Systemen liegt in 2019 bei 42,1 % vom Verbrauch [21]; in 2020 übertrifft der Anteil erneuerbarer Energien an der Stromerzeugung in den Monaten Februar und April die Marke von 60 %[11], im Jahresmittel sind es über 50 % [246]. Somit handelt es sich beim größten Teil der an der Strombörse verkauften Strommengen um Strom aus erneuerbaren Energien. Dieser wird zu Grenzkosten nahe Null produziert. Um dem Preisverfall des Börsenstrompreises entgegenzuwirken, wäre jedoch ein Handel *sämtlicher* Strommengen erforderlich: Da konventioneller Strom – allein aufgrund der Brennstoffpreise – zu Grenzkosten deutlich größer Null produziert wird, würde auf diese Weise der Börsenstrompreis höher tendieren. Erneut zeigen sich die Ambivalenz des Marktmechanismus und dessen divergierende gesamt- und einzelwirtschaftliche Auswirkungen. Ein höheres Niveau der Börsenstrompreise kann zudem positive Signale für Ersatz- und Neuinvestitionen in Stromerzeuger auslösen, wäre den Abnehmern jedoch nur schwer vermittelbar (Infobox Energiepreise und die Folgen). Stattdessen werden mit der *Reservekraftwerksverordnung (ResKV)* und der Kapazitätsreserve Anreizmechanismen jenseits des Strommarktes geschaffen.

Die vermutlich letzte Option, eine Abkehr vom bisherigen Geschäftsmodell, galt bis vor kurzem noch als hochgradig unwahrscheinlich. Doch inzwischen ist klar, dass der Strommarkt sich langfristig grundlegend verändern wird. Das Geschäft wird zukünftig weder mit Kohle- noch mit Kernkraftwerken gemacht werden. Die Geschäftsmodelle können die regenerativen Energien nicht mehr außen vor lassen. Immerhin, mit den Offshore-Windparks bestehen Möglichkeiten zur kommerziellen Beteiligung und zum eigenen Betrieb, die die Kapitalkraft vieler der bisherigen Anleger im Bereich regenerativer Technologien überfordern dürften (Abb. 2.14). Auch die quasi-zentrale Art des Betriebs kommt den traditionellen Stromerzeugern entgegen. Es ist zudem auffällig, dass sich neben Stromkonzernen auch größere Stadtwerke in den Markt für Windenergie- und Photovoltaikanlagen einkaufen. Dies geschieht durch die Übernahme von Projektierern (Beispiel Mannheimer MVV Energie AG: Übernahme der Projektierungsgesellschaften Windwärts Energie GmbH und eine 50,1 %-Beteiligung bei der Juwi AG; beide in 2014),

---

[11]Durch den Pandemie-bedingten Lock-down sank der Strombedarf. Da die Erzeugung aus regenerativen Erzeugern hiervon unbeeinflusst ist, sank der Bedarf aus fossilen Erzeugern, was indirekt auch zum Erreichen der Klimaziele für das 2020 beitrug: Durch die „Corona-Delle" fielen die Treibhausgasemissionen in 2020 um 55 Mio. t. stärker, als prognostiziert [247]. Einen maßgeblichen Beitrag lieferte auch der Mobilitätssektor.

3.1 Einführung

den Aufbau eigener Kompetenz (Beispiel EnBW mit eigenen Planungsbüros für Onshore-Windparks; 2015), sowie der Beteiligung oder Übernahme von Offshore-Windpark-Projekten (ebenfalls EnBW).

Es wäre auch gar nicht möglich, beim derzeitigen Marktmechanismus mit neuen konventionellen Kraftwerken zu reüssieren. Wie im folgenden Abschnitt noch erläutert wird, erfolgt die Teilnahme am Markt nach dem Angebot der niedrigsten *variablen* Kosten. Diese werden bei allen thermischen Kraftwerken (Ausnahme: Kernenergie) im Wesentlichen durch die Brennstoffkosten bedingt. Da die Kosten für Kohle, Öl und Erdgas vom Weltmarkt bestimmt werden, besteht hier also keine Stellschraube. Mehr Effizienz, die technische Nutzung und der Verkauf von bislang ungenutzter Abwärme kämen eher infrage. Nach der EU-Richtlinie 2012/27/EU [248] sind neue Kraftwerke sogar vorrangig mit KWK-Technik[12] auszurüsten [249].

> Neue Stromerzeugungsanlagen und vorhandene Anlagen, die in erheblichem Umfang modernisiert werden oder deren Genehmigung aktualisiert wird, sollten mit hocheffizienten KWK-Anlagen zur Rückgewinnung von Abwärme aus der Stromerzeugung ausgerüstet werden, sofern eine Kosten-Nutzen-Analyse positiv ausfällt. Diese Abwärme könnte dann durch Fernwärmenetze dorthin transportiert werden, wo sie gebraucht wird.

Doch genau die in der EU-Richtlinie erwähnte Kosten-Nutzen-Analyse wurde – bisher – regelmäßig als Hintertür für einen Verzicht auf die Nutzung der Abwärme genutzt. Die Investition in die Anlagentechnik zur KWK fällt höher aus. Dieser Logik folgend, stellen Erzeuger für den Eigenbedarf in Betrieben der gewerblichen Wirtschaft einen großen Anteil an der KWK-Erzeugung. Hier kann und soll die Restwärme für industrielle Prozesse genutzt werden. Der Betrieb von KWK-Anlagen an Nah- und Fernwärmenetzen hat aktuell noch deutliches Ausbaupotenzial [250] (Abb. 3.8).

Kurzfristig ist aus den neuen und noch im Aufbau befindlichen Geschäftsfeldern weniger Profit zu ziehen. Zudem soll der bestehende Anlagenpark an konventionellen Kraftwerken nicht nur abgeschrieben, sondern auch rentierlich betrieben und amortisiert werden.

Andererseits ist kaum damit zu rechnen, dass vom bisherigen Marktmodell (Abschn. 3.2) Abstand genommen wird. Das Beharrungsvermögen von Politik und Wirtschaft ist – einstweilen – groß. Hierin spiegelt sich u. a. die Notwendigkeit wider, in der Vergangenheit getätigte Investitionen zu amortisieren. Im Sinne eines Investitionsschutzes sind für Investoren und Betreiber konventioneller wie auch regenerativer Systeme stabile Rahmenbedingungen gleichermaßen existenziell. Diese werden vom Gesetzgeber beispielsweise durch langjährige Übergangsfristen realisiert. Eine rasche Folge von

---

[12]KWK: Kraft-Wärmekopplung; durch Nutzung der Abwärme von thermischen Kraftwerken wird ein ansonsten zusätzlicher Brennstoffeinsatz für Wärmezwecke reduziert.

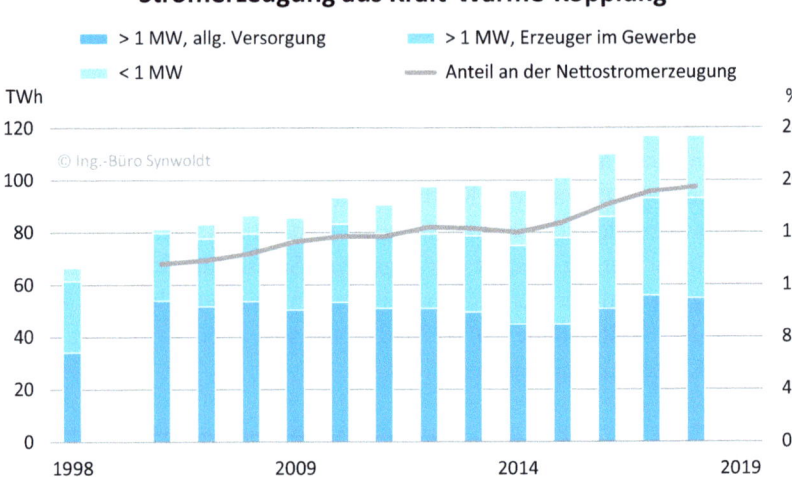

Abb. 3.8 Stromerzeugung aus Anlagen mit Kraft-Wärme-Kopplung. (Daten: [250])

Gesetzesnovellen – wie beim EEG[13] – bewirkt eher das Gegenteil. Sie verunsichert die Marktteilnehmer und kann indirekt Kostensteigerungen auslösen (Infobox Sicherheit und Zinsen.

Bevor Abschn. 3.3 mögliche Konsequenzen aus der aktuellen Marktsituation vorstellt, wird im folgenden Abschnitt zunächst der Marktmechanismus untersucht.

3.2 Marktmechanismus

Ein Gedankenspiel: Ein Fuhrparkmanager ist beim Autohändler. Insgesamt sollen zehn Fahrzeuge beschafft werden. Verschiedene Typen und Fabrikate, verschiedene Ausstattungen und selbstredend wird jedes der Fahrzeuge zu einem anderen Preis angeboten. Am Ende erhält der Einkäufer eine Rechnung über 10-mal den Preis des teuersten Modells.

Was wie ein Versehen klingt – und in anderen Branchen wenig realistisch erscheinen mag – im Strommarkt ist es Realität. Und damit Grund genug, sich eingehend mit den Details auseinanderzusetzen.

Für die Teilnahme am Markt werden von den Kraftwerksbetreibern Angebote über die jeweiligen *Grenzkosten* der Stromerzeugung abgegeben. Daraufhin wird eine Einsatzreihenfolge *(Merit-Order)* entsprechend der Höhe der Angebotspreise festgelegt.

---

[13]Das *Gesetz für den Vorrang Erneuerbarer Energien (EEG)* trat am 01.04.2000 in Kraft. Es wurde in den Jahren 2004, 2008, 2012 (zweimal), 2014 und 2016 novelliert.

3.2 Marktmechanismus

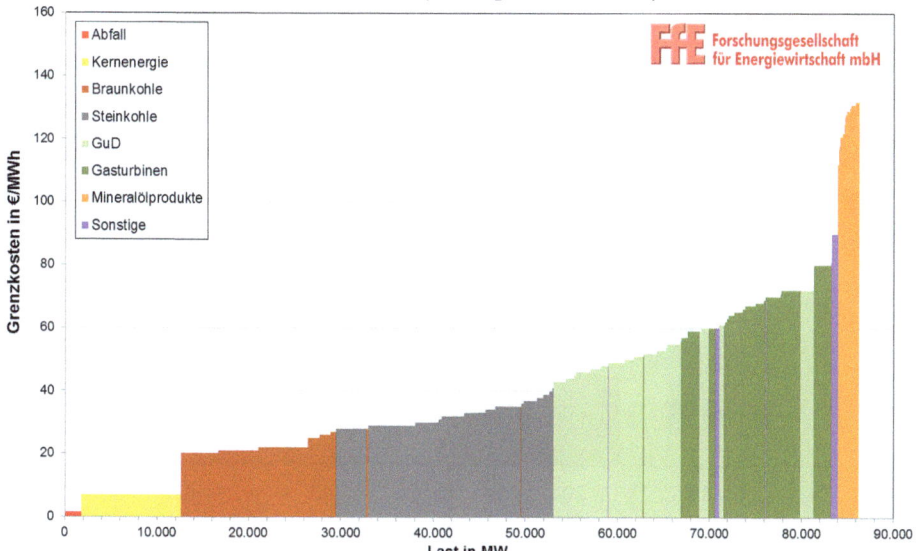

Abb. 3.9 Einsatzreihenfolge nach Grenzkosten der Stromerzeugung in 2018. (Quelle: Forschungsstelle für Energiewirtschaft e. V. (FfE))

Das jeweils noch verfügbare Kraftwerk mit den günstigsten Grenzkosten erhält den Zuschlag, solange, bis die momentane Last im Netz gedeckt ist (Abb. 3.9).

Grenzkosten der Stromerzeugung
[k_{grenz}: Grenzkosten; k_{brenn}: Brennstoffkosten; k_{zert}: Preis für ein Emissionszertifikat; E_{sp}: spezifischer Emissionsfaktor; k_{var}: variable Betriebskosten; η: elektrischer Wirkungsgrad]

$$k_{grenz} = \frac{k_{brenn}}{\eta} + k_{zert} \cdot \frac{E_{sp}}{\eta} + k_{var} \tag{3.1}$$

Bei Grenzkosten handelt es sich um die variablen Bestandteile der Stromerzeugung. Diese werden von den Brennstoffkosten dominiert. Kosten für die Abschreibung von Anlagen und Gebäuden, für Administration und Vertrieb bleiben bei der Grenzkostenbetrachtung unberücksichtigt.

Neben den Brennstoffen sind es lediglich direkt der Stromerzeugung zuzuordnende Kosten, wie beispielsweise Emissionszertifikate oder direkte Lohnkosten, die zu den Grenzkosten beitragen. Vereinfacht ausgedrückt: Jene Kosten, die für eine *zusätzliche* Kilowattstunde Stromerzeugung aufgewendet werden müssen.

Die Reihe der folgenden Grafiken verdeutlicht den Marktmechanismus. Werfen wir dabei zunächst einen Blick in die Vergangenheit. Bei geringem Strombedarf nachts (Abb. 3.10; nachgefragte Leistung knapp 40 GW) wird nur ein Teil der Kraftwerke zum Decken der Nachfrage herangezogen. Das gerade noch benötigte, teuerste Kraftwerk bestimmt den Börsenstrompreis (hier: knapp 6 ct/kWh).

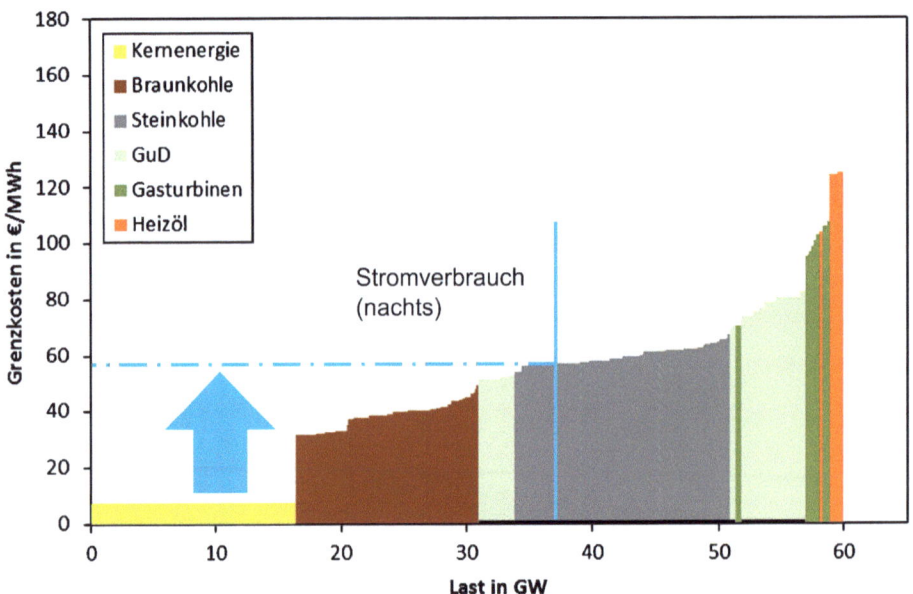

Abb. 3.10 Situation am Strommarkt 2008, nachts. (Quelle Basisgrafik: Forschungsstelle für Energiewirtschaft e. V. (FfE), wikimedia, gnu fdl 1.2)

Tagsüber steigt der Strombedarf an, präziser, die von den Verbrauchern abgerufene Leistung steigt. Entsprechend der nach variablen Kosten sortierten Einsatzreihenfolge kommen nun auch Kraftwerke mit höheren Grenzkosten zum Einsatz (Abb. 3.11) und der Börsenstrompreis steigt auf ein doppelt so hohes Niveau.

Anders als erwartet, entspricht der Erlös für die Stromablieferungen nicht dem jeweiligen Angebotspreis – jenem Preis, der den variablen Kosten des jeweiligen Betreibers entspricht. Stattdessen erhalten sämtliche aktiven Marktteilnehmer denjenigen Grenzkostensatz erstattet, den das jeweils noch teuerste ins Netz einspeisende Kraftwerk erhält. Die Markträumung findet auf dem Niveau des in der Einsatzreihenfolge letzten aktiven Teilnehmers statt. In Spitzenlastsituationen erhalten also auch die als besonders günstig eingestuften Grundlastkraftwerke (Kernkraftwerke und Braunkohlekraftwerke) den wesentlich höheren Spitzenlasttarif vergütet.

Dazu ist festzuhalten, dass die beiden vorangegangen Abbildungen eine Situation reflektieren, wie sie bis in die Anfangsjahre nach dem Inkrafttreten des *Gesetzes für den Vorrang Erneuerbarer Energien (EEG)* typisch war. Durch den vermehrten Einsatz von Anlagen zur regenerativen Stromerzeugung hat sich die Situation am Strommarkt grundlegend verändert. Denn Photovoltaik- und Windenergieanlagen produzieren Strom zu Grenzkosten nahe Null. Damit verdrängen sie immer öfter konventionelle Kraftwerke aus dem Strommarkt (Abb. 3.13). Insbesondere Photovoltaikanlagen spielen dabei eine entscheidende Rolle: Sie produzieren genau dann am meisten Strom, wenn auch der

3.2 Marktmechanismus

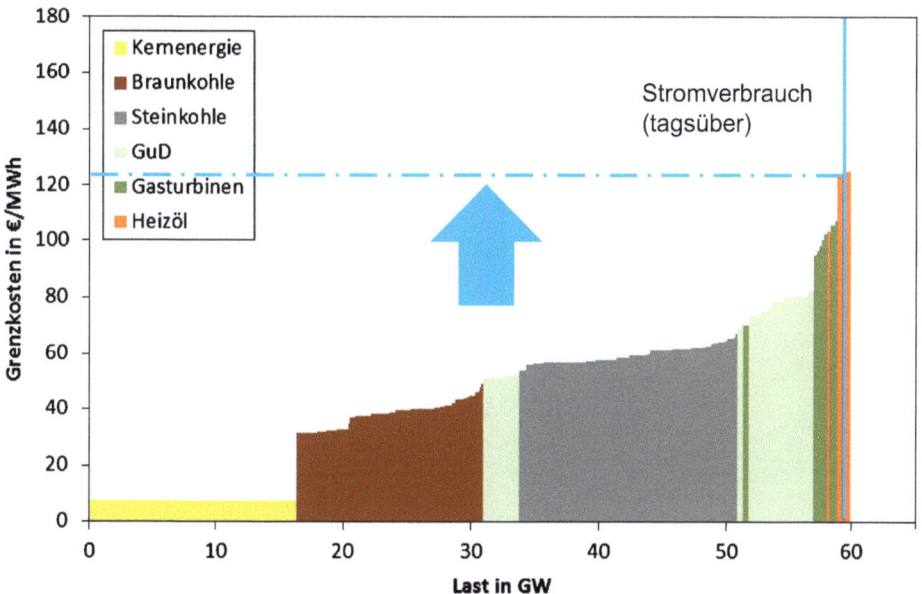

Abb. 3.11 Situation am Strommarkt 2008, tags. (Quelle Basisgrafik: Forschungsstelle für Energiewirtschaft e. V. (FfE), wikimedia, gnu fdl 1.2)

Bedarf am höchsten ist, in den Mittagsstunden (Abb. 3.12; wegen der Umstellung auf Sommerzeit entfällt die Stunde von 2:00 bis 3:00 Uhr).

Dies hat zwei wichtige Konsequenzen. Zum einen ist der übliche Anstieg des Strombedarfs in den Tagstunden nicht mehr mit einem Anstieg der Börsenstrompreise

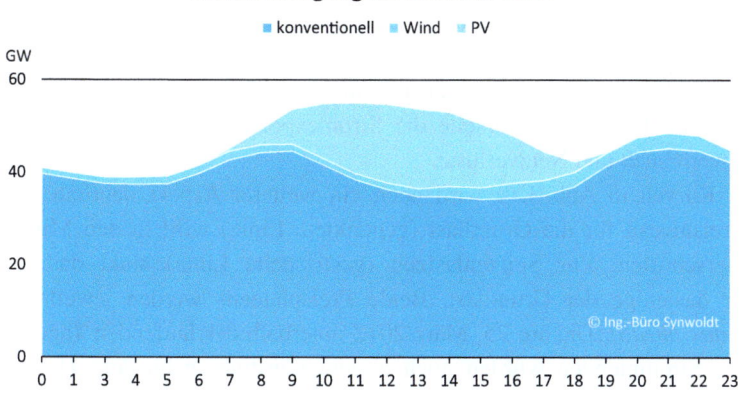

Abb. 3.12 Stromerzeugung im Tagesverlauf. (Daten: [252, 253, 254])

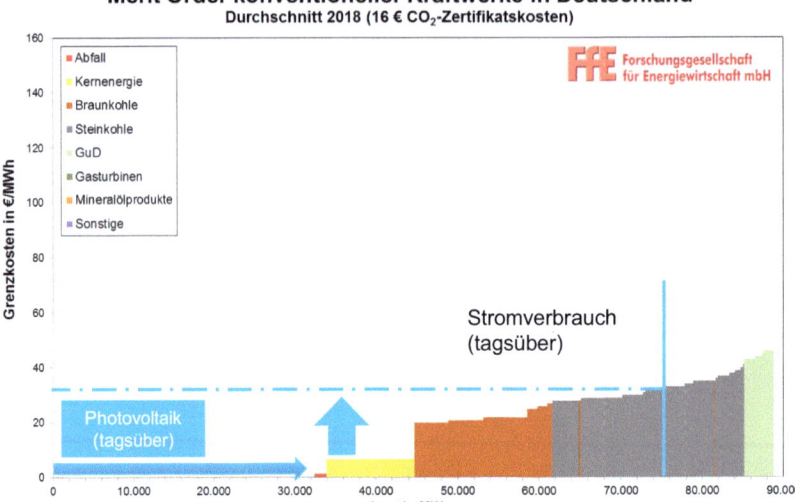

Abb. 3.13 Strom aus Photovoltaikanlagen verdrängt tagsüber Spitzenlastkraftwerke. (Quelle Basisgrafik: Forschungsstelle für Energiewirtschaft e. V. (FfE))

verbunden (Abb. 3.14; wegen der Umstellung auf Sommerzeit entfällt hier die Stunde von 2:00 bis 3:00 Uhr). Die Strompreise fallen tagsüber gegebenenfalls sogar noch unter das Preisniveau der Grundlast. Eine an sich erfreuliche Entwicklung für die Verbraucher – nur profitieren bislang lediglich diejenigen davon, die ihren Strom auch direkt an der Börse beschaffen. Dabei handelt es sich um wenige Großabnehmer und stromintensive Betriebe. Private Konsumenten sowie kleinere und mittlere Unternehmen kommen nicht in diesen Genuss. Wie später noch ausgeführt wird, wendet sich für diese Gruppe von Stromkunden die Situation ins Gegenteil. Gegenläufig zu den sinkenden Börsenstrompreisen erhöhen sich die EEG-Differenzkosten.

Weiterhin ist zu beachten, dass die Grafik in Abb. 3.14 nur einen groben Überblick darstellt. In diesen Daten ist lediglich die Einspeisung aus Photovoltaik- und Windenergieanlagen berücksichtigt. Die Einspeisung aus Wasserkraft und Bioenergie fehlt ebenso, wie auf der Verbraucherseite die Stromexporte. Analoges gilt für den Kraftwerkseigenverbrauch und Netzverluste.

An den Kurven in Abb. 3.14 wird noch ein weiterer Aspekt deutlich. Das bereits niedrige Preisniveau für die Grundlast (gepunktete Linie) wird in den Mittagsstunden weiter unterschritten. Zur Spitzenlastzeit (gestrichelte Linie) sinkt das Preisniveau noch unter dasjenige der Grundlast. Beide Preisplateaus werden jeweils am Vortag bestimmt *(day ahead)*. Die am 25. März 2012 innerhalb des laufenden Tages *(intraday)* gehandelten Strommengen wurden noch einmal günstiger gehandelt. Hier nicht dargestellt sind die Kurse für langfristige Lieferkontingente *(futures)*, die über ein oder mehrere Jahre im Voraus abgeschlossen werden.

3.2 Marktmechanismus

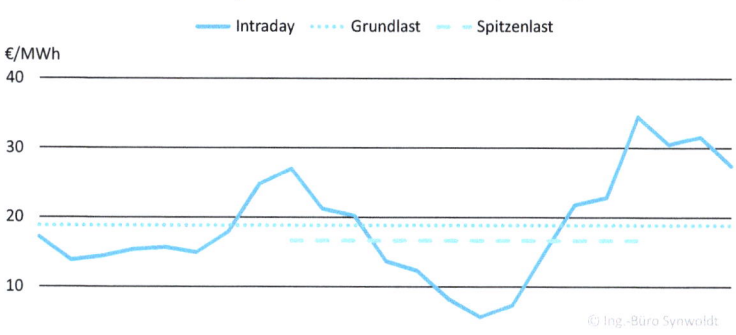

Abb. 3.14 Preisverfall an der Strombörse aufgrund der hohen Solarstromerzeugung. (Daten: [235])

Beim Vergleich von Abb. 3.14 und 3.15 wird der Einfluss der regenerativen Stromerzeuger auf den Börsenstrompreis offensichtlich. Bereits ein Anteil der erneuerbaren Energien von 30 % beziehungsweise eine Residuallast von weniger als 40 GW an der Erzeugung lässt das Preisniveau unter 20 €/MWh (= 2 ct/kWh) sinken. Wie bereits in Abschn. 2.3.2 näher beschrieben, liegen für biomassegefeuerte Anlagen keine Daten vor, da sie in aller Regel nicht unter die Transparenzpflicht gemäß der EU-Verordnung Nr. 543/2013 fallen.

Im Prinzip zeigt der Markt damit die gewünschte Entwicklung. Der Einsatz von Technologien mit niedrigen Grenzkosten senkt den Börsenstrompreis. Doch es ergeben sich gleich mehrere neue Problemkreise: Wie können die Anlagenbetreiber auf einem

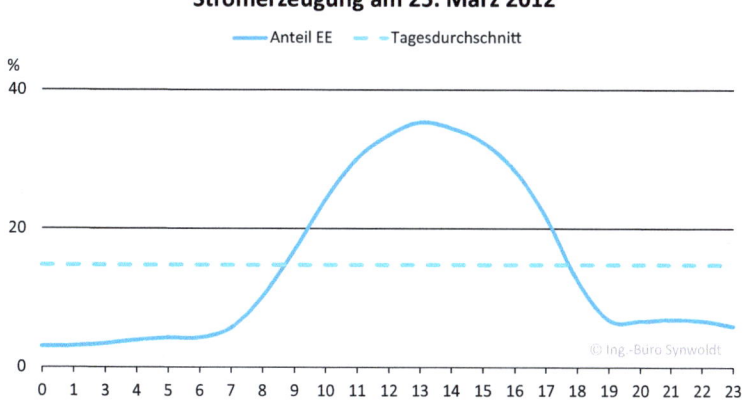

Abb. 3.15 Anteil der regenerativen Solarstromerzeugung. (Daten: [252, 253, 254])

Markt zu Grenzkosten wirtschaftlich operieren? Schließlich bleiben die Fixkosten unberücksichtigt. Gleichzeitig findet die Markträumung auf einem reduzierten Niveau statt. Damit sinken die Chancen, Fixkosten – und die seit der Liberalisierung gewohnten Gewinnmargen (Abb. 3.4) – zu erlösen. Mit anderen Worten, erst die Differenz zwischen den Angeboten zu Grenzkosten und der Markträumung auf höherem Preisniveau erlaubt überhaupt einen auskömmlichen Betrieb.

Davon profitieren insbesondere jene Marktteilnehmer, die zu besonders niedrigen Grenzkosten anbieten können. Zum einen sind ihre Stromablieferungen aufgrund der zu erwartenden Mindestlast im Netz nahezu ständig gefragt. Zum anderen sind ihre Deckungsbeiträge aus der vorgenannten Differenz der Grenzkosten überaus hoch. Dies trifft beispielsweise auf die Betreiber von Braunkohle- und Kernkraftwerken zu. Prinzipiell würde der Sachverhalt auch für Photovoltaik- und Windenergieanlagen gelten. Jedoch ist noch ein weiterer Aspekt zu berücksichtigen: Für die tatsächlich zu erzielenden Erträge sind die *Fixkosten* von vorrangiger Bedeutung. Damit wird auf den unterschiedlichen Charakter der Anlagentypen und auch des jeweiligen Anlagenbetriebs abgezielt.

Neu errichtete Anlagen unterliegen während der Abschreibungsphase besonders hohen Fixkosten. Dies trifft unabhängig vom Anlagentyp sämtliche Betreiber. So offenbart sich die Tatsache, dass weder regenerative Technologien[14] noch moderne Kohle- oder Gaskraftwerke[15] unter dem derzeitigen Marktmodell auskömmlich betrieben werden können. Dabei ist klar festzuhalten, dass dies nicht mit den Laufzeiten der Anlagen zusammenhängt sondern durch das Marktprinzip bedingt ist.[16] Die Angebote zu Grenzkosten lassen Abschreibungen, Personalkosten und die Rückführung etwaigen Fremdkapitals für die Investition unberücksichtigt. Nur die Markträumung auf deutlich höherem Preisniveau erlaubt überhaupt Deckungsbeiträge zur Finanzierung von Fix- und Kapitalkosten. Werden moderne Gas- und Steinkohlekraftwerke für Mittel- und Spitzenlast immer seltener benötigt, so verschärft sich die Situation lediglich durch die sinkenden Laufzeiten. Denn ausschließlich zu jenen Zeitpunkten, an denen Kraftwerke mit noch höheren Grenzkosten am Netz aktiv sind, lassen sich Deckungsbeiträge erlösen.

---

[14]Hier dominieren generell die Investitionen.

[15]Bis zur vollständigen Rückführung der Investition und buchhalterischen Abschreibung der Anlagen spielen auch bei thermischen Kraftwerken die Kapitalkosten eine besondere Rolle. Durch Effizienzvorteile können moderne Anlagen Brennstoffkosten einsparen, was die Einreihung in der Merit-Order zu Gute kommt.

[16]Es existiert jedoch ein indirekter Zusammenhang zwischen geringen Anlagenlaufzeiten und nicht auskömmlichen Deckungsbeiträgen. Lediglich kurze Anlagenlaufzeiten deuten darauf hin, dass im Zuge der Merit-Order nur wenige Kraftwerke mit höheren Grenzkosten aktiv am Markt teilnehmen. Hieraus resultiert ein nur geringfügiger Deckungsbeitrag aufgrund der lediglich geringfügig höheren Grenzkosten der in der Merit-Order folgenden Kraftwerke. Geringe Laufzeit und geringer Deckungsbeitrag je Laufzeiteinheit führen in der Konsequenz zur Unterdeckung der Fixkosten.

3.2 Marktmechanismus

Damit wird der Kraftwerkspark, die Anlagenstruktur eines Stromerzeugers entscheidend. Während große Stromkonzerne über einen Kraftwerksmix aus verschiedenen Anlagen verfügen, treten Stadtwerke als Betreiber oder Beteiligte an einzelnen Kraftwerken, meist Gasturbinen, auf. Dasselbe gilt für die Eigentümer von Windparks, Photovoltaik- und Biogasanlagen.

Für Konzerne gibt es die Möglichkeit der Quersubvention. Denn mit ihren Grundlastkraftwerken produzieren sie zu geringen Grenzkosten und profitieren umso mehr von einer Markträumung auf höherem Niveau in der Spitzenlastzeit. Mit jeder Betriebsstunde eines Gaskraftwerks – aus dem eigenen oder einem anderen Kraftwerkspark – werden so nicht nur Deckungsbeiträge für die Grundlastkraftwerke, sondern indirekt auch für die eigenen Spitzenlastkraftwerke erwirtschaftet. Ganz anders stellt sich die Situation der Betreiber einzelner Anlagen dar. Werden die eigenen Grenzkosten nicht durch andere Anlagen am Netz hinreichend in der Höhe und an vielen Stunden im Jahr überschritten, so kann kein ausreichender Deckungsbeitrag für die Fixkosten erwirtschaftet werden. Sie sind daher im besonderen Maße von Abschreibungen bedroht.

Mit der Umsetzung der *EU-Elektrizitäts-Binnenmarktrichtlinie* durch das *Energiewirtschaftsgesetz (EnWG)* von 1998 wurde der oben beschriebene Marktmechanismus in Deutschland eingeführt. Der seinerzeitige Kraftwerkspark und die Struktur der Stromerzeugung spiegeln sich in diesem Marktmodell wider. Regenerative Stromerzeuger spielten zum damaligen Zeitpunkt mit lediglich 4,5 % eine untergeordnete Rolle. Davon stellten Wasserkraftwerke mit 3,1 % den weitaus größten Anteil. Zudem waren auch sie zu großen Teilen schon seit Jahrzehnten in Betrieb. Windenergieanlagen trugen mit weniger als einem Prozent zum Decken des Bruttostromverbrauchs bei. Photovoltaikanlagen spielten zu diesem Zeitpunkt noch keine nennenswerte Rolle [21]. Ein weiterer Fakt ist hervorzuheben: Zahlreiche der thermischen Kraftwerke, darunter die meisten Kernkraftwerke, wurden in den 1960er- und 1970er-Jahren in Betrieb genommen.

Sekundärfolgen einer Reaktorkatastrophe
Nach dem Reaktorunglück in Tschernobyl 1986 wurden lediglich die noch in Bau befindlichen Projekte vollendet, einzelne im Bau befindliche Anlagen gingen nur kurzfristig oder nie in Betrieb:

- Kernkraftwerk Kalkar (SNR-300): nach Fertigstellung in 1985 nicht in Betrieb genommen,
- Kernkraftwerk Hamm-Uentrop (THTR-300): Stilllegung in 1988 nach zwei Betriebsjahren,
- Kernkraftwerk Mülheim-Kärlich (DWR 1300): Stilllegung in 1988 nach einem Betriebsjahr.

Damit war ein Großteil des Kraftwerksparks zum Zeitpunkt der Liberalisierung des Strommarkts bereits abgeschrieben. Viele weitere Anlagen, wie die in den 1980er-Jahren fertiggestellten Kernkraftwerke, standen am Ende der bei Kraftwerken üblichen 20-jährigen Abschreibungsdauer. Ein Betreiben dieser Anlagen ist zwar nicht zu Grenzkosten darstellbar, jedoch reichen bereits kleinere Deckungsbeiträge für einen rentableren Betrieb, als dies bei Neuanlagen der Fall ist. Das Modell der Markträumung auf dem Niveau des jeweils teuersten noch aktiven Marktteilnehmers versprach zudem in der alltäglichen Spitzenlastzeit zusätzliche Deckungsbeiträge.

Ersatz für alte Kernkraftwerke
Der Neubau von Kernkraftwerken kam nach dem Reaktorbrand in Tschernobyl weltweit weitgehend zum Erliegen. Lediglich in Asien (Japan, China, Indien) wurden weiterhin Bauvorhaben begonnen und ausgeführt. In Europa setzte erst an der Schwelle zum 21. Jahrhundert wieder ein verhaltener Zubau von Kernkraftwerken ein. Dies erscheint bemerkenswert, da zahlreiche Anlagen bereits in den 1960er- und 1970er-Jahren errichtet wurden. Eine in nicht zu ferner Zukunft sich abzeichnende betriebliche Stilllegung sollte zu entsprechenden Ersatzinvestitionen Anlass geben.

Doch selbst in Frankreich mit dem weltweit höchsten Anteil an Kernenergie bei der Stromerzeugung (>70 %) befindet sich lediglich eine Anlage bei Flamanville (Normandie) im Bau. Trotz Baubeginn in 2007 steht ein Inbetriebnahmetermin aktuell (Anfang 2021) nicht fest. Gleiches gilt für einen Reaktor desselben Typs (EPR 1600) in Olkiluoto (Finnland): Hier wurde bereits in 2005 mit dem Bau begonnen. Die Baukosten haben sich in beiden Fällen gegenüber früheren Kalkulationen von drei Milliarden Euro mindestens verdreifacht [255]. Die Inbetriebnahme wurde inzwischen mehrfach verschoben. Nach Angaben des Errichters, der Firma Areva-Siemens wird mit einer Fertigstellung in Ende 2021 gerechnet [256]; vorgesehen war ursprünglich 2009.

Eine bislang noch kaum beachtete Folge der immensen Kostensteigerungen für den Bau der Anlagen sind die Finanzierungskosten, die sich in den späteren Stromgestehungskosten niederschlagen. Beim derzeitigen Kostenniveau ist allein für den Kapitaldienst über einen Zeitraum von 20 Jahren mit rund 6,5 ct/kWh auszugehen, zuzüglich den Betriebskosten und indirekten Kosten. Das häufig angeführte Kostenargument wendet sich damit sehr deutlich gegen den Einsatz von Kernkraftwerken.

Im Vereinigten Königreich werden derzeit (2015) zwei neue Reaktoren des Typs EPR 1600 für das Kraftwerk Hinkley Point projektiert – ein dringender Ersatz für den überalterten Kraftwerkspark, darunter bereits zahlreiche stillgelegte Anlagen. Die Kosten für den Neubau wurden beim Vertragsabschluss in 2013 auf 19 Mrd. € veranschlagt. Bereits ein Jahr später spricht die EU-Kommission von Baukosten in Höhe von mindestens 33 Mrd. €. Dem Betreiber wird über 35 Jahre eine Einspeisevergütung von 12 ct/kWh zuzüglich eines Inflationsausgleichs zugesichert. Sollten die Baukosten weiter steigen, wäre auch diese Einspeisevergütung kaum noch kostendeckend. Als Obergrenze hat die EU-Kommission 46 Mrd. € genehmigt [257]. Bezogen auf die im Jahre 2005 veranschlagten Kosten von 3 Mrd. € pro Reaktor entspricht die Obergrenze damit einer Verteuerung um mehr als den Faktor 7.

Verglichen mit der Einspeisevergütung nach dem EEG 2014 für regenerative Stromerzeuger in Deutschland ist der vorgenannte Betrag vergleichsweise hoch. Windenergieanlage erhalten über einen Zeitraum von 20 Jahren 4,8–8,7 ct/kWh. Einen Inflationsausgleich sieht das EEG nicht vor. Die Vergütung für Photovoltaikanlagen mit einer Leistung von mehr als 1 MW_p liegt ebenfalls unter 9 ct/kWh. Durch die ab April 2015 durchgeführten Ausschreibungsrunden für Freiflächenanlagen ist ein Absinken der Förderhöhe auf Werte unter 8 ct/kWh zu beobachten. In 2021 liegen die Zuschlagswerte für PV-Anlagen bei 5,5 ct/kWh. Aufgrund der vorteilhaften Windbedingungen an der britischen Küste wäre dort tendenziell eine noch günstigere Windstromproduktion als in Deutschland möglich.

Von besonderer Bedeutung ist die Argumentation, mit der das staatliche Unterstützungspaket der britischen Regierung aus Kreditgarantien und Einspeisevergütung mit Inflationsausgleich *nicht* als unerlaubte Beihilfe interpretiert wird. Denn in Deutschland wird die Einspeisevergütung bei regenerativen Stromerzeugern als Beihilfetatbestand gewertet. Mit dieser Begründung wurde in der EEG-Novelle 2014 die Abkehr vom bislang geübten Prinzip der gesetzlich garantierten Einspeisevergütung vorgenommen.

Nachdem inzwischen zahlreiche Anlagen im Kraftwerkspark am Ende ihrer Betriebszeit stehen, treten die Schwächen des weiterhin angewandten Marktmodells immer deutlicher zutage. In der jüngeren Vergangenheit in Betrieb genommene Neuanlagen können

3.2 Marktmechanismus

angesichts der aktuellen Börsenstrompreise nicht mehr auskömmlich betrieben werden. Geringe Laufzeiten aufgrund der zunehmenden Stromerzeugung aus regenerativen Energien spielen eine eher untergeordnete Rolle. Vielmehr liegen die Erlöse nur noch geringfügig über den Grenzkosten und führen so zu minimalen Deckungsbeiträgen. Aufgrund der höheren spezifischen Brennstoffkosten sind davon insbesondere Gaskraftwerke betroffen. Dies ist umso unzuträglicher, da gerade Gaskraftwerke über eine größere betriebliche Flexibilität verfügen und sich besser zur Ergänzung fluktuierender regenerativer Stromerzeuger eignen, als Kohle- und Kernkraftwerke. Gasturbinen lassen sich je nach Bedarf kurzfristig an- und abfahren. Zudem verfügen Gaskraftwerke über nur halb so hohe Emissionsfaktoren wie Kohlekraftwerke. Braunkohlegefeuerte Anlagen haben knapp dreimal so hohe spezifische Emissionen [258].

So tritt die geradezu paradoxe Situation ein, dass Stadtwerke und andere Betreiber von modernen Gaskraftwerken massive Abschreibungen vornehmen müssen und Planungen für neue Anlagen zurückgestellt werden, obwohl Gaskraftwerke eine überaus geeignete Brücke in die Energiezukunft darstellen. Durch Kraft-Wärme-Kopplung verfügen zahlreiche Anlagen über eine höhere Brennstoffeffizienz und können aus der Abwärme bereitgestellte Nutzwärme besonders kostengünstig anbieten. Intensive Forschungs- und Entwicklungsarbeiten zur Herstellung von synthetischem Methan zielen auf den Betrieb von Gaskraftwerken auch in einer post-fossilen Ära [31]. Ein wichtiger Aspekt ist die flächendeckend vorhandene Erdgasinfrastruktur – inklusive Speichern, die einen wochenlangen Kraftwerksbetrieb auch bei vollständiger Flaute und Dunkelheit[17] ermöglichen.

Damit zeigt sich eindringlich, dass nicht nur der Betrieb von Photovoltaik- und Windenergieanlagen nach dem derzeitigen Strommarktmechanismus nicht auskömmlich ist, sondern auch andere moderne Kraftwerke gleichermaßen davon betroffen sind. In beiden Fällen stellen die Finanzierungskosten einen großen Fixkostenblock dar, der durch den Markt zu Grenzkosten nicht berücksichtigt wird.

Eine Marktfähigkeit regenerativer Stromerzeuger kann unter den geltenden Voraussetzungen auch künftig nicht erzielt werden. Dies liegt weniger an den Kosten der Erzeuger, als vielmehr in der Marktlogik begründet. Denn durch den zunehmenden Einsatz regenerativer Stromerzeuger mit Grenzkosten nahe Null muss sich der Börsenstrompreis zwangsläufig in dieselbe Richtung entwickeln. Lediglich zu Zeiten der Dunkelflaute würden Reservekraftwerke mit höheren Grenzkosten aktiviert werden. Dabei handelt es sich dann um genau jene Situation, wenn Photovoltaik- und Windenergieanlagen mangels Primärenergiedargebot am Markt nicht teilnehmen beziehungsweise den Bedarf nicht vollständig decken können.

In einem weitgehend von regenerativen Energien dominierten Markt wäre die Konsequenz über weite Zeiträume ein Strommarkt mit einem Börsenstrompreis nahe

---

[17]Im Fachjargon wird auch von *Dunkelflaute* als besonders ungünstiger Situation für den Betrieb von Photovoltaik- und Windenergieanlagen gesprochen. Typische Fälle sind windstille Nächte oder auch windstille Tage im Winter bei starker Bewölkung oder dichtem Nebel.

Null. Die tatsächlichen Kosten würden sich dann in der Summe der Einspeisetarife widerspiegeln. Daran lässt sich ablesen, wie wenig die EEG-Umlage ein Indikator für die Kosten der Energiewende ist.

In marktorientierten Denkrichtungen stößt ein solcher Gedanke auf vehemente Ablehnung und gilt als Beweis für die Untauglichkeit regenerativer Energien insgesamt.

Wie weiter vorne bereits dargestellt wurde, gelten für neue, noch nicht abgeschriebene, konventionelle Anlagen ähnliche Bedingungen wie für regenerative Erzeuger. Auch diese Kraftwerke können unter den aktuellen Marktbedingungen kaum rentabel betrieben werden, insbesondere wenn eine Quersubventionierung im Verbund mit anderen Kraftwerken nicht möglich ist.

Ein Lösungsansatz, der neue Investitionen – in regenerative und konventionelle – Stromerzeuger anreizt, bestünde in einem Strommarkt auf Vollkostenbasis.[18] Tatsächlich wird der Markt in eine andere Richtung gelenkt. Dafür werden Mechanismen, die den EEG-Tarifen nicht unähnlich sind, zum (Wieder-)Herstellen eines wirtschaftlichen Betriebs konventioneller Kraftwerke diskutiert. Der folgende Abschnitt (Abschn. 3.3) widmet sich diesem Thema und versucht eine Alternative vorzustellen. Eine wichtige Rolle spielen dabei Anlagen, die zum Gewährleisten eines stabilen Netzbetriebs erforderlich sind. Diese werden als *must run*-Kapazitäten bezeichnet.

must run
Mit *must-run* werden Anlagen zum Erbringen von Systemdienstleistungen wie Frequenz- und Spannungshaltung, Blindleistung und Erhalt der Schwarzstartfähigkeit bezeichnet. Der wichtigste Anwendungsbereich ist das Erbringen von Regelleistung zur Frequenzregelung (Abb. 3.16). Die begrenzten Regelbereiche der meisten konventionellen Kraftwerke machen es erforderlich, eine weitaus größere Anlagenleistung in Betrieb zu halten, als an Regelleistung benötigt wird.

Auch Photovoltaik- und Windenergieanlagen können mit ihren sehr schnell ansprechenden Wechselrichtern bzw. Stromrichtern – bis auf die Schwarzstartfähigkeit – die vorgenannten Systemdienstleistungen prinzipiell erbringen. Zudem sind nur wenige konventionelle Kraftwerke schwarzstartfähig, d. h. sie wären in der Lage, nach einem Netzzusammenbruch die Stromversorgung wieder aufbauen.

Eine Reihe von netzseitigen Steuerungsoptionen ist für Photovoltaik- und Windenergieanlagen zur Teilnahme an der Direktvermarktung erforderlich und wird für alle Anlagen oberhalb einer Bagatellgrenze mit den §§ 9 und 36 EEG 2014 verpflichtend eingeführt. Jenseits aller technischen Notwendigkeiten handelt es sich bislang um einen Markt, der aufgrund seiner hohen Eintrittsbarrieren den Betreibern konventioneller Kraftwerke weitgehend vorbehalten bleibt.

---

[18]Die Finanzierungskosten für die Rückführung der Investition stellen bei sämtlichen Anlagentypen in den ersten Betriebsjahren einen großen Kostenblock dar. Bei thermischen Kraftwerken führt der Brennstoffbedarf zu weiteren und zudem volatilen Kosten. Kann die Anlage über diese Phase hinaus eingesetzt werden, entfällt der erste Kostenblock. Hierin liegt aufgrund der meist längeren betrieblichen Nutzungsdauer thermischer Kraftwerke eine Chance für den Betreiber. Andererseits ist insbesondere bei steigenden Brennstoffpreisen damit zu rechnen, dass sich die Grenzkosten bereits abgeschriebener thermischer Kraftwerke künftig auf oder sogar über dem Niveau der Vollkosten von Photovoltaik- und Windenergieanlagen bewegen [259].

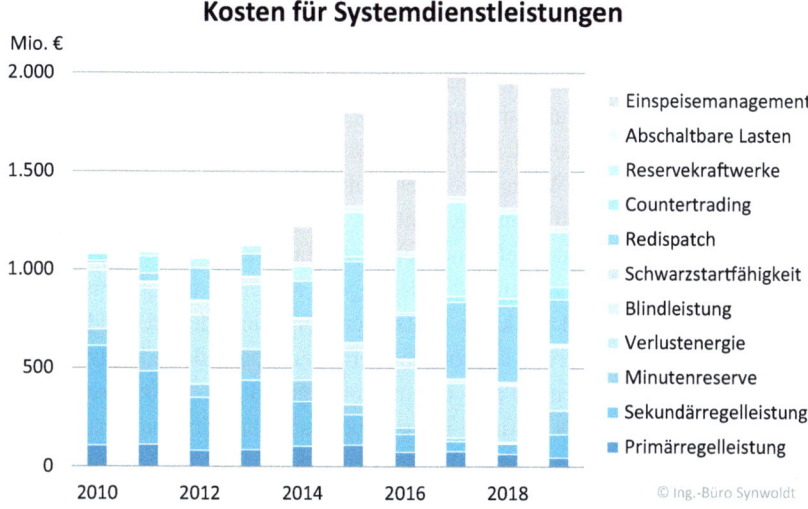

Abb. 3.16 Markt für Systemdienstleistungen. (Daten: [180, 231])

Mit dem Einsatz großer Batteriespeicher ließe sich bereits heute [Anm.: 2014] das Bild gravierend ändern. Durch die sehr schnelle Reaktionsfähigkeit können mit einem Gigawatt Batteriespeicher zehn Gigawatt *must run*-Kapazität abgelöst werden [260]. Damit werden insbesondere in Phasen hoher Wind- oder Photovoltaikleistung Kohlekraftwerke obsolet. Das ist ein wichtiger Umstand beim weiteren Ausbau fluktuierender Erzeuger, denn die Energiemengen aus Kohlekraftwerken konkurrieren um die begrenzten Netzressourcen. Zudem verfügen Batteriespeicher über hinreichend Energie, um einen Netzaufbau zu bewerkstelligen: Sie sind schwarzstartfähig und ersetzen damit gegebenenfalls erforderliche thermische Erzeuger.

Daneben verfügen Systemdienstleistungen auch über eine ökonomische Seite. Der Markt ist im Wesentlichen in den Händen der Übertragungsnetzbetreiber, die infolge des Unbundling diese Leistungen bei den Kraftwerksbetreibern einkaufen.

Durch eine Bündelung von mehreren dezentralen Anlagen zu einem Verbund ist eine Präqualifikation für die Teilnahme an der Minutenreserve und auch für Sekundärregelleistung möglich. Näheres regelt die Beschlusskammer 6 der Bundesnetzagentur (weitere Details dazu in der Infobox Teilnahme am Markt für Regelleistung).

In Dänemark ist eine Teilnahme von Windparks beim Erbringen von positiver und negativer Regelleistung bereits seit 2011 möglich. Eine Mitte 2015 vom Transportnetzbetreiber TenneT erteilte erste Lizenz in Deutschland wurde am Folgetag widerrufen [261].

3.3 Kapazität oder Flexibilität

Als Konsequenz aus der derzeitigen Situation am Strommarkt unterbleiben wichtige Investitionen in Kraftwerksneubauten. Das erhöhte Ertragsrisiko erweist sich für Betreiber wie Banken als prohibitiv. Eine Investition in neue Kraftwerke ist mit der Gefahr verbunden, dass Eigenkapital vernichtet wird.

Andererseits wird dringend Planungssicherheit benötigt. Vom Beginn der Planung eines Kraftwerks bis zu dessen Inbetriebnahme vergehen etliche Jahre – und die Zeit drängt, da für eine ganze Reihe von Kraftwerken Ersatz benötigt wird. In der aktuellen *Kraftwerksstilllegungsanzeigenliste* der Bundesnetzagentur (Stand April 2020) werden Kraftwerke mit einer Gesamtleistung von insgesamt 24,0 GW aufgeführt. Darunter befinden sich Anlagen mit einer Leistung von 12,1 GW, die bereits endgültig stillgelegt sind und weitere 4,6 GW bei denen die endgültige Stilllegung geplant ist. Von den vorgenannten Anlagen sind 4,2 GW mit dem Vermerk „systemrelevant" gekennzeichnet [262].

Neben dem Ersatz für geplante Stilllegungen ist eine mittel- bis langfristige Modernisierung des Kraftwerksparks zu vollziehen. Die Ziele der EU und der Bundesregierung zur Emissionsminderung und zum weiterhin zunehmenden Einsatz regenerativer Technologien entspringen keineswegs einem vordergründigen Gutmenschentum oder romantischer Vorstellungen. Es ist die – immer noch nicht hinreichend ernst genommene – *gemeinsame* Antwort auf die Fragen der Ressourcenknappheit, des Klimaschutzes und einer langfristig gesicherten (Energie-)Versorgung.

Werden Kraftwerksprojekte heute geplant, dann ist eine mehrere Jahrzehnte während Betriebsphase zu berücksichtigen. Somit spielt nicht nur der aktuelle Bedarf, sondern auch jener in 20 oder 40 Jahren eine wichtige Rolle. Daraus lassen sich konkrete Forderungen für neu zu errichtende Kraftwerke ableiten: Mehr Flexibilität im Betrieb, kürzere Anfahr- und Abfahrrampen und hohe Brennstoffeffizienz[19] durch den Einsatz von Kraft-Wärme-Kopplung. Da insbesondere der Anteil an fluktuierenden regenerativen Stromerzeugern im Energiemix zunehmen wird, fällt thermischen Kraftwerken die Aufgabe einer Reserve für weniger günstige Witterungsverhältnisse zu. Die klassischen Dauerläufer in der Grundlastversorgung – wie Braunkohle- und Kernkraftwerke – werden mehr und mehr obsolet.

Das bisherige Geschäftsmodell aus kontinuierlich produzierenden Grundlasterzeugern, Fahrplankraftwerken für die Mittellast und flexiblen Spitzenlasterzeugern wurde durch die Novellen des Energiewirtschaftsgesetzes zur Umsetzung der EU-Binnenmarktrichtlinie nicht wesentlich tangiert. Über den Großhandel für Elektrizität wurde eine Virtualisierung der vormals starren Liefer- und Abnahmebeziehungen vorgenommen. Durch den mehr als nur marginalen Eintritt regenerativer Technologien in diesen Markt zeigt sich inzwischen jedoch ein wachsender Handlungsbedarf.

Ein Ansatzpunkt ist das Strommarktmodell. Demzufolge verfügt eine Kilowattstunde Strom, ganz gleich aus welchem Kraftwerk oder durch welche regenerative Technologie sie bereitgestellt wird, für den Verbraucher immer über denselben Wert. Aus diesem Grund lässt sich Elektrizität als *standardisiertes Produkt* ansehen, dass sich über einen

---

[19]Insbesondere vor dem Hintergrund einer post-fossilen Energieversorgung gewinnen synthetische Brenn- und Kraftstoffe an Bedeutung – auch wenn der Wirkungsgrad entlang der Herstellungs- und Nutzungskette wenig attraktiv ist. Umso bedeutsamer wird entsprechend die Brennstoffeffizienz.

3.3 Kapazität oder Flexibilität

Marktplatz handeln lässt. Aus Sicht des Netzbetriebs ist jedoch zu jedem Zeitpunkt ein physischer Ausgleich zwischen Erzeugung und Bedarf erforderlich. Das heißt, dass neben der tatsächlichen Lieferung der gewünschten Energiemenge auch die Fähigkeit – zu jedem Zeitpunkt in der genau richtigen Menge und an der richtigen Stelle im Netz – zu liefern ein wichtiges, wenn nicht überhaupt das entscheidende, Kriterium für das Funktionieren des physischen Strommarktes ist.

In den Zahlungsströmen spiegelt sich das Problem auf ganz ähnliche Weise wider: Derzeit werden ausschließlich gelieferte Energiemengen monetär bewertet *(energy only)*. Die Fähigkeit zum Bereitstellen einer bestimmten Leistung durch das Vorhalten entsprechender Erzeugerkapazität wird hingegen nicht belohnt.[20] In der aktuellen Marktsituation werden damit Grenzen des derzeitigen Strommarktmodells aufgezeigt. Investitionen in Anlagenkapazität werden in einem Markt zu Grenzkosten als *sunk cost*[21] angesehen. Das führt zu einem weiteren Paradoxon. An sich soll eine Wirtschaftlichkeitsbetrachtung in die *Zukunft* orientiert sein und damit auch die Kosten der zukünftigen Geschäftstätigkeit im Fokus behalten. Dennoch sind es Finanzierungskosten für Investitionen aus der *Vergangenheit*, die *sunk cost*, die die Liquidität der Anlagenbetreiber gefährden. Denn ohne hinreichenden Deckungsbeitrag lassen sich weder ein rentierlicher Betrieb in der Gegenwart, noch Renditen aus früheren Investitionen in neue Kraftwerkskapazität erwarten – entsprechend werden selbst dann keine Investitionen getätigt, wenn Marktengpässe absehbar sind [263].

In [217] wird das Auftreten von *stranded investments* (gestrandeten Investitionen; d. h. Investitionen, die sich nicht mehr amortisieren lassen) als ein Übergangsproblem bei der Einführung wettbewerbsorientierter Systeme beschrieben:

> Die getätigten Investitionen im Kraftwerkbau folgten in der Vergangenheit einer monopolistischen Sichtweise und waren zudem von politischen Vorgaben, z. B. bzgl. Selbstversorgungsgrad, geprägt. Ein internationaler Austausch fand zwar statt, doch war er kaum geeignet, eine Marktintegration zu vollziehen, hatte also mehr technische als marktwirtschaftliche Bedeutung […]. Demzufolge wurden bei Investitionsentscheiden oft mittlere Produktionskosten in Kauf genommen, die unter internationalen Wettbewerbsbedingungen zu hoch sind. Eine rasche Liberalisierung kann somit zu nichtamortisierbaren festen Kosten führen.

Durch die mangelnde Internalisierung externer Kosten – beispielsweise für Schadstoffemissionen und Ressourcenverbrauch – ist zudem die *Kostenwahrheit* bei der Stromerzeugung nicht gewährleistet. Hierdurch findet eine Wettbewerbsverzerrung insbesondere zulasten regenerativer Erzeuger statt.

---

[20]Das Vorhalten von Leistung und die damit verbunden Kosten sind in einen separaten Markt zum Erbringen von Regelleistung ausgelagert.

[21]Irreversible Kosten, die aus einer getätigten Investition rühren und die beispielsweise durch eine Veräußerung nicht rückgängig gemacht werden können.

Kostenwahrheit und Emissionszertifikate

Ein Großteil der Emissionszertifikate wird von den Regierungen an Großemittenten kostenlos zugeteilt. Lediglich eine geringe Anzahl an Zertifikaten wird über die European Energy Exchange EEX auktioniert. Aufgrund der globalen Wirtschaftskrise in den Jahren 2008–2009 lag die Nachfrage teilweise deutlich unter den ursprünglichen Annahmen, sodass ein sich über Jahre nur langsam abbauender Überhang an Zertifikaten existiert.

Die erste Handelsperiode lief von 2005–2007. Wie in Abb. 3.17 zu erkennen ist, überstiegen die Zuteilungen regelmäßig den Bedarf. In der zweiten Handelsperiode von 2008–2012 wurde ab 2010 eine Börsenvermarktung eingeführt, die den Verkauf überschüssiger Zertifikate ermöglicht. Zusätzlich verfallen nicht benötigte Zertifikate nicht mehr am Ende der Handelsperiode und können so für den eigenen Bedarf oder Handel auch später herangezogen werden. Angesichts des zeitweiligen Überhangs an Zuteilungen bewegt sich der Markt daher auf sehr niedrigem Niveau. Die dritte Handelsperiode begann Anfang 2013 und endet 2020. Auch in 2013 wurden noch 80 % der Zertifikate kostenlos zugeteilt. Durch ein Zurückhalten von Zuteilungen *(Backloading)* ist ein leichter Preisanstieg (Abb. 3.18) zu verzeichnen. Erst ab 2027 ist die Versteigerung sämtlicher Zertifikate geplant. In der Stromindustrie trat diese Regelung – mit Ausnahme einiger osteuropäischer Staaten – bereits 2013 in Kraft. Erst nachdem die bereits 2015 beschlossene Marktstabilisierungsreserve zu Beginn des Jahres 2019 eingeführt wird, steigt der Zertifikatspreis an. Dabei werden 900 Mio. im Rahmen des Backloading zurückgehaltene Zertifikate aus dem Markt genommen. In der vierten Handelsperiode (2021–2030) wird der Reduktionsfaktor angehoben. Anstelle von bislang 1,74 % sinkt die Anzahl der neuen Zertifikate jährlich um 2,2 %.

Aus den Daten für Abb. 3.17 ergibt sich für die erste Handelsperiode ein Überschuss an 3,1 % bei den kostenlosen Zuteilungen. In der zweiten Handelsperiode ab 2008 liegt der tatsächliche Bedarf um 11,2 % über den Zuteilungen an Zertifikaten. Mit Ausnahme der Sektoren

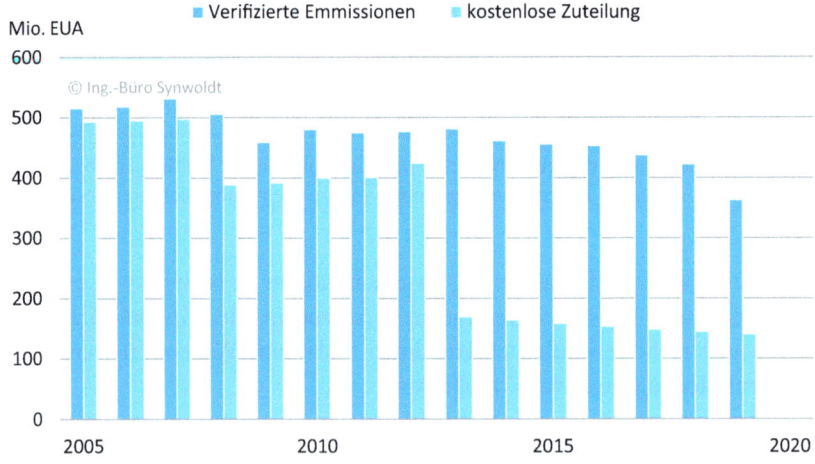

Abb. 3.17 Zuteilung und Bedarf an Emissionszertifikaten in der ersten und zweiten Handelsperiode. (Daten: [264, 265–271])

3.3 Kapazität oder Flexibilität

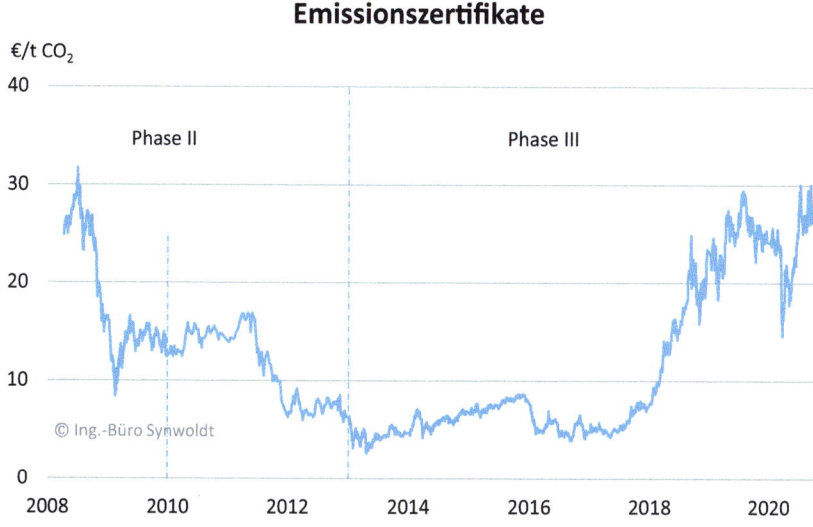

Abb. 3.18 Kosten für Emissionszertifikate. (Daten: [272, 273, 274])

Stromerzeugung und Kuppelgase[22] erfolgte jedoch für sämtliche Industriebranchen wie Raffinerien, Eisen- und Stahlerzeugung, etc. eine Zuteilung oberhalb des tatsächlichen Bedarfs, sodass die betreffenden Unternehmen diese Zertifikate entweder ergebniswirksam veräußern oder, angesichts niedriger Erlösaussichten (Abb. 3.18), für künftige Handelsperioden mit geringerer Zuteilung zurückhalten.

Das Umweltbundesamt geht von tatsächlichen externen Kosten in Höhe von 80 € für die Emission einer Tonne Kohlendioxid aus [275]. Was dies konkret bedeutet, erläutern [276] so:

> Insgesamt geht das UBA bei der Braunkohleverstromung von externen Kosten in Höhe von 11,5 Cent pro Kilowattstunde aus. Diese Kosten werden teilweise auf eine erzeugte Kilowattstunde umgelegt, d. h. internalisiert. Eine solche Internalisierung erfolgt zum Teil über die Stromsteuer. Des Weiteren müssen für den Ausstoß von Treibhausgasen CO_2-Emissionszertifikate erworben werden. Unter dem Strich verbleiben ca. 9 Cent Umweltschäden pro Kilowattstunde. Müssten auch diese Kosten von den Stromerzeugern getragen werden, so würde sich die Kilowattstunde um fast das Dreifache auf etwa 13 bis 15 Cent verteuern.

Mithin ist die *Kostenwahrheit* bei Zertifikatspreisen von unter 10 €/t CO_2 und einem hohen Anteil kostenlos zugeteilter Zertifikate in weiter Ferne.

Als kritisch werden im Zusammenhang mit Emissionszertifikaten auch der *Clean Development Mechanism* (CDM) und *Joint Implementation* (JI) angesehen. Hier können Zertifikate in

---

[22] Unter Kuppelgase werden brennbare Prozessgase u. a. aus der Koks- und Stahlherstellung zusammengefasst.

Industriestaaten durch Projekte in der Dritten Welt (CDM) oder anderen Ländern (JI) – zu sehr viel günstigeren Kosten – generiert werden.

Zudem wurden auch die überwiegend kostenlos allokierte Emissionszertifikate bei der Kalkulation der Strompreise angesetzt [277].

> Eine [der Fehlentwicklungen, Anm. d. A.] davon war das Einpreisen aller – auch der kostenlosen – Zertifikate in die Kostenrechnung der Energieversorger. Diese stellten diese Maßnahme als betriebswirtschaftlich üblich dar, so genannte Opportunitätskosten. Die fünf größten deutschen Energiekonzerne verschafften sich damit nach einer Schätzung des Öko-Instituts für die Jahre 2005 bis 2012 Zusatzgewinne in Höhe von 39 Mrd. Euro auf Kosten der Energieverbraucher.

Folgerichtig kommt der World Energy Investment Outlook 2014 [278] zu dem Schluss:

> Around $300 billion in fossil fuel investments is left stranded by stronger climate policies.

Bereits zuvor wird festgestellt [278]:

> The investment required to maintain the reliability of Europe's electricity system is unlikely to materialise with the current design of power markets.

Einmal mehr erweist sich das Strommarktmodell in seiner jetzigen Ausprägung als problematisch.

So stellt sich die Frage, wie ein Vorhalten der erforderlichen Reserven (genauer: der gesicherten Leistung) zu bewerkstelligen ist, um bei zunehmender und künftig überwiegender Stromerzeugung aus fluktuierenden, regenerativen Energieträgern zu jedem Zeitpunkt über hinreichende Reserven zu verfügen. Zu diesem Zweck können zwei unterschiedliche Ansätze herangezogen werden. In der statischen Variante steht das Vorhalten entsprechender Kraftwerksparks (Schattenkraftwerke) für den Fall einer nicht hinreichenden Versorgung aus fluktuierenden Quellen. Aus Sicherheitsgründen wird mit Extremwerten gerechnet: Der maximal auftretenden Last, einer gewissen Ausfallrate von Kraftwerken und ähnlichem mehr.

Demgegenüber steht eine dynamische Sicht. Aus langjährig geführten Statistiken ist beispielsweise bekannt, dass die Maximallast nie in den Nachtstunden, sondern immer tagsüber auftritt. Der Trend zum vermehrten Einsatz von Klimaanlagen unterstreicht dies. Allerdings mit einem wesentlichen Unterschied: Der Zeitpunkt des höchsten Strombedarfs liegt in Deutschland bislang regelmäßig im Winterhalbjahr. In Ländern mit stärkerer Solareinstrahlung tritt die Maximallast im Sommer tagsüber auf: wenn die Klimageräte für eine zusätzliche Last sorgen. Allein aus letzterem Umstand lässt sich jedoch ableiten, dass der vermehrte Einsatz von solaren Stromerzeugern unmittelbar Abhilfe schaffen kann – die Maximallast tritt immer dann auf, wenn die Sonne am stärksten scheint. Darüber hinaus steht jedoch die *Flexibilität* von einzelnen Stromerzeugern im Vordergrund. Bei hohem Windaufkommen und/oder starker Sonneneinstrahlung ist es nicht erforderlich, dass Wasserkraftanlagen, Biogasanlagen und geothermale Kraftwerke mit voller Leistung arbeiten. Nur gibt das derzeitige Vergütungsmodell – ähnlich wie der *energy only*-Markt

3.3 Kapazität oder Flexibilität

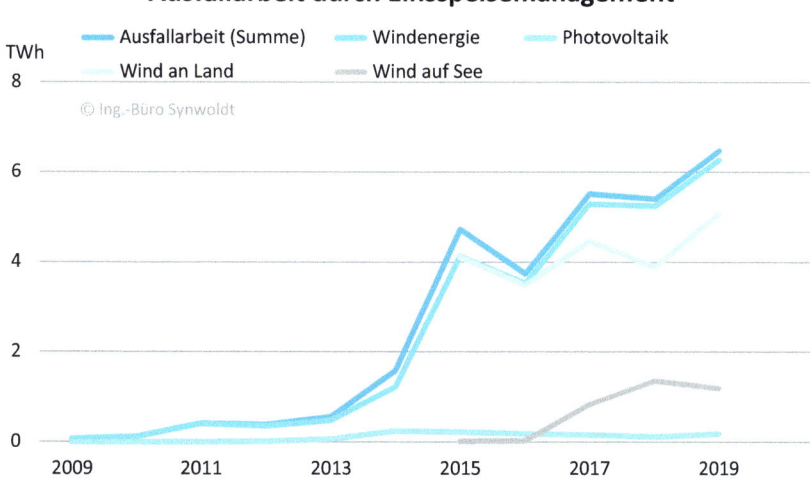

Abb. 3.19 Ausfallarbeit durch Einspeisemanagement. (Daten: [180])

– dafür keinerlei Anreiz. Wie im Bereich industrieller Produktion zählt auch bei der Stromerzeugung in erster Linie die Menge.

Tatsächlich treten daher in einzelnen Netzabschnitten Situationen ein, bei denen regenerative Erzeuger wie Photovoltaik- und Windenergieanlagen zeitweilig gedrosselt oder abgeschaltet werden müssen. In § 14 EEG 2014 wird von Maßnahmen zum *Einspeisemanagement* gesprochen. Laut Bundesnetzagentur waren im Jahr 2013 davon Strommengen in Höhe von 555 GWh betroffen [179] – das entspricht 0,36 % der regenerativ erzeugten Elektrizität und lediglich 0,09 % der gesamten Stromerzeugung in Deutschland. Auffällig ist der starke Anstieg der betroffenen Strommengen bei Windenergie an Land ab 2015, als erstmals große Strommengen aus den Offshore-Windparks geliefert werden[23]. Mit der weiteren Inbetriebnahme von Offshore-Windparks sind inzwischen auch Windanlagen auf See vom Einspeisemanagement betroffen. In 2018 hat sich die Ausfallarbeit auf 5,4 TWh erhöht. Bezogen auf die Bruttostromerzeugung liegt die Quote bei 0,84 % (Abb. 3.19 und 3.20).

---

[23]Die Windparks auf See sind direkt an die Übertragungsnetze angebunden. Damit ergibt sich im norddeutschen Raum eine Nutzungskonkurrenz bei den begrenzten Übertragungskapazitäten der bundesweiten Transportnetze. Im dünnbesiedelten Raum sind die regionalen 110 kV-Netze darauf angewiesen, den Strom von Windparks an Land in die vorgelagerte Netzebene rückzuspeisen, da die Erzeugung den regionalen Bedarf übersteigt.

Letztlich findet durch die Windparks auf See eine noch stärkere Konzentration der Erzeugerleistung statt, als dies bei thermischen Großkraftwerken jemals der Fall war. Bei Großkraftwerken ist die Verbrauchernähe (urbane und industrielle Lastzentren) maßgeblich für die Standortentscheidung. Durch den verbraucherfernen Betrieb der Windparks auf See erwachsen somit wesentliche Zubaubedarfe für überregionale Netzkapazitäten.

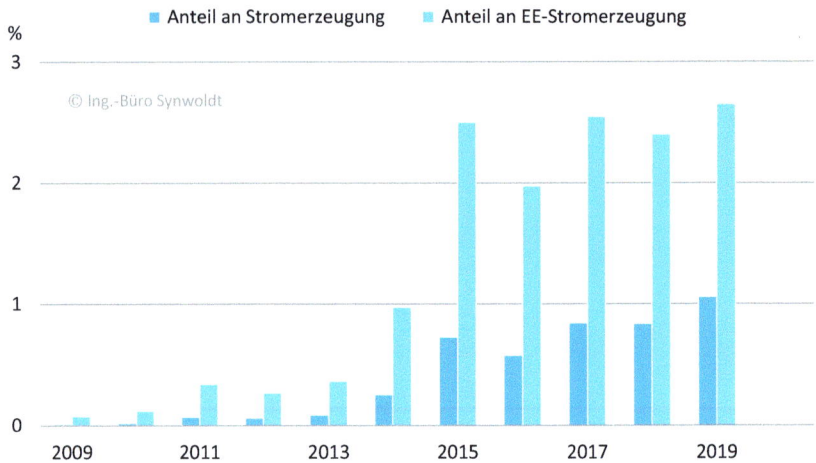

Abb. 3.20 Anteil der Ausfallarbeit an der Stromerzeugung. (Daten: [21, 141, 180])

Auffällig ist auch der erste Anstieg der Ausfallarbeit mit Beginn des Jahres 2010. Hier werden die Auswirkungen der *Ausgleichsmechanismusverordnung (AusglMechV)* sichtbar. Denn obwohl in 2010 die Wetterverhältnisse für eine rückläufige Tendenz der Windstromerzeugung gegenüber dem Vorjahr sorgte (−2,5 %; [21]), stiegen die vom Einspeisemanagement betroffenen Windstrommengen um 70,0 % an. Damit kann ein Beitrag durch den Ausbau von Windenergieanlagen als eher gering eingestuft werden. Vielmehr ist die aufgehobene Verpflichtung zur Hochspannung in die Transportnetzebene und Weiterleitung von EE-Strommengen ursächlich für die Ausfallarbeit. Dasselbe Verhalten kann auch im Folgezeitraum 2010–2011 beobachtet werden. Ein Zuwachs bei der Windenergieeinspeisung von 28,4 % führte zu einer Erhöhung beim Einspeisemanagement – nur für Windenergieanlagen – von 227 %. In Abb. 3.19 nicht separat dargestellt sind die Beiträge anderer regenerativer Erzeuger. In 2014 tritt dabei erstmalig die Stromerzeugung aus biogenen Brennstoffen mit rund 9 % Anteil an der Ausfallarbeit nennenswert in Erscheinung. Nach 2016 liegt der Anteil wieder bei weniger als 1 % der betroffenen Strommengen.

Mit Blick auf die Netzebenen, in die regenerative Erzeuger einspeisen, ist ein Ausbau der Verteilnetze zu priorisieren (Abb. 2.30). Die Bundesnetzagentur ermittelt für 2018 bei der Ausfallarbeit einen Anteil von 74 % in den Verteilnetzen [184].

Die alleinige Ausrichtung des Strommarktes auf die kostengünstigste Erzeugung führt insbesondere bei den dargebotsabhängigen regenerativen Systemen für Photovoltaik und Windenergie zu einer Verschärfung der Situation. Denn gerade aufgrund der

Kostenerwägungen werden Wind- und Photovoltaikanlagen dadurch lokal konzentriert, was bei entsprechenden Wetterlagen zu vorhersehbaren Netzengpässen führt. Um eine Abreglung der Anlagen zum Schutz der Einspeisenetze zu vermeiden, wäre eine dezentrale Verteilung die volkswirtschaftlich vorteilhaftere Lösung. Die tatsächliche Nutzung der regenerativ erzeugbaren Strommengen vermeidet nicht nur Entschädigungszahlungen, sondern leistet auch einen Beitrag zum Klimaschutz. Durch die Ausfallarbeit in 2018 wird ein zusätzlicher Ausstoß von – grob geschätzt – rund vier Millionen Tonnen Kohlendioxid ausgelöst, da für den Ersatz der Erzeugung vornehmlich Kohle- und Gaskraftwerke herangezogen werden.

Durch die mit dem EEG 2017 eingeführte Auktionierung wird sich perspektivisch die Situation für Einspeisemanagementmaßnahmen weiter verschärfen. Derzeit (2020) liegen aufgrund des nach 2017 eingebrochenen Zubaus von Windparks an Land keine belastbaren Daten vor. Dennoch ist von einer Konzentrationswirkung beim Zubau auf wenige Regionen mit sehr guten Windlagen auszugehen. Dies führt, ähnlich wie beim Zubau ebenfalls von Photovoltaikanlagen $> 750 \, kW_p$ (seit 2015 von Ausschreibungen betroffen), zu regionalen Netzengpässen und einer Abkehr von der Dezentralität.

Einspeisemanagement und Redispatch

Aus technischer Sicht handelt es sich bei beiden Maßnahmen um eine aus Gründen des Netzbetriebs erforderlich Einsenkung der Erzeugerleistung – abweichend von den geltenden Marktregeln. Insofern ist auch die Kompensation ähnlich geregelt.

Während sich die Entschädigungszahlungen für das Einspeisemanagement 2018 auf 635 Mio. € [184] belaufen, betragen die Kosten für das Redispatch 803 Mio. € [184]. Dennoch genießen die Entschädigungszahlungen an die Betreiber regenerativer Erzeuger im Rahmen des Einspeisemanagements eine wesentlich größere Aufmerksamkeit.

Die Bundesnetzagentur vermerkt zum Ausgleich der nach § 13 Abs. 2 EnWG bedingten Absenkungen [184]:

Die Betreiber der betroffenen EE- und KWK-Anlagen werden durch die Einspeisemanagement-Entschädigung – im wirtschaftlichen Ergebnis ähnlich wie abgeregelte konventionelle Kraftwerke im Rahmen des Redispatchs – annähernd so gestellt, als sei ihre Einspeisung durch den Netzengpass nicht verhindert worden.

In einer Fußnote wird ergänzt:

Bei Einspeisemanagement Maßnahmen verbleiben deutlich eingeschränkte Restrisiken, wie z. B. durch den Selbstbehalt nach § 15 EEG, für die EE- und KWK-Anlagenbetreiber. Abgeregelte Kraftwerke erhalten im Rahmen des Redispatches gleichwertige Strommengen vom Netzbetreiber, wodurch sie von Vermarktungsrisiken durch Netzengpässe freigestellt sind.

Hintergrund für den Redispatch von Kraftwerksleistung sind Engpässe im Netz. Der Einsenkung auf der Seite vor dem Engpass steht eine spiegelbildliche Erhöhung der Erzeugerleistung hinter dem Engpass (in Richtung des Leistungsflusses) gegenüber. Die zusätzlichen Kosten trägt der Übertragungsnetzbetreiber. Auslöser für Redispatchmaßnahmen ist meist der Stromhandel, der die physischen Restriktionen des Übertragungsnetzes nicht berücksichtigt. Häufig werden auch Lastflüsse durch Erneuerbare Energien benannt. Wie sich in Abb. 3.21 erkennen lässt, sind die betroffenen Strommengen rückläufig, obwohl sich die Erzeugung aus Erneuerbaren Energien weiter erhöht (vgl. Abb. 1.3). Die Dezentralität der Erzeugung ist entscheidend, um Netzengpässe zu minimieren. Lediglich 1 % der durch Redispatchmassnahmen betroffenen Strommengen sind durch Engpässe im Verteilnetz bedingt.

Obwohl es um kleine Strommengen geht, die vom Einspeisemanagement betroffen sind, genießt dieses Thema eine immense Publizität. Wahlweise ist die Rede von *Strom, der kostenlos ans Ausland verschleudert wird* oder *verschrottet werden muss*, so Ifo-Chef Werner Sinn im Interview mit dem Manager Magazin [279]:

> Sinn: Der Windstrom ist als Strom höherwertiger als Wärme, aber minderwertig im Vergleich zu konventionellem Strom, weil er nur zufällig fließt. Bevor man den Windstrom ganz wegwirft, kann man ihn in dieser Form natürlich verschleudern. Es ist besser, als die Nachbarländer dafür zu bezahlen, ihn zu vernichten, wie wir es regelmäßig tun. Man könnte die Tauchsieder auch fast schon gleich in der Elbe installieren. Normalerweise macht man aus Wärme Strom und ist bereit, hohe Effizienzverluste in Kauf zu nehmen, damit man die höherwertige Energieform hat.
>
> Tatsächlich wurden in 2013 Erlöse in Höhe von knapp 2 Mrd. € aus dem Stromexportsaldo erzielt [280]. Trotz deutlich rückläufigem Saldo der ausgetauschten Strommengen in 2019 und 2020 liegen die monetären Überschüsse aus dem Stromexport bei mehr als 1,5 Mrd. Euro. Die mit dem Export von Strom erzielten Preise lagen [Anm.: 2013] zudem deutlich über den Börsen-Strompreisen am Termin- und Spotmarkt. Stromeinkäufer konnten am Spotmarkt, an dem auch der Strom aus erneuerbaren Energien gehandelt wird, im Mittel

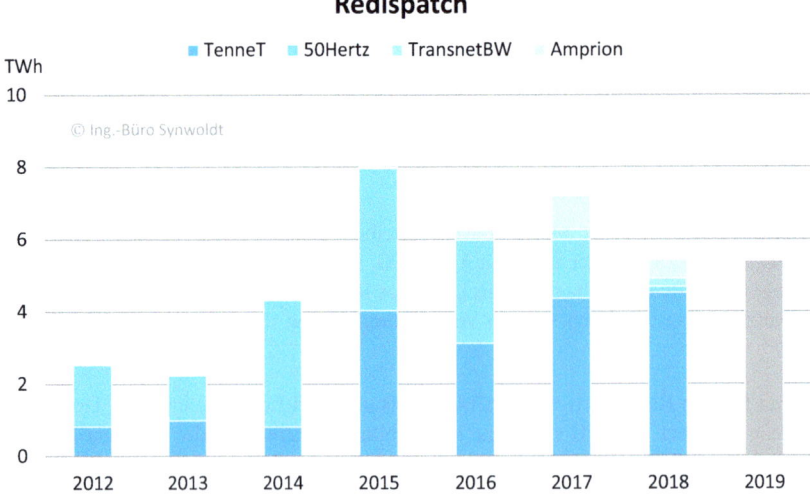

Abb. 3.21 Redispatch. (Daten: [179, 180–184])

3.3 Kapazität oder Flexibilität

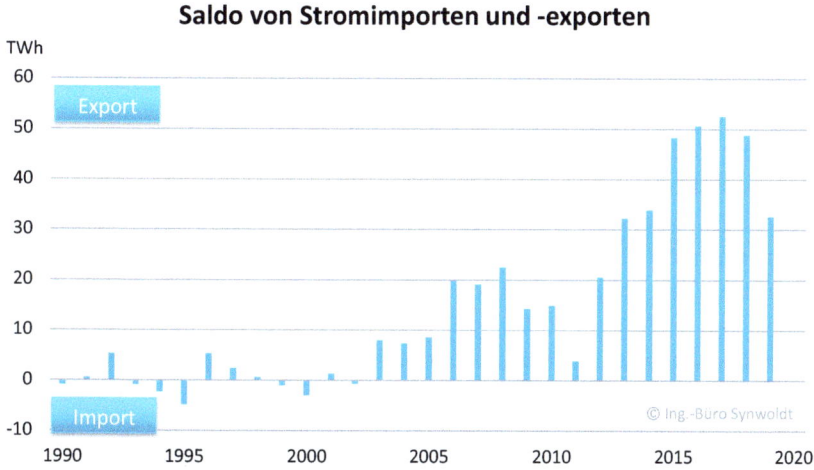

Abb. 3.22 Entwicklung des Außenhandelssaldos mit Strom. (Daten: [141, 142])

für 3,78 ct/kWh einkaufen. „Es liegt zumindest die Vermutung nahe, dass auch teilweise der vom Verbraucher bezahlte EEG-Strom an der Börse von Händlern günstig eingekauft und mit erheblichen Aufschlägen ins Ausland verkauft worden ist", sagte IWR-Direktor Dr. Norbert Allnoch in Münster. „Nachweisen lässt sich das allerdings nicht, denn der Gesetzgeber hat vorgesehen, dass der grüne EEG Strom an der Strombörse derzeit nur ‚herkunftsneutral', d. h. ohne Kennzeichnung, vermarktet werden darf", so Allnoch.[24]

Auch im Jahr 2012 resultierten aus dem Saldo des Stromexports Einnahmen von 1,4 Mrd. € [281].

In absoluten Zahlen zeigt Abb. 3.22 damit eine analoge Entwicklung zu Abb. 2.15. Der zunehmende Stromexport ist zudem im direkten Zusammenhang mit der Inflexibilität von Kernenergie- und Kohlekraftwerken zu sehen. Einiges deutet darauf hin, dass eine ungehinderte Stromproduktion aus Kohle und Kernenergie angestrebt wird. Kann der Strom im deutschen Netz nicht mehr abgesetzt werden, da zunehmend mehr regenerativer Strom bereitsteht, wird umso mehr Strom exportiert. Als mittelbare Folge des zunehmenden Exports von Kohlestrom wird das deutliche Verfehlen der für das Jahr 2020 gesteckten Klimaschutzziele befürchtet [283]. Tatsächlich werden die Klimaziele nur aufgrund des Pandemie-bedingten Lockdowns in 2020 erreicht. Es ist außerdem bemerkenswert, dass selbst im Jahr 2011, nach dem zeitweiligen Stilllegen sämtlicher Kernkraftwerke infolge der Reaktorkatastrophe im Kernkraftwerk Fukushima Dai-ichi (Japan), Deutschland Stromexporteuer war.

---

[24]Das Doppelvermarktungsverbot gemäß § 80 (2) EEG sieht vor, dass Anlagenbetreiber, die eine finanzielle Förderung nach § 19 EEG in Anspruch nehmen, keine Herkunftsnachweise weitergeben dürfen. Andernfalls verliert der Anlagenbetreiber den Anspruch auf die Förderung nach § 19 EEG.

In 2020 wird der Ausstieg aus dem Betrieb von Kohlekraftwerken bis spätestens 2038 beschlossen. Bis 2030 soll die Anlagenkapazität (installierte Leistung) auf die Hälfte von dann 17 GW sinken. Entsprechend ist tendenziell mit einem Rückgang der Stromexporte zu rechnen.

Gerade der Gedanke, ein so wertvolles Gut wie Energie nutzlos zu verschleudern, erweckt zwangsläufig Argwohn – und damit das Interesse einer bestenfalls partiell informierten Allgemeinheit [284–286]. Schnell sind im Bann der Empörung Fakten und Daten nebensächlich, zumal die Materie wenig anschaulich ist. Ein wesentliches Ziel wäre damit jedoch erreicht: Die öffentliche Meinung verinnerlicht die Meldung, ganz gleich wie hoch der Wahrheitsgehalt ist [287]. Die Mitteilung bleibt haften, wie *„regenerativer Strom ist teuer und taugt nichts, er muss sogar verschrottet werden"* (Interview mit Ifo-Chef Werner Sinn in [279], weiter oben).

Anders als die Entwicklung des Stromexportsaldos in Abb. 3.22 erwarten lässt, sind die Erlöse aus dem Stromexport trotz rückläufigem Exportüberschüssen auf stabilem Niveau. In Abb. 3.23 spiegelt sich auch das über immer weitere Zeiträume des Jahres höhere Marktpreisniveau für Strom in den Nachbarländern wider. Durch den zunehmenden Anteil von Strom aus Photovoltaik- und Windenergieanlagen in Deutschland mit Grenzkosten von null ist der Großhandelspreis für Strom niedriger als im benachbarten Ausland.

Zurück zur eingangs vorgestellten Überlegung: Auf welche Weise kann die fluktuierende Erzeugung aus regenerativen Energien am sinnvollsten flankiert werden? Was sind die Vorzüge und Fallstricke hinter den Ansätzen *Kapazität* und *Flexibilität*?

Zunächst sei das Kapazitätsmodell betrachtet. Es ist technisch an das Paradigma der gesicherten Leistung angelehnt und damit ein in der Energiewirtschaft bekanntes Prinzip.

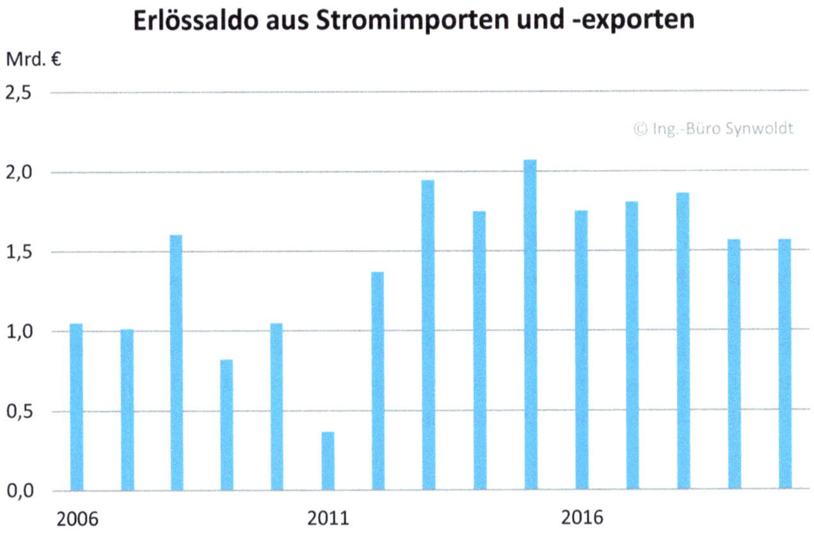

Abb. 3.23 Erlöse aus dem Stromexport [142, 143]

3.3 Kapazität oder Flexibilität

Was bei der EEG-Umlage als Verstoß gegen Wettbewerb und marktwirtschaftliche Grundsätze gewertet wird – eine zusätzliche Prämie jenseits der Marktpreise –, erscheint hier als naheliegende Lösung des Problems. Die Fixkosten, insbesondere die *sunk cost,* werden durch eine Kapazitätsprämie abgedeckt, der Betrieb oder auch nur das Vorhalten der Kraftwerke wäre unter diesen Konditionen auch zu Grenzkosten rentabel. Um Marktverzerrungen zu vermeiden, sollte eine solche Prämie auf noch nicht abgeschriebene Kraftwerke beschränkt bleiben. Andernfalls bestünde die Gefahr von Mitnahmeeffekten *(wind fall profits).*

Ein alternativer Ansatz wäre die Erhöhung der Flexibilität in der Stromerzeugung. Damit einher geht eine Abkehr vom Paradigma der Anlagenauslastung: Aus Wirtschaftlichkeitserwägungen wird regelmäßig ein Betrieb mit möglichst hoher Zahl an Volllaststunden angestrebt [288]. Dieser einzelwirtschaftlichen Optimierung steht eine gesamtwirtschaftliche Betrachtung des Versorgungssystems gegenüber: Die Ergänzung eines regenerativen Energiemixes mit systemdienlich betriebenen thermischen Erzeugern.

Volllaststunden
Unter den Volllaststunden vlh wird ein Maßstab für die Vergleichbarkeit von Anlagen und – bei regenerativen Systemen – Standorten verstanden. Die variable Ausgangsleistung $P(t)$ wird über einen bestimmten Zeitraum, meist ein Jahr, integriert und ins Verhältnis zur nominalen Leistung P_n der Anlage gesetzt. Hieraus ergibt sich eine Zeitgröße.

$$vlh = [\int P(t) \mathrm{d}t]/P_n \qquad (3.2)$$

Bei konventionellen Kraftwerken ist die Situation einfach: Je höher die Auslastung der Anlagen, desto eher reichen auch kleine Deckungsbeiträge zum Ausgleich der Fixkosten, und umso sicherer ist eine Amortisation der getätigten Investition gewährleistet. Die technischen Randbedingungen dafür sind ein möglichst wartungsarmer und ausfallfreier Dauerbetrieb mit Nennleistung. Nicht zu vergessen ist die kontinuierliche Brennstoffzufuhr.

Bei regenerativen Technologien wie Photovoltaik, Windenergie und Wasserkraft tritt an erste Stelle das Dargebot der natürlichen Ressourcen. Dieses ist unmittelbar mit dem jeweiligen Standort verbunden und kann nur bedingt durch den Einsatz von Technologien verbessert oder effizienter genutzt werden. Eine hohe technische Verfügbarkeit ist selbstredend auch hier anzustreben.

- Photovoltaik: Die geografische Breite und die Wetterbedingungen sind entscheidend. Durch nachführende Systeme (Tracker) ist eine Steigerung der Ausbeute möglich, jedoch nimmt die flächenbezogene Effizienz deutlich ab. Die spezifischen Erträge werden mit der Einheit [kWh/kW$_p$] beschrieben.
- Windenergieanlagen: Durch größere Rotoren kann – bei unveränderter Generatorleistung – eine Steigerung der Anzahl der Volllaststunden erzielt werden. Die Hauptrolle für die Ausbeute spielt das lokale Windaufkommen. Hier wird derselbe Ansatz wie nach Gl. 3.2 verwendet.
- Wasserkraft: Mit einem fluktuierenden Wasserdargebot sind in der Regel auch Schwankungen in der verfügbaren Fallhöhe verbunden. Reicht die Wassermenge nicht zur Nennbeaufschlagung der Turbine, arbeitet letztere im Teillastbereich. Die Volllaststunden werden gemäß Gl. 3.2 bestimmt. Weiterhin existiert ein ähnlicher Optimierungskonflikt bezüglich der Auslegung wie bei Windenergieanlagen. Entweder bleibt ein kleiner Teil der Ressource bei besonders hohem Wasser-/Winddargebot ungenutzt oder die Auslastung der Anlagen (Volllaststunden) sinken.

All jene Technologien, die inhärente Speicher nutzen, sind den fluktuierenden Erzeugern nachrangig einzusetzen. Dazu zählen insbesondere Wasserkraftwerke mit Speicherstausee und Biogasanlagen. Die ab Jahresbeginn 2012 gültige Novelle des *Gesetzes für den Vorrang Erneuerbarer Energien (EEG)* führte in § 33i EEG (2012) eine Flexibilitätsprämie ein. Mithilfe von zusätzlichen Gasspeichern soll der kontinuierliche Betrieb des Fermenters (Biogaserzeugung) von der Stromerzeugung entkoppelt werden. Anstelle des Grundlastbetriebs wird die Biogasanlage so zum flexiblen Stromerzeuger, der sich spiegelbildlich zur fluktuierenden Stromerzeugung aus Wind und Sonne verhält.

Durch den Gasspeicher tritt zudem noch ein zweiter Aspekt in den Vordergrund. Wird eine unveränderte Gasmenge lediglich zur temporären Stromerzeugung eingesetzt, so kann die Anlagenleistung der Generatoren entsprechend heraufgesetzt werden *(Überbauung der Leistung)*. Sinngemäß dasselbe gilt für sämtliche Anlagen, die mit speicherfähigen Medien betrieben werden. Dazu gehören neben Biogas auch Deponie-, Gruben- und Klärgas, der biogene Teil des Hausmülls und feste Biomasse. In Summe beläuft sich die Kraftwerksleistung (Ende 2019) auf rund 8,9 GW [21]. Ungeachtet anderer Restriktionen könnte eine Leistung in Höhe des doppelten bis vierfachen Wertes als flexible Reserve genutzt werden – ohne einen Hektar zusätzlich für Mais, Energiepflanzen oder andere Substrate zu benötigen.

Hier zeichnet sich eine zukunftsfähige Entwicklung ab, die durch den Rahmen der jüngsten Gesetzgebung zumindest in Ansätzen unterstützt wird. Aufgrund der Kürze der bisherigen Laufzeit ist eine abschließende Bewertung der monetären Ausstattung für die Flexibilitätsprämie nicht möglich. Das Instrument weist prinzipiell den Weg. Mit der äußerst starken Deckelung des Zubaus an Biogasanlagen – die EEG-Novelle 2014 nennt in § 28 Abs. 1 einen Korridor von lediglich 100 MW pro Jahr – ist dem Ausweiten der flexiblen Stromerzeugung durch Biogasanlagen ein massiver Riegel vorgeschoben. Bei anderen Anlagentypen (Deponie-, Klär- und Grubengas, Geothermie) spielt das Thema Flexibilisierung in den Augen des Gesetzgebers keine Rolle.

Die Vermutung liegt nahe, dass dabei gleich mehrere Sachverhalte ursächlich sind. Nachdem die großen Stromerzeuger aufgrund der sinkenden Börsenstrompreise deutliche Umsatz- und Ertragseinbußen (Abb. 3.4) erlitten, müssen die noch verbliebenen Geschäftsfelder umso energischer verteidigt werden. Dazu sei das Beispiel der Photovoltaik in Erinnerung gerufen. Durch den zunehmenden Einsatz von Photovoltaikanlagen sanken die Börsenstrompreise innerhalb weniger Jahre auf weniger als die Hälfte (Abb. 3.5) – die bisherigen Rekordgewinne müssen künftig als zumindest gefährdet gelten. Umso größere Bedeutung haben daher andere Geschäftsfelder. Dies betrifft insbesondere den Markt für Systemdienstleistungen. Aus kommerzieller Sicht profitieren die Kraftwerksbetreiber vor allem vom Bereitstellen von Regelleistung (Abb. 3.16).

Regelleistung
Weicht der tatsächliche Bedarf an Elektrizität vom Fahrplan der Kraftwerksbetreiber ab, so muss kurzfristig für einen physischen Ausgleich gesorgt werden: Für einen stabilen Netzbetrieb ist die Balance aus Stromerzeugung und Stromverbrauch in jedem Moment zu gewährleisten.

3.3 Kapazität oder Flexibilität

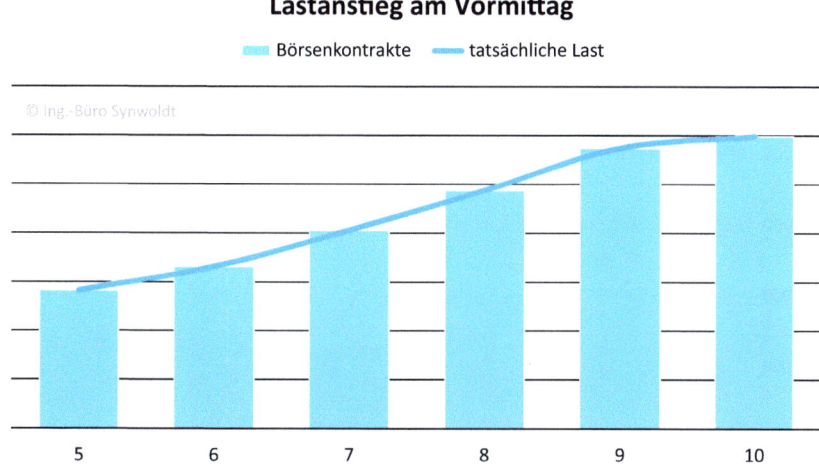

Abb. 3.24 Stromkontrakte und tatsächliche Last. (Daten: [252, 253, 254])

Verantwortlich für diese Abweichungen sind in erster Linie Prognoseabweichungen. Dies betrifft die Lastprognose für den Verbrauch in gleichem Maße wie die Einspeiseprognose aus fluktuierenden Erzeugern anhand von Wettervorhersagen. Ebenso tragen unvorhergesehene Kraftwerksausfälle dazu bei.

Sowohl für den Fall der Über- wie auch der Unterdeckung ist entsprechende negative und positive Regelleistung vorzuhalten. Der Markt für Regelleistung wird ähnlich ausgeschrieben wie der Großhandel mit Strom. Kraftwerke, die Regelleistung liefern, müssen sich präqualifizieren, um im Bedarfsfall eine zuverlässige Lieferung zu gewährleisten. Für das Bereithalten von Regelleistung erhält der Anbieter eine Vergütung – unabhängig davon, ob die Regelleistung auch tatsächlich abgerufen wird.

In diesem Zusammenhang stellt sich ein prinzipielles Problem des Strommarktes heraus: die kurzfristig gehandelten Kontrakte im Stromgroßhandel umfassen jeweils die Lieferung für eine Stunde. Gerade in den Morgen- und Abendstunden nimmt die Last jedoch sehr rasch zu bzw. ab (hoher Lastgradient), was aufgrund der Stundenblöcke im Stromhandel einen entsprechenden Bedarf an Regelleistung mit sich bringt.[25]

Wie Abb. 3.24 zeigt, herrscht in Phasen eines Lastanstiegs zu Beginn der einzelnen Stunden eine geringere Last, was zu einem Bedarf an negativer Regelleistung führt. Am Ende der jeweiligen Stunde führt die zunehmende Last zur Nachfrage von positiver Regelleistung. Ausgleichsvorgänge wie das An- oder Abfahren von Kraftwerken können fallweise das Problem kompensieren oder auch verstärken.

Mit der Gründung eines gemeinsamen Netzregelverbunds durch die Übertragungsnetzbetreiber (in 2009 durch 50 Hz, EnBW TNG [am 01.03. 2012 umfirmiert in TransnetBW],

---

[25]Weitere Informationen und Details zum Thema Regelzonen und Regelleistung in [31] ab Seite 77.

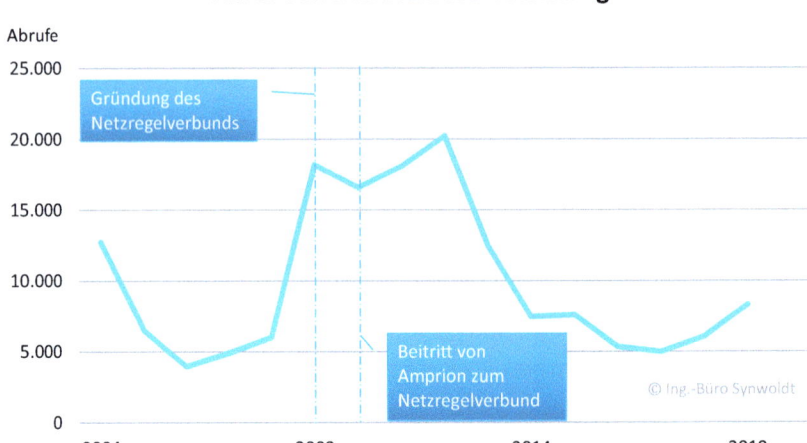

Abb. 3.25 Abrufhäufigkeit von Minutenreserveleistung. (Daten: [180])

TenneT TSO; ab 2010 auch Amprion) konnte der Bedarf an vorgehaltener Regelleistung reduziert werden. Über den größeren Verbund gleichen sich Prognoseabweichungen – sowohl des Bedarfs wie auch der Wettervorhersage – in Teilen aus. In der Folge ist ein Rückgang bei den Energiemengen für positive und negative Regelleistung zu verzeichnen. Bei der Abrufhäufigkeit ist zumindest zeitweilig eine Zunahme zu beobachten (Abb. 3.25).

Ausgleichsenergie
Analog zur physischen *Regelleistung* zur Gewährleistung eines stabilen Netzbetriebs existiert am Strommarkt der Bedarf von *Ausgleichsenergie* zur kaufmännischen Führung der Bilanzkreise.

Insbesondere die Aufteilung des Marktes durch zahlreiche teilnehmende Stromhändler führt zu zunehmender Komplexität. Bereits das vom Standardlastprofil abweichende Verhalten einer kleineren Verbrauchergruppe führt zu relativ höheren Prognoseabweichungen im jeweiligen Bilanzkreis.[26] Zudem zeigt sich eine Diskrepanz zwischen dem Führen des Bilanzkreises in 15-min-Intervallen und den Stundenkontrakten für den Stromhandel (Abb. 3.24).

Um im Bilanzkreis dennoch einen viertelstündlichen Ausgleich zwischen Stromeinkauf und Stromverkauf zu erzielen, sind Stromhändler als Bilanzkreisverantwortliche auf den Bezug bzw. Verkauf von Ausgleichsenergie angewiesen. Die Aufteilung des Strommarktes in zahlreiche Bilanzkreise führt daher zu einem erhöhten Bedarf an Ausgleichsenergie – die gehandelten Mengen an Ausgleichsenergie sind um ein Vielfaches höher als die Regelenergie.[27]

---

[26] Der Bilanzkreis eines Stromhändlers muss zu jedem Zeitpunkt ausgeglichen sein. Stromeinkauf und Stromverkauf sind aufeinander abzustimmen. Bei Abweichungen ist Ausgleichsenergie zu beziehen. Abweichungen über eine Stunde hinaus sind durch Stundenkontrakte im *intra day*-Handel auszugleichen.

[27] Die Regelenergie wird aus der Multiplikation von tatsächlich abgerufener Regelleistung mit der Dauer des Abrufs bestimmt.

3.3 Kapazität oder Flexibilität

Weiterhin fällt das Ungleichgewicht zwischen den Kosten für den Bezug von Ausgleichsenergie (positive Ausgleichsenergie) von durchschnittlich 81,28 €/MWh und der Abgabe von Ausgleichsenergie (negative Ausgleichsenergie) von 1,62 €/MWh (Zahlen für 2018, [180]) auf (Abb. 3.26). Selbst bei Prognoseabweichungen, die sich innerhalb eines gewissen Zeitintervalls (Tag, Monat, Jahr) zu Null ausmitteln, entstehen so hohe Kosten für den Stromhändler, die zwangsläufig an den Endverbraucher weitergegeben werden.

Ein direkter Vergleich mit den Kosten für Regelleistung ist nicht möglich, da im Fall der Regelleistung (Sekundärregelleistung und Tertiärregelleistung) neben den Arbeitspreisen auch das Vorhalten von Leistung vergütet wird.

Der Bedarf an Ausgleichsenergie kommt überhaupt erst durch das Strommarktmodell mit einem von der physischen Lieferung entkoppelten Großhandel zustande. Je größer die Zahl der Stromhändler – was aus wettbewerblicher Sicht durchaus vorteilhaft erscheint –, desto größer wird zwangsläufig der Bedarf an Ausgleichsenergie.

Erneut ist festzustellen, dass sich der Stromhandel selbst antreibt und damit zwangsläufig auch die Kosten für die Verbraucher steigen. Der Handel mit Ausgleichsenergie spiegelt sich in den Profilservicekosten wider. Die Übertragungsnetzbetreiber kalkulieren für 2021 mit einem Betrag in Höhe von 56 Mio. € [24], der über die EEG-Umlage an die Verbraucher weitergereicht wird.

Die Wechselrichtertechnologie in Photovoltaik- und Windenergieanlagen kann sehr wohl Systemdienstleistungen erbringen. Namentlich zählen dazu das Bereitstellen von Blindleistung zur Spannungshaltung und, bei entsprechender Betriebsweise der Anlagen, das Bereitstellen von Regelleistung. Zudem reagieren die Leistungshalbleiter wesentlich schneller als thermische Regelkreise herkömmlicher Kraftwerke. Für beide vorgenannten Systemdienstleistungen handelt es sich somit eher um eine Frage der Ansteuerung durch eine Leitzentrale oder vorprogrammierte Automatismen, als der generellen technischen Machbarkeit. Zusätzlich zur Präqualifikation gibt es noch eine weitere Hürde. Die Marktregeln sehen bislang fvEintrittsbedingungen vor, die sich an den Gegebenheiten thermischer

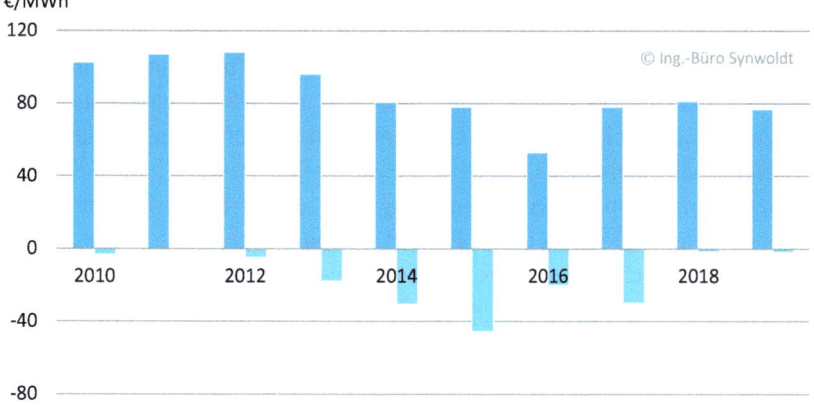

Abb. 3.26 Kosten und Vergütung für Ausgleichsenergie. (Daten: [180])

(Groß-)Kraftwerke orientieren. Auch das Herabsetzen der Mindestangebotsgröße von 10 MW auf 5 MW für die Minutenreserve (Tertiärregelung) in 2012 richtet sich an große Einheiten, zumal eine kurzfristige Regelung des Anlagenbetriebs und nicht notwendiger Weise das komplette Ein- oder Ausschalten angestrebt wird.

Aufgrund der bislang favorisierten Grundlastfahrweise – d. h. einer möglichst hohen Laufzeit der Anlage – eignen sich insbesondere Biogasanlagen zum Bereitstellen negativer Regelleistung. Mit anderen Worten: Ist die aktuelle Stromerzeugung im Markt größer als der Bedarf, werden die Biogasanlagen temporär eingesenkt oder abgeschaltet. Für kürzere Zeitspannen kann das Blockheizkraftwerk (BHKW) abgeschaltet werden, das kontinuierlich produzierte Biogas sammelt sich im Fermenter. Um die für eine Marktteilnahme erforderliche Anlagengröße zu erreichen, ist in der Regel ein Verbund aus mehreren Biogasanlagen erforderlich *(virtuelles Kraftwerk)*. Damit erhöht sich nicht nur die am Markt zur Verfügung gestellte Leistung, sondern indirekt auch die Ausfallsicherheit. Es ist jedoch zu bedenken, dass für den Betrieb des virtuellen Kraftwerks unausgesprochen eine Einschränkung gilt: Prinzipiell müssen nicht nur die einzelnen Biogaskraftwerke betriebsbereit sein, sondern auch die deutschlandweit verteilten Anlagen tatsächlich ins Netz einspeisen können. Erneut zeigt sich: Die physische Versorgung (hier: Netzengpassmanagement) und der kommerzielle Strommarkt (hier für Regelleistung) bewegen sich in unterschiedlichen Welten.

Dies trifft selbstredend auch für alle anderen Teilnehmer am Markt für Regelleistung zu. Es zeigt sich einmal mehr, dass das für den Markteintritt relevante Kriterium, *günstigster Anbieter* zu sein, allein nicht hinreichend ist, um die Versorgungssicherheit zu gewährleisten. Über die Lieferfähigkeit, das physische Erfüllen der Lieferverpflichtung, entscheidet die technisch begrenzte Ressource Netz, präziser: das Netzengpassmanagement. Dies ist die wenig beachtete Kehrseite der *Neutralisierung der Netzfunktion* durch den Großhandel für Strom [225].

Betrachten wir noch einmal die Teilnehmer am Markt für Regelleistung. Zum weit überwiegenden Teil wird diese Systemdienstleistung durch Großkraftwerke erbracht. Nachdem der Strommarkt aufgrund der gesunkenen Börsenstrompreise die Erträge der Kraftwerkbetreiber (Abb. 3.4) sinken ließ, ist für diese der Regelleistungsmarkt von besonderer Bedeutung. Durch die Teilnahme am Regelleistungsmarkt wird allein das Vorhalten der Leistung vergütet – ohne dass dem besondere betriebliche Aufwände entgegenstehen. Somit bietet sich die Gelegenheit, zusätzliche Erträge allein durch die Betriebsbereitschaft zu erzielen.

Den Betreibern regenerativer Stromerzeuger ist dieser Markt in aller Regel verwehrt. Stromerzeuger, die nach § 16 EEG 2012 vergütet werden, steht der Zugang zum Regelenergiemarkt nicht offen. Das Doppelvermarktungsverbot gemäß § 56 Abs. 1 EEG 2012 schließt dies explizit aus. Ausgenommen sind hiervon ausdrücklich Anlagen, die im Rahmen der Direktvermarktung nach § 33 b EEG 2012 betrieben werden. § 80 Abs. 1 EEG 2014 führt die Regelung von § 56 Abs. 1 EEG 2012 weiter. Aufgrund des administrativen Aufwands bedeutet dies eine Hemmschwelle, die die Betreiber von kleineren Anlagen von diesem Markt de facto ausschließt.

3.3 Kapazität oder Flexibilität

Damit verbleibt der Markt für Regelleistung im Wesentlichen in der Hand der großen Stromerzeuger – es sei denn, Biogasanlagen können wie oben beschriebenen als Verbund betrieben werden. Mit einem weiteren Zubau von Biogasanlagen ist kaum mehr zu rechnen. Neben der Deckelung des Zubaus wurden mit dem EEG 2014 die Regelungen zur Vergütung deutlich verschärft, sodass für neu errichtete Anlagen ein auskömmlicher Betrieb nur schwer erzielbar ist.

In der Konsequenz bleibt eine Möglichkeit für mehr Flexibilität bei der Stromerzeugung ungenutzt und es wird eine Vorentscheidung für Kapazitätsmechanismen getroffen. Ohne hinreichende Flexibilität im Kraftwerkspark erscheinen – unter den aktuellen Marktbedingungen – Anreize für das Vorhalten von Reservekraftwerken unentbehrlich.

Wie ernst die Situation diskutiert wird, stellt die Max-Planck-Gesellschaft in ihrem Magazin *Energie Perspektiven* heraus und präsentiert sodann einen Ausweg [289]:

> Um die Zuverlässigkeit der Stromversorgung in Europa zu erhalten, sind bis 2035 Investitionen von über 2000 Mrd. US-Dollar nötig, so die Internationale Energieagentur (IEA) in ihrem kürzlich veröffentlichten Bericht „World Energy Investment Outlook". Investiert werden muss nicht nur in den Ausbau klimafreundlicher Energiequellen sondern ebenso in fossile Kraftwerke, die einspringen können, wenn Wind und Sonne keinen Strom liefern.
>
> Europaweit seien, bereits in den nächsten zehn Jahren konventionelle Kraftwerke einer Gesamtleistung von 100 Gigawatt neu zu bauen, so die IEA. Das Problem: Über den Strompreis ist dies zurzeit nicht finanzierbar. Als Investitionsanreiz ist der jetzige Großhandelspreis um mehr als 20 % zu niedrig.
>
> [...]
>
> Helfen könnte laut Kohler [Vorsitzender der Deutsche Energie-Agentur (dena), Anm. d. A.] ein europäischer Kapazitätsmarkt, auf dem die Vorhaltung gesicherter, jederzeit abrufbarer Leistung gehandelt wird (siehe Energie-Perspektiven 3/2011): „Wir müssen den Strommarkt so umgestalten, dass sich Investitionen in gesicherte Kraftwerksleistung lohnen."

Ganz anders äußert sich der Direktor des Internationales Wirtschaftsforums Regenerative Energien (IWR) [290]:

> IWR-Direktor Dr. Norbert Allnoch fordert hingegen mehr Flexibilität statt Kapazität im Strommarkt. Die Rufe nach einem solchen Kapazitätsmarkt seien irreführend, denn Deutschland verfüge bereits über genügend Stromerzeugungskapazitäten. Die entscheidende Frage sei, wie schnell und flexibel die Kraftwerke auf die sich ändernden Angebots- und Nachfragesituationen reagieren können. Deshalb fordert Allnoch ein Anreizsystem für einen neu definierten Flexibilitätsmarkt inklusive Speichertechniken und keinen Kapazitätsmarkt.

Es bleibt anzumerken, dass die Kapazitätsprämie im Endeffekt dieselbe Funktion für konventionelle Anlagen erfüllt, wie das im EEG fixierte Vergütungssystem für regenerative Systeme. Aus welchem Grund wird das EEG dann jedoch als Kostentreiber gebrandmarkt und mit der Begründung der Marktintegration abgeschafft, wenn für konventionelle Anlagen auf dieselben Mechanismen zurückgegriffen wird?

Auch wenn sich das Bundeswirtschaftsministerium Anfang 2015 entschlossen gegen einen Kapazitätsmarkt entschied, mit dem *Entwurf eines Gesetzes zur Weiterentwicklung des Strommarktes (Strommarkt 2.0)* wird eine *Kapazitätsreserve* eingeführt [202].

> Um die Versorgungssicherheit auch unter veränderten Bedingungen am Strommarkt zu gewährleisten, wird eine Kapazitäts- und Klimareserve eingeführt. Die Reserve dient der Absicherung des Strommarktes und der Erreichung des nationalen Klimaschutzzieles für 2020.

Für die Neuformulierung des § 13 d EnWG wird zwischen einer Kapazitätsreserve und einer Klimareserve unterschieden. Während das erste Segment für alle Erzeuger offen steht, adressiert die Klimareserve ausschließlich Braunkohlekraftwerke. Flankiert werden die Maßnahmen zur Einführung des *Strommarkts 2.0* mit weiteren Kostenbelastungen für die regenerativen Erzeuger. Die vermiedenen Netznutzungsentgelte werden ab 2021 nicht mehr zur Entlastung der EEG-Umlage herangezogen.

Nachwort

Das *Gesetz für den Vorrang Erneuerbarer Energien (EEG)* hat den Ausbau und die Entwicklung regenerativer Stromerzeuger in maßgeblicher Weise unterstützt. Dies spiegelt sich nicht nur an den Installationszahlen wider, sondern insbesondere auch an der ab dem Jahr 2000 ausgelösten technologischen Entwicklung und den erzielten Kostensenkungen. Die Strahlkraft dieser Ergebnisse reicht weit über Deutschland hinaus. Deutschland gilt als Musterbeispiel für eine gelungene Trendwende in der Energieversorgung. Vor diesem Hintergrund wurde das EEG 2000 in zahlreichen Ländern als Vorlage für eigene Gesetzesinitiativen herangezogen.

Umso erstaunlicher ist die Entwicklung des Energiewirtschaftsrechts, sind die Ausgestaltung des *Marktes* und der rechtlichen Rahmenbedingungen für die Planung und den Betrieb von regenerativen Stromerzeugern. Unter dem Vorwand der *Marktintegration* in einen Markt, an dem sich selbst konventionelle Erzeuger kaum noch wirtschaftlich betreiben lassen, werden zunehmend Hürden und Barrieren für den weiteren Zubau regenerativer Systeme eingezogen. Tatsächlich wird im Jahr 2020 von einer drohenden Stromlücke nach dem Abschalten von Kernenergie- und Kohlekraftwerken gesprochen. Die Vorreiterrolle ist längst Vergangenheit und vereinzelt wird der Neubau von Kernkraftwerken in Erwägung gezogen [291].

Dabei fällt auf, dass der Begriff *Energiewende* im Frühjahr 2011 erst zu einem Zeitpunkt geprägt wird, nachdem mit der *Ausgleichsmechanismusverordnung,* der Laufzeitverlängerung für Kernkraftwerke und dem vordringlichen Ausbau der Übertragungsnetze mithilfe des *Energieleitungsausbaugesetzes* die Weichen bereits längst im Sinne konventioneller Erzeuger und einer Rezentralisierung gestellt waren. Obwohl die Marktintegration regenerativer Erzeuger zu den Grundsätzen des EEG 2014 zählt, wird mit dem Entwurf zum *Strommarkt 2.0* für konventionelle Erzeuger ein dem ursprünglichen EEG-Mechanismus ähnliches System zum Anreiz neuer Investitionen und der Kompensation von Fixkosten entworfen.

Bei einer an den Grenzkosten der Stromerzeugung orientierten Merit-Order der Kraftwerke und einem auf dieser Basis ermittelten Strompreis ist mit weiter sinkenden Börsenstrompreisen zu rechnen. Der Weg in eine *Nullmargen-Ökonomie* [292] scheint vorgezeichnet. – Es sei denn, das Einreihen der regenerativen Erzeuger mit Grenzkosten nahe Null *vor* den konventionellen Erzeugern entfällt künftig. Die neue Namensgebung des EEG 2014 *(Gesetz für den Ausbau Erneuerbarer Energien)* sieht im Gegensatz zum bisherigen Namen keinen *Vorrang* mehr vor.

Eine Namensänderung mit weitreichenden Folgen: Durch enge Zubaukorridore und das Einführen von Ausschreibungen wird das EEG de facto abgeschafft. Unter dem Vorwand, die *Leitlinien für staatliche Umweltschutz- und Energiebeihilfen 2014–2020* der EU-Kommission umzusetzen, wird selbst auf die von der EU vorgesehenen Ausnahmeregelungen verzichtet [293] – und stattdessen eine bürokratische Planwirtschaft eingeführt.

Solange der Gesetzgeber einseitig auf einen Markt setzt, der zum Zeitpunkt der Liberalisierung für einen Kraftwerkspark aus meist abgeschriebenen, konventionellen Erzeugern entworfen wurde, kann sich die Situation kaum ändern. Das Beharrungsvermögen der tradierten Marktteilnehmer ist groß. Der regulatorische Rahmen tendiert zu einer Rezentralisierung. Dies betrifft neben den Bereichen Stromerzeugung und Stromhandel auch den Kapitalmarkt. Privates Anlagekapital soll über Fonds und Börsen in Großprojekte gelenkt werden.

Weiter ist zu bedenken, dass Elektrizität mit einem Anteil von lediglich 20 % den geringsten Beitrag zum Decken des Endenergiebedarfs liefert. In den Sektoren Wärme und Mobilität ist der Einsatz regenerativer Technologien noch wenig verbreitet. Wann soll die Transformation der Energieversorgung vollzogen werden? Der zum Erreichen der Klimaziele im EEG 2021 vorgestellte Zubaukorridor berücksichtigt keine wesentlichen Steigerungen des Strombedarfs für die erforderliche Transformation des Energiesystems. Die Nationale Wasserstoffstrategie [294] der Bundesregierung setzt im Wesentlichen auf Importe[1] – mit anderen Worten: Die Wind- und Solarparks sollen anderswo errichtet und betrieben werden.

Was das konkret bedeutet, zeigt das folgende Rechenbeispiel. Der Bedarf an Kraftstoffen im Mobilitätssektor liegt 2019 in Deutschland bei rund 700 TWh, der Bruttostromverbrauch bei 600 TWh. Wird diese Kraftstoffmenge durch „grünen" Wasserstoff (Wasserhydrolyse mit regenerativen Energien) ersetzt, so sind allein für Herstellung und Speicherung 1100–1200 TWh Strom erforderlich – zusätzlich zum derzeitigen Strombedarf. Der Energiebedarf weiterer Prozessschritte zur Herstellung synthetischer Kraftstoffe käme noch hinzu. Wird, als anderes Extrem, der gesamte Mobilitätssektor auf vollelektrische Antriebsstränge mit Batteriespeichern umgestellt, so kommt ein zusätzlicher Strombedarf in der Größenordnung von lediglich 200–250 TWh zu Stande. Zum Vergleich die Erzeugung von Strom aus regenerativen Technologien beträgt 2019 in Deutschland 245 TWh [21].

---

[1]Bis zu 45 Mio. Tonnen importierter Wasserstoff entsprechen einer Energiemenge. die mit dem Import von Erdgas im Jahre 2019 vergleichbar ist.

Nachwort

Mit der Nutzung konventioneller Energieträger geht das Problem der *Unumkehrbarkeit* einher. Selbst im eher theoretischen Fall eines sofortigen Stopps von Abgasemissionen würde der Klimawandel noch über längere Zeit fortschreiten. Zeiträume für einen Abbau von Schadstoffen in Böden und Gewässern, insbesondere von Kunststoffen und anderen Kohlenwasserstoffen, bemessen sich auf Jahrhunderte. Nukleare Abfälle und damit kontaminiertes Material bleiben über geologische Zeitspannen toxisch. Untrennbar gehört dazu ein Verlust an Biodiversität, Lebensräumen und Ressourcen. Als außerordentlich schwerwiegend erweisen sich die Auswirkungen von Verdünnungseffekten. Das Einsammeln und Rückführen von Abfällen aus dem Meer und Emissionen aus der Atmosphäre scheitert gleichermaßen am Aufwand wie auch am Energiebedarf.

Die Grenzen des Wachstums (Club of Rome, 1972) sind absehbar. Es ist an der Zeit, umzudenken.

Literatur

1. Agentur für Erneuerbare Energien (2018) https://www.unendlich-viel-energie.de/media/image/21451.AEE_PV_Leistung_je_Investition_Jan18_72dpi.jpg. Zugegriffen: 15. Jan. 2021
2. Glaab M, Korte K-R, Kießling A (2012) Angewandte Politikforschung/Politische Unternehmenskommunikation und angewandte Politikforschung – Potentiale und Limitationen am Beispiel der Erneuerbaren Energien-Politik im Wendejahr 2011. VS Verlag, Wiesbaden
3. McGlade C, Ekins P (2015) The geographical distribution of fossil fuels unused when limiting global warming to 2 °C. Nature 517(7533):187–190. https://doi.org/10.1038/nature14016
4. International Energy Agency (2021) Fuel supply 2020. https://www.iea.org/reports/world-energy-investment-2020/fuel-supply. Zugegriffen: 15. Jan. 2021
5. Rohrbeck F (2014) Bohren, bis die Blase platzt: Wie viel Öl und Kohle können Konzerne verbrennen, bevor das Klima kippt? Die Börsen täuschen sich – eine Gefahr für die Welt. Die Zeit 2014, 8
6. Bast E, Makhijani S, Pickard S et al (2014) The fossil fuel bailout: G20 subsidies for oil, gas and coal exploration. London
7. Boselli M (2011) Reuters: IEA warns of ballooning world fossil fuel subsidies. Reuters, Paris
8. Duneka D, Asendorpf D (2014) Die Tricks der Klimapolitiker. Zeit Grafik No. 284. Die Zeit, 2014(49): 41
9. Intergovernmental Panel on Climate Change (2015) Climate change 2014: synthesis report. Genf
10. Sherwood SC, Bony S, Dufresne JL (2014) Spread in model climate sensitivity traced to atmospheric convective mixing. Nature 505(7481):37–42. https://doi.org/10.1038/nature12829
11. Bundesministerium der Finanzen (2021) Bundeshaushalt: Bundeshaushalt 2019. http://www.bundeshaushalt-info.de/startseite/#/2019/soll/einnahmen/gruppe/03.html. Zugegriffen: 15. Jan. 2021
12. Spiegel Online (2013) CSU-Wahlprogramm: Seehofer pocht auf Pkw-Maut für Ausländer. sun/dpa/AFP. http://www.spiegel.de/politik/deutschland/csu-wahlprogramm-seehofer-beharrt-auf-pkw-maut-fuer-auslaender-a-911262.html. Zugegriffen: 30. Mai 2014
13. Frömter M (2014) Albigs Fehlstart für Verkehrsabgabe. http://www.ndr.de/nachrichten/schleswig-holstein/Albigs-Fehlstart-fuer-Verkehrsabgabe,albigkommentar101.html. Zugegriffen: 30. Mai 2013
14. Ehlert J (2013) Fragen und Antworten zur Pkw-Maut. http://www.tagesschau.de/inland/maut-faq100.html. Zugegriffen: 30. Mai 2013
15. Ziegler S (2014) Die Kosten des Autoverkehrs: Melkkuh oder Kostgänger? http://www.wdr5.de/sendungen/leonardo/kostenwahrheitauto100.html. Zugegriffen: 30. Mai 2014

16. Daehre K-H, Vogelsänger J, Bomba R et al (2012) Zukunft der Verkehrsinfrastrukturfinanzierung. Bericht der Kommission „Zukunft der Verkehrsinfrastrukturfinanzierung". https://www.vifg.de/_downloads/service/Bericht-Daehre-Zukunft-VIF-Dez-2012.pdf. Zugegriffen: 6. Jun. 2021
17. Bund für Umwelt und Naturschutz Deutschland e. V. (2014) Der Bundesverkehrswegeplan. http://www.bund.net/themen_und_projekte/verkehr/infrastruktur/bundesverkehrswegeplan/. Zugegriffen: 30. Mai 2014
18. Arbeitsgemeinschaft Energiebilanzen e. V. (2020) Auswertungstabellen zur Energiebilanz Deutschland 1990 bis 2019. Köln, Berlin
19. Bundesverband der Energie- und Wasserwirtschaft e. V. (2020) BDEW-Strompreisanalyse Januar 2020, Berlin
20. Kunert U, Radke S, Chlond B et al (2012) Auto-Mobilität: Fahrleistungen steigen 2011 weiter. DIW Wochenbericht, Berlin
21. Arbeitsgruppe Erneuerbare Energien-Statistik (2021) Zeitreihen zur Entwicklung der erneuerbaren Energien in Deutschland. Berlin
22. 50Hertz Transmission GmbH, Amprion GmbH, TenneT TSO GmbH et al. (2012) Prognose der EEG-Umlage für 2013 nach AusglMechV: Prognosekonzept und Berechnung der ÜNB. http://www.netztransparenz.de/de/file/Konzept_zur_Berechnung_und_Prognose_der_EEG-Umlage_2013.pdf. Zugegriffen: 15. Aug. 2014
23. Bundesverband Erneuerbare Energie e. V. (2013) Hintergrundpapier zur EEG-Umlage 201. Berlin
24. 50Hertz Transmission GmbH, Amprion GmbH, TenneT TSO GmbH et al. (2021) Prognose der EEG-Umlage 2021 nach AusglMechV: Prognosekonzept und Berechnung der Übertragungsnetzbetreiber. https://www.netztransparenz.de/portals/1/Content/EEG-Umlage/EEG-Umlage%202021/2020-10-15%20Ver%c3%b6ffentlichung%20EEG-Umlage%202021.pdf. Zugegriffen: 15. Jan. 2021
25. Behrens A, Nunez Ferrer J, Carraro M et al (2011) Access to energy in developing countries. Brüssel
26. Synwoldt C (2008) Mehr als Sonne, Wind und Wasser: Energie für eine neue Ära, 1. Aufl. Erlebnis Wissenschaft. Wiley-VCH, Weinheim
27. Bundesanstalt für Geowissenschaften und Rohstoffe (2009) Energierohstoffe 2009: Reserven, Ressourcen, Verfügbarkeit. Teil 1: Erdöl, Erdgas. Hannover
28. International Energy Agency (2020) Flaring emissions 2018. https://www.iea.org/reports/flaring-emissions. Zugegriffen: 15. Jan. 2021
29 Hirschberg S, Bauer C, Burgherr P et al (2005) Neue erneuerbare Energien und Nuklearanlagen: Potenziale und Kosten: Ganzheitliche Betrachtung von Energiesystemen (GaBE). PSI Bericht, Villingen (CH)
30. Statistisches Bundesamt (Destatis) (2020) Monatsbericht über die Elektrizitätsversorgung: Elektrizitätserzeugung, Nettowärmeerzeugung, Brennstoffeinsatz: Deutschland, Jahre, Energieträger. Tabelle 43311–0001. Wiesbaden
31. Synwoldt C (2013) Umdenken: Clevere Lösungen für die Energiezukunft. Erlebnis Wissenschaft, 1. Aufl. Wiley-VCH-Verlag, Weinheim
32. Rosenfeld J (TIAX), Pont J (TIAX), Law K (TIAX) et al. (2009) Comparison of North American and imported crude oil lifecycle GHG emissions. Calgary
33. Heidt C, Lambrecht U, Hardinghaus M et al (2013) CNG und LPG – Potenziale dieser Energieträger auf dem Weg zu einer nachhaltigeren Energieversorgung des Straßenverkehrs: Kurzstudie im Rahmen der Wissenschaftlichen Begleitung, Unterstützung und Beratung des BMVBS in den Bereichen Verkehr und Mobilität mit besonderem Fokus auf Kraftstoffen und

Antriebstechnologien sowie Energie und Klima. Bundesministerium für Verkehr, Bau und Stadtentwicklung (BMVBS) AZ Z14/SeV/288.3/1179/UI40. Heidelberg
34. Storm van Leeuwen JW (2012) Nuclear power, energy security and CO_2 emission. revised draft. Chaam (NL)
35. International Energy Agency (2012) World energy outlook 2012. OECD Publ, Paris
36. Möller L, Gardizi F (2012) Weltwasserbericht 2012: Kernaussagen: Wassermanagement stärker in die globale Politik integrieren. http://www.unesco.de/weltwasserbericht4_kernaussagen.html. Zugegriffen: 5. Febr. 2015
37. Climate Policy Initiative (2014) A global transition to low-carbon energy. http://climatepolicyinitiative.org/interactive/moving-to-a-low-carbon-economy/index.html. Zugegriffen: 21. Febr. 2015
38. International Energy Agency (2014) World energy outlook 2014: executive summary. Paris
39. Küchler S, Wronski R (2015) Was Strom wirklich kostet: Vergleich der staatlichen Förderungen und gesamtgesellschaftlichen Kosten von konventionellen und erneuerbaren Energien. Langfassung, überarbeitete und aktualisierte Auflage 2015. Berlin
40. Schrems I, Fiedler S (2020) Gesellschaftliche Kosten der Atomenergie in Deutschland. Eine Zwischenbilanz der staatlichen Förderungen und gesamtgesellschaftlichen Kosten von Atomenergie seit 1955. Berlin
41. Amt für Statistik Berlin-Brandenburg (2020) Statistischer Bericht: Energie- und CO_2-Bilanz in Berlin 2019. E IV 5 – j / 19. Berlin
42. Amt für Statistik Berlin-Brandenburg (2021) Katasterflächen nach Art der tatsächlichen Nutzung am 31.12.2019. https://www.statistik-berlin-brandenburg.de/BasisZeitreiheGrafik/Bas-Flaechennutzung.asp?Ptyp=300&Sageb=33000&creg=BBB&anzwer=6. Zugegriffen: 15. Jan. 2021
43. Streicher W (2005) Sonnenenergienutzung: Grundlagen der Sonnenenergieeinstrahlung. http://lamp.tu-graz.ac.at/~iwt/downloads/skripten/Teil2_Grundlagen.pdf. Zugegriffen: 30. Jan. 2015
44. International Energy Agency (2021) Data and statistics 2018. Paris
45 Brunner G (2016) Technische Optionen der Energieversorgung. In: Joos F (Hrsg) Energiewende Quo vadis Beiträge zur Energieversorgung. Springer Vieweg, Wiesbaden, S 7–18
46. Ragheb M (2011) Solar thermal power and energy storage historical perspective. http://www.solarthermalworld.org/sites/gstec/files/story/2015-04-18/solar_thermal_power_and_energy_storage_historical_perspective.pdf. Zugegriffen: 30. Juli 2015
47. G03 Committee (2012) Tables for reference solar spectral irradiances: direct normal and hemispherical on 37 tilted surface (ASTM G173 (03/2012)). http://rredc.nrel.gov/solar/spectra/am1.5/ASTMG173.html. Zugegriffen: 24. Juli 2015
48. Huld T, Suri M, Dunlop E et al (2005) Integration of HelioClim-1 database into PVGIS to estimate solar electricity potential in Africa: Proceedings from 20th European Photovoltaic Solar Energy Conference and Exhibition, 6–10 June 2005. Barcelona. http://re.jrc.ec.europa.eu/pvgis
49. Wiberg E, Wiberg N (1995) Lehrbuch der anorganischen Chemie, 101., verb. und stark erw. Aufl. De Gruyter, Berlin
50. Kopecek R, Libal J (2012) Switch from p to n. pv magazine 6:86–93
51. NPD Solarbuzz (2013) Multicrystalline silicon modules to dominate solar PV industry in 2014. Zugegriffen: 15. Febr. 2015
52. Quaschning V (2013) Regenerative Energiesysteme: Technologie – Berechnung – Simulation, 8 aktualisierte und erw. Hanser, München

53. Haselhuhn R (Hrsg) (2008) Leitfaden Photovoltaische Anlagen: Leitfaden für das Elektro- und Dachdeckerhandwerk, für Fachplaner, Architekten, Bauherren und Weiterbildungsinstitutionen, 3 Nachdruck überarb. DGS, Berlin
54. Zentrum für Sonnenenergie- und Wasserstoff-Forschung Baden-Württemberg (ZSW) (2020) Extremtest für Solarmodule, ZSW entwickelt besseres Prüfverfahren zur Ermittlung der PID-Lebensdauer. Stuttgart
55. Kreutzmann A (2015) Hitzefrei: Multikristalline PERC-Zellen zeigen einen bislang ungeklärten Leistungsverlust – die Situation bei Mono-PERC-Zellen ist noch unklar. Photon 5:30–37
56. Fokuhl E, Naeem T, Schmid A et al (2019) LeTID – a comparison of test methods on module level. 36th European PV solar energy conference and exhibition, Marseille. France
57. Schmidt H, Burger B, Kiefer K (2007) Wechselwirkungen zwischen Solarmodulen und Wechselrichtern. Freiburg
58. Bundesnetzagentur (2015) Photovoltaikanlagen: Datenmeldungen sowie EEG-Vergütungssätze. http://www.bundesnetzagentur.de/DE/Sachgebiete/ElektrizitaetundGas/Unternehmen_Institutionen/ErneuerbareEnergien/Photovoltaik/DatenMeldgn_EEG-VergSaetze/DatenMeldgn_EEG-VergSaetze_node.html. Zugegriffen: 20. Febr. 2015
59. Bundesverband der Energie- und Wasserwirtschaft e. V. (2012) 50, 2-Hertz-Problem. https://www.bdew.de/internet.nsf/id/502-hertz-problem--langversion-de. Zugegriffen: 20. Febr. 2015
60. Bundesverband Solarwirtschaft e. V. (2015) Entwicklung des deutschen PV-Marktes: Auswertung und grafische Darstellung der Meldedaten der Bundesnetzagentur nach § 16 (2) EEG 2009 – Stand 31.1.2015. http://www.solarwirtschaft.de/fileadmin/media/pdf/BNetzA-Daten_Dez_2014_kurz.pdf. Zugegriffen: 20. Febr. 2015
61. Bundesverband Solarwirtschaft e. V. (2014) Statistische Zahlen der deutschen Solarstrombranche (Photovoltaik). Berlin
62. International Renewable Energy Agency (2014) Average total installed cost of residential solar PV systems by country, 2006 to 2014. http://costing.irena.org/media/7871/5_10.jpg. Zugegriffen: 18. Dez. 2015
63. Fraunhofer-Institut für Solare Energiesysteme; Soitec; CEA-Leti (2014) Solarzelle mit 46 % Wirkungsgrad – neuer Weltrekord: Französisch-deutsche Kooperation bestätigt Wettbewerbsfähigkeit der europäischen Photovoltaikindustrie. Freiburg
64. Geisz, JF, France, RM, Schulte, KL et al (2020) Six-junction III–V solar cells with 47.1% conversion efficiency under 143 Suns concentration. Nat Energy 5:326–335. https://doi.org/10.1038/s41560-020-0598-5.
65. Wagemann H-G, Eschrich H (2010) Photovoltaik: Solarstrahlung und Halbleitereigenschaften, Solarzellenkonzepte und Aufgaben, 2 überarbeitete Praxis. Vieweg+Teubner Verlag/GWV Fachverlage, Wiesbaden
66. pro Kühlsole GmbH (2007) Pekasol L: Kälte- und Wärmeträgerflüssigkeit auf Basis 1,2 Propylenglykol. Datenblatt. Alsfeld
67. European Commission (2004) European research on concentrated solar thermal energy. Community research. Project synopses, vol 20898. EUR-OP. Luxembourg
68. Mertins M (2009) Technische und wirtschaftliche Analyse von horizontalen Fresnelkollektoren. Dissertation, Universität Karlsruhe
69. Kleemann M, Meliss M (1993) Regenerative Energiequellen: Mit 75 Tabellen, 2., völlig neubearb. Springer, Berlin
70. Kohlrausch F (1996) Praktische Physik: Zum Gebrauch für Unterricht, Forschung und Technik, 24., Neubearb. und erw. Teubner, Stuttgart
71. Haynes WM (2015) CRC handbook of chemistry and physics: a ready-reference book of chemical and physical data, 96. Aufl. CRC Press, Boca Raton

72. Molter K (2008) Alternative Energietechniken: Vorlesung 1994–1997, 2005–2006, 2008. Vorlesungsscript, Hochschule Trier
73. Weiss H (2014) Groß-Solarkraftwerk mit Kinderkrankheiten: Energieerzeugung. VDI Nachrichten 29:14
74. National Renewable Energy Laboratory (2021) NREL: concentrating solar power projects home page: Solar paces. http://www.nrel.gov/csp/solarpaces/. Zugegriffen: 16. Jan. 2021
75. UNESCO (2010) Encyclopedia of Desalination and Water Resources (DESWARE): energy requirements of desalination processes. http://www.desware.net/desa4.aspx. Zugegriffen: 23. Juli 2015
76. Trieb F (2005) Concentrating solar power for the mediterranean region. Final Report, Stuttgart
77. Weinrebe G (2003) Das Aufwindkraftwerk – Wasserkraftwerk der Wüste. Jahresversammlung der Leopoldina. Halle
78. Heymann M (1995) Die Geschichte der Windenergienutzung, 1890–1990. Campus, Frankfurt
79. Bundesverband WindEnergie e. V. (2011) Windjahr in Prozent zum langjährigen Mittel. https://www.wind-energie.de/infocenter/statistiken/print?nid=875. Zugegriffen: 14. Aug. 2015
80. Quinn PJ (1974) US3902072.pdf F03D 9/00(US 3,902,072)
81. Manelidis V (2003) WO002003014565A1_all_pages F03D 3/06(WO 03/014565)
82. Boatner BE (2002) US000006688842B2_all_pages F03D 7/00(US 6,688,842)
83. Ender C (2015) Windenergienutzung in Deutschland – Stand 31.12.2014. DEWI Magazin 46:26–37
84. UL International GmbH (2016) Aufstellungszahlen für das Jahr 2015: Windenergie in Deutschland. http://www.dewi.de/dewi_res/fileadmin/pdf/statistics/Infoblatt_2015_Dezember.pdf. Zugegriffen: 16. Mai 2016
85. Fraunhofer-Institut für Windenergie und Energiesystemtechnik (2016) Anlagenzubau nach Anlagenkonzept. http://www.windmonitor.de/. Zugegriffen: 16. Mai 2016
86. Kühn M (2005) 0,6–1,5–5 MW: Höher, größer, besser? Neue Entwicklungen in der Windenergienutzung: Kolloquium „Erneuerbare Energien". http://www.kolloquium-erneuerbare-energien.uni-stuttgart.de/downloads/Kolloq_2005/Kuehn_Windenergie_280405.pdf. Zugegriffen: 16. Mai 2016
87. Messoll AK (2014) Untersuchung eines Ringgenerators für Windenergieanlagen der 10 MW-Klasse auf Basis statischer Versuchsmodelle und numerischer Simulationen. Elektrische Energiesysteme, Bd 5. Kassel University Press, Kassel
88. Bayerisches Landesamt für Umwelt (2012) Windkraftanlagen – beeinträchtigt Infraschall die Gesundheit? Augsburg
89. Henkemeier F, Bunk O (2010) Schalltechnischer Bericht Nr. 27257–1.000: über die Ermittlung und Beurteilung der anlagenbezogenen Geräuschimmissionen der Windenergieanlagen im Windpark Hohen Pritz. Auftraggeber: Landesamt für Umwelt, Naturschutz und Geologie Mecklenburg-Vorpommern (LUNG). Rheine
90. Mehnert C, Menges H (2013) Windenergie und Infraschall. Karlsruhe
91. Bauer N, Ruprecht A, Heimerl S (2013) Ermittlung des Wasserkraftpotenzials an Wasserkraftanlagenstandorten mit einer Leistung über 1 MW in Deutschland. In: Heimerl S (Hrsg) Wasserkraftprojekte: Ausgewählte Beiträge aus der Fachzeitschrift WasserWirtschaft. Springer Vieweg, Wiesbaden, S 28–35
92. Anderer P (2013) Das Wasserkraftpotenzial in Deutschland und Europa. In: Heimerl S (Hrsg) Wasserkraftprojekte: Ausgewählte Beiträge aus der Fachzeitschrift WasserWirtschaft. Springer Vieweg, Wiesbaden, S 36–42

93. Anderer P, Dumont U, Heimerl S et al (2013) Das Wasserkraftpotenzial in Deutschland. In: Heimerl S (Hrsg) Wasserkraftprojekte: Ausgewählte Beiträge aus der Fachzeitschrift WasserWirtschaft. Springer Vieweg, Wiesbaden, S 52–60
94. Heimerl S (Hrsg) (2013) Wasserkraftprojekte: Ausgewählte Beiträge aus der Fachzeitschrift WasserWirtschaft. Springer Vieweg, Wiesbaden
95. Heimerl S (ed) (2015) Wasserkraftprojekte Band II: Ausgewählte Beiträge aus der Fachzeitschrift WasserWirtschaft. SpringerLink: Bücher. Springer Vieweg, Wiesbaden
96. Bundesanstalt für Gewässerkunde (2015) Pegel Köln: Informationsplattform Undine. http://undine.bafg.de/servlet/is/13873/#Extreme. Zugegriffen: 17. Aug. 2015
97. Bundesamt für Umwelt, Abteilung Hydrologie (2015) Pegel – Abfluss Beziehung Rhein – Diepoldsau, Rietbrücke. http://www.hydrodaten.admin.ch/lhg/sdi/pq/2473pq.xml. Zugegriffen: 17. Aug. 2015
98. Bundesanstalt für Gewässerkunde (2015) Pegel Magdeburg-Strombrücke: Informationsplattform Undine. http://undine.bafg.de/servlet/is/12099/. Zugegriffen: 17. Aug. 2015
99. Bundesanstalt für Gewässerkunde (2015) Pegel Worms: Informationsplattform Undine. http://undine.bafg.de/servlet/is/18899/. Zugegriffen: 17. Aug. 2015
100. Zemp M, Frey H, Gärtner-Roer I et al (2015) Historically unprecedented global glacier decline in the early 21st century. JoG 61(228):745–762. https://doi.org/10.3189/2015JoG15J017
101. Bundesamt für Umwelt, Abteilung Hydrologie (2014) Abfluss Rhein – Diepoldsau, Rietbrücke. Provisorische Daten. http://www.hydrodaten.admin.ch/lhg/sdi/jahrestabellen/2473Q_14.pdf. Zugegriffen: 17. Aug. 2015
102. Bundesamt für Umwelt, Abteilung Hydrologie (2014) Abfluss: Rhône – Genève, Halle de l'île. Provisorische Daten. http://www.hydrodaten.admin.ch/lhg/sdi/jahrestabellen/2606Q_14.pdf. Zugegriffen: 17. Aug. 2015
103. Bánki D (1919) Water turbine F03B 1/00C(US 1,436,933)
104. Michell AGM (1903) mitchell_US000000760898A_all_pages(US 760,898)
105. Gama HR, Souza Pinto A de, Goncalves C et al (2011) New concepts and trends in design and building of hydroelectric power plants in Brazilian Amazon Region. http://www.cbdb.org.br/documentos/news/22/lucerne-textofinal.pdf. Zugegriffen: 17. Aug. 2015
106. Mei X, Dai Z, van Gelder PHAJM et al (2015) Linking three Gorges Dam and downstream hydrological regimes along the Yangtze River China. Earth Space Sci 2(4):94–106. https://doi.org/10.1002/2014EA000052
107. Strobl T, Zunic F (2006) Wasserbau: Aktuelle Grundlagen – neue Entwicklungen, 1. Aufl. Springer, Berlin
108. Giesecke J, Mosonyi E (2005) Wasserkraftanlagen: Planung, Bau und Betrieb, 4 aktualisierte und erw. Springer, Berlin
109. Brown Boverie & Cie (1979) Huntorf air storage gas turbine power plant: energy supply. Mannheim
110. Deutscher Bundestag (2010) Antwort der Bundesregierung auf die Kleine Anfrage der Abgeordneten Hans-Josef Fell, Bärbel Höhn, Sylvia Kotting-Uhl, weiterer Abgeordneter und der Fraktion BÜNDNIS 90/DIE GRÜNEN – Drucksache 17/2903 – Drucksache 17/3314. Energieszenarien für ein Energiekonzept der Bundesregierung. Berlin
111. Grünwald R, Ragwitz M, Sensfuß F et al (2012) Regenerative Energieträger zur Sicherung der Grundlast in der Stromversorgung: Endbericht zum Monitoring. Arbeitsbericht Nr. 147. Berlin
112. Renewable Energy Policy Network for the 21st Century (2020) Renewables 2020 Global Status Report. Paris

113. International Atomic Energy Agency (2021) Power Reactor Information System (PRIS): The database on nuclear power reactors. https://www.iaea.org/PRIS/home.aspx. Zugegriffen: 17. Jan. 2021
114. International Energy Agency (2012) Technology roadmap: hydropower. http://www.iea.org/publications/freepublications/publication/2012_Hydropower_Roadmap.pdf. Zugegriffen: 20. Aug. 2015
115. Hoes OA, Meijer LJ, van der Ent RJ, van de Giesen NC (2017) Systematic high-resolution assessment of global hydropower potential. PLoS One 12(2):e0171844. Zugegriffen: 8. Febr. 2017. https://doi.org/10.1371/journal.pone.0171844
116. Caires S, Sterl A, Komen G et al (2013) The KNMI/ERA-40 Wave Atlas: derived from 45-years of ECMWF reanalysis data. http://www.knmi.nl/waveatlas/license.cgi. Zugegriffen: 23. Aug. 2015
117. National Oceanic and Atmospheric Administration (1996) What causes ocean surface waves?: NDBC Science Education Pages. http://www.ndbc.noaa.gov/educate/pacwave.shtml. Zugegriffen: 25. Aug. 2015
118. Helfer F, Lemckert C (2015) The power of salinity gradients: an Australian example. Renew Sustain Energy Rev 50:1–16. https://doi.org/10.1016/j.rser.2015.04.188
119. National Oceanic and Atmospheric Administration (2015) Sea surface temperature: NOAA/NESDIS Geo-polar blended 5 km SST analysis for the full globe. http://www.ospo.noaa.gov/data/sst/contour/global.c.gif. Zugegriffen: 25. Aug. 2015
120. Rajagopalan K, Nihous GC (2013) An assessment of global ocean thermal energy conversion resources with a high-resolution ocean general circulation model. J Energy Resour Technol 135(4):41202. https://doi.org/10.1115/1.4023868
121. Nihous GC (2005) An order-of-magnitude estimate of ocean thermal energy conversion resources. Trans Am Soc Mech Eng 127(4):328. https://doi.org/10.1115/1.1949624
122. Masutani SM, Takahashi PK (2001) Ocean Thermal Energy Conversion (OTEC). In: Steele JH, Thorpe SA, Turekian KK (Hrsg) Encyclopedia of ocean sciences, Bd 6. Academic Press, San Diego, S 1993–1999
123. Yeh R-H, Su T-Z, Yang M-S (2005) Maximum output of an OTEC power plant. Ocean Eng 32(5–6):685–700. https://doi.org/10.1016/j.oceaneng.2004.08.011
124. ETH Zürich (2000) Dampfdrucktabelle Wasser. https://cdm.unfccc.int/filestorage/U/4/B/U4BKYDK7NTLWWFQ1OTUFUCKJMTEE3Y/U4BKYDK7.pdf?t=NEh8bnRxajM2fDACk1aay34dqAu_izvNYXjS. Zugegriffen: 27. Aug. 2015
125. Statistisches Bundesamt (Destatis) (2020) Flächennutzung Flächenindikator: Anstieg der Siedlungs- und Verkehrsfläche in ha/Tag. Wiesbaden
126. Umweltbundesamt Flächensparen – Böden und Landschaften erhalten. http://www.umweltbundesamt.de/themen/boden-landwirtschaft/flaechensparen-boeden-landschaften-erhalten. Zugegriffen: 8. Nov. 2015
127. Fachagentur Nachwachsende Rohstoffe e. V. (2020) Flächennutzung in Deutschland 2019. https://mediathek.fnr.de/grafiken/daten-und-fakten/landwirtschaft/flachennutzung-in-deutschland.html. Zugegriffen: 17. Jan. 2021
128. Umweltbundesamt (2015) ProBas – Prozessorientierte Basisdaten für Umweltmanagementsysteme. Online-Datenbank. http://www.probas.umweltbundesamt.de/php/index.php. Zugegriffen: 17. Jan. 2021
129. Entwurf eines Gesetzes zur grundlegenden Reform des Erneuerbare-Energien-Gesetzes und zur Änderung weiterer Bestimmungen des Energiewirtschaftsrechts (2014). https://www.erneuerbare-energien.de/EE/Redaktion/DE/Downloads/entwurf-eines-gesetzes-grundlegenden-reform-eeg.pdf;jsessionid=42C196F3E30366AA590C7B183FEFC318?__blob=publicationFile&v=3. Zugegriffen: 6. Jun. 2021

130. Rahden I van (2014) EEG – Noch mehr Auflagen bei viel weniger Förderung. Hamburger Abendblatt
131. Fachverband Biogas e. V. (2015) Entwicklung der Biogasanlagenzahl. Freising
132. Fachverband Biogas (2020) Branchenzahlen 2019 und Prognose der Branchenentwicklung 2020. https://www.biogas.org/edcom/webfvb.nsf/id/DE_Branchenzahlen/$file/20-07-23_Biogas_Branchenzahlen-2019_Prognose-2020.pdf. Zugegriffen 6. Jun. 2021
133. Gando A, Gando Y, Ichimura K et al (2011) Partial radiogenic heat model for Earth revealed by geoneutrino measurements. Nature Geosci 4(9):647–651. https://doi.org/10.1038/ngeo1205
134. Stober I, Bucher K (2012) Geothermie, 2. Aufl. SpringerLink: Bücher. Springer, Berlin
135. Lewis JS (1971) Consequences of the presence of sulfur in the core of the earth. Earth Planet Sci Lett 11(1–5):130–134. https://doi.org/10.1016/0012-821X(71)90154-3
136. Stober I (1986) Strömungsverhalten in Festgesteinsaquiferen mit Hilfe von Pump- und Injektionsversuchen. Geologisches Jahrbuch Reihe C, C42. Schweizerbart Science Publishers, ISBN 978-3-510-96215-0
137. International Geothermal Association (2020) Geothermal power database. https://www.geothermal-energy.org/explore/our-databases/geothermal-power-database/#electricity-generation-by-plant. Zugegriffen: 17. Jan. 2021
138. Bayerisches Landesamt für Umwelt (2013) Erdwärme – die Energiequelle aus der Tiefe. Augsburg
139. Rissekatastrophe in Staufen: Das erste Gebäude muss abgerissen werden. Badische Zeitung 67 (2013). http://www.badische-zeitung.de/staufen/rissekatastrophe-in-staufen-das-erste-gebaeude-muss-abgerissen-werden. Zugegriffen 4. Dez. 2015
140. Leitfaden zur Nutzung von oberflächennaher Geothermie mit Erdwärmesonden: Grundwasserschutz – Standortbeurteilung – Wasserrechtliche Erlaubnis. Mainz (2012). https://www.lgb-rlp.de/fileadmin/service/lgb_downloads/erdwaerme/erdwaerme_allgemein/leitfaden_erdwaerme_10112020.pdf. Zugegriffen 6. Jun. 2021
141. Arbeitsgemeinschaft Energiebilanzen e. V. (2015) Bruttostromerzeugung in Deutschland von 1990 bis 2014 nach Energieträgern. Zugegriffen: 4. Sept. 2015
142. Energy-Charts Jährliche Außenhandelsstatistik elektrischer Strom (2021) https://energy-charts.info/charts/power_trading/chart.htm?l=de&c=DE&dataBase=trade_sum_twh&year=-1. Zugegriffen: 30. Jan. 2021
143. Energy-Charts Jährliche Außenhandelsstatistik elektrischer Strom. https://energy-charts.info/charts/power_trading/chart.htm?l=de&c=DE&dataBase=trade_sum_euro&year=-1. Zugegriffen: 30. Jan. 2021
144. Statistik der Kohlenwirtschaft e. V. (2014) Einfuhr von Steinkohlen und Steinkohlenbriketts: (ab 2000, Stand 11/14). http://www.kohlenstatistik.de/files/einfuhr_sk.xls. Zugegriffen: 4. Sept. 2015
145. Statistik der Kohlenwirtschaft e. V. (2014) Ausfuhr von Steinkohlen und Steinkohlenbriketts: (ab 2000, Stand 11/14). http://www.kohlenstatistik.de/files/ausfuhr_sk_1.xls. Zugegriffen: 4. Sept. 2015
146. Statistik der Kohlenwirtschaft e. V. (2015) Steinkohle im Überblick 1957–2014. http://www.kohlenstatistik.de/files/ueberblick_57_14.xls. Zugegriffen: 18. Sept. 2015
147. Statistisches Bundesamt (Destatis) (2020) Außenhandel: Jährliche Erdgasimporte (Warennummer 2711 21 00). https://www.destatis.de/DE/Themen/Wirtschaft/Aussenhandel/Tabellen/erdgas-monatlich.html. Zugegriffen: 22. Jan. 2021
148. Statistisches Bundesamt (Destatis) (2020) Außenhandel: Jährliche Rohölimporte (Warennummer 2709 00 90). https://www.destatis.de/DE/Themen/Wirtschaft/Aussenhandel/Tabellen/rohoel-jaehrlich.html. Zugegriffen: 22. Jan. 2021

149. Bundesamt für Wirtschaft und Ausfuhrkontrolle (2015) Drittlandssteinkohlepreise. Stand: 09. September 2015. http://www.bafa.de/bafa/de/energie/steinkohle/drittlandskohlepreis/energie_steinkohle_statistiken_preise.docx. Zugegriffen: 8. Okt. 2015
150. Statistisches Bundesamt (Destatis) (2020) Einfuhr von Steinkohle. https://www-genesis.destatis.de/genesis//online?operation=table&code=43511-0001&bypass=true&levelindex=1&levelid=1611335026496#abreadcrumb. Zugegriffen: 22. Jan. 2021
151. Statistisches Bundesamt (Destatis) (2020) Aus- und Einfuhr (Außenhandel): Deutschland, Jahre, Warenverzeichnis (6-/8-Steller): Tabelle 51000–0013. Warennummer 2844 10 90, 2844 20 35 (Uran). https://www-genesis.destatis.de/genesis//online?operation=table&code=51000-0013&bypass=true&levelindex=1&levelid=1611335151055#abreadcrumb. Zugegriffen: 22. Jan. 2021
152. Energy Aspects Ltd (2014) In focus: survival of the fittest: unicredit energy weekly. London
153. Statistisches Bundesamt (Destatis) (2015) Bruttoinlandsprodukt ab 1970. https://www.destatis.de/DE/ZahlenFakten/GesamtwirtschaftUmwelt/VGR/Inlandsprodukt/Tabellen/BruttoinlandVierteljahresdaten_xls.xlsx?__blob=publicationFile. Zugegriffen: 4. Sept. 2015
154. Statistisches Bundesamt (Destatis) (2020) Volkswirtschaftliche Gesamtrechnungen Bruttoinlandsprodukt. https://www.destatis.de/DE/Themen/Wirtschaft/Volkswirtschaftliche-Gesamtrechnungen-Inlandsprodukt/Tabellen/bip-bubbles.html. Zugegriffen: 23. Jan. 2021
155 Brzoska M (2016) Probleme der Versorgungssicherheit bei Erdöl und Erdgas – Argumente für erneuerbare Energien? In: Joos F (Hrsg) Energiewende – Quo vadis? Beiträge zur Energieversorgung. Springer Vieweg, Wiesbaden, S 93–106
156. Bundesamt für Wirtschaft und Ausfuhrkontrolle (2021) Amtliche Mineralöldaten für die Bundesrepublik Deutschland: Tabelle 2: Primäraufkommen von Rohöl aus Einfuhr und deutscher Förderung. Jahrgänge 1995–2019. https://www.bafa.de/SiteGlobals/Forms/Suche/Infothek/Infothek_Formular.html?nn=8064038&submit=Senden&resultsPerPage=100&documentType_=type_statistic&templateQueryString=Amtliche+Daten+Mineral%C3%B6ldaten&sortOrder=dateOfIssue_dt+desc. Zugegriffen: 24. Jan. 2021
157. Bundesamt für Wirtschaft und Ausfuhrkontrolle (2021) Entwicklung der Erdgaseinfuhr in die Bundesrepublik Deutschland: monatliche Bilanz 1998–2020, Einfuhr seit 1960. https://www.bafa.de/SharedDocs/Downloads/DE/Energie/egas_entwicklung_1991.xlsm?__blob=publicationFile&v=32. Zugegriffen: 24. Jan. 2021
158. Statistisches Bundesamt (Destatis) (2015) Einfuhr von Steinkohle: Deutschland, Monate, Ursprungsland: Tabelle 43511–0001. Genesis Online Datenbank. https://www-genesis.destatis.de/genesis/online/data;jsessionid=6E18EBFBD2C946F9DEDD95E203F08B6E.tomcat_GO_1_2?operation=abruftabelleAbrufen&selectionname=43511-0001&levelindex=1&levelid=1441369518634&index=6. Zugegriffen: 4. Sept. 2015
159. Bukold S (2014) Hintergrundinfos: Russlands Exporteinnahmen aus Öl und Gas. http://www.energycomment.de/hintergrundinfos-russlands-exporteinnahmen-aus-oel-und-gas/. Zugegriffen: 14. Sept. 2015
160. O'Sullivan M, Edler D, Bickel P et al (2014) Bruttobeschäftigung durch erneuerbare Energien in Deutschland im Jahr 2013 – eine erste Abschätzung –. Forschungsvorhaben des Bundesministeriums für Wirtschaft und Energie. http://www.bmwi.de/BMWi/Redaktion/PDF/B/bericht-zur-bruttobeschaeftigung-durch-erneuerbare-energien-jahr-2013,property=pdf,bereich=bmwi2012,sprache=de,rwb=true.pdf. Zugegriffen: 28. Dez. 2014
161. O'Sullivan M, Edler D, Bickel P et al. (2013) Bruttobeschäftigung durch erneuerbare Energien in Deutschland im Jahr 2012 – eine erste Abschätzung –. Forschungsvorhaben des Bundesministeriums für Umwelt, Naturschutz und Reaktorsicherheit. http://www.erneuerbare-energien.de/fileadmin/Daten_EE/Dokumente__PDFs_/bruttobeschaeftigung_ee_2012_bf.pdf. Zugegriffen: 17. Sept. 2015

162. Bundesministerium für Wirtschaft und Energie, Informationsportal Erneuerbare Energien (2020) Bruttobeschäftigung durch erneuerbare Energien 2000–2018. https://www.erneuerbare-energien.de/EE/Redaktion/DE/Downloads/zeitreihe-der-beschaeftigungszahlen-seit-2000.pdf;jsessionid=6043CD47EF421E7E0945EF12AF5B10F6?__blob=publicationFile&v=3. Zugegriffen: 28. Jan. 2021
163. Agentur für Erneuerbare Energien e. V. (2013) Fakten – Die wichtigsten Daten zu den Erneuerbaren Energien. Schnell und kompakt. http://www.unendlich-viel-energie.de/media/file/16.AEE_TalkingCards_2013_Jun13.pdf. Zugegriffen: 16. Juni 2014
164. Plankl R (2013) Regionale Verteilungswirkungen durch das Vergütungs- und Umlagesystem des Erneuerbare Energien-Gesetzes (EEG): Thünen Working Paper 13, Braunschweig
165. Bundesverband WindEnergie (2021) Beschäftigte in der Windindustrie. https://www.windenergie.de/themen/zahlen-und-fakten/deutschland/. Zugegriffen: 30. Jan. 2021
166. Bundesministerium für Wirtschaft und Energie (2020) Anzahl der Betriebe und Beschäftigte im Energiesektor: Deutschland. https://www.bmwi.de/Redaktion/DE/Binaer/Energiedaten/Rahmendaten/energiedaten-rahmendaten-1-2-xls.xlsx?__blob=publicationFile&v=39. Zugegriffen: 30. Jan. 2021
167. Fachverband Biogas e.V. (2020) Branchenzahlen 2019 und Prognose der Branchenentwicklung 2020: Nettozubau Biogasanlagen 2009–2020. Stand: 07/2020. https://www.biogas.org/edcom/webfvb.nsf/id/DE_Branchenzahlen/$file/20-07-23_Biogas_Branchenzahlen-2019_Prognose-2020.pdf. Zugegriffen: 30. Jan. 2021
168. trend:research (2020) Eigentümerstruktur: Erneuerbare Energien (4. Aufl.). Kurzstudie. https://www.trendresearch.de/studien/23-01174-4.pdf?4087037b8b63381cffd56638120bba51. Zugegriffen: 14. Febr. 2021
169. Nestle U (2014) Studie: Marktrealität von Bürgerenergie und mögliche Auswirkungen von regulatorischen Eingriffen: Eine Studie für das Bündnis Bürgerenergie e. V. (BBEn) und den Bund für Umwelt und Naturschutz Deutschland e. V. (BUND). Lüneburg
170. Bund für Umwelt und Naturschutz Deutschland e. V. (2014) Die Renditeerwartung beim Eigenkapital bei der Bürgerenergie halb so hoch wie bei RWE. http://www.bund.net/fileadmin/bundnet/bilder/presse/bild_und_ton/aktionen/eeg_studie/140404_bund_eegreform_studie_grafik2.pdf. Zugegriffen: 17. Sept. 2015
171. Bundesnetzagentur (2015) Hintergrundpapier: Ergebnisse der ersten Ausschreibungsrunde für Photovoltaik (PV) – Freiflächenanlagen vom 15. April 2015. http://www.bundesnetzagentur.de/SharedDocs/Downloads/DE/Sachgebiete/Energie/Unternehmen_Institutionen/ErneuerbareEnergien/PV-Freiflaechenanlagen/Gebotstermin_15_04_2015/Hintergrundpapier_PV-FFA_Runde1.pdf?__blob=publicationFile&v=1. Zugegriffen: 18. Sept. 2015
172. Stürzenhofecker M (2014) Ministerin Hendricks will Atommeiler nicht übernehmen. Zeit Online 2014
173. Pinzler P (2015) Holen, was noch zu holen ist: Wirtschaftsminister Gabriel will, dass die Energiekonzerne für ihren Atommüll bezahlen. Doch können sie das überhaupt? Die Zeit 70(38):26
174. Bundesministerium für Wirtschaft und Energie (2015) Referentenentwurf der Bundesregierung: Entwurf eines Gesetzes zur Nachhaftung für Rückbau- und Entsorgungskosten im Kernenergiebereich. (Rückbau- und Entsorgungskostennachhaftungsgesetz – Rückbau- und EntsorgungskostennachhaftungsG). http://www.bmwi.de/BMWi/Redaktion/PDF/E/entwurf-eines-gesetzes-zur-nachhaftung-fuer-rueckbau-und-entsorgungskosten-im-kernenergiebereich,property=pdf,bereich=bmwi2012,sprache=de,rwb=true.pdf. Zugegriffen: 12. Okt. 2015
175. Deutscher Städte- und Gemeindebund, Deutsche Umwelthilfe, Institut für angewandtes Stoffstrommanagement (2013) Handlungsempfehlungen für Kommunen zur Optimierung der Wertschöpfung aus Erneuerbaren Energien. Strategie: Erneuerbar! http://www.duh.de/uploads/media/Handlungsleitfaden.pdf. Zugegriffen: 14. Okt. 2015

176. Fachagentur Nachwachsende Rohstoffe e. V. (2014) Bioenergiedörfer: Leitfaden für eine praxisnahe Umsetzung, 1. überarb. Aufl. FNR. Gülzow-Prüzen
177. Bundesnetzagentur (2006) Monitoringbericht 2006 der Bundesnetzagentur für Elektrizität, Gas, Telekommunikation, Post und Eisenbahnen. Bericht gemäß § 63 Abs. 4 EnWG i. V. m. § 35 EnWG. Bonn
178. Bundesnetzagentur (2007) Monitoringbericht 2007 der Bundesnetzagentur für Elektrizität, Gas, Telekommunikation, Post und Eisenbahnen. Bericht gemäß § 63 Abs. 4 EnWG i. V. m. § 35 EnWG. Bonn
179. Bundesnetzagentur (2014) Monitoringbericht 2014. Monitoringbericht gemäß § 63 Abs. 3 i. V. m. § 35 EnWG und § 48 Abs. 3 i. V. m. § 53 Abs. 3 GWB. Bonn
180. Bundesnetzagentur (2021) Monitoringbericht 2020. Monitoringbericht gemäß § 63 Abs. 3 i. V. m. § 35 EnWG und § 48 Abs. 3 i. V. m. § 53 Abs. 3 GWB. Bonn
181. Bundesnetzagentur (2017) Monitoringbericht 2016. Monitoringbericht gemäß § 63 Abs. 3 i. V. m. § 35 EnWG und § 48 Abs. 3 i. V. m. § 53 Abs. 3 GWB. Bonn
182. Bundesnetzagentur (2018) Monitoringbericht 2017. Monitoringbericht gemäß § 63 Abs. 3 i. V. m. § 35 EnWG und § 48 Abs. 3 i. V. m. § 53 Abs. 3 GWB. Bonn
183. Bundesnetzagentur (2019) Monitoringbericht 2018. Monitoringbericht gemäß § 63 Abs. 3 i. V. m. § 35 EnWG und § 48 Abs. 3 i. V. m. § 53 Abs. 3 GWB. Bonn
184. Bundesnetzagentur (2020) Monitoringbericht 2019. Monitoringbericht gemäß § 63 Abs. 3 i. V. m. § 35 EnWG und § 48 Abs. 3 i. V. m. § 53 Abs. 3 GWB. Bonn
185. Council of European Energy Regulators (2015) CEER Benchmarking Report 5.2 on the Continuity of Electricity Supply: Data update. Ref: C14-EQS-62–03. Brüssel
186. Arbeitsgemeinschaft Energiebilanzen e. V. (2012) Energieverbrauch in Deutschland 2011. Berlin
187. Arbeitsgemeinschaft Energiebilanzen e. V. (2015) Energieverbrauch in Deutschland 2014. Köln
188. Arbeitsgemeinschaft Energiebilanzen e.V. (2020) Energieverbrauch in Deutschland 2019. Köln
189 Sterner M, Stadler I (2014) Energiespeicher – Bedarf, Technologien, Integration. Springer Vieweg, Berlin
190. EWE Netz GmbH (2013) Lastprofile. https://www.ewe-netz.de/strom/1988.php. Zugegriffen: 2. Okt. 2015
191. Bundesnetzagentur (2015) Evaluierungsbericht nach § 33 Anreizregulierungsverordnung. Bonn
192. Roon S von, Sutter M, Samweber F et al (2014) Netzausbau in Deutschland: Wozu werden neue Stromnetze benötigt? Handreichung zur politischen Bildung, Berlin
193. Transmission H, GmbH; Amprion GmbH; TenneT TSO GmbH; TransnetBW GmbH, (2014) Netzentwicklungsplan Strom 2014: Zweiter Entwurf der Übertragungsnetzbetreiber. Stuttgart, Berlin
194. Jarass L (2013) Stromnetzausbau für erneuerbare Energien erforderlich oder für unnötige Kohlestromeinspeisung? EWeRK 13(6):320–326
195. Büro für Energiewirtschaft und technische Planung GmbH (2015) Stellungnahme zur Entwicklung der Netznutzungsentgelte und Analyse der Kostentreiber. Aachen
196. Deutsche Energie-Agentur GmbH (2012) dena-Verteilnetzstudie: Ausbau- und Innovationsbedarf der Stromverteilnetze in Deutschland bis 2030. Berlin
197. Westnetz GmbH (2015) Lastverlauf der Jahreshöchstlast als viertelstündige Leistungsmessung 2014. http://www.westnetz.de/web/cms/de/1780134/westnetz/netz-strom/netzkennzahlen/netzrelevante-daten/lastverlauf-jahreshoechstlast/. Zugegriffen: 1. Okt. 2015

198. Westnetz GmbH (2015) Summenlast aller Einspeisungen aus Erzeugungsanlagen 2014. http://www.westnetz.de/web/cms/de/1780148/westnetz/netz-strom/netzkennzahlen/netzrelevante-daten/summenlast-erzeugungsanlagen/. Zugegriffen: 1. Okt. 2015
199. Westnetz GmbH (2015) Summenlastverlauf der Netzverluste 2014. http://www.westnetz.de/web/cms/de/1780138/westnetz/netz-strom/netzkennzahlen/netzrelevante-daten/lastverlauf-netzverluste/. Zugegriffen: 1. Okt. 2015
200. Westnetz GmbH (2015) Netzverluste und Beschaffungskosten der Verlustenergie Westnetz 2014. http://www.westnetz.de/web/cms/de/1625886/westnetz/netz-strom/netzkennzahlen/netzverluste-beschaffungskosten/. Zugegriffen: 1. Okt. 2015
201. 50Hertz Transmission GmbH, Amprion GmbH, TenneT TSO GmbH et al. (2015) EEG-Jahresabrechnung 2014. http://www.netztransparenz.de/de/file/EEG-Jahresabrechnung_2014.pdf. Zugegriffen: 15. Aug. 2015
202. Bundesministerium für Wirtschaft und Energie (2015) Referentenentwurf des Bundesministeriums für Wirtschaft und Energie: Entwurf eines Gesetzes zur Weiterentwicklung des Strommarktes (Strommarktgesetz). https://www.bmwi.de/BMWi/Redaktion/PDF/E/entwurf-eines-gesetzes-zur-weiterentwicklung-des-strommarktes,property=pdf,bereich=bmwi2012,sprache=de,rwb=true.pdf. Zugegriffen: 12. Okt. 2015
203. Roper D (2015) Fossil Fuels-Energy Return on Energy Invested. http://www.roperld.com/science/minerals/EROEIFossilFuels.htm. Zugegriffen: 14. Sept. 2015
204. 50Hertz Transmission GmbH (2020) Kennzahlen. http://www.50hertz.com/de/Kennzahlen. Zugegriffen: 30. Jan. 2021
205. Amprion GmbH (2020) Netzkennzahlen. http://www.amprion.de/netzkennzahlen. Zugegriffen: 30. Jan. 2021
206. TenneT TSO GmbH (2020) Netzkennzahlen. http://www.tennettso.de/site/Transparenz/veroeffentlichungen/netzkennzahlen. Zugegriffen: 30. Jan. 2021
207. TransnetBW GmbH (2020) Kennzahlen. https://www.transnetbw.de/de/kennzahlen/. Zugegriffen: 30. Jan. 2021
208. 50Hertz Transmission GmbH (2020) EEG-Anlagenstammdaten. https://www.netztransparenz.de/portals/1/Netztransparenz%20Anlagenstammdaten%202019%2050Hertz%20Transmission%20GmbH.zip. Zugegriffen: 30. Jan. 2021
209. Amprion GmbH (2020) EEG-Anlagenstammdaten. https://www.netztransparenz.de/portals/1/Netztransparenz%20Anlagenstammdaten%202019%20Amprion%20GmbH.zip. Zugegriffen: 30. Jan. 2021
210. TenneT TSO GmbH (2020) EEG-Anlagenstammdaten. https://www.netztransparenz.de/portals/1/Netztransparenz%20Anlagenstammdaten%202019%20TenneT%20TSO%20GmbH.zip. Zugegriffen: 30. Jan. 2021
211. TransnetBW GmbH (2020) EEG-Anlagenstammdaten. https://www.netztransparenz.de/portals/1/Netztransparenz%20Anlagenstammdaten%202019%20TransnetBW%20GmbH.zip. Zugegriffen: 30. Jan. 2021
212. Fraunhofer - Institut für Windenergie und Energiesystemtechnik (2015) Windenergiereport Deutschland 2014. Fraunhofer, Stuttgart
213. Hundt M, Barth R, Sun N et al (2010) Bremst eine Laufzeitverlängerung der Kernkraftwerke den Ausbau erneuerbarer Energien? BDI-Workshop „Laufzeitverlängerung der Kernkraftwerke". Berlin
214. Verordnung (EU) (2013) Nr. 543/2013 der Kommission vom 14. Juni 2013 über die Übermittlung und die Veröffentlichung von Daten in Strommärkten und zur Änderung des Anhangs I der Verordnung (EG) Nr. 714/2009 des Europäischen Parlaments und des Rates: EU/543/2013. Amtsblatt der Europäischen Union. http://eur-lex.europa.eu/LexUriServ/LexUriServ.do?uri=OJ:L:2013:163:0001:0012:DE:PDF. Zugegriffen 1. Okt. 2015

215. Krause SM, Börries S, Bornholdt S (2015) Econophysics of adaptive power markets: when a market does not dampen fluctuations but amplifies them. Phys Rev E 92(1). https://doi.org/10.1103/PhysRevE.92.012815
216. Synwoldt C (2014) Speicher für mehr Flexibilität. 2. Energiespeichertagung. Birkenfeld
217. Crastan V (2012) Elektrische Energieversorgung: Energiewirtschaft und Klimaschutz Elektrizitätswirtschaft, Liberalisierung Kraftwerktechnik und alternative Stromversorgung, chemische Energiespeicherung, Bd 2, 3 bearb. Aufl Nachdr. Springer, Berlin
218. Bundesministerium für Wirtschaft und Energie (2020) BMWi – Entwicklung von Energiepreisen und Preisindizes: Tabelle 26 und Tabelle 26 a. https://www.bmwi.de/Redaktion/DE/Binaer/Energiedaten/Energiepreise-und-Energiekosten/energiedaten-energiepreise-1-xls.xlsx?__blob=publicationFile&v=39. Zugegriffen: 18. Okt. 2020
219. Bundesverband der Energie- und Wasserwirtschaft e.V. (2020) BDEW-Strompreisanalyse Januar 2020. Haushalte und Industrie, Berlin
220. European Energy Exchange (2015) Durchschnittlicher Preis für Baseload-Strom an der EPEX Spot je Quartal. http://cdn.eex.com/document/52446/Phelix_Quarterely.xls
221. Energy-Charts Jährliche Börsenstrompreise in Deutschland (2021). https://energy-charts.info/charts/price_average/chart.htm?l=de&c=DE&year=-1&interval=year. Zugegriffen: 30. Jan. 2021
222. Energy-Charts Monatliche Börsenstrompreise in Deutschland. https://energy-charts.info/charts/price_average/chart.htm?l=de&c=DE&year=-1&interval=month. Zugegriffen: 30. Jan. 2021
223. Schwab AJ (2009) Elektroenergiesysteme: Erzeugung, Transport, Übertragung und Verteilung elektrischer Energie, 2. Aufl. Springer, Berlin
224. Bundesverband der Energie- und Wasserwirtschaft e. V. (2012) Wettbewerb 2012: Wo steht der deutsche Energiemarkt? Berlin
225. Schwintowski H-P, Freiwald B (2006) Handbuch Energiehandel. Erich Schmitt Verlag, Berlin
226. Hubert M (1998) Deutschland im Wandel: Geschichte der deutschen Bevölkerung seit 1815. Vierteljahrschrift für Sozial- und Wirtschaftsgeschichte. Beihefte, Nr. 146. F. Steiner. Stuttgart
227. Statistisches Bundesamt (Destatis) (2020) Konjunkturindikatoren Erwerbstätige im Inland nach Wirtschaftssektoren. https://www.destatis.de/DE/Themen/Wirtschaft/Konjunkturindikatoren/Lange-Reihen/Arbeitsmarkt/lrerw13a.html. Zugegriffen: 23. Jan. 2021
228. Lindenberger D, Eichhorn W, Kümmel R (2000) Energie, Wirtschaftswachstum und Beschäftigung. In: Eichhorn W, Brune W (Hrsg) Zur deutschen Energiewirtschaft an der Schwelle des neuen Jahrhunderts, Bd 4. B.G Teubner, Stuttgart, S 52–76
229. Leuschner U (2010) Energie-Chronik: Das EEG – eine Erfolgsgeschichte mit Hindernissen (Übersicht). http://www.udo-leuschner.de/energie-chronik/100407d1.htm. Zugegriffen: 4. Juli 2014
230. Gerth M (2012) Fehler im System. Wirtschaftswoche 9:84
231. Bundesnetzagentur (2015) Monitoringbericht 2015. Monitoringbericht gemäß § 63 Abs. 3 i. V. m. § 35 EnWG und § 48 Abs. 3 i. V. m. § 53 Abs. 3 GWB. Bonn
232. Bundesnetzagentur (2013) Monitoringbericht 2013. Monitoringbericht gemäß § 63 Abs. 3 i. V. m. § 35 EnWG und § 48 Abs. 3 i. V. m. § 53 Abs. 3 GWB. Bonn
233. Schlandt J (2010) Strom-Oligopol scheffelt Geld: Milliardenprofit durch Marktmacht. Frankfurter Rundschau
234. European Power Exchange (2012) Auktionen. http://www.epexspot.com/en/market-data/auction/auction-table/2012-12-24/DE. Zugegriffen: 31. Mai 2014
235. European Energy Exchange (2012) Marktdaten. http://www.epexspot.com/de/marktdaten/auktionshandel/auction-table/2012-03-25/DE. Zugegriffen: 20. Mai 2014

236. ariva.de (2014) Vorsteuerergebnis E.ON. http://www.ariva.de/e.on-aktie/bilanz-guv. Zugegriffen: 19. Mai 2014
237. ariva.de (2014) Vorsteuerergebnis EnBW. http://www.ariva.de/enbw-aktie/bilanz-guv. Zugegriffen: 19. Mai 2014
238. ariva.de (2014) Vorsteuerergebnis RWE. http://www.ariva.de/rwe-aktie/bilanz-guv. Zugegriffen: 19. Mai 2014
239. Flauger J, Stratmann K (2014) Vattenfall entzieht sich der Haftung für AKW. http://www.handelsblatt.com/unternehmen/industrie/kosten-fuer-den-ausstieg-vattenfall-entzieht-sich-der-haftung-fuer-akw/9911578.html. Zugegriffen: 25. Mai 2014
240. Internationales Wirtschaftsforum Regenerative Energien (2014) Seit Fukushima: Deutsche Strompreise sinken um 50 Prozent. http://www.iwr.de/. Zugegriffen: 14. Juni 2014
241. European Power Exchange (2019) Day-Ahead Auction. http://www.epexspot.com/en/marketdata/dayaheadauction/auction-table/2019-10-19/DE/24. Zugegriffen: 19. Okt. 2019
242. Lenck T (2015) Negative Strompreise: Eine Chance für die Energiewende? http://www.windindustrie-in-deutschland.de/fachartikel/negative-strompreise-eine-chance-fuer-die-energiewende/. Zugegriffen: 8. Okt. 2015
243. Götz P, Henkel J, Lenck T et al. (2014) Negative Strompreise: Ursachen und Wirkungen. Berlin
244. Bundesnetzagentur (2012) Evaluierungsbericht zur Ausgleichsmechanismusverordnung. Bonn
245. Tenbrock C (2013) Riesen taumeln im Wind: E.on und RWE erleben ihre eigene Existenzkrise. Wie groß können die Konzerne noch sein, wenn jedermann Strom erzeugt? Die Zeit 2013(37): 21
246. Energy-Charts Monatlicher Anteil erneuerbarer Energien an der Stromerzeugung in Deutschland 2020. https://energy-charts.info/charts/renewable_share/chart.htm?l=de&c=DE&interval=month. Zugegriffen: 30. Jan. 2021
247. Deutsche Welle (2021) Deutschland übertrifft wegen Corona Klimaziel 2020. https://www.dw.com/de/deutschland-%C3%BCbertrifft-wegen-corona-klimaziel-2020/a-56121979. Zugegriffen: 14. Febr. 2021.
248. Richtlinie (2012) 2012/27/EU des Europäischen Parlaments und des Rates. https://eur-lex.europa.eu/LexUriServ/LexUriServ.do?uri=OJ:L:2012:315:0001:0056:de:PDF. Zugegriffen 6. Jun. 2021
249. Gores S, Harthan R, Horst J et al (2014) KWK-Ausbau: Entwicklung, Prognose, Wirksamkeit der Anreize im KWK-Gesetz unter Berücksichtigung von Emissionshandel, Erneuerbare-Energien-Gesetz und anderen Instrumenten. Dessau
250. Bundesverband der Energie- und Wasserwirtschaft e. V. (2019) Stromerzeugung in Kraft-Wärme-Kopplung. https://www.bdew.de/service/daten-und-grafiken/stromerzeugung-kraftwaerme-kopplung/. Zugegriffen: 30. Jan. 2021
251. ariva.de (2014) Vorsteuerergebnis Deutsche Bank. http://www.ariva.de/deutsche_bank-aktie/bilanz-guv. Zugegriffen: 19. Mai 2014
252. European Energy Exchange (2015) Tatsächliche Produktion Solar. http://www.transparency.eex.com/de/daten_uebertragungsnetzbetreiber/stromerzeugung/tatsaechliche-produktion-solar. Zugegriffen: 23. Okt. 2015
253. European Energy Exchange (2015) Tatsächliche Produktion von Erzeugungseinheiten ≥ 100 MW. http://www.transparency.eex.com/de/daten_uebertragungsnetzbetreiber/stromerzeugung/tatsaechliche-produktion-von-erzeugungseinheiten%20%E2%89%A5%20100%20MW. Zugegriffen: 23. Okt. 2015

254. European Energy Exchange (2015) Tatsächliche Produktion Wind. http://www.transparency.eex.com/de/daten_uebertragungsnetzbetreiber/stromerzeugung/tatsaechliche-produktion-wind. Zugegriffen: 23. Okt. 2015
255. Wüpper G (2015) Der tiefe Sturz der französischen Nuklear-Legende. Die Welt
256. YLE (2019), Olkiluoto 3 reactor delayed yet again, now 12 years behind schedule. https://yle.fi/uutiset/osasto/news/olkiluoto_3_reactor_delayed_yet_again_now_12_years_behind_schedule/11128489. Zugegriffen: 30. Jan. 2021.
257. Gosden E (2014) Hinkley Point nuclear plant to cost £24.5bn. http://www.telegraph.co.uk/finance/newsbysector/energy/11148193/Hinkley-Point-nuclear-plant-to-cost-34bn-EU-says.html. Zugegriffen: 9. Okt. 2015
258. Umweltbundesamt, (2013) Entwicklung der spezifischen Kohlendioxid-Emissionen des deutschen Strommix in den Jahren 1990 bis 2012. Climate Change, Dessau
259. Kost C, Mayer JN, Thomsen J et al (2013) Stromgestehungskosten erneuerbare Energien. Freiburg
260. Quaschning V, Triebel C, Ullrich S et al (2014) Enormes Potenzial. Erneuerbare Energien – Solar Investor's Guide (Juni): 7–11
261. Köpke R (2015) Windkraft klopft am Regelenergiemarkt an. http://www.energymeteo.de/unternehmen/Aktuelles/Windkraft_Regelenergiemarkt.php. Zugegriffen: 26. Dez. 2015
262. Bundesnetzagentur (2020) Liste der Kraftwerksstilllegungsanzeigen. https://www.bundesnetzagentur.de/SharedDocs/Downloads/DE/Sachgebiete/Energie/Unternehmen_Institutionen/Versorgungssicherheit/Erzeugungskapazitaeten/KWSAL/KWSAL_2020_02.pdf. Zugegriffen: 14. Febr. 2021
263. Böske J (2007) Zur Ökonomie der Versorgungssicherheit in der Energiewirtschaft. Umwelt- und Ressourcenökonomik, Bd. 25. Lit Verlag Dr. W. Hopf, Berlin
264. Cludius J, Hermann H (2014) Die Zusatzgewinne ausgewählter deutscher Branchen und Unternehmen durch den EU-Emissionshandel. Berlin
265. Umweltbundesamt (2020) Treibhausgasemissionen 2019, Emissionshandelspflichtige stationäre Anlagen und Luftverkehr in Deutschland (VET-Bericht 2019). https://www.dehst.de/SharedDocs/downloads/DE/publikationen/VET-Bericht-2019.pdf?__blob=publicationFile&v=4. Zugegriffen: 14. Febr. 2021.
266. Umweltbundesamt (2019) Treibhausgasemissionen 2018, Emissionshandelspflichtige stationäre Anlagen und Luftverkehr in Deutschland (VET-Bericht 2018). https://www.dehst.de/SharedDocs/downloads/DE/publikationen/VET-Bericht-2018.pdf?__blob=publicationFile&v=4. Zugegriffen: 14. Febr. 2021.
267. Umweltbundesamt (2018) Treibhausgasemissionen 2017, Emissionshandelspflichtige stationäre Anlagen und Luftverkehr in Deutschland (VET-Bericht 2017). https://www.dehst.de/SharedDocs/downloads/DE/publikationen/VET-Bericht-2017.pdf?__blob=publicationFile&v=4. Zugegriffen: 14. Febr. 2021.
268. Umweltbundesamt (2017) Treibhausgasemissionen 2016, Emissionshandelspflichtige stationäre Anlagen und Luftverkehr in Deutschland (VET-Bericht 2016). https://www.dehst.de/SharedDocs/downloads/DE/publikationen/VET-Bericht-2016.pdf?__blob=publicationFile&v=4. Zugegriffen: 14. Febr. 2021.
269. Umweltbundesamt (2016) Treibhausgasemissionen 2015, Emissionshandelspflichtige stationäre Anlagen und Luftverkehr in Deutschland (VET-Bericht 2015). https://www.dehst.de/SharedDocs/downloads/DE/publikationen/VET-Bericht-2015.pdf?__blob=publicationFile&v=4. Zugegriffen: 14. Febr. 2021.
270. Umweltbundesamt (2015) Treibhausgasemissionen 2014, Emissionshandelspflichtige stationäre Anlagen und Luftverkehr in Deutschland. https://www.dehst.de/SharedDocs/down-

loads/DE/publikationen/VET-Bericht-2014.pdf?__blob=publicationFile&v=4. Zugegriffen: 14. Febr. 2021.
271. Umweltbundesamt (2014) VET-Bericht 2013, Treibhausgasemissionen der emissionshandelspflichtigen stationären Anlagen in Deutschland im Jahr 2013. https://www.dehst.de/SharedDocs/downloads/DE/publikationen/VET-Bericht-2013.pdf?__blob=publicationFile&v=4. Zugegriffen: 14. Febr. 2021.
272. European Energy Exchange (2015) European Emission Allowances Auction. https://www.eex.com/en/market-data/emission-allowances/auction-market/european-emission-allowances-auction/european-emission-allowances-auction-download. Zugegriffen: 24. Okt. 2015
273. Quandl (2015) ECX EUA Futures, Continuous Contract #1 (C1) (Front Month). https://www.quandl.com/data/CHRIS/ICE_C1-ECX-EUA-Futures-Continuous-Contract-1-C1-Front-Month?utm_medium=graph&utm_source=quandl. Zugegriffen: 24. Okt. 2015
274. EEX, Emission Spot Primary Market Auction Report (2021). https://www.eex.com/de/marktdaten/umweltprodukte/eex-eua-primary-auction-spot-download. Zugegriffen: 30. Jan. 2021.
275. Umweltbundesamt (2012) Schätzung der Umweltkosten in den Bereichen Energie und Verkehr. Dessau
276. Mühlenhoff J, Siegemund T (2014) Kosten und Preise für Strom. Renews Spezial, Berlin
277. Weller T (2013) Düstere Aussichten – Nachrichten – Erneuerbare Energien. Erneuerbare Energien 24(6). Schlütersche Fachmedien GmbH. Hannover. http://www.erneuerbareenergien.de/duestere-aussichten/150/490/68355/1. Zugegriffen: 3. Nov. 2015
278. International Energy Agency (2014) World energy investment outlook. Executive Summary, Paris
279. Sorge N-V (2014) ifo-Chef Sinn zur Energiewende. http://www.manager-magazin.de/politik/deutschland/hans-werner-sinn-vom-ifo-institut-ueber-windenergie-und-energiewende-a-950237-2.html. Zugegriffen: 30. Mai 2014
280. Internationales Wirtschaftsforum Regenerative Energien (2014) Stromexport: Deutschland erzielt Rekordeinnahmen. http://www.iwrpressedienst.de/Textausgabe.php?id=4801. Zugegriffen: 24. Juli 2014
281. Statistisches Bundesamt (Destatis) (2013) Deutschland exportierte auch 2012 mehr Strom als es importierte: Pressemitteilung vom 2. April 2013 – 125/13. Wiesbaden
282. Bundesverband der Energie- und Wasserwirtschaft e. V. (2015) Stromaustausch mit den Nachbarstaaten: 1. Halbjahr 2015. Berlin
283. Litz P, Rosenkranz G (2015) Stromexport und Klimaschutz in der Energiewende: Analyse der Wechselwirkungen von Stromhandel und Emissionsentwicklung im fortgeschrittenen europäischen Strommarkt. Berlin
284. Mast C, Stehle H, Krüger F (2011) Kommunikationsfeld Strom, Gas und Wasser – brisante Zukunftsthemen in der öffentlichen Diskussion. Medien, Bd 26. Lit, Berlin
285. Kitzenmaier R (2014) Die Energiewende in der Medienberichterstattung. Grin Verlag GmbH, München
286 Jakobeit C (2016) Gesellschaftliche Herausforderungen der Energieversorgung. In: Joos F (Hrsg) Energiewende – Quo vadis? Beiträge zur Energieversorgung. Springer Vieweg, Wiesbaden, S 79–81
287. Jäckel M (2011) Medienwirkungen: Ein Studienbuch zur Einführung, 5 überarb. VS Verlag, Wiesbaden
288. Deutsche Energie-Agentur GmbH (2013) Entwicklung der Volllaststunden von Kraftwerken in Deutschland. http://www.forschungsradar.de/uploads/media/AEE_Dossier_Studienvergleich_Volllaststunden_juli13.pdf. Zugegriffen: 12. Okt. 2015
289. Milch I (2014) Stromversorgung – Energie-Investitionen. Energie Perspektiven 15(2):1

290. Internationales Wirtschaftsforum Regenerative Energien (2015) Gabriel contra Teyssen: Debatte um Strom-Kapazitätsmarkt spitzt sich zu. http://www.iwr.de/news.php?id=28022. Zugegriffen: 16. Okt. 2015
291. Moormann R, Wendland A. Deutsche Klimastrategie - Stoppt den Atomausstieg! (2020). Die Zeit Nr. 30/2020
292. Rifkin J (2014) Zero marginal cost society: The rise of the collaborative commons and the end of capitalism, 1. Aufl. Palgrave Macmillan, New York
293. Münchmeyer H, Kahles M, Pause F (2014) Erfordert das europäische Beihilferecht die Einführung von Ausschreibungsverfahren im EEG? Hintergrundpapier. Würzburger Berichte zum Umweltenergierecht. Würzburg
294. Bundesministerium für Wirtschaft und Energie (2020) BMWi Die Nationale Wasserstoffstrategie. https://www.bmwi.de/Redaktion/DE/Publikationen/Energie/die-nationale-wasserstoffstrategie.pdf?__blob=publicationFile&v=20. Zugegriffen: 1. Febr. 2021

Stichwortverzeichnis

A

Abfallstoff, 257
Abfluss, 28, 210, 215
Abhängigkeit
    politische, 287
Abschattungsverlust, 63
Abschreibungsphase, 376
Absorber, 114
    selektiver, 90, 115
Absorptionskoeffizient, 114
Airmass (AM), 35
Akkumulator, 312
Anemometer, 151
Anstellwinkel, 33, 167
Anströmung
    resultierende, 169
Antireflexbeschichtung, 75, 116
Antriebskonzept, 183
Antriebsstrang, 189, 192
Aquifer, 272
Astronomische Einheit (AE), 111
Auftriebseffekt, 146, 165
Auftriebskoeffizient, 167, 175
Auftriebskörper, 240
Auftriebskraft, 169
Aufwand
    energetischer, 338
Aufwindkraftwerk, 136
Ausbaugrad, 229
Ausfallarbeit, 388
Ausgleichseffekt, 337
Ausgleichsenergie, 396
Ausuferung, 210

B

Backloading, 384
Bandlücke, 45
Beaufortskala, 148
Bernoulli-Gleichung, 167
Beschäftigte
    konventionelle Energie, 292
    regenerative Energie, 289
Besondere Ausgleichsregelung, 7
Betz-Limit, 162
Bilanzkreis, 396
Bilanzkreisverantwortlicher, 357, 396
Bindungsenergie, 13
Binnenmarkt, 323
Bioenergiedorf, 307
Biogasanlage, 398
Biomasse, 28, 254
Blattzahl, 174
Blindleistung, 186
Blockheizkraftwerk, 342
Börsenstrompreis, 360, 371, 398
    negativer, 365
Braunkohlekraftwerk, 382, 400
Brennstoffeffizienz, 382
Brennstoffkosten, 364, 371
Brennstoffzelle, 312
By-pass-Diode, 58

C

Carnot-Wirkungsgrad, 121, 276, 277
Churn-Rate, 356
Clean Development Mechanism (CDM), 385

Concentrating solar power (CSP), 105
Corioliskraft, 143
Current Source Converter (CSC), 187

D
Darrieus-Rotor, 172
Deckelung, 394
Degradation, 60
    lichtinduzierte, 59
    Multi-PERC, 60
    Potential Induced, 59
    Sponge, 60
    TCO-Korrosion, 59
Delamination, 59
Demand side management, 347
Dezentralität, 281, 319, 348, 389
DiBt-Windzone, 150
Dichte
    Luft, 143, 147
    Meerwasser, 238
Doppelschichtkondensator, 312
Drehzahl, 174, 183
    inelastische, 186
    variabele, 186
Druckhöhe, 218
Druckluftspeicher, 230
    adiabate, 233
Druckstoß, 223
Dublette, 272
Durchströmturbine, 219
Düseneffekt, 144, 161

E
EEG (Erneuerbare Energien Gesetz), V
EEG-Differenzkosten, 7, 374
EEG-Einspeisevergütung, 296, 365
EEG-Konto, 327
EEG-Umlage, 380
Effekt, fotoelektrischer, 45
Eigentümerstruktur, 294
Einspeisemanagement, 387
Einstrahlung, solare
    saisonale Fluktuation, 30
    Spektrum, 37
Einzugsgebiet, 210, 213
Elektrolumineszenz, 45

Emissionseffizienz, 258
Emissionsfaktor, 258, 379
Emissionskoeffizient, 114
Emissionszertifikat, 384
Endenergie, 15
Endlager, 299
Energie
    Anergie, 2
    Exergie, 123
    kinetische, 28, 146
    konventionelle, 15
    kumulierter Energieaufwand, 16
    potenzielle, 28, 216, 230
    regenerative, 6
Energieaufwand, 257, 327, 328
Energiebedarf, 4
Energiebilanz, 47, 259
Energiedichte, 11, 14, 26, 329
    spektrale, 82
Energieeffizienz, 2, 15, 258, 308
Energieerhaltung, 16
Energieimport, 282
Energieklippe, 327
Energiemix, 312, 343
Energieträger
    synthetischer, 302
Energieversorgung
    100% regenerative, 338
Energieversorgungsunternehmen, 295
Energiewende, 27
    Kosten, 7, 380
Energy-only-Markt, 341, 383
Energy return on energy invested (EROEI), 328
Engpassmanagement, 348, 398
Entladetiefe, 312
Entropie, 16
ENTSO/E, 348
Entspannungsverdampfung, 253
Erdgas, 29
Erdgaspreis, 363
Erdkruste, 269
Erdöl, 29
Erdwärmespeicher, 279
Erlösobergrenze, 319
Erntefaktor, 328
Ertragsbestimmung, 197
Ertrag
    spezifischer, 337

F
Fallhöhe, 216, 218, 233
Fault-ride through, 186
Fixkosten, 376
Flächenbedarf, 300
Flächeneffizienz, 258
Flächenkraftwerk, 317
Flexibilität, 348, 386, 393
Flexibilitätsprämie, 394
Fließgewässer, 210
Flussstaukette, 215
Fotostrom, 49
Fresnellinse, 128
Frischwasserstation, 102
Füllfaktor, 52

G
Gaskraftwerk, 341
Gasspeicher, 394
Gebäudeenergieeffizienz, 101
Generator, 183, 186
   asynchron, doppelt-gespeister, 185, 186
   asynchroner, 186
   synchroner, 186
Geothermie, 268
   Fündigkeit, 271
   hochenthalpische, 276
   Horizont, 273
   hydrothermale, 272
   niedrigenthalpische, 276
   oberflächennahe, 276
   petrothermale, 274
   stimulieren, 274
Gesetz
   AbLaV (Verordnung zu abschaltbaren Lasten), 347
   ARegV (Anreizregulierungsverordnung), 319, 354
   AusglMechV (Ausgleichsmechanismusverordnung), 317, 338, 388
   BauGB (Baugesetzbuch), 255, 298
   BBergG (Bundesbergbaugesetz), 277
   BioKraftQuG (Gesetz zur Einführung einer Biokraftstoffquote durch Änderung des Bundes-Immissionsschutzgesetzes und zur Änderung energie- und stromsteuerrechtlicher Vorschriften), 268
   BTOElt (Bundestarifordnung Elektrizität), 353
   EEG (Gesetz für den Vorrang Erneuerbarer Energien), V, 6, 44, 142, 290, 295, 370
   EEG 2012 (Gesetz für den Vorrang Erneuerbarer Energien), 394, 398
   EEG 2012 II (Gesetz für den Vorrang Erneuerbarer Energien), 365
   EEG 2014 (Gesetz für den Ausbau Erneuerbarer Energien), 317, 366, 378, 394, 398
   EEG 2017 (Gesetz für den Ausbau Erneuerbarer Energien), 298, 389
   EEG 2021 (Gesetz für den Ausbau Erneuerbarer Energien), 298, 303
   EG-Richtlinie 96/92/EG, 358
   EnergieStG (Energiesteuergesetz), 266
   EnEV (Energieeinsparverordnung), 101
   Entwurf eines Gesetzes zur Weiterentwicklung des Strommarktes, 327, 338
   Entwurf zur Weiterentwicklung des Strommarktes, 400
   EnWG (Energiewirtschaftsgesetz), 338, 354, 357, 377, 400
   EU-Elektrizitäts-Binnenmarktrichtlinie (96/92/EG), 377
   EU Richtlinie 2012/27/EU, 369
   EU-Verordnung Nr. 543/2013, 344, 375
   FFAV (Freiflächenausschreibungsverordnung), 298
   Netzentgeltmodernisierungsgesetz (NEMoG), 327
   ResKV (Reservekraftwerksverordnung), 322, 368
   StromEinspG (Stromeinspeisegesetz), 142
   StromNZV (Stromnetzzugangsverordnung), 339
   StromStG (Stromsteuergesetz), 8
   TrinkwV (Trinkwasserverordnung), 102
   WSchV (Wärmeschutzverordnung), 101
   zur Beschleunigung des Wirtschaftswachstums, 265
Getrieb, 183
Gezeitenströmung, 240
Gleichdruckturbine, 219
Gleichzeitigkeit, 316, 337
Gleichzeitigkeitsfaktor, 315
Gleitzahl, 175
Grenzkosten, 24, 234, 371, 393

GROWIAN, 140
Grundlast, 224
Grundlastkraftwerk, 372
Grundwasserleiter, 275

H
Halbleiter
　Dünnschicht, 46
　kristalliner, 46
Halbwertszeit, 268
Handelsperiode, 384
Hauptwindrichtung, 202
Heliostat, 129
Hochdruckgebiet, 142
Hochspannungsgleichstromübertragung, 324
Höhenprofil, logarithmisches, 197
Hydraulic fracturing, 364
Hydrolyse, 312

I
IEC Windklasse, 149
Import, 282
　Importmengen, 286
　Kosten, 285
Induced drag, 174
Infraschall, 203
Inselbetrieb, 227
Investition
　Risiko, 296
　stranded investments, 383
Isotop, 268

J
Joint Implementation (JI), 385

K
Kapazitätsmarkt, 392, 400
Kapazitätsprämie, 393, 399
Kapazitätsreserve, 400
Kapeffekt, 145
Kernfusion, 13
Kernkraftwerk, 341, 378, 382
　Fukushima Dai-ichi, V
Kernspaltung, 12
Klimareserve, 400

Klimaschutz, VI, 391
　2 °C Ziel, VI
Kohle, 9, 29
　Kohlenstoffblase, VI
Kohlekraftwerk, 342
Kollektor, 82
Kompensator, 89
Konzentration, optische
　Konzentrationsverhältnis, maximal, 113
　Konzentrationsverhältnis, 107
Kosten
　externe, 383
　sunk cost, 383, 393
Kostenvergleich, 153
Kostenwahrheit, 383
Kraft-Wärme-Kopplung, 369
Kraftwerk
　must run, 380
　Schattenkraftwerk, 386
　virtuelles, 398
Kraftwerksstilllegungsanzeigenliste, 382
Kühlwasser, 133, 213
Kupferplatte, 357
Kurzschlussläufer, 186

L
Lade- und Entladeleistung, 312
Landnutzung, 256
Längsregler, 319
Last
　abschaltbare, 347
　Grundlast, 374
　Mindestlast, 376
　Spitzenlast, 223, 374
Lastabwurf, 355
Lastfolgebetrieb, 341
Lastgradient, 395
Laufwasserkraftwerk, 222
Leistung
　gesicherte, 386, 392
　spezifische, 193
Leistungsgarantie, 59
Leistungskennlinie, 197
Leistungskoeffizient, 137, 162
　Widerstandläufer, 179
Leistungsüberbauung, 260, 342, 394
Leitfähigkeit
　extrinsische, 48

Letztverbrauch
    nicht privilegiertes, 327
LIDAR, 151

M
Mantelkonvektion, 268
Marktintegration, V, 25, 364
Marktmodell, 358, 376, 378
Marktprämie, 296
Markträumung, 372, 376
Marktstabilisierungsreserve, 384
Massenstrom, 143, 146, 160
Maximum power point (MPP), 51
Meeresströmung, 239
Merit-Order, 370
Merit-Order-Effekt, 8
Messkampagne, 151
Messmast, 151
Milanković-Zyklus, 30
Mobilität, 284
Modul-Mismatch, 58
Modulwirkungsgrad, 53
Monopol
    Gebietsmonopol, 357
    natürliches, 356, 361
    vertikal integriertes, 353
MPP-Tracker, 51, 65

N
NACA-Profil, 165
Nachführung, 393
    einachsige, 123, 128
    zweiachsige, 126, 129
Nebenwindrichtung, 203
Nennleistung, 192
Nennwindgeschwindigkeit, 163
Neodym, 185
Netz, 313, 319, 323
    Stromeinsammelnetz, 317
    Übertragungsnetz, 316, 319, 346
    Verbundnetz, 348
    Verteilnetz, 317, 319, 347, 388
Netzausbau, 317
Netzbetrieb, 281, 347, 383, 394
Netzengpass, 389

Netzentwicklungsplan, 320
Netzfrequenz, 183
Netzkopplung, 183
Netzlast, 338
Netznutzungsentgelt
    vermiedenes, 327
Netzparallelbetrieb, 227
Netzregelverbund, 395
Netzverlust, 308, 325
Niederschlag, 208
Nutzarbeit, 18
Nutzenergie, 328
Nutzungskaskade, 258
Nutzungskonkurrenz, 256

O
Ölpreis, 287
Ortsnetztransformator, 319
OTC (Over the counter)
    OTC-Clearing, 359
Over the counter (OTC), 25, 359, 368

P
Parabolrinne, 123
Parabolspiegel, 126
Peak shaving, 323
Pegel, 216
PERC-Zelle, 60
Permanentmagnet, 186
Persische Windmühle, 178
Petroleum, 10
Phelix Futures, 361
Photovoltaik, 43
    konzentrierende, 76
Pitch, 165, 168
Planckscher Strahler, 37, 82
Plattentektonik, 269
Polpaarzahl, 183
Präqualifikation, 381
Preiselastizität, 361
Profilservice, 397
Prognose, 339, 348, 356
Prognoseabweichung, 357, 395
Proliferation, 12
Pumpspeicherkraftwerk, 224, 229

Q
Querverbauung, 222

R
Radioaktivität
  natürliche, 268
Rauheit, 144
Rauigkeitslänge, 150
Raum
  Ballungsraum, 330
  ländlicher, 290, 299, 302
Raumladungszone, 48
Receiver, 114
Redispatch, 389
Reflexionskoeffizient, 114
Regelarbeitsvermögen, 217
Regelleistung, 348, 394
  Mindestangebotsgröße, 398
Rekombination, 45
Renditeerwartung, 296
Repowering, 204
Reserveenergie, 357
Reservekraftwerk, 399
Residuallast, 343
Ressourceneffizienz, 258
Ressourcenendlichkeit, VI
Restwasser, 222
Return on investment (ROI), 328
Rezentralisierung, 295
Rohstoff
  nachwachsender, 258
Rotorfläche, 195
Rotorkennlinie, 164

S
SAIDI (System average interruption duration index), 198, 308
Salzschmelzenspeicher, 125
Savonius-Rotor, 181
Schluckvermögen, 218
Schlupf, 184
Schnelllaufzahl, 174, 179
Schubkraft, 177
Schuldenfalle, 286
Schwallbetrieb, 222
Schwungrad, 312
Seismizität, 275
Seltenerdmagnet, 184
Shockley-Queisser-Grenze, 55
Siedepunkt, 253
SODAR, 151
Solarkollektor, 82, 93
  Flachkollektor, 82, 89, 94
  Kollektorkennlinie, 88
  Kollektorwirkungsgrad, 88
  optischer Wirkungsgrad, 87
  Schwimmbadkollektoren, 94
  Stillstandstemperatur, 88, 116, 117, 123
  Teillastverhalten, 94, 95
  Vakuumröhrenkollektor, 82, 89, 93, 94
Solarkonstante, 30, 117
Solarstrahlung, 38
Solarteich, 139
Solarthermie, 82
  Anlagennutzungsgrad, 103
  Heizungsunterstützung, 102
  konzentrierende Systeme, 105, 117
  solarer Deckungsgrad, 103
  Warmwasserbereitung, 102
  Wirkungsgrad solarthermischer Stromerzeugung, 125
Solidität, 175
Sonnenstand, 31
Speicher, 26, 230, 311, 323
  dynamisches Verhalten, 312
  Langzeitspeicher, 260
  Zyklenzahl, 312
Speicherdichte
  volumetrische, 101
Speicherkapazität, 311
Speicherkraftwerk, 222, 223
Speichermix, 312
Speicherwirkungsgrad, 311
Sperrschicht, 48
Spule
  supraleitende, 312
Stabilität
  politische, 288
Stabler-Wronski-Effekt, 59
Stall, 165
  active, 168
  passive, 168
Standardlastprofil, 316
Stauhaltung, 213
Stauwerk, 222, 226
Stauziel, 216

Stefan Boltzmann-Gesetz, 90
Steuer
  Energiesteuer, 2, 8
  Mineralölsteuer, 3
  Stromsteuer, 3
Stirlingmotor, 127
Strahlung
  Albedo, 40
  diffuse, 40, 107
  direkte, 40
  Direkt-Normal-Strahlung, 40
  Direktstrahlung, 106, 120
  Globalstrahlung, 40, 120
Strahlungsenergie, 28
Stromerzeuger
  konventioneller, 359
Stromexport, 295, 391
Stromhandel, 366, 382
  day ahead, 359, 360, 374
  intraday, 359, 374
  OTC, 365
  Terminkontrakt, 361
  Terminmarkt, 365
  Virtualisierung, 361
Strommarkt, 398
  Liberalisierung, 353, 377
Strommarktmodell, 379, 397
Strömung
  laminare, 146
  turbulente, 146
Strömungsaufweitung, 160
Strömungswiderstand, 175
Subvention, 23
Suffizienz, 2
Systemdienstleistung, 307, 397
Systemtransformation, 26

T
Teilhabe, 304
Temperaturgradientenkraftwerk, 249
Thermodynamik
  1. Hauptsatz, 16, 116
  2. Hauptsatz, 16, 110, 121, 143, 249, 276
Tidenhub, 241
Tiefdruckgebiet, 142
Tracker, 123
Tragflächenprofil, 165
Transmissionskoeffizient, 116

Treibstoff
  biogener, 302
Turbinenwirkungsgrad, 219
Turbulenz, 144, 202
Turbulenzintensität, 149
Turmkopfmasse, 189
Turmwirkungsgrad, 138

U
Überdruckturbine, 219
Übererzeugung, 348
Überschreitenswahrscheinlichkeit, 39, 149, 155, 200, 201
UKTSOA, 348
Ultraschallmessgerät, 151
Umlaufgeschwindigkeit, 174
Umrichter, 187
Unbundling, 358, 381
Unterversorgung, 348

V
Venturi-Düse, 161
Verbrennungsmotor, 12
Verdunstung, 140
Verlust, thermischer, 89
  Konvektion, 92
  Wärmeleitung, 92
  Wärmestrahlung, 90
Verschattung, 58
Versorgungssicherheit, 325
Vollkosten, 234
Volllaststunde, 195, 393
Vollumrichter, 186
Voltage-ride through, 186
Voltage Source Converter (VSC), 187

W
Währungskrise, 286
Wärme
  Hochtemperaturwärme, 102
  Niedertemperaturwärme, 101
Wärmeanomalie, 271, 279
Wärmebedarf, 284
Wärmedurchgangskoeffizient (U-Wert), 88
Wärmedurchgangswiderstand, 88
Wärmeentzugsleistung, 271

Wärmekapazität, spezifische, 97
Wärmekapazität, 101
Wärmelagerstätte, 271
Wärmeleitfähigkeit, 101, 269
Wärmepumpe, 277, 279
    Leistungszahl, 277
Wärmestromdichte, 269
Wärmeverlustkoeffizient (k-Wert), 88
Wärmewiderstand, 92
Wasserkraft, 28, 208
    hydrodynamische, 209, 217
    hydrostatische, 208, 216
    Meerestechnologie, 235
Wasserkraftwerk
    Drei-Schluchten-Damm, 226
    Itaipú, 224
Wasserschloss, 223
Wechselrichter
    Architektur, 65
Weibull-Verteilung, 156
    Formparameter, 157
    Skalenparameter, 156
Wellenkammer, 240

Wellenrampe, 240
Wellenwalze, 237
Wells-Turbine, 240
Weltmarktpreis, 286
Wertschöpfung, 281, 287, 297, 305
Widerstandseffekt, 165
Widerstandskoeffizient, 175, 178
Widerstandslauf, 177, 179, 181
Wind, 28, 140
Windfahne, 151
Windgeschwindigkeit, 148, 150
    Jahresmittel, 153
Windleiteinrichtung, 161
Windpark, 202
Windscherung, 145
Wirbelschleppe, 176

Z

Zahlungsstrom, 297, 303
Zelltemperatur, 79
Zellwirkungsgrad, 53
Zentrifugalkraft, 175